Eberhard Paucksch | Sven Holsten | Marco Linß | Franz Tikal

Zerspantechnik

T0184929

Aus dem Programm Fertigung

Fertigungsmesstechnik
von W. Dutschke und C. P. Keferstein

Praxiswissen Schweißtechnik
von H. J. Fahrenwaldt und V. Schuler

Spanlose Fertigung: Stanzen
von W. Hellwig

Praxis der Zerspantechnik
von H. Tschätsch

Einführung in die Fertigungstechnik
von E. Westkämper und H.-J. Warnecke

Aufgabensammlung Fertigungstechnik
von U. Wojahn

www.viewegteubner.de

Eberhard Paucksch | Sven Holsten |
Marco Linß | Franz Tikal

Zerspantechnik

Prozesse, Werkzeuge, Technologien

12., vollständig überarbeitete und erweiterte Auflage

Mit 426 Abbildungen und 45 Tabellen

STUDIUM

Bibliografische Information Der Deutschen Nationalbibliothek
Die Deutsche Nationalbibliothek verzeichnet diese Publikation in der
Deutschen Nationalbibliografie; detaillierte bibliografische Daten sind im Internet über
<http://dnb.d-nb.de> abrufbar.

1. Auflage 1965
2., verbesserte Auflage 1970
3., verbesserte Auflage 1972
    Nachdruck 1976
4., überarbeitete Auflage 1977
5., überarbeitete Auflage 1982
6., überarbeitete und erweiterte Auflage 1985
7., überarbeitete Auflage 1987
8., verbesserte Auflage 1988
9., überarbeitete Auflage 1992
10., verbesserte Auflage 1993
11., überarbeitete Auflage 1996
12., vollständig überarbeitete und erweiterte Auflage 2008

Alle Rechte vorbehalten
© Vieweg+Teubner Verlag | GWV Fachverlage GmbH, Wiesbaden 2008

Lektorat: Thomas Zipsner | Imke Zander

Der Vieweg+Teubner Verlag ist ein Unternehmen von Springer Science+Business Media.
www.viewegteubner.de

Umschlaggestaltung: KünkelLopka Medienentwicklung, Heidelberg
Technische Redaktion: Stefan Kreickenbaum, Wiesbaden

Gedruckt auf säurefreiem und chlorfrei gebleichtem Papier.

ISBN 978-3-8348-0279-8

Vorwort zur 11. Auflage

In diesem Buch werden die Grundlagen und Zusammenhänge der wichtigsten Zerspanungsverfahren dargestellt. Sprache und Bilder sind klar und einfach gewählt, um den Inhalt gut verständlich zu machen. Trotzdem wird der Stoff gründlich durchgearbeitet. Alle DIN-Normen und deren Änderungen bis 1994 wurden berücksichtigt. Technische Entwicklungen und neuste Forschungsergebnisse wurden so weit wie möglich verarbeitet, um dem Leser den heutigen Kenntnisstand zu vermitteln. So liegt hier ein höchst aktuelles Buch von hohem Niveau vor, das sich für den Unterricht in Fachhochschulen und Hochschulen hervorragend eignet, das aber auch von Diplomingenieuren in der Praxis zur Ergänzung ihres Fachwissens hinzugezogen wird.

In der 11. Auflage wurden die Abschnitte über Schneidstoffe und beschichtete Schneidstoffe neu geschrieben, die Bearbeitung von harten und besonders zähen Werkstoffen eingefügt, Rechenbeispiele mit aktuellen Zahlen aus der Praxis ausgestattet, die Zusammensetzung und Wirkung von Kühlschmierstoffen stärker beachtet, moderne Bohr- und Fräswerkzeuge dargestellt und Kapitel über das Gewindefräsen, das Hochleistungsschleifen und das Polieren eingefügt. Die bekannten noch gültigen Grundlagen wurden durchgearbeitet und wieder übernommen. Das Buch ist damit wieder auf dem jetzigen Stand der Technik.

Für den Leser ist es wichtig, immer die neuste Auflage des Lehrbuchs zu Rate zu ziehen. Der technische Fortschritt bringt bei den spanenden Bearbeitungsverfahren besonders viele Neuerungen. Neue Werkstoffe, bessere Schneidstoffe, Maßnahmen zur Rationalisierung und Automatisierung der Fertigungsabläufe und der starke Trend zur Fein- und Feinstbearbeitung sind Antriebsquellen für die Entwicklung immer neuer Verfahrensvarianten und Werkzeuge. In einem aktuellen Lehrbuch dürfen sie nicht vergessen werden.

Kassel, im April 1996 *Eberhard Paucksch*

Vorwort zur 12. Auflage

Dieses Lehr- und Übungsbuch zur Zerspantechnik richtet sich an den mittleren akademischen Ausbildungszweig, an die Studierenden der verschiedenen Hochschulformen und Fachrichtungen, aber auch an den interessierten Praktiker, also an alle, die mehr über die *Spanenden Verfahren* in ihrer ganzen Brandbreite wissen möchten oder wissen müssen.

Beginnend werden die allgemeinen, physikalisch technischen Grundlagen der Zerspanungslehre, wie die Prinzipien der Spanbildung und Zerspanbarkeit und die für einen wirtschaftlichen Einsatz notwendigen Schneidstoffe und Beschichtungen, vorgestellt. Darauf aufbauend werden die verschiedenen spanenden Fertigungsverfahren detailliert erörtert und die technologischen Besonderheiten dargelegt. Ergänzt werden die jeweiligen Kapitel durch die praktischen Anwendungs- und Berechnungsbeispiele, welche auch für den Einsteiger in die Materie ein umfangsreiches praxisorientiertes Grundwissen zur Verfügung stellen. Im abschließenden Kapitel werden derzeit aktuelle Aspekte verfahrensübergreifend dargestellt. Abgerundet wird das Buch durch ein angemessenes Stichwort-, Normen- und Literaturverzeichnis.

Die vorliegende 12. Ausgabe baut auf dem bewährten Konzept früherer Auflagen auf. Ihr Inhalt wurde neu strukturiert, die einzelnen Kapitel wurden überarbeitet und entsprechend dem Stand der Technik ergänzt und wesentliche, den Verfassern wichtig erscheinende, Neuerungen aufgenommen. Somit liegt ein umfassendes Werk über die gesamte *Spanende Fertigungstechnik* vor.

Die Autoren möchten sich in diesem Zusammenhang bei Herrn Dipl.-Ing. Thomas Zipsner, Vieweg Verlag, für die stetige und gute Betreuung bei der Realisierung der neuen Auflage dieses Buches bedanken.

Die konstruktive Kritik und die Anregungen aus dem Leserkreis zu diesem Buch werden die Autoren auch in Zukunft gerne bei der Bearbeitung neuer Auflagen mit einbeziehen.

Kassel / Lüneburg, im April 2008

Eberhard Paucksch, Sven Holsten, Marco Linß, Franz Tikal

Inhaltsverzeichnis

1 Einleitung 1

2 Prinzipien der Spanbildung und Zerspanbarkeit 3

2.1   Kinematik und Geometrie des Werkzeugsystems.................................3
2.1.1 Bewegungen 3
2.1.2 Geometrie des Schneidkeils..5
2.1.2.1   Negative Spanwinkel 8
2.1.3 Schnitt- und Spanungsgrößen 9

2.2   Spanbildung 10

2.3   Kräfte, Energie, Arbeit, Leistung..12
2.3.1 Zerspankraftzerlegung 12
2.3.2 Entstehung der Zerspankraft und Spangeometrie 15
2.3.3 Berechnung der Schnittkraft 19
2.3.3.1   Spanungsquerschnitt und spezifische Schnittkraft........19
2.3.3.2   Einfluss des Werkstoffs 21
2.3.3.3   Einfluss der Spanungsdicke 23
2.3.3.4   Einfluss der Schneidengeometrie..............................23
2.3.3.5   Einfluss des Schneidstoffs 24
2.3.3.6   Einfluss der Schnittgeschwindigkeit..........................25
2.3.3.7   Einfluss der Werkstückform 26
2.3.3.8   Einfluss der Werkzeugstumpfung..............................27
2.3.3.9   Weitere Einflüsse..27
2.3.4 Schneidkantenbelastung 27
2.3.5 Berechnung der Vorschubkraft..28
2.3.5.1   Einfluss der Spanungsdicke 28
2.3.5.2   Einfluss der Schneidengeometrie..............................28
2.3.5.3   Einfluss des Schneidstoffs 29
2.3.5.4   Einfluss der Schnittgeschwindigkeit..........................29
2.3.5.5   Stumpfung und weitere Einflüsse 29
2.3.6 Berechnung der Passivkraft 30
2.3.6.1   Einfluss der Schneidengeometrie..............................30
2.3.6.2   Stumpfung und weitere Einflüsse 31

2.4   Temperatur an der Schneide...31
       2.4.1.1   Messen der Temperatur 31
       2.4.2   Temperaturverlauf 34
       2.4.3   Temperaturfeld und Wärmebilanz 35

2.5   Oberflächenintegrität...35
       2.5.1   Oberflächentopografie 35
       2.5.1.1   Grobgestalt..36
       2.5.1.2   Feingestalt...36
       2.5.2   Randzonenveränderung...37

2.6   Zerspangenauigkeit und Toleranzen 39
       2.6.1.1   Zerspangenauigkeit...39
       2.6.1.2   Form- und Lagetoleranzen..41
       2.6.1.3   Gestaltabweichungen...43
       2.6.1.4   Oberflächenkenngrößen...43
       2.6.1.5   Internationale Oberflächennormung 45

2.7   Standbegriffe und Werkzeugverschleiß 45
       2.7.1   Verschleißvorgänge 46
       2.7.1.1   Reibungsverschleiß..46
       2.7.1.2   Aufbauschneidenbildung 46
       2.7.1.3   Diffusionsverschleiß..47
       2.7.1.4   Verformung der Schneidkante 47
       2.7.2   Verschleißformen...48
       2.7.2.1   Freiflächenverschleiß..48
       2.7.2.2   Kolkverschleiß..48
       2.7.2.3   Weitere Verschleißformen 49
       2.7.3   Verschleißverlauf...50
       2.7.3.1   Einfluss der Eingriffszeit 50
       2.7.3.2   Einfluss der Schnittgeschwindigkeit...........................50
       2.7.4   Standzeit 50
       2.7.4.1   Definitionen..50
       2.7.4.2   Einfluss der Schnittgeschwindigkeit............................51
       2.7.4.3   Weitere Einflüsse..53

2.8   Schneidstoffe...54
       2.8.1   Unlegierter und niedriglegierter Werkzeugstahl.......................56
       2.8.2   Schnellarbeitsstahl..56
       2.8.3   Hartmetall 57

2.8.4   Cermet 60

2.8.5   Keramik 62

2.8.6   Bornitrid.. 65

2.8.7   Diamant 66

2.8.8   Polykristalliner Diamant 67

2.9   Oberflächenbehandlung 68

2.9.1   Randzonenveränderung 70

2.9.2   Beschichtungen.. 71

   2.9.2.1   Hartstoffschichten.. 71

   2.9.2.2   Niedrigreibungsschichten 76

   2.9.2.3   Entwicklungstrends 78

2.10   Kühlschmierung 79

2.10.1   Kühlschmierstoff 79

2.10.2   Überflutungskühlung 81

2.10.3   Minimalmengenschmierung 82

2.10.4   Trockenbearbeitung 83

2.11   Werkstoffe und Zerspanbarkeit.. 85

2.11.1   Werkstoff... 85

2.11.2   Zerspanbarkeit 86

· 2.11.3   Standbegriffe 90

2.11.4   Zerspanungstests 92

2.12   Wirtschaftlichkeit... 92

2.12.1   Einfluss der Schnittgrößen auf Kräfte, Verschleiß und Leistungsbedarf.............. 92

2.12.2   Berechnung der Fertigungskosten... 93

   2.12.2.1   Maschinenkosten 93

   2.12.2.2   Lohnkosten 95

   2.12.2.3   Werkzeugkosten 96

   2.12.2.4   Zusammenfassung der Fertigungskosten 96

2.12.3   Bearbeitungszeitverkürzung und Fertigungskosten 96

2.13   Qualitätsmanagement... 100

2.13.1   Qualität und ihre Darstellung.. 100

2.13.2   Qualitätsmanagementsysteme... 101

2.13.3   Produkterstellungsbereiche, -methoden und -werkzeuge 101

2.13.4   Total Quality Management (TQM)... 105

3 Fertigungsverfahren mit geometrisch bestimmter Schneide 107

3.1 Drehen 107

   3.1.1 Drehwerkzeuge 107

   3.1.2 Werkzeugform 109

      3.1.2.1 Drehmeißel aus Schnellarbeitsstahl 109

      3.1.2.2 Drehmeißel mit Hartmetallschneiden 109

      3.1.2.3 Wendeschneidplatten 109

      3.1.2.4 Klemmhalter 113

      3.1.2.5 Innendrehmeißel 118

      3.1.2.6 Formdrehmeißel 119

   3.1.3 Werkstückeinspannung 122

      3.1.3.1 Radiale Lagebestimmung 122

      3.1.3.2 Axiale Lagebestimmung 123

      3.1.3.3 Übertragung der Drehmomente und Kräfte 123

   3.1.4 Aus der Vorschubrichtung abgeleitete Drehverfahren 125

   3.1.5 Schnitt- und Zerspanungsgrößen 125

   3.1.6 Leistung und Spanungsvolumen 125

      3.1.6.1 Leistungsberechnung 125

      3.1.6.2 Spanungsvolumen 126

   3.1.7 Berechnungsbeispiele 128

      3.1.7.1 Scherwinkel 128

      3.1.7.2 Längsrunddrehen 128

      3.1.7.3 Standzeitberechnung 129

      3.1.7.4 Fertigungskosten 130

      3.1.7.5 Optimierung der Schnittgeschwindigkeit 132

3.2 Bohren, Senken, Reiben 134

   3.2.1 Bohren ins Volle 135

      3.2.1.1 Der Wendelbohrer 135

      3.2.1.2 Schneidengeometrie am Wendelbohrer 137

      3.2.1.3 Bohrer mit Wendeschneidplatten 142

      3.2.1.4 Spanungsgrößen 143

      3.2.1.5 Kräfte, Schnittmoment, Leistungsbedarf 145

      3.2.1.6 Verschleiß und Standweg 148

      3.2.1.7 Werkstückfehler, Bohrfehler 151

   3.2.2 Aufbohren 153

      3.2.2.1 Werkzeuge zum Aufbohren 153

      3.2.2.2 Spanungsgrößen 154

      3.2.2.3 Kräfte, Schnittmoment und Leistung 155

3.2.3 Senken 156

    3.2.3.1 Senkwerkzeuge 157

    3.2.3.2 Spanungsgrößen und Schnittkraftberechnung 158

3.2.4 Stufenbohren 159

3.2.5 Reiben 160

    3.2.5.1 Reibwerkzeuge 161

    3.2.5.2 Spanungsgrößen 166

    3.2.5.3 Arbeitsergebnisse 167

3.2.6 Tiefbohrverfahren 169

    3.2.6.1 Tiefbohren mit Wendelbohrern 169

    3.2.6.2 Tiefbohren mit Einlippen-Tiefbohrwerkzeugen 169

    3.2.6.3 Tiefbohren mit BTA-Werkzeugen 173

    3.2.6.4 Tiefbohren mit Ejektor-Werkzeugen 175

3.2.7 Berechnungsbeispiele 176

    3.2.7.1 Bohren ins Volle 176

    3.2.7.2 Aufbohren 177

    3.2.7.3 Kegelsenken 178

3.3 Fräsen 180

3.3.1 Werkzeugformen 183

    3.3.1.1 Walzen- und Walzenstirnfräser 183

    3.3.1.2 Scheibenfräser 185

    3.3.1.3 Profilfräser 187

    3.3.1.4 Fräser mit Schaft 188

    3.3.1.5 Fräsköpfe 192

3.3.2 Wendeschneidplatten für Fräswerkzeuge 198

3.3.3 Schneidstoffe 199

3.3.4 Umfangsfräsen 200

    3.3.4.1 Eingriffsverhältnisse beim Gegenlauffräsen 200

    3.3.4.2 Zerspankraft 204

    3.3.4.3 Schnittleistung 208

    3.3.4.4 Zeitspanungsvolumen 209

3.3.5 Gleichlauffräsen 212

    3.3.5.1 Eingriffskurve beim Gleichlauffräsen 212

    3.3.5.2 Richtung der Zerspankraft beim Gleichlauffräsen 213

    3.3.5.3 Weitere Besonderheiten beim Gleichlauffräsen 214

    3.3.5.4 Veränderliche Größen beim Gleichlauffräsen 214

3.3.6 Stirnfräsen 215

    3.3.6.1 Eingriffsverhältnisse 216

    3.3.6.2 Kräfte 221

3.3.6.3   Schnittleistung und Zeitspanungsvolumen 223

3.3.7 Feinfräsen 223

3.3.7.1   Entstehung der Oberflächenform..224

3.3.7.2   Fräsen mit Sturz...226

3.3.7.3   Wirkung der Zerspankräfte beim Feinfräsen 229

3.3.7.4   Einzahnfräsen 231

3.3.8 Berechnungsbeispiele 232

3.3.8.1   Vergleich Umfangsfräsen - Stirnfräsen..232

3.3.8.2   Feinfräsen 235

3.4   Hobeln, Stoßen...237

3.4.1 Werkzeuge 237

3.4.2 Schneidstoffe 238

3.4.3 Schneidengeometrie...238

3.4.4 Werkstücke 238

3.4.4.1   Werkstückformen 238

3.4.4.2   Werkstoffe 239

3.4.5 Bewegungen 239

3.4.5.1   Bewegungen in Schnittrichtung...239

3.4.5.2   Bewegungen in Vorschubrichtung...240

3.4.6 Kräfte und Leistung 240

3.4.6.1   Berechnung der Schnittkraft 240

3.4.6.2   Berechnung der Schnittleistung 241

3.4.6.3   Zeitspanungsvolumen 241

3.4.7 Berechnungsbeispiel 242

3.5   Sägen..243

3.5.1 Werkzeuge 244

3.5.2 Schneidstoffe 245

3.5.3 Kräfte und Leistung 245

3.5.4 Zeitberechnung 247

3.6   Räumen 248

3.6.1 Werkzeuge 248

3.6.1.1   Schneidenzahl und Werkzeuglänge 249

3.6.1.2   Schnittaufteilung und Staffelung 249

3.6.1.3   Teilung..251

3.6.2 Spanungsgrößen...252

3.6.3 Kräfte und Leistung 253

3.6.4 Berechnungsbeispiel 253

3.7 Gewinden 256

  3.7.1 Gewindearten 256

  3.7.2 Gewindedrehen 257

    3.7.2.1 Halter und Wendeschneidplatten 258

    3.7.2.2 Schnittaufteilung 260

    3.7.2.3 Kräfte und Leistung 262

  3.7.3 Gewindebohren 263

    3.7.3.1 Formen von Gewindebohrern 263

    3.7.3.2 Schneidstoff 265

    3.7.3.3 Verschleiß und Standweg 266

    3.7.3.4 Berechnung von Kräften, Moment und Leistung 268

    3.7.3.5 Schnittgeschwindigkeit 272

  3.7.4 Gewindefräsen 273

    3.7.4.1 Gewindefräser 273

    3.7.4.2 Werkstücke 274

    3.7.4.3 Kinematik des Gewindefräsens 275

  3.7.5 Gewindefräsbohren 276

4 Fertigungsverfahren mit geometrisch unbestimmter Schneide 278

4.1 Schleifen 278

  4.1.1 Schleifwerkzeuge 278

    4.1.1.1 Formen der Schleifwerkzeuge 278

    4.1.1.2 Bezeichnung nach DIN 69100 281

    4.1.1.3 Schleifmittel 282

    4.1.1.4 Korngröße und Körnung 287

    4.1.1.5 Bindung 289

    4.1.1.6 Schleifscheibenaufspannung 290

    4.1.1.7 Auswuchten von Schleifscheiben 292

  4.1.2 Kinematik 293

    4.1.2.1 Einteilung der Schleifverfahren in der Norm 293

    4.1.2.2 Schnittgeschwindigkeit 294

    4.1.2.3 Werkstückgeschwindigkeit beim Rundschleifen 296

    4.1.2.4 Vorschub beim Querschleifen 297

    4.1.2.5 Vorschub beim Schrägschleifen 300

    4.1.2.6 Vorschub und Zustellung beim Längsschleifen 301

    4.1.2.7 Bewegungen beim Spitzenlosschleifen 302

    4.1.2.8 Bewegungen beim Umfangs-Planschleifen 303

    4.1.2.9 Seitenschleifen 304

  4.1.3 Tiefschleifen 311

    4.1.3.1 Verfahrensbeschreibung 311

4.1.3.2   Besondere Schleifbedingungen...311
4.1.3.3   Wärmeentstehung und Kühlung 312
4.1.3.4   Schleifscheiben...313
4.1.4   Hochleistungsschleifen 314
4.1.5   Innenschleifen..316
4.1.6   Trennschleifen 318
4.1.6.1   Außentrennschleifen...318
4.1.6.2   Innenlochtrennen 319
4.1.7   Punktschleifen...320
4.1.8   Eingriffsverhältnisse 320
4.1.8.1   Vorgänge beim Eingriff des Schleifkorns............................320
4.1.8.2   Eingriffswinkel 322
4.1.8.3   Kontaktlänge und Kontaktzone...325
4.1.8.4   Form des Eingriffsquerschnitts 327
4.1.8.5   Zahl der wirksamen Schleifkörner..328
4.1.9   Auswirkungen am Werkstück 332
4.1.9.1   Oberflächengüte..332
4.1.9.2   Verfestigung und Verformungseigenspannungen.................336
4.1.9.3   Erhitzung, Zugeigenspannungen und Schleifrisse 337
4.1.9.4   Gefügeveränderungen durch Erwärmung 339
4.1.9.5   Beeinflussung der Eigenspannungsentstehung 339
4.1.10 Spanungsvolumen...341
4.1.10.1   Spanungsvolumen pro Werkstück 341
4.1.10.2   Zeitspanungsvolumen 342
4.1.10.3   Bezogenes Zeitspanungsvolumen...342
4.1.10.4   Standvolumen und andere Standgrößen.................................343
4.1.10.5   Optimierung...344
4.1.11 Verschleiß...346
4.1.11.1   Absplittern und Abnutzung der Schleifkornkanten...............346
4.1.11.2   Ausbrechen von Schleifkorn...347
4.1.11.3   Auswaschen der Bindung 347
4.1.11.4   Zusetzen der Spanräume..348
4.1.11.5   Verschleißvolumen und Verschleißkenngrößen 348
4.1.11.6   Wirkhärte 350
4.1.12 Abrichten 351
4.1.12.1   Ziele..351
4.1.12.2   Abrichten mit Einkorndiamant 352
4.1.12.3   Abrichten mit Diamantvielkornabrichter..............................354
4.1.12.4   Abrichten mit Diamantfliese...354
4.1.12.5   Abrichten mit Diamantrolle 355

4.1.12.6 Pressrollabrichten 356

4.1.12.7 Abrichten von BN-Schleifscheiben 356

4.1.13 Kräfte und Leistung 357

    4.1.13.1 Richtung und Größe der Kräfte 357

    4.1.13.2 Leistungsberechnung 361

4.1.14 Schwingungen 362

4.1.15 Berechnungsbeispiele 362

    4.1.15.1 Querschleifen 362

    4.1.15.2 Außen-Längsrundschleifen 364

    4.1.15.3 Innen-Längsrundschleifen 366

4.2 Honen 368

4.2.1 Langhubhonen 368

    4.2.1.1 Werkzeuge 368

    4.2.1.2 Bewegungsablauf 371

    4.2.1.3 Abspanvorgang 376

    4.2.1.4 Zerspankraft 377

    4.2.1.5 Auswirkungen am Werkstück 379

    4.2.1.6 Abspanungsgrößen 382

4.2.2 Kurzhubhonen 385

    4.2.2.1 Werkzeuge 385

    4.2.2.2 Bewegungsablauf 387

    4.2.2.3 Kräfte 391

    4.2.2.4 Abspanungsvorgang 393

    4.2.2.5 Auswirkungen am Werkstück 394

    4.2.2.6 Abspanungsgrößen 396

4.2.3 Bandhonen 397

    4.2.3.1 Verfahrensbeschreibung 397

    4.2.3.2 Bewegungsablauf 397

    4.2.3.3 Werkzeuge 397

    4.2.3.4 Werkstücke 399

4.2.4 Arbeitsergebnisse 399

4.2.5 Berechnungsbeispiele 399

    4.2.5.1 Langhubhonen 399

    4.2.5.2 Kräfte beim Honen 400

    4.2.5.3 Kurzhubhonen 401

    4.2.5.4 Abspanung und Verschleiß beim Kurzhubhonen 401

4.3 Läppen 403

4.3.1 Läppwerkzeuge 404

    4.3.1.1 Läppkorn 404

4.3.1.2   Läppflüssigkeit 405
4.3.1.3   Läppscheiben 405
4.3.1.4   Andere Läppwerkzeuge 406
4.3.2   Bewegungsablauf bei den Läppverfahren 408
4.3.2.1   Planläppen 408
4.3.2.2   Planparallel-Läppen 409
4.3.2.3   Außenrundläppen 409
4.3.2.4   Innenrundläppen 410
4.3.2.5   Schraubläppen 410
4.3.2.6   Wälzläppen 411
4.3.2.7   Profilläppen 411
4.3.3   Werkstücke 411
4.3.4   Abspanungsvorgang 413
4.3.5   Arbeitsergebnisse 416
4.3.5.1   Oberflächengüte 416
4.3.5.2   Genauigkeit 416
4.3.5.3   Randschicht 417
4.3.6   Weitere Läppverfahren 417
4.3.6.1   Druckfließläppen 417
4.3.6.2   Ultraschall-Schwingläppen 420
4.3.6.3   Polierläppen 422

5 Weiterführende Aspekte 424

5.1   Hochgeschwindigkeitszerspanung 424
5.1.1   Allgemeine Abgrenzung 424
5.1.2   Hochgeschwindigkeitsfräsen 427

5.2   Hartbearbeitung 429

5.3   Numerische Zerspanungsanalyse 431

5.4   Schneidkantenpräparation 435
5.4.1   Präparationsverfahren 436
5.4.2   Präparationswirkung 438
5.4.3   Messtechnik 439

Literatur 440

Technische Regeln 447

Sachwortverzeichnis 454

1 Einleitung

Das zentrale Ziel der Fertigungswissenschaft ist die kostengünstige Herstellung verkauffähiger Produkte. Dies zu realisieren, erfordert die kontinuierliche Weiterentwicklung bestehender Fertigungsstrukturen und bewirkt zuweilen den Austausch unrentabler Prozesse. In vielen Fällen ist man von einer *spanenden Formgebung* zu einer *spanlosen Formgebung* übergegangen. Das besagt aber keineswegs, dass die Bedeutung der spanenden Formgebung geringer geworden ist. Vielmehr hat sich der Schwerpunkt für die spanende Formgebung in der Weise verlagert, dass der Anteil der *Grobzerspanung* (Schruppen) geringer geworden ist, weil viele Werkstücke spanlos sehr nah an die endgültige Form gebracht werden. Im Gegenzug hat sich der Anteil der *Feinzerspanung* (Schlichten) deutlich erhöht. In immer größerem Umfang werden hochwertige Oberflächen mit engen Toleranzen benötigt, die spanlos nicht in der Qualität herstellbar sind, dass sie den auftretenden Beanspruchungen durch Kräfte oder Bewegungen genügen. Darüber hinaus ist die Verarbeitung vieler hochfester Werkstoffe vorerst nur durch Zerspanen wirtschaftlich möglich.

Zerspanen bezeichnet das Fertigen durch Abtrennen von Werkstoffteilchen auf mechanischem Weg. Dementsprechend ordnet DIN 8580 die spanabhebenden Bearbeitungsverfahren der Hauptgruppe „Trennen" zu, und DIN 8589 grenzt die Verfahren mit „*geometrisch bestimmten Schneide*" von den Verfahren mit „*geometrisch unbestimmter Schneide*" ab. **Bild 1–1** zeigt die weitere Unterteilung innerhalb dieser beiden Gruppen.

Bild 1–1 Zuordnung der spangebenden Bearbeitungsverfahren nach DIN 8580 und 8589

Beim *„Spanen mit geometrisch bestimmten Schneiden"* finden wir Drehen, Bohren, Senken, Reiben, Fräsen, Hobeln, Stoßen, Räumen, Sägen und andere Verfahren. Die Werkzeuge dieser Verfahren haben eine oder mehrere Schneiden mit genau festgelegten Flächen, Kanten, Ecken und Winkeln. Der Herstellung der (geometrisch) bestimmten Schneidengeometrie gebührt besonderer Sorgfalt, da das Arbeitsergebnis, die Standzeit und der Leistungsbedarf in hohem Maße von ihr abhängen. Die zugrunde liegenden Wirkzusammenhänge und Berechnungsmöglichkeiten werden im einleitenden Kapitel dieses Buches aus einer allgemeinen Perspektive beschrieben und in den prozessbezogenen Kapiteln für die jeweilige Anwendung kompakt zusammengefasst.

Das *„Spanen mit geometrisch unbestimmten Schneiden"* umfasst Schleif-, Hon- und Läppverfahren. Als „Schneiden" dienen hier die Flächen, Kanten und Ecken der Schleif- bzw. Läppkörner. Dementsprechend sind Schneidenlage und -winkel im Moment des Eingriffs nicht vorherbestimmt, sondern variieren zufällig von Korn zu Korn. Beim Läppen ändert sich die Eingriffsituation darüber hinaus mit der Zeit, weil sich die Körner bei der Bearbeitung im Läppmedium bewegen und nicht gebunden sind. Die entsprechenden Verfahren galten früher als Feinbearbeitungsverfahren. Heute verwischen sich die Anwendungsgebiete. Bei geeigneter Prozessführung, werden sie zu Hochleistungsverfahren mit großem Werkstoffabtrag. Das Kapitel Schleifen ist besonders ausführlich behandelt, weil es Grundlagen enthält, die für alle Verfahren mit geometrisch unbestimmten Schneiden gelten.

2 Prinzipien der Spanbildung und Zerspanbarkeit

2.1 Kinematik und Geometrie des Werkzeugsystems

Beim Spanen dringt die keilförmige Schneide des Zerspanwerkzeugs unter Aufwand von Energie in die Werkstückoberfläche ein. Sobald die im Werkstückmaterial auftretende Scherspannung hierbei die zugehörige Fließgrenze überschreitet, bildet sich infolge der Relativbewegung zwischen Werkstück und Werkzeug ein Span, der oberhalb des Berührpunkts über die Spanfläche des Schneidkeils abläuft. In DIN 6580 / 81, DIN 6583 / 84 bzw. ISO 3002 sind die wichtigen *Begriffe* und *Bezeichnungen* für alle spanabhebenden Fertigungsverfahren einheitlich geordnet und festgelegt.

2.1.1 Bewegungen

Da es für das Wirkpaar: Werkzeug / Werkstück meistens unerheblich ist, ob die Bewegung vom Werkstück oder vom Werkzeug ausgeht, wird bei der normativen Festlegung in der Regel davon ausgegangen, dass das Werkstück ruht und das Werkzeug allein die Bewegung ausführt. Die Bewegungen, die unmittelbar an der Spanentstehung beteiligt sind, heißen *Hauptbewegungen*. Diese sind die Schnittbewegung und die Vorschubbewegung. Nicht unmittelbar an der Spanentstehung beteiligt sind die so genannten *Nebenbewegungen* wie Anstellen, Zustellen und Nachstellen.

Schnittbewegung. Die Schnittbewegung beschreibt den Bewegungsanteil zwischen Werkzeug und Werkstück, der während einer Umdrehung oder eines Hubs eine einmalige Spanabnahme bewirken würde. Sie ist für einen bestimmten Schneidenpunkt durch den Vektor der Schnittgeschwindigkeit v_c gekennzeichnet und kann ggf. in mehrere Komponenten zerlegt werden.

Vorschubbewegung. Die Vorschubbewegung beschreibt den zusätzlich zur Schnittbewegung erforderlichen Bewegungsanteil, um eine mehrmalige oder kontinuierliche Spanabnahme während mehrerer Umdrehungen oder Hübe zu realisieren. Sie verläuft in Abhängigkeit des Verfahrens entweder schrittweise oder stetig und kann ebenfalls aus mehreren Komponenten zusammengesetzt sein. Sie wird gekennzeichnet durch den Vektor der Vorschubgeschwindigkeit v_f.

Wirkbewegung. Die Wirkbewegung bezeichnet die resultierende Bewegung aus Schnitt- und Vorschubbewegung. Sie ist gekennzeichnet durch den Vektor der Wirkgeschwindigkeit v_e.

Nebenbewegungen. Neben den Hauptbewegungen sind für die Prozessführung unter Umständen Anstell-, Rückstell-, Zustell- und Nachstellbewegungen erforderlich. Anstellen ist das Positionieren des Werkzeugs vor dem Spanprozess, während Rückstellen das Zurückführen in die Ausgangslage bezeichnet. Die Zustellbewegung zwischen Werkstück und Werkzeug bestimmt im Voraus die Dicke der abzutrennenden Schicht, ist aber einigen Fertigungsverfahren (Räumen, Bohren, u. s. w.) nicht erforderlich. Die Nachstellbewegung bezeichnet schließlich die Korrekturbewegung, die erforderlich ist, um den Werkzeugverschleiß auszugleichen.

Bild 2.1–1 zeigt die Zusammensetzung der Wirkbewegung aus einer Komponente in Schnittrichtung mit der Geschwindigkeit v_c und einer Komponente in Vorschubrichtung mit der Geschwindigkeit v_f, wie sie beim Längsdrehen vorliegt.

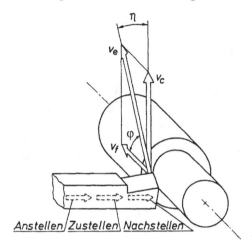

Bild 2.1–1 Geschwindigkeit der Hauptbewegungen
v_c Schnittgeschwindigkeit
v_f Vorschubgeschwindigkeit
v_e Wirkgeschwindigkeit
η Wirkrichtungswinkel
und Nebenbewegungen beim Längsdrehen

Die beiden Bewegungskomponenten spannen die so genannte *Arbeitsebene* des Spanprozesses auf. In dieser Ebene sind zwei kennzeichnende Winkel definiert

Vorschubrichtungswinkel. Der Vorschubrichtungswinkel φ (**Bild 2.1–1**) ist der Winkel zwischen Vorschub- und Schnittrichtung in der Arbeitsebene. Bei einigen Prozessen wie dem Fräsen ändert sich φ kontinuierlich während des Eingriffs, während er bei anderen Prozessen wie dem Längsdrehen konstant 90° ist.

Wirkrichtungswinkel. Der Winkel zwischen Wirk- und Schnittrichtung heißt Wirkrichtungswinkel η (**Bild 2.1–1**). Wirk- und Vorschubrichtungswinkel sind über das Verhältnis von Schnitt- zu Vorschubgeschwindigkeit miteinander verknüpft. Es gilt:

$$\tan(\eta) = \frac{\sin(\varphi)}{\dfrac{v_c}{v_f} + \cos(\varphi)} \qquad\qquad (2.1\text{--}1)$$

Im Falle eines orthogonalen Vorschubrichtungswinkels wie beim Längsdrehen vereinfacht sich der Zusammenhang dementsprechend zu: $\tan(\eta) = v_f/v_c$.

In vielen Fällen beträgt die Schnittgeschwindigkeit ein Vielfaches der Vorschubgeschwindigkeit, und η wird vernachlässigbar klein.

Weitere Begriffe zur Kennzeichnung des Spanwerkzeugs sind: *Vorschub f*, *Schnitttiefe* bzw. *-breite a_p* und *Arbeitseingriff a_e*.

Vorschub. Als Vorschub *f* bezeichnet man den Vorschub je Umdrehung oder je Hub. Er wird in der Arbeitsebene gemessen. Bei mehrschneidigen Werkzeugen wie Fräsern oder Bohrern wird dieser Vorschub noch einmal aufgeteilt, da jede einzelne Schneide nur anteilig zum Gesamtvorschub beiträgt. Der jeweilige Vorschubanteil je Zahn *z* heißt Zahnvorschub f_z und berechnet sich folgendermaßen:

$$f_z = \frac{f}{z}$$
(2.1–2)

Bei Werkzeugen mit gestaffelter Zahnanordnung wie Räumnadeln entspricht der Zahnvorschub der vorgegebenen Zahnstaffelung. Aus den vorliegenden Winkelbeziehungen lassen sich weitere Differenzierungen ableiten. So bezeichnet der Schnittvorschub f_c den Abstand zweier unmittelbar nacheinander entstehender Schnittflächen, gemessen senkrecht zur Schnittebene: $f_c \approx f_z \cdot \sin(\varphi)$. Wird senkrecht zur Wirkrichtung gemessen, heißt der entsprechende Vorschubanteil Wirkvorschub f_e: $f_e \approx f_z \cdot \sin(\varphi - \eta)$. Da η aber meist vernachlässigbar ist, unterscheiden sich Wirk- und Schnittvorschub nur unmerklich.

Schnitttiefe bzw. -breite. Die Schnitttiefe bzw. Schnittbreite a_p bezeichnet jeweils die Tiefe des Schneideneingriffs bzw. die Breite des Schneideneingriffs, gemessen senkrecht zur Arbeitsebene.

Arbeitseingriff. Der Arbeitseingriff a_e einer Schneidkante ist die Größe des Schneideneingriffs, gemessen senkrecht zur Vorschubrichtung (in der Arbeitsebene).

Vorschubeingriff. Der Vorschubeingriff a_f definiert schließlich die Größe des Schneideneingriffs in Vorschubrichtung.

2.1.2 Geometrie des Schneidkeils

Die Beschreibung der Schneidengeometrie eines Zerspanwerkzeugs ist genauso standardisiert wie die Beschreibung der kinematischen Kenngrößen. Die Bezeichnungen für die Flächen, Kanten und Winkel an den Schneiden sind in DIN 6581 und ergänzend in DIN 6582 festgelegt, die ihrer letzten Fassung Angleichungen an ISO 3002 / 2 enthalten.

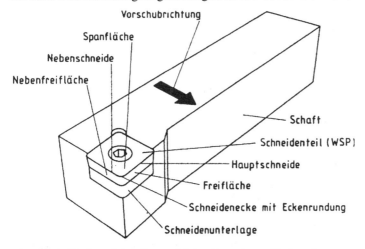

Bild 2.1–2 Flächen, Schneiden und Schneidenecke am Drehwerkzeug

Bild 2.1–2 zeigt die entsprechende Benennung der Schneidenflächen eines Drehwerkzeugs. Funktionell, ist zwischen *Span-* und *Freiflächen* zu unterscheiden. Darüber hinaus wird in Abhängigkeit der Schnittrichtung zwischen Haupt- und Nebenschneiden unterschieden.

Spanfläche. Die Spanfläche bezeichnet die Fläche des Schneidenkeils, über die der Span abläuft. Ihre Oberflächeneigenschaften und Lage bestimmen direkt die Spanbildung und den Leistungsbedarf. Falls eine Abwinkelung der Spanfläche an der Schneide (etwa parallel zu dieser) vorgenommen wird, so heißt der Teil der Spanfläche, der an der Schneide liegt, Spanflächenfase. Ihre Breite hat die Bezeichnung $b_{f\gamma}$

Besteht die Spanfläche aus mehreren zueinander geneigten Teilflächen, so sind diese, beginnend an der Schneidkante, nacheinander zu indizieren.

Freiflächen. Die Freiflächen bezeichnen die Flächen, die den Schnittflächen am Werkstück zugekehrt sind. Sie beziehen ihren Namen aus dem Umstand, dass der Schneidkeil zur Schnittfläche freigestellt wird, um die Kontaktreibung zwischen Werkzeug und erzeugter Oberfläche zu reduzieren. Entsprechend der Schnittbewegung unterscheidet man zwischen Haupt- und Nebenfreiflächen. Auch bei diesen Flächen können Abwinkelungen vorgenommen werden. Man bezeichnet sie als Freiflächenfasen mit der Breite $b_{f\alpha}$ und $b_{f\alpha n}$

Genauso wie Spanflächen, können auch die Nebenflächen mehrteilig sein. Die erforderliche Indizierung beginnt dann ebenfalls an der Schneidkante.

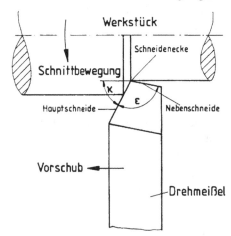

Bild 2.1–3 Schneiden am Drehwerkzeug
κ Einstellwinkel
ε Eckenwinkel

Die Schnittlinie von Span- und Freifläche bildet eine Schneidkante, die als Schneide bezeichnet wird. Sie kann gerade, geknickt oder gekrümmt sein. Entsprechend der jeweiligen Schnittbewegung wird darüber hinaus zwischen Haupt- und Nebenschneide unterschieden, wie es in **Bild 2.1–3** für einen Drehmeißel dargestellt ist.

Hauptschneide. Die Hauptschneide bezeichnet die Schneide, deren Schneidkeil innerhalb der Arbeitsebene in die Vorschubrichtung weist.

Nebenschneide. Die Nebenschneide bezeichnet eine Schneide, deren Schneidkeil innerhalb der Arbeitsebene nicht in die Vorschubrichtung weist, d. h. die Schneide, die der erzeugten Oberfläche zugewandt ist.

Schneidenecke. Die Schneidenecke bezeichnet die Stelle, an der Hauptschneide und Nebenschneide zusammentreffen. Die Schneidenecke kann spitz, mit einer Eckenrundung (Radius r_ε) oder mit einer Eckenfase (Fasenbreite $b_{f\varepsilon}$) versehen sein.

Die Schneidenmikro- und -makrogeometrien haben maßgeblichen Einfluss auf die Lebensdauer des Schneidkeils. Zur Stabilisierung der Schneide wird die Mikrogestalt der Schneidkante deswegen häufig mit Schneidkantenrundungen, Schutzfasen oder komplexeren Schneidkanten-architekturen präpariert.

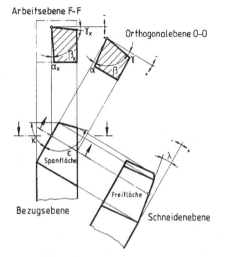

Bild 2.1–4 Drehwerkzeug in verschiedenen Schnittebenen
α Freiwinkel
β Keilwinkel
γ Spanwinkel
λ Neigungswinkel
x Index der Arbeitsebene

Die räumliche Positionierung der Werkzeugflächen und -schneiden entscheidet, wie der Span über das Werkzeug gleitet und welche Deformation er dabei erfährt. Zur Beschreibung werden Werkzeugwinkel definiert, welche die Lage der Werkzeugflächen in zwei ausgewählten Bezugssystemen kennzeichnen.

Das prozessunabhängige *Werkzeug-Bezugssystem* wird für die Werkzeugherstellung und -instandhaltung benötigt. Die Bezugsebene ist hier eine senkrecht zur Schnittrichtung angenommene Ebene in einem gewählten Schneidenpunkt. Im Allgemeinen ist diese Ebene parallel oder senkrecht zu einer Werkzeugfläche oder -achse ausgerichtet. Das prozessbezogene *Wirk-Bezugssystem* wird dagegen für die Beschreibung der im Spanprozess wirksamen Winkel (Wirkwinkel) benötigt. Kenngrößen des Wirk-Bezugssystems tragen den Index *e*. Da das Wirk-Bezugssystem und die Wirkwinkel sich nur geringfügig durch den Wirkrichtungswinkel ändern, entsprechen die Winkel des Werkzeug-Bezugssystems aber näherungsweise den Winkeln des Wirk-Bezugssystems. Ausnahmen sind Zerspanungssituationen mit sehr hohen Vorschüben und sehr niedrigen Schnittgeschwindigkeiten, Prozesse mit zusätzlicher Werkzeugbewegung oder Zerspanung mit mangelhaft justiertem Werkzeug.

Bild 2.1–4 zeigt die Winkel eines Drehwerkzeugs in den unterschiedlichen Ebenen. In der Werkzeugbezugsebene sind zwei Winkel zu erkennen:

Einstellwinkel.   Der Einstellwinkel κ verbindet die Hauptschneide mit der Vorschubrichtung.

Eckenwinkel. Der Eckenwinkel ε liegt zwischen Haupt- und Nebenschneide in der gleichen Ebene.

Das Bild zeigt den Drehmeißel noch in weiteren Ebenen. Bei einem senkrecht zur Hauptschneide laufenden Schnitt entsteht die Orthogonalebene $0 - 0$. Sie zeigt die drei Winkel des Schneidkeils:

Freiwinkel. Der Freiwinkel α muss nicht sehr groß sein. Er soll dafür sorgen, dass zwischen der Freifläche des Werkzeugs und dem Werkstück ein Zwischenraum bleibt und keine Reibung entsteht.

Keilwinkel. Der Keilwinkel β ist der Winkel zwischen Freifläche und Spanfläche. Er kennzeichnet die mechanische und thermische Stabilität der Hauptschneide. Je größer dieser Winkel ist, desto höher ist die Schneide durch Kräfte und Wärmefluss belastbar.

Spanwinkel. Der Spanwinkel γ kann positiv oder negativ sein. Er beeinflusst die Spanbildung auf der Spanfläche und die Größe der Schnittkraft. Die drei genannten Winkel $\alpha + \beta + \gamma$ ergeben zusammen 90°.

Die Arbeitsebene F – F wird in Vorschub- und Schnittrichtung aufgespannt und entspricht der Wirk-Bezugsebene. Sie zeigt ebenfalls einen Querschnitt durch den Drehmeißel. Die hier wiedergegebenen Wirkwinkel α_x, β_x und γ_x sind dementsprechend gegenüber α, β und γ geringfügig verzerrt. Die Nebenschneide hat auch Frei-, Keil- und Spanwinkel. Zur Unterscheidung erhalten sie den Index N: α_N, β_N und γ_N. In Bild 2.1–4 sind sie nicht dargestellt. Der Neigungswinkel λ gibt die Neigung der Hauptschneide eines Drehmeißels in der Schneidenebene an. Er kann ebenfalls positiv oder negativ sein und übt einen Einfluss auf die Spanform und dessen Ablaufrichtung aus.

2.1.2.1 Negative Spanwinkel

Negative Spanwinkel haben für das Zerspanen mit Schneiden aus Hartmetall oder Schneidkeramik und bei unterbrochenen Schnitten Bedeutung. Der Vorteil negativer Spanwinkel liegt in der Richtungsänderung der Zerspankraft. Dadurch wandelt sich die Beanspruchung an der Spanfläche von Zug in Druck. Druckbeanspruchung kann von stoßempfindlichen Schneidstoffen wesentlich besser aufgenommen werden als Zugbeanspruchung. In **Bild 2.1–5** ist der Kräfteangriff bei positivem und negativem Spanwinkel dargestellt.

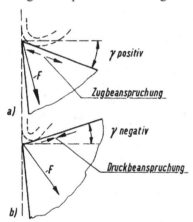

Bild 2.1–5 Unterschiedliche Beanspruchung an der Spanfläche, je nachdem, ob der Spanwinkel γ
a) positiv oder
b) negativ ist.
F – Zerspankraft

Je härter und fester ein Werkstoff und je spröder der Schneidstoff ist, desto stärker negativ wird der Spanwinkel ausgeführt, mitunter bis zu –25°. Bei entsprechend großen Schnittgeschwindigkeiten ergibt sich am Werkstück eine saubere Schnittfläche.

Ein negativer Spanwinkel erfordert bei gleichen Zerspanbedingungen größere Kräfte und Leistungen als ein positiver Spanwinkel. Um diesen erhöhten Leistungsbedarf möglichst klein zu halten und um einen guten Spanabfluss zu gewährleisten, wird häufig nur ein negativer Fasenspanwinkel γ_f angebracht, während der Haupt-Spanwinkel γ einen positiven Wert behält. Die Breite der Spanflächenfase $b_{f\gamma}$ wird etwa $(0,5\ldots1)\cdot f$ (f = Vorschub je Umdrehung) gewählt.

Den Einfluss einer solchen Maßnahme auf den Leistungsbedarf einer Werkzeugmaschine zeigt **Bild 2.1–6**.

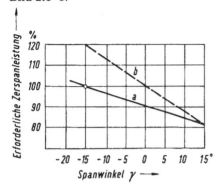

Bild 2.1–6 Veränderung der Zerspanleistung in Abhängigkeit vom Spanwinkel γ
a) mit Werkzeug-Fasenspanwinkel
b) ohne Werkzeug-Fasenspanwinkel

2.1.3 Schnitt- und Spanungsgrößen

Die Beschreibung der abzutrennenden Werkstückmaterialschichten erfolgt durch *Spanungsgrößen*. Diese beziehen sich definitionsgemäß auf den Ausgangszustand des Werkstücks und unterscheiden sich von den Maßen der erzeugten Späne, da der Span bei der Spanbildung eine starke plastische Deformation erfährt. Bei der Berechnung der Spanungsgrößen gehen die geometrischen Abmaße der aktiven Schneide genauso ein, wie die Eingriffs- und Bewegungsgrößen. Für die vereinfachte Betrachtung der Spanungsgrößen werden gerade Schneiden, scharfkantige Schneidenecken, vernachlässigbare Neigungswinkel und Werkzeug-Einstellwinkel der Nebenschneide von 0° angenommen.

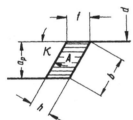

Bild 2.1–7 Schnittgrößen und Spanungsgrößen bei Werkzeugen mit gerader Schneide ohne Eckenrundung

Spanungsdicke. Mithilfe des Einstellwinkels κ kann die Spanungsdicke h definiert werden. Diese beschreibt die Dicke des Spanungsquerschnitts und entspricht bei der vereinfachten Betrachtung der Nennspanungsdicke.

$$h = f \cdot \sin(\kappa)$$ (2.1–3)

Wirkspanungsdicke. Im Wirkbezugssystem ist die Wirkspanungsdicke h_e geringfügig gegenüber h verzerrt. Der Zusammenhang ergibt sich mit η zu:

$$h_e = \frac{h}{\sqrt{1 + \sin^2(\kappa) \cdot \tan^2(\eta)}}$$ (2.1–4)

Spanungsbreite. Die Spanungsbreite b ist die Breite des Spanungsquerschnitts. Sie entspricht bei vereinfachter Betrachtungsweise der Länge der aktiven Hauptschneide bzw. der Nennspanungsbreite.

$$\boxed{b = a_{\mathrm{p}} / \sin(\kappa)}$$
(2.1–5)

Wirkspanungsbreite. Im Wirk-Bezugssystem ist die Wirkspanungsbreite b_{e} ebenfalls geringfügig gegenüber b verzerrt. Der Zusammenhang ergibt sich mit η zu:

$$\boxed{b_{\mathrm{e}} = b \cdot \sqrt{1 - \cos^2(\kappa) \cdot \tan^2(\eta)}}$$
(2.1–6)

Spanungsquerschnitt. Der Spanungsquerschnitt A stellt den Querschnitt dar, der mit einem Schnitt abgenommen wird, und setzt sich aus der Schnitttiefe a_{p} und dem Vorschub f zusammen, wie es in **Bild 2.1–7** dargestellt ist.

$$\boxed{A = a_{\mathrm{p}} \cdot f = b \cdot h}$$
(2.1–7)

Wirkspanungsquerschnitt. Der Wirkspanungsquerschnitt ergibt sich formal als Produkt der Wirkspanungsdicke und der Wirkspanungsbreite.

$$\boxed{A_{\mathrm{e}} = h_{\mathrm{e}} \cdot b_{\mathrm{e}}}$$
(2.1–8)

2.2 Spanbildung

Grundvoraussetzung für das Verständnis des Zerspanens ist das Verständnis des Spanbildungsvorgangs. Bei der Zerspanung dehnt der vordringende Schneidkeil zunächst den Werkstückwerkstoff elastisch, bis dieser nach dem Überschreiten des Schubwiderstands (Fließgrenze) unter Einfluss der wirksamen Schubspannungen entlang der Schneidkeilkante abschert. Risse entstehen dabei, wenn die wirksamen Normalspannungen die zulässige Kohäsionsgrenze überschreiten. Dementsprechend ist die Spanbildung metallischer Werkstoffe ein komplexer chemisch-physikalischer Vorgang, der gleichermaßen mit großen plastischen Dehnungen des Werkstückmaterials und extremen Verformungsgeschwindigkeiten einhergeht (**Bild 2.2–1 links**). Die dabei in den Wirkfugen auftretenden Temperaturfelder zeigen extreme Gradienten und Aufheizraten. Der Wärmetransport erfolgt durch Wärmeleitung, Konvektion und Strahlung. Darüber hinaus finden zwischen den Werkzeug- und Werkstückoberflächen gegebenenfalls Diffusions-, Abrieb-, Adhäsions- und Pressschweißprozesse ab (**Bild 2.2–1 rechts**). Insgesamt ist das Verformungsgeschehen durch folgende Grenzen charakterisiert:

Die Deformation erfolgt unter weitgehend adiabatischen Bedingungen bei Werkzeugdrücken von bis zu 30 GPa. Sie kann unstetig sein und maximale Scherungen von 60 % aufweisen. Es treten Aufheizgeschwindigkeiten von 10^6 K/s sowie Werkzeugtemperaturspitzen von 1600 K auf. Die Temperaturgradienten variieren von 0,2 K/µm in der Scherzone bis zu 60 K/µm in der Fließzone. In der Oberflächenrandzone können plastische Deformationen von 20 % zurückbleiben. Die Verformungsgeschwindigkeiten liegen in der konventionellen Zerspannung im Bereich vom 10^4 bis 10^7 s^{-1}. Die Kontaktlänge zwischen Span und Werkzeug ist im Normalfall kleiner als 3 mm. Die eigentliche Scherung findet in einem eng begrenzten Gebiet statt, dessen Breite etwa 5 – 10 % der Spanungsdicke beträgt.

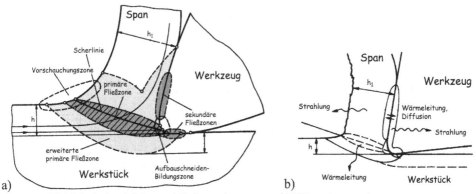

Bild 2.2–1 Spanbildung: a) Deformationszonen, b) Wärmetransport

Die eigentliche Spanabnahme entsteht durch eine bleibende plastische Verformung des Werkstückmaterials an der Spitze des Schneidkeils, wenn dieser beim Eindringen relativ zur Werkstückoberfläche bewegt wird. Hierbei bewegen sich die Versetzungen des Metallgitters unter dem Einfluss der wirkenden Schubspannungen. Fremdatome, die im Kristallgitter eingelagert sind, behindern diese Versetzungsbewegung und erhöhen auf diese Weise den Verformungswiderstand. An derartigen Hindernissen, aber auch an den Korngrenzen entstehen Risskeime, die bei der Spanbrechung sowie dem Werkzeugverschleiß von Bedeutung sind. Dementsprechend bilden sich in Abhängigkeit des Werkstoffs und der Zerspanbedingungen unterschiedliche Spanformen:

- *Fließspanbildung* bezeichnet die kontinuierliche Spanentstehung, bei welcher der Span mit gleichmäßiger Geschwindigkeit über die Spanfläche abgleitet. Sie tritt vermehrt bei gleichmäßigem, feinkörnigem Gefüge und hoher Duktilität des Werkstoffs auf und wird durch hohe Schnittgeschwindigkeiten, geringe Spanflächenreibung, positive Spanwinkel und geringe Spanungsdicken begünstigt.

- Demgegenüber ist die *Lamellenspanbildung* ein gleichmäßig periodischer Vorgang mit Formänderungsschwankungen, die im Span sichtbare Scherbänder erzeugen. Sie tritt vor allem bei gut verformbaren Werkstoffen höherer Festigkeit auf.

- Die *Scherspanbildung* ist ein diskontinuierlicher Vorgang, der meist bei negativen Spanwinkeln, geringen Schnittgeschwindigkeiten und größeren Spanungsdicken auftritt. Äußere Kennzeichen sind deutliche Unterschiede in Verformungstextur des immer noch zusammenhängenden Spans.

- Die *Reißspanbildung* tritt schließlich bei wenig plastisch formbaren Werkstoffen oder starken Werkstoffinhomogenitäten auf. Hierbei werden Teile aus dem nahezu unverformten Werkstoffzusammenhang herausgerissen, sodass die Oberflächengüte mehr durch den Reißvorgang als durch die Werkzeugspuren festgelegt ist.

Besondere Bedingungen treten bei der Hochgeschwindigkeitsbearbeitung auf. Während bei der Zerspanung von C45E mit einer Schnittgeschwindigkeit 200 m/min noch Fließspäne entstehen, findet die Spanbildung bei 300 m/min diskontinuierlich statt. Es entsteht ein Scherspan mit deutlicher Segmentierung. Hierbei wird der Werkstoff im Bereich der Schneidkante nach der ersten Kontaktherstellung stark gestaucht und im Bereich der freien Oberfläche stark geschert. Dringt das Werkzeug weiter vor, nehmen die Formänderungen bis zu einer werkstoffspezifischen Grenze stetig zu, bis eine Scherlokalisierung einsetzt und ein Segment abschert. Es laufen also Stauchung und Scherung nicht mehr parallel, sondern alternierend ab.

2.3 Kräfte, Energie, Arbeit, Leistung

Die Maschinenauslegung und die Werkzeugdimensionierung setzen eine gesicherte Kenntnis der auftretenden Werkzeugbelastungen voraus. Die theoretische Schnittkraftberechnung geht dabei auf *Kienzle* zurück und basiert auf der Beobachtung, dass die für einen Schnitt erforderliche Arbeit umso höher ist, je mehr Volumen pro Zeiteinheit gespant werden muss. Unterstellt man hierbei eine einfache *Proportionalitätsbeziehung*, folgt daraus für die Schnittleistung:

$$P_c \sim \frac{V}{t}$$

Mit der allgemeinen Definition einer Leistung $P_c = F_c \cdot v_c$ und einer geometrischen Volumenzerlegung in Schnittfläche und Schnittweg $V = A \cdot l_c$ sowie der Definition der Schnittgeschwindigkeit $v_c = l_c / t$ vereinfacht sich der obige Leistungsansatz zu:

$$F_c \sim A$$

Die Proportionalitätskonstante wird in der deutschsprachigen Literatur als *spezifische Schnittkraft* k_c bezeichnet und entspricht einer volumenbezogenen Energie, also der für die Zerspanung eines bestimmten Werkstückvolumens erforderlichen Schnittenergie. Mit ihr lautet die allgemeine Schnittkraftgleichung:

$$\boxed{F_c = k_c \cdot A}$$

Abweichend von der vereinfachten Proportionalitätsannahme zeigt die Erfahrung, dass die spezifische Schnittkraft *nicht* konstant ist. So ist bei Veränderung der meisten Verfahrensparameter ebenfalls eine Änderung der spezifischen Schnittkraft zu beobachten. Wichtige Einflussgrößen sind:

- der Werkstoff
- die Spanungsdicke
- der Schneidkeil und dessen Lage zum Werkstück (Spanwinkel, Freiwinkel, Neigungswinkel)
- die Schneidkeil-Mikrogeometrie (Kantenpräparation, Werkzeugstumpfung)
- der Schneidstoff
- die Schnittgeschwindigkeit.

Die einzelnen Einflussfaktoren sowie die erforderliche Kraftzerlegung wird im Folgenden näher beschrieben.

2.3.1 Zerspankraftzerlegung

Bild 2.3–1 zeigt die räumliche Lage der Zerspankraft und deren Zerlegung in verschiedene Komponenten, die in zwei senkrecht aufeinanderstehenden Flächen, der Arbeitsebene und der Bezugsebene, verlaufen.

Die Kräfte werden auf das Werkstück wirkend dargestellt und folgendermaßen benannt:

Zerspankraft F   Gesamtkraft, die auf das Werkstück wirkt.

Komponenten in der Arbeitsebene (Sie sind an der Zerspanleistung beteiligt.)

    Aktivkraft F_a   Projektion der Zerspankraft F auf die Arbeitsebene.

    Schnittkraft F_c   Projektion der Zerspankraft F auf die Schnittrichtung. Die Schnitt-
        kraft ist wichtigste Komponente, da der Leistungsbedarf für das
        Zerspanen fast ausschließlich von ihr abhängt. Auch für die Schnei-
        denbeanspruchung ist sie ausschlaggebend. Viele Untersuchungen
        beziehen sich nur auf die Schnittkraft F_c.

    Vorschubkraft F_f   Projektion der Zerspankraft F auf die Vorschubrichtung.

    Wirkkraft F_e   Projektion der Zerspankraft F auf die Wirkrichtung (nicht einge-
        zeichnet).

Komponente in der Bezugsebene

    Passivkraft F_p   Projektion der Zerspankraft F auf eine Senkrechte zur Arbeitsebene.
        Sie ist an der Zerspanleistung unbeteiligt.

Zum Messen der Zerspankraftkomponenten werden beim Drehen besondere Messwerkzeughalter verwendet. **Bild 2.3–2** zeigt ein klassisches Messgerät nach einem Vorschlag von Opitz. Mit ihm können die Zerspankraftkomponenten F_c, F_f und F_p gleichzeitig bestimmt werden. Diese werden über die Einspannhülse des Drehmeißels auf die jeweilige Messdosenfläche übertragen. Dort rufen sie elastische Verformungen hervor, die Maße für die Größe der Kraftkomponenten sind. Moderne Schnittkraftsensoren verwenden anstelle der Druckmessdosen piezoelektrisch wirkende Kristalle oder Dehnungsmessstreifen. Dadurch ist die Elastizität geringer. Zur Verstärkung der Signale werden Ladungsverstärker oder Trägerfrequenz-Messverstärker sowie digitale Datenverarbeitungs-Hard- und Software eingesetzt.

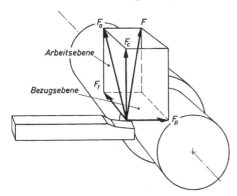

Bild 2.3–1
Zerlegung der Zerspankraft F nach DIN 6584
in die Komponenten F_c, F_f, F_p und F_a, die beim
Längsdrehen auf das Werkstück einwirken.

Um die Betrachtung des Zerspanvorgangs zu vereinfachen, werden oft Versuche und Darstellungen gewählt, bei denen die Zerspankraft F in die Arbeitsebene fällt. Dann wird die Aktivkraft $F_a = F$ und die Passivkraft $F_p = 0$.

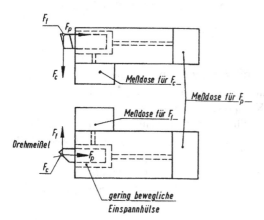

Bild 2.3–2

Dreikomponenten-Messmeißelhalter nach *Opitz*

Ein derartiger Zerspanvorgang ergibt sich z. B. beim Abdrehen eines Bundes oder beim seitlichen Abdrehen eines Rohres (**Bild 2.3–3**).

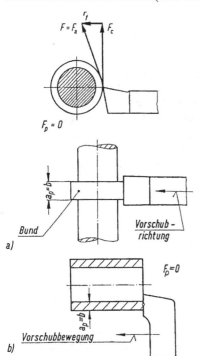

Bild 2.3–3 Beispiele für die praktische Durchführung von Orthogonalprozessen ($F_p = 0$, $a_p = b$, da $\kappa = 90°$)
a) Abdrehen eines Bundes
b) seitliches Abdrehen eines Rohres

Ein so vereinfachter Zerspanvorgang wird *Orthogonalprozess* genannt, da die Schneide orthogonal, d. h. rechtwinklig, zur Arbeitsebene verläuft. Die folgenden Erläuterungen der Abhängigkeiten der Zerspankraftkomponenten, besonders der Schnittkraft F_c, beziehen sich auf einen Orthogonalprozess. Dabei ist vorausgesetzt, dass der Span als Fließspan entsteht, d. h. dass das Abheben des Spanes in sehr feinen Gleitvorgängen erfolgt. Der abgehobene Werkstoff läuft also als zusammenhängender Span über die Spanfläche der Schneide.

2.3.2 Entstehung der Zerspankraft und Spangeometrie

Die Entstehung der Zerspankräfte kann anhand der Gleitlinientheorie begründet werden. In Bild 2.3–1 sind die Kräfte punktförmig angreifend angenommen. In Wirklichkeit liegt eine ungleichmäßige Spannungsverteilung vor. Für die üblichen praktischen Betrachtungen genügt jedoch die Annahme eines punktförmigen Angriffs der Kräfte.

Die im Orthogonalprozess auf das Werkstück wirkende Aktivkraft F_a hat folgende Aufgaben:

- Überwinden des *Scherwiderstands* des Werkstoffs entsprechend seiner Scherfestigkeit τ_B längs der Scherebene; sie ist unter dem Scherwinkel Φ gegenüber der Schnittrichtung geneigt.

- Überwinden der verschiedenen *Reibungswiderstände*, die bei den Verformungen im Werkstoff selbst sowie zwischen dem Werkstoff und den Schneidenflächen entstehen. Solche Reibungswiderstände treten in der Scherebene beim Scheren des abzutrennenden Werkstoffs, auf der Spanfläche beim Ablaufen des Spanes und auf der Werkstück-Schnittfläche beim Entlanggleiten an der Freifläche auf.

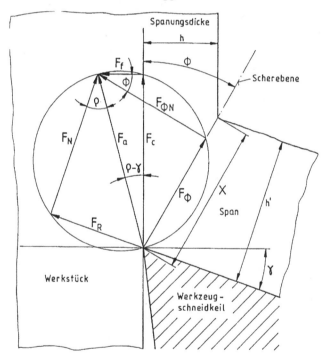

Bild 2.3–4 Kräftezerlegung im Orthogonalprozess nach Merchant

h	= Spanungsdicke	h′	= Spandicke
γ	= Spanwinkel	ϕ	= Scherwinkel
X	= Scherflächenhöhe	ρ	= Reibungswinkel
F_a	= Aktivkraft	F_c	= Schnittkraft
F_f	= Vorschubkraft	F_R	= Spanflächenreibungskraft
F_N	= Spanflächennormalkraft	$F_{\phi N}$	= Schernomalkraft
F_ϕ	= Scherkraft		

Die Größe des *Scherwinkels* Φ hängt von der Richtung der Zerspankraft F gegenüber der Schnittrichtung ab. Diese Richtung wird durch den Winkel $(\rho - \gamma)$ gekennzeichnet. Die Richtung der Aktivkraft F_a bestimmt die Hauptspannungsrichtung in dem zweiachsigen Spannungszustand, der dem Orthogonalprozess zugrunde gelegt werden kann. Die Gleitung, d. h. das Abscheren erfolgt dabei unter einem bestimmten Winkel zur Hauptspannungsrichtung. Dieser Gleitwinkel ist vom Verhältnis der Quetschgrenze zur Streckgrenze des betreffenden Werkstoffs abhängig. Wenn dieses Verhältnis 1 : 1 ist wie bei den meisten Stahlsorten, wird der Gleitwinkel 45°. Für die Berechnung des Scherwinkels Φ hat Merchant unter der Annahme einer ebenen Scherfläche (**Bild 2.3–4**) nach dem Prinzip der Minimalenergie folgenden Zusammenhang gefunden:

$$\boxed{\Phi = \frac{\pi}{4} - \frac{\rho}{2} + \frac{\gamma}{2}} \text{ ; Winkel im Bogenmaß} \tag{2.3–1}$$

Danach ist der Scherwinkel nur vom Spanwinkel und den Reibungsverhältnissen auf der Spanfläche abhängig.

Unter dem Einfluss der Zerspankraft wird der von der Schneide abgehobene Werkstoff verformt und zwar gestaucht, sodass der ablaufende Span andere Abmessungen als die eingestellten Spanungsgrößen hat. Die *Spangrößen* an der jeweils betrachteten Stelle des Spanes werden mit den gleichen Buchstaben wie die entsprechenden Spanungsgrößen bezeichnet. Als Unterscheidungsmerkmal wird ein ′ (Strich oben) benützt; also: Spanbreite b' Spandicke h' Spanquerschnitt A' Spanlänge l'_c und Spanvolumen V'.

Unter Spanstauchung wird das Verhältnis einer Spangröße zu der ihr entsprechenden Spanungsgröße verstanden. Je nach der gewählten Vergleichsgröße wird unterschieden nach:

Spanbreitenstauchung $\qquad \lambda_b = \dfrac{b'}{b}$

Spandickenstauchung $\qquad \lambda_h = \dfrac{h'}{h}$

Spanquerschnittsstauchung $\qquad \lambda_A = \dfrac{A'}{A} = \dfrac{b' \cdot h'}{b \cdot h} = \lambda_b \cdot \lambda_h$

Spanlängenstauchung $\qquad \lambda_l = \dfrac{l'_c}{l_c} = \dfrac{1}{\lambda_A}$

Vielfach ist die Spanbreitenstauchung λ_b gering, also $b' \approx b$; dann können Spandickenstauchung λ_h und Spanquerschnittsstauchung λ_A etwa gleichgesetzt werden.

Die Beziehungen zwischen λ_h, $_\gamma$ und Φ ergeben sich aus Bild 2.3–4 zu

$$\boxed{\tan \Phi = \frac{\cos \gamma}{\lambda_h - \sin \gamma}} \tag{2.3–2}$$

Wie aus dieser Gleichung ersichtlich, ist der für das Zerspanen wichtige Scherwinkel Φ vom Spanwinkel γ abhängig und steht mit der Spandickenstauchung λ_h in Beziehung. Während der Spanwinkel γ in der Werkzeugkonstruktion festliegt, wird die Spandickenstauchung λ_h im Wesentlichen durch den Spanflächenreibwert $\mu_{sp} = F_R / F_N = \tan(\rho)$ bestimmt. Der *Spanflächenreibwert* μ_{sp} ist eine Richtungsgröße und gibt die Richtung der Zerspankraft bezogen auf eine Normale zur Spanfläche an. Er kann graphisch ermittelt werden, wenn die Aktivkraft F_a aus den mit Kraftmessgeräten gemessenen Werten für die Schnittkraft F_c und die Vorschubkraft F_f in Bild 2.3–4 eingezeichnet wird.

Der Spanflächenreibwert μ_{sp} wird durch viele Einflüsse bestimmt, z. B. durch den zerspanten Werkstoff, die Art des Schneidstoffs, die Oberflächengüte der Spanfläche, die Schmierung u. a. Zwei wichtige unmittelbare Einflüsse, die ihrerseits weitgehend von den Zerspanbedingungen abhängen, sind:

- Der Druck des Spanes auf die Spanfläche also die Flächenpressung oder Spanpressung p_{sp} und

- Die Gleitgeschwindigkeit des ablaufenden Spanes auf der Spanfläche, die Spangeschwindigkeit v_{sp}

Die Reibungsverhältnisse beim Zerspanen ergeben, dass der Spanflächenreibwert μ_{sp} mit zunehmender Flächenpressung p_{sp} und zunehmender Spangeschwindigkeit v_{sp} abnimmt. Die Grenzwerte für den Spanflächenreibwert μ_{sp} dürfen etwa bei 0,1 als niedrigstem und etwa bei 1,3 als höchstem Wert liegen. Das zeigt, dass es sich nicht um einen reinen Reibungsbeiwert handelt. Vielmehr enthält die Tangentialkraft auch Kräfte, die vom Werkstoffdruck auf die Freifläche und der Spanabscherung herrühren.

Der Scherwinkel Φ ist — eben den Festigkeitswerten des zu zerspanenden Werkstoffs — bestimmend:

- für die Größe der sich ergebenden Scherkraft, da die Lage der Scherebene vom Scherwinkel Φ abhängt. Je größer der Scherwinkel Φ ist, desto kleiner wird bei sonst gleichen Spanungsgrößen die Höhe X (s. Bild 2.3–4) und damit die Scherfläche, und eine desto geringere Scherkraft ist zum Abtrennen des Spanes notwendig.

- für die Spanart, da sich mit zunehmendem Scherwinkel Φ die Spandickenstauchung λ_h verringert und es leichter zu einem fließenden Spanablauf kommt.

Der Scherwinkel Φ kann bei Zerspanversuchen nach Gleichung (2.3–3) berechnet werden, wenn gleichzeitig die Spandickenstauchung λ_h ermittelt wurde. Dies kann unter der Annahme, dass $b' \approx b$, in verschiedener Weise geschehen:

- durch Messen der Spandicke h'; denn $\lambda_h = \dfrac{h'}{h}$

- durch Messen der Spanlänge l'; denn $\lambda_h = \dfrac{l_c}{l_c'}$

    l_c Länge des Schnittweges, z. B. $\pi \cdot d$ für eine Umdrehung,

    l_c' Länge des gestauchten Spanes, z. B. durch Werkstückmarkierung messbar.

- durch Messen der Spangeschwindigkeit v_{sp}; denn $\lambda_h = \dfrac{v_c}{v_{sp}}$

Der Spanflächenreibwert kann auch unmittelbar durch Messen der Reibungs- und der Normalkraft bestimmt werden. Nach Bild 2.3–4 ist $\mu_{sp} = \tan\rho = F_R / F_N$. Im Falle, dass $\gamma = 0°$ wird, was häufig annähernd der Fall ist, kann $F_R = F_f$ und $F_N = F_c$ gesetzt werden. Damit lässt sich das Problem auf die Messung der Vorschub- und der Schnittkraft zurückführen.

Der einfache theoretische Ansatz von *Merchant* vernachlässigt Folgendes:

- Die Scherebene ist für die Werkstoffbewegung eine Unstetigkeitsstelle. Ein Werkstoffteilchen kann nicht mit unendlich großer Beschleunigung in die Spanablaufrichtung umgelenkt werden.

- Der Werkstoff wird ungleichförmig gestaucht. Dadurch bleibt die Scherzone nicht eben.

- Die Freifläche trägt ebenfalls zur Erzeugung der Zerspankraft bei, nicht nur die Spanfläche.
- Nur Fließspäne entstehen durch gleichmäßiges Stauchen und Scheren. Bei Scherspänen wechseln sich die Vorgänge unregelmäßig ab.

So entwickelten andere Forscher leicht veränderte Formeln für die Spanbildung. *Kronenberg* fand unter Einbeziehung dynamischer Faktoren den Zusammenhang

$$\Phi = \operatorname{arc cot}\left[\frac{e^{\mu_{sp}(\pi/2-\gamma)}}{\cos\gamma} - \tan\gamma\right] \qquad (2.3\text{--}3)$$

bei $\gamma = 0$ gilt

$$\tan\Phi = e^{-\mu_{sp}\cdot\pi/2}$$

Nach *Altmeyer* und *Krapf* haben Messungen des Scherwinkels nur eine durchschnittliche Streuung von 6 % bei Anwendung dieser Formel ergeben.

Wird statt einer Scherebene eine *räumlich ausgedehnte Scherzone* vorausgesetzt, können Dehnungsgeschwindigkeit und Werkstoffverfestigung bei der Spanscherung betrachtet werden. *Lee* und *Schaffer* müssen bei ihrem Ansatz jedoch idealplastisches Werkstoffverhalten voraussetzen. Sie finden für den Scherwinkel

$$\Phi = \frac{\pi}{4} - \rho + \gamma\ .$$

Bei kleinen Spanungsdicken werden die Kräfte zwar kleiner, aber der Einfluss der Freifläche, die von Merchant vernachlässigt wurde, nimmt nach *Khare* zu. *Röhlke* beziffert den Freiflächenanteil an der Zerspankraft F auf etwa ein Drittel. Er wird durch Reibung des Werkstoffs an der gerundeten Schneidkante und der Freifläche verursacht. Mit zunehmendem Verschleiß wird er größer. Eine Kräftezerlegung, die Spanflächen- und Freiflächenanteil gesondert berücksichtigt, zeigt **Bild 2.3–5**.

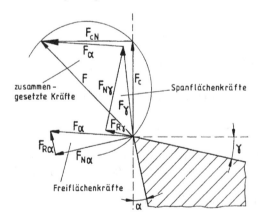

Bild 2.3–5 Kräftezerlegung unter Berücksichtigung des Freiflächeneinflusses nach Röhlke

Die Spannungen in der Spanentstehungszone, Scher- und Druckspannungen, sind ungleichförmig. Sie sind auf der Spanfläche am größten und führen dort zu stärkeren Werkstoffstauchungen als im übrigen Span. Dadurch kommt es nach *De Chiffre* zur Krümmung des Spanes.

2.3.3 Berechnung der Schnittkraft

Die drei Zerspankraftkomponenten heißen *Schnittkraft*, *Vorschubkraft* und *Passivkraft*. Die Annahme, die häufig gemacht wird, dass diese sich beim Drehen in ihren Größen verhalten wie $4:2:1$, ist oberflächlich und kann zu falschen Vorstellungen führen. Die Verhältnisse sind vielmehr sehr unterschiedlich und hängen von den Bedingungen des Zerspanvorgangs und der Werkzeuggeometrie ab.

2.3.3.1 Spanungsquerschnitt und spezifische Schnittkraft

Mit der Darstellung des Spanungsquerschnitts A nach Bild 2.1–7

$$A = b \cdot h = a_p \cdot f$$

kann für die senkrecht auf dieser Fläche wirkende Schnittkraft F_c in Anlehnung an Kienzle angesetzt werden:

$$\boxed{F_c = A \cdot k_c} \tag{2.3–4}$$

k_c ist in dieser Gleichung die *spezifische Schnittkraft*. Sie ist vorstellbar als der Teil der Schnittkraft, der auf die Fläche von 1 mm^2 des Spanungsquerschnitts wirkt. Sie ist keine konstante Größe, sondern wird von vielen Einflüssen verändert. Das sind besonders der Werkstoff die Spanungsdicke h, der Spanwinkel γ, die Schnittgeschwindigkeit v_c, die Art des Schneidstoffs und die Form der Hauptschnittfläche des Werkstücks. Die Spanungsbreite b verändert die spezifische Schnittkraft kaum.

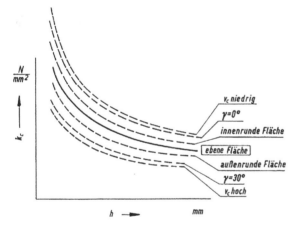

Bild 2.3–6
Verlauf der spezifischen Schnittkraft k_c, abhängig von der Spanungsdicke h unter Berücksichtigung der ungefähren maximalen Abweichungsmöglichkeiten infolge anderer Einflüsse wie Werkstückflächenform, Spanwinkel γ und Schnittgeschwindigkeit v_c (Einfluss des Schneidstoffs vernachlässigt)

Bild 2.3–6 zeigt, wie die bestimmenden Einflüsse k_c verändern. Für den gleichen Werkstoff bei gleicher Spanungsdicke h sind Schwankungen bis zu etwa $\pm\,30-40\,\%$ um einen mittleren Wert der spezifischen Schnittkraft möglich, je nach der Form der Werkstückfläche, dem Spanwinkel γ und der Schnittgeschwindigkeit v_c.

Die Bestimmung der *spezifischen Schnittkraft* kann auf verschiedene Arten erfolgen:

1) *Versuche* mit dem zu zerspanenden Werkstoff unter wirklichkeitsnahen Bedingungen können die genauesten Werte liefern. Sehr häufig ist es jedoch nicht möglich oder nicht sinnvoll, einen so großen Aufwand zu treiben. Eine rechnerische Bestimmung der spezifischen Schnittkraft wird dann vorgezogen, wobei gewisse Ungenauigkeiten in Kauf genommen werden.

2) *Tabellen* von k_c-Werten sind an verschiedenen Technischen Hochschulen erarbeitet worden und zum Beispiel in AWF 158[*] veröffentlicht. Diese Tabellen waren vielfach in Gebrauch, bevor die als 5) genannte Methode bekannt geworden ist. Sie sind jedoch lückenhaft geblieben und können als überholt angesehen werden.

Eine umfangreiche Zusammenfassung von k_c-Werten findet man bei *W. König* und *K. Essel* als Veröffentlichung des VDEh von 1973. Sie ist die beste bekannte Arbeitsunterlage.

3) Für grobe Überschlagsrechnungen kann man bei Stahl als Näherungsgleichung verwenden:

$$k_c \approx (4-6) \cdot R_m$$

Faktor 4 bei $h = 0{,}8$ mm,

Faktor 6 bei $h = 0{,}2$ mm,

R_m – Zugfestigkeit.

4) Eine weitere empirische Formel ist mit der Spandickenstauchung λ_h verknüpft

$$k_c \approx 2 \cdot R_m \cdot \lambda_h$$

5) Von *Kienzle* und *Victor* stammen Untersuchungen, die zu allgemein gültigen Werten der spezifischen Schnittkraft auch über das Zerspanungsverfahren Drehen hinaus führten. Sie wurden unter folgenden festgelegten Bedingungen vorgenommen:

Schneidstoff: Hartmetall

Werkzeugwinkel:	α_0	β_0	γ_0	ε_0	κ_0	λ_0
für Stahlbearbeitung	5°	79°	6°	90°	45°	4°
für Guss- und Hartgussbearbeitung	5°	83°	2°	90°	45°	4°

Schneideneckenrundung: $r_s = 1$ mm,

Werkzeugschärfe: arbeitsscharf, wie es nach kurzem Einsatz in Bezug auf seinen Verschleiß einen gewissen Beharrungszustand erreicht hat,

Schnittgeschwindigkeit: 90 – 125 m/min,

Spanungsverhältnis $b / h > 4$,

Spanungsdickenbereich: 0,1 – 1,4 mm,

Extrapolation möglich 0,05 – 2,5 mm.

Untersuchtes Zerspanungsverfahren: Außenrund-Längsdrehen

Es entstand eine Tabelle von Grundwerten $k_{c1\cdot1}$, bezogen auf den Spanungsquerschnitt $b \cdot h = 1\times1$ mm², die zunächst nach *Kienzle* und *Victor* 16 Werkstoffe umfasste und später auf 64 Werkstoffe von Victor erweitert wurde. Für Abweichungen von den einheitlichen Ausgangsbedingungen sind Korrekturen durchzuführen. Einfach ist es, sich dafür Korrekturfaktoren vorzustellen. Dann erhält man als Formel für die k_c-Berechnung:

$$\boxed{k_c = k_{c1\cdot1} \cdot f_h \cdot f_\gamma \cdot f_\lambda \cdot f_s \cdot f_v \cdot f_f \cdot f_{st}} \tag{2.3–5}$$

f_h Spanungsdickenfaktor

f_γ Spanwinkelfaktor

f_λ Neigungswinkelfaktor

f_s Schneidstofffaktor

f_v Geschwindigkeitsfaktor

f_f Formfaktor

f_{st} Stumpfungsfaktor

Victor hat auch Angaben über diese Einflüsse gemacht. Mit denen ist es möglich, die Korrekturfaktoren zu bestimmen. Das soll in den folgenden Kapiteln behandelt werden.

---

[*] AWF = Ausschuss für wirtschaftliche Fertigung

In **Tabelle 2.3-1** sind für einige Werkstoffe spezifische Grundwerte der Zerspankraftkomponenten, unter anderem die spezifische Schnittkraft $k_{c1 \cdot 1}$, aufgestellt. Sie sind aus verschiedenen Schrifttumsstellen zusammengesucht und beruhen daher teilweise auf unterschiedlichen Messbedingungen. Wichtige Ergänzungen zur Werkstoffangabe sind die Wärmebehandlung (N = normalgeglüht, QT = vergütet, A = weichgeglüht), die Zugfestigkeit R_m und die Härte des untersuchten Werkstoffs. Nennenswerte Abweichungen von den Grundwerten können von einem Abguss zum anderen, ja sogar von einer Stange zur anderen desselben Abgusses auftreten. Sorgfältige Messungen haben nach *König* und *Essel* nicht selten Abweichungen von mehr als 10 % ergeben.

2.3.3.2 Einfluss des Werkstoffs

Die bestimmende Festigkeitseigenschaft für die Höhe der sich ergebenden Schnittkraft ist die Scherfestigkeit des Werkstoffs, die für viele Werkstoffe näherungsweise der Zugfestigkeit entspricht. Auch der atomare Aufbau des Werkstoffs, die Größe und Form des Kristallkorns und die Art und Menge der Verunreinigungen sind von Bedeutung. Für manche Werkstoffe, beispielsweise für Grauguss und Kupfer, wird auch als Beziehungsgrundlage die Härte gewählt.

Tabelle 2.3-1: Grundwerte der spezifischen Zerspankraftkomponenten einiger Werkstoffe. Messbedingungen nach *Kienzle* und *Victor*: $\alpha_0 = 5°$, $\gamma_0 = 6°$ (bei Guss 2°), $\kappa_0 = 45°$, $\lambda_0 = 4°$, $r_s = 1$ mm, $v_{co} = 100$ m/min, Hartmetall. Ergänzt durch Messungen von *König* und *Essel* mit leicht veränderten Messbedingungen $h_0 = b_0 = 1$ mm.

Werkstoff	Nr.	R_m N/mm^2	HV10	$k_{c1 \cdot 1}$ N/mm^2	z	$k_{f1 \cdot 1}$ N/mm	x	$k_{n1 \cdot 1}$ N/mm^2	y	
C15+A	1.0401	373	108	1481	0,28	333	1,0	266	0,8	1
C22	1.0402	500		1800	0,16					
C35 +N	1.0501	550	160	1516	0,27	321	0,80	259	0,54	1
C45E+N [Ck45 (N)]	1.1191	628	185	1573	0,19	332	0,71	272	0,41	1
C45E+QT [Ck45 (V)]	1.1191	765	225	1584	0,25	364	0,73	282	0,43	1
C60E+N [Ck60 (N)]	1.1221	775	21	1686	0,22	285	0,72	259	0,41	1
S295GC [ZSt50-2]	1.0533	557	168	1500	0,29	351	0,70	274	0,50	1
E335GC [ZSt60-2]	1.0543	620		2110	0,17					
E360GC [ZSt70-2]	1.0633	824	239	1595	0,32	228	1,07	152	0,90	1
37 MnSi 5+A	1.5122	676	196	1581	0,25	317	0,69	259	0,41	1
37 MnSi 5+QT	1.5122	892	268	1656	0,21	239	0,70	249	0,33	1
42CrMo4+A	1.7225	568	170	1563	0,26	374	0,77	271	0,48	1
55 NiCrMoV 6	1.2713	1141	340	1595	0,21	269	0,79	198	0,66	1
100Cr6+A	1.3505	624	202	1726	0,28	318	0,86	362	0,53	1
18 CrNi 8 +A	1.5920	578	181	1446	0,27	351	0,66	257	0,47	1
16MnCr5+N	1.7131	500	150	1411	0,30	406	0,63	312	0,50	1
X6 CrNiMoNb 17-12-2	1.4580	600		1270	0,27					
X6 CrNiMoNb 17-12-2	1.4580	588		1397	0,24	181	0,74	173	0,59	2
EN-GJL-300 [GG-30]	EN-JL1050		HB206	899	0,41	170	0,91	164	0,70	1
Meehanite WA		360		1270	0,26					
EN-GJMW, EN-GJMB	EN-JM1xxx	> 400		1200	0,21					
GE 240 [GS 45]	1.0446	~ 400		1600	0,17					
GE 260 [GS 52]	1.0551	~ 600		1800	0,16					
EN AW-Al Mg4	EN AW-5086	260	HB 90	487	0,20	20	1,08	32	0,75	2
EN AC-Al Si10Mg	EN AC-43000	250		440	0,27					
EN AC-Al Si6Cu4	EN AC-45000	170		460	0,27					
EN-MCMgAl9Zn1	EN-MC21120	130		240	0,34					
NiCr20Co18Ti	2.4969	1275		1900	0,26	332	0,67	726	0,43	3
NiCr20TiAl	2.4952	1217	368	2211	0,22	341	0,71	561	0,41	3

Noch Tabelle 2.3-1

Messing DFB kaltg. CuZn39Pb3				430	0,38					
(Automatenmessing)	CW614N	420		450	0,32					
CuZn37	CW508L	360		1200	0,15					
CuSn8	CW453K	410		1200	0,10					
CuAl10Ni5Fe4	CW307G	650		1300	0,12					
RgA				820	0,25					
Polyamid 6-6										
Wassergeh. 0,1-0,5 %				160	0,15					

[1]   abweichende Messbedingungen: $\lambda_0 = 0°$, $\kappa_0 = 70°$, $r_s = 0,8$ mm, Hartmetall P10
[2]   abweichende Messbedingungen: $\gamma_0 = 15°$, $\lambda_0 = 0°$, $\kappa_0 = 70°$, $r_s = 0,8$ mm, K10
[3]   abweichende Messbedingungen: $\gamma_0 = 15°$, $\lambda_0 = 12°$, $\kappa_0 = 70°$, $r_s = 0,8$ mm, K10, $v_{co} = 40$ m/min

Bei Annahme vergleichbarer Zusammensetzung, z. B. bei unlegierten Stählen verschiedener Festigkeit, nimmt die spezifische Schnittkraft k_c unter sonst gleichen Zerspanbedingungen nicht in gleichem Umfang wie die Scherfestigkeit zu. Die Vergrößerung der spezifischen Schnittkraft ist geringer als die der Scherfestigkeit. Dies ist erklärlich, weil sich bei größerer Scherfestigkeit die Spanpressung p_{sp} erhöht und dadurch der Spanflächenreibwert μ_{sp} kleiner wird. Das bedeutet, dass sich der Scherwinkel Φ vergrößert. Ein Teil der durch die größere Scherfestigkeit bedingten Schnittkraftsteigerung wird also durch die sich gleichzeitig infolge des größeren Scherwinkels ergebende Scherflächenverringerung wieder aufgehoben. **Bild 2.3–7** zeigt den unterschiedlichen, in keinem Fall proportionalen Verlauf der spezifischen Schnittkraft k_c für verschiedene Werkstoffarten in Abhängigkeit von den Zugfestigkeitswerten.

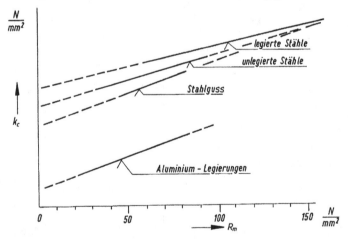

Bild 2.3–7
Abhängigkeit der spezifischen Schnittkraft k_c von der Art des zerspanten Werkstoffs und von seiner Zugfestigkeit R_m

Eine allgemein gültige Gesetzmäßigkeit für alle Werkstoffarten lässt sich aus diesen Erkenntnissen nicht ableiten. Deshalb musste die spezifische Schnittkraft $k_{c1\cdot1}$ für jeden Werkstoff im Versuch ermittelt werden. Die Zerspanungsversuche sollten möglichst alle mit dem selben Verfahren, dem Außendrehen, durchgeführt worden sein, um sie vergleichbar zu machen. Diese Voraussetzung ist jedoch nicht erfüllt, da sich verschiedene Forscher mit den Messungen beschäftigt und neben dem Drehen auch Bohren, Fräsen und Räumen angewandt haben. Aus diesem Grunde können bei einer Nachprüfung Abweichungen entstehen, die trotz weitgehender Vergleichbarkeit unvermeidlich sind.

2.3.3.3 Einfluss der Spanungsdicke

Die spezifische Schnittkraft k_c wird bei zunehmender Spanungsdicke h kleiner. Die Erklärung für dieses Verhalten findet man in der vergrößerten Spanpressung p_{sp} bei zunehmender Spanungsdicke. Die größere Spanpressung führt zu einem kleineren Spanflächenreibwert μ_{sp} und zu einem größeren Scherwinkel Φ (Bild 2.3–4 und Bild 2.3–5).

Damit verkleinert sich die Scherfläche und die Scherkraft. Also wird als Auswirkung dieser Zusammenhänge die spezifische Schnittkraft k_c kleiner.

In doppellogarithmischer Darstellung ergibt die Abhängigkeit k_c von h eine Gerade mit der Neigung z (**Bild 2.3–8**).

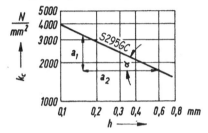

Bild 2.3–8
Abhängigkeit des k_c-Wertes von der Spanungsdicke h, dargestellt unter Verwendung doppeltlogarithmischer Koordinaten. Eingetragenes Beispiel: S295GC

Diese kann folgendermaßen erfasst werden:

$$\tan\alpha = \frac{a_1}{a_2} = z$$

Er ist für jeden Werkstoff anders und wurde in den Zerspanungsversuchen mit bestimmt. **Tabelle 2.3-1** enthält diese Neigungswerte z in der sechsten Spalte. Man erhält als Spanungsdickenfaktor f_h für Gleichung (2.3–0.):

$$\boxed{f_h = \left(\frac{h_0}{h}\right)^z} \qquad \text{mit } h_0 = 1 \text{ mm} \tag{2.3–6}$$

Wird Gleichung (2.3–4) in (2.3–0.) und (2.3–0.) eingesetzt, entsteht mit $h_0{}^z = f$ die vielfach angewandte Schnittkraftformel

$$\boxed{F_c = k_{c1\cdot1} \cdot b \cdot h^{1-z}} \tag{2.3–7}$$

2.3.3.4 Einfluss der Schneidengeometrie

Eine Vergrößerung des *Spanwinkels* γ um $\Delta\gamma$ bedeutet eine Drehung der für den Spanflächenreibwert μ_{sp} festgelegten Bezugsfläche, der Spanfläche. Wenn die sonstigen Verhältnisse unverändert blieben, würde die Richtung der Zerspankraft F um $\Delta\gamma$ steiler und damit der Scherwinkel Φ um $\Delta\gamma$ größer werden (siehe Bild 2.3–4). Da aber bei Vergrößerung des Spanwinkels die Flächenpressung p_{sp} infolge des flacheren Auftreffens des Spanes auf die Spanfläche geringer wird, erhöht sich der Spanflächenreibwert. Dadurch wird die Richtung der Zerspankraft F um einen bestimmten Winkel $\Delta\rho$ gewissermaßen wieder zurückgedreht.

Insgesamt ist deshalb nach *Victor* mit einer Abnahme der spezifischen Schnittkraft k_c bei Zunahme des Spanwinkels γ um 1,5 % je Grad und mit einer Zunahme der spezifischen Schnittkraft um 2 % je Grad Spanwinkelabnahme γ zu rechnen (**Bild 2.3–9**). Dieser Zusammenhang hat nur im Bereich von ± 10° um den Ausgangswert γ_0 Gültigkeit.

Als Spanwinkel-Korrekturfaktor f_γ lässt sich aufstellen:

$$\boxed{f_\gamma = 1 - m_\gamma (\gamma - \gamma_0)}$$ (2.3–8)

mit $m_\gamma = 0,015$ grd^{-1}
bei Stahl: $\gamma_0 = 6°$; $\gamma = -5°$ bis $+20°$
bei Guss: $\gamma_0 = 2°$; $\gamma = -10°$ bis $+15°$

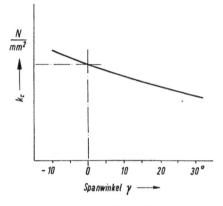

Bild 2.3–9
Abhängigkeit der spezifischen Schnittkraft k_c vom
Spanwinkel γ

Als *Neigungswinkel*-Korrekturfaktor gilt in ähnlicher Weise:

$$f_\lambda = 1 - m_\lambda (\lambda - \lambda_0)$$

mit $m_\lambda \approx 0,015$ grad^{-1}

λ_0 ist als Messbedingung aus den Anmerkungen zu Tabelle 2.3-1 zu entnehmen. Bei großen Abweichungen des Winkels λ von den Messbedingungen gilt die Formel nicht.

Der Einfluss des *Freiwinkels* α ist noch geringer. Im Bereich üblicher Größen $3° < \alpha < 12°$ braucht keine Korrektur durchgeführt zu werden. Bei größeren Freiwinkeln kann 1 % Schnittkraftverringerung je Grad Freiwinkelvergrößerung erwartet werden.

2.3.3.5 Einfluss des Schneidstoffs

Der Einfluss des Schneidstoffs auf die Größe der spezifischen Schnittkraft ist im Allgemeinen gering. Ein anderer Schneidstoff bei sonst gleichen Zerspanbedingungen wird dann zu kleineren Zerspankräften führen, wenn sein Spanflächenreibwert μ_{sp} kleiner ist. Dadurch wird sich über die Vergrößerung des Scherwinkels Φ eine Verringerung der spezifischen Schnittkraft k_c ergeben. Bei Versuchen zeigte sich, dass die Werte der Schnittkraft um etwa 10 % sinken, wenn bei sonst gleichen Bedingungen Hartmetall durch Schneidkeramik ersetzt wird.

Bei der Zerspanung von Stahl mit Schnellarbeitsstahl ergibt sich umgekehrt eine Vergrößerung der spezifischen Schnittkraft, da der Reibwiderstand auf der Spanfläche größer ist. Jedoch ist die einheitliche Schnittgeschwindigkeit von $v_c = 100$ m/min, die den $k_{c1\cdot1}$-Werten in Tabelle 2.3-1 zugrunde liegt, bei Schnellarbeitsstahl nicht anwendbar. Wählt man als Bezugsgeschwindigkeit $v_c = 20$ m/min, kann man mit einer Vergrößerung von $10 – 30$ % der spezifischen Schnittkraft gegenüber den Tabellenwerten rechnen. Das ergäbe einen mittleren Schneidstoff-Korrekturfaktor von $f_s = 1,2$. Er enthält zugleich den Einfluss der Schnittgeschwindigkeit und des Schneidstoffs.

2.3.3.6 Einfluss der Schnittgeschwindigkeit

Eine Veränderung der Schnittgeschwindigkeit v_c bedingt eine entsprechende Änderung der Spangeschwindigkeit v_{sp}. Wenn die Schnittgeschwindigkeit v_c bei sonst unveränderten Zerspanbedingungen vergrößert wird, ergibt sich mit der entsprechenden Vergrößerung der Spangeschwindigkeit v_{sp} eine Verringerung des Spanflächenreibwerts μ_{sp}. Diese Verringerung ist gleich bedeutend mit einer Richtungsänderung der Zerspankraft F in der Weise, dass F_a steiler verläuft. Damit vergrößert sich der Scherwinkel Φ und verkleinert sich die Scherfläche. Die Zerspankraft F und damit auch ihre Komponente F_c wird kleiner. Die Tendenz der Schnittkraftveränderung, abhängig von der Schnittgeschwindigkeit v_c, zeigt **Bild 2.3–10**.

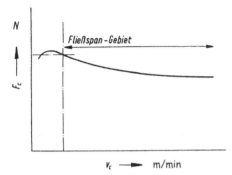

Bild 2.3–10
Abhängigkeit der Schnittkraft F_c von der Schnittgeschwindigkeit v_c

Diese Schnittkraftänderung muss in der spezifischen Schnittkraft k_c und darin eigens im Schnittgeschwindigkeitsfaktor f_v ihren Ausdruck finden.

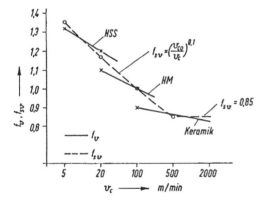

Bild 2.3–11
Korrekturfaktoren für die spezifische
Schnittkraft k_c
f_v: Geschwindigkeitsfaktor für Schnellarbeits-
stahl, Hartmetall und Schneidkeramik ge-
trennt
f_{sv}: Zusammenfassender Korrekturfaktor für die
Einflüsse von Schnittgeschwindigkeit und
Schneidstoff

In **Bild 2.3–11** sind in einem Diagramm Schnittgeschwindigkeitsfaktoren f_v für die Schneid-
stoffe Schnellarbeitsstahl, Hartmetall und Keramik dargestellt. Sie berücksichtigen gleichzeitig den Schneidstoffeinfluss (vgl. Kapitel 2.8).

Da auch diese drei Kurven nur Mittelwerte eines mit Streuung behafteten Einflusses sind, muss mit Abweichungen von diesem Verlauf gerechnet werden. Man macht deshalb auch keinen sehr viel größeren Fehler, wenn man die drei Kurven durch eine gemeinsame Linie ersetzt, die alle drei Bereiche sinnvoll verbindet. Diese gemeinsame Linie ist in Bild 2.3–11 gestrichelt eingezeichnet. Sie folgt der Gleichung:

$$f_{SV} = \left(\frac{v_{c0}}{v_c}\right)^{0,1} \qquad\qquad (2.3–9)$$

v_c ist darin die Schnittgeschwindigkeit, die zur Ausgangsschnittgeschwindigkeit $v_{c0} = 100$ m/min für die Tabellenwerte $k_{c1\cdot1}$ ins Verhältnis gesetzt wird. Der Faktor f_{sv} ersetzt f_s und f_v.

$$f_{sv} = f_s \cdot f_v \ (\geq 0{,}85).$$

Er muss nach unten begrenzt werden und bleibt deshalb bei Schnittgeschwindigkeiten $v_c \geq 500$ m/min $f_{sv} = 0{,}85$, da bei Anwendung von Schneidkeramik mit größerer Schnittgeschwindigkeit kaum eine Verringerung der spezifischen Schnittkraft gefunden wurde.

2.3.3.7   Einfluss der Werkstückform

Auch die Form der Fläche, die zerspant werden soll, beeinflusst die Größe der notwendigen Schnittkraft. Bei sonst gleichen Bedingungen wird die Scherfläche größer (**Bild 2.3–12**), wenn die Hauptschnittfläche von der außenrunden Form (z. B. Außendrehen) über die ebene Form (z. B. Hobeln) zur innenrunden Form (z. B. Innendrehen) übergeht. Dabei wird allerdings ein Teil der Scherflächenzunahme wieder aufgehoben, weil sich infolge der erhöhten Spanpressung der Scherwinkel Φ etwas vergrößert. Die Größenunterschiede für die Schnittkraft F_c liegen beim Übergang von der außenrunden zur ebenen und von der ebenen zur innenrunden Form bei $+ 10 - 15$ % (siehe auch **Bild 2.3–13**).

Diese Änderung der Schnittkraft muss sich in einem Korrekturfaktor für die spezifische Schnittkraft, dem *Formfaktor f_f* niederschlagen. Welche Zahlenwerte dafür einzusetzen sind, ist in **Tabelle 2.3-2** angegeben.

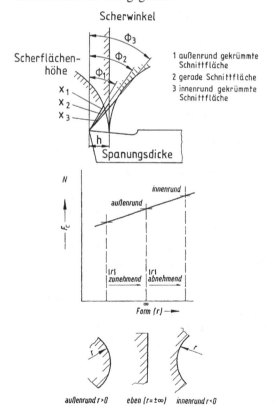

Bild 2.3–12 Veränderung der Scherflächengröße X und des Scherwinkels Φ unter dem Einfluss der Form der Hauptschnittfläche

Bild 2.3–13 Abhängigkeit der Schnittkraft F_c von der Form der Hauptschnittfläche

Tabelle 2.3-2: Berichtigungsfaktor für die spezifische Schnittkraft aufgrund des Einflusses der Form der Hauptschnittfläche

Bearbeitungsverfahren	Formfaktor f_f
Außendrehen, Plandrehen	1,0
Hobeln, Stoßen, Räumen	1,05
Innendrehen, Bohren, Senken, Reiben, Fräsen	$1,05 + \dfrac{d_0}{d}$

$d_0 = 1$ mm; d = Durchmesser der Innenform des bearbeiteten Werkstücks oder Werkzeugdurchmesser

2.3.3.8 Einfluss der Werkzeugstumpfung

Die Grundwerte der spezifischen Schnittkraft sind für arbeitsscharfe Werkzeuge aufgestellt worden. Im Gebrauch erleiden die Werkzeuge Verschleiß, wobei ihre Schneiden stumpf werden. Die Schnittkanten erhalten Abrundungen, Span- und Freifläche werden rau. Dadurch ist nach Kienzle und Victor eine Vergrößerung der Schnittkraft um 30 – 50 % bis zum Standzeitende zu erwarten. Von *König* und *Essel* werden verschiedene Untersuchungsergebnisse zusammenfassend auf die Verschleißmarke an der Freifläche bezogen und mit rund 10 % je 0,1 mm Verschleißmarkenbreite *VB* (vgl. auch 2.7.2.1) angegeben. Danach kann ein *Stumpfungsfaktor* zur Korrektur der spezifischen Schnittkraft folgendermaßen aufgestellt werden:

$$f_{st} = 1 + \frac{VB}{VB_0} \qquad (2.3–10)$$

$VB_0 = 1$ mm

Soll jedoch sehr viel einfacher 50 % Schnittkraftzuwachs vorsorglich berücksichtigt werden, ist $f_{st} = 1,5$ zu wählen.

2.3.3.9 Weitere Einflüsse

In den vorangegangenen Abschnitten nicht besprochen wurde eine ganze Reihe von weiteren Einflüssen auf die spezifische Schnittkraft, die manchmal Bedeutung erlangen können. Es sind das Zerspanungsverfahren, die Änderung der Werkstoffeigenschaften z. B. durch Kaltverfestigung, Erwärmung, die Verwendung von Kühlschmiermitteln, die Schneidengeometrie, die Oberflächengüte der Schneiden, die Zahl der gleichzeitig im Eingriff befindlichen Schneiden. Korrekturfaktoren dafür müssen bei Bedarf selbst gefunden werden. Eigene Versuche ergeben die sichersten Werte. Sonst muss der Einfluss aufgrund seiner Einwirkung auf die Spanbildung abgeschätzt werden.

Unter Berücksichtigung aller erfassbaren Einflüsse kann dann die spezifische Schnittkraft nach Gleichung (2.3–0.), die sich wie folgt geändert hat, berechnet werden:

$$k_c = k_{c1 \cdot 1} \cdot f_h \cdot f_\gamma \cdot f_\lambda \cdot f_{sv} \cdot f_f \cdot f_{st} \qquad (2.3–11)$$

Mit k_c ist die Schnittkraft $F_c = b \cdot h \cdot k_c$ bestimmbar.

2.3.4 Schneidkantenbelastung

Bezieht man die Schnittkraft auf die Länge b der Hauptschneide, die im Eingriff ist, (s. **Bild 2.1–7**) erhält man einen neuen Kennwert, die *bezogene Schnittkraft* k_b

$$k_b = \frac{F_c}{b} = k_c \cdot h \qquad\qquad\qquad (2.3-12)$$

Sie lässt besonders deutlich die Belastung der Schneidkante erkennen und wird als Vergleichswert bei Verschleißbetrachtungen herangezogen.

2.3.5 Berechnung der Vorschubkraft

Zur Berechnung der Vorschubkraft F_f lässt sich wie für die Schnittkraft ein Zusammenhang mit dem Spanungsquerschnitt A herstellen

$$F_f = A \cdot k_f \qquad\qquad\qquad (2.3-13)$$

Die darin enthaltene *spezifische Vorschubkraft* k_f kann ebenso wie die spezifische Schnittkraft als Grundwert $k_{f1\cdot1}$ mit verschiedenen Korrekturfaktoren aufgefasst werden:

$$k_f = k_{f1\cdot1} \cdot g_h \cdot g_\gamma \cdot g_\lambda \cdot g_\kappa \cdot g_s \cdot g_v \cdot g_{st} \qquad\qquad (2.3-14)$$

Tabelle 2.3-1 enthält für eine Anzahl von Werkstoffen auch die Grundwerte $k_{f1\cdot1}$ die ebenfalls auf den Spanungsquerschnitt $A = b_0 \cdot h_0 = 1 \times 1 \text{ mm}^2$ bezogen sind. Sie betragen durchschnittlich nur 1 / 5 der k_c-Werte. Trotz sorgfältiger Messungen ist eine größere Streuung der Messwerte festgestellt worden als bei den k_c-Werten. Deshalb ist die Berechnung der Vorschubkraft nur als Näherungslösung anzusehen.

2.3.5.1 Einfluss der Spanungsdicke

Mit zunehmender Spanungsdicke wird die spezifische Vorschubkraft kleiner. Der Einfluss folgt einem exponentiellen Gesetz und kann durch den Korrekturfaktor

$$g_h = \left(\frac{h_0}{h}\right)^x \qquad\qquad\qquad (2.3-15)$$

dargestellt werden. In Tabelle 2.3-1 können die x-Werte rechts neben den k_f Werten abgelesen werden. Leider sind sie besonders starken Streuungen unterworfen und verändern sich sehr mit der Schnittgeschwindigkeit v_c.

Durch Einsetzen erhält man die häufig gebrauchte Vorschubkraftformel

$$F_f = k_{f1\cdot1}b \cdot h^{1-x} \qquad\qquad\qquad (2.3-16)$$

Hierin sind keine weiteren Einflüsse berücksichtigt, von der die spezifische Vorschubkraft auch noch abhängt. Dafür müssen die folgenden Korrekturfaktoren angewendet werden.

2.3.5.2 Einfluss der Schneidengeometrie

Die Vorschubkraft wird durchschnittlich um 5 % je Grad *Spanwinkel*verkleinerung und um 1,5 % je Grad *Neigungswinkel*verkleinerung größer. Daraus können folgende Korrekturfaktoren abgeleitet werden:

$$g_\gamma = 1 - m_\gamma (\gamma - \gamma_0), \, g_\lambda = 1 - m_\lambda (\lambda - \lambda_0),$$
$$\text{mit } m_\gamma = 0{,}05 \text{ und } m_\lambda = 0{,}015.$$

Der *Freiwinkel* hat im üblichen Bereich $3° < \alpha < 12°$ keinen Einfluss auf die Zerspankraftkomponente. Victor hält bei größeren Freiwinkeländerungen eine Korrektur von 1 % je Grad Freiwinkeländerung für angemessen. Das entspricht einem Korrekturfaktor von

$$g_\alpha = 1 - 0{,}01 \cdot (\alpha - \alpha_0)$$

Mit dem *Einstellwinkel* κ vergrößert sich die Vorschubkraft. In erster Näherung kann ein Zusammenhang mit dem Sinus des Winkels angenommen werden. Es kann daraus der Korrekturfaktor für die spezifische Vorschubkraft

$$g_\kappa = \frac{\sin \kappa}{\sin \kappa_0}$$

aufgestellt werden. Die Gültigkeit sollte jedoch auf den Bereich von ± 10° um die Messgrundlage von κ_0 eingeschränkt bleiben.

2.3.5.3 Einfluss des Schneidstoffs

Der Schneidstoff beeinflusst die Vorschubkraft durch seinen Reibungsbeiwert, den er im Zusammenwirken mit dem Werkstoff erhält. Stahl auf Stahl erzeugt größere Reibungskräfte als Stahl auf Hartmetall oder auf Keramik. Sie können jedoch sehr unterschiedlich sein, abhängig vom Härteunterschied, von der chemischen Zusammensetzung und der Gefügeausbildung. So haben auch vergleichende Messungen bei Bearbeitung von Stahl mit Schnellarbeitsstahl stark wechselnde Ergebnisse gegenüber der Bearbeitung mit Hartmetall gezeigt, nämlich die ein- bis zweifache Vorschubkraft. Also müsste der Korrekturfaktor für den Einfluss von Schnellarbeitsstahl

$$g_s = 1{,}0 \text{ bis } 2{,}0 \quad \text{gesetzt werden.}$$

Keramik verringert die Vorschubkraft gegenüber Hartmetall um 15 – 20 %. Der entsprechende Korrekturwert ist also

$$g_s = 0{,}8 \text{ bis } 0{,}85.$$

Auch die Beschichtung von Hartmetallen mit TiC, TiN oder Al_2O_3 verringert die Reibung. Entsprechende Korrekturwerte können gewählt werden.

2.3.5.4 Einfluss der Schnittgeschwindigkeit

Im Anwendungsbereich des Hartmetalls von 50 – 200 m/min bei der Bearbeitung nicht gehärteten Stahls nimmt die Vorschubkraft um über 50 % ab. Das kann in einem Korrekturwert folgender Form vereinfacht angegeben werden:

$$g_v = \left(\frac{v_{co}}{v_c} \right)^{0,35}$$

Hierin ist v_c die Schnittgeschwindigkeit und $v_{co} = 100$ m/min die Messbedingung, auf welche die meisten Messwerte in Tabelle 2.3-1 bezogen sind.

Gehärteter Werkstoff verhält sich ganz anders. Mit zunehmender Schnittgeschwindigkeit kann die Vorschubkraft auf mehr als ihren doppelten Wert ansteigen.

Die Exponenten x, die für die Spanungsdickenkorrektur benutzt werden, verändern sich auch nicht unbeträchtlich. Leider wird dadurch der Einfluss der Schnittgeschwindigkeit auf die Vorschubkraft sehr unübersichtlich. Eine allgemein gültige Regel kann nicht aufgestellt werden.

2.3.5.5 Stumpfung und weitere Einflüsse

Erheblicher Einfluss wird von der Werkzeugabstumpfung auf die spezifische Vorschubkraft ausgeübt. Der k_f-Wert vergrößert sich um rund 25 % je 0,1 mm Verschleißmarkenbreite bei Hartmetallschneiden. Das entspricht einem Stumpfungsfaktor von

$$g_{st} = 1 + 2{,}5 \cdot \frac{VB}{VB_0}, \quad \text{mit } VB_0 = 1 \text{ mm.}$$

Die weiteren Einflüsse auf die spezifische Vorschubkraft:

- Temperatur des Werkstücks
- Werkstückform
- Werkstoffverfestigung
- Schmierung und
- Kühlung

können nur aufgezählt werden. Die Aufstellung von Korrekturfaktoren ist nicht möglich, da ihre Gesetzmäßigkeiten unbekannt oder zu unregelmäßig sind.

2.3.6 Berechnung der Passivkraft

Die Passivkraft beim Drehen wird nur selten berechnet. Sie verursacht keine Arbeit, die von einem Antrieb aufgebracht werden müsste, weil in ihrer Richtung keine der Hauptbewegungen läuft. Sie ist durchschnittlich nur 1 / 6 so groß wie die Schnittkraft. Wissenschaftliche Grundlagen zu ihrer Berechnung sind besonders lückenhaft und die Ergebnisse sind mit den größten Unsicherheiten verbunden. Bezieht man auch sie auf den Spanungsquerschnitt A, kann der Zusammenhang mit der spezifischen Passivkraft k_p hergestellt werden:

$$\boxed{F_p = A \cdot k_p}.$$
(2.3–17)

Die *spezifische Passivkraft* berechnet man wieder aus einem Grundwert $k_{p1\cdot1}$ in N/mm² aus Tabelle 2.3-1, der auf den Spanungsquerschnitt $A = b_0 \cdot h_0 = 1 \times 1$ mm² bezogen ist, und aus Korrekturfaktoren

$$\boxed{k_p = k_{p1\cdot1} \cdot h_h \cdot h_\gamma \cdot h_\lambda \cdot h_\kappa \cdot h_{st} \cdot h_\alpha}.$$
(2.3–18)

Der Einfluss der *Spanungsdicke h* folgt dem exponentiellen Gesetz

$$\boxed{h_h = \left(\frac{h_0}{h}\right)^y},$$
(2.3–19)

mit $h_0 = 1$ mm

Die Exponenten y liegen zwischen 0,3 und 1,0. Sie sind in Tabelle 2.3-1 hinter den $k_{p1\cdot1}$-Werten für jeden Werkstoff angegeben. Damit kann die Gleichung (2.3–12) auch in folgender Form geschrieben werden:

$$\boxed{F_p = k_{p1\cdot1} \cdot b \cdot h^{1-y}}.$$
(2.3–20)

Außer h_h sind hierin jedoch noch keine Korrekturfaktoren berücksichtigt worden.

2.3.6.1 Einfluss der Schneidengeometrie

Die Passivkraft wird vom *Spanwinkel* γ durchschnittlich um 4 %, vom *Neigungswinkel* λ um 10 % und vom *Freiwinkel* α etwa um 1 % je Grad Winkeländerung beeinflusst. Daraus können die Korrekturfaktoren

$$h_\gamma = 1 - 0,04(\gamma - \gamma_0)$$

$$h_\lambda = 1 - 0,1(\lambda - \lambda_0) \text{ und}$$

$$h_\alpha = 1 - 0,01(\alpha - \alpha_0)$$

aufgestellt werden. Der Einfluss des *Einstellwinkels* κ ist in grober Näherung durch ein Kosinusgesetz darstellbar:

$$h_\kappa = \frac{\cos\kappa}{\cos\kappa_0}.$$

Ein Gültigkeitsbereich für die Gleichungen kann nicht angegeben werden. Ihre Genauigkeit ist nicht sehr groß.

2.3.6.2 Stumpfung und weitere Einflüsse

Auf die Passivkraft wirkt sich die Stumpfung des Werkzeugs am stärksten aus. Sie vergrößert sich um 30 % je 0,1 mm Verschleißmarkenbreite. Das bedeutet, dass sie bei einer Verschleißmarke von VB bis 0,4 mm mehr als doppelt so groß werden kann.

$$h_{st} = 1 + 3 \cdot \frac{VB}{VB_0} \quad \text{mit } VB_0 = 1\,\text{mm}.$$

Die weiteren Einflüsse auf die spezifische Passivkraft werden vom Schneidstoff, der Schnittgeschwindigkeit, der Temperatur, der Werkstückform, der Werkstoffverfestigung, der Schmierung und der Kühlung ausgeübt. Entsprechende Korrekturfaktoren sind denkbar, können hier aber nicht angegeben werden, da zuverlässige Zusammenhänge nicht bekannt sind.

2.4 Temperatur an der Schneide

Die Temperatur an der Schneide, die sich nach Beginn des Zerspanens als Gleichgewichtszustand zwischen der beim Zerspanen entstehenden und der abgeführten Wärme einstellt, hat eine große Bedeutung für die Abstumpfung der Schneide. Die gleichen Kräfte und Geschwindigkeiten führen erheblich schneller zur Zerstörung der Schneide, wenn sie bei höherer Temperatur auf diese einwirken, als wenn dies bei geringerer Temperatur geschieht. Immer wird fast die gesamte Zerspanenergie in Wärme umgesetzt. Wie **Bild 2.4–1** zeigt, wird die Wärme bei folgenden Vorgängen frei:

- Scheren in der Scherebene und Stauchen des entstehenden Spanes
- Trennen des Werkstoffs unter Zugspannung über der Schneidkante
- Reibung zwischen Span und Spanfläche unter großer Flächenpressung
- Reibung an der Freifläche in einer kurzen Reibungszone, die nahezu mit der Verschleißmarke identisch ist
- Reibung im Span bei seiner endgültigen Formung.

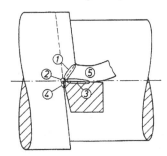

Bild 2.4–1 Wärmequellen beim Zerspanen
1 Scheren und Stauchen des Spanes
2 Werkstofftrennung
3 Reibung auf der Spanfläche
4 Reibung an der Freifläche
5 weitere Verformung des Spanes

2.4.1.1 Messen der Temperatur

Im Lauf der Jahre hat die experimentelle Zerspanungsforschung eine Reihe unterschiedlicher Versuchsaufbauten hervorgebracht, die das Ausmaß der Temperaturbelastung erfassen können.

Typische Experimente nutzen hierfür eingebettete Thermoelemente oder Ein- bzw. Zweimeißelverfahren (z. B. Span- / Werkzeugkopplung), Pyrometrie, Infrarotfotografie oder -video-
grafie, Pulver- bzw. Filmindikatoren oder auch metallografische Techniken. Die drei letztge-
nannten Methoden stellen im eigentlichen Sinn keine Temperaturmessung dar, sondern indizieren das Überschreiten charakteristischer Temperaturgrenzwerte.

Thermoelement Messung

Mit Thermoelementen kann ein Temperaturunterschied aufgrund des *Seebeck-Effekts* direkt
gemessen werden, wenn die Verbindungsstellen zweier Metalle mit ungleicher Wärmeleitfähigkeit im Temperaturfeld platziert sind. Insbesondere kann die Temperaturänderung in der
Wirkfuge direkt und dynamisch bestimmt werden, wenn Span und Werkzeug die Thermopaa-
rung bilden (Ein- und Zweimeißelmethode). Die einzelnen Aufbauten werden im Folgenden
erläutert.

Einmeißelverfahren nach *Gottwein*: Werkzeug und Werkstück werden als Thermopaar benutzt
(**Bild 2.4–2**). Das Messinstrument zeigt die Thermospannung an, die der Temperaturdifferenz
zwischen der kalten und warmen Berührungsstelle entspricht. Das Ergebnis ist ein Mittelwert
des ganzen Temperaturfeldes der Berührungsstelle zwischen Werkzeug und Werkstück.

Zweimeißelverfahren nach *Gottwein-Reichel*: Zwei Werkzeuge aus verschiedenen Schneidstoffen kommen gleichzeitig zum Eingriff (**Bild 2.4–3**). Unter der Annahme, dass an beiden Werkzeugen das gleiche Temperaturfeld entsteht, erzeugen verschiedene Schneidstoffe auch verschiedene Thermospannungen, deren Differenz ein Maß für die mittlere Temperatur ist und
angezeigt wird.

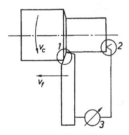

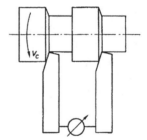

Bild 2.4–2 Einmeißelmethode nach *Gott-*
wein zur Temperaturmessung in der
Schnittzone
1   warme Berührungsstelle
2   kalte Berührungsstelle
3   Thermospannungsanzeige als Folge
    der Temperaturdifferenz

Bild 2.4–3 Zweimeißelmethode zur Temperaturmessung nach *Gottwein-Reichel*

Alternativ zum Ein- und Zweimeißelverfahren können auch *konfektionierte Thermoelemente* in
das Messobjekt eingebettet werden (**Bild 2.4–4**). Hierfür müssen in die Schneidplatte oder das
Werkstück kleine Bohrungen eingearbeitet werden. Man kann die Temperatur dann an diesem
Schneidepunkt messen. Die Bohrungen lassen sich bis dicht unter die Oberfläche führen. Zur
Temperaturmessung unmittelbar an der Spanfläche muss das Thermoelement durch die
Schneide durchgeführt und an der Oberfläche verschweißt und plangeschliffen werden. Prinzipiell misst dieser Aufbau jedoch nur die Temperatur innerhalb des Thermodrahts. Es bedarf
also des Temperaturausgleichs zwischen Messobjekt und Thermodraht. Die Messdynamik
dieser Thermodrähte ist deswegen direkt vom Drahtdurchmesser abhängig, sodass überwiegend Drahtdurchmesser im Submillimeterbereich ($D < 0,5$ mm) eingesetzt werden, die eine

geringe Biegesteifigkeit besitzen und schwer zu platzieren sind. Als weiteres, häufig unter-schätztes Problem treten beim Wärmeübergang vom Messobjekt zum Thermodraht Über-gangsverluste auf. Dies gilt insbesondere, wenn die dünnen Drähte nicht im Presssitz platziert werden können. Auch die Positioniergenauigkeit ist hier begrenzt.

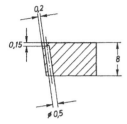

Bild 2.4–4 Bohrung für Mi-niaturthermoelement in einer Hartmetallschneide nach *Dawihl, Altmeyer, Sutter*

Strahlungsmessung

Neben der Thermoelementmessung haben sich auch Strahlungsmesssysteme etabliert. Diese Systeme arbeiten kontaktlos und erfassen auch schwer zugängliche Messstellen. Für räumlich isolierte Messwerte können Pyrometer (Strahlungsthermometer) eingesetzt werden, welche die emittierte Strahlungsdichte punktuell erfassen. Soll dagegen die Temperaturverteilung komple-xer Messobjekte vollständig erfasst werden, ist die Infrarot-Videografie anzuwenden.

Die Strahlungsmessung birgt aber auch offensichtliche Probleme. Allem voran ist es nicht möglich, die Emissionsintensität isoliert zu messen. Vielmehr stellt die vom Sensor erfasste Strahlungsintensität das Summensignal aus der emittierten Wärmestrahlung und der vom Messobjekt reflektierten Umgebungsstrahlung (abzüglich der vom Umgebungsmedium absor-bierten Strahlung) dar. Die jeweiligen Strahlungsanteile müssen in der Regel geschätzt werden und hängen von einer Vielzahl von Einflussfaktoren wie der elektrischen Leitfähigkeit, der Oberflächentopografie und dem Strahlungswinkel ab, um nur einige zu nennen. Da der tatsäch-lich dabei wirksame Emissionsanteil analytisch schwer vorhersagbar ist, erfolgt die Zuweisung in der Praxis durch Vorgabe eines empirischen Emissionsgrads, wohingegen Reflexionseffekte an der Oberfläche und Strahlungsabsorption durch das Umgebungsmedium unberücksichtigt bleiben.

Insgesamt ergeben sich eine Reihe von Wechselbeziehungen:

- Entsprechend des Wienschen Verschiebungsgesetzes verkürzt sich die Wellenlänge der von einem Messobjekte emittierten Strahlung von etwa 15 µm auf etwa 1 µm, wenn sich die Oberflächentemperatur des Messobjekts von –100° C auf 1000° C er-höht.

- Gleichzeitig erhöht sich die Strahlungsintensität mit der vierten Potenz der absoluten Oberflächentemperatur.

- Generell ist der Emissionskoeffizient von blanken Metalloberflächen sehr niedrig (et-wa 0,1) und erreicht selbst bei Temperaturen von 800° C nur einen Wert von 0,2. Umgekehrt sinken die Emissionskoeffizienten der entstehenden Metalloxide von 0,9 (bei Raumtemperatur) auf 0,4 (bei 900 °C) und verfälschen das Messergebnis erheb-lich. Ähnliches gilt für Nichtmetalloberflächen, deren Emissionskoeffizienten noch höher liegen.

- In der Konsequenz erschweren sich ändernde, blanke Metalloberflächen die Tempera-turmessung, sodass vielfach mattschwarze Thermolacke mit thermisch konstant ho-hem Emissionsgrad (etwa 0,95) auf das Messobjekt aufgebracht werden. Alternativ könnten für Temperaturen oberhalb von 400 °C auch Quotientenpyrometer eingesetzt werden, welche die Veränderung des Emissionskoeffizienten durch parallele Messungen in zwei unterschiedlichen Frequenzbereichen kompensieren.

- Zusätzlich wirkt sich die Reflexion der Umgebungsstrahlung, wie sie durch sich erwärmende Versuchsaufbauten entsteht, auf den Messwert aus. Dies gilt insbesondere für den Niedrigtemperaturbereich, da hier die Unterschiede zwischen der emittierten und der reflektierten Strahlungsintensität gering sind.

- Darüber hinaus ändern sich die vorliegenden Reflexionseigenschaften dramatisch mit dem Betrachtungswinkel und sind folglich sehr schwer vorherzusagen.

- Abschließend ist zu beachten, dass die Gase der Umgebungsluft im Temperaturbereich von 400 – 800 °C eine sehr starke Filterwirkung haben. Die Filterwirkung anderer Gase, wie sie z. B. bei der Verdampfung von Kühlschmierstoffen entstehen, ist in der Praxis meist nicht bekannt.

Trotz dieser Einschränkungen haben sich optische Temperaturmesssysteme in der Forschungslandschaft etabliert und liefern bei hinreichender Anpassung an die Messaufgabe validierbare Messergebnisse.

2.4.2 Temperaturverlauf

Die Temperatur an der Schneide hängt von vielen Einflüssen ab. Man kann sie in drei Einflussgruppen zusammenfassen.

1) Werkstück	2) Werkzeug	3) Schnittbedingungen
• Werkstoffeigenschaften	• Schneidstoff	• Schnittgeschwindigkeit
• Werkstücktemperatur	• Schneidengeometrie	• Kühlung
• Werkstückform	• Verschleißzustand	• Schmierung
• Spanform	• Spanflächenrauheit	• Schnitttiefe
		• Vorschub

Hier soll nur ein Diagramm nach *Dawihl* die Abhängigkeit von der Schnittgeschwindigkeit v_c bei einigen Werkstoffen zeigen. In **Bild 2.4–5** sind die Messergebnisse, die mit dem Einmeißelverfahren ermittelt wurden, wiedergegeben. Die Schneidentemperatur nimmt bei allen Werkstoffen mit der Schnittgeschwindigkeit parabelförmig zu. Gemessen wurden Betriebstemperaturen zwischen 200 – 800 °C. In einem mittleren (kritischen) Schnittgeschwindigkeitsbereich haben die Kurven einen unstetigen Verlauf. Er hängt wahrscheinlich mit der Bildung von Aufbauschneiden zusammen und trennt zwei unterschiedliche stabile Bereiche voneinander.

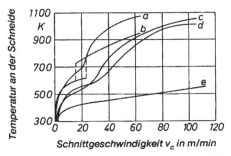

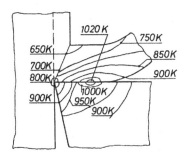

Bild 2.4–5 Temperaturverlauf an der Schneide, abhängig von der Schnittgeschwindigkeit bei a: C100, b: C10, c: C35E, d: GG-260, e: Ms58 nach *Dawihl*, *Altmeyer* und *Sutter*. Gemessen wurde gemäß Bild 2.4–2 an einer Schneide aus Hartmetall K 10 unter folgenden Bedingungen: $f = 0{,}19$ mm/U, $a_p = 2$ mm, $\gamma = 0°$, $\alpha = 6°$, $\varepsilon = 90°$, $\kappa = 45°$

Bild 2.4–6
Temperaturverteilung an Werkzeug und Span beim Drehen von Stahl mit einer Hartmetallschneide

2.4.3 Temperaturfeld und Wärmebilanz

In **Bild 2.4–1** wurden an der Skizze einer Spanwurzel die wichtigsten Wärmequellen angegeben. Die entstehende Wärme wird über den Span, das Werkzeug und das Werkstück abgeführt. Bei Verwendung von Kühlmitteln wird ein Teil der Wärme auch über diese abgeleitet. *Lössl* gibt an, dass etwa 60 % der entstehenden Wärme in den Spänen bleibt, 38 % auf das Werkstück und nur 2 % in das Werkzeug übergeht. Er zeigt gleichzeitig, dass diese Verhältnisse von der Temperatur abhängig sind, sich also auch mit der Schnittgeschwindigkeit ändern.

Trotz des geringen Wärmeanteils, der in das Werkzeug geleitet wird, entstehen hier die höchsten Temperaturen. **Bild 2.4–6** zeigt die Temperaturverteilung an der Schnittstelle beim Zerspanen von Stahl. Der Punkt höchster Temperatur ist auf der Spanfläche zu finden. Das Temperaturniveau im Werkzeug nimmt nach *Lössl* insgesamt ab, wenn die Wärmeeindringfähigkeit kleiner ist. Da diese von der Wärmeleitfähigkeit und der Wärmekapazität abhängt, sind kleine Wärmeleitfähigkeit und kleine Wärmekapazität günstige Eigenschaften für den Schneidstoff.

2.5 Oberflächenintegrität

Die technologischen Eigenschaften einer erzeugten Werkstückoberfläche bestimmen maßgeblich die Bauteilfunktionalität. Werkstückgestalt, Oberflächentopographie und Randzonenveränderung stellen hierbei sich ergänzende Aspekte dar, die in der internationalen Zerspanungsliteratur auch als Integrität zusammengefasst werden.

2.5.1 Oberflächentopografie

Bei Betrachtungen der Werkstückform müssen *Grobgestalt*, *Feingestalt* und der *Gefügeaufbau* unterschieden werden. Die Gestalt des Rohteils macht sich auf den Bearbeitungsablauf beim Drehen bemerkbar. Die Gestalt des fertigen Werkstücks wirkt sich in seinen Gebrauchseigenschaften aus.

2.5.1.1 Grobgestalt

Für die Bestimmung der *Grobgestalt* sind Formenordnungen aufgestellt worden, die Drehteile nach den Gesichtspunkten der Schlankheit, der Größe, der Wandstärke bei Hohlkörpern und der räumlichen Zusammensetzung komplexer Formen unterscheiden.

Die *Formenordnungen* haben den Zweck, gleichartige Werkstücke zu Formengruppen zusammenzufassen, die auf gleiche Art gefördert, sortiert, ausgerichtet, gespannt und möglichst auch bearbeitet werden können. Die Schwierigkeit besteht darin, dass eine sehr feine Gliederung notwendig ist. Diese wiederum vermehrt den organisatorischen Aufwand. Die Grobgestalt der Rohteile weicht oft stark von der Form der Fertigteile ab. Bei ihrer Herstellung durch Schmieden und Gießen können auch starke Unterschiede von Teil zu Teil entstehen. Sie machen sich bei der Drehbearbeitung in unterschiedlichen Schnittkräften und unterschiedlichen elastischen Verformungen des Werkstücks und des Werkzeugs bemerkbar. Deshalb soll die Bearbeitung in mehreren Stufen, etwa Schruppen und Schlichten, bei besonders großen Genauigkeitsforderungen zusätzlich durch Feindrehen erfolgen.

2.5.1.2 Feingestalt

Die Oberfläche gedrehter Werkstücke ist von den Spuren der Werkzeugschneiden gezeichnet. Man kann die Rillen, die von der Meißelform und der Vorschubbewegung erzeugt werden, und die Riefen, die ihre Ursache hauptsächlich in Verschleißspuren der Schneide haben, unterscheiden (**Bild 2.5–1**). Beide tragen nach DIN 4760 als Gestaltabweichungen 3. und 4. Ordnung zur *Rauheit* des Werkstücks bei.

Bild 2.5–1
Oberflächenprofil an einem gedrehten Werkstück. Rillen als Abbildung der Schneidenecke mit dem Radius r und Riefen infolge Schneidenverschleißes und unterschiedlicher Werkstoffverfestigungen

Die *Rautiefe*, welche die Schneidenform im Zusammenhang mit dem Vorschub erzeugt, lässt sich berechnen. **Bild 2.5–2** zeigt den Eingriff einer Schneide mit der Eckenrundung r, der Schnitttiefe a_P und dem Vorschub f pro Werkstückumdrehung. Die theoretisch erzeugte Rautiefe R_{th} ist

$$R_{th} = r - \sqrt{r^2 - \frac{f^2}{4}}.$$

Durch Vereinfachung des Ausdrucks über eine Reihenentwicklung nach Taylor erhält man

$$\boxed{R_{th} \approx \frac{f^2}{8r}.}$$
(2.5–1)

Das bedeutet, dass die Rautiefe quadratisch mit dem Vorschub zunimmt und linear mit einer Vergrößerung der Schneidenrundung kleiner wird. Für das Feindrehen empfiehlt sich deshalb vor allem ein kleiner Vorschub bis herab zu 0,1 oder gar 0,05 mm je Werkstückumdrehung. Die Vergrößerung der Schneidenrundung ist auch eine günstige Maßnahme. Sie muss vorsichtig angewandt werden, weil flache Schneiden bei beginnendem Verschleiß zum Rattern neigen.

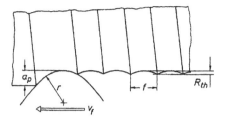

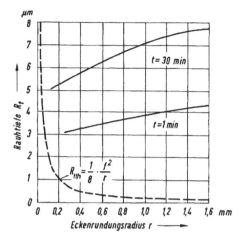

Bild 2.5–2 Abbildung der Werkzeugform auf der Werkstückoberfläche

a_P Schnitttiefe

r Schneideneckenradius

f Vorschub

v_f Vorschubgeschwindigkeit

R_{th} theoretisch erzeugte Rautiefe

Bild 2.5–3 Feindrehen von Stahl mit Schneidkeramik $A = a_P \cdot f = 0{,}3 \cdot 0{,}04$ mm^2
Wirkliche Rautiefe R_t nach Drehzeiten von 1 und 30 min in Abhängigkeit vom Eckenradius r (nach *Pahlitzsch*)

Die vorstehenden Ausführungen gelten nur, wenn die wirkliche Rautiefe etwa der theoretischen Rautiefe entspricht. Dass dies wahrscheinlich in vielen Fällen, besonders bei kleinen Schnittvorschüben, nicht so ist, zeigten Versuche an der Technischen Hochschule Braunschweig (*Pahlitzsch*) beim Feindrehen von Stahl mit Schneidkeramik, deren wichtigstes Ergebnis in **Bild 2.5–3** schematisch dargestellt ist.

Ein der theoretischen Rautiefe gerade entgegengesetzter realer Rautiefenverlauf wird auf eine ungleichmäßige Schneidenbeanspruchung, die unterschiedliche Spanungsdicke und vor allem auf durch Verschleiß hervorgerufene Riefen zurückgeführt. Auch die Bearbeitungsspuren, die bei der Vorbearbeitung entstanden sind, spielen eine Rolle. Folgende Werte für das Feindrehen von Stahl mit Schneidkeramik werden daher empfohlen:

- Eckenradius $r = 0{,}2 - 0{,}6$ mm
- Einstellwinkel $\kappa = 60 - 90°$
- Schnitttiefe $a_P \geq 0{,}3$ mm
- Schnittvorschub pro Umdrehung $f \approx 0{,}05$ mm.

2.5.2 Randzonenveränderung

Gefügeveränderungen treten beim Spanen nicht nur am Span, sondern auch an der Werkstückoberfläche auf. Man spricht in diesem Zusammenhang auch von einer Veränderung der *Mikrogestalt* des Werkstücks. Das Gefüge ist häufig parallel zur Oberfläche gestreckt. Ursprünglich vorhandene Poren sind zugeschmiert. Phasenumwandlungen können in der Randzone entstehen, wenn das Werkstückmaterial die erforderlichen Umwandlungstemperaturen in den geforderten Zeitfenstern durchläuft. Das ursprüngliche Gefüge mit Körnern, Korngrenzen und Einschlüssen hat sich ggf. verändert, wie es in **Bild 2.5–4** dargestellt ist.

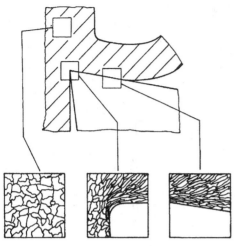

Bild 2.5–4 Das Gefüge des Werkstoffs verformt sich bei der Spanbildung. Die Körner strecken sich in Fließrichtung und verfestigen sich dabei

Plastische Verformung und *Phasenumwandlung* bewirken z. T. einen Anstieg der Oberflächenhärte und die Ausbildung von Eigenspannungen in der Oberflächenschicht. Bei Zerspanverfahren mit undefinierter Werkzeugschneide kann eine Trümmerschicht durch das Mikropflügen entstehen. Vor allem durch thermische Einwirkungen können sich aber auch Mikro- und Makrorisse in der Oberfläche ausbilden. Insgesamt entsteht auf diese Weise eine Staffelung charakteristischer Bearbeitungsschichten, die in der folgenden Grafik zusammengefasst sind. Alle Randzonenänderungen treten in charakteristischen Abständen zur Werkstückoberfläche auf, die in **Bild 2.5–5** schematisch dargestellt sind.

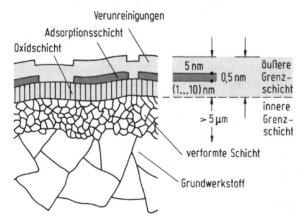

Bild 2.5–5 Randzonenveränderungen

Die folgende **Tabelle 2.5-1** listet die wichtigsten Oberflächenveränderungen auf, die beim, Zerspanen entstehen können.

Tabelle 2.5-1: Auflistung möglicher Oberflächenveränderungen

Werkstoff	Fräsen, Bohren Drehen	Schleifen
nicht härtbarer Stahl	R	R
	PV	PV
C 15	R&F	-
härtbarer Stahl	R	R
	PV	PV
40 CrNiMo 7	R&F	-
	MB	MB
	M	M
	AM	AM
Werkzeugstahl	R	R
	PV	PV
X 155 CrVMo 12-1	R&F	-
	MB	MB
	M	M
	AM	AM
nicht rostender Edelstahl (martensitisch)	R	R
	PV	PV
X 10 Cr 13	R&F	-
	MB	MB
	M	M
	AM	AM
nicht rostender Edelstahl (austenitisch)	R	R
X 3 CrNiN 17-8	PV	PV
	R&F	-
nicht rostender Sonderedelstahl	R	R
	PV	PV
X 5 CrNiCuNb 17-4	R&F	-
	AS	AS
martensitisch härtbarer (18 % Ni) Stahl	R	R
	PV	PV
maragin steel, grade 250	KA	KA
	R&F	-
	AS	AS
Ni-Co-Legierungen	WBZ	WBZ
Inconel 718	R	R
Rene 41	PV	PV
HS 31	R&F	-
IN-100	MB	MB
Titanlegierungen	WBZ	WBZ
Ti-6AL-4V	R	R
	PV	PV
	R&F	-
hitzebeständige Legierungen	R	R
	PV	PV
TZM	R&F	-

R	Oberflächenrauheit	AM	Angelassener Martensit
PV	Plastische Verformung	AS	Anlasssprödigkeit
R&F	Risse und Faltungen	KA	Karbidauflösung
MB	Mikrobrüche		Austenitrückwandlung
M	Martensit	WBZ	Wärmebeeinflusste Zone

2.6 Zerspangenauigkeit und Toleranzen

2.6.1.1 Zerspangenauigkeit

Bauteilqualität, Kosten und Aufwand sind unterschiedliche Aspekte der Zerspangenauigkeit einzelner Fertigungsverfahren. Prinzipbedingt haben die unterschiedlichen Verfahren typische Anwendungsfelder, in denen bestimmte *ISO-Qualitäten* (**Bild 2.6–1**) mit vertretbarem wirtschaftlichen Aufwand erreicht werden können. Die *Normqualität* gibt die Toleranz in Abhängigkeit von der relevanten Bauteilabmessung vor. Hierbei gilt in erster Näherung, dass die Fertigungskosten mit zunehmender erreichbarer Genauigkeit oder gleichbleibender IT-Qualität bei steigendem Durchmesser geometrisch ansteigen.

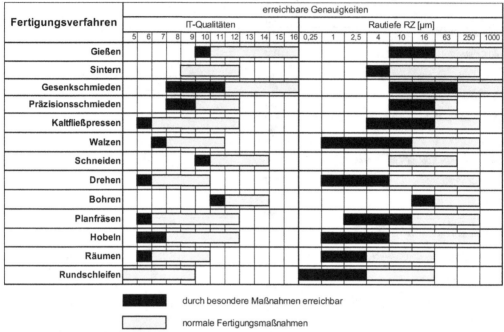

Bild 2.6–1 Zerspangenauigkeit bei den Fertigungsverfahren

Bild 2.6–1 zeigt eine Gegenüberstellung der erreichbaren ISO-Toleranzklassen für ausgewählte Fertigungsverfahren. Eine Erhöhung der Zerspangenauigkeit über dieses Maß hinaus ist in vielen Fällen nur unter besonderem Aufwand möglich und bedeutet im Allgemeinen eine deutliche Kostensteigerung.

Tabelle 2.6-1: ISO Grundtoleranzen in µm (DIN 7151 Auszug)

Toleranz-Reihe IT	Nennmaße in mm					
	6–10	18–30	30–50	50–80	80–120	180–250
4	4	6	7	8	10	14
5	6	9	11	13	15	20
6	9	13	16	19	22	29
7	15	21	25	30	35	46
8	22	33	39	46	54	72
9	36	52	62	74	87	115
10	58	84	100	120	140	185
11	90	130	160	190	220	290
12	150	210	250	300	350	460
13	220	330	390	460	540	720

Die resultierenden Grundtoleranzen der einzelnen Klassen zeigt **Tabelle 2.6-1**.

Die Grundlage der Toleranzen bildet die internationale Toleranzeinheit i:

$$i = 0,45 \cdot \sqrt[3]{D} + 0,001 \cdot D \qquad\qquad (2.6\text{--}1)$$

i	in μm	internationale Toleranzeinheit
D	in mm	geometrisches Mittel der Nennbereiche
a,b	in mm	Nennmaße

mit $D = \sqrt{a \cdot b}$

Entsprechend zeigt **Tabelle 2.6-2** die sich ergebenden ISO-Qualitäten.

Tabelle 2.6-2: ISO Qualitäten

Qualität IT	5	6	7	8	9	10	11	12
Toleranz	7i	10i	16i	25i	40i	64i	100i	160i

In Zeichnungen, denen DIN-Normen über Toleranzen und Passungen zu Grunde liegen und in denen keine weiteren Festlegungen enthalten sind, gilt prinzipiell die *Hüllbedingung* für alle einzelnen Formelemente. Grundlage dieser Hüllbedingung ist die Lehrenprüfung nach Taylor. Dementsprechend darf die geometrische Hülle vom Maximum-Material-Maß der Maßtoleranz nicht durchbrochen werden. Da die fertigungstechnische Einhaltung der Idealmaße nur näherungsweise erfolgen kann, sind entsprechende Grenzmaße vorgegeben. Innerhalb der tolerierten Maßtoleranzen liegen nach DIN 7167 alle Formtoleranzen sowie die Parallelitäts-, Positions- und Planlauftoleranz. Die Formtoleranz kann beliebig innerhalb der Maßtoleranz liegen. Für die folgenden Lagetoleranzen ist dagegen das Hüllmaß bei Maximum-Material-Maß nicht definiert: *Rechtwinkligkeit*, *Neigungs-*, *Symmetrie-*, *Koaxialitäts-* und *Rundlauftoleranz*. Für diese Lagetoleranzen sind direkte Zeichnungsangaben oder die Allgemeintoleranzen notwendig.

2.6.1.2 Form- und Lagetoleranzen

Die Genauigkeitseigenschaften von Werkstücken werden als *Form-* und *Lagetoleranzen* in DIN 7184 beschrieben. Eine Form- und Lagetoleranz eines Elementes definiert eine Zone, innerhalb der dieses Element (Fläche, Achse oder Mantellinie) liegen muss. Das tolerierte Element kann innerhalb dieser Toleranzzone beliebige Form und jede beliebige Richtung haben. Die Toleranz gilt für die gesamte Länge oder Fläche des tolerierten Elements. Der Eintrag in Zeichnungen erfolgt durch Symbole (s. **Tabelle 2.6-3**). Im Einzelnen lassen sich *Geradheit*, *Ebenheit*, *Rundheit* und *Zylinderform* feststellen. Bei mehreren Bearbeitungsstellen kommen *Parallelität*, *Rechtwinkligkeit*, *Konzentrizität*, *Planlauf* und *Rundlauf* hinzu. Abweichungen von der genauen Form werden nach DIN 4760 als Gestaltabweichung 1. und 2. Ordnung mit *Formabweichung* und *Welligkeit* bezeichnet.

Tabelle 2.6-3: Form-, Lage- und Lauftoleranzen an Drehteilen nach DIN 7184

	Toleranzzone	Zeichnungsangabe
Geradheit		
Ebenheit		
Rundheit		
Zylinderform		
Parallelität		
Rechtwinkligkeit		
Konzentrizität		
Planlauf		
Rundlauf		

2.6.1.3 Gestaltabweichungen

Der Begriff *Gestaltabweichungen* umfasst alle Abweichungen der Ist-Oberfläche von der geometrischen Idealgestalt. Je nach Verwendungszweck einer technischen Oberfläche können für das Funktionsverhalten nur die *Formabweichungen*, nur die *Rauheit* und *Welligkeit* oder sämtliche Gestaltabweichungen von Bedeutung sein. DIN 4760 gibt ein Ordnungssystem zur Beschreibung der Abweichungen (**Bild 2.6–2**).

Gestaltabweichung	Beispiele für die Art der Abweichung	Beispiele für die Entstehungsursache
1. Ordnung: Formabweichungen 	Geradheits-, Ebenheits-, Rundheits-, Abweichung	Fehler in der Werkzeugmaschinenführung, Maschinendurchbiegung, oder des Werkstücks, falsche Werkstückeinspannung, Härteverzug, Verschleiß
2. Ordnung: Welligkeit 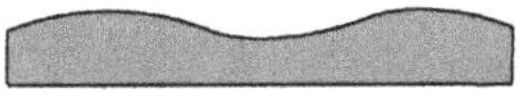	Wellen	außermittige Einspannung, Form- oder Laufabweichungen des Werkzeugs, Schwingungen der Werkzeugmaschine oder des Werkzeugs
3. Ordnung: Rauheit 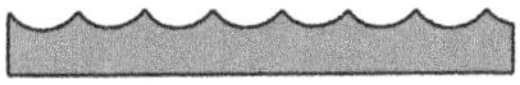	Rillen	Schneidenform, Vorschub oder Werkzeugzustellung
4. Ordnung: Rauheit 	Riefen, Schuppen, Kuppen	Spanbildung (Reiß-, Scher-, Fließspan, Aufbauschneide, Werkstoffverformung beim Strahlen, Knospenbildung bei galvanischer Behandlung
5. Ordnung Rauheit nicht mehr darstellbar	Gefügestruktur	Kristallisationsvorgang, Veränderung der Oberfläche bei chem. Einwirkung (z. B. Beizen) Korrosionsvorgänge
6. Ordnung nicht mehr darstellbar	Gitteraufbau des Werkstoffs	

Die Ist-Oberfläche ist in der Regel eine Überlagerungen der dargestellten Gestaltabweichungen

Beispiel:

Bild 2.6–2 Gestaltabweichungen

Gestaltabweichungen 1. Ordnung sind Formabweichungen, die bei der Betrachtung einer Fläche in deren ganzer Ausdehnung feststellbar sind. Das Verhältnis der Formabweichungsabstände zur Tiefe ist im Regelfall größer als 1000 : 1.

Gestaltabweichungen 2. – 5. Ordnung sind die *Welligkeiten* und *Rauheiten* des Oberflächenprofils. *Welligkeiten* sind Abweichungen 2. Ordnung und beschreiben überwiegend periodisch auftretende Gestaltabweichungen der Ist-Oberfläche. Sie werden an einem repräsentativen Ausschnitt der Oberfläche ermittelt. *Rauheiten* sind regelmäßig und unregelmäßig wiederkehrende Abweichungen 3. – 5. Ordnung, deren Abstände nur ein vergleichsweise geringes Vielfaches ihrer Tiefe betragen.

2.6.1.4 Oberflächenkenngrößen

Die Fertigungsverfahren unterscheiden sich in den erreichbaren Oberflächenqualitäten (Bild 2.6–1). Die Oberflächenrauheit ist somit ein Auswahlkriterium. In Abhängigkeit der gewünschten Qualität ist im Anschluss an ein gewähltes Formgebungsverfahren ggf. ein oberflächenverbessernder Beabreitungsprozess anzuwenden. Im Folgenden werden die relevanten Oberflächenkenngrößen vorgestellt (**Bild 2.6–3**).

Das Tastschnittverfahren erfasst das Oberflächenprofil vertikal, horizontal sowie unter Berücksichtigung beider Komponenten. Die Kenngrößen werden aus dem ungefilterten *Primärprofil* (*P*-Profil), dem gefilterten *Rauheitsprofil* (*R*-Profil) bzw. dem gefilterten *Welligkeitsprofil* (*W*-

Profil) ermittelt. Rauheit und Welligkeit werden mit Hilfe eines Profilfilters getrennt. Im Zuge der Einführung optischer 3D-Oberflächenmesstechnik sind darüber hinaus flächenhaft definierte Oberflächenkenngrößen eingeführt worden (S-Profil).

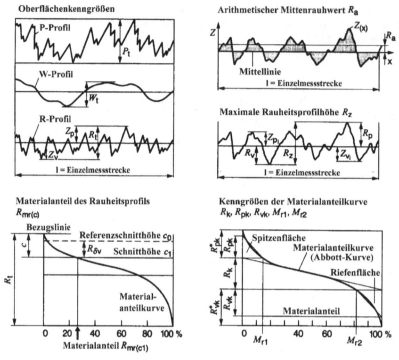

Bild 2.6–3 Definition der Oberflächenkenngrößen

Die *Gesamthöhe des Profils* (P_t, R_t, W_t) ist die Summe aus der Höhe der größten Profilspitze Z_p und der Tiefe des größten Profiltals Z_v innerhalb der Messstrecke. Letztere kann eine oder mehrere Einzelmessstrecken umfassen. Der Wert einer Kenngröße wird aus den Messdaten einer Einzelmessstrecke ermittelt. Im Regelfall werden fünf Einzelmessstrecken für die Berechnung der Rauheits- und Welligkeitskenngrößen zugrunde gelegt. Ausgehend von der maximalen Rauheitsprofilhöhe gelten die genormten Messbedingungen (z. B. Grenzwellenlänge, Einzelmessstrecke, Messstrecke Teststrecke, Tastspitzenradius und Digitalisierungsabstand). In der industriellen Anwendung sind die folgenden Kenngrößen verbreitet:

Der *arithmetische Mittenrauwert* (Ra) ist das arithmetische Mittel der Absolutbeträge der Ordinate des Rauheitsprofil.

Die *größte Rauheitsprofilhöhe* (Rz) ist die Summe aus der Höhe der größte Profilspitze R_p und der Tiefe des größten Profiltals Rv innerhalb einer Einzelmessstrecke. Als senkrechter Abstand vom höchsten zum tiefsten Profilpunkt ist Rz ein Maß für die Streubreite der Rauheitsordinatenwerte. Bei Mittelwertbildung über fünf Einzelmessstrecken entspricht Rz der *gemittelten Rautiefe*.

Die üblichen Rauheitskenngrößen Ra und Rz sind zwar definiert auf Grundlage der Einzelmessung, in der Regel werden für die Berechnung dieser Kenngrößen aber die Messwerte aus fünf (üblicherweise) aneinander gereihten Einzelmessstrecken zur Mittelwertbildung herangezogen. In diesem Fall wird dem jeweiligen Rauheitskennzeichen kein Index angefügt. Wenn für die

Berechnung hingegen eine andere Anzahl von Einzelmessstrecken zugrunde gelegt wird, (beispielsweise bei sehr kleinen Oberflächen) wird die Streckenzahl als Index angefügt, z. B. $Rz1$ oder $Rz3$. Die maximale Einzelrautiefe der gesamten Messung wird in Zeichnungen durch R_{z1max} gekennzeichnet, ist in den Normen aber nicht mehr speziell definiert.

Der *Materialanteil des Rauheitsprofils* ($Rmr(c)$) ist ein prozentuales Verhältnis der Summe der Materiallängen $Ml(c)$ der Profilelemente in einer vorgegebenen Schnitthöhe zur Messtrecke innerhalb der Materialanteilkurve. Diese gibt den Materialanteil als Funktion der Schnitthöhe an.

Die *Kenngrößen der Materialanteilkurve* (Rk, Rpk, $Mr1$, $Mr2$) kennzeichnen die aus dem gefilterten Rauheitsprofil gebildete Materialanteilkurve. Diese wird in drei Profilbereiche eingeteilt (Kernrautiefe Rk, reduzierte Spitzenhöhe Rpk und reduzierte Riefentiefe Rvk). Die Kenngrößen $Mr1$ und $Mr2$ geben den Materialanteil an den Grenzen des Rauheitskernprofils an.

2.6.1.5 Internationale Oberflächennormung

Abweichend von der deutschen Normung beziehen die neuen internationalen Oberflächennormen zur geometrischen Produktspezifikation (in ihrer aktuellen Fassung) auch andere als die Tastschnittverfahren zur Gestaltbeschreibung ein. Dazu gibt ISO / WD 25178-6 ein Klassifizierungssystem für Messungsverfahren von Oberflächentexturen. Während nach ISO 3274 bisher das abgetastete Profil maßgeblich war, gilt nunmehr nach ISO 14406, dass die *wirkliche Oberfläche eines Werkstücks* durch eine Reihe von Merkmalen charakterisiert ist, die physikalisch existieren und das Bauteil von der Umgebung trennen. Insbesondere wird in diesem Zusammenhang zwischen der *mechanischen Oberfläche* (dem Tastschnitt) und der *elektromagnetischen Oberfläche* (der optisch erfassten Oberfläche) unterschieden. Zur Rückführung der jeweiligen Messergebnisse ist somit nicht mehr der Tastschnitt, sondern die wirkliche Oberfläche maßgebend. Als weitere wichtige Neuerung wird in der internationalen Norm (ISO 25178-2) nicht mehr zwischen Rauheit, Welligkeit und Form unterschieden, sondern zwischen kurz- und langwelligen Messprofilanteilen. Die Grenzwellenlänge wird nun feiner abgestuft vom Werkstück vorgegeben, und die Grenzwellenlängen heißen jetzt Nesting Index. Im Gegensatz zur ISO 4287 sind keine Amplitudenübergangscharakteristiken eingetragen. Der Abzug der Form wird allgemein durch den F-Operator vorgenommen. Das Welligkeitsfilter λ_C heißt L-Filter, und das λ_S Filter heißt S-Filter.

2.7 Standbegriffe und Werkzeugverschleiß

An den Werkzeugschneiden wird durch mechanische, thermische und chemische Einflüsse Verschleiß hervorgerufen.

Die *Verschleißursachen* treten gemeinsam auf und wirken gleichzeitig. Je nach Werkstoff, Schneidstoff und Schnittbedingungen erzielen sie verschiedene *Verschleißformen*. Dabei verlieren die Schneiden ihre Form, stumpfen ab oder brechen gar aus. Die nutzbare Zeit, in der die Werkzeuge brauchbar sind, ist die *Standzeit*. Sie wird durch *unmittelbare Verschleißkriterien* begrenzt, die vom Arbeitsergebnis am Werkstück festgelegt werden, oder von *indirekten* Kriterien, den *Verschleißgrößen*. Danach müssen die Schneiden ausgewechselt oder nachgeschliffen werden.

2.7.1 Verschleißvorgänge

2.7.1.1 Reibungsverschleiß

Reibungsverschleiß ist die Folge der Berührung unter Druck und gleitender Bewegung. Diese ungünstigen Bedingungen stellen sich an zwei Stellen der Schneide ein, auf der Spanfläche, wo der Span unter der Normalkraft F_N abläuft und an den Freiflächen unterhalb der Schneidkante (**Bild 2.7–1**). Hier wirken Vorschubkraft F_f, Passivkraft F_p und die Werkstückgeschwindigkeit v_c zusammen. Verschleißfördernd wirkt die erhöhte Temperatur an diesen Stellen, die den Verschleißwiderstand des Schneidstoffs herabsetzt.

Der zeitliche Verlauf der Verschleißzunahme ist in **Bild 2.7–2** dargestellt. Nach einer Einlaufphase, in der Grate, Spitzen und Rauheiten an der Schneide schnell abgerundet werden, kommt ein stabiler Bereich kleinerer Verschleißzunahme, der weitgehend ausgenutzt werden soll.

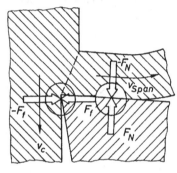

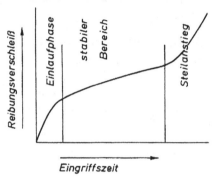

Bild 2.7–1 Stellen mit Reibung an der Schneide
F_f Vorschubkraft
F_N Normalkraft
v_c Schnittgeschwindigkeit
v_s Spangeschwindigkeit

Bild 2.7–2 Zunahme des Reibungsverschleißes mit der Zeitdauer des Eingriffs

Er geht schließlich in den Steilanstieg über, wobei das Ende der Standzeit erreicht ist. Die Einlaufphase kann bei reinen Hartmetallen durch eine Kantenpräparation nach Kapitel 5.4 abgeschnitten werden. Reibungsverschleiß lässt sich verringern durch kleine Schnittgeschwindigkeit, niedrigere Temperatur, glatte Schneidenoberflächen, Schmierstoffe, die einen Film zwischen den Gleitpartnern bilden, und kleinere Zerspanungskräfte.

2.7.1.2 Aufbauschneidenbildung

Durch gleichzeitiges Einwirken von Druck und Temperatur im Werkstofferweichungsbereich lagern sich Werkstoffteilchen fest auf der Spanfläche an (**Bild 2.7–3**). Der abfließende Span reißt diese Aufschweißungen wieder ab. Dabei werden Schneidstoffteile mitgenommen. Die verschlissene Schneidenoberfläche ist rau, aber ohne Riefen.

Bestimmte Werkstoffpaarungen begünstigen die Aufbauschneidenbildung, andere sind nicht gefährdet. Beim Drehen von Stahl mit Schnellarbeitsstahlschneiden ist eine starke Neigung zur Aufbauschneidenbildung zu beobachten. Bei der Bearbeitung von Stahl mit Hartmetall ist die Gefahr geringer, und an Keramik sind gar keine Aufbauschneiden zu finden. Neben der Stoffhaftfähigkeit spielen auch die Schnittgeschwindigkeit und die dabei erzielte Temperatur eine Rolle. Bei kleiner Schnittgeschwindigkeit ist die Temperatur noch so niedrig, dass der Werkstoff nicht erweicht. Bei großer Schnittgeschwindigkeit ist das Temperaturniveau so hoch, dass der aufgeschweißte Werkstoff infolge seiner geringen Festigkeit leicht vom Span mitgenommen werden kann, ohne den Schneidstoff anzugreifen. Nur in einem abgegrenzten Schnittge-schwindigkeitsbereich dazwischen kann also Aufbauschneidenbildung auftreten (**Bild 2.7–4**), meistens unterhalb v_c = 30 m/min.

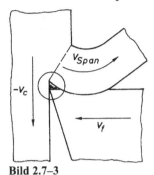

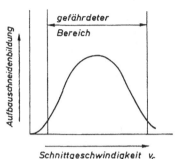

Bild 2.7–3
Aufbauschneidenbildung an einem Drehmeißel

Bild 2.7–4
Von der Aufbauschneidenbildung gefährdeter
Schnittgeschwindigkeitsbereich

2.7.1.3 Diffusionsverschleiß

Bei hohen Temperaturen können Atome bestimmter Elemente ihre festen Gitterplätze im Werkstoff oder Schneidstoff verlassen. Sie beginnen zu wandern. An Schnellarbeitsstahl ist die Diffusion als Verschleiß uninteressant, da die Erweichung viel früher eine Grenze setzt.

Bei Hartmetall sind drei Arten von Diffusion zu beobachten:

- Die Kobalt-Diffusion. Kobalt wandert aus der Schneidenoberfläche in den Stahl. Die Karbide im Hartmetall werden freigelegt und dem verstärkten Reibungsangriff des Spanes ausgesetzt.
- Bei kleineren Spangeschwindigkeiten kann der Werkstoff Stahl derart auf die Karbide des Hartmetalls (besonders TiC) einwirken, dass diese sich auflösen und vom Span mitgenommen werden.
- Bei der Bearbeitung von Gusseisen mit großer Schnittgeschwindigkeit beginnt eine Ei-sen- und Kohlenstoffdiffusion vom Werkstoff in das Hartmetall. Auch dabei werden die Karbide (besonders wieder TiC) aufgelöst.

Typisch für Diffusionsverschleiß an Hartmetallen ist die Auskolkung auf der Spanfläche, wo die höchsten Temperaturen sind.

Auf Diffusion wird ebenfalls die Zersetzung von Diamantschneiden bei der Bearbeitung von Eisenwerkstoffen zurückgeführt. Der Kohlenstoff löst sich dabei aus den festen Gitterplätzen im Diamant, wandert in den Werkstoff und hinterlässt an der Schneide Fehlstellen (Ver-schleiß). Diffusion des Siliziums bei Si_3N_4-Keramik führt ebenfalls zu starkem Verschleiß, wenn Stahl bearbeitet wird. Deshalb ist dieser Schneidstoff genauso wie Diamant nicht für die Stahlbearbeitung geeignet.

2.7.1.4 Verformung der Schneidkante

Die mechanische Beanspruchung der Schneidkante durch den Werkstoff unter Druck führt besonders bei frisch geschliffenen Werkzeugen fast sofort zu einer Abrundung. Der Schneid-stoff wird dabei verformt. Anfällig für diese Verschleißart sind Schnellarbeitsstahl und Hart-metall mit großem Titankarbidanteil, also die P-Sorten.

2.7.2 Verschleißformen

2.7.2.1 Freiflächenverschleiß

Der Freiflächenverschleiß wird hauptsächlich durch Reibung an der Kante der Haupt- und Nebenschneide verursacht. Er hinterlässt eine sichtbare Marke der Breite *VB* mit senkrechten Verschleißriefen (**Bild 2.7–5**). Diese *Verschleißmarkenbreite* lässt sich mit einer Messlupe an der Werkzeugschneide ausmessen. Einige Richtwerte für zulässige Verschleißmarken sind in **Tabelle 2.7-1** aufgeführt. Der *Schneidenversatz SV* ist der Betrag, um den ein Werkzeug nach- gestellt werden muss, wenn es mit Verschleiß das gleiche Maß erreichen soll wie vorher mit unbenutzter Schneide. Der Schneidenversatz kann folgendermaßen berechnet werden:

$$SV = \frac{VB \cdot \tan \alpha}{1 - \tan \alpha \cdot \tan \gamma} \qquad\qquad (2.7–1)$$

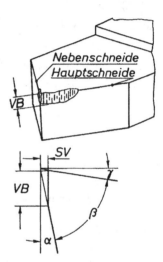

Bild 2.7–5
Freiflächenverschleiß
VB: Verschleißmarkenbreite
SV: Schneidkantenversatz

Tabelle 2.7-1: Grobe Richtwerte für zulässige Verschleißmarkenbreiten

Bearbeitungsweise	Zulässige Verschleißmarkenbreite *VB mm*
Schruppdrehen großer Werkstücke	1,0 … 1,5
Schruppdrehen kleiner Werkstücke	0,8 … 1,0
übliches Kopierdrehen	0,8
Feinbearbeitung	0,1 … 0,2
Schlichtdrehen	0,2 … 0,3

2.7.2.2 Kolkverschleiß

Der Kolkverschleiß bezeichnet eine muldenförmigen Aushöhlung der Spanfläche (**Bild 2.7–6**). Er wird durch das Zusammenwirken von Reibung und Diffusion verursacht. Er verändert die Spanablaufrichtung wie eine Änderung des Spanwinkels γ. Zur Beurteilung der Verschleißgrö- ße wird das *Kolkverhältnis* herangezogen:

$$K = \frac{KT}{KM}$$

Bereits kleine Kolkverhältnisse K können die Stabilität der Schneide beträchtlich verringern. Als zulässige Grenze sollte der Wert $K = 0,4$ nicht überschritten werden. Bei beschichteten Werkzeugen ändert sich der Spanablauf und der Verschleiß gegenüber unbeschichteten Werkzeugen. **Bild 2.7–7** zeigt die wichtigsten Änderungen. Durch geringere Spanflächenreibung wird die Spanstauchung kleiner, der Scherwinkel größer, und die Spanablaufgeschwindigkeit nimmt zu. Kolkverschleiß auf der Spanfläche setzt erst nach dem Durchreiben der Hartstoffschicht ein. Die Standzeit ist dabei wesentlich länger als bei unbeschichteten Spanflächen. Der dann einsetzende Kolkverschleiß ist durch einen kleineren Kolkmittenabstand gekennzeichnet. Er kann deshalb auch plötzlich zum Ausbrechen der restlichen Schneidkante und zum endgültigen Standzeitende (Kolklippenbruch) führen.

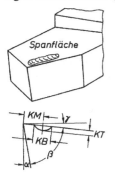

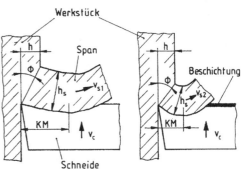

Bild 2.7–6 Kolkverschleiß
KT: Kolktiefe
KB: Kolkbreite
KM: Kolkmittenabstand von der Schneide

Bild 2.7–7 Veränderung von Spanablauf und Kolkverschleiß bei Spanflächenbeschichtung

2.7.2.3 Weitere Verschleißformen

Gleichmäßiger *Spanflächenverschleiß* beginnt an der Schneidkante und erzeugt eine ähnliche Verschleißmarke wie der Freiflächenverschleiß (**Bild 2.7–8**). Wenn bei langsam arbeitenden Schneiden Spanflächen- und Freiflächenverschleiß gleichzeitig einsetzen, kommt es auch zu verstärkter *Kantenabrundung*. *Eckenverschleiß* ist die Abnutzung der Schneidenecke dadurch, dass sich der Freiflächenverschleiß von Haupt- und Nebenschneide überlagern und verstärken. Beim Drehen seltener zu beobachten sind *Kammrisse*, die als Thermospannungsrisse bei unterbrochenem Schnitt entstehen können. Sie gehen von der Schneidkante aus und erstrecken sich in das Innere des Schneidkeils. Zahl und Länge der Risse sind auch ein Standzeitkriterium.

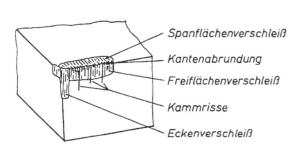

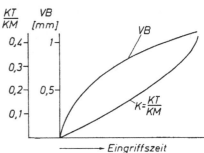

Bild 2.7–8 Verschiedene Verschleißformen an einer Drehmeißelschneide

Bild 2.7–9 Verlauf von Kolkverhältnis und Verschleißmarkenbreite beim Drehen von unlegiertem Stahl mit Hartmetall

2.7.3 Verschleißverlauf

2.7.3.1 Einfluss der Eingriffszeit

Mit der Eingriffszeit der Schneide nimmt der Verschleiß zu. Verfolgt man die *Verschleißmarkenbreite,* kann nach Bild 2.7–2 nach der Einlaufphase ein geringeres Wachstum beobachtet werden. Bei der Kolkentstehung ist der Verlauf anders. Zuerst gibt es ein gleichmäßiges Anwachsen des *Kolkverhältnisses* bis zu einem kritischen Punkt, bei dem es dann verstärkt zunimmt (**Bild 2.7–9**). Nicht immer treten beide Verschleißarten zugleich auf. Dann fällt die Entscheidung für das zu wählende Standzeitkriterium leicht. Im anderen Fall muss diejenige Verschleißform als Kriterium gewählt werden, die das Werkzeug am schnellsten zum Erliegen bringt.

2.7.3.2 Einfluss der Schnittgeschwindigkeit

Die Schnittgeschwindigkeit bestimmt das Temperaturbild an der Schneide und hat dadurch einen Einfluss auf die Verschleißursachen, die wirksam werden. Wie diese Verschleißquellen sich auf bestimmte Schnittgeschwindigkeitsbereiche verteilen, kann **Bild 2.7–10** entnommen werden. Deutlich zu erkennen ist, dass der Gesamtverschleiß (⑥) mit der Schnittgeschwindigkeit verstärkt zunimmt.

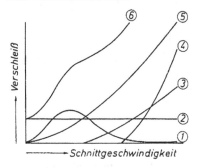

Bild 2.7–10
Beeinflussung der Verschleißursachen durch die Schnittgeschwindigkeit
1. Aufbauschneidenbildung
2. Verformung der Schneidkante
3. Verzunderungsverschleiß
4. Diffusionsverschleiß
5. Reibungsverschleiß
6. Überlagerung aller Verschleißarten

2.7.4 Standzeit

2.7.4.1 Definitionen

Standzeit ist die Schnittzeit, die ein Werkzeug in Eingriff bleiben kann, bis es nachgeschliffen oder seine Schneide gewechselt werden muss. Das Standzeitende ist am Standzeitkriterium, z. B. der Verschleißmarkenbreite oder dem Kolkverhältnis, das eine festgelegte Größe nicht überschreiten darf, zu erkennen.

Standweg L_f ist der gesamte Vorschubweg l_f, den eine Schneide oder bei mehrschneidigen Werkzeugen alle Schneiden zusammen während der Standzeit T zurücklegen. Er hängt mit der Standzeit und der Vorschubgeschwindigkeit v_f zusammen.

$$\boxed{L_f = T \cdot v_f}$$ (2.7–2)

$$\boxed{L_f = T \cdot n \cdot f_z \cdot z}$$ (2.7–3)

v_f Vorschubgeschwindigkeit
n Drehzahl
f_z Vorschub je Schneide und Werkstückumdrehung
z Zahl der Schneiden

Standmenge ist die Anzahl der Werkstücke N, die in einer Standzeit bearbeitet werden kann.

$$\boxed{N = T / t_\text{h}}$$ (2.7–4)

Hier ist t_h die Zeit, welche die Schneide bei einem Werkstück in Eingriff ist, die Hauptschnittzeit. *Standvolumen* ist das Werkstoffvolumen V_T das von der Schneide während der Standzeit T zerspant wird.

$$\boxed{V_\text{T} = A \cdot v_\text{c} \cdot T}$$ (2.7–5)

A ist darin der Spanungsquerschnitt (Bild 2.1–7)

Alle aufgezählten Definitionen sind unmittelbar mit der Standzeit T verknüpft. Diese ist die Hauptkenngröße, die beim Drehen am häufigsten dargestellt wird. Sie hängt von vielen Faktoren ab:

* Art und Festigkeit des zerspanten Werkstoffs
* Form, Einspannung und erforderliche Oberflächengüte des Werkstücks
* Art des Schneidstoffs
* Form und Schliffgüte der Schneide
* Einspannung des Werkzeugs
* Schwingungsverhalten von Werkzeugmaschine, Werkzeug und Werkstück
* Größe und Form des Spanungsquerschnitts, besonders der Spanungsdicke h
* Art, Menge und Zuführung des Schneidmittels
* Auswahl des Standzeitkriteriums
* Schnittgeschwindigkeit.

2.7.4.2 Einfluss der Schnittgeschwindigkeit

Wie **Bild 2.7–10** andeutet, ist der Einfluss der Schnittgeschwindigkeit auf die Standzeit groß. **Bild 2.7–11** zeigt, dass mit zunehmender Schnittgeschwindigkeit die Standzeit schnell kleiner wird. Ausgenommen von der Betrachtung ist der Bereich kleiner Schnittgeschwindigkeiten, in dem der Verlauf infolge Aufbauschneidenbildung unregelmäßig ist. Bei der Anwendung logarithmisch geteilter Koordinaten wird die T-v-Kurve mit ausreichender Genauigkeit als Gerade erscheinen (**Bild 2.7–12**), deren Steigung $\tan \alpha = -\tan \alpha' = -a_1$ (mm) $/ a_2$ (mm) $= c_2$ als wichtiges Kennzeichen für die „Anfälligkeit" des betreffenden Schneidstoffs gegen

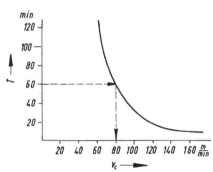

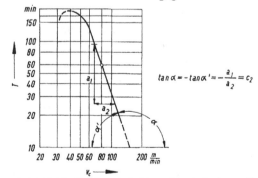

Bild 2.7–11 Standzeit-Schnittgeschwindigkeits-Beziehung (T-v-Kurve) in arithmetischer Teilung

Bild 2.7–12 T-v-Gerade bei logarithmisch eingeteilten Koordinaten (Taylorsche Gerade)

Wenn für einen Zerspanvorgang ein Wertepaar, z. B. T_1 und v_{c1} bekannt ist[1], kann mit Hilfe der Steigung der T-v-Geraden für eine beliebige Schnittgeschwindigkeit v_c innerhalb des geradlinigen Bereichs die dazugehörige Standzeit T errechnet werden. Die Beziehungen ergeben sich entsprechend Bild 2.7–12 wie folgt:

$$\frac{\log T - \log T_1}{\log v_{c1} - \log v_c} = \tan \alpha' = -c_2$$

$$\log T - \log T_1 = -c_2(\log v_{c1} - \log v_c)$$

$$\boxed{\frac{T}{T_1} = \left(\frac{v_{c1}}{v_c}\right)^{-c_2}} \qquad\qquad\qquad\qquad (2.7–6)$$

Tabelle 2.7-2: Grobe Richtwerte für die Steigungsgröße $c_2 = \tan \alpha = -\dfrac{a_1}{a_2}$

Werkstoff	Schneidstoff	Steigungsgröße c_2	
		Bereich	Gesamtrichtwert
Stahl und Stahlguss	Schneidkeramik	–4 ...–3	–3
	Hartmetall	–5 ...–2,5	–3
	Schnellarbeitsstahl	–9 ...–5	–7
Gusseisen	Hartmetall	–3,5	–3,5
Legierung auf Cu-Basis	Hartmetall	–3,5 ...–3	–3
Leichtmetall-Legierungen	Hartmetall	–2,5	–2,5

$$\boxed{T = T_1 \cdot v_{c_1}^{-c_2} \cdot v_c^{c_2} = c_1 \cdot v_c^{c_2}} \qquad \text{(Gesetz von Taylor, 1907)} \qquad (2.7–7)$$

$$c_1 = T_1 \cdot v_{c_1} \cdot v_{c_1}^{-c_2} \qquad\qquad \text{(Konstante)}$$

Beachte:

$$c_2 = -\frac{a_1}{a_2}, \text{ also ein negativer Wert!}$$

Die Steigung der T-v-Geraden, bei logarithmisch geteilten Koordinaten wird in der Hauptsache durch die Paarung Schneidstoff-Werkstoff bestimmt. Einige Richtwerte für den Steigungswert c_2 sind in **Tabelle 2.7-2** angegeben.

Jede Veränderung der Standbedingungen, die eine Änderung der Spanpressung, der Spangeschwindigkeit oder des Reibverhaltens zur Folge hat, z. B. anderer Werkstoff, anderer Schneidstoff, andere Schneidenform, andere Spanungsdicke u. a., zieht eine Änderung der T-v-Geraden (Verschiebung oder Drehung) nach sich.

Die T-v-Gerade kann durch Versuche ermittelt werden; bei verschleißbeanspruchten Werkzeugen (Hartmetall oder Schneidkeramik) dadurch, dass die Verschleißmarkenbreite VB jeweils bei verschiedenen Schnittgeschwindigkeiten v_c in verschiedenen Zeitintervallen gemessen und in Abhängigkeit von der reinen Schnittzeit aufgetragen wird (**Bild 2.7–13 links**). Durch Festlegen der

---

[1] v_{c_1} wird dann auch als v_{cT_1} (z. B. $T_1 = 15$ min: $v_{c_1} = v_{cT_{15}}$) bezeichnet.

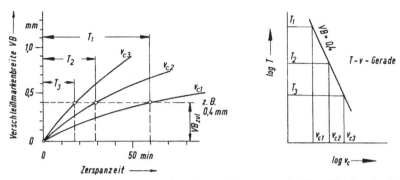

Bild 2.7–13 Aufzeichnen der T-v-Geraden aus Messungen der Verschleißmarkenbreite VB.
(log T bzw. log v_c bedeuten: T bzw. v_c sind auf logarithmischen Koordinaten aufgetragen)

zulässigen Verschleißmarkenbreite VB_{zul} ist dann für die jeweilige Schnittgeschwindigkeit die dazugehörige Standzeit abzulesen. Aus den zusammengehörigen Werten für Schnittgeschwindigkeit v_c und Standzeit T kann so die T-v-Gerade aufgezeichnet werden (**Bild 2.7–13 rechts**).

2.7.4.3 Weitere Einflüsse

Nach *Gilbert* können in die Taylorsche Gleichung (2.7–0.) als weitere Einflüsse die *Spanungsdicke h* und die *Spanungsbreite b* durch Zusätze mit neuen Exponenten aufgenommen werden.

$$T = c_1 \cdot v_c^{c_2} \cdot h^{c_3} \cdot b^{c_4} \qquad (2.7–8)$$

Die durch Messungen gefundenen Gesetzmäßigkeiten, dass die Standzeit

- mit zunehmender Spanungsdicke h kürzer wird
- mit zunehmender Spanungsbreite b auch noch geringfügig abnimmt

führen ebenfalls zu negativen, wenn auch im Betrag kleineren Neigungswerten c_3 und c_4. Die zeichnerische Darstellung aller Einflüsse ist in einem Bild nicht mehr möglich. Hilfsweise ist sie in **Bild 2.7–14** auf drei Diagramme verteilt.

Für viele betriebliche Untersuchungen genügt das Feststellen der Standmenge N. Der Einfluss der Spanungsbreite wird gern vernachlässigt, da er sehr klein ist (c_4 gegen Null). Statt der Spanungsdicke wird auch der Vorschub f gewählt, der mit h unmittelbar zusammenhängt. Die Darstellung der Untersuchungsergebnisse erscheint auch in der Form von *Schnittgeschwindigkeits-Vorschubfeldern* (**Bild 2.7–15**). Wenn logarithmisch geteilte Koordinaten verwendet werden, sind wieder geradlinige Zusammenhänge zu erwarten. Die Linien gleicher Standmenge erscheinen als Geraden.

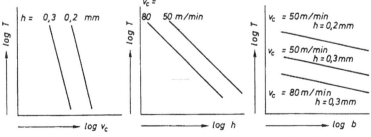

Bild 2.7–14 Darstellung des Einflusses von Schnittgeschwindigkeit v_c, Spanungsdicke h und Spanungsbreite b auf die Standzeit T in logarithmischer Auftragung

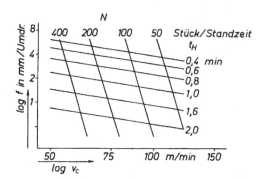

Bild 2.7–15 Beispiel eines *v-f*-Diagramms in logarithmischer Darstellung

Überlagert werden können Kurven gleicher Hauptschnittzeit t_H. Diese Diagramme sind für Optimierungsaufgaben gut zu verwenden, da zu jeder Schnittwerteinstellung Standzahl und Hauptschnittzeit abgelesen werden können.

2.8 Schneidstoffe

Die stürmische Entwicklung der Schneidstoffe führte zu einer gewaltigen Vergrößerung der Schnittgeschwindigkeiten und ist damit die wichtigste Ursache für die Weiterentwicklung der Werkzeugmaschinen. Die *unlegierten Werkzeugstähle*, mit denen man noch sehr gemütlich an handbedienten Drehmaschinen arbeiten konnte, wurden um die Jahrhundertwende durch hochlegierte *Schnellarbeitsstähle* abgelöst. Die Drehzahlen der Maschinen wurden beträchtlich vergrößert. Um 1930 stiegen sie noch einmal mit der Einführung der *Hartmetalle* auf das 5 bis 6fache der mit Schnellarbeitsstahl erreichten Werte. Wieder 30 Jahre später gab es den nächsten Sprung beim Einsatz *keramischer Schneidstoffe*. Seit den 90er Jahren des vorigen Jahrhunderts werden auch hochharte polykristalline *Diamant-* und *Bornitridschneiden*, die noch größere Schnittgeschwindigkeiten erlauben, wirtschaftlich ausgenutzt. Aus einfachen offenen handbedienten Drehbänken mit Transmissionsantrieb sind bei dieser Entwicklung vollautomatisch arbeitende vollgekapselte Fertigungssysteme mit leistungsstarken Antriebsmotoren geworden.

In der Normung nach DIN ISO 513 werden folgende Schneidstoffgruppen mit ihren Kurzzeichen unterschieden:

- HW: unbeschichtetes, vorwiegend aus Wolframkarbid bestehendes Hartmetall, Korngröße ≥ 1 μm
- HF: unbeschichtetes, vorwiegend aus Wolframkarbid bestehendes Hartmetall, Korngröße < 1 μm
- HT: unbeschichtetes, vorwiegend aus Titankarbid oder Titannitrid bestehendes Hartmetall (Cermet)
- HC: beschichtetes Hartmetall
- CA: vorwiegend aus Aluminiumoxid bestehende Keramik (Oxidkeramik)
- CM: Oxidkeramik, der andere Hartstoffe zugemischt sind (Mischkeramik)
- CN: vorwiegend aus Siliziumnitrid bestehende Keramik (Nitridkeramik)
- CR: vorwiegend aus Aluminiumoxid bestehende, verstärkte Keramik (Oxidkeramik)
- CC: beschichtete Schneidkeramik
- DP: polykristalliner Diamant
- DM: monokristalliner Diamant

- BL: kubisch kristallines Bornitrid mit geringem Bornitridgehalt
- BH: kubisch kristallines Bornitrid mit hohem Bornitridgehalt
- BC: kubisch kristallines Bornitrid, beschichtet

Beim Einsatz der Schneidstoffe sind folgende Eigenschaften besonders zu beachten:

Schneidfähigkeit. Sie entsteht aus der Härte des Schneidstoffs, die deutlich über der Härte des Werkstoffs liegen muss. Mit zunehmender Schneidstoffhärte können immer härtere Werkstoffe bearbeitet werden.

Warmhärte und *Wärmebeständigkeit.* Sie ist für die anwendbare Schnittgeschwindigkeit verantwortlich, denn mit zunehmender Schnittgeschwindigkeit steigt die Temperatur besonders an der Schneide. Die Schneide muss auch dann noch mechanisch und chemisch beständig und härter als der kalte Werkstoff sein.

Verschleißfestigkeit ist der Widerstand gegen das Abtragen von Schneidstoffteilchen beim Werkzeugeingriff. Sie folgt hauptsächlich aus Schneidfähigkeit und Warmhärte, hängt aber auch mit der Struktur des Schneidstoffs und mit der Neigung zur Aufbauschneidenbildung zusammen.

Wärmeleitfähigkeit. Sie soll klein sein, damit das Werkzeug selbst nicht allzu warm wird.

Zähigkeit. Leider nimmt mit zunehmender Härte die Zähigkeit ab. Dadurch werden die Schneidstoffe stoßempfindlich. Eine besondere Schneidengestaltung und Vorsicht bei groben Schnittbedingungen müssen den Nachteil ausgleichen.

Thermoschockbeständigkeit. Der Einsatz von Kühlschmierstoffen darf nicht zu Kantenausbrüchen führen.

Eine übersichtliche, wenn auch stark vereinfachende Einordnung der bekannten *Schneidstoffe* zeigt **Bild 2.8–1**. Deutlich geht daraus hervor, dass die härteren Schneidstoffe meist eine geringere Zähigkeit besitzen. Beim Einsatz unter groben Schnittbedingungen müssen deshalb die Schneiden durch negative Spanwinkel, Eckenabrundungen und Fasen unempfindlich gemacht werden. Für Aufgaben der Feinbearbeitung bemüht sich die Industrie, weniger spröde Sorten der bekannten Schneidstoffe zu entwickeln, die glatte und scharfe Schneidkanten zulassen. Hierfür wird gefordert, dass der Grundwerkstoff sehr feinkörnig ist.

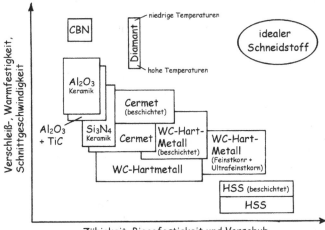

Bild 2.8–1 Einordnung der Schneidstoffe nach physikalischen Eigenschaften

2.8.1 Unlegierter und niedriglegierter Werkzeugstahl

Unlegierter Werkzeugstahl ist ein Stahl mit einem Kohlenstoffgehalt von etwa 0,8 – 1,5 %, der in Wasser oder teilweise auch in Öl gehärtet wird. Höherer Kohlenstoffgehalt ergibt eine größere Härte, dafür aber eine geringere Zähigkeit. Da die Warmhärte schon bei Temperaturen von etwa 250 – 300 °C unter ein tragbares Maß sinkt, wird dieser Schneidstoff für das Zerspanen von Metall nicht mehr verwendet.

2.8.2 Schnellarbeitsstahl

Trotz der Entwicklung leistungsfähigerer Schneidstoffe für das Drehen hat sich Schnellarbeitsstahl als Schneidstoff für viele Bearbeitungen behauptet. Ausschlaggebend dafür waren neben Kostenüberlegungen besonders seine große Zähigkeit und Unempfindlichkeit gegen schwankende Kräfte sowie seine einfache Behandlung beim Nachschleifen.

Schnellarbeitsstähle sind *hochlegierte Stähle* mit den Hauptlegierungselementen Wolfram, Molybdän, Vanadium, Kobalt und Chrom. Diese Elemente, ausgenommen Kobalt, bilden mit Kohlenstoff sehr harte Karbide, die im Grundgefüge feinverteilt ein hartes verschleißfestes Gerippe bilden. Durch *Vergüten*, einem mehrmaligen Erwärmen mit sorgfältig gesteuertem Abkühlen, entsteht eine Härte von 800 – 980 HV50 (62 – 68 HRC). Diese Härte ist nur bis etwa 550 °C anlassbeständig. Die Warmfestigkeit wird besonders durch den Kobalt-Gehalt beeinflusst. Man unterscheidet Schnellarbeitsstähle mit kleinerem Kobaltgehalt (Co < 4,5 %) als HSS und solche mit größerem Kobaltgehalt (Co > 4,5 %) als HSS-E Stähle.

Tabelle 2.8-1: Die für das Drehen wichtigsten Schnellarbeitsstähle nach *Berkenkamp*

Werkstoff Nr.	Kurzbenennung [1]	Chemische Zusammensetzung Richtwerte in %					
		C	Cr	Mo	V	W	Co
1.3202	HS 12-1-4-5	1,35	4,0	0,8	3,8	12,0	4,8
1.3207	HS 10-4-3-10	1,23	4,0	3,8	3,3	10,0	10,5
1.3247	HS 2-10-1-8	1,08	4,0	9,5	1,2	1,5	8,0
1.3255	HS 18-1-2-5	0,80	4,0	0,7	1,6	18,0	4,8

In **Tabelle 2.8-1** sind die für das Drehen wichtigsten Schnellarbeitsstähle aufgeführt. Heute werden fast ausschließlich HSS-E Sorten benutzt. Sie eignen sich für die Bearbeitung fast aller Werkstoffe, ausgenommen der Kunststoffe, die einen großen Verschleiß verursachen, insbesondere wenn sie durch Fasern verstärkt sind, und harter Stoffe, in die Schnellarbeitsstahl nicht einzudringen vermag.

Durch ein *pulvermetallurgisches* Erzeugungsverfahren lässt sich Schnellarbeitsstahl besonders feinkörnig und gleichmäßig herstellen. Dabei nehmen Zähigkeit, Kantenschärfe und Verschleißfestigkeit zu. Die dazu erforderlichen Herstellungsstufen sind Gas-Verdüsung, Entgasen und Verschweißen in Blechkapseln, kaltisostatisches Pressen bei 4000 bar und heißisostatisches Pressen (HIP) bei 1150 °C und 1000 bar. Die so entstandenen Schneidstoffe erhalten als Zusatzbezeichnung die Buchstaben -PM oder besondere Firmennamen wie ASP 30 oder andere. Sie sind bei der Zerspanung von schwer zu bearbeitenden Werkstoffen wie austenitischem Stahl oder Nickellegierungen am besten geeignet.

Schnellarbeitsstahl ist als Schneidstoff bei allen *Bohrwerkzeugarten* sehr verbreitet. Er lässt sich im ungehärteten Zustand durch Drehen, Fräsen, Bohren, Schleifen und Kaltformen in jede gewünschte Form bringen. Nach dem Vergüten kann man ihn durch Schleifen immer noch gut

---

[1] Die Ziffern der Kurzbezeichnung geben in der Reihenfolge den Gehalt an W, Mo, V und Co an

bearbeiten und dem Werkzeug seine präzise Endform geben. Von Nachteil ist die begrenzte Warmfestigkeit. Zwischen 500 – 600 °C verliert er seine Härte, weil Veränderungen des Vergütungsgefüges eintreten. Die gute Zähigkeit empfiehlt sich für Bearbeitungen mit großen Schnittkräften, bei Schwingungen und alten unstabilen Maschinen.

Tabelle 2.8-2: Schnellarbeitsstähle für Werkzeuge zur Innenbearbeitung wie Bohrer, Senker, Reibahlen, Gewindebohrer

Werkst.-Nr.	Kurzname	Zusammensetzung					
		C	Cr	Mo	V	W	Co
1.3343	HS 6-5-2	0,90	4,1	5,0	1,9	6,4	–
1.3243	HS 6-5-2-5	0,92	4,1	5,0	1,9	6,4	4,8
1.3247	HS 2-10-1-8	1,08	4,1	9,5	1,2		8,0
1.3344	HS 6-5-3	1,22	4,1	5,0	2,9	6,4	–
1.3348	HS 2-9-2	1,00	3,8	8,5	2,0	13	–

Eine Reihe bevorzugter Qualitäten ist in **Tabelle 2.8-2** aufgezählt. HS 6-5-2 wird allgemein als HSS bezeichnet. HS 6-5-2-5 hat auch die Bezeichnung HSCO. Die höher legierten Schnellarbeitsstähle laufen auch unter der verschleiernden Bezeichnung HSS-E.

Tabelle 2.8-3: Pulvermetallurgisch hergestellte Schnellarbeitsstähle

Bezeichnung	Zusammensetzung					
	C	Cr	Mo	V	W	Co
ASP 23	1,28	4,2	5,0	3,1	6,4	–
ASP 30	1,28	4,2	5,0	3,1	6,4	8,5
ASP 60	230	4,0	7,0	6,5	6,5	10,5
CPM Rex M 42	1,10	3,7	9,5	–	1,5	8,0
CPM Rex T15	1,15	4,0	–	–	12,3	5,0

Qualitätsverbesserungen lassen sich durch *pulvermetallurgische* Herstellungsstufen erzielen. Dabei wird der flüssige Stahl durch Düsen zerstäubt und anschließend die Rohlingform gepresst. Es entsteht ein sehr gleichmäßiges feinkörniges Gefüge mit sehr guten mechanischen Eigenschaften, die das Verschleißverhalten deutlich verbessern.

Tabelle 2.8-3 enthält einige pulvermetallurgisch hergestellte Schnellarbeitsstähle mit schwedischen und amerikanischen Firmenbezeichnungen.

2.8.3 Hartmetall

Hartmetalle sind Schneidstoffe, deren Schneidfähigkeit, Warmhärte und Anlassbeständigkeit noch bedeutend besser sind als die von Schnellarbeitsstahl. Ihre Zähigkeit ist geringer. Sie bestehen aus Karbiden der Metalle Wolfram, Titan, Tantal, Molybdän, Vanadium und aus dem Bindemittel Kobalt oder Nickel. *Eisen* ist *nicht* enthalten.

Hartmetall wird durch *Sintern* hergestellt. Während des Sinterns bei 1600 – 1900 K entsteht eine flüssige Co-W-C-Legierung, welche die Karbide dicht umschließt und zu einer durchgehenden Skelettbildung führt. Dabei erhält das Hartmetall seine endgültige Dichte und Festigkeit. Mit steigendem *Kobalt-Gehalt*, der 5 – 30 % betragen kann, nehmen Härte, Druckfestigkeit, Elastizitätsmodul und Wärmeleitfähigkeit ab. Die Folge ist eine größere Empfindlichkeit gegen Reibungsverschleiß. Andere Kenngrößen wie Biegefestigkeit, Bruchzähigkeit und Wärmeausdehnungskoeffizient nehmen dagegen mit steigendem Kobaltgehalt zu. Das verbessert die *Belastbarkeit* durch große und wechselnde Schnittkräfte und schafft die Möglichkeit, kleinere Keilwinkel für die Bearbeitung von NE-Metallen und Kunststoffen zu gestalten. Zugaben von *Titan-*, *Tantal-* und *Niobkarbid* zu den reinen WC-Co-Hartmetallen ergibt verbesserte *Hochtemperatureigenschaften* wie Oxidationsbeständigkeit, Wärmebeständigkeit, Warmhärte und Diffusionsbeständigkeit gegenüber Eisenlegierungen. Diese Hartmetalle werden deshalb besonders für die Bearbeitung von Stahl eingesetzt. Dabei können Temperaturen von über 1000 °C an der Schneide auftreten.

Zur weiteren Hartmetallveredelung kann *heißisostatisches Pressen* (HIP) angewandt werden. Dabei wird das Hartmetall bei einem Druck von 50 – 100 MPa in Argon-Atmosphäre erneut bis nahe an die Sintertemperatur erhitzt. Bei der HIP-Sintertechnik kommt man sogar mit nur einem Erwärmungsprozess und geringerem Druck (2 – 10 MPa) aus. Mit diesem Verfahren lässt sich die Dichte des Hartmetalls vergrößern. Restliche Poren verschwinden praktisch vollständig. Festigkeit und Zähigkeit nehmen zu. Besonders die feinkörnigen und die bindemetallarmen Hartmetallsorten lassen sich dabei verbessern.

Die Korngröße des Wolframkarbids in den Hartmetallsorten wechselt von 0,5 – 20 μm. Sie beeinflusst Härte, Druckfestigkeit, E-Modul, Zähigkeit und Biegefestigkeit. Im mittleren Korngrößenbereich nimmt die Härte mit der Korngröße ab, und die Zähigkeit wird größer. Bei *Feinkornhartmetallsorten* unter 1 μm mittlerer Körnungsgröße verbessern sich jedoch Härte und Zähigkeit, je feiner das Korn ist. Daraus haben sich neue, besonders verschleißfeste Hartmetallsorten entwickelt, die sich besonders für die Feinbearbeitung eignen.

Die *Anwendung* unterschiedlicher Hartmetallsorten und gleichzeitig aller anderen harten Schneidstoffe (HSS ausgenommen) ist in der Norm DIN ISO 513 geordnet. Hier werden sechs *Zerspanungshauptgruppen* mit den Kennbuchstaben und Kennfarben P (blau) für Stahl, M (gelb) für nichtrostenden Stahl, K (rot) für Guss, N (grün) für Nichteisenmetalle, S (braun) für Speziallegierungen und Titan sowie H (grau) für harte Werkstoffe vorgegeben (siehe auch Tabelle 2.11-1). Die Hauptgruppen sind jeweils in *Anwendungsgruppen* unterteilt. Sie haben Kennzahlen von 01 bis 50. Mit zunehmender Kennzahl wächst die Zähigkeit und mit ihr die Eignung für grobe Beanspruchungen. Mit abnehmender Kennzahl dagegen nimmt die Härte zu und damit die Verschleißfestigkeit. Aber die Zähigkeit nimmt ab, sodass bei den kleinsten Kennzahlen nur noch Feinbearbeitungen möglich sind. Den Anwendungsgruppen können die Werkzeughersteller ihre Schneidstoffsorten zuordnen. Sie überdecken dann oft mehrere Anwendungsgruppen. Bemühungen, einen Universalschneidstoff für alle Anwendungen zu entwickeln, waren bislang ohne Erfolg.

Bohrwerkzeuge können entweder *ganz aus Hartmetall* bestehen, oder sie sind aus Werkzeugstahl und haben *eingesetzte* oder *eingelötete Hartmetallkronen*. Es werden verschiedene Hartmetallsorten verwendet, die den besonderen Beanspruchungen beim Bohren gewachsen sind. In **Tabelle 2.8-4** sind sie aufgezählt. Sie bestehen zu 70 – 94 % aus Wolframkarbid, ergänzt durch andere Karbide, besonders Titankarbid, und haben 6 – 15 % Kobalt als Bindemetall, das ihnen die erforderliche Zähigkeit verleiht.

Feinbearbeitungswerkzeuge müssen *scharfkantig* und *verschleißfest* sein. Hierfür eignen sich die Sorten K 01 F bis K 10 F. Werkzeuge für grobe Bearbeitungen müssen große und wechselnde Kräfte ertragen, ohne auszubrechen. Hartmetallsorten mit größerem Kobaltgehalt eignen sich dafür.

Neu entwickelte *Feinkorn*-Hartmetallsorten mit Korngrößen unter 1 μm haben bezüglich Härte und Zähigkeit noch bessere Eigenschaftswerte als die üblichen Hartmetalle mit etwa 2 – 3 μm Korngröße. Ihre Herstellung ist jedoch aufwendiger.

Tabelle 2.8-4: Hartmetallsorten für Bohrwerkzeuge

Anwendungsgruppe nach DIN 4990	Anwendung	Art der Werkzeuge
K 01 F + K 05 F	Grauguss großer Härte, faserverstärkte und abrasive Werkstoffe	Einlippentieflochbohrer, Reibahlen, Sonderbohrer
K 10 F + K 20 F	Grauguss, übereut. AlSi-Leg., NE-Metalle, Kunststoffe	Spiralbohrer, Bohrmesser, Gewindebohrer, Senker, Reibahlen
K 40 F	Holz, NE-Metalle	Sonderwerkzeuge
P 20 + P 25	legierter Stahl, hochlegierter Stahl, Stahlguss	Spiralbohrer (mit Kantenverrundung), Gewindebohrer
P 40	legierter Stahl, hochlegierter Stahl, Stahlguss	verschiedene Bohrwerkzeuge, Bohrmesser, Senker

Die *geometrische Gestaltung* der Werkzeugschneiden muss den Eigenschaften des Hartmetalls, besonders der geringeren Zähigkeit gegenüber Schnellarbeitsstahl, Rechnung tragen. Positive Spanwinkel sollen die Kräfte reduzieren, größere Kerndicke verringert die Elastizität und dadurch bedingte Torsionsschwingungen, *besondere Spitzenanschliffe* (Bild 3.2–7) verbessern die Zentrierung beim Anbohren, verkleinern die Vorschubkraft und geben dem Span eine günstige Ablaufrichtung, *Kühlkanäle* sorgen für gute Kühlmittelzuführung und Beschichtungen reduzieren Kolkverschleiß und Spanreibungskräfte.

Bei groben Bohrbearbeitungen schützen *große Keilwinkel* und *Fasen* die empfindlichen Schneidkanten vor Ausbrüchen. Es empfiehlt sich, leistungsstarke mit stabilen Spindeln ausgerüstete Maschinen zu verwenden. Sie sollen weder elastisch nachgeben noch Schwingungen unterstützen. Der Einsatz von Hartmetallbohrern bewirkt unter geeigneten Bedingungen

- eine *Verbesserung* der *Genauigkeit* von IT11 auf IT9 bei eingelöteten Schneiden und auf IT8 bei Ganzhartmetall
- eine *Verlängerung* der *Standzeit* und
- eine *Vergrößerung* der anwendbaren *Schnitt-* und *Vorschubgeschwindigkeit*.

Tabelle 2.8-5: Schnittdaten für die Bearbeitung mit HM-Bohrern

Werkstoff	HM	Schicht	v_c [m/min]	f [mm/U]
Mischbearbeitung	P 40	TiN		
Baustähle	P 25	Ti(C,N)	90 – 110	0,2 – 0,315
Automatenstähle	P 25	Ti(C,N)	85 – 130	0,315
Einsatzstähle	P 25	Ti(C,N)	65 – 110	0,16 – 0,25
Vergütungsstähle	K 40 F	Ti(C,N)	70 – 90	0,15 – 0,25
hochfeste Stähle	K 20 F	Ti(C,N)	30 – 55	0,1 – 0,15
GJL	K 10 F	(Ti,Al)N	110 – 190	0,315
GJS	K 20 F	(Ti,Al)N	80 – 100	0,25 – 0,315
AlSi	K 10 F	(Ti,Al)N	140 – 200	0,315 – 0,4

Hartmetalle werden meistens mit einer *Beschichtung* aus TiN, Ti(C,N) oder (Ti,Al)N versehen. Immer neue Arten von Beschichtungen, sogar aus Diamantkristallen, werden erprobt. Sie verbessern das Verschleißverhalten der Werkzeuge. Grundhartmetall und Beschichtung müssen dem zu bearbeitenden Werkstoff angepasst werden. **Tabelle 2.8-5** zeigt Anwendungsempfehlungen mit den dazu passenden Schnittdaten.

2.8.4 Cermet

Cermets gehören ihrem Aufbau nach zu den *Hartmetallen*. Sie bestehen aus Hartstoffen, die in einem Bindemetall, vorzugsweise Nickel, eingebettet sind. Als wichtigste Hartstoffe werden *Titankarbid* und *Titannitrid* genommen. Wolframkarbid ist nur geringfügig oder gar nicht enthalten. Cermets haben deshalb geringere Dichte, kleinere Wärmeleitfähigkeit und größere Wärmedehnung als Wolfram-Hartmetall (siehe **Tabelle 2.8-6**).

Von Nachteil ist die geringere *Zähigkeit*. Durch Entwicklung geeigneter Metallbindungen aus Nickel, Molybdän und Kobalt unter Verwendung gleichmäßig feiner Hartstoffkörnung sowie durch Anwendung des *Drucksinterns* mit Drücken bis über 1000 N/mm² und Temperaturen von 1350 – 1500 °C gelang es, die Zähigkeit so zu verbessern, dass Cermets mit den Hartmetallsorten PI, P 10, P 20 und mit TiN-beschichteten Hartmetallen erfolgreich konkurrieren können. In Japan wurden die Vorzüge der Cermets besonders deshalb genutzt, weil die Rohstoffe für ihre Herstellung, Titan und Nickel, überall auf der Welt zu finden sind.

Anwendungsgebiet war anfangs nur die Feinbearbeitung durch Drehen. Dabei konnte der Vorteil, dass beim Sintern feine Konturen und scharfe Kanten herstellbar sind, genutzt werden. Mit etwas zäheren Cermetsorten können nun auch mittlere Bearbeitungen von Stahlwerkstoffen und Fräsen ausgeführt werden. Für die grobe Bearbeitung mit wechselnden Schnitttiefen sind sie nicht geeignet (Bild 2.8–4).

Die *längere Standzeit* der Cermets beruht auf einer geringeren Eisendiffusion, mit welcher der Kolkverschleiß in Verbindung zu bringen ist. Hierin zeigt sich ein Vorteil der kompakten TiC-Körper gegenüber dünnen TiC-Beschichtungen auf WC-Hartmetallen. Anstatt die Standzeit zu verlängern, kann auch die Schnittgeschwindigkeit vergrößert werden. Der anwendbare Schnittgeschwindigkeitsbereich beim Drehen von Stahl reicht von 80 – 500 m/min bei einem Vorschub pro Umdrehung von 0,03 – 0,4 mm und einer Schnitttiefe von 0,05 – 3 mm [*Johannsen / Zimmermann*].

Gusswerkstoffe lassen sich ebenfalls mit Cermets bearbeiten. Jedoch eignet sich dafür noch besser Oxidkeramik. Nicht geeignet sind sie für die Bearbeitung von Aluminium und Kupfer wegen starker Aufbauschneidenbildung und bei Nickellegierungen, die mit dem Bindemetall des Schneidstoffs zum Verschweißen neigen.

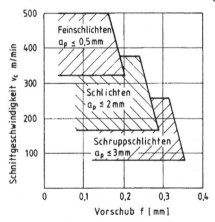

Bild 2.8–2
Einsatzbereiche von Cermets beim Drehen von Stahlwerkstoffen nach *Kolaska*

Cermets gibt es inzwischen auch mit *Beschichtungen*. Diese sehr dünnen Schichten verbessern die Verschleißeigenschaften. Sie verringern die Aufbauschneidenbildung und erlauben größere Schnittgeschwindigkeiten.

Tabelle 2.8-6: Physikalische Eigenschaften der Schneidstoffe

	HSS	Hartmetall			Keramik					BN		DP	DM
		HW	HF	HT	CN	CA	CA+ZrO$_2$	CM	CA+ SiC–Wh.	CBN	WBN		
Dichte [g/cm³]	8–9	10–15	13–15	6–7	3,2–3,6	3,9–4,5	4,0–4,2	4,0–4,3	3,9	3,1–3,4		3,8–4,3	3,52
Knoop-Härte HK	700 –900	1200 –1700	1300 –2100	1500 –1800	1300 –1600	1400 –2400	1700 –1800	1500 –2600	1800 –2200	2500 –4200	3200 –3500	5000	7000
E-Modul [kN/mm²]	260 –300	450 –650	540 –670	450 –500	280 –320	300 –400	380 –410	370 –420	390	680		750 –840	1140
Druckfestigkeit [kN/mm²]	2,8–3,8	3,5–6	5–6,8	4,5–6	2,5–5,5	3,5–5,5	4,5–5	4,3–4,8	4–5	2,7		7,6	8,68
Biegebruchfestigkeit [kN/mm²]	2,5–4	1,3–3,2	2,2–4,3	1,5–2,5	0,6–1	0,35–0,5	0,6–0,8	0,35–0,65	0,6–1	0,5–1,0		0,6–1,0	
Bruchzähigkeit [MN/m$^{3/2}$]		8–17	12–25	6–11	6–7,5	2,3–4,5	3,5–5,8	3,5–5,4	6–8	6,3–9	15	6,8–8,9	3,4
Wärmedehnung 10^{-6} [K^{-1}]	9–12	5–8		7,2–9,5	3–3,5	6–8	7–8	7–8	8	2,8	3,2	1,2	1,5–4,8
Wärmeleitfähigkeit [W/m · K]	15–48	30–100		10–20	20–35	10–30	15–25	15–35	16–35	40–120	60	100	500 –2000
Korngröße [µ]		1–3	< 1	1–3									

2.8.5 Keramik

Schneidkeramik wird nach DIN ISO 513 in vier Gruppen mit folgenden Kennbuchstaben unterteilt:

- CA = überwiegend aus Aluminiumoxid bestehende Oxidkeramik
- CM = Mischkeramik auf Aluminiumoxidbasis mit anderen Bestandteilen
- CN = überwiegend aus Siliziumnitrid bestehende Nitridkeramik
- CC = beschichtete Schneidkeramik der drei ersten Sorten.

Nähere Angaben sind in **Tabelle 2.8-6** zu finden. Alle Sorten sind noch *härter* als Hartmetall und behalten diese Eigenschaft auch bei Temperaturen über 1000 °C (**Bild 2.8–3**). Jedoch ist ihre *Zähigkeit*, die man durch Messung der Biegebruchfestigkeit bestimmen kann, umso *schlechter*. Durch stabile Schneidkantenfasen, negative Spanwinkel und vorsichtige Anschnitttechniken müssen Schneidenausbrüche vermieden werden. Die Entwicklung von Keramiksorten mit gleichmäßigem, feinem Grundgefüge und die Zumischung anderer zähigkeitsverbessernder Bestandteile hat ihre Anwendung zum Drehen und Fräsen möglich gemacht (**Tabelle 2.8-7**).

Tabelle 2.8-7: Keramische Schneidstoffe

	Oxidkeramik	Mischkeramik	Nitridkeramik
Farbe	weiß	schwarz	grau
chemische Zusammensetzung	Al_2O_3	60 bis 95 Al_2O_3 40 bis 5 TiC	Si_3N_4 SiO_2, Y_2O_3
Anwendungsgebiete	Zerspanen von Einsatz- und Vergütungsstahl, Schruppen und Schlichten von Grauguss beim Drehen und Fräsen	Schlicht- und Feindrehen von Stahl und Grauguss, Feinstfräsen von gehärtetem Stahl	Schruppen von Stahl und Guss beim Drehen und Fräsen

Oxidkeramik besteht aus sehr reinem Al_2O_3, dem geringe Anteile von MgO zur Begrenzung des Kornwachstums zugemischt sind. Der Rohstoff ist rein synthetisch. Er wird als Pulver im Reaktionssprühverfahren aus einer Lösung sehr homogen und feinkörnig (unter 3 μm) hergestellt [*M. Kullik*]. Mit organischen Zusätzen kann er in die Form von Wendeschneidplatten gepresst werden.

Diese Teile haben noch nicht die endgültige Härte und können durch Bohren, Stanzen, Fräsen und Schleifen bearbeitet werden (Grünbearbeitung). Danach wird das organische Lösungsmittel ausgetrieben und der Sintervorgang bei 1200 – 1800 °C vorgenommen. Hierbei muss das Porenvolumen, das noch 40 % ausmacht, verkleinert werden. Deshalb wird das *Heißpressen* (HP) oder *heißisostatisches Pressen* (HIP) mit gleichmäßiger Druckverteilung angewandt. Das Zusammenwachsen der Kristalle ist eine Festkörperreaktion ohne Verflüssigung einzelner Bestandteile. Das Schwinden der Hohlräume führt zu einer starken Volumenverminderung, die in den Abmessungen der Form vorher zu berücksichtigen ist. Die Farbe der Oxidkeramik ist *weiß*. Neben ihrer großen Härte von 92 – 96 HRC zeichnet sie ihre gute chemische und thermische Beständigkeit aus. Nachteilig ist ihre *Sprödigkeit* und *Thermoschockempfindlichkeit*. Sie kann daher nur bei gleichmäßigen Schnittbedingungen beim Drehen ohne Kühlung eingesetzt werden. Das Anwendungsgebiet ist vor allem Grauguss mit einer Schnittgeschwindigkeit bis zu 1000 m/min.

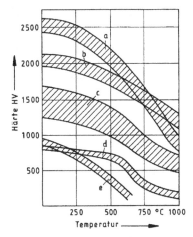

Bild 2.8–3
Härteabhängigkeit verschiedener
Schneidstoffe von der Temperatur
a   Mischkeramik
b   Oxidkeramik
c   Hartmetall
d   Schnellarbeitsstahl
e   Werkzeugstahl

Die Einlagerung von (3 – 15 %) feinverteilten *Zirkondioxid-Teilchen* in das Al_2O_3-Grundgefüge erzeugt inhomogene Spannungsfelder, die das Wachsen von Anrissen behindern. Damit wird die Biegebruchfestigkeit verbessert [*Dreyer / Kolaska / Grewe*]. Mit dieser verbesserten, weißen Keramik ist ein unterbrochener Schnitt beim Drehen und die Bearbeitung von unlegierten Einsatz- und Vergütungsstählen möglich.

Durch Zumischen von *Siliziumkarbid-Whiskern*, das sind faserartige Einkristalle großer Festigkeit, zur Oxidkeramik entsteht ein Schneidstoff mit verbesserter Zähigkeit und der Warmhärte der Keramik. Er eignet sich zum groben und feineren Drehen von schwer zerspanbaren Nickel-Legierungen (v_c = 200 m/min), hochfesten Stählen und Grauguss mit größerer Festigkeit. Infolge der verbesserten Zähigkeit nimmt die Standzeit bei der Graugussbearbeitung merklich zu, und es wird auch möglich, einen unterbrochenen Schnitt durchzuführen, ohne dass eine Kantenausbruchgefahr wie bei Reinkeramik besteht. Bei diesem Schneidstoff kann auch Kühlschmierstoff benutzt werden, denn die Whisker sind wärmeleitend und vermindern Thermospannungen an der hochbelasteten Schneidkante [*Tikal / Schneider / Wellein*].

Mischkeramik (schwarze Keramik) enthält neben Al_2O_3 noch 5 – 40 % nicht oxidische Bestandteile großer Härte wie TiC, TiN oder WC oder Kombinationen davon sowie bis zu 10 % ZrO_2. Die Hartstoffe sind im Grundgefüge fein verteilt. Sie behindern das Kornwachstum beim Drucksinterprozess, der bei Temperaturen von 1600 – 2000 °C stattfindet. Die Wirkung ist in dreifacher Sicht günstig:

- die *Verschleißfestigkeit* wird durch die Härte der zugemischten Stoffe verbessert
- die *Biegebruchfestigkeit* wird besser durch das feinkörnige Gefüge und Mikrospannungen, die das Risswachstum hemmen
- durch vergrößerte *Wärmeleitfähigkeit* wird die Thermoschockempfindlichkeit verkleinert, sodass auch bei guter Flüssigkeitskühlung gedreht und gefräst werden kann.

Mit Mischkeramik kann neben Grauguss auch gehärteter Stahl bis 65 HRC und Hartguss bearbeitet werden. In begrenztem Maße kann auch Feinbearbeitung an Grauguss, zu der scharfkantige standfeste Schneiden erforderlich sind, durchgeführt werden.

Siliziumnitridkeramik besteht hauptsächlich aus Si_3N_4. Zur vollständigen Verdichtung sind Sinterzusätze wie Yttriumoxid (Y_2O_3) oder Magnesiumoxid (MgO) erforderlich. Sie füllen die zwischen den länglichen Siliziumnitridkristallen bleibenden Hohlräume aus. Bei der Herstellung wird das Granulat unter Druck in eine Form gepresst und anschließend bei 1600 – 1800 °C gesintert. Das Verfahren gleicht der Hartmetallherstellung. Es lassen sich verschiene Wendeschneidplattenformen, auch mit Bohrung, herstellen. Die Härte von 1300 – 1600 HV und Biegefestigkeit von 0,6 – 1,0 GPa geben ihr ein günstiges Verschleißverhalten und Widerstandsfähigkeit gegen mechanische Schlagbeanspruchung. Darüber hinaus ist sie durch ihre thermodynamische Stabilität für den Einsatz mit Kühlschmiermitteln geeignet. Sie verträgt große Schnittgeschwindigkeiten und Vorschübe (**Bild 2.8–4**) und eignet sich besonders für die *Grobbearbeitung* von *Grauguss* durch Drehen und Fräsen.

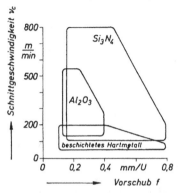

Bild 2.8–4
Anwendungsbereiche für beschichtetes Hartmetall, Aluminiumoxid-Keramik und Siliziumnitridkeramik nach Lambrecht

Die Weiterentwicklung der Siliziumnitridkeramik durch Zumischen von bis zu 17 % Al_2O_3 führt zu einem Schneidstoff größerer Verschleißfestigkeit (SiAlON), mit dem neben Grauguss auch schwer zu bearbeitende Nickellegierungen bearbeitet werden können. Zur weiteren Verbesserung von Verschleißfestigkeit und Zähigkeit dienen Zugaben von ZrO_2 (bis zu 10 %), TiN (≤ 30 %) oder SiC-Whiskern. Die den Verschleiß begünstigende, temperaturinduzierte Siliziumdiffusion in Anwesenheit von Eisen lässt sich durch eine dünne ca. 1 µm dicke Al_2O_3-Beschichtung aufhalten. Alle Entwicklungen dienen dem Zweck, die günstigen Eigenschaften der Siliziumnitridkeramik auch bei der Bearbeitung anderer Stahlwerkstoffe nutzbar zu machen [*Dreyer / Kolaska / Grewe*].

Da das Befestigen keramischer Schneidplatten auf dem Werkzeugkörper durch Löten oder Kleben Schwierigkeiten bereitet, wird diese Befestigungsart nur in Sonderfällen, wie bei räumlicher Beengung, angewandt. Für die Befestigung durch Löten müssen die Schneidplatten besonders metallisiert werden. Zu beachten ist, dass die Wärmedehnung der keramischen Schneidstoffe nur etwa halb so groß ist wie die der gesinterten Hartmetalle. In den meisten Fällen werden die Schneidplatten durch *Klemmen* auf dem Werkzeug befestigt.

Siliziumnitrid ist die einzige Keramik, bei der Beschichtungen zur Verbesserung beitragen. Mehrlagige Schichten aus Al_2O_3 und TiN verbessern die Härte und damit die Verschleißfestigkeit an Frei- und Spanfläche der Schneiden. Bei der Bearbeitung von Grau- und Sphäroguss kann die Standmenge dadurch auf das zwei- bis dreifache vergrößert werden [*Abel*]. Bohrer lassen sich auch aus noch härteren Stoffen als Hartmetall herstellen. In Frage kommt dafür *Oxidkeramik, Mischkeramik, Siliziumnitridkeramik* und *Cermet*. Bei richtiger Anwendung lassen sich besonders lange Standzeiten, sehr große Schnittgeschwindigkeiten und genaue Bearbeitungen erzielen. Auch Feinbearbeitungen sind möglich, da Cermets scharfkantig sein dürfen. Probleme, die den praktischen Einsatz behindern, findet man bei der Suche nach geeigneten *Maschinen*. Verlangt werden große Drehzahlen, besonders bei kleinen Bohrerdurchmessern, Steifigkeit, Genauigkeit (der Rundlauffehler an der Bohrerschneide soll kleiner als 0,01 mm sein) sowie eine schnelle und präzise Vorschubsteuerung. Die Werkzeugaufnahme ist auch als kritische Stelle zu sehen, weil hier Nachgiebigkeit und dadurch Ungenauigkeit entstehen kann.

2.8.6 Bornitrid

Bornitrid kommt in der Natur in *hexagonaler* Kristallausbildung vor. Auf den Kristallgitterplätzen wechseln sich Bor- und Stickstoffatome ab. Wie Graphit, der allerdings nur aus Kohlenstoffatomen besteht, ist dieses hexagonale Bornitrid weich und brüchig und nicht als Schneidstoff brauchbar. Durch eine Synthese bei einem Druck von 7 – 8 GPa = 70 – 80 kbar und einer Temperatur um 2000 K entsteht eine *kubisch flächenzentrierte* Kristallgitterform (**Bild 2.8–5**). Die Kristalle dieses Bornitrids haben ähnlich wie Diamant eine ungewöhnlich große Härte von mehr als 3500 HV (siehe **Tabelle 2.8-8**)

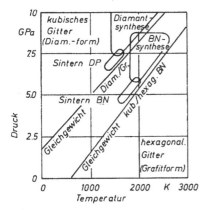

Bild 2.8–5
Druck-Temperatur-Gleichgewicht bei der Synthese von Diamant und kubischem Bornitrid

Ein ähnliches Bornitrid in *Wurtzit-Struktur* (WBN) entsteht aus hexagonalem Bornitrid durch eine thermische Schockumwandlung. Es ist ebenfalls äußerst hart (3200 – 3500 HV), jedoch zäher als kubisches Bornitrid (siehe Tabelle 2.8-6).

Diese Bornitridhartstoffe werden in einem Hochdruck-Sinterprozess auf einer Hartmetallgrundschicht zu kompakten *polykristallinen Schneidstoffkörpern* gepresst. Dabei entstehen Scheiben von höchstens 50 mm Durchmesser und 3 mm Dicke. Durch funkenerosives Schneiden mit Draht und Schleifen mit Diamantschleifscheiben lassen sich daraus kleine scharfe Schneidecken erzeugen, die in Wendeschneidplatten eingelötet werden.

Die Eigenschaften der Schneidstoffschicht aus Bornitrid können durch Beigabe von *Begleitstoffen karbidischer* oder *keramischer* Zusammensetzung beeinflusst werden. Dabei verringert sich leider die Härte. Zähigkeit und thermische Schockverträglichkeit werden jedoch verbessert. *König* und *Neises* haben einige *handelsübliche* Bornitridschneidstoffe auf ihre Eignung zum Drehen von weichem und gehärtetem Kugellagerstahl hin untersucht und beschrieben. Aus **Tabelle 2.8-8** erkennt man, dass es sich dabei um zwei Arten handelt. Die einen mit einem BN-Gehalt von 85 % sind grobkörnig und werden für die grobe Bearbeitung von gehärtetem Stahl empfohlen, die anderen mit nur 50 % BN sind feinkörniger, auf einer Hartmetallunterlage aufgesintert und werden für die Feinbearbeitung angeboten.

Für die *Grobbearbeitung* sind Härte und Zähigkeit wichtige Eigenschaften. **Tabelle 2.8-9** fasst wesentliche Einsatzbedingungen beim Drehen mit Bornitrid uzsammen. Neben einem großen Hartstoffgehalt ist dafür die Bindephase und ihre Haftung an den BN-Kristallen wichtig. Sowohl keramische Stoffe, die Aluminium aus dem Druckübertragungsmedium enthalten, als auch hartmetallartige Wolfram-Kobalt-Verbindungen ergeben die richtigen Voraussetzungen dafür. Bemerkenswert ist die große Wärmeleitfähigkeit von über 100 W/mK, die den Wärmetransport und -ausgleich durch die Schneide verstärkt. Sie erlaubt es, Flüssigkeiten zur Kühlung einzusetzen.

Tabelle 2.8-8: Zusammensetzung und physik. Kennwerte von Schneidstoffen aus polykristallinem Bornitrid

BN-Gehalt [Vol %]	85	85	50	50
mittl. Korngr. [µm]	5 – 10	2 – 10	0,5 – 3	0,5 – 1,5
Bindephase	keram.	metall.	keram.	keram.
Zusammensetzung	AlN + AlB$_2$	W-Co-B	TiC +..	TiN +..
Härte HV 0,2	4800	5100	3700	3800
Wärmeleitf. [W/mK]	100	100-200	44	40
Druckfestigkeit [GPa]	2,73		3,35	
Biegefestigkeit [GPa]	0,57	0,72	0,23	0,9 – 1,05
Bruchfestigkeit [MPam$^{1/2}$]	6,32		2,7	

In der *Feinbearbeitung* mit Schnitttiefen unter 0,5 mm und Schnittgeschwindigkeiten über 100 m/min ist es bei der Bearbeitung von gehärtetem Stahl wichtig, eine Temperatur von 800 – 900 °C über der Spanfläche aufrecht zu erhalten. Die keramischen Bindephasen aus Titankarbid oder Titannitrid tragen mit 50 % Volumenanteil zu einer kleineren Wärmeleitfähigkeit bei, die dieses Temperaturniveau begünstigt. Außerdem ist hier die Feinkörnigkeit des Bornitrids für die Schneidkantenschärfe notwendig. Diese Bearbeitung muss trocken durchgeführt werden, um unberechenbare Schneidkantenausbrüche aufgrund von Thermospannungen zu vermeiden.

Für ungehärtete oder geglühte Stähle sind Bornitridschneiden *nicht geeignet*. Der Freiflächenverschleiß, der auf Reibung zurückzuführen ist, nimmt zu und verkürzt die Standzeiten. Ursache dafür ist der erhöhte Reibungskoeffizient bei weichem Stahl. Bei gehärtetem Stahl mit mehr als 60 HRC ist ein verstärkter Kolkverschleiß zu finden, der auf Zersetzung des Schneidstoffs durch Diffusion schließen lässt. Er gibt aber selten den Ausschlag für die Standzeit.

Tabelle 2.8-9: Einsatzbedingungen für Schneiden aus polykristallinem Bornitrid beim Drehen

Werkstoff	Bearbeitung	Schnittgeschw. m/min	Schnitttiefe mm	Vorschub mm/U
Gusseisen (perlitisch)	Vordrehen Fertigdrehen*	500 – 1000 600 – 3000	1,5 – 3,0 0,5 – 1,5	0,3 – 0,6 0,1 – 0,5
Hartguss	Vordrehen Fertigdrehen	80 – 130 90 – 150	1,0 – 2,5 0,1 – 1,0	0,1 – 0,3 0,1 – 0,3
Stahl (gehärtet)	Vordrehen Fertigdrehen*	80 – 130 100 – 200	1,0 – 2,5 0,1 – 1,0	0,1 – 0,5 0,1 – 0,2
Superlegierungen	Vordrehen Fertigdrehen	200 – 300 250 – 350	1,5 – 2,5 0,1 – 1,5	0,1 – 0,3 0,1 – 0,3
Sintereisen	Vordrehen Fertigdrehen	200 – 300 250 – 350	1,5 – 2,5 0,1 – 1,5	0,2 – 0,3 0,1 – 0,2

* Schneidstoff: Bornitrid / Keramik

2.8.7 Diamant

Diamant ist *kubisch flächenzentriert* kristallisierter Kohlenstoff. Seine herausragenden physikalischen Eigenschaften sind seine *Härte* und seine *Wärmeleitfähigkeit*, die von keinem anderen Stoff erreicht wird. Deshalb ist er als Schneidstoff für bestimmte Aufgaben sehr begehrt.

Unter Ausnutzung der Kristallisationsebenen kann man ihm äußerst scharfe Schneidkanten verleihen, die ihn zur *Feinzerspanung* und Hochglanzbearbeitung geeignet machen. Wegen seiner Schlagempfindlichkeit können nur kleine Vorschübe, etwa 0,01 – 0,05 mm, und auch nicht große Schnitttiefen eingestellt werden. Die Schnittgeschwindigkeit dagegen ist kaum begrenzt.

100 – 5000 m/min sind möglich. Es kommt jedoch darauf an, dass die Maschine bei der eingestellten Drehzahl schwingungsfrei läuft.

Bis heute kommen fast ausschließlich *Naturdiamanten* zur Anwendung. Sie müssen bezüglich ihrer Reinheit nicht den Anforderungen von Schmuckdiamanten gerecht werden. Verfärbungen oder Verunreinigungen schaden der Verwendung als Schneiddiamanten nicht. Durch Spalten, Schleifen und Läppen in Form gebracht, werden sie in einer sorgfältig ausgeführten spannungsfreien Fassung auf dem Werkzeugkörper befestigt.

Diamant eignet sich gut für das Feinzerspanen von Legierungen des *Aluminiums*, *Magnesiums*, *Kupfers* und *Zinks* sowie von *Grauguss*, stark verschleißend wirkenden *Kunststoffen*, *Hartgummi*, *Kohle*, vorgesintertem *Hartmetall*, *Glas* und *Keramik*. Zum Zerspanen von normalem Stahl ist Diamant ungeeignet, da er bei den entstehenden Schnitttemperaturen dazu neigt, durch Diffusion Kohlenstoffatome an das Eisen abzugeben und dabei selbst stark zu verschleißen.

2.8.8 Polykristalliner Diamant

Durch polykristallines Versintern von Diamantpulver zu festen Schneidplatten entsteht ein Schneidstoff, der die Vorzüge des Naturdiamanten, große Härte und lange Standzeit, ohne seinen Nachteil der Schlagempfindlichkeit verwirklicht (DP = *polykristalliner Diamant*). Er ist dadurch sowohl für die Grob- als auch für die Feinbearbeitung beim Drehen und Fräsen geeignet. Die Diamantschicht besteht aus einer gleichmäßig feinen synthetischen Körnung. Sie wird bei 1700 K und einem Druck von 7 GPa auf einen Hartmetallträger mit einer dünnen metallischen Zwischenschicht oder auch ohne Trägerhartmetall *gesintert* (Bild 2.8–5). Dabei wachsen die Körner so zusammen, dass sie eine durchgehende polykristalline Schicht bilden. Sie lässt sich durch Schleifen mit kunstharzgebundenen Diamantscheiben noch bearbeiten [*Bex / Wilson*, *Meyer*, *Werner / Keuter*].

Die Anwendungsgebiete sind wie beim Naturdiamanten *Nichteisenmetalle* wie Aluminium-, Kupfer- und Zinklegierungen und *Nichtmetalle* wie faserverstärkte Kunststoffe, Hartgummi, Keramik und Holzfaserprodukte. Dabei sind besonders gute Erfahrungen in der Bearbeitung von Werkstücken aus siliziumhaltigen Aluminiumlegierungen für die Automobilindustrie gemacht worden. Stahl kann auch mit diesen Diamantschneiden kaum bearbeitet werden. In **Tabelle 2.8-10** sind die wichtigsten Werkstoffe mit den geeigneten Schnittbedingungen aufgeführt.

Die Rohlinge werden als Ronden von 10 – 50 mm Durchmesser oder als rechteckige Platten von höchstens 50 mm Kantenlänge hergestellt. Sie lassen sich durch funkenerosives Schneiden mit Draht in Sektoren, Dreiecke, Quadrate und andere Plattenformen zerteilen. Die so entstandenen *Schneideneinsätze* müssen noch geschliffen werden, damit die durch die Funkenerosion zerstörte Schicht von etwa 0,05 mm Dicke entfernt wird und scharfe Schneidkanten entstehen. Bei Schneideneinsätzen für die Feinbearbeitung wird die Spanfläche zusätzlich poliert ($Rz < 1\ \mu m$). Diese Schneiden werden in die Werkzeuge oder oft auch in Hartmetall-Wendeschneidplatten eingelötet.

Tabelle 2.8-10: Einsatzbedingungen für Schneiden aus polykristallinem Diamant (DP) beim Drehen

Werkstoff	Bearbeitung	Schnittgeschw. m/min	Schnitttiefe mm	Vorschub mm/U
Al-Legierung Si < 12 %	Vordrehen Fertigdrehen	1000 – 3000 1000 – 3000	0,1 – 3,0 0,1 – 1,0	0,1 – 0,4 0,1 – 0,2
Al-Legierung Si > 12 %	Vordrehen Fertigdrehen	300 – 800 300 – 800	0,1 – 3,0 0,1 – 1,0	0,1 – 0,4 0,1 – 0,2
Cu-Legierung Zn-Legierung	Vordrehen Fertigdrehen	600 – 1000 700 – 1200	0,5 – 2,0 0,1 – 0,5	0,1 – 0,4 0,1 – 0,4
Faserverst. Kunstharze	Vordrehen Fertigdrehen	200 – 800 300 – 1500	1,0 – 2,0 0,1 – 2,0	0,1 – 0,4 0,1 – 0,4
Hartmetall	Vordrehen Fertigdrehen	20 – 40 20 – 40	0,1 – 0,5 0,1 – 0,2	0,1 – 0,3 0,1 – 0,3

Die Kantenschärfe hängt von der Feinbearbeitung der Flächen (Frei- und Spanfläche) und von der Korngröße des Diamant-Rohpulvers ab. Mit einem besonderen Messverfahren, bei dem ein schneidenförmiger Taster die fertige Schneidkante abtastet, können die Kantenrauheit und die Schartigkeit festgestellt werden. Nach dem groben Schleifen sind $R_z = 5 - 15$ µm messbar. Das genügt für viele Bearbeitungsaufgaben. Durch Feinläppen kann bei geeigneten DP-Sorten die Kantenrauheit auf $R_z < 1$ µm verkleinert werden.

Diamant neigt bei höherer Temperatur zur *Oxidation*. Dabei zeigen die Schneidkanten, welche die kritische Temperatur zuerst erreichen, Verschleiß. Dieser Oxidationsverschleiß setzt bei normaler Sauerstoffkonzentration der umgebenden Luft oberhalb von 800 °C ein. Bei DP beginnt die Oxidation bereits oberhalb 650 °C, da dieser Stoff porös ist und dem Sauerstoff eine größere Oberfläche anbietet.

Für die Bearbeitung von *Kunststoffen*, *Holz*, *NE-Metallen*, deren Legierungen und *Verbundwerkstoffen* (keine Eisenwerkstoffe) gibt es Bohrer mit Diamantschneiden. Dabei wird der aus Diamantpulver bei 1700 K und 6000 N/mm^2 gesinterte DP-Schneidstoff verwendet.

Für *kleine Bohrer* von 1 – 2 mm Durchmesser werden Hartmetallrohlinge mit 1 – 1,5 mm langen DP-Spitzen genommen. Spannuten- und Schneidenform werden mit Diamantschleifscheiben hergestellt. Der dabei auftretende große Schleifscheibenverschleiß ist durch die Härte des DP-Schneidstoffs bedingt und führt zu relativ hohen Werkzeugpreisen. Das größte Anwendungsgebiet für diese Bohrer sind Leiterplatten aus Kunstharz-Verbundwerkstoffen.

Größere Bohrer bis 13 mm Durchmesser können dachförmige DP-Einsätze in der Bohrerspitze haben, in die Haupt- und Querschneiden eingeschliffen werden. Die Einsätze sind etwa 1,6 mm dick, haben metallische Beschichtungen und müssen in den Werkzeugkörper eingelötet werden. Die Halterung der Schneiden muss sehr starr sein, um Schneidenbruch zu vermeiden.

2.9   Oberflächenbehandlung

Die gemeinsame Aufgabe aller Oberflächenbehandlungsverfahren, ob nun durch eine Randzonenveränderung oder eine Beschichtung, ist es, dass Leistungsvermögen von Werkzeugen zu verbessern. Die dabei verfolgten Ziele sind eine Verbesserung des Schneidverhaltens der Werkzeuge durch eine Erhöhung der Schnittdaten, wie Schnitt- und Vorschubgeschwindigkeit, bzw. durch eine Erhöhung des Standvermögens der Werkzeuge und eine Verbesserung der

Prozesssicherheit.

Das Ziel der Verbesserung des Leistungsvermögens wird erreicht durch

- eine höhere Abriebfestigkeit der Werkzeugschneiden
- eine Verringerung der Reibung zwischen dem Werkzeug und dem Werkstück, sowie zwischen dem Werkzeug und dem Span
- eine Verringerung des Wärmeübergangs zwischen dem Werkzeug und dem Werkstück bzw. dem Span
- eine Vergrößerung der chemischen Stabilität der Werkzeugkontaktflächen
- eine bessere thermische und mechanische Stabilität der Werkzeugschneiden.

Der Einsatz der Oberflächenbehandlungsverfahren (**Tabelle 2.9-1**) muss im zeitlichen Verlauf der technischen Entwicklung betrachtet werden. Um die Leistungsfähigkeit von Werkzeugen aus HSS / HSS-E zu verbessern, werden auch heutzutage Verfahren wie das Nitrieren, das Dampfanlassen und das Hartverchromen eingesetzt. Das Nitrieren und das Dampfanlassen werden oft auch in Kombination angewendet. Dabei handelt es sich bei den beiden erstgenannten Verfahren um eine Randzonenveränderung, bei dem Letzten um eine Beschichtung. Diese Verfahren werden bei den Fertigungsverfahren mit einer vergleichsweise niedrigen Schnittgeschwindigkeit eingesetzt, wie z. B. beim Gewindebohren. Der Anteil dieser Verfahren an dem Gesamtumfang der Oberflächenbehandlungsverfahren ist aber in der Werkzeugtechnik stark rückläufig. Sie werden durch die Hartstoff- oder die Weichstoffbeschichtungen abgelöst. Auch Kombinationen aus beiden werden verwendet. Bei Werkzeugen bzw. Werkzeugschneiden aus harten Schneidstoffen werden zur Leistungsverbesserung nur Hartstoff- und Weichstoffbeschichtungen oder eine Kombination aus beiden verwendet.

Tabelle 2.9-1: Oberflächenbehandlungsverfahren für Zerspanungswerkzeuge

Art des Verfahrens	Verfahrensprinzip		Verfahrensbezeichnung	
Randzonenveränderung	Veränderung der Randzone bzw. Werkzeugkontaktfläche	*klassisches Verfahren*		Neutralisieren
				Dampfanlassen und Oxidieren
				Nitrieren
Beschichtungsverfahren	Materialauftrag auf die Werkzeugoberfläche	*klassisches Verfahren*	Cr	Hartverchromen
		*Weichstoff-Beschichtung ******	CrN	Chromnitridbeschichten*
			WC/C	Wolframkarbid-Kohlenstoffbeschichten*
			MoS$_2$	Molybdändisulfitbeschichten*
		Hartstoff-Beschichtung	TiN	Titannitridbeschichten**
			Ti(C,N)	Titancarbonitridbeschichten**
			(Ti,Al)N	Titanaluminiumnitridbeschichten**

* Niedrigtemperatur PVD-Prozess   ** PVD-Prozess   *** auch als Festschmierstoff bezeichnet

Von den Schneidstoffen ist bekannt, dass Werkzeuge mit zunehmender Härte zwar verschleißfester, aber auch spröder werden. Die Härte und Zähigkeit verhalten sich gegenläufig. Da aber ein Verschleiß von der Kontaktfläche des Werkzeugs mit seiner Umgebung ausgeht, hat man schon in den Anfängen der Oberflächenbehandlung erkannt, dass es von Vorteil ist, nur die Werkzeugoberfläche selbst verschleißfester zu gestalten (Prinzip: „harte Schale, weicher Kern"). Auf diese Weise kann man die Vorteile einer harten Oberfläche und die eines zäheren Kernmaterials miteinander verbinden. Diesen Ansatz findet man auch bei der Oberflächenbehandlung von Werkstücken.

2.9.1 Randzonenveränderung

Beim Nitrieren erfolgt eine Diffusionssättigung der Randschicht eines Werkzeugs mit Stickstoff in atomarer Form. Hierfür verwendet man

- das Gasnitrieren im Ammoniakgasstrom durch Zerfall von Ammoniak bei $500 - 550\,°C$
- das Salzbadnitrieren in einer Salzschmelze (Teniferbad) durch Zerfall von Alkalizyanat (Zyansalz) bei $520 - 580\,°C$ und
- das Plasmanitrieren.

Der Stickstoff verbindet sich dabei mit dem Eisen und den Legierungselementen zu sehr harten Nitriden. Die Randzone hat als Resultat eine $5 - 50$ mm starke Schicht mit einer Härte von $1000 - 1250$ HV.

Im Vergleich zu dem Einsatzhärten mit Kohlenstoff ist mit dem Nitrieren eine höhere Randhärte erzielbar. Der Härteabfall ins Innere des Werkzeugs ist aber wegen der geringen Diffusionstiefe steiler. Die Randzone besteht nach dem Nitrieren aus einer äußeren Nitridschicht (Verbindungsschicht) und einer anschließenden Schicht aus stickstoffangereicherten Mischkristallen (Diffusionsschicht). In der Praxis werden auch Stickstoff und Kohlenstoff gleichzeitig zugegeben, das so genannte Karbonitrien. Die außerordentlich harte Nitrierschicht ist stabil gegenüber abrasiven Verschleiß. Da die Nitrierzone nicht metallisch ist, vermindert sie auch Materialaufschweißungen und Aufbauschneiden.

Die nitrierten Werkzeuge eignen sich aufgrund ihrer sehr harten und spröden Oberfläche zur Zerspanung von abrasiven Werkstoffen, wie Stählen mit höherem Perlitgehalt, Grauguss, Sphäroguss, Alu-Guss mit hohem Si-Gehalt sowie Kunststoffen (Duroplaste).

Bei dem Dampfanlassen, auch als Oxydieren oder Vaporisieren, bezeichnet, spaltet sich in einer Trockendampfatmosphäre der Wasserdampf bei ca. $520 - 580\,°C$ in seine atomaren Bestandteile Wasserstoff und Sauerstoff auf. Der Sauerstoff bildet auf dem Werkzeug eine dünne, festhaftende mattschwarze Eisenoxidschicht mit einer Dicke von etwa $10\,\mu m$. Diese Schicht reduziert die adhäsive Neigung, Kaltaufschweißungen zu bilden. Sie erhöht die Oberflächenhärte und damit den Verschleißwiderstand. Darüber hinaus verleiht sie dem Werkzeug eine größere Korrosionsbeständigkeit und verbesserte Gleiteigenschaften.

Die dampfangelassenen Werkzeuge sind nur für die Bearbeitung von Eisenwerkstoffen geeignet, insbesondere bei den zu Kaltschweißungen neigenden kohlenstoffarmen, weichen Stählen. Bei Metallen wie Aluminium und Kupfer führt diese Oxidschicht jedoch zu erhöhten Verklebungen. **Tabelle 2.9-2** fasst die Oberflächenbehandlungsverfahren zusammen.

Tabelle 2.9-2: Eigenschaften von klassischen Oberflächenbehandlungsverfahren

Bezeichnung	Nitriert	Dampfangelassen	Hartverchromt
Bemerkung	Anreicherung der Randzone mit Stickstoff	Im Wasserdampf erzeugte Oxidschicht	Galvanische Schicht
Härte HV	1100 – 1250 ·	—	1200 – 1400
Schichtdicke in μm	5 – 50	10	2 – 4
Schichtfarbe	grau	blaugrau	silberfarben
Einsatzgebiet (schwerpunktmäßig)	Abrasive Werkstoffe wie Grauguss, Sphäroguss, Aluminiumguss, Duroplaste	nur für Eisenwerkstoffe	Buntmetalle, nicht für Stahlwerkstoffe

2.9.2 Beschichtungen

Neben dem Schneidstoff kommt der Werkzeugbeschichtung heute eine besondere Bedeutung zu. Sie dient dem Verschleißschutz, der Reibungsreduzierung oder beidem.

2.9.2.1 Hartstoffschichten

Als Grundwerkstoff dienen die Schneidstoffe *Schnellarbeitsstahl*, *Hartmetall* und *Cermet*. Sie bieten die erforderliche Festigkeit und Zähigkeit. Der Oberflächenschicht aus Nitriden, Karbiden und Oxiden kommt die Aufgabe des *Verschleißschutzes* zu. Darüber hinaus schützt sie den Grundwerkstoff vor thermischer Belastung, Korrosion und Diffusion. Hauptsächlich *vermindert* sie die *Reibung* zwischen Werkzeug und Werkstück.

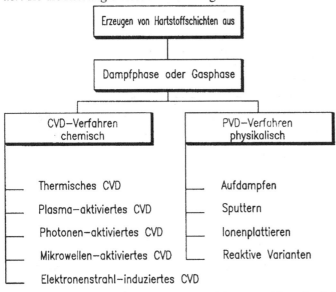

Bild 2.9–1 Einteilung der wichtigsten Beschichtungsverfahren für Schneidstoffe

Aber auch die Hartstoffschichten werden durch die Span- und Werkstoffreibung allmählich abgetragen. Aber selbst, wenn sie den darunter liegenden Grundstoff schon freigeben, stützen die Schichtränder den Werkstoff noch ab und hemmen Kolkbildung oder Freiflächenverschleiß.

Beschichtungsverfahren

Die Herstellung von Werkzeug-Hartstoffschichten kann durch *CVD-Verfahren* (*Chemical Vapour Deposition*) oder *PVD-Verfahren* (*Physical Vapour Deposition*) erfolgen. **Bild 2.9–1** zeigt eine Einteilung der wichtigsten Beschichtungsverfahren. Bei allen Verfahren bildet sich das Beschichtungsmaterial erst während des Abscheidungsprozesses.

Als *CVD-Verfahren* (**Bild 2.9–2**) werden Beschichtungsprozesse bezeichnet, bei denen gasförmige Stoffe unter Wirkung der erhitzten Substratoberfläche chemisch miteinander reagieren. Das dabei entstehende Reaktionsprodukt schlägt sich als Feststoff auf den Werkzeugen nieder. Der Vorteil bei diesen Verfahren liegt in der Gleichmäßigkeit der Beschichtung. Selbst geometrisch schwierige Formen können mit einer gleichmäßigen Schicht versehen werden. Die *Reaktionstemperaturen* liegen je nach Schichtstoff und Verfahren bei 800 – 1100 °C. Aus diesem Grund ist das CVD-Verfahren lediglich zum Beschichten von Hartmetallen und Cermets geeignet. Bei HSS-Stählen mit Anlasstemperaturen von 500 – 600 °C würde es zu einem Härteverlust und Werkzeugverzug führen. Mit der Entwicklung neuer Verfahrensvarianten wie dem Niederdruck- oder Plasma-CVD lassen sich die Temperaturen teilweise unter 500 °C halten.

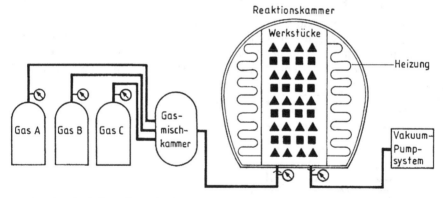

Bild 2.9–2 Prinzipdarstellung des CVD-Verfahrens. Das Schichtmaterial wird durch chemische Reaktion verschiedener Gase gebildet

Die *PVD-Verfahren* ermöglichen das Abscheiden von Hartstoffen bei Temperaturen zwischen 200 – 650 °C. Dadurch können auch HSS-Werkzeuge ohne Härteverlust oder Verzug beschichtet werden.

Die Vorteile der PVD-Verfahren sind:

- Die *Schichtdicke* lässt sich beliebig einstellen. Schichten mit großer Gleichmäßigkeit und Reproduzierbarkeit der Eigenschaften können hergestellt werden.

- Die Wahl des *Substratmaterials* unterliegt kaum Einschränkungen. Eine Vielzahl von Schichtstoffen kommt in Betracht.

- *Mehrlagenschichten* aus verschiedenen Stoffen und unterschiedlichen Dicken lassen sich in einem Arbeitsgang herstellen.

- Die *Substrattemperatur* kann während des Beschichtens den Erfordernissen angepasst und verändert werden.

Die zu beschichtenden Werkzeuge werden gründlich gesäubert und in ein Vakuumgefäß geordnet. Die Schichtstoffe werden als Targets eingebracht, verdampft und beschleunigt.

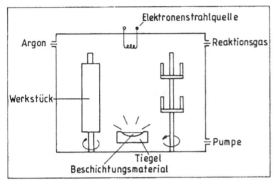

Bild 2.9–3
Ionenplattieren. PVD-Verfahren zum Beschichten von Schneidstoffen

Beim *Ionenplattieren* (**Bild 2.9–3**), dem am häufigsten angewandten PVD-Verfahren, werden die Metallteilchen nach dem Verdampfen ionisiert. Durch eine negative Polung des Substrats beschleunigt, treffen sie mit hoher Geschwindigkeit auf dessen Oberfläche auf, wo sie kondensieren. Eine Reaktion mit dem in der Kammer befindlichen Gas vollzieht sich zwischen Verdampfen und Kondensieren. Das Verdampfen des Targets im Tiegel kann durch einen Elektronenstrahl oder einen Lichtbogen bewirkt werden. Es ist eine besondere Art des PVD-Beschichtens (**Bild 2.9–4**). Die Werkzeugtemperatur lässt sich damit sicher unter der für Schnellarbeitsstahl kritischen Anlasstemperatur von 550 °C halten. Das verdampfte Beschichtungsmaterial (z. B. Ti) wird in der Glimmentladung eines Trägergases (z. B. N_2) teilweise ionisiert und durch eine negative Spannung beschleunigt. Nach Reaktion mit dem Trägergas trifft es mit hoher kinetischer Energie (100 – 300 eV) auf den Werkzeugen auf und bildet eine gleichmäßige glatte, fest haftende, dünne Schicht.

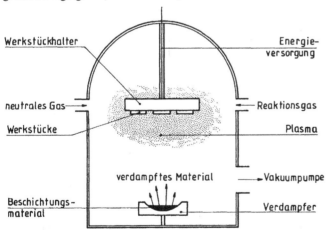

Bild 2.9–4
Prinzipdarstellung des ionenunterstützten Aufdampfens nach dem PVD-Verfahren. Die Werkstücke werden dabei einem Ionenbeschuss ausgesetzt

Ein anderes PVD-Beschichtungsverfahren ist das *Multi-Arc-Verfahren*. Es arbeitet mit mehreren Verdampfern, die gleichmäßig im evakuierten Reaktionsgefäß verteilt sind. Dabei wird das Beschichtungsmaterial durch Lichtbögen aus dem festen Zustand verdampft. Es verbindet sich mit dem Reaktionsgas zur gewünschten Verbindung (z. B. TiN) bei der Anlagerung auf den

Werkzeugen. Während dieser Reaktion drehen sich die Werkzeuge langsam. Temperatur, Gasdruck, Spannung und Sauberkeit der Werkzeugoberfläche bestimmen Qualität und Dauer des Beschichtungsvorgangs. Die so erzeugten Schichten sind von gleichmäßiger Dicke (üblich 1 – 4 μm), feinkörnig und umschließen auch feine Strukturen. Die Schneidkanten müssen nicht wie beim CVD-Verfahren gerundet sein. Sie eignen sich deshalb auch für Feinbearbeitungen.

Ausgewählte Schichtsysteme

Wichtige Eigenschaften der wirtschaftlich interessanten Beschichtungen wie TiN, Ti(C,N) oder (Ti,Al)N sind in **Tabelle 2.9-3** zusammengefasst.

TiN war die erste kommerziell erfolgreiche PVD-Beschichtung und hält nach wie vor den größten Marktanteil. Sie ist goldfarben und etwa 50 % härter als Hartmetall. Sie bleibt bis zu einer Temperatur von 500 °C chemisch stabil. Ti(C,N) und (Ti,Al)N stellen höherfeste Modifikationen der TiN Grundstruktur dar. Bei allen drei Schichtsystemen handelt es sich um kubische Einlagerungsverbindungen. Die großen Metallatome bilden hierbei ein kubisch-flächenzentriertes Gitter, in dessen Oktaederlücken die vergleichsweise kleinen Kohlenstoff- oder Stickstoffatome eingebaut sind. Die bei den Metall-Stickstoff- bzw. Metall-Kohlenstoff-Verbindungen auftretenden hohen Bindungsenergien sind für die hohen Schmelzpunkte (3000 – 4000 °C) der Verbindungen verantwortlich und begünstigt eine hohe thermische Belastbarkeit.

Durch die partielle Lösung von hochfesten Titankarbiden ist Ti(C,N) bei Raumtemperatur härter und deutlich glatter als TiN oder (Ti,Al)N. Darüber hinaus ist der Verschleißwiderstand durch abscheidungsbedingte, hohe Druckeigenspannungen erhöht. Einsatzbeschränkend wirkt sich dagegen die vergleichsweise niedrige thermische Beständigkeit von Ti(C,N) aus.

Tabelle 2.9-3: Physikalische Kennwerte einiger Hartstoffschichten

Schicht	TiN	Ti(C,N)	(Ti,Al)N	Diamant
Mikrohärte [HV$_{0,05}$]	2.400	3.500	3.300	8.000
Wärmeleitfähigkeit [kW/mK]	0,07	0,1	0,05	groß
elektr. Widerstand [(Ω]	25	68	$1 \cdot 10^{22}$	klein
Reibungskoeffizient [–]	0,4	0,25	0,3	
Einsatztemperatur [°C]	< 500	< 400	< 800	
Dichte [g/cm³]	5,2	4,93	5,1	3,5
Abscheidrate [μm]	13	1,6 – 2	40	
Gitterkonstante [A]	4,23	4,33	5,13	
E-Modul [kN/mm²]	256	350	–	800
Farbe	goldgelb	blaugrau	schwarz	grau

Die thermische Beständigkeit ist eine Stärke der (Ti,Al)N Beschichtung. Neben der Festigkeitssteigerung durch das Einlagern anderer Moleküle wirkt sich vor allem die Bildung einer oberflächlichen, harten und chemisch stabilen Aluminiumoxidschicht mit dem Luftsauerstoff verschleißmindernd aus. Dementsprechend ist (Ti,Al)N deutlich härter als TiN und oberhalb von 500° C sogar härter als Ti(C,N). Darüber hinaus stellt (Ti,Al)N aufgrund seiner geringen Temperaturleitfähigkeit eine größere Wärmebarriere für die Prozesswärme dar als die anderen beiden Beschichtungen. Bei Niedrigtemperaturanwendungen tritt jedoch der vergleichsweise hohe Reibwert als Störfaktor auf, sodass (Ti,Al)N vor allem bei Prozessen mit hoher Temperaturexposition vorteilhaft ist.

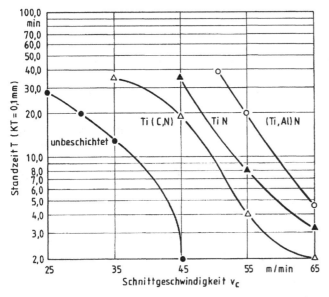

Bild 2.9–5
Die Beschichtung von Bohrwerkzeugen aus Schnellarbeitsstahl mit Karbid- oder Nitridschichten verlängert die Standzeiten oder lässt größere Schnittgeschwindigkeiten zu [Kammermeier]

Bild 2.9–5 zeigt diesbezüglich die Veränderung des Werkzeugstandvermögens unterschiedlicher Schichtsysteme gegenüber der Schnittgeschwindigkeit

Die einfachen Schichten aus TiN, TiC, Ti(C,N) oder (Ti,Al)N werden heute oft durch *mehrlagige Schichten* verdrängt. Die unterschiedlichen Lagen teilen sich die Aufgaben Reibungsverminderung, Abriebfestigkeit und Diffusionssperre. Sie werden beim Drehen von Stahl, Stahlguss und Graugussarten mit großer Schnittgeschwindigkeit bevorzugt. Ihre Wirkung beruht auf verschiedenen Eigenschaften. Gegenüber dem Reibungsverschleiß sind sie durch ihre große Härte, die auch bei höheren Temperaturen erhalten bleibt, widerstandsfähig. Die Aufbauschneidenbildung verringert sich, da die Neigung zum Verkleben zwischen Stahl und Titanverbindungen geringer ist als zwischen Stahl und Schnellarbeitsstahl. Zusätzlich führen größere Schnittgeschwindigkeiten bei beschichteten Schneiden aus dem Temperaturbereich der Aufbauschneiden heraus. Schließlich lässt sich der Oxidationsverschleiß durch Wahl geeigneter Beschichtungsstoffe zu höheren Temperaturen verschieben.

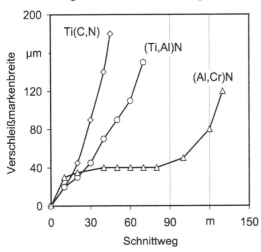

Werkzeug:
HM Schaftfräser
D = 8 mm

Werkstück:
Stahl 1.1191 (Ck45)

Schnittdaten:
v_c = 400 m/min
f_z = 0,1 mm
a_e = 0,5 mm
a_p = 10 mm
Gleichlauffräsen
Emulsion 5%

Quelle:
Zerspanungslabor
Balzers

Bild 2.9–6 Verschleißentwicklung beim Einsatz ausgewählter Beschichtungen

So kann zum Beispiel mit Aluminiumanteilen, die eine sehr widerstandsfähige dichte Oxidschicht erzeugen, die Oxidationstemperatur von 400 °C bei Titankarbid oder 600 °C bei Titannitrid auf 800 °C erhöht werden [*Münz*]. Das bedeutet für die praktische Anwendung bei
Stahlwerkstoffen höhere Schnittgeschwindigkeiten oder längere Standzeit (Bild 2.9–5). Alternativ werden neuerdings Aluminium- und Chromnitride kombiniert. Beim Bohren und Fräsen
zeigt die (Al,Cr)N Beschichtung ein noch günstigeres Verschleißverhalten (**Bild 2.9–6**) dargestellt ist. Auch hochlegierter Stahl lässt sich dann bearbeiten.

Diamantbeschichtungen sind polykristallin. In Form des reinen Diamanten bildet Kohlenstoff
äußerst harte, jedoch ziemlich spröde, glänzende, wasserklare, geruch- und geschmacklose,
sehr stark lichtbrechende und dispergierende Kristalle der Dichte 3,514 g/cm^3, die nach Um-
wandlung in Graphit bei 3750 – 3800 °C schmelzen. Diamant besitzt die höchste Wärmeleitfähigkeit aller bekannten Substanzen und einen der niedrigsten thermischen Ausdehnungskoeffi-
zienten. Das Fehlen der π-Bindungen macht den Diamanten zum Nichtleiter und bedingt seine
Festigkeit und außerordentliche Härte nach allen drei Raumrichtungen. Aufgrund seiner Härte
ist Diamant effektiver und effizienter als alle anderen Materialien, die zum Schleifen, Schneiden, Bohren, Drehen und zur Werkzeugherstellung verwendet werden. Einschränkungen bestehen bei der Bearbeitung von eisenhaltigen Werkstoffen bei hohen Temperaturen, da dann Ei-
senkarbide entstehen. Diamant kann man in Form dünner Schichten durch chemische Abschei-
dung aus der Gasphase (CVD) auch bei Normaldruck und darunter herstellen. Hierzu werden
kohlenstoffhaltige Gase, z. B. Methan, in Gegenwart von Wasserstoff bei 2000 °C oder in
Plasmaentladungen zersetzt und die Zersetzungsprodukte auf geeigneten Flächen kondensiert.
Je nach den Reaktionsbedingungen scheiden sich entweder nano- oder mikrokristalliner Diamant oder weiche, wasserstoffreiche Polymere bis zu sehr harten Schichten von „diamantarti-
gem Kohlenstoff" mit relativ geringen Wasserstoffgehalten ab („Diamond-Like-Carbon",
DLC). Wasserstoff dient zur Absättigung der im Material vorhandenen freien Bindungen der
Kohlenstoffatome, die oft nur mit drei artgleichen Nachbarn vorhanden sind. Hartes DLC hat
einen Wasserstoffanteil von weniger als 10 % im Material. Es ist auch möglich, amorphe Koh-
lenstoffschichten mit sehr hohen Anteilen an sp^2-hybridisiertem Kohlenstoff zu erzeugen. Sie
eignen sich hervorragend als Gleitschichten. Der Anwendungsbereich für Zerspanwerkzeuge ist
bei Nichteisenmetallen wie Aluminium, Blei, Kupfer, Magnesium, Nickel und deren Legierungen sowie Edelmetallen, Nichtmetallen wie Aluminiumoxid, Kunststoffen, faserverstärkte Stoffen, Holz, Keramik, Mineralen, Siliziumnitrid und -karbid.

2.9.2.2 Niedrigreibungsschichten

Neben der Verschleißminderung in der Oberflächenschicht dienen Werkzeugbeschichtungen
vermehrt auch der Reibungsreduzierung. Für derartige Niedrigreibungsschichten kommen
entweder konventionelle *Festschmierstoffe* wie diamantartiger Kohlenstoff und Molybdändisulfid in Frage oder *tribologische Nanoskins* auf der Basis von Rutilbildung, kohlenstoffhalti-
gen Nanokomposita oder Magnéli-Oxidphasen.

Festschmierstoffe

Mit der Fokussierung auf die Trockenbearbeitung sind vergleichsweise weiche Festschmier-
stoffbeschichtungen entwickelt worden. Typische Vertreter dieser Beschichtungen sind Grafit-
(Diamond-Like-Carbon, WC-C) und Molybdändisulfidschichten (MoS$_2$), die jeweils auf konventionelle Hartstoffschichten aufgebracht werden, um die Reibung zwischen Werkzeug und
Werkstück zu reduzieren. Festschmierstoffe sind feste Stoffe, welche aufgrund ihrer Struktur in
der Lage sind, zwei aufeinander gleitende Oberflächen voneinander zu trennen und dadurch
Reibung und Verschleiß herabzusetzen. Der Trenneffekt derartiger Schichtsysteme beruht im

Wesentlichen auf deren *Schichtgitterstruktur*. Als Schichtgitter bezeichnet man solche Kristallstrukturen, deren Atome in lamellaren Schichten angeordnet sind. Aufgrund dieses Aufbaus können diese Stoffe senkrecht zur Schichtstruktur sehr große Drücke aufnehmen und sind im Winkel zur Lamelle leicht verschiebbar. Daraus resultiert eine gute Gleit- und Schmierwirkung. Im Folgenden werden die wesentlichen Eigenschaften der Festschmierstoffsysteme vorgestellt.

Der Reibungskoeffizient von *Grafit* gegen Stahl beträgt etwa 0,1 – 0,2. Die maximal zulässige Einsatztemperatur liegt bei 450 °C. Oberhalb dieser Temperatur oxidiert der Grafit. Vorteilhaft ist, dass die Oxidationsprodukte reine Gase sind, sodass keine abrasiven Oxide zurückbleiben. Die Druckfestigkeit des Grafits ist hoch und nimmt mit steigender Temperatur noch zu. Die elektrische und thermische Leitfähigkeit ist ebenfalls hoch. Grafit schmiert sehr gut in feuchter Umgebung, wohingegen die Schmierwirkung in Sauerstoff bzw. Stickstoff mäßig ist. Insgesamt ist der Einsatz dadurch beschränkt, dass Grafit zur Aufrechterhaltung der Schmierwirkung absorbierte Gase, Öl- oder Wasserfilme benötigt. Vakuum und Tieftemperaturen hemmen die Schmierwirkung.

Die ausgezeichnete Schmierfähigkeit von *Molybdändisulfid* (Molybdän(IV)-sulfid) beruht auf dessen besonders ausgeprägter Schichtstruktur. Die Schwefel-Schwefelbindungen sind schwach, die Schwefel-Molybdänbindungen wesentlich stärker. Dadurch spielt sich die Gleitwirkung entfernt von der Oberfläche der zu schmierenden Unterlage ab. Der Reibungskoeffizient liegt zwischen 0,04 – 0,09. In feuchter Umgebung ist er höher als in trockener Luft, nimmt jedoch mit erhöhter Gleitgeschwindigkeit sowie Belastung ab (Trocknungswirkung). Die Belastbarkeit von MoS_2 reicht über 300 N/mm². Es oxidiert ab 350 °C langsam zu Molybdäntrisulfid. In inerter Umgebung erhöhen sich Wirkungsdauer und Reibtemperatur der Beschichtung. Im Gegensatz zu Grafit ist MoS_2 auch im Vakuum schmierwirksam, besitzt aber keine elektrische Leitfähigkeit.

Die *Wirkungsweise* der Festschmierstoffe basiert im Wesentlichen auf der Traganteilerhöhung der technischen Oberfläche sowie deren schmiertechnischen Vergütung. Festkörperreibung finden im mikroskopischen Maßstab immer zwischen Topologiespitzen der Reibpartner statt. Die Eigenschaften der vorhandenen Grenzschichten bestimmen daher maßgeblich die Höhe der Reibung und des Verschleißes. Die Topografienivellierung erfolgt durch Belegung der Topografietäler mit Festschmierstoffpartikeln. Dabei wird der Festschmierstoff zum Teil in die Oberfläche eingearbeitet. Dabei auftretende Diffusionsvorgänge sowie die Oberflächenvergütung bewirken, dass die Schmierwirkung trotz abgetragener Festschmierstoffschicht noch eine gewisse Zeit aufrecht erhalten bleibt.

Tribologische Nanoskins

Die *Selbstschmierung durch Nanoskins* erfolgt vielfach durch die thermo-mechanisch induzierte Ausbildung von Gleitschichten. So zeigt die Ti(C,N)-Beschichtung bei mechanischem Abrieb aufgrund der selbsttätigen Ausbildung eines *grafitreichen Nanoskins* einen Abfall des Reibwertes von 0,6 auf 0,2, wohingegen der Reibwert der TiN-Beschichtung mit zunehmender Reibdauer von 0,4 auf 0,8 infolge der stetigen Aufrauung ansteigt. Durch die Bildung eines selbstschmierenden *Rutilfilms* kann dieser Effekt noch verstärkt werden. Dies ist z. B. bei der selbstadaptierenden TiN:Cl-Schicht der Fall. Im Bereich niedriger Temperatur (T < 60 °C) wird das Chlor durch Abrasion aus der TiN-Schicht ausgelöst, sofern ein absorbierender Wasserfilm vorhanden ist. Das Chlor stimuliert dann die Bildung eines wenige nm dicken TiO_2-Films (Rutil) auf der TiN-Oberfläche. Dieser Rutilfilm ist selbstschmierend und senkt die messbaren Reibwerte auf etwa 0,2. Auch die Ausbildung von defizitären Oxiden der Elemente Molybdän, Titan, Vanadium oder Wolfram (Magnéli-Phasen) führt zur Selbstschmierung.

Ursache sind die leicht abscherbaren kristallografischen Gleitebenen der Magnéli-Phasen sowie deren teilweise sehr niedrigen Schmelzpunkte (z. B. 650 °C bei V_2O_5). Infolge des Erschmelzens einer Magnéli-Phase bei der Bearbeitung kommt es zwischen Werkzeug und Werkstück z. T. zu echter Flüssigkeitsreibung mit vergleichsweise niedrigen Reibwerten. Eine echte Hochtemperaturanwendung der Magnéli-Phasen stellen selbstadaptierende Beschichtungen auf der Basis von VN dar. Zwar zeigt die VN-Schicht bei Raumtemperatur extrem ungünstige Reibwerte, aber oberhalb von 650 °C entsteht durch Oxidationsvorgänge V_2O_5, das dann einen Flüssigkeitsfilm durch Erschmelzen ausbildet. So zeigt eine (Ti,Al)N-VN-Schicht oberhalb von 500 °C einen merkbaren Abfall des Reibwertes auf 0,2. Ebenso stabilisiert die selbsttätige Schmierung der (Al,Cr)N-VN-Beschichtung bei Temperaturen oberhalb 700 °C den Reibwert auf niedrigem Niveau (0,2) über der gesamten Einsatzdauer. Reine (Al,Cr)N-Beschichtungen zeigen dagegen einen Reibwertanstieg im Verlauf der Einsatzdauer, weil die Beschichtung aufraut.

2.9.2.3 Entwicklungstrends

Im Bereich der Beschichtungen zielt die gegenwärtige Entwicklung vor allem auf die gezielte Einstellung der Mikro- und Nanostruktur, um Schichten mit maßgeschneiderten Eigenschaftskombinationen bei der jeweiligen Anwendungstemperatur zu entwickeln. Angestrebte Eigenschaften sind:

- Selbsthärtung
- Selbstschmierung
- Visualisierung thermo-mechanischer Belastungen
- Selbstreinigung
- Selbstheilung u. s. w.

Einige der derzeit eingesetzten Schichtsysteme beinhalten bereits strukturelle und funktionelle Eigenschaften. Ein ansteigender Trend ist abzusehen.

Die *Selbsthärtung* wird vor allem bei Hartstoffschichten angestrebt. Während konventionelle Beschichtungen wie TiN bei steigender Temperatur durch Defektabbau, Kornvergröberung, Zersetzung, Interdiffusion oder Oxidation erweichen, soll die Härte von nanostrukturierten Schichten im erhöhten Temperaturbereich steigen. Mögliche Mechanismen sind die Ausscheidungshärtung, die Zusammensetzungs-Modulation oder die Reduktion von Korngrenzenphasen. So tritt bereits bei (Ti,Al)N-Beschichtungen mit einem AlN-Anteil von 66 % ein merkbarer Härteanstieg im Bereich von 800 – 1000 °C auf. Wesentlich stärker ist dieser Anstieg bei nanostrukturierten boridischen Schichten wie TiN-TiB_2. Diese Beschichtung zeigt ein deutlich erhöhtes Härteniveau im Bereich von 600 – 1000 °C, wobei das Maximum im Bereich von 800 – 900 °C liegt. Besondere Temperaturbeständigkeit zeigt die im Bereich der Bohrbearbeitung erfolgreich eingesetzte (Al,Cr)N-Beschichtung. Diese zerfällt erst im Temperaturbereich von 900 °C allmählich in ihre Bestandteile AlN und Cr_2N bzw. Cr und N_2.

Selbstschmierung wird durch Rutilbildung, Magnéli-Phasen oder kohlenstoffhaltige Nanoskins erreicht. Eine stark vereinfachte Zusammenfassung von Entwicklungstrends zeigt **Bild 2.9–7**.

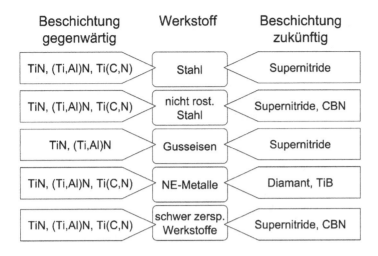

Beschichtung gegenwärtig	Werkstoff	Beschichtung zukünftig
TiN, (Ti,Al)N, Ti(C,N)	Stahl	Supernitride
TiN, (Ti,Al)N, Ti(C,N)	nicht rost. Stahl	Supernitride, CBN
TiN, (Ti,Al)N	Gusseisen	Supernitride
TiN, (Ti,Al)N, Ti(C,N)	NE-Metalle	Diamant, TiB
TiN, (Ti,Al)N, Ti(C,N)	schwer zersp. Werkstoffe	Supernitride, CBN

Bild 2.9–7
Entwicklungstrends bei Hartstoffbeschichtungen

2.10 Kühlschmierung

2.10.1 Kühlschmierstoff

Kühlschmierstoffe haben in der Zerspantechnik drei Aufgaben:

- die durch Reibung und Verformung entstehende *Wärme abzuführen*
- Reibung durch *Schmierung* zu vermindern
- den *Transport* der *Späne* zu unterstützen. Beim Drehen sind allein Kühlung und Schmierung wichtig, während beim Bohren und Fräsen auch der Spänetransport eine Rolle spielt.

Kühlschmierstoffe sollen *ungiftig, geruchfrei, hautverträglich, alterungsbeständig, druckfest* und problemlos *zu entsorgen* sein.

In DIN 51 385 werden im Wesentlichen zwei Gruppen von Kühlschmierstoffen unterschieden, *nicht wassermischbare* und *wassermischbare*.

Nicht wassermischbare Kühlschmierstoffe sind meistens *Mineralöle* mit Zusätzen (Additive), welche die Druckfestigkeit verbessern. Je schlechter sich der Werkstoff zerspanen lässt, desto größer muss der Anteil an Zusätzen sein.

Wassermischbare Kühlschmierstoffe werden zu *Öl in Wasseremulsion, Wasser in Öl*-Emulsion oder zu einer *Lösung* mit Wasser gemischt. Die besonders verbreitete „Bohrmilch" ist eine Emulsion von 2 – 5 % Öl in Wasser. Bei besonderen Anforderungen an Korrosionsschutz und Schmierwirkung kann die Konzentration auch 10 % oder mehr betragen. Im Gebrauch verringert sich der Ölgehalt, da an den Werkstücken mehr Öl als Wasser haften bleibt. Die weiße Farbe entsteht durch Lichtreflexion an den 1 – 10 μm großen Öltröpfchen. Je feiner die Verteilung ist, desto durchsichtiger wird die Mischung. *Additive* haben die Aufgabe, Schaumbildung, Alterung durch Oxidation, Faulprozesse und bakterielle Zersetzung zu verhindern. Sie können bis zu 30 % ausmachen. In **Tabelle 2.10-1** sind die wichtigsten Schmierölzusätze und ihre Wirkungen aufgeführt.

Tabelle 2.10-1: Schmierölzusätze und ihre beabsichtigten Wirkungen

Art der Zusätze	Wirkung	Beispiele
polare Zusätze	erhöhen die Schmierungseigenschaften	natürliche Fette und Öle, synthetische Ester
EP-Zusätze	sollen Mikroverschweißungen zwischen Metalloberflächen bei hohen Drücken und Temperaturen vermeiden	geschwefelte Fette und Öle, phosphorhaltige Verbindungen, chlorhaltige Verbindungen
Korrisionsschutzzusätze	sollen das Rosten von Metall-Oberflächen vermeiden	Alkanolamine, Sulfonate, Organische Borverbindungen, Natriumnitrid
Antinebelzusätze	sollen das Zerreißen des Öls verhindern und somit weniger Ölnebel erzeugen	hochmolekulare Substanzen
Alterungsschutzstoffe	sollen Reaktionen innerhalb des Kühlschmiermittels verhindern	Organische Sulfide, Zinkdithiophosphate, aromatische Amine
Fettschmierstoffe	sollen die Schmierung verbessern	Graphite, Molybdänsulfide, Ammoniummolybdän
Emulgatoren	sollen Öl mit Wasser in Verbindung bringen	Tenside, Petroleumsulfonate, Alkaliseifen, Aminseifen
Entschäumer	sollen die Bildung von Schaum verhindern	Siliconpolymere, Tributylphosphat
Biozide	sollen die Bildung von Bakterien / Keimen / Pilzen verhindern	Formaldehyd, Phenol, Formaldehydabkömmlinge, Isothiazolinone

Während des Gebrauchs gelangen *Sekundärstoffe* in den Kühlschmierstoff. Zu ihnen gehören Reaktionsprodukte, Fremdstoffe und Mikroorganismen.

Reaktionsprodukte (z. B. Nitrosamine) entstehen aus der Reaktion anderer Stoffe oder werden durch thermische Zersetzung gebildet. Abbauprodukte von Mikroorganismen zählen ebenfalls dazu. Diese Stoffe können die chemischen und physikalischen Eigenschaften des Kühlschmierstoffs verändern.

Fremdstoffe können unabsichtlich in den Kühlschmierstoff gelangen. Zu ihnen gehören:

- Schmierstoffe und Hydraulikflüssigkeiten
- Chloride und Sulfate als Folge von Wasserverdunstung und -auffüllung
- Metallabriebe und -ionen
- Reiniger
- Korrosionsschutzmittel, die von Oberflächen der zu bearbeitenden Werkstücke abgewaschen werden.

Beabsichtigte Zugaben in den Kühlschmierstoff sind:

- Kühlschmierstoff zum Verlustausgleich
- Wasser und Additive zum Verlustausgleich
- Konservierungsmittel.

Mikroorganismen kommen entweder über die Primärstoffe oder werden von außen in den Kühlschmierstoff gebracht.

Die *Pflege* der Kühlschmierstoffe durch Filterung, Kontrolle ihrer Zusammensetzung und Beseitigung von unerwünschten Sekundärstoffen ist eine immer wichtiger werdende Aufgabe. Sie dient der Erhaltung ihrer Eigenschaften und spart Entsorgungs- und Neubeschaffungskosten.

Die Wirkung der Kühlschmierstoffe selbst dient hauptsächlich der *Standzeitverlängerung*. Durch Verringerung der Schneidentemperatur verringert sich auch der Verschleiß. Die Neigung zur Aufbauschneidenbildung bei zähen Werkstoffen wird durch Schmierung verkleinert. Selbst an die unzugänglich erscheinenden Stellen zwischen Span und Spanfläche gelangen durch Kapillarwirkung schmierfähige Moleküle der Flüssigkeit. Die Temperaturverringerung kann auch zur *Leistungssteigerung* genutzt werden. Vorschub oder Schnittgeschwindigkeit können dann vergrößert werden.

Neben der Standzeitverlängerung ist die *Verbesserung der Oberflächengüte* eine willkommene Wirkung der Kühlschmiermittel. Sie ist hauptsächlich auf die Schmierwirkung zurückzuführen. Die verringerte Reibung zwischen Nebenfreifläche und fertiger Werkstückoberfläche vermindert die Deformation des Werkstoffgefüges.

Die *Zerspankräfte* werden ebenfalls kleiner. Durch Reibungsverringerung an Span- und Freifläche verkleinern sich die Reibungskraftanteile in den Zerspankräften. Der Leistungsbedarf wird kleiner.

Flüssige Kühlschmierstoffe dürfen jedoch nicht immer angewendet werden. Einige Schneidstoffe vertragen keine schroffe Abkühlung im arbeitsheißen Zustand. Die *Thermoschockbeständigkeit* beschreibt diese Empfindlichkeit. In ihr spielen *Wärmedehnung, Wärmeleitung* und Ertragbarkeit von *Zugspannungen* eine Rolle. *Oxidkeramik* darf *nicht* gekühlt werden. *Hartmetall* soll *reichlich* und *gleichmäßig* gekühlt werden. *Schnellarbeitsstahl muss* gekühlt werden. Von der Art des bearbeiteten *Werkstoffs* muss die Kühlung ebenfalls abhängig gemacht werden. *Grauguss* bildet mit Flüssigkeiten eine schmierige Paste, die schwer zu beseitigen ist und die Führungsbahnen schädigen kann. Grauguss wird deshalb meistens trocken abgespant. *Wasserverträglichkeit, Korrosionsneigung, Quellung* und *Entzündbarkeit* des Werkstoffs müssen beachtet werden

2.10.2 Überflutungskühlung

Die drei Hauptwirkungen des Kühlschmierstoffs, die Kühlung, die Schmierung und der Spänetransport haben direkte Auswirkung auf den Energieumsatz und damit auf die Wärmedissipation sowie die Aufheizung der Werkzeugmaschine. Damit ergibt sich als Hauptanwendungsgebiet die Zerspanung der Schneidstoffe: Werkzeugstahl und Schnellarbeitsstahl. Diese Schneidstoffe sind wärmebehandelte legierte Stähle, die nur in einem begrenzten Temperaturbereich arbeitsfähig sind. Weitere Anwendungsfelder stellen die Trennverfahren mit geometrisch unbestimmter Schneide dar, da diese Verfahren mehr thermische Energie freisetzen. Bei Hartmetall- und Keramikwerkzeugen ist der Einsatz von Kühlschmierstoffen (KSS) dagegen nicht immer angezeigt. Diese Schneidstoffe sind temperaturbeständiger. Bei stetig wechselnder Aufheizung und Abkühlung, wie sie beim Fräsen unter KSS auftritt, können bei Hartmetallschneiden Kammrisse entstehen. Im kontinuierlichen Schnitt ist der Einsatz dagegen unkritischer. Die Kühlung durch Druckluft stellt eine Alternative zur Vollstrahlkühlung dar, hat aber eine deutlich schlechtere Kühlwirkung. Insgesamt kann durch den Einsatz von KSS die Schnittgeschwindigkeit bei HSS um bis zu 40 % erhöht werden, ohne dass die Standzeit verkürzt wird. Aus Gründen des Umweltschutzes ist der Einsatz von KSS jedoch umstritten. Verbrauchte Kühlschmierstoffe haben ein hohes Umweltgefährdungspotenzial, sofern keine Aufbereitung der Hilfsstoffreste durchgeführt wird. Der Verzicht auf Kühlschmierstoffe wird auch als *Trockenbearbeitung* bezeichnet. Durch die Entwicklung im Schneidstoff- und Beschichtungssektor ist der Verzicht heute vielfach praktikabel geworden. Der erhöhte Energieeintrag stellt in diesen Fällen aber immer eine Veränderung des Zerspanprozesses sowie der thermischen Rahmenbedingungen dar.

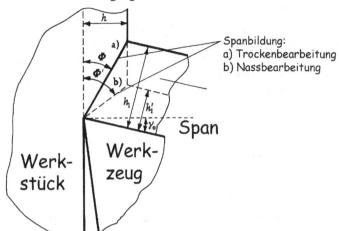

Spanbildung:
a) Trockenbearbeitung
b) Nassbearbeitung

Bild 2.10–1 Veränderung der Zerspanbedingungen beim Übergang von Nass- zu Trockenbearbeitung

Bild 2.10–1 zeigt die Veränderung der Spanscherung durch den Übergang von Nass- zu Trockenbearbeitung.

2.10.3 Minimalmengenschmierung

Wenngleich der Verzicht auf Kühlschmierstoffe aus umweltpolitischer Sicht anstrebenswert ist, gibt es ein Vielzahl von Prozessen, die derzeit noch nicht ohne Kühlschmierstoff durchgeführt werden können. Sofern aber auf die Kühlwirkung verzichtet werden kann, besteht die Möglichkeit, die Hilfsstoffmenge drastisch zu reduzieren und Minimalmengenschmierung einzusetzen. Hierbei wird über ein externes Gerät ein Druckluftstrom und geringe Mengen Schmierstoff (z. B. 8 ml / h) gemischt. Nach getrenntem Transport zu einem Mischkopf zerreißt der Luftstrom dort die kleinen Tröpfchen in Kleinstpartikelwolken. Durch die Spindel gelangt das Luft-Öl-Gemisch an die Wirkstelle und versorgt diese mit einem kontinuierlichen Schmierfilm. Der Einsatz ist sinnvoll bei Vollhartmetall-Bohrern, Fräsern und Gewindewerkzeugen sowie Ein- und Abstechoperationen.

Die Begriffe Minimalmengenkühlschmierung (MMKS) und Minimalmengenschmierung (MMS) werden meist synonym gebraucht, wobei MMS impliziert, dass die Kühlwirkung dieses Schmierstoffs gering ist. Als weitere Abgrenzung existiert die Unterscheidung zwischen Mindermengen- (MS) und Minimalmengenschmierung (MMS). Dabei repräsentiert MS Schmierstoffströme von 2 l/min bei geometrisch unbestimmten Schneiden und 1 l/min bei geometrisch bestimmten Schneiden. Minimalmengenschmierung beschreibt dagegen Volumenströme von weniger als 50 ml/h. Insgesamt stellen sich bei der Minimalmengenschmierung folgende Anforderungen:

- bedarfsgerechte Dosierung mit Luft als Trägermedium
    - bei äußerer Zufuhr oder
    - innerer Zufuhr
- Zuführungs- und Düsentechnik
- Steuerungsanbindung
- geeignete Schmierstoffe.

Probleme der MMS ergeben sich aus der Zerstäubung der Schmierstoffe. So setzt die Minimalmengenschmierung die Überwachung der Aerosolemissionen, der Stäube und Feinstäube voraus, der Explosions- und Brandgefahr sowie der Lärmexposition voraus.

2.10.4 Trockenbearbeitung

Vor dem Hintergrund steigender Kosten für die Kühlschmierstoffbereitstellung ist in den letzten 20 Jahren die Trockenbearbeitung in das Augenmerk der formgebenden Industrie gerückt. Die besonderen Rahmenbedingungen beim Verzicht auf Kühlschmierstoffe stellen bestimmte Anforderungen an einen Trockenbearbeitungsprozess und erfordern die Berücksichtigung des gesamten Prozessumfelds, weil die Einsatzfenster für die Schneidstoffe und die Bearbeitungsmaschine bei der Trockenbearbeitung kleiner werden. Um die Energiedissipation und die Reibung zu reduzieren, muss die Spanstauchung ebenfalls reduziert werden und die Wärme nach Möglichkeit über den Span abgeführt werden. Dies kann mit beschichteten Hartmetallen, Keramiken oder CBN-Schneidstoffen realisiert werden, da diese Schneidstoffe über eine ausreichende Warmfestigkeit verfügen. Darüber hinaus muss der Transport der nunmehr sehr heißen Späne gewährleistet sein, um Wärmenester und thermische Veränderungen der Werkzeugmaschine zu vermeiden. Als Lösung bietet sich vielfach Pressluft und eine geeignete Maschinenkonstruktion an. Eine zusätzliche Verringerung des Wärmeeintrags kann durch die Zerspanung im erhöhten Temperaturbereich erreicht werden, da hierbei die Späne weniger gestaucht werden und schneller ablaufen. Die Prozessführung ist so zu gestalten, dass die thermische Beeinträchtigung des Bauteils möglichst gering und die Maßhaltigkeit des gefertigten Bauteils sichergestellt ist. Dies bedeutet, dass kleine und gleichmäßige Aufmaße anzustreben sind. Prinzipiell ist die Trockenbearbeitung bei Gusseisen und einfachen Baustählen möglich. Legierte Stähle werden durch neue Schneidstoff-Beschichtungskombinationen zunehmend erschlossen.

Die grundlegenden Anforderungen an einen Trockenbearbeitungsprozess können folgendermaßen zusammengefasst werden:

- minimale Verformungsenergien durch geeignete Schneidkeilgestaltung und Oberflächenbeschichtung
- Gewährleistung der Wärmeabfuhr aus dem Arbeitsbereich durch heiße Späne, d. h. durch die Wahl der geeigneten Prozessparameter
- Gewährleistung der Späneabfuhr durch geeignete Maschinenkonstruktion mit schrägen Seitenwänden für einen freien Spänefall und die Vermeidung von Spänenestern
- geeignete Maschinen und Werkzeuge.

Tabelle 2.10-2 zeigt ausgewählte Schneidstoff-Beschichtungskombination für den Einsatz der Trockenbearbeitung bzw. der Minimalmengenschmierung.

Tabelle 2.10-2: Umsetzbarkeit der Trockenbearbeitung

Werkstoff	Verfahren	Sägen	Fräsen	Wälzfräsen	Bohren	Tiefloch-bohren	Gewinde-schneiden	Gewinde-formen	Drehen	Räumen	Reiben
Aluminium-gusslegierung	Schmierung	MMS	MMS	×	MMS	MMS	MMS	MMS	MMS	×	MMS
	Beschichtung	TiN	$TiN + MoS_2$		$(Ti,Al)N$	$(Ti,Al)N + MoS_2$	TiN	CrN, WC/C			$(Ti,Al)N$, PKD
Aluminium-knetlegierung	Schmierung	MMS	MMS	×	MMS	×	MMS	MMS	MMS	MMS	MMS
	Beschichtung	TiN	ohne		ohne				TiN		ohne
Messing	Schmierung	Trocken	Trocken / MMS	×	Trocken / MMS	MMS	MMS		Trocken / MMS	MMS	×
	Beschichtung										
Grauguss	Schmierung	Trocken	Trocken	Trocken	Trocken	MMS	MMS	MMS	Trocken / MMS	Trocken / MMS	MMS
	Beschichtung		$TiN + MoS_2$	TiN	TiN	TiN	Ti(C,N)		TiN	TiN	PKD
Hochleg. Stähle, Wälzlagerstahl	Schmierung	MMS	Trocken / MMS	Trocken / MMS	MMS	×	MMS	MMS	MMS	Trocken / MMS	(MMS)
	Beschichtung		$(Ti,Al)N$	$(Ti,Al)N + MoS_2$	$(Ti,Al)N + MoS_2$		TiN		TiN	Ti(C,N)	
Automaten- / Vergütungsstahl	Schmierung	MMS	Trocken / MMS	Trocken / MMS	Trocken / MMS	MMS	MMS	MMS	MMS	Trocken / MMS	MMS
	Beschichtung		$TiN + MoS_2$	TiN	TiN	$(Ti,Al)N + MoS_2$	TiN	Ti(C,N)	TiN	Ti(C,N)	PKD
Nichtrostende VA-Qualität	Schmierung	(MMS)	MMS	(MMS)	(MMS)	×	×	×	(MMS)	×	×
	Beschichtung			$(Ti,Al)N$	$(Ti,Al)N$						

2.11 Werkstoffe und Zerspanbarkeit

Das zu bearbeitende Werkstück lässt sich durch seinen Werkstoff, seine gewünschte Geometrie und seinen Rohzustand kennzeichnen. Der Konstrukteur bestimmt ihn im Wesentlichen nach den Anforderungen an das fertige Werkstück. Wenn dabei die *Bearbeitbarkeit* des *Werkstoffs* und die *Aufspannmöglichkeit* auf der Maschine beachtet wird, eine *einfache Formgebung* und eine *nicht übertriebene Genauigkeit* gewählt wird, können die Voraussetzungen für eine wirtschaftliche Bearbeitung schon bei der Konstruktion getroffen werden. In außergewöhnlichen Fällen ist die Fertigungstechnik aufgrund der modernen Schneidstoffe sogar in der Lage, auch die schwierigsten Bearbeitungsaufgaben zu bewältigen.

2.11.1 Werkstoff

Eine Einteilung der Werkstoffe hinsichtlich einer *Anwendung* der harten Schneidstoffe für den Zerspanungsprozess, einschließlich der Hartmetalle, aber ausgenommen des HSS, ist in der Norm DIN ISO 513 zu finden.

Tabelle 2.11-1: Werkstoffeinteilung in Anwendungsgruppen für harte Schneidstoffe nach DIN ISO 513

Kennzeichen der Anwendungs-gruppe	Werkstoffgruppen	Werkstoffe	Beispiele
P 01 – P 50	Stahl	Alle Sorten von Stahl und Stahlguss, ausgenommen nichtrostender Stahl mit austenitischen Gefüge	S355J2G3 C45E / 42CrMo4 X6Cr13
M 01 – M 40	Nichtrostender Stahl	Nichtrostender austenitischer Stahl, austenitisch-ferritischer Stahl und Stahlguss	X5CrNi18-10, X2CrNiN23-4
K 01 – K 40	Gusseisen	Gusseisen mit Lamellengraphit, Gusseisen mit Kugelgraphit, Temperguss	EN-GJL-200, EN-GJS-400-15, EN-GJMS-650-2
N 01 – N 30	Nichteisenmetalle	Aluminium und andere Nichteisenmetalle, Nichtmetallwerkstoffe	EN-AW-Al 99,5 / EN-AC-AlSi9 CuZn39Pb2 (Ms58) G-MgAl9Zn1 (AZ91)
S 01 – S 30	Speziallegierungen und Titan	Hochwarmfeste Speziallegierungen auf Basis von Eisen, Nickel und Kobalt, Titan und Titan-Legierungen	Incoloy 800 (X10NiCrAlTi32-20) Inconel 718 (NiCr19NbMo) TiAl6V4
H 01 – H 30	Harte Werkstoffe	Gehärteter Stahl, gehärtete Gusseisenwerkstoffe, Gusseisen für Kokillenguss	

Die Einteilung der Kennzahlen der Anwendungsgruppen sieht wie folgt aus: 01, 05, 10, 15, 20, 25, 30, 35, 40, 45, 50. Die Kennzeichen werden an die Kennbuchstaben für den harten Schneidstoff (z. B. HW, HC, CA usw.) angehängt. Beispiele vollständiger Schneidstoffbezeichnung: HW-P 10, CA-K 10 oder HC-K 20.

Diese Einteilung der Werkstoffe findet man mittlerweile auch in den Herstellerangaben zu den Schnittdaten. Die **Tabelle 2.11-1** gibt die Einteilung wieder. Hier werden sechs *Hauptanwen-*

dungsgruppen mit den Kennbuchstaben und Kennfarben P (blau), M (gelb), K (rot) N (grün), S (braun) und H (grau) vorgegeben. Als grobe Einteilung sind die Spanformen (langspanende, kurzspanende Werkstoffe) und die Art der Zerspanung (leicht oder schwer zu zerspanende Werkstoffe) in diesen Hauptanwendungsgruppen enthalten. Ein weiterer Aspekt für die Einteilung der Hauptanwendungsgruppen ist die geometrische Auslegung der für die Zerspanung vorgesehenen Werkzeuge, z. B. hinsichtlich der Kombination aus Größe des Span- und des Freiwinkels.

Die Hauptanwendungsgruppen sind jeweils in *Anwendungsgruppen* unterteilt. Sie haben Kennzahlen von 01 bis maximal 50. Mit zunehmender Kennzahl wächst die Zähigkeit und mit ihr die Eignung für grobe Beanspruchungen. Mit abnehmender Kennzahl dagegen nimmt die Härte zu und damit die Verschleißfestigkeit. Aber die Zähigkeit nimmt ab, sodass bei den kleinsten Kennzahlen nur noch Feinbearbeitungen möglich sind. Welche der möglichen Anwendungsgruppen eingesetzt werden kann, hängt vom einzelnen Bearbeitungsfall ab.

Den Anwendungsgruppen können die Hersteller ihre Schneidstoffsorten zuordnen. Sie überdecken dann oft mehrere Anwendungsgruppen. Bemühungen, einen Universalschneidstoff für alle Anwendungen zu entwickeln, waren bislang ohne Erfolg.

2.11.2 Zerspanbarkeit

Unter dem Begriff der Zerspanbarkeit versteht man nach DIN 6583 *„die Eigenschaft eines Werkstückes oder Werkstoffes, sich unter gegebenen Bedingungen spanend bearbeiten zu lassen".* Der Begriff der Zerspanbarkeit beschreibt die Gesamtheit aller Eigenschaften eines Werkstoffes, die auf den Zerspanungsprozess Einfluss haben. Aus diesem Grunde ist die Zerspanbarkeit eines Werkstoffes auch stets im Zusammenhang mit

- dem Bearbeitungsverfahren (z. B. Drehen, Fräsen, Bohren)
- dem Schneidstoff (z. B. HSS, Hartmetall) und
- den Schnittbedingungen (z. B. Schnittgeschwindigkeit, Vorschub, Kühlung)

zu beurteilen. Dies wird auch an dem im folgenden Kapitel erläuterten Begriffs des Standvermögens deutlich.

Die *Zerspanbarkeit* eines Werkstoffs wird im Allgemeinen mit folgenden Kriterien beschrieben:

- Zerspanungskräfte bzw. das Zerspanungsdrehmoment
- Verschleiß
- Oberflächenbeschaffenheit
- Spanform

Die *Zerspanungskräfte* werden von der Zusammensetzung des Werkstoffs aus Grundmetall und Legierungsbestandteilen und der Gefügeausbildung am stärksten beeinflusst. So hat natürlich auch die Wärmebehandlung einen großen Einfluss. Als mechanische Kennwerte geben Härte oder Zugfestigkeit brauchbare Vergleichsgrößen für die entstehenden Zerspanungskräfte. Eine unmittelbare Kennzahl ist der Grundwert der spezifischen Schnittkraft $k_{c1\cdot1}$. Er gibt an, wie groß die Schnittkraft unter festgelegten Voraussetzungen an einem Spanungsquerschnitt von 1×1 mm^2 wird. Verglichen mit der Zugfestigkeit des Werkstoffs ist er bei Stahl und Aluminiumlegierungen ca. $(2-3)$ R_{m}, bei Grauguss und Stahlguss ca. $(3-4)$ R_{m}. Der Zusammenhang mit der Zugfestigkeit ist nicht immer gleich. Bei der Entstehung der Zerspanungskräfte wirken nämlich nicht nur Trennvorgänge, sondern auch Stauch-, Scher- und Reibungsabläufe mit.

Die Werkstoffe, die große Zerspanungskräfte verursachen, gelten als schwerer zerspanbar, da besondere Vorkehrungen zur Verkleinerung der Schnittkräfte getroffen werden müssen. Die einfachsten Maßnahmen sind Verkleinerung von Vorschub und Schnitttiefe zu Lasten der Hauptschnittzeit. Mitunter ist es erforderlich, die Schnittgeschwindigkeit zu verkleinern oder teuere Schneidstoffe zu verwenden. Besondere Schneidstoffe sind immer dann erforderlich, wenn der Werkstoff eine große Härte hat. Gehärteter Stahl ist mit Mischkeramik oder Bornitrid zerspanbar. Für Hartguss, Hartmetall, Glas, Keramik und Gestein sind Diamantschneiden erforderlich.

Tabelle 2.11-2: Beurteilungskriterium Zerspankraft

<ul><li>der Begriff umfasst die räumlichen Kräfte und Drehmomente aus dem Zerspanprozess</li><li>sie wird benötigt zur Auslegung von den Werkzeugmaschinenkomponenten (Gestelle, Antriebe, Führungen, Spindel, Aufnahmen)</li><li>ist ein Anhaltspunkt für die erreichbaren Werkstückgenauigkeiten (Stichwort: Verformung)</li><li>der zeitliche Verlauf gibt einen Hinweis auf die Möglichkeiten
   • der Prozessoptimierung
   • der Werkzeugauswahl
   • der Optimierung der Werkzeuggeometrie.</li></ul>	

die Zerspankraft beeinflusst:	• den Werkzeugverschleiß
die Beurteilung erfolgt durch:	• die messtechnische Erfassung des Betrags und der Lage

Die *verschleißende* Wirkung des Werkstoffs auf den Schneidstoff geht auf Adhäsion, Abrasion, Oxidation, Diffusion, Oberflächenzerrüttung und thermische Spannungen zurück. Die überwiegend durch Reibung ausgelösten Vorgänge finden unter Druck bei der dabei entstandenen erhöhten Temperatur statt. Durch die Wahl des Schneidstoffs und des Kühlschmierstoffs kann das Reibungsverhalten beeinflusst werden. Die Legierungsbestandteile des Werkstoffs wie Schwefel und Blei oder besondere Desoxydierungszusätze wie CaSi bei der Erschmelzung führen ebenfalls zur Reibungsverringerung, da sie bei Erwärmung eine schützende Gleitschicht bilden. Sehr reibungsstark wirken Füllstoffe und Fasern in Kunstharzen, harte Karbideinschlüsse im Stahl und Siliziumverbindungen in Aluminium.

Eine besondere Verschleißart entsteht durch Klebe- und Schweißvorgänge bei der Bildung von Aufbauschneiden und Ablagerungen auf der Spanfläche und dem so genannten Pressschweißverschleiß. Sie lässt sich ebenfalls durch richtige Wahl des Schneidstoffs und durch Verändern der Schnittgeschwindigkeit günstig beeinflussen.

Tabelle 2.11-3: Beurteilungskriterium Werkzeugverschleiß

<ul><li>Indikator für die Art der mechanischen, thermischen, chemischen Belastung der Werkzeugschneide</li><li>die Art, die Ausprägung und die Lage des Verschleißes ergeben einen Hinweis auf die Möglichkeiten einer Prozessoptimierung</li><li>das Verschleißverhalten steht im direkten Zusammenhang zu dem Standvermögen (der Verschleiß ist umgekehrt proportional zum Standvermögen).</li></ul>	
der Verschleiß beeinflusst:	• die Zerspankraft • die Oberflächenbeschaffenheit • die Spanform.
die Beurteilung erfolgt durch:	• die messtechnische Erfassung der Lage und des Betrags • mit Hilfe optischer Vergleichsnormale.

Die beim Abspanen entstehende *Oberfläche* wird hauptsächlich von Rillen und Riefen gebildet. In den Rillen bildet sich die Form der Schneidenecke ab. Die feineren Riefen entstehen durch Unregelmäßigkeiten der Schneidkante, die vom Anschleifen oder durch Verschleiß herrühren. Darüber hinaus findet man Gefügeverquetschungen, Verfestigungen, Vorschubkammschuppen, Risse, Ablösungen und Reste von Aufbauschneiden. Diese Erscheinungen werden von der Zusammensetzung, Gefügeausbildung und Vorbehandlung des Werkstoffs beeinflusst. Sie können die Rauheit der Oberfläche mehr oder weniger verschlechtern. Die Schneidkanten und die Freiflächen drücken und quetschen die Werkstoffoberfläche in Schnittrichtung. Dabei verdichtet und streckt sich das Gefüge. Es erscheint gleichmäßiger, aber stark in Schnittrichtung ausgerichtet. Die verformte Schichtdicke des Werkstücks nimmt mit dem Kanten- und Freiflächenverschleiß zu. Sie wird aber auch von der Verformbarkeit des Werkstoffs bestimmt. Duktile Werkstoffe fließen und verfestigen sich stärker als spröde oder inhomogene Werkstoffe. Bei diesen sind eher Ausbrüche, gezahnte Vorschubrillenkämme und freigelegte Einschlüsse zu finden. Die Risse und die Ablösungen, die sich quer über mehrere Vorschubrillen erstrecken, werden von härteren, wenig verformbaren Einschlüssen verursacht. Die *Rautiefe* der entstehenden Oberfläche ist das wichtigste Maß für diesen Teil der „Zerspanbarkeit".

Die Oberflächenschicht des Werkstückes verändert durch die Verformungen auch noch ihre mechanischen Eigenschaften. Eine Härtezunahme in der Randschicht, die durch Mikrohärteprüfungen nachgewiesen werden kann, Gefügeveränderungen und Eigenspannungsaufbau sind feststellbar. Die Verfestigungen und die Druckeigenspannungen stören selten die Brauchbarkeit des gefertigten Werkstücks. Die Zugeigenspannungen dagegen, die von Erwärmungen und Gefügeumwandlungen hervorgerufen werden können, verringern dessen Belastbarkeit.

Die Spanform kann für den Bearbeitungsprozess zu einem Problem werden. **Tabelle 2.11-6** zeigt die möglichen Spanformen. Die kurzen, aber nicht zu feinen, Späne sind am leichtesten zu beseitigen. Je länger der Span wird, desto größer ist die Gefahr, dass er sich um das Werkstück bzw. das Werkzeug wickelt, dabei die Oberfläche zerkratzt, den Schneidvorgang stört und den Maschinenbediener gefährdet.

Tabelle 2.11-4: Beurteilungskriterium Oberflächenbeschaffenheit

die Oberflächenbeschaffenheit	• erzeugt das optische Erscheinungsbild des Werkstücks • bestimmt das tribologische Verhalten des Werkstücks • erzeugt eine Kerbwirkung.
die Oberflächenbeschaffenheit beeinflusst:	• keines der anderen drei Beurteilungskriterien
die Beurteilung erfolgt durch:	• die messtechnische Erfassung von Kennwerten (z. B. der Welligkeit W_t, den Rauigkeiten Rz, Ra) • mit Hilfe optischer Vergleichsnormale.

Durch die geschickte Kombination von Einstellwinkel, Spanwinkel und Neigungswinkel lassen sich bestimmte Spanformen erzeugen. Ihre Länge wird von aufsetzbaren Spanbrechern oder eingesinterten Spanformnuten beeinflusst. Aber es gibt Werkstoffe, die aufgrund ihrer großen Zähigkeit immer zu langen Spanformen neigen, insbesondere bei großer Schnittgeschwindigkeit.

Tabelle 2.11-5: Beurteilungskriterium Spanform

• wichtiges Funktionskriterium bei Verfahren mit begrenztem Spanraum und bei automatisierten Fertigungsprozessen • günstige Spanformen sind kurze und kompakte Späne • z. B. kurze Wendel-, Spiralwendel- und Spiralspäne • einen günstigeren Spanbruch erreicht man durch	
	• ein geringeres Umformvermögen des Werkstoffes, • einen höheren Umformgrad (≡ stärkere Spankrümmung).
die Spanform beeinflusst:	• die Oberflächenbeschaffenheit • den Verschleiß.

die Beurteilung erfolgt durch:	• messtechnische Erfassung
	  (Durchmesser, Wendelabstand, Temperatur)
	• optische Vergleichsnormale
	  (Form, Farbe, Größe)
	• die bildtechnische Auswertung des Spanbildungsprozesses, des Spantransports, der Temperatur.

Die *Zerspanbarkeit* des Werkstoffs muss auch in Zusammenhang mit den Schneidstoffen und den anwendbaren Schnittdaten wie Schnittgeschwindigkeit, Vorschub und Schnitttiefe gesehen werden. Es gibt dafür Richtwerte in Tabellenform als Papier oder in elektronischer Form von großem Umfang. Durch die Weiterentwicklung der Schneidstoffe, zum Beispiel die Beschichtungstechnik der Hartmetalle, veralten die angegebenen Werte schnell. Zuverlässige neuere Daten werden praktisch nur von den Schneidstofflieferanten verbreitet, die mit ihren neuentwickelten Sorten ausgedehnte Schnittversuche unternommen und in Tabellenform dokumentiert haben.

Tabelle 2.11-6: Spanformen beim Drehen

Bandspäne	lang	kurz	wirr
Wendelspäne	lang	kurz	wirr
konische Wendelspäne	lang	kurz	wirr
Schraubenspäne	lang	kurz	wirr
Spiralspäne	flach	konisch	**Nadelspäne**
Reißspäne	zusammenhängend	gebrochen	**Bruchspäne**

2.11.3 Standbegriffe

Unter dem Begriff *Standvermögen* wird nach der DIN 6583 die Fähigkeit eines Wirkpaares, bestehend aus dem Werkzeug und dem Werkstück, verstanden, einen durch seine Randbedingungen definierten Zerspanprozess durchzustehen. Einen Einfluss auf das Standvermögen haben dabei die *Schneidhaltigkeit* des Werkzeuges, die *Zerspanbarkeit* des Werkstücks und die *Standbedingungen*, d. h. die Randbedingungen des Bearbeitungsprozesses. Hierbei wird unter der Schneidhaltigkeit des Werkzeuges die Fähigkeit (Schneidfähigkeit) verstanden, ein Werkstück oder einen Werkstoff unter den gegebenen Randbedingungen spanend zu bearbeiten.

So setzt sich der Begriff Standvermögen aus den drei Größen *Standbedingungen, Standkriterien* und *Standgrößen* zusammen. Die *Standbedingungen* umfassen alle beim Zerspanprozess vorliegenden Randbedingungen. Diese sind z. B. am Werkzeug der Schneidstoff und die Schneidengeometrie, am Werkstück die Gestalt und der Werkstoff, an der Werkzeugmaschine die statische und dynamische Steifigkeit, bei dem Zerspanvorgang die Kinematik und der Schneideneingriff und bei der Umgebung der Kühlschmierstoff und die thermischen Randbedingungen.

Die *Standkriterien* sind die festgelegten Grenzwerte für die durch den Zerspanprozess verursachten Veränderungen am Werkzeug, am Werkstück oder am Zerspanprozess selbst. Die Standkriterien wären die messbaren Größen am Werkzeug, z. B. die Verschleißgrößen, am Werkstück, z. B. Veränderungen der Rauheit und am Zerspanprozess, z. B. die Schnittkraft, die Spantemperatur und die Spanform.

Die *Standgrößen* sind die Standzeiten, die Standwege, die Standmengen oder die Standvolumina, die bis zum Erreichen des festgelegten Standkriteriums unter den gewählten Standbedingungen erreicht worden. Dabei lassen sich die verschiedenen Angaben ineinander überführen, z. B. der Standweg in die Standzeit bei bekannter Vorschubgeschwindigkeit. Welche der genannten Standgrößen gewählt wird, hängt in der Praxis vom Bearbeitungsfall ab. So lässt sich die Anzahl an Werkstücken leicht feststellen, wogegen die Werkzeugmaschine für das Einwechseln des Schwesterwerkzeugs die Bearbeitungszeit mit der Standzeit vergleichen wird.

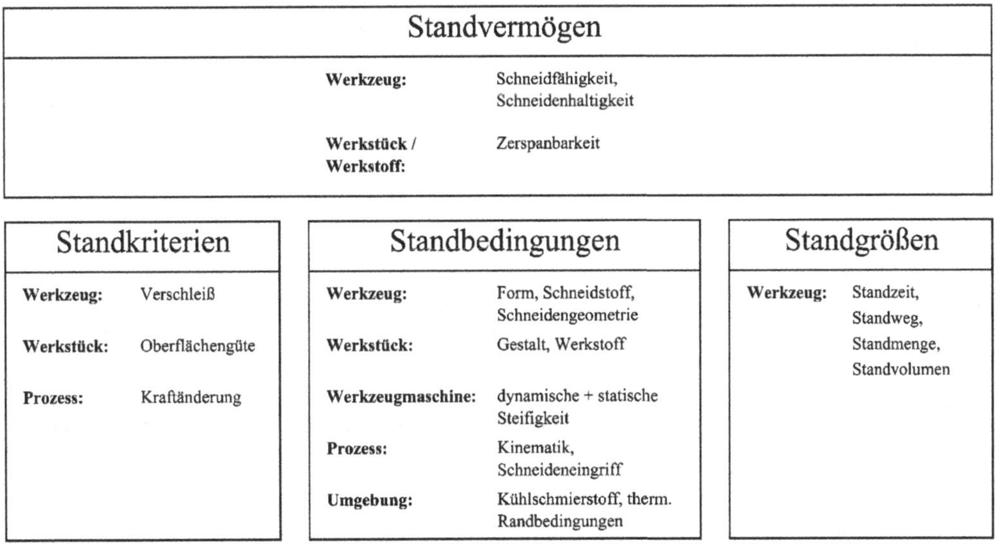

Standvermögen		
Werkzeug:	Schneidfähigkeit, Schneidenhaltigkeit	
Werkstück / Werkstoff:	Zerspanbarkeit	

Standkriterien		Standbedingungen		Standgrößen	
Werkzeug:	Verschleiß	**Werkzeug:**	Form, Schneidstoff, Schneidengeometrie	**Werkzeug:**	Standzeit, Standweg, Standmenge, Standvolumen
Werkstück:	Oberflächengüte	**Werkstück:**	Gestalt, Werkstoff		
Prozess:	Kraftänderung	**Werkzeugmaschine:**	dynamische + statische Steifigkeit		
		Prozess:	Kinematik, Schneideneingriff		
		Umgebung:	Kühlschmierstoff, therm. Randbedingungen		

Bild 2.11–1 Zusammenhang der Standbegriffe

Streng genommen macht die Angabe des Standvermögens eines Werkzeugs nur Sinn, wenn sie Angaben zu den Standbedingungen, zu dem Standkriterium und zu der Standgröße enthält. In der Praxis wird meist nur die Standgröße angegeben. Die Angaben zu den beiden anderen Größen ergeben sich für die Bediener meist von selbst durch die Angabe des Bearbeitungsfalls (welches Werkstück auf welcher Maschine). So ergibt sich beispielhaft die Angabe der Standgröße Standweg bei einer vorgegebenen Schnittgeschwindigkeit $v_c = 100$ m/min (Standbedingung) und einer zulässigen Verschleißmarkenbreite VB 0,3 mm (Standkriterium) als ermittelte Größe $L_{f;\ v\ 100;\ VB\ 0,3} = 1000$ mm (Standgröße). Der Zusammenhang zwischen den drei Größen und dem Standvermögen ist im folgenden **Bild 2.11–1** dargestellt.

2.11.4 Zerspanungstests

Zur Untersuchung der Zerspanbarkeit von Werkstoffen werden in der Praxis Zerspanungstests verwendet. Diese sollten aus Gründen der Vergleichbarkeit standardisiert sein. In der Vergangenheit sind solche Standardisierungen auf firmenübergreifender Ebene vorgenommen worden, z. B. im Rahmen von VDI-Richtlinien. Aber auch firmeninterne Standards haben sich in der Praxis bewährt. Die Zerspanungstests dienen der Auswahl der Werkstoffe, der Auswahl der wirtschaftlichsten Schnittgrößen und der Entwicklung besserer Werkstoffe und Werkzeuge.

Die Zerspanungstests werden unterteilt in Kurzzeitversuche und Langezeitversuche. Je nach Zielsetzung des Versuchs wird die jeweilige Art eingesetzt. Die Kurzzeitversuche erfordern einen geringen Zeit- und Materialaufwand. Sie liefern als Ergebnis relative Vergleichswerte für die Zerspanbarkeit verschiedener Werkstoffe und lassen dadurch nur bedingt Rückschlüsse auf das Standvermögen der Werkzeuge im realen Bearbeitungsprozess zu. Sie sind deswegen für Eingangskontrollen und zur Überwachung von Fertigungsprozessen geeignet. Beispiele für einen Kurzzeitversuch sind z. B. der Leistendrehtest nach VDI 3324 und der Kerbschlagbiegeversuch nach DIN EN 10045-1. Bei dem Leistendrehtest wird eine mit Leisten bestückte Welle in einem Außen-Rund-Längs-Drehprozess bearbeitet. Hierbei werden nur die vier Leisten aus Vergütungsstahl zerspant. Die Leisten stellen nur einen Teil des Umfangs dar, sodass eine stark schlagende Wirkung auf die Werkzeugschneiden auftritt. Er wird zur Untersuchung des Zähigkeitsverhaltens von Wendeschneidplatten eingesetzt. Die Langzeitversuche erfordern dagegen einen hohen Zeit- und Materialaufwand und verursachen damit auch höhere Kosten gegenüber den Kurzzeitversuchen. Dafür erhält man durch die Langzeitversuche genaue und realistische Standgrößen für die gewählten Standbedingungen, die sich direkt in einen Bearbeitungsprozess überführen lassen. Ein Beispiel für einen Langzeitversuch ist der Verschleiß-Standzeitversuch (siehe Kapitel 2.7.4).

2.12 Wirtschaftlichkeit

Für die praktische Durchführung von Zerspanvorgängen müssen neben dem geeigneten Schneidstoff und den zweckmäßigen Werkzeugwinkeln die Werte der innerhalb gewisser Grenzen veränderlichen Schnittgrößen a_p, f und v_c festgelegt werden. Die Entscheidung wird dabei hauptsächlich von *Wirtschaftlichkeits-*, d. h. *Kostenüberlegungen*, bestimmt.

2.12.1 Einfluss der Schnittgrößen auf Kräfte, Verschleiß und Leistungsbedarf

Um wirtschaftlich günstige Einstellungen zu finden, können alle Möglichkeiten untersucht werden, die zu einem größeren Zeitspanungsvolumen führen. Vereinfacht gilt:

$$Q = A \cdot v_c$$

und mit $A = a_p \cdot f$

$$\boxed{Q = a_p \cdot f \cdot v_c} \qquad (2.12–1)$$

Danach wird ein größeres Zeitspanungsvolumen durch Vergrößerung der einzelnen Faktoren a_p, f oder v_c erzielt. **Tabelle 2.12-1** zeigt, wie sich jeweils durch Verdoppelung dieser drei Faktoren Schnittkraft, Temperatur an der Schneide, Verschleiß, spezifische Schnittkraft und Leistung verändern.

Bei Vergrößerung der *Schnitttiefe* fällt die Zunahme von Schnittkraft und Leistung besonders auf. Werkzeug und Maschine werden stärker belastet oder geraten an ihre Belastungsgrenze.

Wenn auf stärkere Maschinen verlagert werden muss, nehmen die Maschinenkosten sprunghaft zu. Bei Vergrößerung des *Vorschubs* ist der Belastungsanstieg weniger stark. Dafür nimmt der Verschleiß zu. Bei der Vergrößerung der *Schnittgeschwindigkeit* ist der unverhältnismäßig große Verschleißanstieg besonders auffallend. Das muss auch einen Anstieg der Werkzeugkosten nach sich ziehen. Die Leistungszunahme wird allein von der Drehzahlvergrößerung gefordert. Hier stoßen ältere Maschinen am häufigsten an ihre Grenzen.

Wie sich die Maßnahmen zur Vergrößerung des Zeitspanungsvolumens endgültig auswirken und ob sie sich lohnen, zeigt nur eine Berechnung der Fertigungskosten.

2.12.2 Berechnung der Fertigungskosten

Die Fertigungskosten eines durch Drehen gefertigten Werkstücks setzen sich aus den *Maschinenkosten*, den *Lohnkosten* und den *Werkzeugkosten* zusammen.

$$\boxed{K_\text{F} = K_\text{M} + K_\text{L} + K_\text{W}}$$ (2.12–2)

2.12.2.1 Maschinenkosten

Zu den Maschinenkosten zählen *Beschaffungskosten*, *Wartungs- und Reparaturkosten*, *kalkulatorische Zinsen*, Kosten für *Energie* und *Kühlschmiermittel* sowie die anteiligen *Raumkosten*.

$$\boxed{K_\text{M} = K_\text{bB} + K_\text{bW} + K_\text{bZ} + K_\text{bE} + K_\text{bR}}$$ (2.12–3)

Die *Beschaffungskosten* enthalten Kaufpreis, Transport und Aufstellung ohne Mehrwertsteuer. Sie werden in einer vorgegebenen *Amortisationszeit* abgeschrieben. Die Amortisationszeit t_L ist kürzer als die wirkliche Lebensdauer. Sie deckt nur einen Zeitraum ab, in dem das Betriebsmittel wirtschaftlich genutzt werden kann.

Kosten für *Reparatur* und *Wartung* müssen geschätzt werden. Im ersten Jahr nach der Anschaffung kann mit Garantieleistungen gerechnet werden. Danach nehmen sie mit dem Abnutzungsgrad der Maschine zu. Ein Prozentansatz zu den Beschaffungskosten vereinfacht die Kalkulation: $K_\text{bW} = p\,\%$ von K_bB.

Kalkulatorische Zinsen sind auf den momentanen Wert des Betriebsmittels, also auf den noch nicht abgeschriebenen Teil anzusetzen. Eine rechnerische Mittelwertbildung berücksichtigt den halben Beschaffungswert mit dem vollen Zinssatz q

$$K_\text{bZ} = 0{,}5 \cdot K_\text{bB} \cdot q\,/\,100$$

Die *Betriebskosten* umfassen den Aufwand für Antriebsenergie, Licht und Kühlschmierstoff. Anteilige *Raumkosten* für Aufstellfläche, Lagerfläche, Bedienfläche und Verkehrsfläche sind mit dem relativ hohen Mietsatz für Industrieräume zu berechnen.

Bezieht man alle maschinengebundenen Kosten auf eine Stunde, entsteht der *kalkulatorische Maschinenstundensatz* in EUR / h

$$\boxed{k_\text{M} = \frac{K_\text{bB}}{t_\text{L}} + k_\text{bW} + k_\text{bZ} + k_\text{bE} + k_\text{bR}}$$ (2.12–4)

Tabelle 2.12-1: Veränderung wichtiger Prozesskenngrößen bei der Erhöhung des Zeitspanungsvolumens Q durch Verdopplung von a_p, f oder v_c

Vergrößerung des Zeitspanungsvolumens durch: / Beanspruchungs-Einflüsse:	Vergrößerung der Schnittiefe a_p $f = \text{const}$ $v_c = \text{const}$	Vergrößerung des Vorschubs f $a_p = \text{const}$ $v_c = \text{const}$	Vergrößerung der Schnittgeschwindigkeit v_c $f = \text{const}$ $a_p = \text{const}$
1. Schnittkraft F_c	$1 \times b$ — $2 \times b$ (steigend)	$1 \times h$ — $2 \times h$ (steigend)	$1 \times v_c$ — $2 \times v_c$ (leicht fallend)
2. Temperatur ϑ an der Schneide	a) (konstant)	b) (steigend)	c) (steigend)
3. Spezifischer Verschleiß z. B. je mm Schneidenlänge	d) (konstant)	e) (steigend)	f) (stark steigend)
4. Spezifische Schnittkraft k_c $k_c = \dfrac{F_c}{A}$	(konstant)	(fallend)	(leicht steigend)
5. Schnittleistung $P_c = F_c \cdot v_c$	(steigend)	(steigend)	(steigend)

Erläuterungen zu den Darstellungen a) bis f) der **Tabelle 2.12-1**:

a) Der entstehenden doppelten Wärmemenge steht eine doppelte Berührungslänge für die Wärmeableitung gegenüber

b) Wärmemenge weniger als proportional vergrößert bei unveränderter Berührungslänge

c) Wärmemenge etwa proportional vergrößert bei unveränderter Berührungslänge

d) Pressung und Spangeschwindigkeit unverändert

e) Pressung weniger als proportional vergrößert bei gleicher Spangeschwindigkeit

f) Pressung etwa unverändert, jedoch etwa doppelte Spangeschwindigkeit bei erhöhter Temperatur an der Schneide.

2.12.2.2 Lohnkosten

Lohnkosten berücksichtigen Löhne für den *Einrichter*, der die Maschine rüstet und Wende-schneidplatten wechselt, den *Maschinenbediener*, der die Werkstücke einlegt und heraus-nimmt, und *Restgemeinkosten r*

$$k_\mathrm{L} = L_\mathrm{m}(1 + r) \tag{2.12–5}$$

Für den Stundenlohn L_m kann ein Mittelwert aus Lohntabellen genommen werden. Oft verdient der Einrichter mehr als der Maschinenbediener. Die *restlichen Gemeinkosten* berücksichtigen Lohnnebenkosten, die heute in Deutschland etwa 90 % der reinen Lohnkosten ausmachen sowie Kostenanteile für das überwachende, leitende und planende Personal. Aus dem Maschi-nenstundensatz k_M (Gleichung (2.12–3)) und dem Lohnstundensatz k_L (Gleichung (2.12–4)) wird häufig ein gemeinsamer „Maschinen- und Lohnstundensatz" zusammengefasst. Dabei muss berücksichtigt werden, dass der Maschinenstundensatz für die ganze Betriebsmittelbele-gungszeit t_bB und der Lohnstundensatz nur für die Arbeitszeit des Einrichters t_rB und die des Maschinenbedieners t_a anzuwenden ist.

$$k_\mathrm{ML} = k_\mathrm{M} + \frac{t_\mathrm{rB} + t_\mathrm{a}}{t_\mathrm{bB}} \cdot k_\mathrm{L} \tag{2.12–6}$$

Die *Rüstzeit*

$$t_\mathrm{rB} = t_\mathrm{rM} + t_\mathrm{rW} + t_\mathrm{rV} \tag{2.12–7}$$

setzt sich aus der *Vorbereitungszeit* für die Maschine und den *Werkzeugwechselzeiten*

$$t_\mathrm{rW} = t_\mathrm{w} \cdot m \cdot \frac{t_\mathrm{h}}{T} \tag{2.12–8}$$

sowie einer *Rüstverteilzeit* für eine Serienfertigung mit der Stückzahl m zusammen. In die *Werkzeugwechselzeiten* gehen Einzelwechselzeit t_w und Anzahl der Werkzeugwechsel $m \cdot t_\mathrm{h}/T$ mit der Standzeit T eines Werkzeugs ein.

Die *Arbeitszeit* t_a eines Maschinenbedieners kann bei Mehrmaschinenbedienung x oder bei automatisierten Maschinen anteilig verkleinert werden.

$$t_\mathrm{a} = (t_\mathrm{h} + t_\mathrm{n} + t_\mathrm{b} + t_\mathrm{vB}) \cdot \frac{m}{x} \tag{2.12–9}$$

Gleichung (2.12–6) ist auf die Betriebsmittelbelegungszeit für einen *vollständigen Serienauf-trag* mit der Stückzahl m bezogen

$$t_\mathrm{bB} = m \cdot (t_\mathrm{h} + t_\mathrm{n} + t_\mathrm{b} + t_\mathrm{vB}) + t_\mathrm{rB} \tag{2.12–10}$$

Die *Hauptzeit* t_h geht aus dem *Arbeitsplan* hervor. Sie gibt an, wie lange Werkzeuge an jedem Werkstück im Eingriff sind. Die *Nebenzeit* t_n beschreibt die restlichen Zeiten für Eilgänge und Schaltvorgänge pro Werkstück. *Brachzeit* t_b und *Betriebsmittelverteilzeit* t_vB beschreiben, wie lange die Maschine aus organisatorischen Gründen oder wegen Reparaturen stillsteht. Für die Vorkalkulation kann diese Zeit geschätzt werden, z. B.

$$t_\mathrm{b} + t_\mathrm{vB} = 0{,}3 \cdot (t_\mathrm{h} + t_\mathrm{n}) \tag{2.12–11}$$

Die *Rüstzeit* t_{rB} muss nicht mit der Stückzahl *m* multipliziert werden, da sie nur *einmal* für die *ganze Serie* anfällt.

2.12.2.3 Werkzeugkosten

Die Werkzeugkosten K_W müssen getrennt betrachtet werden. Sie berücksichtigen die Anschaffungskosten für Werkzeuge, Wendeschneidplatten, Ersatzteile ohne Mehrwertsteuer oder manchmal auch die Nachschleifkosten des Werkzeugs. Sehr teure Werkzeuge werden wie Maschinen über einen längeren Zeitraum abgeschrieben und kalkuliert. Kleine Werkzeuge, Spezialwerkzeuge, Ersatzteile und Wendeschneidplatten werden mit ihrem vollen Wert in einem Auftrag abgerechnet.

2.12.2.4 Zusammenfassung der Fertigungskosten

Unter Berücksichtigung der drei Kostenarten können jetzt die *Fertigungskosten pro Werkstück* folgendermaßen angegeben werden:

$$K_F = \frac{1}{m} \cdot [t_{bB} \cdot k_M + (t_{rB} + t_a) \cdot k_L + K_W] \qquad (2.12\text{--}12)$$

Durch Einsetzen der schon bekannten Zusammenhänge erhält man:

$$K_1 = (k_M + \frac{k_L}{x}) \cdot t_h \qquad (2.12\text{--}13)$$

als *werkstückbezogene* Kosten, die auf die Bearbeitung selbst (t_h) entfallen,

$$K_2 = \frac{1}{m} \cdot (k_M + k_L) \cdot (t_{rM} + t_{rV}) + (k_M + \frac{k_L}{x}) \cdot (t_n + t_b + t_{vB}) \qquad (2.12\text{--}14)$$

als Kosten, die durch *Rüsten, Neben-, Brach-* und *Verteilzeiten* entstehen und

$$K_3 = \frac{t_h}{T} \cdot (k_M + k_L) \cdot t_W + \frac{1}{m} \cdot K_W \qquad (2.12\text{--}15)$$

Kosten, die für *Werkzeugwechsel* und die *Werkzeuge* selbst anzurechnen sind. Für die gesamten werkstückbezogenen Fertigungskosten gilt:

$$K_F = K_1 + K_2 + K_3 \qquad (2.12\text{--}16)$$

2.12.3 Bearbeitungszeitverkürzung und Fertigungskosten

In Kapitel 2.12 wurden die Einflüsse der Schnitttiefe a_p, des Vorschubs *f* pro Umdrehung und der Schnittgeschwindigkeit v_c auf Verschleiß und Leistungsbedarf bei Vergrößerung des Zeitspanungsvolumens *Q* dargestellt. **Tabelle 2.12-1** zeigt die Ergebnisse. Mit den jetzt zur Verfügung stehenden Gleichungen (2.12–12) bis (2.12–15) können die Einflüsse auf die Fertigungskosten erkannt und kostenoptimale Einstellungen gefunden werden.

Jede *Verkürzung* der *Hauptnutzungszeit* durch Vergrößerung des Zeitspanungsvolumens *Q* ist bedingt durch den allgemeinen Zusammenhang mit dem Spanungsvolumen je Werkstück V_W:

$$t_h = \frac{V_W}{Q} = \frac{l_c}{v_c} \qquad (2.12\text{--}17)$$

Entsprechend müssen bei jeder Art der Vergrößerung des Zeitspanungsvolumens Q die Kosten K_1 *kleiner* werden, solange Maschinen- und Lohnstundensatz nicht zu verändern sind. Die Kostengruppe K_2 mit Neben-, Brach-, Verteil- und Maschinenrüstkosten kann als *unabhängig* angesehen werden. Sie verändert sich nicht oder nur wenig bei anderen Schnittwerteinstellungen. In der Kostengruppe K_3 sind die Kosten zusammengefasst, die sich mit zunehmendem Verschleiß vergrößern. Es sind Werkzeug- und Werkzeugwechselkosten. Besonders bei Erhöhung der Schnittgeschwindigkeit nimmt der Verschleiß überproportional zu. Das heißt, dass die Standzahl, die je Standzeit herstellbare Zahl von Werkstücken, abnimmt. Damit *nehmen* diese Kosten auch pro Werkstück *zu*. **Bild 2.12–1** zeigt diese Zusammenhänge.

Im Bild ist auch zu erkennen, dass nach Addition der drei Kostengruppen eine Fertigungskostenkurve entsteht, die ein Minimum besitzt. Dieses Minimum zeigt die *kostengünstigste Schnittgeschwindigkeit* v_{co} und das zugehörige *Fertigungskostenminimum* $K_{f\,min}$. Ziel der Kostenoptimierung ist es, diesen Punkt der Schnittwerteinstellung zu finden. In der Praxis wird das meistens in Versuchen ermittelt. Zur Orientierung bei der ersten Einstellung einer Maschine dienen Richtwerte für die Schnittdaten, die in Abhängigkeit von Werkstoff und Schneidstoff aus Tabellen entnommen werden können. **Tabelle 2.12-2** enthält solche *Richtwerte* für das Drehen verschiedener Werkstoffe mit unbeschichteten Hartmetallschneiden.

Der *kostengünstigste Betriebspunkt* lässt sich auch rechnerisch bestimmen. Dazu werden die Gleichungen (2.12–12) bis (2.12–14) so verändert, dass der Einfluss der Schnittgeschwindigkeit v_c direkt erkennbar ist. Es wird eingesetzt:

$$t_h = l_c / v_c \qquad \text{nach Gleichung} \qquad (2.12\text{–}0.)$$

$$T = c_1 \cdot v_c^{c2} \qquad \text{nach Gleichung} \qquad (2.7\text{–}0.)$$

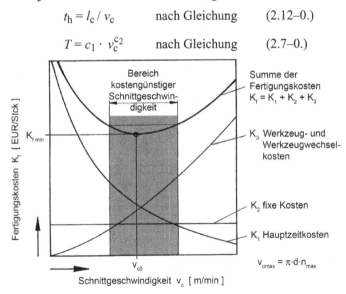

Bild 2.12–1 Minimierung der Fertigungskosten durch Anpassung der Schnittgeschwindigkeit

Die Werkzeugkosten werden aufgeteilt in die von v_c unabhängigen *Grundwerkzeugkosten* für *Werkzeughalter* u. ä. K_{WH} und die *Schneidplattenkosten*

$$K_{WP} = m \cdot \frac{t_h}{T} \cdot W_T \qquad\qquad (2.12\text{–}18)$$

Tabelle 2.12-2: Richtwerte für das Drehen einiger Werkstoffe mit Hartmetallschneiden

Werkstoff	R_m in N/mm²	a_p in mm	f in mm/U	v_c in m/min	Schneidstoff
unleg. Baustahl	bis 500	0,5 4-10	0,1 0,6	230 – 320 100 – 130	P 01 P 20
unleg. und leg. Stähle	bis 900	0,5 4-10	0,1 0,6	140 – 200 50 – 70	P 01 P 25
Stahlguss	bis 500	0,5 4-10	0,1 0,6	230 – 320 100 – 130	P 01 P 25
Stahlguss	bis 1100	0,5 4-10	0,1 0,6	125 – 180 50 – 70	P 10 P 25
Grauguss	bis HB = 220	0,5 4-10	0,1 0,6	200 – 400 100 – 300	K 01 K 05
Al-Legierungen	bis HB = 100	0,5 4-10	0,1 0,6	500 – 700 300 – 500	K 10 K 10

Anmerkung: Die Werte gelten für durchgehenden Schnitt bei gleichmäßigem Werkstoff und einer erwarteten Standzeit von etwa 30 min.

Darin ist W_T der Kostenfaktor für eine Standzeit. Anschaulich ist das der Preis für eine der z_s nutzbaren Schneidkanten einer Wendeschneidplatte

$$W_T = \frac{K_{WSP}}{z_s} \qquad (2.12\text{–}19)$$

Die Gleichungen für K_1 und K_3 erscheinen danach in folgender Form:

$$K_1 = l_c \cdot (k_M + \frac{k_L}{x}) \cdot v_c^{-1} \qquad (2.12\text{–}20)$$

$$K_3 = \frac{l_c}{c_1} \cdot [(k_M + k_L) \cdot t_W + W_T] \cdot v_c^{-c_2-1} + \frac{1}{m} \cdot K_{WH} \qquad (2.12\text{–}21)$$

K_2 bleibt unverändert.

Daraus werden die Differentialquotienten gebildet und die Summe gleich Null gesetzt, um das *Fertigungskostenminimum* zu finden

Damit kann die kostenoptimale Schnittgeschwindigkeit bestimmt werden:

$$v_{co} = \left[\frac{-c_2 - 1}{c_1} \cdot \frac{(k_M + k_L) \cdot t_W + W_T}{k_M + k_L / x} \right]^{\frac{1}{c_2}} \qquad (2.12\text{–}22)$$

Sie hängt vom Verlauf der *Standzeitkurve* (c_1 und c_2), der Werkzeugwechselzeit t_W, den Kosten pro Schneidkante W_T und den Maschinen- und Lohnstundensätzen k_M und k_L ab. Mit Gleichung (2.7–0.) kann die *kostenoptimale Standzeit* T_o berechnet werden:

$$T_o = (-c_2 - 1) \cdot \frac{(k_M + k_L) \cdot t_W + W_T}{k_M + k_L / x} \qquad (2.12\text{–}23)$$

Aus der Betrachtung der Einflussgrößen findet man folgende *Optimierungsregeln*:

1) Je steiler die Standzeitgerade ist, je größer der Betrag der negativen Konstanten c_2 ist, desto größer ist die kostengünstigste Standzeit und desto kleiner die zugehörige optimale Schnittgeschwindigkeit.

2) Je größer die Kosten pro Schneidkante und je länger die Werkzeugwechselzeit pro Schneide sind, desto größer ist die kostengünstigste Standzeit und desto kleiner die zugehörige optimale Schnittgeschwindigkeit.

3) Je größer Maschinen- und Lohnstundensatz werden, desto kleiner wird die kostengünstigste Standzeit und desto größer muss die Schnittgeschwindigkeit gewählt werden.

In der Praxis geht man bei der Wahl der tatsächlichen Schnittgeschwindigkeit häufig über die kostengünstigste Schnittgeschwindigkeit v_{c0} hinaus, da sich dadurch oft kostenrelevante Vorteile in anderen Bereichen ergeben; nämlich die Erhöhung der Ausbringung und damit der Gewinnzuwachs im Betrachtungszeitraum oder die Kostenvermeidung auf Grund von Investitionen in neue Werkzeugmaschinen u. a. Derartige Vorteile können den durch die Geschwindigkeitserhöhung hervorgerufenen Anstieg der Werkzeugkosten mehr als aufwiegen. Die Zusammenhänge zeigt **Bild 2.12–2**. Als Grobrichtwerte für das wirtschaftliche Maß der Geschwindigkeitserhöhung über v_{c0} hinaus, können Zuschläge von 25 – 40 % je nach Gewinnzuschlag gemacht werden.

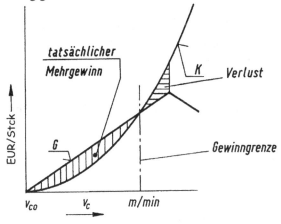

Bild 2.12–2
Kosten- und Gewinnsteigerung abhängig von der
Schnittgeschwindigkeit v_c bzw. dem Ausstoß
K   Mehrkostenkurve für die von der
    Schnittgeschwindigkeit v_c abhängigen Kostenteile
G   Gewinnsteigerungskurve

2.13 Qualitätsmanagement

2.13.1 Qualität und ihre Darstellung

Was ist Qualität? Diese Frage zu beantworten ist nur auf den ersten Blick einfach. Dies zeigt sich daran, dass sich die Definition des Begriffs der Qualität immer wieder geändert hat. Nach DIN ISO 9000 ist darunter der „Grad, in dem ein Satz inhärenter Merkmale Anforderungen erfüllt" zu verstehen. Verschiedene daraus abgeleitete Definitionen sind in der Literatur zu finden. Unter dem Begriff der Qualität soll hier die Gesamtheit von Merkmalen einer Einheit und ihren Werten hinsichtlich ihrer Eignung, festgelegte und vorausgesetzte Anforderungen zu erfüllen, verstanden werden, kurz, die realisierte Beschaffenheit eines Produkts oder einer Dienstleistung gegenüber den Vorgaben und Erwartungen. Unter einem Merkmal ist z. B. eine Länge, eine Farbe oder ein Gewicht zu verstehen, unter einer Einheit z. B. ein Bauteil.

Die Anforderungen, die Vorgaben und die Erwartungen an ein Produkt kommen einerseits vom Kunden, aber auch von der Gesellschaft und dem Unternehmen. Der Kunde erwartet ganz allgemein von einem Produkt eine gute Gebrauchsfähigkeit und eine hohe Zuverlässigkeit, eine lange Lebensdauer und eine hohe Wirtschaftlichkeit. Von Seiten der Gesellschaft werden von einem Produkt die Einhaltung von Sicherheitsstandards, von sozial- und umwelttechnischen Bestimmungen, sowie eine Produkthaftung erwartet. Das produzierende Unternehmen erwartet von einem Produkt eine hohe Marktakzeptanz und sehr gute Testergebnisse für eine Erhaltung bzw. eine Verbesserung des Firmenimages.

Aber die Kundenanforderungen sind oft subjektiv und müssen für die Produktherstellung in eine technische Sprache transferiert werden. Mit welchen Methoden und Werkzeugen die Kundenforderungen erfasst und festgelegt werden können, wird im folgenden Unterkapitel dargestellt.

In der Technik findet diese eindeutige Definition der Bauteilanforderungen z. B. in einer technischen Zeichnung ihren Abschluss. In einer solchen Zeichnung werden die folgenden Anforderungen umgesetzt:

- die Angabe von Abmessungen
- von Längen-, Form- und Lagetoleranzen
- die Angaben zur Oberfläche
- der zu verwendende Werkstoff und
- spezielle Angaben zu verschiedenen Fertigungsverfahren z. B. der Ausführung von Schweißnähten.

Auch zwischen den zulässigen Toleranzen und den verschiedenen Fertigungsverfahren gibt es einen direkten Zusammenhang (siehe Kapitel 2.6). Die Zeichnung wird oft auch als die *Sprache der Fertigung* genannt.

Als Gesamtheit der qualitätsbezogenen Tätigkeiten und Zielsetzungen wird das Qualitätsmanagement (QM) bezeichnet. Es umfasst auch die Qualitätspolitik und das Festlegen von Verantwortungen. Dazu werden Mittel wie die Qualitätsplanung, die Qualitätslenkung, die Qualitätssicherung / QM-Darlegung und die Qualitätsverbesserung eingesetzt. Organisiert wird das Qualitätsmanagement im Rahmen eines Qualitätsmanagementsystems. Richtig organisiert und durchgeführt verringert es die Fehlleistungen in einem Unternehmen und steigert den Gewinn.

Das Qualitätsmanagement hat viele Aspekte. Es kann verstanden werden als eine Art Grundhaltung aller Mitarbeiter in einem Unternehmen, ständig bemüht zu sein, die externen und internen Kundenanforderungen zu verstehen, zu erfüllen und zu übertreffen. Dies kann erreicht werden durch eine bessere bzw. richtige Mitarbeitermotivation und dadurch, dass ihnen entsprechend ihres Tätigkeitsbereiches das benötigte Fachwissen zugänglich gemacht bzw. transferiert wird. Somit ist das Qualitätsmanagement auch eine Philosophie, neben den Methoden und Werkzeugen zur Optimierung der dienstleistenden bzw. technischen Prozessabläufe. Ein angewandtes Qualitätsmanagement berücksichtigt auch die Messtechnik.

Näheres zu den Begriffen *Qualitätsmanagement* und *Qualitätsmanagementsystem* findet man in der DIN EN ISO 8402.

2.13.2 Qualitätsmanagementsysteme

Zur Schaffung einheitlicher Standards im Bereich des Qualitätsmanagements und dessen Anwendung wurden die so genannten Qualitätsmanagementsysteme geschaffen. Diese QM-Systeme sind einerseits branchenspezifisch (z. B. HACCP, VDA 6.1 / 6.2) oder branchenneutral (z. B. DIN ISO 100xx, DIN EN ISO 9000). Andererseits sind sie eigenständig (z. B. HACCP, DIN ISO 100xx) oder basieren auf der DIN EN ISO 9000 ff (z. B. VDA 6.1 / 6.2).

Die wohl wichtigsten Normen im Bereich der Qualitätsmanagementsysteme sind die der Familie DIN EN ISO 9000. Sie umfasst die Normen DIN EN ISO 9000 (*Grundlagen und Begriffe*), DIN EN ISO 9001 (*Anforderungen*), DIN EN ISO 9004 (*Leistungsverbesserung*) und ISO 19011 (*Leitfaden zur Durchführung von Audits*).

Der Nachweis der Einführung und der Pflege eines Qualitätsmanagementsystems wird im Rahmen eines Zertifizierungsaudits erbracht. Die Firmen werden in den meisten Fällen nach DIN EN ISO 9001 zertifiziert. Dieses Zertifikat ist allerdings nur der Nachweis darüber, dass die vorgegebenen Abläufe in den Prozessen eingehalten werden. Es sagt aber nichts über die Qualität des einzelnen Produktes aus. Allerdings ist anzumerken, dass durch die Vorgaben der Norm eine kontinuierliche Verbesserung im Produktionsprozess zu dokumentieren ist, was in der Regel mit einer Produktverbesserung bzw. einer Kostenreduzierung einhergeht und damit auch zu einer Verbesserung der Wettbewerbfähigkeit führt. Die Struktur eines QM-Systems nach DIN EN ISO 9001 gliedert sich, neben allgemeinen Dingen, in die Bereiche Verantwortung der Leitung, Management der Ressourcen, Produktrealisierung und Messung, Analyse & Verbesserung.

2.13.3 Produkterstellungsbereiche, -methoden und -werkzeuge

Der zentrale Ansatz bei der Anwendung der Methoden bzw. der Werkzeuge des Qualitätsmanagements ist der Kreislaufgedanke bzw. ein kontinuierlicher Prozess. Er soll gewährleisten, dass ein Produkt ständig weiter entwickelt wird und auf diese Art und Weise wettbewerbsfähig bleibt. Dieser Ansatz findet sich unter dem Stichwort *Deming-Kreis* oder *PDCA-Kreislauf* (*Plan-Do-Check-Act*) an vielen Stellen des Qualitätsmanagements wieder.

Auch muss bei der Produkterstellung immer an den „zweiten Strang" bei der Fertigung der Produkte gedacht werden, der Fertigungsmesstechnik. Das bedeutet, dass den Methoden und den Werkzeugen des QM's nicht nur diejenigen zugeordnet werden müssen, die produkt- oder prozessbezogen sind, sondern auch die betriebsmittelbezogen Methoden und Werkzeuge.

Die Aufgabe der *Qualitätsplanung* ist es, die Anforderungen an ein Produkt zu erfassen und zu dokumentieren. Dabei geht es vielfach darum, die Ideen und Vorstellungen der Kunden zu dem Produkt in konkrete Merkmale umzusetzen. Bekannte Hilfsmittel hierzu sind die *Anforderungsanalyse*, das *Lastenpflichtenheft*, und das *Pflichtenheft*, welche in einem ersten Schritt die Forderungen, Bedürfnisse und Erwartungen an das neue Produkt hinsichtlich des Liefer- und Leistungsumfangs erfassen und die Herstellbarkeit im Unternehmen berücksichtigen. In einem zweiten Schritt werden hieraus die Entwicklungs- und Produktionsparameter abgeleitet, unter Beachtung aller Randbedingungen und der äußeren Einflüsse, wie zum Beispiel der Einhaltung der Vorschriften, Verordnungen, Gesetze, Normen und Patente. Eine weitverbreitete Möglichkeit zur Erfassung der Kundenforderungen, bei gleichzeitiger Betrachtung vergleichbarer Produkte der Wettbewerber, ist das *House of Quality* (HoQ). Diese Methode ermöglicht durch die Gegenüberstellung der Anforderungen der Kunden zu den Produktmerkmalen, bei gleichzeitigem Vergleich der Wettbewerbsprodukte, eine Ermittlung der wesentlichen Produktmerkmale und eine Definition der technischen Kennwerte des Produkts. Die Basis für eine erfolgreiche Erstellung eines HoQ's ist eine umfangreiche Informationsbeschaffung über die Kunden und ihre Anforderungen und Wünsche, den Wettbewerb und die Marktentwicklung vor dem Beginn der Erstellungsphase.

Die bekanntesten Hilfsmittel des Qualitätsmanagements bei der Produktrealisierung sind die Methoden und Werkzeuge der *statistischen Qualitäsprüfung*, auch *statistische Qualitätskontrolle* genannt. Dazu gehören die *statistische Prozessregelung* (SPC) und die *Annahmestichprobenprüfung*. Das Ziel der statischen Prozessregelung ist es, die Herstellung von fehlerhaften Werkstücken zu vermeiden. Zu diesem Zweck werden ein oder mehrere Merkmale eines Werkstückes während der Produktion eines Loses ständig kontrolliert. Diese Ergebnisse werden in Qualitätsregelkarten eingetragen. Bei der Über- bzw. Unterschreitung festgelegter Grenzen wird der Bearbeitungsprozess gestoppt und entsprechend korrigiert, bevor die Produktion des Loses fortsetzt wird. Bei der Annahmestichprobenprüfung erfolgt eine Kontrolle der angelieferten Lose, bevor diese in einem Fertigungsprozess zur Verfügung gestellt werden. Um den Aufwand der Überprüfung der Losgröße anzupassen, wird mit Annahmestichprobensystemen gearbeitet. Die statistische Prozessregelung wird auch als systematische Stichprobenprüfung, die Annahmestichprobenprüfung als zufällige Stichprobenprüfung bezeichnet. Auch sollte bei der Produktrealisierung die Vermeidung von unbeabsichtigten Fehlern (*Poka Yoke*), die Vermeidung von jeder Art der Verschwendung (*3 Mu*) und die Beachtung von Ordnung und Sauberkeit (*5 S*) ernst genommen werden.

Zur Beurteilung des Qualitätsverhaltens von Maschinen und Prozessen werden nach einem Bearbeitungsprozess im Rahmen der *Qualitätsauswertung* Maschinen- und Prozessfähigkeitsuntersuchungen durchgeführt. Sie dienen zur Erkennung, ob eine Maschine oder ein Prozess die an sie bzw. ihn gestellten Anforderungen erfüllt. Dazu werden ein oder mehrere Merkmale von einer gewissen Anzahl von Werkstücken ermittelt. Die Anzahl richtet sich danach, ob diese Fähigkeitsuntersuchung vor oder nach dem Serienanlauf erfolgt. Bezogen auf einen Prozess bedeutet dies für eine Analyse vor dem Serienanlauf bei einer Kurzzeitfähigkeitsuntersuchung einen Umfang von mindestens 50 Werkstücken bzw. einem prozessgerechten Umfang. Die nächste Stufe vor dem Serienanlauf wäre die vorläufige Prozessfähigkeitsuntersuchung mit einem Umfang von mindestens 100 Werkstücken bzw. einem prozessgerechten Umfang. Erfolgt die Prozessanalyse nach Serienanlauf handelt es sich um eine Langzeit-Prozessfähigkeituntersuchung. Hier erfolgt die Untersuchung in einem Zeitraum, in dem man erwartet, dass alle zufälligen Einflussfaktoren wirksam waren. Somit ist die Prozessfähigkeit ein Maß für die Einflüsse auf die Produktstreuung, die von Mensch, Maschine, Methode und Arbeitsumgebung beeinflusst wird. Dagegen ist die *Maschinenfähigkeit* ein Maß für die kurzzeitige Merkmalsstreuung, die von der Maschine ausgeht. Dabei müssen die Randbedingungen und die äußeren Einflüsse konstant gehalten werden. Wie bei den Maschinen und den Prozessen werden auch die Messmittel auf ihre Eignung für eine Messaufgabe hin untersucht. Diese *Prüfmittelfähigkeitsuntersuchung* betrachtet die verschiedenen Eigenschaften eines Prüfmittels: die Wiederholpräzision (Einfluss der Randbedingungen auf den Messwert), die Vergleichspräzision (Einfluss mehrerer Bediener auf den Messwert), die Stabilität (Verhalten des Messwerts über die Zeit), die Genauigkeit (Unterschied zwischen dem wahren Wert und dem gemessenen Wert) und die Linearität (Verhalten des Messwerts im gesamten Messbereich). Als Ergebnis einer Fähigkeitsuntersuchung wird ein Kennwert ermittelt, der proportional zu dem Verhältnis aus der zulässigen Toleranz und der Streuung (potentielle Fähigkeit) bzw. der zulässigen Toleranz und dem Mittelwert / der Streuung (tatsächliche Fähigkeit) ist. Unterschreitet die Kennzahl einen festgelegten Wert, muss die Maschine, der Prozess oder das Messmittel verbessert werden.

Weitere Werkzeuge der Qualitätsauswertung sind die Lieferantenbewertung und das Reklamationswesen zur Erfassung der eigenen Kunden-Lieferantenbeziehungen. Die *Lieferantenbewertung* dient der Beurteilung von internen / externen Lieferanten und muss immer ein möglichst objektives und ganzheitliches Bild des Lieferanten wiedergeben. Über die Bewertung und die Gewichtung verschiedener Faktoren, wie z. B. der Teilequalität, der Liefertreue und dem Preis, wird eine Kennzahl gebildet, die wiederum einer Klasse (A, B, C) zugeordnet wird. Die Aufgaben des *Reklamationswesens* liegen in der Erfassung der internen und externen Reklamationen, einer umfassenden Fehlerauswertung, der Überwachung der Korrekturmaßnahmen und der Erfassung der entstandenen Fehlerkosten für die reklamierten Produkte. Jede Reklamation ist ein Zeichen von schlechter Qualität und ist somit zu vermeiden. So kann das Reklamationswesen auch als präventive Maßnahme zur Verbesserung der Kundenzufriedenheit betrachtet werden.

Der Übergang zwischen der Qualitätsverbesserung und der Produktplanung ist fließend, wie auch teilweise zwischen den anderen genannten Bereichen. Die Methoden und die Werkzeuge der *Qualitätsverbesserung* sind sehr zahlreich. Deshalb sollen hier nur einige erläutert werden. Ein *Audit* ist ein systematischer, unabhängiger und dokumentierter Prozess zur objektiven Beurteilung, inwieweit vereinbarte Kriterien erfüllt werden. Das Ziel eines Audits ist die Erlangung von Auditnachweisen. Der Ablauf eines Audits besteht aus den fünf Phasen Planung, Vorbereitung, Durchführung, Auswertung und Korrektur. Das *Benchmarking* bietet die Möglichkeit eines Vergleichs von Produkten, Prozessen, Strategien und Methoden mit denen führender Unternehmen. Auf diese Weise lassen sich Qualitäts- und Leistungssteigerungs-Potenziale aufdecken und umsetzen. Am allgemein bekanntesten ist das wettbewerbsorientierte Benchmarking (Competitive Benchmarking) als ein Vergleich mit einem direkten Konkurrenten zur Bestimmung der eigenen Marktposition. Das Ziel des funktionalen Benchmarking (Functional Benchmarking) ist das Lernen von ähnlichen funktionalen Bereichen oder von branchenfremden Organisationen zum Finden von innovativen Lösungen. Diesen beiden externen Benchmarking steht das interne Benchmarking (Internal Benchmarking) gegenüber. Es dient dem Auffinden von Verbesserungspotenzialen innerhalb eines Unternehmens. Die *Fehlermöglichkeits- und Einflussanalyse* (FMEA-Analyse) ist eine der effizientesten präventiven Methoden zur Qualitätsverbesserung. Mit Hilfe dieser Methode wird versucht, die möglichen Fehler in einem Werkstück bzw. Bauteil zu erfassen, die möglichen Fehlerfolgen zu beschreiben und deren mögliche Folgen durch geeignete Maßnahmen zu minimieren. Die vier Elemente der FMEA sind die Fehleruntersuchung (Sammlung möglicher Fehler, Folgen und Ursachen), die Risikobeurteilung (beschrieben durch die Risikoprioritätszahl (RPZ), hohe Zahl = hohe Bedeutung), die Maßnahmenvorschläge zur Verbesserung (Fehlervermeidung anstelle von Fehlerentdeckung) und die Ergebnisbeurteilung mit der Dokumentation (Vergleich der Risikoprioritätszahlen vorher und nachher, ausgefüllte FMEA-Formblätter).

Die *statistische Versuchsplanung*, auch Design of Experiments (DoE) oder statistische Versuchsmethodik genannt, bietet die Möglichkeit, auf Basis eines geplanten Versuchsprogramms, eine systematische Untersuchung von funktionellen Zusammenhängen verschiedener Eingangsgrößen auf eine Zielgröße vorzunehmen. Dadurch kann eine Unterscheidung von wichtigen und unwichtigen Eingangsgrößen vorgenommen werden. Des Weiteren ermöglichen einige ihrer Verfahren das Erkennen von Wechselwirkungen der Eingangsgrößen untereinander und die Aufstellung von Rechenmodellen für den untersuchten Prozess. Das Ziel einer statistischen Versuchsplanung ist es, abgesicherte Ergebnisse zur Verfügung zu stellen. Auf deren Basis kann eine Prozessoptimierung durch die festgestellten optimalen Einstellungen der relevanten Eingangsgrößen vorgenommen werden. Dazu erfolgt eine transparente Darstellung der Zusammenhänge in dem Prozess. Gegenüber dem ungeplanten Vorgehen bei Untersuchungen ermöglicht sie eine Reduzierung des Versuchsaufwands. Die klassische statistische Versuchsplanung basiert auf *vollfaktoriellen oder teilfaktoriellen Versuchsplänen*. Diese Methoden erlauben die Untersuchung des direkten Einflusses von mehreren Faktoren und deren Wechselwirkungen auf eine Zielgröße. Gerade das Erkennen von Wechselwirkungen kann bei unbekannten Prozessen von großer Bedeutung sein. Die Auswertung von diesen Versuchsplänen erfolgt mit Hilfe der linearen Effektberechnung, der Regressionsanalyse, der Vertrauensbereichbestimmung oder der Varianzanalyse. Ein Nachteil der vollfaktoriellen Versuchpläne ist ihr großer Versuchsumfang. Für die einfachsten Pläne benötigt man 2^n Versuchsreihen, wobei *n* die Anzahl der zu untersuchenden Eingangsgrößen ist. Mögliche Ansätze zur Reduzierung des Versuchsumfangs bieten die *teilfaktoriellen* sowie die *D-optimalen Versuchspläne*. Wichtige Anwendungen der statistischen Versuchsplanung sind die Qualitätsmethoden von *Taguchi* und von *Shainin*.

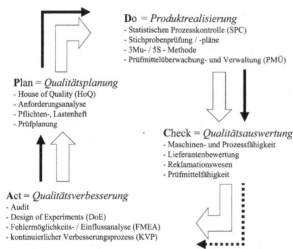

Do = *Produktrealisierung*
- Statistischen Prozesskontrolle (SPC)
- Stichprobenprüfung / -pläne
- 3Mu- / 5S - Methode
- Prüfmittelüberwachung- und Verwaltung (PMÜ)

Plan = *Qualitätsplanung*
- House of Quality (HoQ)
- Anforderungsanalyse
- Pflichten-, Lastenheft
- Prüfplanung

Check = *Qualitätsauswertung*
- Maschinen- und Prozessfähigkeit
- Lieferantenbewertung
- Reklamationswesen
- Prüfmittelfähigkeit

Act = *Qualitätsverbesserung*
- Audit
- Design of Experiments (DoE)
- Fehlermöglichkeits- / Einflussanalyse (FMEA)
- kontinuierlicher Verbesserungsprozess (KVP)

Bild 2.13–1 Methoden und Werkzeuge des Qualitätsmanagement im Produktkreislauf

Zur Nutzung des "Know-hows" und der Erfahrung der Mitarbeiter zur Lösung von Qualitätsproblemen und zur Verbesserung der Produktivität finden in Unternehmen regelmäßige Treffen in *Qualitätszirkeln* statt. Die Aufgabe dieser kleinen Gruppen von etwa drei bis zehn Mitarbeitern ist die aktive Verbesserung ihres Arbeitsbereichs. Dazu werden die Probleme und die Schwachstellen in den vorhandenen Prozessen analysiert und die erarbeiteten Problemlösungen verwirklicht. Eine weitere Möglichkeit der Nutzung des Wissens der Mitarbeiter ist das *Vorschlagwesen*. Hier werden die Vorschläge der Mitarbeiter zu einer Verbesserung der bisherigen Prozesse systematisch erfasst. Diese Verbesserungsvorschläge werden von der zuständigen Arbeitsgruppe hinsichtlich ihrer Verwertbarkeit geprüft. Werden sie befürwortet und umgesetzt, erhält der Einsender eine Vorschlagsprämie, die in einem gewissen Verhältnis zu dem Wert der Einsparung für das Unternehmen stehen sollte. Die beiden Methoden, die Qualitätszirkel und das Vorschlagwesen, zielen auf eine Erhöhung der Eigeninitiative und der Motivation der Mitarbeiter durch die direkte Einbeziehung in die Gestaltungs- und Entscheidungsvorgänge ab.

Neben der reinen produktbezogenen Betrachtung muss bei den Methoden und den Werkzeugen zum Qualitätsmanagement beachtet werden, dass für die verschiedenen Ermittlungen von den Werten der zu kontrollierenden Merkmale Messmittel benötigt werden. Die Anwendung der Messmittel bzw. ihre Auswahl, ihre Fähigkeitsprüfung, ihre Verwaltung und Überwachung erfolgt parallel zum Produktkreislauf. Dieser Sachverhalt wird in **Bild 2.13–1** durch die dünnen Pfeile dargestellt.

2.13.4 Total Quality Management (TQM)

Der prozessorientierte Ansatz des eigenständigen, branchenneutralen Qualitätsmanagementsystems nach DIN ISO 9000 ff. reicht in der heutigen Zeit nicht mehr aus. Er ist weiterentwickelt worden und sieht eine Einbeziehung aller Prozessbeteiligten vor. Deswegen wird das *Total Quality Management* (TQM) auch als „umfassendes Qualitätsmanagement" bezeichnet. Die ersten Ansätze dazu sind schon in der DIN EN ISO 9004 zu finden.

Das Selbstverständnis eines solchen Systems findet sich in seiner Begriffsdefinition nach DIN EN ISO 8402 wieder. Hier wird der Begriff des TQM's als eine „auf der Mitwirkung aller ihrer Mitglieder gestützte Managementmethode einer Organisation" definiert, welche „die Qualität in den Mittelpunkt stellt und durch Zufriedenstellung der Kunden auf langfristigen Geschäftserfolg sowie auf Nutzen für die Mitglieder der Organisation und für die Gesellschaft zielt." Dies umfasst auch eine überzeugende und nachhaltige Führung durch die oberste Leitung und die Ausbildung und die Schulung aller Mitglieder der Organisation. Unter dem Nutzen für die Gesellschaft ist die Erfüllung der an die Organisation gestellten Forderungen zu verstehen.

Die Betrachtung der Erfüllung des TQM-Gedankens in einem Unternehmen erfolgt anhand verschiedener Qualitätspreise. Diese geben die Kriterien und die Richtlinien zu einer Beurteilung vor. Die bekanntesten Qualitätspreise sind aus internationaler Sicht der *International Deming Application Prize* oder der *Malcolm Baldrige National Award* (MBNA). Aus europäischer Sicht ist dies der *European Quality Award* (EQA), deutschlandweit der Ludwig-Erhard-Preis (LEP). Auf regionaler Ebene vergeben die verschiedenen Bundesländer entsprechende Qualitätspreise. Dies wären z. B. der Bayrische Qualitätspreis, der Qualitätspreis Nordrhein-Westfalen, der Sächsische Staatspreis für Qualität oder der Thüringische Staatspreis für Qualität.

Aufgrund seiner Bedeutung soll hier kurz der EQA bzw. das dazugehörige *EFQM-Model for Excellence* (European Foundation for Quality Management) vorgestellt werden. Es ist auch das Referenzmodell für den LEP. Die acht Eckpfeiler der Excellence nach EFQM sind die Ergebnis- und Kundenorientierung, die Führung und die Zielkompetenz, das Management mit Prozessen und Fakten, die Mitarbeiterentwicklung und -beteiligung, das kontinuierliche Lernen, die Innovationen und Verbesserungen, der Aufbau von Partnerschaften und die Verantwortung gegenüber der Öffentlichkeit. Das EFQM Excellence Model von 2003 unterscheidet zwischen den so genannten Befähigern und den so genannten Ergebnissen. Die fünf Befähiger beschreiben, was eine Organisation selbst veranlassen kann. Dazu gehören die Führung (10 %), die Politik und Strategie (8 %), die Mitarbeiter (9 %), die Partnerschaften und Ressourcen (9 %) und die Prozesse (14 %). Die vier Ergebnisse stellen sich als Folge dieser Tätigkeiten ein und werden im Nachhinein ermittelt. So ermöglichen sie Rückschlüsse darauf, wie die Tätigkeiten künftig weiterzuentwickeln sind. Die Ergebnisse umfassen die kundenbezogene Ergebnisse (20%), die mitarbeiterbezogene Ergebnisse (9 %), die gesellschaftsbezogene Ergebnisse (6 %)

und die Schlüsselergebnisse (15 %). Die Prozentsätze entsprechen hierbei der Gewichtung der einzelnen Punkte und ergeben in der Summe 100 %. Die Ermittlung der Erfüllung des EFQM Excellence Models erfolgt auf Basis einer Selbstbewertung (*Quality Self Assessment*). Diese systematische Beurteilung der Tätigkeiten und der Ergebnisse einer Organisation anhand eines Bewertungsmodells führt zu einer Aussage über die Effizienz der Organisation und den Reifegrad des Qualitätsmanagements. Diese Selbstbewertung ist ein erweitertes internes Systemaudit in allen Bereichen der eigenen Organisation nach den Kriterien des Exzellenz-Modells und der *RADAR*-Logik. Hierbei steht das „R" für *Results* (Ergebnisse), das „A" für *Approach* (Vorgehen), das „D" für *Deployment* (Umsetzung) und das „AR" für *Assessment* und *Review* (Bewertung und Überprüfung).

3 Fertigungsverfahren mit geometrisch bestimmter Schneide

3.1 Drehen

Drehen ist Spanen mit *geschlossener meist kreisförmiger Schnittbewegung* und *beliebiger* quer zur Schnittrichtung liegender *Vorschubbewegung*. Meistens wird die Schnittbewegung durch Drehen des Werkstücks und die Vorschubbewegung durch das Werkzeug längs oder quer zur Werkstückdrehachse ausgeführt (**Bild 3.1–1**).

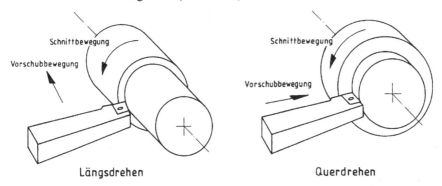

Bild 3.1–1 Längs- und Querdrehen

Übereinstimmend mit DIN 6580 sind die Bewegungen, ihre Richtungen, die Bezeichnung der zurückgelegten Wege, die entstehenden Geschwindigkeiten und die zugehörigen Schnitt- und Spanungsgrößen für den Anwendungsfall des Drehens in **Tabelle 3.1-1** exemplarisch zusammengestellt.

3.1.1 Drehwerkzeuge

Wie an jedem Zerspanwerkzeug können folgende Teile unterschieden werden (**Bild 3.1–2**):

- *Schneidenteil*, der das Zerspanen des Werkstoffs durchführt

- *Werkzeugkörper*, der Einspannteil und Schneidenteil verbindet und die Aufgabe hat, die Befestigungselemente für die Schneiden aufzunehmen

- *Einspannteil*, der zur Verbindung des Werkzeugs mit dem Werkzeugträger dient.

Tabelle 3.1-1: Zusammenstellung der wichtigsten Begriffe und Bezeichnungen für Bewegungen und Zerspangrößen nach DIN 6580 für das Drehen

Begriffe oder Größen / Art der Bewegung	Richtung, jeweilige momentane Richtung	Wege des Werkzeugs gegenüber dem Werkstück	Geschwindigkeit, jeweilige momentane Geschwindigkeit eines Schneidenpunktes	Schnittgrößen (einzustellen an der Maschine bzw. im Werkzeug festgelegt)	Spanungsgrößen, aus den Schnittgrößen abgeleitet
1. Unmittelbar an der Spanentstehung beteiligt.					
a) Schnittbewegung	Schnittrichtung	Schnittweg l_c (Weg, den ein Schneidenpunkt auf dem Werkstück schneidend zurücklegt)	Schnittgeschwindigkeit v_c (Geschwindigkeit in Schnittrichtung)	Schnittiefe a_p (senkrecht zur Arbeitsebene gemessen)	Spanungsbreite $b = \dfrac{a_p}{\sin \kappa}$
b) Vorschubbewegung	Vorschubrichtung mit dem Winkel $\varphi = 90°$ gegenüber der Schnittrichtung	Vorschubweg l_f (Weg des Werkzeugs in Vorschubrichtung)	Vorschubgeschwindigkeit v_f (Geschwindigkeit in Vorschubrichtung)	Vorschub f (Vorschubweg je Umdrehung) Schnittvorschub f_c (Abstand zweier unmittelbar nacheinander entstehender Schnittflächen senkrecht zur Schnittrichtung) $f_c = f$ beim Drehen	Spanungsdicke $h = f_c \cdot \sin \kappa$
c) Wirkbewegung (resultierende Bewegung aus a) und b))	Wirkrichtung mit dem Winkel η gegenüber der Schnittrichtung	Wirkweg l_e (Weg, den ein Schneidenpunkt in der Wirkrichtung schneidend zurücklegt)	Wirkgeschwindigkeit v_e (Geschwindigkeit in Wirkrichtung). Oft ist $v_e \approx v_c$	Wirkvorschub f_e (Abstand zweier unmittelbar nacheinander entstehender Schnittflächen senkrecht zur Wirkrichtung)	Spanungsquerschnitt A $A = a_p \cdot f_c = b \cdot h$ Wirkspanungsquerschnitt $A_e = a_p \cdot f_e$
2 Nicht unmittelbar an der Spanentstehung beteiligt					
a) Anstellbewegung	Bewegung, mit der das Werkzeug vor dem Zerspanen an das Werkstück herangeführt wird				
b) Zustellbewegung	Bewegung, durch die die Dicke der jeweils abzunehmenden Schicht im Voraus bestimmt wird (also Einstellung der Schnittiefe a_p)				
c) Nachstellbewegung	Bewegung, die den Werkzeugverschleiß ausgleichen soll				

Am *Schneidenteil* befinden sich Schneidkanten, welche die Zerspanung an der Wirkstelle zwischen Werkzeug und Werkstück herbeiführen. Sie sind durch Temperatur, Reibung und Zerspankräfte stark belastet. Man stellt den Schneidenteil daher aus einem besonderen Werkstoff her, dem Schneidstoff, der den auftretenden Belastungen am besten standhält.

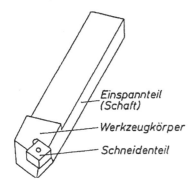

Bild 3.1–2 Die drei Teile des Drehwerkzeugs

3.1.2 Werkzeugform

Für die vielseitigen Aufgaben beim Drehen sind sehr unterschiedliche Werkzeugarten entwickelt worden: Drehmeißel aus Schnellarbeitsstahl werden durch Werkzeuge mit aufgelöteten Hartmetallschneiden und besonders durch Klemmhalter für Wendeschneidplatten ersetzt. Weiterhin müssen Sonderwerkzeuge für die automatische Produktion und Formdrehmeißel aufgezählt werden.

3.1.2.1 Drehmeißel aus Schnellarbeitsstahl

Drehmeißel aus Schnellarbeitsstahl bestehen aus einem einzigen Stück. Man kann *Schaft*, *Werkzeugkörper* und *Schneidenteil* unterscheiden. Der Schaft dient zum Einspannen im Werkzeughalter. Er ist quadratisch oder rechteckig für Außenbearbeitungen und rund oder vieleckig für Innenbearbeitungen.

Der *Werkzeugkörper* bildet den Übergang zur Schneide. Nach seiner Form unterscheidet man gerade, gebogene und abgesetzte Drehmeißel. Die Ausbildung des Schneidenteils richtet sich nach der Verwendung zum Längsdrehen, Querplandrehen, Eckenausdrehen, Anstirnen, Gewindeschneiden, Abstechen oder Innendrehen. Der Schneidenteil ist vergütet. Er ist oft am Schaft aus qualitativ minderem Stahl angeschweißt oder als Schneidplatte im Werkzeugkörper eingelötet.

3.1.2.2 Drehmeißel mit Hartmetallschneiden

Ganz ähnliche Formen wie die Drehmeißel aus Schnellarbeitsstahl haben die Drehwerkzeuge mit aufgelöteten Hartmetallschneiden nach DIN 4982. Ihr Schaft ist auch quadratisch, rechteckig oder rund. Am Übergang zur Schneide können *gerade*, *gebogene* und *abgesetzte* Formen unterschieden werden. In **Tabelle 3.1-3** sind in der dritten und vierten Spalte Normen für die verschiedenen Formen und Einsatzgebiete von Hartmetallwerkzeugen aufgeführt. Die Schneiden lassen sich nachschleifen. Dazu werden Scheiben mit spezieller Diamantkörnung in Kunstharzbindung verwendet.

3.1.2.3 Wendeschneidplatten

Die wirtschaftlich günstige Ausnutzung der teuren Schneidstoffe gelang durch Einführung von Wendeschneidplatten. Sie werden auf dem Werkzeugkörper nur festgeklemmt und können nach dem Abnutzen einer Kante *gewendet* werden. So gelangen nacheinander alle geeigneten Kanten in den Schnitt. Die vollständig gebrauchten Platten werden im Allgemeinen nicht mehr nachgearbeitet.

Die *Grundformen* sind vielartig. Es gibt quadratische, dreieckige, runde, rechteckige, rhombische, rhomboide und vieleckige Wendeschneidplatten (**Tabelle 3.1-2**).

Im *Querschnitt* haben sie schräge oder senkrecht zur Grundfläche verlaufende Seitenflächen. Damit erhält man Schneidplatten mit verschiedenen Freiwinkeln α von $0° - 30°$. Bei senkrecht verlaufenden Seiten ist der Freiwinkel $0°$. Diese Schneidplatten müssen im Werkzeughalter schräg eingespannt werden, damit positive Freiwinkel an Haupt- und Nebenschneide entstehen (**Bild 3.1–3**). Ohne die ließe sich kein Vorschub erzielen, weil die Freifläche auf das Werkstück drücken würde. Bei richtiger Werkzeuggestaltung erhält man dann gleichzeitig negative Spanwinkel γ, negative Neigungswinkel λ und die doppelte Anzahl von Schneiden an der Wendeplatte, die jetzt beidseitig benutzt werden kann.

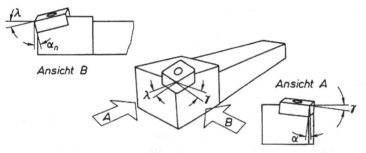

Bild 3.1–3 Klemmhalter für negative Span- und Neigungswinkel (γ, λ). Freiwinkel α an der Hauptschneide und α_n an der Nebenschneide sind positiv infolge geneigter Einspannung der Wendeschneidplatte.

Die *Genauigkeit* der Wendeschneidplatten ist verschieden. Die Schrumpfung beim Sintern verursacht Abweichungen in den Abmessungen von $\pm 0{,}02 - 0{,}3$ mm. Durch Schleifen mit Diamantscheiben lässt sich die Genauigkeit auf $\pm 0{,}005$ mm verbessern. In DIN ISO 1832 werden in Toleranzklassen von A bis U das Prüfmaß m, die Plattendicke s und der eingeschriebene Kreisdurchmesser d begrenzt.

Besonderheiten der Wendeschneidplattengestaltung sind Bohrungen für die *Befestigung* und *Spanformnuten* unterschiedlicher Form. DIN 4981 legt alle Merkmale und Abmessungen von Wendeschneidplatten fest.

Danach besteht eine Bezeichnung aus der Kombination von einigen Buchstaben und Zahlen
wie folgt:

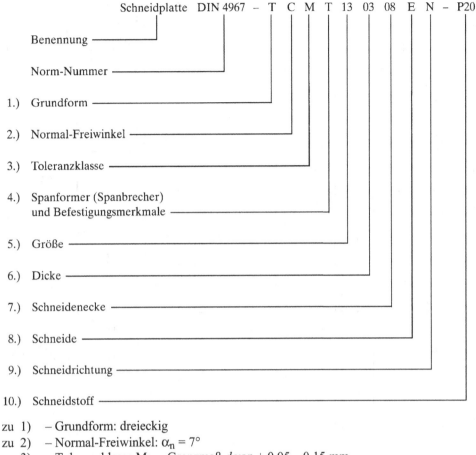

zu 1)   – Grundform: dreieckig
zu 2)   – Normal-Freiwinkel: $\alpha_n = 7°$
zu 3)   – Toleranzklasse M: Grenzmaß d von $\pm\,0{,}05 - 0{,}15$ mm,
                                 Grenzmaß m von $\pm\,0{,}08 - 0{,}20$ mm,
                                 Grenzmaß s von $+\,0{,}05 - 0{,}13$ mm
zu 4)   – Spanformer (Spanbrecher)
         und Befestigungsmerkmale: T = Spanformer auf einer Spanfläche und
                                   Senkbohrung für die Befestigung
zu 5)   – Größe: $l = 13{,}6$ mm
zu 6)   – Dicke: $s = 3{,}18$ mm
zu 7)   – Schneidenecke (Eckenradius): $r = 0{,}8$ mm
zu 8)   – Schneide: abgerundet
zu 9)   – Schneidrichtung: rechts- und linksschneidend
zu 10) – Schneidstoff: P 20

Tabelle 3.1-2: Grundformen, Freiwinkel, Grenzmaße, Befestigungsmerkmale und Spanflächenausführung der Wendeschneidplatten nach DIN ISO 1832e

Grundformen

Grundform	⬡	⬢	⬠	▢	△	◁	▭	◯
Ecken ∢ εr	120°	135°	108°	90°	60°	80°	90°	—
Kennbuchst.	H	O	P	S	T	W	L	R

Grundform	▱	▱	▱	▱	◇	▱	▱	▱
Ecken ∢ εr	80°	55°	75°	86°	35°	85°	82°	55°
Kennbuchst.	C	D	E	M	V	A	B	K

Freiwinkel α_n

Freiwinkel α_n								
3°	5°	7°	15°	20°	25°	30°	0°	11°
A	B	C	D	E	F	G	N	P

Grenzmaße

Kennbuchstabe	A	F	C	H	E	G	J	K	L	M	N	U
Grenzmaß d	±0,025	±0,013	±0,025	±0,013	±0,025	±0,025	von ±0,05 bis ±0,15			von ±0,05 bis ±0,15	von ±0,05 bis ±0,15	von ±0,08 bis ±0,25
Grenzmaß m	±0,005	±0,005	±0,013	±0,013	±0,025	±0,025	±0,005	±0,013	±0,025	von ±0,06 bis ±0,20	von ±0,06 bis ±0,20	von ±0,13 bis ±0,38
Grenzmaß s	±0,025	±0,025	±0,025	±0,025	±0,025	±0,13	±0,025	±0,025	±0,025	von ±0,05 bis ±0,13	±0,025	±0,13

Befestigungsmerkmale und Spanflächenausführung

Bild	...	...	...	...	...	...	...	...
Kennbuchst.	N	R	C	E	A	G	W	T

Bild	...	...	...	...	...	...	...	...
Kennbuchst.	Q	U	B	H	C	M	G	J

3.1.2.4 Klemmhalter

Für die Verwendung von *Wendeschneidplatten* aus Hartmetall oder Keramik sind Drehwerkzeuge mit Klemmeinrichtungen im Gebrauch. Sie unterscheiden sich von den einteiligen Werkzeugen im Wesentlichen durch die Gestaltung des Werkzeugkörpers, der die Klemmkonstruktion enthalten muss. Ihre Einteilung in DIN 4984 richtet sich nach der Grundform der

Tabelle 3.1-3: Formen von Drehwerkzeugen und die zugehörigen DIN-Normen

Form	Bezeichnung	Schneidenausführung	
		Schnellarbeitsstahl	Hartmetall
	gerader Drehmeißel	4951	4971
	gebogener Drehmeißel	4952	4972
	Eckdrehmeißel	4965	4978
	abgesetzter Stirndrehmeißel		4977
	abgesetzter Seitendrehmeißel	4960	4980
	breiter Drehmeißel	4956	4976
	spitzer Drehmeißel	4955	4975
	Stechdrehmeißel	4961	4981
	Innen-Drehmeißel	4953	4973
	Innen-Eckdrehmeißel	4954	4974
	Innen-Stechmeißel	4963	

Schneidplatte (Dreieck, Quadrat, Rhombus, usw. und ihrer geometrischen Anordnung und damit nach der möglichen Schnittrichtung (**Tabelle 3.1-4**). Neben den normalen *Klemmhaltern* werden auch *Kurzklemmhalter* nach DIN 4985 verwendet. Sie haben kleinere Abmessungen, lassen sich raumsparend anordnen und können mit Stellschrauben längs und quer ausgerichtet werden (Bild 3.1–4). Die Bezeichnungen von Klemmhaltern beider Art ist in DIN 4983 festgelegt. Sie enthält

- die Schneidenbefestigungsart (siehe **Bild 3.1–5**)
- die Wendeschneidplattengrundform
- die Halterform und Hauptschneidenlage (Einstellwinkel κ)
- den Wendeschneidplattenfreiwinkel
- die Ausführung als rechter oder linker Halter
- die Abmessungen und besonderen Toleranzen.

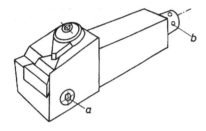

Bild 3.1–4
Kurzklemmhalter mit Gewindestift a und
Stellschraube b für Quer- und Längseinstellung

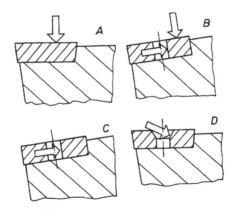

Bild 3.1–5
Befestigungsarten von Wendeschneidplatten in
Klemmhaltern nach DIN 4983
A   von oben ohne besondere Bohrung
B   von oben und über eine Bohrung
C   nur in der Bohrung geklemmt
D   festgeschraubt, Platte enthält eine Senkung

Tabelle 3.1-4: Formen von Klemmhaltern nach DIN 4984

Form	Bild	Schnittrichtung
A	90°	längs
B	75°	längs
D	45°	längs (beidseitig)
F	90°	quer
G	90°	längs
J	93°	längs
	93°	längs
K	63°	quer
L	95° 95°	längs und quer
N	63°	längs
	63°	längs
R	75°	längs
S	45°	längs und quer
T	60°	längs

Bild 3.1–6 zeigt verschiedene Längsdrehwerkzeuge im Einsatz am Werkstück. Es handelt sich hierbei um *rechte* Werkzeuge, deren Hauptschneiden rechts liegen, wenn die Wendeschneidplatte zum Körper des Betrachters hin zeigt. Sie können im dargestellten Bild Vorschubbewegungen von rechts nach links und einige auch quer oder an Konturen entlang ausführen. **Bild 3.1–7** zeigt Werkzeuge für das *Querplandrehen*. Bei ihnen ist die bevorzugte Vorschubrichtung von außen nach innen. Dabei werden die Hauptschneiden unter einem günstigen *Eingriffswinkel* von 45° oder 75° eingesetzt.

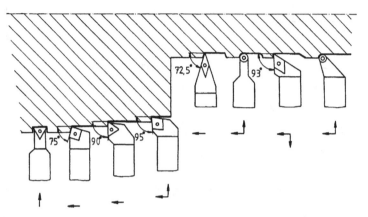

Bild 3.1–6 Längsdrehwerkzeuge mit Wendeschneidplatten im Einsatz am Werkstück. Die Pfeile zeigen die möglichen Vorschubrichtungen.

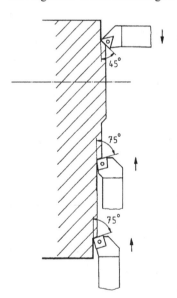

Bild 3.1–7
Wendeschneidplattenwerkzeuge zum Querplandrehen

Zum *radialen Einstechen* von Nuten oder Abstechen von an der Stange hergestellten Werkstücken gibt es rechte oder linke Stechdrehmeißel (**Bild 3.1–8** und **Bild 3.1–9**). Da der Platz für die Befestigung der Wendeschneidplatten klein ist, sind besondere Klemmkonstruktionen erforderlich. Sonderkonstruktionen sind für das *stirnseitige Einstechen* und *Ausdrehen* von *Taschen* nötig (**Bild 3.1–10**). Dabei muss die Schneidenunterstützung im Bogen der Werkstückdrehung folgen. **Bild 3.1–11** zeigt moderne Befestigungssysteme für Wendeschneidplatten.

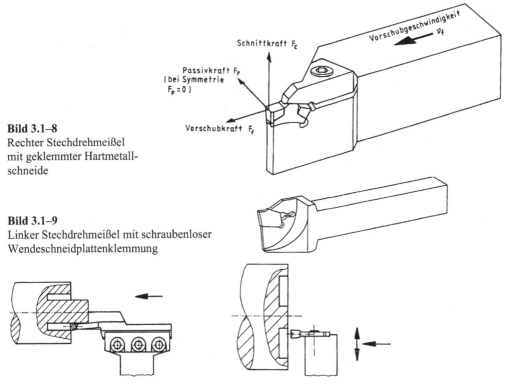

Bild 3.1–8
Rechter Stechdrehmeißel
mit geklemmter Hartmetallschneide

Bild 3.1–9
Linker Stechdrehmeißel mit schraubenloser
Wendeschneidplattenklemmung

Bild 3.1–10 Sonderkonstruktion von Stechdrehmeißeln
zum Längseinstechen an der Werkstückenstirnseite

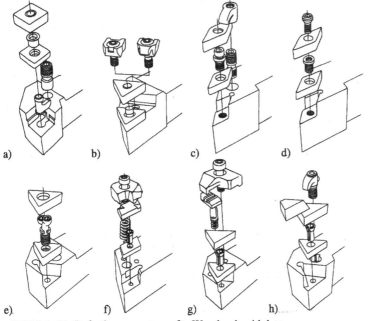

Bild 3.1–11 Befestigungssysteme für Wendeschneidplatten

3.1.2.5 Innendrehmeißel

Für die *Innenbearbeitung* von Werkstücken werden aufgrund der Formenvielfalt der Werkstücke ebenso viele Werkzeugformen wie für die Außenbearbeitung benötigt. **Bild 3.1–12** zeigt verschiedene Formen von Innendrehmeißeln im Eingriff. Die *stabilen Formen* dienen zum groben Längs- und Querdrehen, die *schlanken Formen* für die feine Konturbearbeitung. Der Einstellwinkel κ muss 90° oder mehr betragen, wenn rechtwinklige Kanten herzustellen sind. *Spitze Werkzeugformen* werden für Einstiche, Hinterdrehungen und Hohlkehlen benötigt.

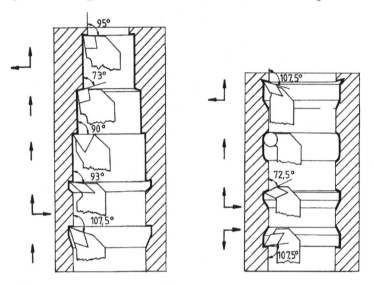

Bild 3.1–12   Formen von Innendrehwerkzeugen im Einsatz in einem Werkstück

Der Schaft des Innendrehwerkzeugs muss oft *lang* und *schlank* sein, damit die schwer zugänglichen Bearbeitungsstellen erreicht werden können. Je schlanker und länger das Werkzeug eingespannt wird, desto kleiner wird seine Eigenfrequenz. Sie kommt in einen Bereich, in dem *Ratterschwingungen* durch den Drehvorgang selbst angeregt werden. Ratterschwingungen sind unerwünscht. Sie führen zur starken Verkürzung der Standzeit durch ausbrechende Schneidkanten und zu schlechten Oberflächen am Werkstück.

Die Anregung von Ratterschwingungen kann durch Verkleinerung der Schnittkraft (Vorschub und Schnitttiefe) verringert werden. Das verlängert zum Nachteil der Wirtschaftlichkeit die Arbeitszeit.

Mit konstruktiven Maßnahmen an den Innendrehwerkzeugen versucht man die Nachteile zu beheben. Durch *Massenverkleinerung* und Wahl eines Werkstoffs mit *größerem E-Modul* lässt sich die Eigenfrequenz günstig beeinflussen. Einfacher ist der Einbau von *Dämpfern* in den Schaft, welche die Schwingungen durch Reibung abbauen. **Bild 3.1–13** zeigt die Konstruktion eines Innendrehmeißels mit Dämpfungskörper, Reibungsflüssigkeit und Kühlung.

Eine besonders schwingungsanfällige Gruppe von Werkzeugen sind *Innen-Stechdrehmeißel* (**Bild 3.1–14**). Der Kraftangriffspunkt liegt stark außerhalb des Zentrums und bietet für die Torsion einen größeren Hebelarm. Der Schaft ist noch dazu besonders schlank, weil er durch die radiale Vorschubbewegung weniger Raum beanspruchen kann.

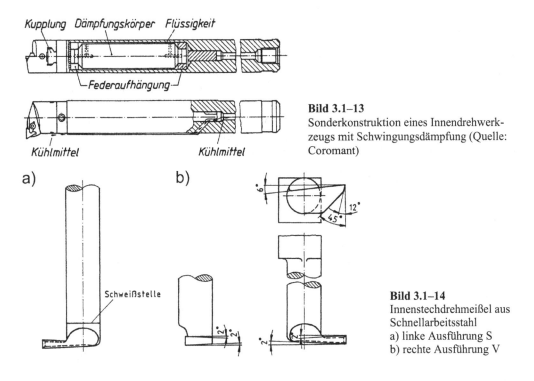

Bild 3.1–13
Sonderkonstruktion eines Innendrehwerkzeugs mit Schwingungsdämpfung (Quelle: Coromant)

Bild 3.1–14
Innenstechdrehmeißel aus
Schnellarbeitsstahl
a) linke Ausführung S
b) rechte Ausführung V

3.1.2.6 Formdrehmeißel

Für Drehaufgaben in der Massenproduktion bei schwierigen oder feingliedrigen Konturen werden Formmeißel verwendet.

Sie können als *gerade* (prismenförmige) oder als *runde* Formmeißel (Formscheiben) ausgeführt werden. **Bild 3.1–15** zeigt die beiden Meißelarten in ihrer grundsätzlichen Ausführung.

Der Freiwinkel α wird beim runden Formmeißel durch Höherstellen der Formmeißelmitte gegenüber der Werkstückmitte eingestellt. Der Höhenwert h ergibt sich aus dem gewünschten Freiwinkel α zu $h = R \cdot \sin(\alpha)$.

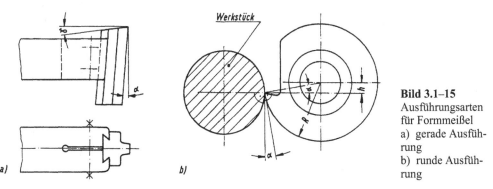

Bild 3.1–15
Ausführungsarten
für Formmeißel
a) gerade Ausführung
b) runde Ausführung

Zur *Herstellung* der Formmeißel ist das Profil in einem Schnitt senkrecht zur Freifläche (bei geraden Formmeißeln) oder in einem Radialschnitt (bei runden Formmeißeln) anzugeben. Das Formmeißelprofil ergibt sich aus dem Werkstückprofil dadurch, dass sich die Tiefenmaße entsprechend den anderen geometrischen Verhältnissen am Formmeißel verändern, während die Breitenmaße an der betreffenden Stelle unverändert bleiben.

Die *veränderten Tiefenmaße* können aus den geometrischen Zusammenhängen heraus errechnet oder gezeichnet werden. Da es sich meist um verhältnismäßig kleine Änderungen handelt, ist es empfehlenswert, bei den zeichnerischen Darstellungen einen möglichst stark vergrößernden Maßstab, etwa 10 : 1, zu wählen.

Für die verschiedenen Kombinationen: gerader oder runder Formmeißel mit gerader oder runder Werkstückfläche sind die Ermittlungen der Profiltiefenveränderung teils rechnerisch, teils zeichnerisch in **Bild 3.1–16** bis **Bild 3.1–18** dargestellt.

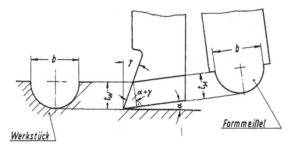

Bild 3.1–16
Profilkorrektur am geraden Formmeißel für ebene Werkstückflächen. Gleichung:

$$t_M = t_W \cdot \frac{\cos(\alpha + \gamma)}{\cos \gamma}$$

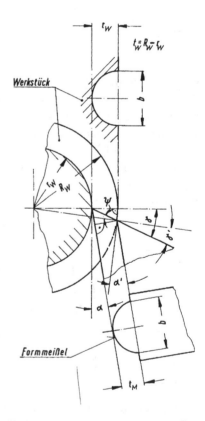

Bild 3.1–17
Profilkorrektur am geraden Formmeißel für das Drehen
Gleichungen:

1. $\sin \psi = \dfrac{r_W}{R_W} \cdot \sin \gamma$

2. $t_M = R_W \cdot \dfrac{\sin(\gamma - \psi) \cdot \cos(\alpha + \gamma)}{\sin \gamma}$

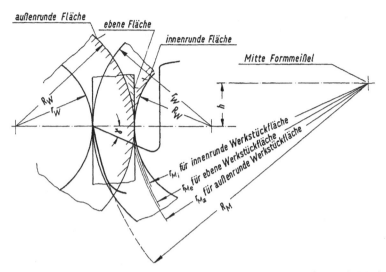

Bild 3.1–18 Profilkorrektur am runden Formmeißel für ebene oder runde Werkstückfläche (zeichnerisch)

Der *Freiwinkel* α verändert sich an den verschiedenen Stellen des Profils. Auch an den ungünstigsten Stellen soll er nicht zu klein (nicht unter 4° – 5°) werden. Andernfalls besteht an dieser Stelle die Gefahr des Zwängens und Drückens.

Je komplizierter das Profil ist, desto mehr Profilpunkte in verschiedenen Profiltiefen müssen rechnerisch oder zeichnerisch ermittelt werden. Dabei ist zu beachten, dass *Verzerrungen* am Formmeißelprofil auftreten. Diese entstehen dadurch, dass sich die Tiefenmaße nicht an allen Stellen im gleichen Verhältnis verkürzen. Gerade Profillinien am Werkstück werden zu schwach gekrümmten Linien am Formmeißel (**Bild 3.1–19**).

Praktisch wird heute die Formmeißelgeometrie mit numerischen Berechnungsalgorithmen ermittelt. Zur Eingabe in den Rechner muss die *Werkstückgeometrie* i beschrieben und die Größe und Stellung des *Formdrehmeißels* zum Werkstück festgelegt werden. Der Rechner erzeugt dann eine maßstabgenaue Zeichnung, nach der das Werkzeug auf einer Profilschleifmaschine gearbeitet wird, oder er speist numerisch gesteuerte Schleifmaschinen unmittelbar.

Als *Schneidstoff* verwendet man für Formmeißel überwiegend Schnellarbeitsstahl. Er lässt sich gut bearbeiten. Hartmetall wird seltener genommen. Es lässt sich nur mit Diamantschleifscheiben bearbeiten und wird dadurch teurer.

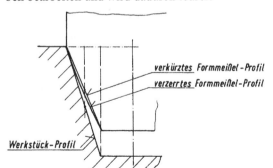

Bild 3.1–19
Verkürzung und Verzerrung am Formmeißel: Werkzeug- und Werkstückprofile sind in eine Ebene gedreht

Gesinterte Hartmetallformen sind auch von *Stechdrehmeißeln* bekannt (**Bild 3.1–20**). Die am Werkstück zu erzeugende Profilform ist eingeschliffen. Mit ihnen kann man genormte Formen von Einstichen an Wellen wirtschaftlich bearbeiten. Das Profil der Spanfläche dient der Spanformung. Wenn sich der Span damit zusammenfalten lässt, verklemmt er nicht in der eingestochenen Nut.

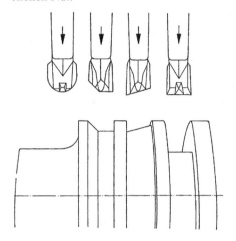

Bild 3.1–20
Stechwerkzeuge mit gesinterten und geschliffenen Profilformen

3.1.3 Werkstückeinspannung

3.1.3.1 Radiale Lagebestimmung

Dreharbeiten werden meistens an zylindrischen Werkstücken durchgeführt, die zentrisch einzuspannen sind. Die Mittelachse des Werkstücks soll mit der Rotationsachse der Drehmaschinenspindel fluchten. Durch Anbringen von *Zentrierbohrungen* (**Bild 3.1–21**) an beiden Werkstückenden kann die Mittelachse so markiert werden, dass Zentrierspitzen der Drehmaschine eingreifen können. Am Außendurchmesser des Werkstücks oder am Innendurchmesser bei Hohlkörpern kann die radiale Lagebestimmung auch durch zentrisch spannende Dreibacken-Futter oder Spannzangen erreicht werden.

Nicht zylindrische besondere Formen müssen meist sorgfältig ausgerichtet werden und mit einzeln verstellbaren Spannbacken oder mit universellen Spannelementen auf einer Planscheibe befestigt werden.

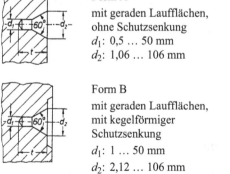

Form A

mit geraden Laufflächen,
ohne Schutzsenkung
d_1: 0,5 ... 50 mm
d_2: 1,06 ... 106 mm

Form B

mit geraden Laufflächen,
mit kegelförmiger
Schutzsenkung
d_1: 1 ... 50 mm
d_2: 2,12 ... 106 mm

Form C

mit geraden Laufflächen,
mit kegelstumpfförmiger
Schutzsenkung
d_1: 1 ... 50 mm
d_2: 2,12 ... 106 mm

Form R

mit gewölbten Laufflächen,
ohne Schutzsenkung
d_1: 0,5 ... 12,5 mm
d_2: 1,06 ... 26,5 mm

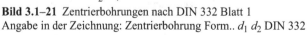

Bild 3.1–21 Zentrierbohrungen nach DIN 332 Blatt 1
Angabe in der Zeichnung: Zentrierbohrung Form.. d_1 d_2 DIN 332

Die radiale Lage muss auch unter Berücksichtigung der angreifenden Zerspankräfte und der *Werkstückelastizität* erhalten bleiben. Man kann unter dieser Betrachtungsweise stabile, halbstabile und unstabile Werkstücke unterscheiden. **Tabelle 3.1-5** gibt Anhaltswerte für die Abmessungen der drei Werkstückkategorien.

Zur Verbesserung der Stabilität werden an schlanken Werkstücken Lünetten verwendet, die zusätzliche Stützstellen erzeugen. Bei futtergespannten Werkstücken kann mit einer Reitstockspitze am freien Ende die Starrheit vergrößert werden.

Tabelle 3.1-5: Richtwerte für Stabilitätskategorien von Werkstücken beim Drehen

Werkstückeinspannung	stabil	halbstabil	unstabil
zwischen Spitzen	$L \leq 6 \cdot d$ und $d > 60$ mm	$L = (6 \dots 12) \cdot d$ oder $d < 60$ mm	$L \geq 12$ d
im Spannfutter	$L \leq d$	$L = (1 \dots 2) \cdot d$	$L > 2 \cdot d$

3.1.3.2 Axiale Lagebestimmung

Die axiale Lagebestimmung ist nötig, um der Werkstückbezugskante eine *wiederholbare Lage* im *Koordinatensystem* der Drehmaschine zuzuordnen (**Bild 3.1–22**). Zu diesem Zweck müssen Anschlagpunkte an den Spannelementen vorhanden sein. Das sind im einfachsten Fall die Stirnseiten der Spannbacken, gegen die das Werkstück gelegt wird. Es können aber auch besondere Anschlagelemente verwendet werden, die in der Hohlspindel des Antriebs oder auf dem Werkzeugträger angeordnet sind.

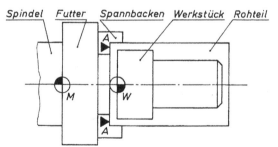

Bild 3.1–22
Axiale Lagebestimmung an einem im Futter gespannten Werkstück
M Nullpunkt des maschinengebundenen
   Koordinatensystems
A Anschlagpunkte
W Werkstückbezugspunkt

3.1.3.3 Übertragung der Drehmomente und Kräfte

Die Werkstückeinspannung wird mit Kräften und Momenten verschiedener Größe belastet:

1) der *Gewichtskraft* des Werkstücks
2) dem *Beschleunigungsmoment* beim Einschalten der Spindel
3) dem *Schnittmoment*, das von der Schnittkraft verursacht wird
4) der *Vorschub-* und der *Passivkraft*

5) der *Reitstockkraft* und

6) *Wechselkräften* die von *Schwingungen* herrühren.

Die unveränderliche Lage des Werkstücks muss dabei von der Einspannung gewährleistet werden. Diese kann kraftschlüssig durch Reibung, formschlüssig oder beidartig wirksam sein.

In jedem Fall muss das *Haltemoment* größer als die belastenden Drehmomente sein. Berechnungen sind oft unzuverlässig, weil der Reibungsbeiwert nur geschätzt werden kann und absichtlich oder zufällig herbeigeführte örtliche Werkstückverformungen die Wirksamkeit der Einspannung unkontrollierbar vergrößern können.

Tabelle 3.1-6: Einige Drehverfahren nach DIN 8589, T. 1. Die Pfeile zeigen die Vorschubrichtung.

Quer-Plandrehen	Längs-Plandrehen	Quer-Abstechdrehen
Längs-Runddrehen	Quer-Runddrehen	Gewindedrehen, -strehlen
Quer-Profildrehen	Nachformdrehen	Quer-Unrunddrehen

3.1.4 Aus der Vorschubrichtung abgeleitete Drehverfahren

Aus der Vorschubrichtung und unterschiedlicher Werkzeugstellung zum Werkstück lassen sich verschiedene Drehverfahren ableiten.

Bei einer Vorschubbewegung *parallel* zur Drehachse des Werkstücks spricht man von *Längsdrehen*. Liegt der Vorschub *senkrecht* dazu, heißt es *Querdrehen* (s. Bild 3.1–1). Entsteht am Werkstück eine ebene Fläche, dann ist es *Plandrehen*. Bei einer runden (zylindrischen oder kegligen) Fläche nennt man es *Runddrehen*, wobei noch zwischen *Innenrunddrehen* und *Außenrunddrehen* unterschieden werden muss.

In **Tabelle 3.1-6** sind neben diesen Drehverfahren auch noch das *Schraubdrehen* zur Herstellung von Gewinden, das *Profildrehen* mit Formdrehmeißeln, das *Nachformdrehen* und das *Unrunddrehen* dargestellt.

3.1.5 Schnitt- und Zerspanungsgrößen

Die *Schnittgeschwindigkeit* v_c wird durch die Werkstückdrehung mit der Drehzahl n erzeugt. An einem Werkstückpunkt mit dem Abstand $d/2$ von der Drehachse herrscht die Schnittgeschwindigkeit

$$\boxed{v_c = \pi \cdot d \cdot n} \qquad (3.1–1)$$

Sie ist nicht über das ganze Werkstück gleich. Zur Mitte hin wird sie mit dem Durchmesser d sehr klein. Soll sie konstant gehalten werden, muss die Drehzahl entsprechend verändert werden. Die *Vorschubgeschwindigkeit* v_f hat mit dem Vorschub f folgenden Zusammenhang

$$\boxed{v_f = f \cdot n} \qquad (3.1–2)$$

In Bild 2.1–7 ist der *Spanungsquerschnitt A* gezeigt. Er stellt den Werkstoffquerschnitt dar, der mit einem Schnitt abgespant wird. Als *Schnittflächen* werden die am Werkstück von den Schneiden augenblicklich erzeugten Flächen bezeichnet. Sie werden teilweise vom nächsten Schnitt wieder beseitigt. Die verbleibenden Flächenteile ergeben die *gefertigte Fläche* des bearbeiteten Werkstücks.

3.1.6 Leistung und Spanungsvolumen

3.1.6.1 Leistungsberechnung

Die Leistung errechnet sich nach mechanischen Grundgesetzen aus der *Geschwindigkeit* der Bewegung und der in gleicher Richtung wirkenden *Kraft*. Man kann sie in jeder Raumrichtung getrennt angeben. So erhält man in Schnittrichtung die *Schnittleistung* P_c, in Vorschubrichtung die *Vorschubleistung* P_f und in Wirkrichtung die *Wirkleistung* P_e.

Schnittleistung $\qquad \boxed{P_c = F_c \cdot v_c} \qquad\qquad\qquad (3.1–3)$

Vorschubleistung $\qquad \boxed{P_f = F_f \cdot v_f} \qquad\qquad\qquad (3.1–4)$

Wirkleistung $\qquad \boxed{P_e = F_e \cdot v_e = F_c \cdot v_c + F_f \cdot v_f} \qquad (3.1–5)$

Da die Vorschubgeschwindigkeit v_f meist viel kleiner als die Schnittgeschwindigkeit v_c ist, kann die Vorschubleistung P_f in vielen Fällen vernachlässigt werden, sodass als Grundlage für die Bestimmung der notwendigen Leistung für das Betriebsmittel die Schnittleistung $P_c = F_c \cdot v_c$

allein benutzt werden kann. Die insgesamt vorzusehende Leistung des Betriebsmittels errechnet sich dann wie folgt:

$$P = P_c \cdot \frac{1}{\eta} = F_c \cdot v_c \cdot \frac{1}{\eta}$$

(3.1–6)

Für die Schnittkraft F_c und die Schnittgeschwindigkeit v_c sind die höchsten auftretenden Werte einzusetzen. η ist der *mechanische Wirkungsgrad* des gesamten Betriebsmittels, dessen Größe von seiner Belastung abhängt.

3.1.6.2 Spanungsvolumen

Das *Spanungsvolumen V* ist das vom Werkstück abzuspanende Werkstoffvolumen. Es kann auf einen Schnitt (Hub oder Umdrehung), einen Arbeitsschritt, einen Arbeitsgang, auf die Zeiteinheit, auf die Schnittleistung oder auf das Werkstück bezogen werden.

Zeitspanungsvolumen

Das *Zeitspanungsvolumen Q* ist das pro *Zeiteinheit* (min oder s) abzuspanende Werkstoffvolumen. Es lässt sich aus dem Spanungsquerschnitt $A = f \cdot a_p$ und der mittleren Schnittgeschwindigkeit v_{cm} berechnen.

$$Q = A \cdot v_{cm}$$

(3.1–7)

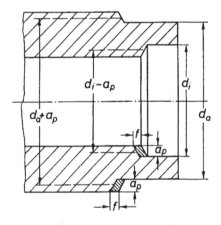

Bild 3.1–23
Spanungsquerschnitt und Durchmesserangaben für die Berechnung des Zeitspanungsvolumens beim Innen- und Außendrehen

Nach **Bild 3.1–23** gilt für das Außendrehen:

$$v_{cma} = \pi (d_a + a_p) \cdot n$$

$$Q_a = A \cdot v_{cma} = f \cdot a_p \cdot \pi (d_a + a_p) \cdot n$$

und für das Innendrehen

$$v_{cmi} = \pi (d_i - a_p) \cdot n$$

$$Q_i = A \cdot v_{cmi} = f \cdot a_p \cdot \pi (d_i + a_p) \cdot n$$

Wird statt d_i und d_a der Durchmesser des fertigbearbeiteten Werkstücks d eingesetzt, entsteht die allgemein gültige Gleichung

$$\boxed{Q = a_p \cdot f \cdot \pi \cdot (d \pm a_p) \cdot n}$$ (3.1–8)

+   für das Außendrehen

–   für das Innendrehen

Leistungsbezogenes Zeitspanungsvolumen

Das leistungsbezogene Zeitspanungsvolumen Q_p wird auch als spezifisches Zerspanvolumen bezeichnet. Es steht in fester Beziehung zur *spezifischen Schnittkraft* k_c, wie sich aus folgender Ableitung ergibt:

$$\boxed{Q_p = \frac{Q}{P_c} = \frac{A \cdot v_c}{P_c}}$$ (3.1–9)

Mit Gleichung (3.1–3) $P_c \hat{=} F_c \cdot v_c$ wird

$$Q_p = \frac{A \cdot v_c}{F_c \cdot v_c} = \frac{A \cdot v_c}{k_c \cdot A \cdot v_c} = \frac{1}{k_c}$$

Damit lässt sich die Größe des leistungsbezogenen Zeitspanungsvolumens Q_p aus der spezifischen Schnittkraft berechnen und umgekehrt. Das leistungsbezogene Zeitspanungsvolumen (bezogen auf die an der Schneide verfügbare Leistung) ist also nicht von der Güte der Werkzeugmaschine abhängig, sondern lediglich von der für den vorliegenden Zerspanvorgang zutreffenden spezifischen Schnittkraft k_c.

Spanungsvolumen je Werkstück

Das Spanungsvolumen je Werkstück ist die Werkstoffmenge, die von einem Werkstück bei der Bearbeitung abgetragen wird. Sie hängt von den *geometrischen Abmessungen* und dem *Aufmaß* ab. Nach **Bild 3.1–24** gilt für das Längsdrehen

$$\boxed{V_W \approx \pi \cdot d \cdot a_p \cdot l_f}$$ (3.1–10)

und für das Querdrehen

$$\boxed{V_W = \pi / 4 (d_a^2 - d_i^2)\, a_p}$$ (3.1–11)

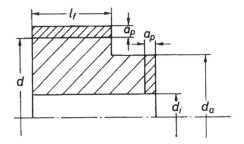

Bild 3.1–24
Spanungsvolumen je Werkstück
a_p Aufmaß
l_f Werkstücklänge
d, d_i, d_a Werkstückdurchmesser

3.1.7 Berechnungsbeispiele

3.1.7.1 Scherwinkel

Drehen von Stahl. Der Spanwinkel γ am Drehmeißel ist 15°; es wird mit einem Einstellwinkel $\kappa = 45°$ mit einem Schnittvorschub pro Umdrehung $f = 0,25$ mm gedreht. An dem entstehenden Fließspan wird mit Hilfe eines Mikrometers eine Spandicke h' von 0,31 mm gemessen. Die Größe des Scherwinkels Φ bei diesem Zerspanvorgang soll errechnet werden.

Lösung: Nach Gleichung (2.3–3) ist

$$\tan \Phi = \frac{\cos \gamma}{\lambda_h - \sin \gamma}$$

Um $\lambda_h = \dfrac{h'}{h}$ errechnen zu können, muss h unter Beachtung des Einstellwinkels κ aus f errechnet werden (2.1–2): $h = f \cdot \sin \kappa = 0,25$ mm $\cdot \sin 45° = 0,1768$ mm.

Also

$$\lambda_h = \frac{0,31\,\text{mm}}{0,1768\,\text{mm}} = 1,754$$

$\lambda_h = 1,754$ und $\gamma = 15°$ in Gleichung (2.3–3) eingesetzt ergibt:

$$\tan \Phi = \frac{\cos 15°}{1,754 - \sin 15°} = 0,646$$

$\Phi \approx 33°$

Ergebnis: Der Scherwinkel Φ ist für diesen Bearbeitungsfall 33°.

3.1.7.2 Längsrunddrehen

Längs-Runddrehen von Stahl E360GC. Spanwinkel $\gamma = 0°$; Einstellwinkel $\kappa = 90°$ (Seitenmeißel); Neigungswinkel $\lambda = 4°$; Schnittgeschwindigkeit $v_c = 140$ m/min; Drehzahl $n = 450$ 1/min; Durchmesser $d = 100$ mm; Schnitttiefe $a_p = 3,5$ mm; Vorschub $f = 0,25$ mm.

Zu berechnen sind:

a) die spezifische Schnittkraft k_c,
b) die Schnittkraft F_c,
c) die vom Motor der Drehmaschine abzugebende Leistung P, bei einem mechanischen Wirkungsgrad $\eta = 0,7$ und einer Schneidenabstumpfung, die 30 % Schnittkraftzuwachs verursacht,
d) das Zeitspanungsvolumen Q,
e) die Hauptzeit t_h bei einer Werkstücklänge von 50 mm und einem Vor- und Überlauf der Schneide von je 1 mm.

Lösung: a) Nach Gleichung (2.3–6) ist

$k_c = k_{c1 \cdot 1} \cdot f_h \cdot f_\gamma \cdot f_\lambda \cdot f_{sv} \cdot f_f \cdot f_{st}$

Aus Tabelle 2.3-1 geht hervor: $k_{c1 \cdot 1} = 1595$ N/mm², $z = 0,32$;

$\gamma_0 = 6°$; $\lambda_0 = 4°$; $v_{co} = 100$ m/min; $h_0 = 1$ mm.

Gleichung (2.1–2): $h = f \cdot \sin \kappa = 0,25 \cdot \sin 90° = 0,25$ mm

Gleichung (2.3–0.): $f_\gamma = 1 - m_\gamma (\gamma - \gamma_0) = 1 - 0,015 (0 - 6) = 1,09$

entsprechend $f_\lambda = 1 - m_\lambda (\lambda - \lambda_0) = 1 - 0,015 (4 - 4) = 1,0$

Gleichung (2.3–0.): $f_{sv} = \left(\dfrac{v_{co}}{v_c}\right)^{0,1} = \left(\dfrac{100}{140}\right)^{0,1} = 0,97$; $f_f = 1,0$ nach Tabelle 2.3-2, $f_{st} = 1,3$.

Durch Einsetzen erhält man
$$k_c = 1595 \cdot (1 / 0{,}25)^{0{,}32} \cdot 1{,}09 \cdot 1{,}0 \cdot 0{,}97 \cdot 1{,}0 \cdot 1{,}3 = 3416 \ \text{N/mm}^2$$

b) Nach Gleichung (2.3–0.) und (2.1–6) ist
$$F_c = A \cdot k_c = a_p \cdot f \cdot k_c = 3{,}5 \cdot 0{,}25 \cdot 3416 = 2990 \ \text{N}.$$

c) Nach Gleichung (3.1–6) ist $P = F_c \cdot v_c \cdot \dfrac{1}{\eta}$
$$P = 2990 \ \text{N} \cdot 140 \frac{\text{m}}{\text{min}} \cdot \frac{1}{60} \frac{\text{min}}{\text{s}} \cdot \frac{1}{0{,}7} = 9960 \frac{\text{Nm}}{\text{s}} \approx 10{,}0 \ \text{kW}$$

d) Nach Gleichung (3.1–7) ist
$$Q = a_p \cdot f \cdot \pi \cdot (d + a_p) \cdot n = 3{,}5 \cdot 0{,}25 \cdot \pi \cdot (100 + 3{,}5) \cdot 450 \cdot \frac{1 \ \text{cm}^3}{1000 \ \text{mm}^3} = 128 \frac{\text{cm}^3}{\text{min}}$$

e) Die Hauptschnittzeit ist Vorschubweg l_f / Vorschubgeschwindigkeit ($v_f = f \cdot$ n)

Ergebnis: (50+1+1) mm / (0,25 mm · 450 1/min) = 0,462 min

3.1.7.3 Standzeitberechnung

Bei einem Zerspanvorgang mit Hartmetall werden bei einer Schnittgeschwindigkeit von 120 m/min 18 Werkstücke bis zur Abstumpfung des Werkzeugs bearbeitet. Die Hauptschnittzeit je Werkstück t_{h1} beträgt dabei 12 min. Bei Erhöhung der Schnittgeschwindigkeit auf 180 m/min ist das Werkzeug schon nach der Bearbeitung von 10 Werkstücken abgestumpft. Wenn die Schnittgeschwindigkeit auf 240 m/min erhöht wird, können nur noch 6 Werkstücke bis zur Abstumpfung des Werkzeugs bearbeitet werden.

Standkriterium: Verschleißmarkenbreite VB.

a): Zeichne die T-v-Gerade für diesen Zerspanvorgang im doppeltlogarithmischen Koordinatensystem!

b): Welcher Steigungswert c_2 ergibt sich für die gezeichnete t-v-Gerade?

Lösung: Für die drei Schnittgeschwindigkeiten $v_{c1} = 120$ m/min, $v_{c2} = 180$ m/min und $v_{c3} = 240$ m/min können die Standzeiten T bis zur Abstumpfung des Werkzeugs wie folgt errechnet werden:

Für $v_{c1} = 120$ m/min: $T_1 = t_{h1} \cdot N_1 = 12$ min/Einheit $\cdot$ 18 Einheiten $= 216$ min

Für $v_{c2} = 180$ m/min: $T_2 = t_{h2} \cdot N_2$

$$t_{h2} = t_{h1} \cdot \frac{v_{c1}}{v_{c2}} = 12 \ \text{min/Einheit} \cdot \frac{120 \ \text{m/min}}{180 \ \text{m/min}} = 8 \ \text{min /Einheit}$$

$T_2 = 8$ min/Einheit $\cdot$ 10 Einheiten $= 80$ min

Für $v_{c3} = 240$ m/min: $T_3 = t_{h3} \cdot N$

$$t_{h3} = t_{h1} \cdot \frac{v_{c1}}{v_{c3}} = 12 \ \text{min /Einheit} \cdot \frac{120 \ \text{m/min}}{240 \ \text{m/min}} = 6 \ \text{min /Einheit}$$

$T_3 = 6$ min/Einheit $\cdot$ 6 Einheiten $= 36$ min

Aus den drei Wertepaaren: $\quad v_{c1} = 120$ m/min und $T_1 = 216$ min

$\qquad\qquad\qquad\qquad\qquad v_{c2} = 180$ m/min und $T_2 = \ \ 80$ min

$\qquad\qquad\qquad\qquad\qquad v_{c3} = 240$ m/min und $T_3 = \ \ 36$ min

kann die T-v-Gerade gezeichnet werden.

Ergebnis: **Bild 3.1–25**.

Lösung b): Aus der Darstellung können zwei zusammengehörige Längen a_1 und a_2 in Millimetern ausgemessen werden. Mit Hilfe dieser Längen errechnet sich der Steigungswert

$$c_2 = -\frac{a_1 \text{ mm}}{a_2 \text{ mm}}, \text{ z. B.}$$

$a_1 = 18$ mm, dazu gemessen $a_2 = 7$ mm

$$c_2 = -\frac{18 \text{ mm}}{7 \text{ mm}} = -2,57 \approx -2,6$$

Ergebnis: $c_2 \approx -2,6$

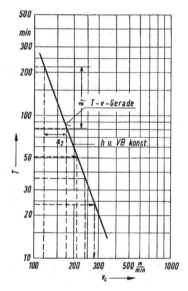

Bild 3.1–25
Standzeitgerade im doppeltlogarithmischen
Feld nach Taylor.

3.1.7.4 Fertigungskosten

Das Drehen von 10 000 gleichen Teilen wird mit drei verschiedenen Werkzeugen auf einem CNC-Drehautomaten durchgeführt. Aus dem Arbeitsplan geht $t_h = 2,45$ min und $t_n = 3,3$ min hervor. Das Rüsten der Maschine dauert $t_{rM} = 30$ min. Die Standzeit beträgt $T = 10$ min. An jeder Wendeschneidplatte sind vier nutzbare Schneiden. Eine WSP kostet 8,50 EUR, ein Werkzeughalter 40 EUR, die Maschinenbeschaffungskosten betragen 250.000 EUR bis zum betriebsbereiten Zustand.

Aufgabe: Zu berechnen sind:

a) die Belegungszeit des Drehautomaten t_{bB} bei zweischichtigem Betrieb,

b) Maschinen- und Lohnstundensatz k_M und k_L,

c) die Werkzeugkosten K_W,

d) die Fertigungskosten K_F pro Werkstück.

Lösung: a) Haupt- und Nebenzeit werden im Arbeitsplan ausgewiesen mit zusammen

$t_h + t_n = 2,45 + 3,3 = 5,75$ min.

Brach- und Verteilzeit werden nach Gleichung (2.12–10) mit 30 % davon geschätzt:

$t_b + t_{vB} = 0,3 \cdot 5,75 = 1,725$ min.

Daraus bestimmt sich die Zeit je Einheit

$t_{eB} = t_h + t_n + t_b + t_{vB} = 5,75 + 1,725 = 7,475$ min/Stck.

Die Werkzeugwechselzeit für das Wenden der Schneidplatten wird mit $t_w = 0,5$ min nach Gleichung (2.12–9) berechnet:

$t_{rW} = t_W \cdot m \cdot t_h/T = 0,5 \cdot 10000 \cdot 2,45 / 10 = 1225$ min.

Es ist nicht zu erwarten, dass jede Schneide über die volle Standzeit von 10 min ausgenutzt werden kann. Ein Zuschlag von 20 % trägt dem Rechnung:

$t_{rW} = 1,2 \cdot 1225$ min $= 1470$ min.

Die Rüstzeit errechnet sich dann mit 30 % Rüstverteilzeit nach Gleichung (2.12–7):

$t_{rB} = t_{vM} + t_{rW} + t_{rV} = 30 + 1470 + 0,3 \cdot 1500 = 1950$ min.

Jetzt kann die Betriebsmittelbelegungszeit ausgerechnet werden (Gleichung (2.12–9)):

$$t_{bB} = m \cdot (t_h + t_n + t_b + t_{vB}) + t_{rB}$$
$$= 10\,000 \cdot 7{,}475 + 1950 = 76\,700 \text{ min} = 1278{,}33 \text{ h}$$

b) Bei der Abschreibung der Maschine gehen wir von einem wirtschaftlich nutzbaren Zeitraum von $t_L = 2$ Jahren aus. Für Reparatur und Wartung setzen wir mit Berücksichtigung von Garantien im ersten Jahr nur 10 % der Beschaffungskosten an:

$$k_{bW} = p/100 \cdot K_{bB} = 10/100 \cdot 250\,000 = 25\,000 \text{ EUR/a}$$

Kalkulatorische Zinsen bei einem Zinssatz von 10,5 % p.a. berechnen sich für den halben Beschaffungswert

$$k_{bZ} = 0{,}5 \cdot K_{bB} \cdot q \, / \, 100$$
$$= 0{,}5 \cdot 250\,000 \cdot 10{,}5 \, / \, 100 = 13\,125 \text{ EUR/a}$$

Die Stromkosten kann man mit der installierten Leistung von 50 kW, einer Einschaltdauer von 30 % und einem Stromkostenvorzugspreis von 0,125 EUR/kWh bestimmen:

$$k_{bE\,Strom} = 50 \cdot 0{,}3 \cdot 0{,}125 = 1{,}875 \text{ EUR/h}$$

Für Kühlschmiermittel werden die gleichen Kosten geschätzt. Das ergibt zusammen:

$$k_{bE} = 1{,}875 + 1{,}875 = 3{,}75 \text{ EUR/h}$$

Für die Berechnung der Raumkosten müssen Schätzungen für den Flächenbedarf vorgenommen werden:

Aufstellfläche der Maschine	8 m²
Lagerfläche für Werkstücke	5 m²
Bedienfläche	5 m²
anteilige Verkehrsfläche	20 m²

Bei einem Mietzins von 30 EUR/m² und Monat lassen sich die Raumkosten berechnen:

$$k_{bR} = 38\text{m}^2 \cdot 30 \, \frac{\text{EUR}}{\text{m}^2\text{Mo}} \cdot 12 \, \frac{\text{Mo}}{\text{a}} = 13\,680 \, \frac{\text{EUR}}{\text{a}}$$

Die jährliche Nutzungszeit bei Zweischichtbetrieb wird benötigt, um alle Kosten auf die Zeiteinheit 1 h zu beziehen.

$$\text{JAS (Jahresarbeitsstunden)} = 38 \, \frac{h}{W_0} \cdot 40 \, \frac{W_0}{a} \cdot 1{,}8 = 2736 \, \frac{h}{a}$$

Die zweite Schicht wurde nur zu 80 % angesetzt. Nach Gleichung (2.12–3) errechnet sich der Maschinenstundensatz

$$k_M = \frac{K_{bB}}{t_L} + k_{bW} + k_{bZ} + k_{bE} + k_{bR}$$
$$= \frac{250\,000}{2 \cdot 2736} + \frac{25\,000}{2736} + \frac{13\,125}{2736} + 3{,}75 + \frac{13\,680}{2736}$$
$$= 68{,}37 \text{ EUR/h}$$

Für die Berechnung des Lohnstundensatzes wird ein mittlerer Bruttostundenlohn von 18,00 EUR/h aus Lohntabellen entnommen und ein Restgemeinkostensatz von $r = 3{,}5$ eingesetzt. Nach Gleichung (2.12–4) wird berechnet:

$$k_L = L_m(1 + r) = 18{,}00 \, (1 + 3{,}5) = 81 \text{ EUR/h}.$$

In der Bedienerzeit t_a ist Mehrmaschinenbedienung von drei Automaten zu berücksichtigen:

$$t_a = m \cdot \frac{t_{eB}}{3} = 10\,000 \cdot \frac{7{,}475}{3} = 24\,917 \text{ min}$$

Der „Maschinen- und Lohnstundensatz" nach Gleichung (2.12–6) lässt sich jetzt berechnen:

$$k_{ML} = k_M \cdot \frac{t_{rB} + t_a}{t_{bB}} \cdot k_L = 68{,}37 + \frac{1950 + 24\,917}{76\,700} \cdot 81 = 96{,}74 \, \frac{\text{EUR}}{\text{h}}$$

c) Die Kosten der Werkzeuge werden sofort abgeschrieben. Sie setzen sich zusammen aus den Kosten für drei Werkzeughalter:

$k_{WH} = 3 \cdot 40,00 = 120,00$ EUR,

den Kosten für Wendeschneidplatten:

$$k_{WP} = \frac{m \cdot t_h}{T \cdot 0,8 \cdot z_s} \cdot \text{Preis} = \frac{10\,000 \cdot 2,45}{10 \cdot 0,8 \cdot 4} \cdot 8,50$$

$$= 766 \cdot 8,50 = 6511 \text{ EUR}$$

und den Kosten für Ersatzteile (20 % der übrigen Werkzeugkosten):

0,2 · (120,00 + 6511) = 1326,20 EUR

Zusammen sind das: K_W = 120 + 6511 + 1326,20 = 7957,20 EUR

d) Die Fertigungskosten pro Werkstück setzen sich nach Gleichung (2.12–15) folgendermaßen zusammen:

$$K_F = \frac{1}{m} \cdot [t_{bB} \cdot k_M + (t_{rB} + t_a) \cdot k_L + k_W]$$

$$= \frac{1}{10\,000} \cdot \left[1278,33\,\text{h} \cdot 68,37\,\frac{\text{EUR}}{\text{h}} + \frac{(1950 + 24917)\,\text{min}}{60\,\text{min/h}} \cdot 81\,\frac{\text{EUR}}{\text{h}} + 7957,2\,\text{EUR} \right]$$

$$= 13,16 \text{ EUR/Stück}$$

Ergebnisse: a) Die Belegungszeit des Drehautomaten bei zweischichtigem Betrieb ist

t_{hB} = 1278,33 h = 18,7 Wochen.

b) Der Maschinenstundensatz ist k_M = 68,37 EUR/h,
   der Lohnstundensatz k_L = 81 EUR/h
   und der kombinierte Stundensatz k_{ML} = 96,74 EUR/h.

c) Die Werkzeugkosten betragen K_w = 7957,20 EUR,

d) Die Fertigungskosten wurden zu K_F = 13,16 EUR/Stck. berechnet.

3.1.7.5 Optimierung der Schnittgeschwindigkeit

Für die Drehbearbeitung aus obigem Rechenbeispiel soll eine Optimierung von Schnittgeschwindigkeit und Standzeit zur Überprüfung der Fertigungskosten führen, da sie nur mit angenommenen Richtwerten durchgeführt wurde. Aus Standzeitmessungen liegen jetzt die Konstanten der Taylorschen Standzeitgleichung (2.7–0.) vor:

$c_1 = 750 \cdot 10^6 \text{ m}^{3,6} / \text{min}^{2,6}$

$c_2 = -3,6$

Zusätzlich soll die Wirkung einer Arbeitszeitverkürzung auf die Ergebnisse untersucht werden.

Aufgabe: a) Die kostengünstigste Schnittgeschwindigkeit v_{co} und die dazugehörige Standzeit T_0 sind zu berechnen.

b) Die Berechnung der Werkzeugkosten ist mit der optimalen Standzeit zu überprüfen. Die Fertigungskosten sind zu korrigieren.

Lösung: a) Die Kosten für eine Schneidkante lassen sich nach Gleichung (2.12–17) bestimmen. Jede Wendeschneidplatte hat vier nutzbare Schneiden, von denen aber nur 80 % im Durchschnitt zum Einsatz kommen.

$W_T = K_{WSF}/z_s = 8,50 \text{ EUR}/0,8 \cdot 4 = 2,65 \text{ EUR}$.

Bei 3-Maschinenbedienung ist die günstigste Schnittgeschwindigkeit nach (2.12–20):

$$v_{co} = \left[\frac{-c_2 - 1}{c_1} \cdot \frac{(k_M + k_L) \cdot t_W + W_T}{k_M + k_L / x} \right]^{1/c_2}$$

$$= \left[\frac{(3,6-1)\min^{2,6}}{750 \cdot 10^6} \cdot \frac{(68,37+81)\,\text{EUR/h} \cdot 0,5\,\min \dfrac{1\text{h}}{60\,\min} + 2,65\,\text{EUR}}{(68,37+81/3)\,\text{EUR/h} \cdot (1\,\text{h}/60\,\min)} \right]^{1/-3,6}$$

$$= 174,5 \; \text{m/min}$$

Die dazugehörige optimale Standzeit T_0 kann nach nun nach Gleichung (2.7–0.) berechnet werden.

$$T_0 = c_1 \cdot v_{\text{co}}^{c_2}$$

$$= 750 \cdot 10^6 \; \frac{\text{m}^{3,6}}{\min^{2,6}} \cdot 174,5^{-3,6} \; \frac{\min^{3,6}}{\text{m}^{3,6}} = 6,37 \; \min$$

b) Mit der so berechneten optimalen Standzeit und der von $v_{c1} = 154$ m/min auf $v_{c2} = 174,5$ m/min gesteigerten Schnittgeschwindigkeit müssen die Werkzeugkosten neu berechnet werden. Dabei ist von einer verkürzten Hauptschnittzeit auszugehen:

$$t_{h2} = 2,45 \cdot \frac{154}{174,5} = 2,16 \; \min$$

$$K_{\text{wp}} = \frac{m \cdot t_{h2}}{T_0 \cdot 0,8 \cdot z_s} \times \text{Preis} = \frac{10000 \cdot 2,16}{6,37 \cdot 0,8 \cdot 4} \times 8,50 = 9007 \; \text{EUR}$$

Zusammen mit den unveränderten Kosten für 3 Halter und 20 % für Ersatzteile werden jetzt an Werkzeugkosten

$$K_W = (120 + 9007) \cdot 1,2 = 10952 \; \text{EUR}$$

anfallen. Werkzeugwechselzeit und Rüstzeit verlängern sich jetzt:

$$t_{rW} = 1,2 \cdot t_W \cdot m \cdot t_{h2} / T_0 = 1,2 \cdot 0,5 \cdot 10000 \cdot \frac{2,16}{6,37} = 2035 \; \min$$

$$t_{rB} = (t_{rM} + t_{rW}) \cdot 1,3 = (30 + 2035) \cdot 1,3 = 2685 \; \min$$

Bedienerzeit t_a und Betriebsmittelbelegungszeit t_{bB} verkürzen sich:

$$t_a = m \cdot \frac{(t_{h2} + t_n) \cdot 1,3}{3} = 10000 \cdot \frac{(2,16 + 3,30) \cdot 1,3}{3} = 23.660 \; \min$$

$$t_{bB} = m \cdot (t_{h2} + t_n) \cdot 1,3 + t_{rB}$$

$$= 10000 \cdot (2,16 + 3,30) \cdot 1,3 + 2685 = 73665 \; \min \cong 1228 \; \text{h}$$

Das sind 50 Stunden weniger als vorher.

Maschinen- und Lohnstundensätze ändern sich auch bei größerer Belastung im Allgemeinen nicht.

Die Fertigungskosten reduzieren sich damit auf

$$K_F = \frac{1}{10000} \cdot \left[1228 \cdot 6,37 + \frac{2658 + 23660}{60} \cdot 81 + 10952 \right] = 13,04 \; \text{EUR/Stück}$$

Es ergibt sich aus dieser Optimierung ein Fertigungskostenvorteil von 0,12 EUR/Stck.

Ergebnisse: a) Die kostengünstigste Schnittgeschwindigkeit ist: $v_{\text{co}} = 174,5$ m/min

Die dazugehörige Standzeit der Werkzeugschneiden: $T_0 = 6,37$ min.

b) Die Werkzeugkosten vergrößern sich durch die kürzere Standzeit auf $K_W = 10952$ EUR. Die Fertigungskosten werden etwas kleiner: $K_F = 13,04$ EUR pro Werkstück.

3.2 Bohren, Senken, Reiben

Bohren ist *Spanen* mit *kreisförmiger Schnittbewegung*, wobei die *Vorschubbewegung* nur *in Richtung der Drehachse* erfolgt. Die Drehachse ist werkzeug- und werkstückgebunden. Das heißt, sie verändert ihre Lage während der Bearbeitung nicht. Die Drehung wird vom Werkzeug oder Werkstück oder von beiden ausgeführt, meistens jedoch vom Werkzeug allein. Nach DIN 8589 Teil 2 unterscheidet man:

Bohren ins Volle, Aufbohren, Profilbohren, Gewindebohren, Kernbohren, Unrundbohren, Planansenken, Planeinsenken, Profilsenken, Rundreiben (= Reiben), Profilreiben. Bohren ins Volle dient zur Erzeugung einer ersten zylindrischen Bohrung. Die Werkzeuge können Spiralbohrer (Wendelbohrer) oder Spitzbohrer mit symmetrischen Schneiden, einschneidige Bohrer mit besonderen Führungsleisten, Einlippenbohrer oder Bohrköpfe auf Rohrsystemen zur Kühlmittelführung für das Tiefbohren sein.

Aufbohren	ist Erweitern einer vorgearbeiteten Bohrung.
Profilbohren	ist Bohren mit Profilwerkzeugen wie Zentrierbohrern oder Stufenbohrern.
Gewindebohren	ist Schraubbohren zur Erzeugung eines Innengewindes.
Kernbohren	ist Bohren, bei dem das Werkzeug den Werkstoff ringförmig zerspant. Der Kern der Bohrung bleibt dabei stehen.
Unrundbohren	ist Bohren von unrunden Löchern mit besonderer Kinematik des Werkzeugs.
Planansenken	ist Plansenken zur Erzeugung einer am Werkstück hervorstehenden ebenen Fläche.
Planeinsenken	ist Plansenken einer am Werkstück vertieft liegenden ebenen Fläche. Dabei entsteht gleichzeitig eine kreiszylindrische Innenfläche. Es kann mit oder ohne Führungszapfen gesenkt werden.
Profilsenken	ist Aufbohren mit Profilsenkern (z. B. Kegelsenkern).
Rundreiben	(Reiben) ist Aufbohren mit kleiner Schnitttiefe zur Verbesserung der Formgenauigkeit und Oberflächengüte.
Profilreiben	ist Aufreiben von kegeligen Bohrungen mit geringer Spanabnahme. Einige dieser Verfahren werden in **Bild 3.2–1** symbolisch dargestellt.

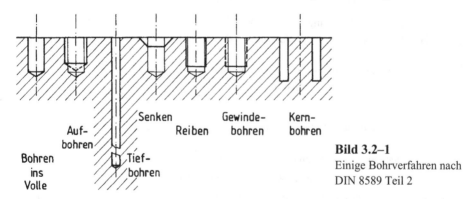

Bild 3.2–1
Einige Bohrverfahren nach
DIN 8589 Teil 2

3.2.1 Bohren ins Volle

3.2.1.1 Der Wendelbohrer

Wendelbohrer aus Schnellarbeitsstahl

Das bekannteste und am meisten gebrauchte Bohrwerkzeug ist der „*Spiralbohrer*". Wegen seiner wendelförmigen Spannuten sollte er *Wendelbohrer* genannt werden. Er hat einen zylindrischen oder kegeligen *Schaft*, mit dem er im Spannfutter oder Konus der Maschinenspindel aufgenommen werden kann. Der *Werkzeugkörper* mündet im *Schneidenteil* mit zwei Hauptschneiden. Der Bohrer ist meistens ganz aus *Schnellarbeitsstahl*. Er kann aber auch aus einfachem Werkzeugstahl bestehen und eingesetzte Hartmetallschneiden haben oder aus verschiedenen Stahlsorten zusammengeschweißt sein. Dabei wird wertvoller Schneidstoff eingespart, der nur für die Schneiden nötig ist.

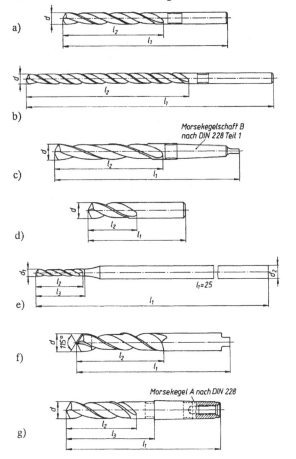

Bild 3.2–2
Einige gebräuchliche Spiralbohrerformen
a) kurzer Spiralbohrer mit Zylinderschaft nach DIN 338
b) langer Spiralbohrer mit Zylinderschaft nach DIN 340
c) Spiralbohrer mit Morsekegelschaft nach DIN 345
d) extra kurzer Spiralbohrer mit Zylinderschaft nach DIN 1897
e) Kleinstbohrer nach DIN 1899 (vergrößert gezeichnet)
f) Spiralbohrer mit Zylinderschaft und Schneidplatte aus Hartmetall nach DIN 8037
g) Spiralbohrer für Bearbeitungszentren nach DIN 1861

Wendelbohrer besitzen folgende Vorteile:
- Man kann mit ihnen ins Volle bohren.
- Sie führen sich selbst in der Bohrung mit den geschliffenen Führungsfasen.
- Sie können bis zu einer Tiefe des 5- bis 10fachen Durchmessers eingesetzt werden.

- Durch die Spannuten werden die Späne hinaus- und das Kühlschmiermittel hineinge-
  führt.
- Sie lassen sich oft nachschleifen.
- Der Durchmesser bleibt beim Nachschleifen erhalten.
- Durch verschiedene Anschliffe lassen sie sich dem Werkstoff und dem Einsatzzweck an-
  passen.
- Sie sind kostengünstig.

Als *Nachteile* sind zu erwähnen:

- Beim Anschneiden auf unebenen oder schrägen Werkstücken verlaufen die Werkzeu-
  ge (biegen sich elastisch nach einer Seite), weil die Führung noch nicht wirksam ist.
- Die Querschneide verursacht große Vorschubkräfte.
- Die Schnittgeschwindigkeit ist begrenzt wegen der verschleißempfindlichen Schnei-
  denecken.
- Die Bohrungsqualität (Genauigkeit, Oberflächengüte) ist begrenzt.
- In größeren Tiefen gibt es Kühlungsprobleme für die Schneiden, weil das Kühlmittel
  nicht mehr gegen den Spänefluss in ausreichender Menge zur Schnittstelle gelangt.
- Die Reibung der Führungsfasen in der fertigen Bohrung verursacht ein größeres
  Schnittmoment.

Es gibt eine Vielzahl von Ausführungsformen des Wendelbohrers, die dem Anwendungs-
zweck, besonders dem zu bearbeitenden Werkstoff angepasst sind. Sie unterscheiden sich nach
der Art des Schneidstoffs, der Form des Schaftes, der Länge des Schneidenteils, der Wendelung, der Spannutenform, der Seelenstärke und der Schneidengeometrie. **Bild 3.2–2** zeigt einige gebräuchliche Spiralbohrerformen. In den DIN-Normen findet man unter folgenden Nummern Wendelbohrer: 338, 339, 340, 341, 345, 346, 1861, 1869, 1870, 1897, 1898, 1899, 8037,
8038, 8041 und 8043. Einzelheiten darüber sind im DIN-Verzeichnis am Ende des Buches
nachzulesen.

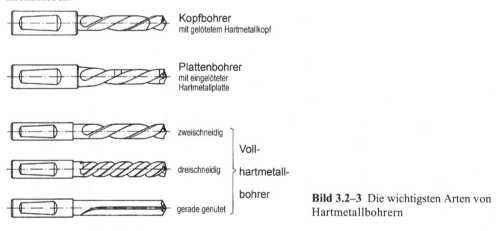

Kopfbohrer
mit gelötetem Hartmetallkopf

Plattenbohrer
mit eingelöteter
Hartmetallplatte

zweischneidig
Voll-

dreischneidig } hartmetallbohrer

gerade genutet

Bild 3.2–3 Die wichtigsten Arten von
Hartmetallbohrern

Wendelbohrer aus Hartmetall

Wichtigsten Hartmetallbohrerformen sind in **Bild 3.2–3** dargestellt. Es sind Bohrer mit aufge-
lötetem Kopf, Bohrer mit eingelöteter Plattenschneide, zweischneidige Vollhartmetallbohrer
mit und ohne Kühlkanäle, dreischneidige sowie gerade genutete Bohrer. Das Standardwerk-
zeug ist der Zweischneider. Dreischneider haben kleinere Spannutenquerschnitte. Sie eignen
sich deshalb mehr für die Feinbearbeitung und das Aufbohren. Mit drei Führungsfasen verbes-

sern sich Rundheit und Genauigkeit der Bohrungen. Der Bohrer mit *gelötetem Hartmetallkopf* ist nur für die Bearbeitung von Grauguss und Aluminium einzusetzen, da die Lötung eine Schwachstelle ist, die nur begrenzte Drehmomente übertragen kann. Durch hohen Druck der Innenkühlung werden die Späne so gut aus der Bohrung gespült, dass die Wendelung der Spannuten zur Späneförderung überflüssig wird. Gerade genutete Hartmetallbohrer können für die Bearbeitung von kurzspanenden Werkstoffen wie Guss und Aluminiumlegierungen eingesetzt werden. Der Spanwinkel an der Hauptschneide ist dabei aber sehr klein (0°). Bei eingelöteten Hartmetallplatt*en* ist das übertragbare Drehmoment bedeutend größer. Die Zahl der Nachschliffe ist jedoch begrenzt. Der elastische Stahlschaft beider Bohrerarten kann ein Nachteil für die erzielbare Genauigkeit in hochfesten Werkstoffen sein. Er ist jedoch bei alten instabilen Maschinen erforderlich, um kleine Ungenauigkeiten auszugleichen. Vollhartmetallbohrer sollten nur auf guten Maschinen mit starren Spindeln eingesetzt werden. Mit einer an den Werkstoff angepassten Hartmetallsorte und Beschichtung lassen sich große Zeitspanungsvolumen und Bohrungsgenauigkeiten erreichen. Innenkühlkanäle bringen den Kühlschmierstoff ungehindert an die Schneiden. Nur so kann er seine wichtigen Aufgaben (Kühlen, Schmieren und Spantransport) richtig erfüllen.

3.2.1.2   Schneidengeometrie am Wendelbohrer

Kegelmantelanschliff

Die Schneidengeometrie des Wendelbohrers nach DIN 6581 ist in **Bild 3.2–4** am Beispiel des einfachen *Kegelmantelanschliffs* gezeigt.

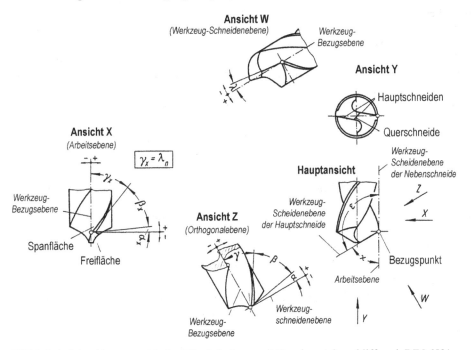

Bild 3.2–4 Schneidengeometrie des Wendelbohrers mit Kegelmantelanschliff nach DIN 6581

Die beiden *Hauptschneiden* an der Stirnseite laufen von der äußersten *Schneidenecke* nach innen, wo sie nicht ganz die Mitte erreichen. Die hinter ihnen liegenden *Freiflächen* bilden jede für sich eine Kegelmantelfläche. Ihre Achsrichtungen sind so zur Symmetrieachse geneigt, dass sich an den Hauptschneiden die gewünschten *Freiwinkel* bilden. Dabei entsteht zwangs-läufig die *Querschneide* als Verbindungslinie zwischen den Hauptschneiden durch die Boh-rermitte. Bei einem orthogonalen Schnitt durch eine Hauptschneide werden *Freiwinkel* α, *Keilwinkel* β und *Spanwinkel* γ sichtbar. Wichtig dabei ist, dass der Spanwinkel zur Mitte des Bohrers hin kleiner wird, wie auf einer Wendeltreppe in der Mitte die Stufen kürzer werden.

Die *Nebenschneiden* laufen an der zylindrischen Mantelfläche des Bohrers wendelförmig von der Schneidenecke aus zum Schaft nach oben. Sie begrenzen auf der einen Seite die *Spannuten* und setzen sich auf ihrer Rückseite in einer *Führungsfase* fort. Diese dient der Führung des sonst elastischen und dadurch labilen Werkzeugs in der fertigen Bohrung.

Die *Neigung* der Nebenschneiden durch die Wendelung des Bohrers ist mit dem Spanwinkel verknüpft. In der Seitenansicht X, welche die Arbeitsebene der Schneidenecke wiedergibt, wird $\gamma_x = \lambda_n$. Die *Neigung* der *Hauptschneiden* ist durch den *Spitzenwinkel* σ und die Dicke der *Bohrerseele* bestimmt (siehe Ansicht *W*). Der vom Drehen her bekannte *Einstellwinkel* κ ergibt sich aus dem *halben Spitzenwinkel* $\kappa = \sigma / 2$

Besondere Anschliffformen

Der normale *Spitzenwinkel* des Kegelmantelanschliffs beträgt 118°. Er kann nach *G. Friedrich* Werkstoff abhängig kleiner oder größer gewählt werden. Ein kleinerer Spitzenwinkel (z. B. 90°) führt zu einer besser zentrierenden Spitze, zu größeren Schneidenlängen b, auf die sich der Spanungsquerschnitt mit kleinerer Spanungsdicke h verteilen kann. Die Belastung eines Stückes der Schneidkante ist also kleiner, obwohl die Schnittkraft etwas größer wird. Anwen-dung findet der kleine Spitzenwinkel bei Grauguss, um die Belastung der Schneidenecken zu verkleinern, bei hartem Kunststoff, um am Austritt der Schneide aus dem Werkstück Ausbrü-che zu vermeiden und bei unebener Werkstückoberfläche, um den Bohrer besser zu zentrieren. Ein größerer Spitzenwinkel (z. B. 130°) verursacht ein kleineres Drehmoment, führt zu einem besseren Spanabfluss in die Spannut und zentriert weniger, was zu erweiterten Bohrungen führt. Er wird angewendet bei hochlegierten Stählen, die entweder eine große Festigkeit haben oder aufgrund ihrer Zähigkeit zum Einklemmen des Bohrers oder zu Aufschweißungen neigen. Bei Leichtmetallen nimmt man gerne einen noch größeren Spitzenwinkel (140°), um den be-sonders starken Späneanfall besser zu lenken.

Bild 3.2–5 zeigt, welche *zusätzlichen Schleifvorgänge* am Kegelmantelanschliff vorgenommen werden können, um ganz bestimmte Nachteile zu vermeiden.

Beim *Ausspitzen* (Form A) wird die ungünstig eingreifende *Querschneide verkürzt*, während die Hauptschneide zur Mitte abknickend verlängert wird. Ein Teil der Querschneide, etwa 8 – 10 % des Bohrerdurchmessers bleibt erhalten, um die Spitze zu verstärken. Dieser Zusatz-anschliff ist leicht auszuführen. Er ist unempfindlich und hält größere Beanspruchungen aus. Man wendet ihn an, wenn die Zentrierwirkung verbessert werden soll und vor allem, um die Axialkraft bei Bohrern mit großem Durchmesser oder besonders dicker Seele für hochfeste Werkstoffe zu verringern. Die Axialkraft kann sich dadurch bis auf die Hälfte verkleinern.

Ein zusätzliches *Nachschleifen des Spanwinkels* (Form B) soll der Hauptschneide auf ihrer ganzen Länge einen gleichbleibenden Spanwinkel (z. B. 10°) und größere Stabilität geben. Sehr harte Werkstoffe wie Manganhartstahl erfordern diese Maßnahme, um die Schneide, die besonders großen Kräften und Erwärmungen ausgesetzt ist, zu festigen. Für das Bohren von Blechen ist der normale Spanwinkel, der außen an der Schneidenecke bis zu 30° beträgt, un-günstig. Er führt zum Anheben und Aufwölben einzelner Bleche. Ein kleiner oder sogar 0°-Spanwinkel kann das verhindern. Die restliche Spankammer bleibt mit ihrer normalen Stei-gung für den Spänetransport erhalten.

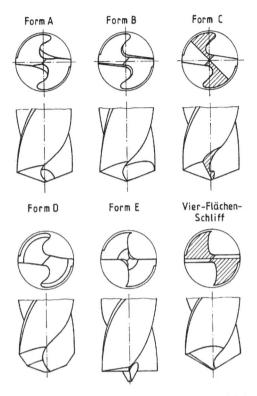

Form A   Form B   Form C

Form D   Form E   Vier-Flächen-
                    Schliff

Bild 3.2–5
Zusätzliche Schleifvorgänge und Sonderanschliffe
am Wendelbohrer nach DIN 1412
A ausgespitzte Querschneide
B korrigierte Hauptschneide mit gleichbleiben-
   dem Spanwinkel
C Kreuzanschliff
D abgestufter Spitzenwinkel für die Graugussbe-
   arbeitung
E Sonderanschliff mit Zentrumsspitze
F nicht genormter Vierflächenschliff

Der *Kreuzanschliff* (Form C) erhält durch ein Abschrägen des hinteren Teiles der Freiflächen
an den Querschneiden zwei neue kleine Spanflächen und scharfe Schneidkanten. Dadurch
braucht die Querschneide nicht mehr zu quetschen und zu drücken, sondern sie kann unter
günstigen Schnittbedingungen eingreifen. Stark verkleinerte Vorschubkräfte und gute Zentrierung beim Anbohren sind die Vorteile. Empfindlich sind allerdings die neu *entstandenen Ecken*
an den Übergängen zu den Hauptschneiden. Bei zu großem Vorschub oder Stößen können sie
ausbrechen. Der Kreuzanschliff ist bei schwer zerspanbarem Cr-Ni-Stahl angebracht.

Für Grauguss besonders empfohlen wird ein *Verkleinern des Spitzenwinkels* im Bereich der
Schneidenecken (Form D). Das kann auch mehrfach gestuft oder abgerundet geschliffen werden.
Beim Durchstoßen der Gusshaut sind die Schneidenecken besonders durch Ausbrüche gefährdet.
Die Verkleinerung des Spitzenwinkels verteilt die Schnittbelastung auf eine größere Kantenlänge
und verkleinert sie dadurch. Für langspanende Werkstoffe empfiehlt sich dieser Anschliff nicht,
weil mehrere Späne entstehen, die sich in der Ablaufrichtung kreuzen und behindern.

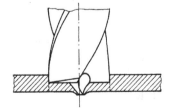

Bild 3.2–6
Wirkungsweise des Wendelbohrers mit Zentrumsspitze beim Bohren von Blechen

Der *Sonderanschliff mit Zentrumsspitze* (Form E) ist für das Bohren von dünnwandigen Werkstücken
beziehungsweise Blechen gedacht (**Bild 3.2–6**). Die kleine Spitze mit besonders kurzer Querschneide $(0,06 \cdot D)$ zentriert den Bohrer gut aufgrund der Ausspitzung und des $90°$-Spitzenwinkels.

Die Hauptschneiden setzen gleichzeitig auf ihrer vollen Länge auf. Die Schneidenecken mit ihren Führungsfasen an den Nebenschneiden übernehmen dann sofort die Führung im dünnen Werkstück. Beim Austritt des Bohrers wird ein ringförmiges Plättchen herausgeschnitten. Es entsteht an der Kante kaum ein Grat. Von Nachteil ist die Empfindlichkeit der besonders spitzen Schneidenecken, die leicht stumpf werden.

Der *Vierflächenschliff* ersetzt den Kegelmantel an den Freiflächen durch jeweils zwei ebene Flächen. Dieser Anschliff ist bei sehr kleinen Bohrern (unter 2 mm Durchmesser) leichter anzubringen. Er ist nicht nach DIN genormt.

Hartmetallbohrer brauchen *besondere Anschliffformen*. Die Sprödheit des Materials lässt kein Verlaufen zu. Deshalb sind die Spitzen so ausgebildet, dass sie sehr genau ohne größeren Druck anbohren. Die Hauptschneiden müssen eine Fase mit negativem Spanwinkel haben, um Schneidenausbrüchen vorzubeugen. Für eine sorgfältige Kühlung der Schneiden wird das Kühlschmiermittel meistens durch zwei Bohrungen in den Wendeln zur Spitze geführt. **Bild 3.2–7** zeigt einige Spitzenformen von Hartmetall-Wendelbohrern.

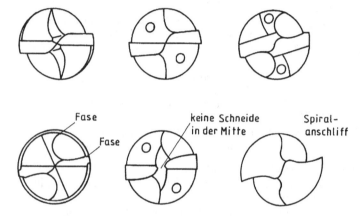

Bild 3.2–7
Spitzenformen an Wendelbohrern aus Hartmetall. Die Kühlmittelbohrungen folgen der Wendel des Bohrers

Anschliffgüte von Wendelbohrern

Eine nicht zu unterschätzende Bedeutung für die Standzeit bzw. Standlänge der Bohrwerkzeuge hat der Anschliff. Außer auf die Forderungen nach Einhaltung der Werkzeugwinkel und das Anstreben einer möglichst geringen Rauheit an den Schneidenflächen ist bei Bohrwerkzeugen, auf einen möglichst symmetrischen Anschliff zu achten. Nur so kann bei den mehrschneidigen Bohrwerkzeugen die Belastung der einzelnen Schneiden so gleichmäßig wie möglich gehalten werden. Andernfalls wird die höher belastete Schneide stärker und schneller abstumpfen und so das Ende der Standzeit des gesamten Bohrwerkzeugs bestimmen. Die Folge davon ist ein unnötig großer Werkzeugverschleiß. Auch die Maßabweichungen nehmen zu. Häufige Fälle der Unsymmetrie beim Anschleifen von Wendelbohrern sind:

1) außermittige Lage der Querschneide derart, dass zwar die Länge der beiden Hauptschneiden l_H gleich, jedoch die Einstellwinkel κ ungleich sind (**Bild 3.2–8a**);

2) außermittige Lage der Querschneide derart, dass wohl die beiden Einstellwinkel κ gleich, jedoch die Hauptschneidenlängen l_H ungleich sind (**Bild 3.2–8b**);

3) die Querschneide liegt wohl mittig, jedoch sind weder die Hauptschneidenlängen l_H noch die Einstellwinkel κ gleich groß (**Bild 3.2–8c**).

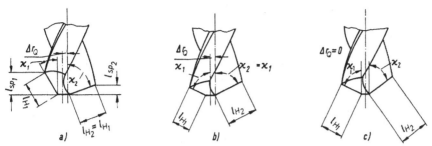

Bild 3.2–8 Die wichtigsten Unsymmetrie-Möglichkeiten am Wendelbohreranschliff

Zur Prüfung des symmetrischen Anschliffs eines Wendelbohrers können folgende Größen gewählt werden:

- Hauptschneidenlängen l_{H1} und l_{H2}
- Einstellwinkel κ_1 und κ_2
- Außermittigkeit der Querschneide Δr_Q.

Wenn für zwei dieser Größen einwandfreie Übereinstimmung der Maße 1 und 2 festgestellt wird, so ist der Anschliff symmetrisch.

Aus **Bild 3.2–9** ist zu ersehen, wie stark sich unsymmetrische Anschliffe auf die Arbeitsgenauigkeit und auf die Standlängen je nach dem Grad der Unsymmetrie auswirken. Als Richtwerte für zulässige Abweichungen gibt *Pahlitzsch* für Wendelbohrerdurchmesser von 10 … 20 mm folgende Zahlen:

- Differenz der Hauptschneidenlänge $\leq 0,1$ mm
- Differenz der Einstellwinkel $\leq 0,33°$.

Das Scharfschleifen der Wendelbohrer sollte daher nur auf maschinellen Schleifeinrichtungen durchgeführt werden, bei denen auch das Nachmessen der geschliffenen Flächen möglich ist. Das maschinelle Nachschleifen der Wendelbohrer erfolgt als „Kegelmantelschliff" am Hüllkegel der Spitze derart, dass sich ein genügend großer Freiwinkel α ergibt. Dieser beträgt am Außendurchmesser etwa 6°, und nimmt nach innen entsprechend dem mit kleiner werdenden Durchmesser wachsenden Wirkrichtungswinkel η zu (**Bild 3.2–10**).

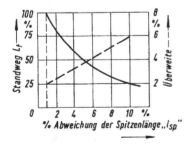

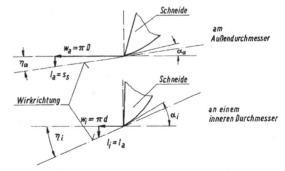

Bild 3.2–9 Auswirkung eines unsymmetrischen Wendelbohreranschliffs auf die Standlänge L_F des Bohrers und auf die Überweite des gebohrten Loches

Bild 3.2–10 Wirkrichtungswinkel η und Freiwinkel α am Außendurchmesser D und an einem inneren Durchmesser d < D eines Wendelbohrers. $\eta_i > \eta_\alpha$; deshalb muss $\alpha_i > \alpha_a$ ausgeführt werden

3.2.1.3 Bohrer mit Wendeschneidplatten

Konstruktiver Aufbau

Bild 3.2–11 zeigt Bohrer mit Wendeschneidplatten. Es gibt sie mit 6 – 60 mm Durchmesser. Die Zahl der Schneidplatten richtet sich nach der Bohrergröße. Meistens sind es zwei Schneidplatten. Diese teilen sich die Schnitttiefe (Hälfte des Durchmessers) auf. Deshalb sind sie unsymmetrisch angeordnet. Aufgrund dieser Unsymmetrie sind die Radialkräfte nicht wie beim Wendelbohrer ausgeglichen. Die kurze *gedrungene Bauweise* muss den Radialkräften standhalten. Außerdem muss die Werkzeugmaschine eine stabile Aufnahme und eine spielfreie Spindel besitzen. Die Schneidplatten sind oft dachförmig. Dadurch werden die Radialkräfte wenigstens teilweise ausgeglichen, was der Zentrierung des Bohrers beim Anschnitt zugute kommt. Die äußere Schneide hat zum Schaft einen seitlichen Überstand (**Bild 3.2–12**). Es gibt keine Führungsflächen wie beim Wendelbohrer, die an der Bohrungswand gleiten. Die innere Schneide erfasst die Bohrungsmitte. Mitunter wird ein kleiner Werkstoffzapfen nicht erfasst. Dieser wird durch Biegung und Bruch in die Spannut geführt. Querschneiden gibt es nicht. Wendeplattenbohrer haben Kühlmittelkanäle für beide Schneiden. Die entstehenden Wendelspäne werden so durch die Spannuten hinausgespült.

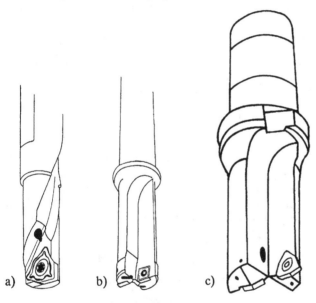

Bild 3.2–11
Bohrer mit Wendeschneidplatten
a) kleinere Bohrer mit einer Wendeschneidplatte
b) Bohrer mit zwei quadratischen Wendeschneidplatten
c) größerer Bohrer mit dachförmigen Schneiden

Eigenschaften und Einsatzgebiete

Wendeplattenbohrer lassen Bohrungstiefen bis zum Zweifachen des Durchmessers zu. Die notwendige *Stabilität* gegen *Radialkräfte* verlangt eine kurze Bauweise. Die anwendbaren Schnittgeschwindigkeiten sind abhängig von der Schneidstoff-Werkstoffpaarung. Wie beim Drehen mit Hartmetall kann die Schnittgeschwindigkeit das Zehnfache der von Schnellarbeitsstahl betragen. Auch hier ist zu beachten, dass zur Mitte der Bohrung hin kleinere Umfangsgeschwindigkeiten $v_c = 2 \cdot \pi \cdot r \cdot n$ entstehen, für die andere Hartmetallsorten oder -beschichtungen oder Schneidengeometrien besser sind. *Größere Schnittgeschwindigkeiten* machen über größere Drehzahlen auch *größere Vorschubgeschwindigkeiten* $v_f = f \cdot n$ möglich. Damit wird das Zeitspanungsvolumen

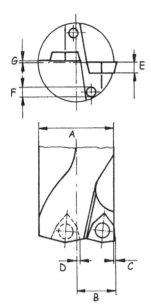

Bild 3.2–12
Wendeschneidplattenanordnung an einem Bohrer
A   Schaftdurchmesser
B $d/2$ Abstand der Schneidenecke von der Bohrermitte
C   Überstand der Schneidenecke über den Schaft
D   Überstand der zweiten Schneidplatte über die Mitte
E   Schneidplattendicke
F   Durchmesser des Kühlmittelkanals
G   Unterschnitt in der Mitte

$Q = v_f \ \pi \cdot d^2 / 4$ wesentlich größer und die Hauptschnittzeit $t_h = l_f / v_f$ wesentlich kürzer als bei einer Bearbeitung mit Wendelbohrern aus Schnellarbeitsstahl.

Wendeplattenbohrer können in begrenzter Weise *exzentrisch* eingesetzt werden. Dabei erzeugen sie größere Bohrungen, deren Durchmesser über die Exzentrizität einstellbar sind. Eine Genauigkeitsbearbeitung lässt sich auch dadurch erzielen, dass nach einem zentrischen Einbohren ins Volle der Rückhub leicht exzentrisch mit Vorschubgeschwindigkeit ausgeführt wird. Dabei schneidet die äußere Schneide mit ihrem seitlichen Überstand die Bohrung nach. So kann nach *Armstroff* die Rautiefe *Rz*, die beim Einbohren 20 – 30 µm erreicht, auf 15 µm verkleinert werden.

3.2.1.4 Spanungsgrößen

Der *Spanungsquerschnitt* A bestimmt wesentlich die Größe der Zerspankraft. Er wird für jede Schneide getrennt angegeben. **Bild 3.2–13** zeigt, dass er sich aus dem Vorschubanteil $f_z = f / z$ und der Schnitttiefe a_p errechnen lässt:

$$A = f_z \cdot a_p \tag{3.2–1}$$

Seine Form ähnelt der eines Parallelogramms mit der Dicke h und der Breite b. Deshalb gilt auch

$$A = b \cdot h \tag{3.2–2}$$

Den Zusammenhang liefert der *Einstellwinkel* $\kappa = \sigma / 2$:

$$b = a_p / \sin(\kappa) \quad \text{und}$$

$$h = f_z \cdot \sin(\kappa)$$

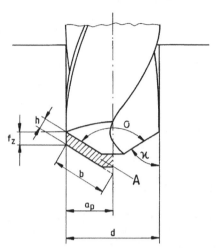

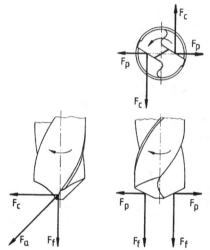

Bild 3.2–13 Der Spanungsquerschnitt A, dargestellt am Wendelbohrer
h = Spanungsdicke,   b = Spanungsbreite,
a_p = d / 2 Schnitttiefe, κ= σ / 2 Einstellwinkel

Bild 3.2–14 Zerspankraftkomponenten eines Wendelbohrers
F_c = Schnittkraft, F_f = Vorschubkraft,
F_p = Passivkraft, F_a = Aktivkraft

Für einen Bohrer mit z-Schneiden gilt:

$$h = \frac{f}{z} \cdot \sin\frac{\sigma}{2}$$
(3.2–3)

und

$$A = \frac{d \cdot f}{2 \cdot z}$$
(3.2–4)

Die *Zahl der Schneiden* kann unterschiedlich sein. Bei Wendeplattenbohrern ist meistens mit $z = 1$ zu rechnen, weil mehrere Schneidplatten sich nur die Spanungsbreite b teilen, aber den ganzen Vorschub verarbeiten. Wendelbohrer haben fast immer zwei Schneiden. Aber es gibt auch Wendelbohrer mit drei oder vier Schneiden. Aufbohrer können ebenfalls mehr als zwei Schneiden besitzen. Das *Zeitspanungsvolumen Q* wird mit dem Kreisquerschnitt der Bohrung

$$A_\mathrm{f} = \frac{\pi}{4} \cdot d^2$$

und der Vorschubgeschwindigkeit

$$v_\mathrm{f} = f_\mathrm{z} \cdot z \cdot n$$
(3.2–5)

berechnet:

$$Q = A_\mathrm{f} \cdot v_\mathrm{f} = \frac{\pi}{4} \cdot d^2 \cdot f_\mathrm{z} \cdot z \cdot n$$
(3.2–6)

3.2.1.5 Kräfte, Schnittmoment, Leistungsbedarf

Schnittkraftberechnung

Bild 3.2–14 zeigt, welche Kraftkomponenten der Zerspankraft auf das Werkstück einwirken. Die *Schnittkraft* einer Schneide F_c kann unter Verwendung der beim Drehen ermittelten k_c-Werte (siehe Tabelle 2.3-1) mit guter Annäherung errechnet werden

$$\boxed{F_c = k_c \cdot A} \tag{3.2–7}$$

Die *spezifische Schnittkraft* unterliegt auch hier den verschiedenen Korrekturen für die Spanungsdicke f_h, Spanwinkel f_γ, Schneidstoff und Schnittgeschwindigkeit f_{SV} Neigungswinkel f_λ, Stumpfung f_{st} und Werkstückform f_f

$$\boxed{k_c = k_{c1.1} \cdot f_h \cdot f_\gamma \cdot f_{SV} \cdot f_\lambda \cdot f_{st} \cdot f_f \cdot f_B} \tag{3.2–8}$$

Der Einfluss der Schnittgeschwindigkeit wird in

$$f_{SV} = \left(\frac{v_{co}}{v_c}\right)^{0,1} \cdot 1,1$$

mit v_{co} = 100 m/min berücksichtigt. Für v_c ist die Umfangsgeschwindigkeit des Bohrers einzusetzen. Messungen von *Niemeier* und *Suchfort* haben in dem für Hartmetall üblichen Bereich eine deutliche Vergrößerung der spezifischen Schnittkraft bei kleinerer Schnittgeschwindigkeit zur Mitte des Werkzeugs hin ergeben. Dieser Erkenntnis wird mit dem Faktor 1,1 Rechnung getragen.

Der Formfaktor

$$f_f = 1,05 + d_0 / d$$

mit d_0 = 1 mm ist, wie in Tabelle 2.3-2 angegeben, zu handhaben. Er berücksichtigt die größere Spanverformung der Innenbearbeitung gegenüber einer Außenbearbeitung beim Drehen mit freiem umgebendem Raum.

Bei Wendelbohrern gibt es weitere Einflüsse, die vom Werkzeug erzeugt werden (**Bild 3.2–15**). Die Querschneide in der Mitte hat stark negative Spanwinkel (ca. – 60°). Das erzeugt auf diesem Teil der Schneide besonders große Kräfte. Die Führungsfase am Bohrerumfang, die das Werkzeug in der Bohrung führt, erzeugt eine zusätzliche Reibungskraft. Späne, die in der Spannut aus der Bohrung geführt werden, reiben sehr intensiv. Sie zerkratzen dabei oft die Bohrungswand. Diese Einflüsse müssen durch den zusätzlichen Korrekturfaktor f_B berücksichtigt werden und in die spezifische Schnittkraft eingehen. Aus Erfahrung setzt man

$$f_B = 1,15$$

Bei Wendeplattenbohrern und Bohrern aus Hartmetall ist kein Zusatzfaktor f_B erforderlich. Sie haben diese Nachteile des Wendelbohrers nicht.

Schnittmoment und Schnittleistung

Das *Schnittmoment* entsteht aus der Schnittkraft F_c, ihrem Hebelarm und der Zahl der beteiligten Schneiden z

$$\boxed{M_c = F_c \cdot H \cdot z} \tag{3.2–9}$$

Für einen Wendebohrer kann man aus Bild 3.2–15 erkennen, dass entlang der Schneide unterschiedliche Zerspanungsverhältnisse herrschen. Von innen nach außen nimmt die Schnittgeschwindigkeit zu, und der Spanwinkel wird größer. Die Fasen- und Spanreibungskraft R greift außen am größten Hebelarm an. Deshalb wird der *Angriffspunkt der Schnittkraft* nicht genau in der Mitte der Schneide zu finden sein.

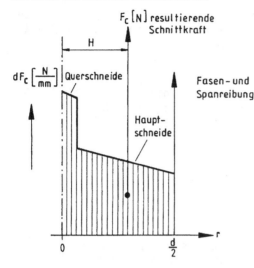

Bild 3.2–15
Zusammensetzung der Schnittkraft F_c einer Schneide am Wendelbohrer aus Querschneidenanteil, Hauptschneidenanteil, Fasen- und Spanreibungsanteil über dem Radius r von der Mitte ($r = 0$) bis zur Schneidenecke ($r = d/2$), H = Hebelarm

Wissenschaftliche Analysen haben H-Werte von $0{,}3 \cdot r - 0{,}64 \cdot r$ ergeben. Für grobe Rechnungen kann aber als Mittelwert $H = 0{,}5 \cdot r$, also $d / 4$ eingesetzt werden.

Im *Versuch* kann mit einfachen Messgeräten das *Drehmoment* bestimmt werden. Mit Hilfe der Gleichung (3.2–7) kann daraus die *Schnittkraft* F_c und mit Gleichung (3.2–6) die *spezifische Schnittkraft* k_c bestimmt werden.

Die *Schnittleistung* P_c ist aus dem Schnittmoment bestimmbar mit dem Grundgesetz der Mechanik

$$P = M \cdot \omega$$

Die Winkelfrequenz $\omega = 2 \cdot \pi \cdot n$ lässt sich aus der Drehzahl berechnen

$$\boxed{P_c = 2 \cdot \pi \cdot M_c \cdot n} \tag{3.2–10}$$

Für den Leistungsbedarf zum Antrieb einer Bohrmaschine ist zusätzlich der Leistungsverlust in Getriebe und Lagerungen über einen mechanischen Wirkungsgrad η_m zu berücksichtigen:

$$\boxed{P = P_c / \eta_m} \tag{3.2–11}$$

Weitere Zerspankraftkomponenten

Die *Passivkraft* (s. Bild 3.2–14) ist radial nach außen gerichtet. Sie wird von Querschneide, Hauptschneide, Schneidenecke und Führungsfase erzeugt. Spanungsquerschnitt, Einstellwinkel κ und Schneidenstumpfung bestimmen hauptsächlich ihre Größe. Theoretische Berechnungsmethoden sind nicht zuverlässig.

Im Idealfall eines symmetrisch schneidenden Bohrers mit mehreren Schneiden *heben sich alle Passivkräfte auf* und üben weder auf das Werkzeug noch auf das Werkstück eine messbare Wirkung aus.

Eine Ausnahme davon bilden Wendeplattenbohrer. Deren Schneide ist auf mehrere unsymmetrisch angeordnete Wendeschneidplatten aufgeteilt, die oft auch unterschiedliche Einstellwinkel besitzen. Die Passivkraft ist hier nur durch Messung zu ermitteln.

Weitere *Ausnahmen* findet man bei *unsymmetrisch angeschliffenen Wendelbohrern* und beim Anbohren unebener Werkstücke. Die hierbei auftretenden Fehler werden in Kapitel 3.2.1.7 beschrieben. *Vorschubkräfte* in axialer Richtung des Bohrers summieren sich von allen Schneiden zu einer größeren *Axialkraft* F_A. Sie entstehen an Haupt- und Querschneide und werden besonders von der Werkstofffestigkeit, dem Spanungsquerschnitt, dem Spanwinkel und der Schneidkantenschärfe beeinflusst.

Theoretische Berechnungen sind nicht genau genug. Messungen haben gezeigt, dass

- $F_f = (0,6 - 0,7) \cdot F_c$ bei Wendeplattenbohrern und Bohrern aus Hartmetall und
- $F_f \approx F_c$ bei Wendelbohrern mit Kegelmantelschliff ist.

Darin befindet sich ein erheblicher Anteil der Querschneide. Er kann bis zu 60 % ausmachen (siehe **Bild 3.2–16**). Dieser Querschneidenanteil kann durch Sonderanschliffe wie Ausspitzen, Kreuzanschliff, usw. stark verkleinert werden. Andere Maßnahmen, wie z. B. Vorbohren mit einem kleineren Bohrer beseitigen den ungünstigen Querschneideneinfluss vollständig. Diese vorteilhafte Maßnahme wird im Abschnitt „Aufbohren" beschrieben.

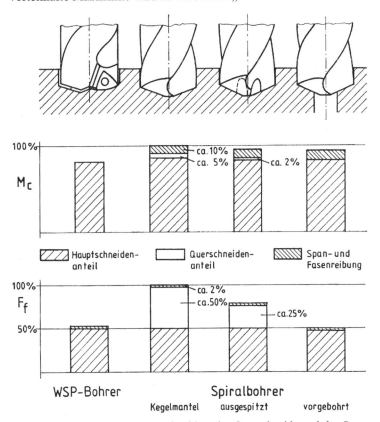

Bild 3.2–16 Anteile der Hauptschneiden, der Querschneide und der Span- und Fasenreibung am Drehmoment und der Vorschubkraft beim Einbohren unter verschiedenen Bedingungen mit etwa 20 – 30 mm Durchmesser und einem mittelgroßen Vorschub

3.2.1.6 Verschleiß und Standweg

Verschleiß an Wendelbohrern

Wendelbohrer unterliegen wie alle Schneidwerkzeuge einer normalen Abnutzung. Sie entsteht durch Reibung, Wärme und Druck zwischen den Bohrerschneiden und dem Werkstück. Je nach Art des Werkstoffs (Legierung, Härte, Zähigkeit, Homogenität), Zusammensetzung des Schneidstoffs, geometrischer Form der Bohrerspitze, Schnittgeschwindigkeit, Vorschub, Qualität der Werkzeugmaschine und Kühlung kann die Abnutzung verschiedene Formen annehmen. **Bild 3.2–17** zeigt einige übliche Verschleißformen an der Bohrerspitze.

Verschleißfasen an den Freiflächen reichen von der Querschneide bis zur Schneidenecke. Bei zu großer Schnittgeschwindigkeit nimmt die Abnutzung in Richtung Schneidenecke zu. Umgekehrt verstärkt sich die Abnutzung der Bohrermitte bei zu großem Vorschub.

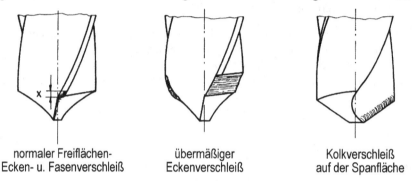

| normaler Freiflächen-
Ecken- u. Fasenverschleiß | übermäßiger
Eckenverschleiß | Kolkverschleiß
auf der Spanfläche |

Bild 3.2–17 Verschleißformen an Wendelbohrern

Eckenverschleiß und *Abnutzung* der Führungsfasen sind ungünstiger, weil sie die Qualität der Bohrung wesentlich verschlechtern und beim Schärfen die nachzuschleifende Länge vergrößern. Die Verschleißmarke *X* sollte nach *G. Friedrich* auf keinen Fall 8 % des Bohrerdurchmessers und 2,5 mm überschreiten. Die Gefahr besteht sonst, dass der Verschleiß überproportional schnell zunimmt und Verschleißformen wie in Bild 3.2–17 (Mitte) entstehen. Welchen Nachteil das für das Nachschleifen bringt, ist offensichtlich. Außerdem wird die Bohrung im Werkstück geometrisch ungenau und noch stärker verfestigt, als das beim Bohren mit Wendelbohrern ohnehin schon der Fall ist. Probleme bei nachfolgenden Arbeiten durch Aufbohren, Reiben oder Gewindebohren sind die Folge.

Bei längerem Bohrereinsatz entsteht auf den Spanflächen *Kolkverschleiß* (Bild 3.2–17 rechts). In der Praxis ist er ein Zeichen dafür, dass die Schnittbedingungen gut gewählt wurden und dadurch das Werkzeug lange im Einsatz bleiben konnte. Wenn er zu riefigen Bohrungsoberflächen führt, muss der Bohrer nachgeschliffen werden.

Schneidenausbrüche können unterschiedliche Ursachen haben: zu große Freiwinkel, falsch ausgespitzte Querschneiden, zu hohe Härte des Bohrers oder Spiel im Spindelvorschub. Ausbrüche können so klein sein, dass sie vom Freiflächenverschleiß überdeckt werden oder so stark, dass ein Weiterbohren sofort unmöglich wird. Vor dem Nachschleifen muss zunächst die Ursache des Fehlers gefunden werden.

Aufschweißungen an den Führungsfasen sind eigentlich keine Abnutzungserscheinungen. Sie wirken sich aber auch auf den Werkzeugverbrauch aus und verstärken sich bei stumpf werdenden Nebenschneiden. Sie entstehen durch Druck, Reibung und Erwärmung, wenn feine Späne zwischen Führungsfasen und Bohrungswand gelangen. Als Ursachen kommen in Frage: weicher, schmierender Werkstoff, fehlende Kühlung, falsche Schnittgeschwindigkeit, zu weiche oder zu breite Führungsfasen, Anschlifffehler. Folgen der Aufschweißungen sind Riefen in der Bohrungswand, Verfestigungen und Überweiten. Die Beseitigung der Aufschweißungen ist fast immer sehr schwierig und kann das Werkzeug unbrauchbar machen. Vermeiden lassen sie sich durch Beschichtungen verschiedener Art.

Wirkung von Verschleiß

Die verschleißbedingten Veränderungen der Werkzeugschneiden lassen zunächst die *Zerspankraftkomponenten größer* werden. Sie können im Verlauf der Standzeit auf das Doppelte ansteigen. Ursache dafür ist der größere Verformungsgrad des Werkstoffs, den die stumpfe Schneide bei der Werkstoffabtrennung verursacht und die vermehrte Reibung zwischen Werkzeugflächen und Werkstoff. Bei Messungen der Vorschubkraft kann man die Zunahme durch Verschleiß deutlich beobachten. **Bild 3.2–18** zeigt diesen Vorgang. Bei der ersten Bohrung eines frisch geschliffenen Bohrers ist die Vorschubkraft am kleinsten (A). Mit zunehmendem Verschleiß wächst die Vorschubkraft (B). Deutlich ist auch die Zunahme des *dynamischen Kraftanteils d* zu sehen, den man als *Geräuschentwicklung* wahrnehmen kann. Bei Schneidenausbrüchen entstehen plötzliche unkontrollierbare Kraftüberhöhungen (C). Diese können dann den *Bohrerbruch* auslösen (D)

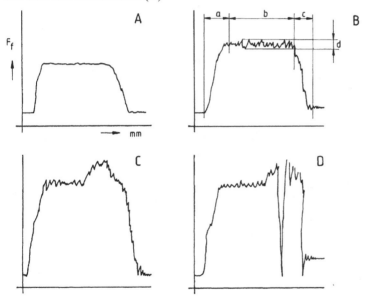

Bild 3.2–18 Vorschubkraftmessungen beim Bohren mit Wendelbohrern in verschiedenen Verschleißzuständen
  A mit einem scharfen Werkzeug
  B mit zunehmendem Verschleiß
  C mit Schneidenausbrüchen
  D bei Bohrerbruch

Für die Praxis zeigt das, dass die Abnutzung der Schneiden mit Hilfe von einfachen *Drehmoment*- oder *Vorschubkraftmessungen* kontrollierbar ist. Damit lässt sich vermeiden, dass ein Bohrwerkzeug zu lange im Einsatz ist und bricht oder bei zu großem Verschleiß nicht mehr wirtschaftlich geschärft werden kann. Ebenso lässt sich ein zu früher Werkzeugwechsel, der ebenso unwirtschaftlich ist, vermeiden. Ferner geht daraus hervor, dass die Geräuschentwicklung (dynamischer Zerspankraftanteil) als Warnsignal verstanden werden muss.

In gleicher Weise wie die *Vorschubkraft* ändern sich auch *Schnitt-* und *Passivkräfte*. Das *Schnittmoment* nimmt ebenso zu wie die *Schnittleistung*. Im Werkstück finden größere Energieumsetzungen statt mit entsprechender *Wärmeentwicklung*, die den Werkstoff schädigen können. Durch die stärkere Erwärmung der Werkzeugschneide eskaliert schließlich der Verschleißvorgang (**Bild 3.2–19**).

Am Werkstück wirkt sich der Verschleiß durch *Maßveränderungen* mit *Toleranzüberschreitungen*, *Rauheitsanstieg* und *Vergrößerung der* verformten *verfestigten Oberflächenschicht* aus. Nachfolgende Bearbeitung wie Aufbohren, Reiben oder Gewindeschneiden können davon spürbar beeinträchtigt werden.

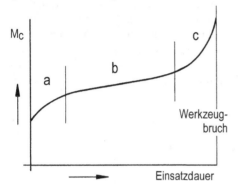

Bild 3.2–19
Schnittmomentanstieg beim Bohren mit zunehmendem Verschleiß
a   Anfangsphase mit frisch geschliffenem Werkzeug
b   stabile Phase mit langsam zunehmendem Verschleiß
c   Steilanstieg bei eskalierendem Verschleiß

Standweg und Standzeit

Als Standgröße wird beim Bohrwerkzeug meist nicht die Standzeit sondern der *Standweg* L_f gewählt, d. h. die Summe aller hergestellten Bohrungslängen zwischen zwei Nachschliffen. Die Schnittgeschwindigkeit, die einen bestimmten Standweg erreichen lässt, wird mit v_{cLx} (x in mm) bezeichnet, z. B. $v_{cL1000} = 25$ m/min. Als wichtige Einflussgröße kommt beim Bohren noch die Tiefe der einzelnen Bohrungen hinzu. Bei sonst gleichen Verhältnissen verringert sich der Standweg mit zunehmender Tiefe der Einzellöcher, bei kleineren Bohrerdurchmessern stärker als bei größeren.

Die Zusammenhänge zwischen der *Standzeit T*, dem Standweg L_f und der Schnittgeschwindigkeit v_c ergeben sich wie folgt:

$$T = \frac{L_f}{n \cdot f}, \quad L_f = T \cdot n \cdot f.$$

Setzt man in die letzte Gleichung für n

$$n = \frac{v_c}{\pi \cdot d}$$

so erhält man

$$\boxed{L_f = \frac{T \cdot v_c \cdot f}{\pi \cdot d}}$$
(3.2–12)

Für einen bestimmten Bohrdurchmesser d und den Vorschub f ergibt sich:

$$L_f = T \cdot v_c \cdot \text{const.}$$

In **Bild 3.2–20** sind zum Vergleich für einen bestimmten Fall die Standzeit- und die Standweggerade eingezeichnet.

Auch für Bohrwerkzeuge kann die wirtschaftliche Standzeit T_o ermittelt werden, aus der sich dann der wirtschaftliche Standweg L_o errechnen lässt. Es lohnt sich, für die jeweiligen betrieblichen Verhältnisse anhand einiger typischer Beispiele solche Nachrechnungen durchzuführen. Man gewinnt so Anhaltswerte für die auf den betreffenden Betrieb zutreffenden wirtschaftlichen Standwege. Die oft als wirtschaftlich bezeichnete Schnittgeschwindigkeit v_{cL2000} dürfte in vielen Fällen unzutreffend sein.

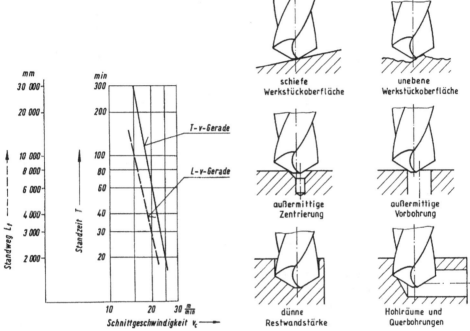

Bild 3.2–20 Standzeit- und Standweggerade in doppeltlogarithmischer Darstellung (zur Umrechnung von T in L_f benutzte Werte: d = 25 mm, f = 0,2 mm/U)

Bild 3.2–21 Werkstückbedingte Ursachen von Bohrfehlern

3.2.1.7 Werkstückfehler, Bohrfehler

Vom Werkstück verursachte Fehler

Für eine gute Bohrung wird ein gut zentrierter Bohrer gebraucht. Sowohl beim Anschnitt als auch beim Weiterbohren im Werkstück muss der Bohrer symmetrisch geführt werden. Die quer zur Bohrrichtung wirkenden Passivkräfte sollen gleich groß sein, auf derselben radialen Wirkungslinie liegen und sich dadurch gegenseitig das Gleichgewicht halten. Jede Mittenabweichung des Werkzeugs soll durch zunehmende Gegenkräfte selbsttätig reduziert werden. Diese Voraussetzung erfüllen Werkstücke nicht immer. **Bild 3.2–21** zeigt Werkstückunsymmetrien, die Bohrfehler verursachen können.

Schräge und unebene Oberflächen, falsch platzierte Zentrierungen und Vorbohrungen, schräge Vorbohrungen, dünne Restwandstärken, Hohlräume, Querbohrungen, Lunker und Einschlüsse können am Werkstück vorgefunden werden.

Diese Unsymmetrien erzeugen einseitige Kräfte auf das Werkzeug, das zur Seite ausweichen wird und sich dabei elastisch verbiegt. Dieses elastische Ausweichen des Bohrers nennt man Verlaufen. Am Werkstück entstehen dabei typische Fehler: *Mittenabweichung, schräge Bohrung* und *Unrundheit*. **Bild 3.2–22** zeigt diese Fehler stark übertrieben.

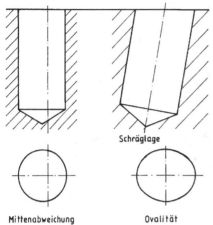

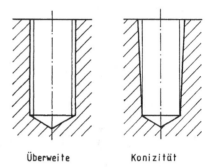

Bild 3.2–22 Bohrfehler, die an unvollkommenen Werkstücken durch Verlaufen des Bohrers entstehen

Bild 3.2–23 Bohrfehler, die beim Bohren mit unsymmetrischen Werkzeugen entstehen können

Vom Werkzeug verursachte Fehler

Unsymmetrien können genauso gut am Werkzeug vorkommen. Der Anschliff von Spiralbohrern ist selten perfekt. Bild 3.2–8 zeigt Anschlifffehler wie Hauptschneidenlängenunterschiede, Einstellwinkeldifferenzen, Spitzenlängenabweichungen und Außermittigkeit der Querschneide.

Konstruktiv bedingte Unsymmetrien sind bei einschneidigen Werkzeugen zu finden. Zum Beispiel haben Bohrer mit Wendeschneidplatten oft nur eine Schneide, die unsymmetrisch auf 2 Seiten aufgeteilt wurde. Bei einer solchen Konstruktion ist es schwierig, einerseits die Drehmomente, andererseits die radial wirkenden Passivkräfte im Gleichgewicht zu halten. Größe und Richtung der Kräfte hängen von Vorschub, Schnittgeschwindigkeit und Werkstoff ab und können sich unterschiedlich ändern.

Werkzeugbedingte Unsymmetrien verhalten sich anders als werkstückbedingte. Die überschüssige Radialkraft *läuft mit dem Bohrer um*. Die dabei entstehenden typischen Bohrfehler sind in **Bild 3.2–23** dargestellt. Am häufigsten ist die *Überweite*. Aus Untersuchungen von *Pahlitzsch* (Bild 3.2–9) geht hervor, dass eine Spitzenlängenabweichung von 10 % eine Überweite von 6 % erzeugen kann. In Zahlen bedeutet das, dass bei einem Bohrer von 20 mm Durchmesser mit einer Spitzenlängendifferenz von 0,7 mm die Bohrung nicht 20 mm, sondern 21,2 mm groß wird.

Maßnahmen zur Vermeidung von Bohrfehlern

Gegen das Verlaufen von Bohrern beim Anbohren helfen stabile Führungen verschiedenster Art. Schablonen, Bohrbrillen, Führungsplatten oder Führungsbuchsen aus Bronze, gehärtetem Stahl oder Hartmetall. Oft werden sie wie ein Niederhalter gegen das Werkstück gepresst, bevor der Anbohrvorgang beginnt. Die Fasen an den Nebenschneiden finden so eine stabile Gleitfläche, bevor sie in das Werkstück eintauchen können (**Bild 3.2–24**).

Zentrierungen und Vorbohrungen helfen, die kegelstumpfartige Werkzeugspitze an einer Stelle zu halten. Vorbohrung und Spindelachse müssen dabei genau fluchten. Die Werkstücke können durch *Fräsen* oder *Ansenken* für das Bohren geebnet werden. Präzise auf guten Bohrerschleifmaschinen ausgeführte *Anschliffe* gewährleisten lange Lebensdauer der Bohrer und kleine Fehlerquoten. Handgeschliffene Bohrer taugen nicht für eine gute Produktion.

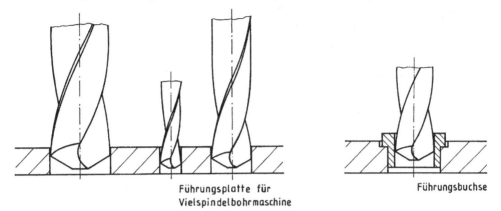

Führungsplatte für
Vielspindelbohrmaschine

Führungsbuchse

Bild 3.2–24 Anbohrhilfen zur Führung der Bohrer gegen Verlaufen

Sonderanschliffe und Zusatzanschliffe wie das Ausspitzen oder der Kreuzanschliff führen zur Verkleinerung der Querschneiden und der beim Anbohren entstehenden Kräfte, die den Bohrer aus seiner Lage bringen könnten. Damit wird die Gefahr des Verlaufens ebenfalls verringert. Bei der Auswahl der Bohrwerkzeuge kann auf die *Starrheit* geachtet werden. Der Bohrer soll nicht unnötig lang sein und eine zum Schaft hin zunehmende Seele haben. Die Wendelung soll nicht stärker als nötig sein. Hartmetall ist weniger elastisch als Stahl. Bei Werkzeugen mit Wendeschneidplatten spielt der Querschnitt des Werkzeugkörpers eine Rolle.

3.2.2 Aufbohren

Aufbohren ist ein spangebendes Bearbeitungsverfahren, bei dem eine *vorhandene Bohrung vergrößert* wird (**Bild 3.2–25**). Die auftretenden Kräfte sind kleiner als beim Bohren ins Volle. Es kann eine größere Genauigkeit erzielt werden. Bei Verwendung von Wendelbohrern ist die Zentrierung stärker. Die Querschneide mit ihren Problemzonen ist nicht im Eingriff.

3.2.2.1 Werkzeuge zum Aufbohren

Als Werkzeuge zum Aufbohren kann man alle normalen Bohrwerkzeuge mit zwei oder mehr Schneiden verwenden. Bild 3.2–2 zeigt eine Auswahl davon. Da das Zentrum des Bohrers nicht in den Werkstoff eindringt, ist der Anschliff der Spitze ohne Bedeutung. Nur der äußere Teil der Hauptschneiden und die Schneidenecken nehmen am Zerspanungsprozess teil.

Besondere *Aufbohrwerkzeuge* sind an ihrer *Spitzengestaltung* und am Kern erkennbar. Die Spitzen sind stumpf und tragen keine Schneiden. Der Kern ist so dick, wie es die Vorbohrung zulässt. Die *Zahl der Schneiden* ist oft größer als zwei. **Bild 3.2–26** zeigt eine Auswahl genormter Aufbohrer mit Zylinderschaft und Morsekegelschaft aus Schnellarbeitsstahl und mit Hartmetallschneiden. Die *Zentrierung* beim Aufbohren wird von der Vorbohrung an den mit einem Einstellwinkel von $\kappa = 60°$ angeschrägten Schneiden bewirkt. Der Aufbohrer kann von der durch die Vorbohrung vorgegebene Mittellinie nicht abweichen. Die größere Schneidenzahl ist die Ursache für eine bessere Rundheit als beim Bohren ins Volle mit nur zwei Schneiden. Ein stärkerer Kern und eine steilere Wendelung geben dem Werkzeug eine *größere Stabilität*. Die *Genauigkeit* wird beim Aufbohren besser.

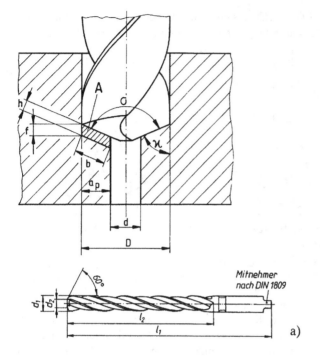

Bild 3.2–25
Spanungsgrößen beim Aufbohren
mit einem Wendelbohrer

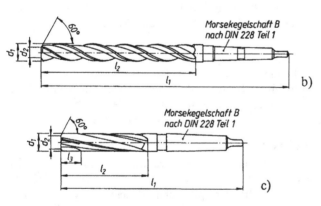

Bild 3.2–26
Besondere Aufbohrwerkzeuge
a) Aufbohrer mit Zylinderschaft
   für kleinere Durchmesser nach
   DIN 344
b) Aufbohrer mit Morsekegelschaft nach DIN 343 für mittlere Durchmesser
c) Aufbohrer mit Schneiden aus
   Hartmetall nach DIN 8043 für
   größere Durchmesser

3.2.2.2   Spanungsgrößen

Die *Schnitttiefe* (Bild 3.2–25)

$$a_\mathrm{p} = \frac{1}{2} \cdot (D - d)$$

(3.2–13)

wird allein von der Hauptschneide mit der *Spanungsbreite*

$$b = a_\mathrm{p} / \sin \kappa$$

(3.2–14)

abgetragen. Die *Spanungsdicke*

$$h = f_\mathrm{z} \cdot \sin \kappa$$

(3.2–15)

bestimmt sich aus dem Vorschub pro Schneide f_z und dem Einstellwinkel κ

$$\boxed{f_z = f \,/\, z}$$ (3.2–16)

Damit errechnet sich der *Spanungsquerschnitt*

$$\boxed{A = b \cdot h = a_p \cdot f_z = \frac{1}{2} \cdot (D - d) \cdot \frac{f}{z}}$$ (3.2–17)

Das *Zeitspanungsvolumen* Q kann nach Bild 3.2–25 mit dem Ringquerschnitt

$$\boxed{A_f = \frac{\pi}{4} \cdot (D^2 - d^2)}$$ (3.2–18)

und der Vorschubgleichung (3.2–4) bestimmt werden:

$$\boxed{Q = A_f \cdot v_f = \frac{\pi}{4} \cdot (D^2 - d^2) \cdot f_z \cdot z \cdot n}$$ (3.2–19)

3.2.2.3 Kräfte, Schnittmoment und Leistung

Bild 3.2–27 zeigt, welche Zerspankraftkomponenten von einem dreischneidigen Aufbohrer auf das Werkstück ausgeübt werden.

Die *Passivkräfte* F_{p1} bis F_{pz} sollen möglichst gleich groß sein, damit sie sich innerhalb des Werkstücks das Gleichgewicht halten und die Reaktionskräfte am Bohrer sich aufheben.

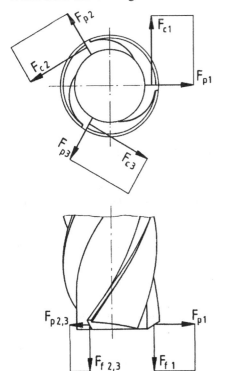

Bild 3.2–27
Zerspankraftkomponenten beim Aufbohren mit einem dreischneidigen Aufbohrer

Die *Schnittkräfte* F_{c1} bis F_{cz} sind bei symmetrischem Anschliff gleich groß und erzeugen das Schnittmoment am Hebelarm H. Nach dem Ansatz von *Kienzle* lassen sie sich mit Hilfe der spezifischen Schnittkraft k_c bestimmen:

$$F_c = A \cdot k_c$$

Auf k_c wirken alle Einflüsse, die den Grundwert der spezifischen Schnittkraft $k_{c1 \cdot 1}$ nach Tabelle 2.3-1 verändern:

$$\boxed{k_c = k_{c1 \cdot 1} \cdot f_h \cdot f_\gamma \cdot f_{SV} \cdot f_{st} \cdot f_\lambda \cdot f_f \cdot f_B} \qquad (3.2\text{--}20)$$

Diese Einflüsse sind aus den vorangegangenen Kapiteln bekannt. Nur f_B nimmt eine verfahrensbedingte Sonderrolle ein. Dieser Faktor hat die Reibung der Späne in der Spannut des Aufbohrers und an der Bohrungswand sowie die Reibung der Führungsfasen in der Bohrung zu berücksichtigen. Ohne auf Einzelheiten einzugehen, kann $f_B = 1,1$ als mittlerer Erfahrungswert eingesetzt werden. Die Querschneide hat keine Wirkung.

Aus allen Schnittkräften F_{c1} bis F_{cz} setzt sich mit dem Hebelarm H das *Schnittmoment* zusammen. Mit einem mittleren Erfahrungswert

$$\boxed{H = \frac{1}{4}(D + d)} \qquad (3.2\text{--}21)$$

erhält man

$$\boxed{M_c = z \cdot H \cdot F_c} \qquad (3.2\text{--}22)$$

Für einen Aufbohrer mit $z = 3$ Schneiden errechnet sich

$$M_c = \frac{3}{4}(D + d) \cdot F_c \qquad (3.2\text{--}23)$$

Die *Schnittleistung* ist die im gesamten Berührungsraum zwischen Werkzeug und Werkstück umgesetzte Leistung

$$\boxed{P_c = M_c \cdot \omega = 2 \cdot \pi \cdot M_c \cdot n} \qquad (3.2\text{--}24)$$

Sie muss von der Maschinenspindel aufgebracht werden. Da sie als Wärme im Werkstück, am Werkzeug und in den Spänen weiterlebt, sind ihre schädlichen Wirkungen (Verschleiß und Werkstückbeeinflussung) zu beobachten und einzuschränken.

Die *Vorschubkräfte* F_{f1} bis F_{fz} summieren sich zur *Axialkraft*. Sie beanspruchen das Werkzeug auf Knickung und erzeugen ein Aufbäumen der Bohrmaschine. Beim Aufbohren ist die Axialkraft wesentlich kleiner als beim Bohren ins Volle, weil der Spanungsquerschnitt A kleiner ist und vor allem, weil die Bohrerspitze mit ihren ungünstigen Schnittbedingungen nicht im Eingriff ist. Auf Berechnungsmöglichkeiten wird verzichtet, weil die bekannten Methoden nicht zuverlässig sind. Praktische Erfahrungen zeigen, dass $F_f \approx 0,5 \cdot F_c$ ist.

3.2.3 Senken

Senken ist eine zusätzliche Bearbeitung von Bohrungen. Es dient einfach zum *Entgraten* oder zur Erzeugung von ebenen oder *kegelförmigen Flächen*. Nach DIN 8589 T. 2 wird unterschieden zwischen *Planansenken, Planeinsenken und Profilsenken* (**Bild 3.2--28**). Beim *Planansenken* wird eine vor der Bohrung liegende ebene Fläche erzeugt. Beim *Planeinsenken* liegt die ebene Fläche tiefer im Werkstück. Gleichzeitig entsteht eine zylindrische Fläche wie beim Aufbohren. Das *Profilsenken* dient zur Herstellung kegeliger Vertiefungen an einem Bohrungseintritt. Die üblichen Kegelformen sind 60°, 90° oder 120°. Immer übertragen die Hauptschneiden der Senkwerkzeuge ihr Profil auf das Werkstück.

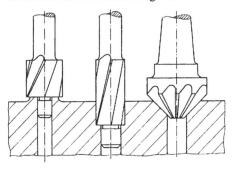

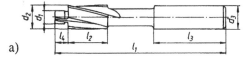

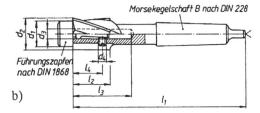

a)

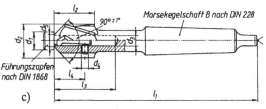

b)

Bild 3.2–28 Planansenken, Planeinsenken und Profilsenken

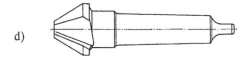

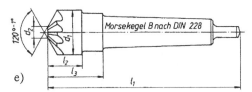

c)

d)

e)

Bild 3.2–29 Senkwerkzeuge
a) Flachsenker mit Zylinderschaft und festem Führungszapfen nach DIN 373
b) Vierschneidiger Flachsenker mit Morsekegelschaft und auswechselbarem Führungszapfen nach DIN 375
c) 90°-Kegelsenker mit Morsekegelschaft und auswechselbarem Führungszapfen nach DIN 1867
d) Dreischneidiger 60°-Kegelsenker mit Morsekegelschaft ohne Führungszapfen nach DIN 334
e) 120°-Kegelsenker mit Morsekegelschaft ohne Führungszapfen nach DIN 347

3.2.3.1 Senkwerkzeuge

Die Werkzeuge unterscheiden sich in der Art des Schaftes, ihrer Schneidenform und durch Führungszapfen. **Bild 3.2–29** zeigt einige Beispiele von Senkwerkzeugen. Der *Schaft* ist *zylindrisch* oder als *Morsekegel* ausgebildet. Er stellt die Verbindung zur Bohrmaschine her und muss das Drehmoment übertragen. Die Verbindung muss leicht lösbar sein.

Die *Schneidenform* ist durch die Bearbeitungsaufgabe vorgegeben, flache oder kegelförmige Hauptschneiden. Senker haben mindestens drei, oft mehr Schneiden. Sie sind meistens aus Schnellarbeitsstahl und können nachgeschliffen werden.

Führungszapfen dienen zur zentrischen Führung des Senkers in der Bohrung. Sie können fest oder auswechselbar sein. Bei groben Toleranzen oder beim einfachen Entgraten von Bohrungen ist keine Führung erforderlich.

3.2.3.2 Spanungsgrößen und Schnittkraftberechnung

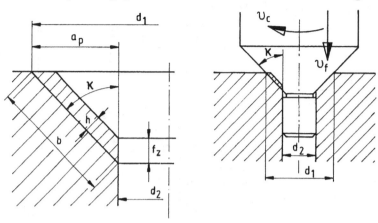

Bild 3.2–30 Spanungsgrößen beim Kegelsenken $h = f_z \cdot \sin \kappa$, $a_p = 1 / 2 \, (d_1 - d_2)$, $A = a_p \cdot f_z = b \cdot h$

In **Bild 3.2–30** sind die Spanungsgrößen am Beispiel des Kegelsenkens dargestellt. Die *Spanungsdicke h* ist vom Vorschub und vom Einstellwinkel κ abhängig

$$h = f_z \cdot \sin \kappa \qquad (3.2\text{–}25)$$

Der *Vorschub pro Schneide* f_z bestimmt mit der Zahl der Schneiden z und der Drehzahl n die *Vorschubgeschwindigkeit*

$$v_f = f_z \cdot z \cdot n \qquad (3.2\text{–}26)$$

Die *Schnitttiefe* a_p ist beim Kegelsenken anfangs klein und vergrößert sich dann bis zu ihrem Maximum

$$a_{p\,\text{max}} = \frac{1}{2} \cdot (d_{1\,\text{max}} - d_2) \qquad (3.2\text{–}27)$$

Entsprechend hat der *Spanungsquerschnitt A* am Ende der Bearbeitung sein Maximum

$$A = a_p \cdot f_z = b \cdot h \qquad (3.2\text{–}28)$$

$$b = a_p / \sin \kappa \qquad (3.2\text{–}29)$$

Die *Schnittkraft* pro Schneide lässt sich mit Hilfe der spezifischen Schnittkraft k_c bestimmen

$$F_c = A \cdot k_c \qquad (3.2\text{–}30)$$

Sie ist auch anfangs klein und hat am Ende der Bearbeitung ihren Größtwert. Die *spezifische Schnittkraft* ist von den bekannten Einflussgrößen abhängig

$$k_c = k_{c1\cdot1} \cdot f_h \cdot f_\gamma \cdot f_{VS} \cdot f_{St} \cdot f_f \qquad (3.2\text{–}31)$$

Den Grundwert $k_{c1\cdot1}$ findet man in Tabelle 2.3-1. Die Faktoren f_h bis f_{St} werden wie beim Bohren bestimmt. Den Formfaktor

$$f_f = 1{,}05 + d_o / d$$

kann man mit $d = d_{1\,max}$ bestimmen. Beim Plansenken bleibt $f_f = 1{,}05$. Ein Reibungsfaktor f_R wird nur beim Planeinsenken hinzugefügt. Nur beim Planeinsenken ist mit Span- und Führungsreibung am Außendurchmesser zu rechnen.

Das *Schnittmoment* wird mit allen Schnittkräften bestimmt

$$M_c = z \cdot H \cdot F_c \qquad (3.2\text{–}32)$$

Der *Hebelarm H*, an dem die Schnittkräfte angreifen, nimmt bei einer Kegelbearbeitung zu:

$$H = \frac{1}{4}(d_1 + d_2) \qquad (3.2\text{–}33)$$

Für das *Momentmaximum* gilt

$$M_{c\,max} = z \cdot H_{max} \cdot F_{c\,max} \qquad (3.2\text{–}34)$$

3.2.4 Stufenbohren

In der Produktion kommen häufig Bearbeitungen vor, die *mehrstufig* sind (**Bild 3.2–31**). Entweder sind es hintereinanderliegende Bohrungen verschiedener Durchmesser, häufig Bohrungen mit Ansenkungen oder Kombinationen von verschiedenen Bohrungen und Ansenkungen. Um Maschinenzeiten zu sparen, können sie in einem Arbeitsschritt mit *Kombinationswerkzeugen* hergestellt werden. Diese Werkzeuge sind *Stufenbohrer*, *Bohrsenker* oder *Stufensenker*. Im einfachsten Fall können sie aus einem Wendelbohrer durch Umschleifen hergestellt werden (**Bild 3.2–32**). Dabei muss der kleine Durchmesser (*Bohrerteil*) im Durchmesser reduziert werden, was bis zum halben Großdurchmesser möglich ist, die Nebenfreifläche muss so hinterschliffen werden, dass eine Führungsfase stehen bleibt, die Spitze muss einen Kegelmantelanschliff mit Ausspitzung der hier besonders langen Querschneide erhalten und der *Senkerteil* muss den vorgeschriebenen Spitzenwinkel ebenfalls als Kegelmantelanschliff erhalten.

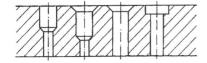

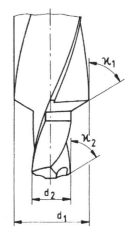

Bild 3.2–31 Mehrstufige oder kombinierte Bearbeitungen durch Bohren und Senken

Bild 3.2–32
Stufenbohrer, hergestellt aus einem
Wendelbohrer durch Umschleifen

Beim Umschleifen von Wendelbohrern gibt es mehrere Probleme:

- Die *Seele* des kleinsten Bohrerteils ist verhältnismäßig zu dick und schränkt die Spannutentiefe ein. Deshalb können nicht beliebig kleine Bohrerdurchmesser erzeugt werden. Der kleinste ist halber Ausgangsdurchmesser.

- Beim *Nachschleifen* des Senker- oder größeren Bohrerteils wird die Führungsfase des kleinen Bohrteils teilweise mit weggeschliffen. Dadurch verkürzt sich die brauchbare Führungslänge. So ist die Zahl der Nachschliffe begrenzt.
- *Vorschub* und *Schnittgeschwindigkeit* sind in den verschiedenen Teilen voneinander abhängig.

Vorteile bieten *Mehrfasenbohrer*. Sie haben für jeden zu bearbeitenden Durchmesser eine eigene Führungsfase (**Bild 3.2–33**). Auch der kleine Durchmesser, der so genannte „Bohrerdurchmesser" hat eine Führungsfase, die bis zum Ende der Spannuten reicht. Dadurch besitzt auch jede Schneide eine eigene Spannut,, die dem Späneanfall entsprechend bemessen ist. Vorteilhaft ist die fast unbegrenzte Nachschleifmöglichkeit beider Arbeitsstufen.

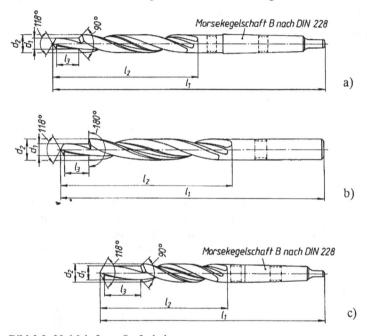

Bild 3.2–33 Mehrfasen-Stufenbohrer
a) Mehrfasen-Stufenbohrer mit Morsekegel für Durchgangsbohrungen mit 90°-Senkungen nach DIN 8375
b) Mehrfasen-Stufenbohrer mit Zylinderschaft für Durchgangsbohrungen mit Senkungen für Zylinderschrauben nach DIN 8376
c) Mehrfasen-Stufenbohrer mit Morsekegelschaft für Gewindekernlochbohrungen mit Freisenkungen nach DIN 8379

3.2.5 Reiben

Reiben ist ein *Feinbearbeitungsverfahren*, bei dem eine vorhandene Bohrung aufgebohrt wird. Die Durchmesservergrößerung ist geringfügig. Es findet eine *Qualitätsverbesserung* statt. Toleranzklassen IT7 bis IT6 sind erreichbar. Unrundheiten und mittlere Rautiefen unter 5 µm sind typisch für das Reiben.

Kennzeichnend ist, dass sich die Reibahle selbst in der Bohrung führt und auch ohne Anbohrhilfe anschneidet [*D. Kress*].

Die Bezeichnung *Reiben* trifft nicht den wahren Sachverhalt. Es findet eine echte *Spanabnahme* in geometrisch bestimmbarer Form durch scharfe Schneiden statt. Zwar reiben die Führungsfasen auch an der Bohrungswand und glätten ein wenig die Oberfläche, aber das ist oft gar nicht nötig oder beabsichtigt und keinesfalls der wichtigste Vorgang beim „Reiben".

3.2.5.1 Reibwerkzeuge

Handreibahlen

Mehrschneidenreibahlen haben an der Stirnseite einen *konischen Anschnitt*, an dem sich die *Hauptschneiden* befinden. Am Umfang liegen die *Nebenschneiden* mit rund geschliffenen *Führungsfasen*. Mit Hilfe dieser Fasen führen sich die Reibahlen in der fertigen Bohrung selbst. Zu einer genauen Bearbeitung ist keine teure Werkzeugmaschine erforderlich. So ist es auch möglich, Bohrungen mit *Handwerkzeugen* aus Schnellarbeitsstahl zu reiben. **Bild 3.2–34** zeigt einige Handreibahlen. Sie haben besonders lange Führungen. Der kurze konische Anschnitt mit positiven Spanwinkeln an den Hauptschneiden sorgt für eine gute Zentrierung und selbständiges Eindringen in den Werkstoff bei Arbeitsbeginn. Die Nebenschneiden können gerade oder mit einem leichten Linksdrall versehen sein. Drall kann bei Durchgangsbohrungen angewandt werden, wenn die Späne nach unten abgeführt werden. Er erzeugt eine etwas bessere Oberfläche. Die Zahl der Schneiden ist meist geradzahlig von 4 – 12 je nach Durchmesser, der von 0,8 – 50 mm reicht.

Der *Durchmesser* ist sehr genau für das gewünschte Bohrmaß angefertigt. Bei variablen Toleranzfeldern können *nachstellbare* Handreibahlen nach DIN 859 eingesetzt werden. Die mögliche Spreizung ist auf 1 % des Durchmessers begrenzt, da sie die elastische Nachgiebigkeit des Werkzeugs ausnutzt.

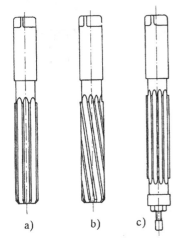

Bild 3.2–34
Handreibahlen
a) Handreibahle Form A mit geraden Schneiden nach DIN 206
b) Handreibahle Form B mit Linksdrall nach DIN 206
c) nachstellbare Handreibahle nach DIN 859

a)   b)   c)

Maschinenreibahlen

Maschinenreibahlen nach DIN 208, 212, 8050 und 8051 haben einen *kürzeren Schneidenteil* als Handreibahlen, aber auch sie führen sich selbst durch die *rundgeschliffenen Nebenschneiden* (Führungsfasen) in der fertigen Bohrung. Die Schneiden sind aus Schnellarbeitsstahl oder Hartmetall. Beschichtungen sind nicht üblich, da diese durch Schwankungen der Schichtdicke und Rundung der Schneidkanten die Präzision der Schneidengeometrie verringern würden.

Die Richtung der Schneiden kann *gerade* sein, leichten *Linksdrall* oder starken *Schäldrall* haben (**Bild 3.2–35**). Gerade Schneiden sind universell einsetzbar. Linksdrall erzeugt eine bessere Oberflächengüte, erfordert aber einen freien Späneabfluss nach unten und ist deshalb nur begrenzt für Grundbohrungen einsetzbar. Schäldrall eignet sich für großen Vorschub, besonders in weichen Werkstoffen. Da Schälreibahlen meistens auch einen längeren Anschnitt haben, führen sie sich erst später in der eigenen Bohrung als die normalen Ausführungen. Die Zahl der Schneiden $z = 4 - 12$ ist meist geradzahlig und dem Werkzeugdurchmesser angepasst.

Maschinenreibahlen können auch *auswechselbare Hartmetallschneiden* haben. **Bild 3.2–36** zeigt solche Werkzeuge mit jeweils 6 Einsätzen und insgesamt 12 Schneiden. Diese Konstruktion ist nur bei größeren Durchmessern möglich.

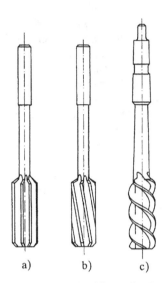

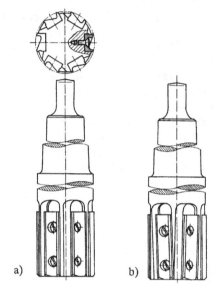

Bild 3.2–35 Maschinenreibahlen
a) Reibahle Form A mit geraden Schneiden und zylindrischem Schaft nach DIN 212
b) Reibahle Form B mit Linksdrall nach DIN 212
c) Reibahle Form C mit Schäldrall und Morsekegelschaft nach DIN 208

Bild 3.2–36 Maschinenreibahlen mit eingesetzten Hartmetallschneiden nach DIN 8050 und 8051
a) mit geraden Schneiden
b) mit wechselseitig geneigten Schneiden

Die *Teilung* $t = \pi \cdot d / z$ wird meistens gleichmäßig gewählt. Bei einer *ungleichmäßigen* Teilung, die auch möglich ist, stehen sich die Schneiden aber paarweise symmetrisch gegenüber, um einfache Durchmesserüberprüfungen durchführen zu können. Die Ungleichteilung soll verhindern, dass die Reibahlen exzentrisch rotieren und unrunde zu große Bohrungen erzeugen. Diesen Vorgang, der von *Haidt* beobachtet wurde, zeigt **Bild 3.2–37**. Die Ursachen dafür liegen darin, dass die einzelnen Schneiden nicht genau auf einem Kreis liegen und ungleich belastet werden. Nach *Hermann* ist die Zahl der entstehenden „Ecken"

$$X = n \cdot z \pm 1$$

mit z der Schneidenzahl, n einer ganzzahligen Zahl, + bei Gleichläufigkeit, – bei Gegenläufigkeit der überlagerten Bewegung. *Schneidendrall* verbessert ebenfalls den Rundlauf des Werkzeugs. Die *Schaftausführung* ist durchmesserbedingt von der Werkzeugaufnahme an der Maschine abhängig. *Zylindrische* Schäfte gibt es für Durchmesser von $1 - 20$ mm, *Morsekegel* von $5 - 40$ mm. Auch bei Maschinenreibahlen gibt es *nachstellbare* Werkzeuge nach DIN 209 und nicht genormte Ausführungen mit Hartmetallschneiden. Die Nachstellbarkeit ist auf 1 % des Durchmessers begrenzt. Diese Werkzeuge sind aufgrund ihrer größeren Elastizität weniger stark beanspruchbar und erzeugen eine etwas schlechtere Bohrungsqualität als normale Maschinenreibahlen.

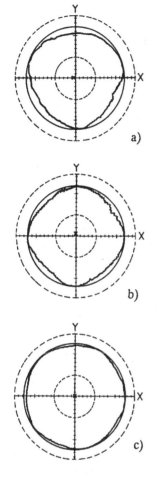

a)

b)

c)

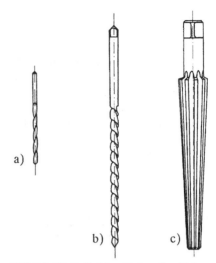

a)

b) c)

Bild 3.2–37 Reibahlen für kegelige Bohrungen
a) dreischneidige Reibahle für Kerbstiftbohrungen 1:100 nach DIN 2179
b) zweischneidige Reibahle mit Schäldrall nach DIN 2179 Kegel 1:50
c) Kegelreibahle mit geraden Schneiden nach DIN 1896 Kegel 1:10

Bild 3.2–38
Kreisformfehlermessungen beim Bohren, Aufbohren und Reiben
a) Bohren mit Wendelbohrer $\varnothing$ 10 mm, $z = 2$ Schneiden
b) Bohren mit Wendelbohrer $\varnothing$ 9,0 mm und Aufbohren mit Aufbohrer $\varnothing$ 9,8 mm, $z = 3$ Schneiden
c) Bohren $\varnothing$ 9,0 mm, Aufbohren $\varnothing$ 9,8 mm und Reiben mit einer Maschinenreibahle $\varnothing$ 10,0 mm, $z = 4$ Schneiden

Kegelreibahlen

Kegelreibahlen gibt es für viele Aufgaben in allen Größen. Die kleinsten mit Durchmessern von 0,09 – 4 mm und einem Kegel 1 : 100 dienen zum Aufreiben von *Kerbstiftbohrungen* (**Bild 3.2–38a**). Die größeren für *Morsekonus-Bohrungen* nach DIN 1895 oder *kegelförmige* Bohrungen in Maschinenteilen mit anderen Kegelsteigungen und Durchmessern bis 50 mm (**Bild 3.2–38c**). Sie sind überwiegend aus Schnellarbeitsstahl, da die schwierige Formgebung im Hartmetall teuer ist. Bei Kegelreibahlen erstrecken sich die *Hauptschneiden* über die *ganze* Kegelmantelfläche. Nebenschneiden im ursprünglichen Sinn sind nicht vorhanden. Eine rund (kegelig) geschliffene Führungsfase an den Schneiden darf nur sehr schmal sein, da bei dem Freiwinkel $\alpha = 0°$ das Werkzeug „drückt". Die Schneiden können *gerade* oder *gedrallt* sein. Zum Herstellen der groben Form aus zylindrischen Bohrungen eignen sich Schälreibahlen. Um den Spänen den Abfluss durch die enger werdende Bohrung zu ermöglichen, soll die Reibahle dabei öfter zurückgezogen werden. Für die Endbearbeitung ist eine geradegenutete Reibahle besser geeignet.

Schneidengeometrie an Mehrschneidenreibahlen

Bild 3.2–39 zeigt die Lage von Haupt- und Nebenschneiden an einer Mehrschneidenreibahle. Die *Hauptschneiden* befinden sich an der Stirnseite im Anschnittteil. Der Einstellwinkel κ

beträgt im Allgemeinen 15 – 60°. Ein kleiner Einstellwinkel verlängert den Anschnittteil und erleichtert das Einführen der Reibahle in das Werkstück. Ein größerer Einstellwinkel verkürzt den Anschnittteil und erzeugt eine frühere Führung der Reibahle und damit genauere Bohrungen. Bei Schälreibahlen wählt man den Anschnittwinkel extrem klein (1°30'). Das erlaubt größere Schnitttiefen und Vorschübe bei einer weniger genauen Bearbeitung. Dabei muss der Anschnittteil jedoch zweistufig geschliffen sein (**Bild 3.2–40**). Die Hauptschneiden selbst sind durch Span- und Freiwinkel so gestaltet, dass sich eine sehr scharfe Kante mit einer Rundung von weniger als 5 µm ergibt. Sie ist erforderlich für gutes Eindringen und kleine Kräfte.

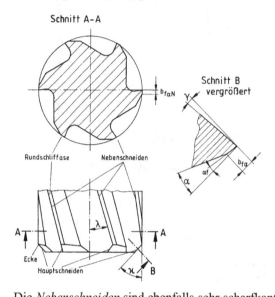

Bild 3.2–39 Schneidengeometrie an Mehrschneidenreibahlen

α Freiwinkel
α_f Fasenfreiwinkel
γ Spanwinkel
κ Einstellwinkel (Anschnitt)
λ Neigungswinkel (Drall)
$b_{f\alpha}$ Hauptschneidenfreiflächenfase
$b_{f\alpha N}$ Nebenschneidenfreiflächenfase

Die *Nebenschneiden* sind ebenfalls sehr scharfkantig. Ihr Freiwinkel beträgt jedoch infolge des Rundschliffs $\alpha_N = 0°$. Die so entstandenen Fasen führen einerseits das Werkzeug in der fertigen Bohrung und glätten andererseits durch Reibung die Oberfläche nach. Die Reibung ist jedoch von Nachteil. Sie vergrößert das aufzubringende Drehmoment und erzeugt Wärme. Dabei können die Nebenschneiden sich erhitzen, verschleißen und die Werkstückoberfläche verschlechtern. Besonders gefürchtet sind Aufschweißungen bei zähen oder schwer zerspanbarem Werkstoff. Diese Gefahr begrenzt die anwendbare Schnittgeschwindigkeit. Die Reibung lässt sich nach *Hefendehl* verringern durch eine geringfügige *Verjüngung* der Nebenschneiden im Führungsteil (**Bild 3.2–41**) von etwa 0,015 – 0,025 mm auf 100 mm Schneidenlänge.

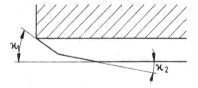

Bild 3.2–40
Mehrstufiger Anschnitt mit unterschiedlichen Eingriffswinkeln κ_1 und κ_2

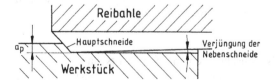

Bild 3.2–41
Verjüngung der Nebenschneide einer Mehrschneidenreibahle
a_p Schnitttiefe

Einschneidenreibahlen

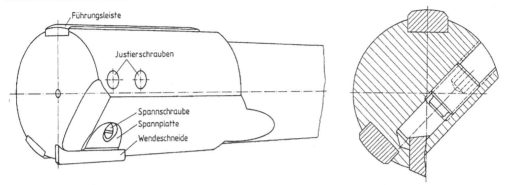

Bild 3.2–42 Einschneidenreibahle mit einstellbarer Hartmetall-Wendeschneidplatte und besondern Führungen

Bild 3.2–42 zeigt den konstruktiven Aufbau von *Einschneidenreibahlen*. Sie haben folgende besonderen Merkmale:

- Eine einzige Schneide aus Hartmetall K 10 übernimmt die Zerspanungsarbeit.
- Sie kann als Wendeschneide mit zwei Schneidkanten ausgebildet sein.
- Die Nebenschneide hat keine Rundschlifffase, sondern einen für die Spanabnahme günstigen Freiwinkel von 7°.
- Die Hauptschneide an der Stirnseite kann mit unterschiedlichen Einstellwinkeln ausgeführt sein. Große Einstellwinkel (30°, 45°) erzeugen etwas größere Rautiefen. Kleine Einstellwinkel (3°) neigen zum Rattern. Doppelanschnitt (3° / 45°) ist ein erprobter Kompromiss.
- Die Schneiden sind nachstellbar. Größerer Anfangsverschleiß kann ausgeglichen werden. Die Verjüngung (1 : 1000) kann eingestellt werden.
- Zwei getrennte Führungsleisten aus Hartmetall übernehmen die Führung in der Bohrung.
- Sie haben Einlauffasen, welche die Bildung eines Schmierfilms begünstigen.
- Breitere Fasen verschlechtern nicht die Oberflächengüte wie bei Mehrschneidenreibahlen, verbessern aber die Dämpfung und verringern damit die Gefahr des Ratterns.
- Der Durchmesser der Führungsflächen ist um 0,6 – 0,8 mm größer als der Werkzeugkörper und 0,02 – 0,04 mm kleiner als der Schneidendurchmesser.
- Eine direkte Kühlschmierstoffzuführung zu den Schneiden verbessert die Führung und die Späneabfuhr.
- Handelsübliche Größen gibt es für 5 – 80 mm Bohrungsdurchmesser. Die kleineren haben jedoch keine Innenspülung.

Während der Bohrungsbearbeitung drücken Schnitt- und Passivkraft das Werkzeug in eine etwas exzentrische Lage. Dabei weicht der Werkzeugmittelpunkt sowohl in x- als auch in y-Richtung vom Bohrungsmittelpunkt ab. Bei rotierendem Werkzeug dreht sich dann nach *D. Kress* der Werkzeugmittelpunkt wie das Werkzeug um den Bohrungsmittelpunkt.

Bei der Anwendung von Einschneidenreibahlen ist eine Maschine mit Vorschubsteuerung und eine Schmiermittelversorgung durch die Spindel Voraussetzung. Handarbeit oder trockenes Reiben sind ausgeschlossen.

3.2.5.2 Spanungsgrößen

Tabelle 3.2-1: Schnittgeschwindigkeit und Vorschübe für Einschneiden- und Mehrschneidenreibahlen nach *Kress* und *Hefendehl*

Werkstoff	Mehrschneidenreibahlen			Einschneidenreibahlen	
	v_c [m/min]	HW	f [mm/U]	v_c [m/min]	f [mm/U]
Stahl R_m < 500 N/mm^2	8 – 12	18	0,2 – 1,0	25 – 90	0,1 – 0,35
bis 800 N/mm^2	6 – 10	12	0,1 – 1,0	25 – 90	0,1 – 0,35
> 800 N/mm^2	4 – 10	10	0,1 – 0,8	15 – 70	0,1 – 0,35
Stahlguss	3 – 12		0,1 – 0,5		
Grauguss < 200 HB	10 – 12	30	0,3 – 1,2	20 – 80	0,1 – 0,5
> 200 HB	6 – 8	20	0,2 – 1,1	20 – 70	0,1 – 0,5

Werkstoff	Mehrschneidenreibahlen			Einschneidenreibahlen	
	v_c [m/min]	HW	f [mm/U]	v_c [m/min]	f [mm/U]
CuZn -Legierungen	10 – 20	30	0,3 – 1,2	30 – 80	0,1 – 0,3
CuSn -Legierungen	6 – 12	20	0,2 – 1,0	30 – 80	0,06 – 0,4
Kupfer	12 – 18	40	0,3 – 1,2	20 – 70	0,08 – 0,4
Al -Legierungen, weich	12 – 20		0,1 – 1,2	40 – 110	0,1 – 0,25
Al -Legierungen, hart	5 – 12	20	0,1 – 1,2	30 – 150	0,06 – 0,2
Mg -Legierungen	12 – 20		0,2 – 1,0		

Die *Schnittgeschwindigkeit* ist beim Reiben mit Mehrschneidenreibahlen nur sehr klein (**Tabelle 3.2-1**). Auch bei Verwendung von Hartmetall als Schneidstoff kann nicht die von anderen Zerspanungsverfahren her bekannte größere Schnittgeschwindigkeit angewandt werden. Die Reibung an den Führungsfasen verursacht dann eine Erhitzung der Schneiden, die zum Verschleiß, zu ansteigenden Rauigkeitskennwerten und zum vorzeitigen Ende der Standzeit führt. Bedauerlicherweise liegt die anwendbare Schnittgeschwindigkeit in einem Bereich, in dem die Aufbauschneidenbildung begünstigt wird.

Besser ist es bei Einschneidenreibahlen, die Schnittgeschwindigkeiten bis 90 m/min vertragen. Die günstige Schneidengestaltung und bessere Lösung des Führungsproblems hat weniger Reibung zur Folge.

Der *Vorschub f* verteilt sich bei Mehrschneidenreibahlen auf alle Schneiden $f_z = f / z$. Bei Einschneidenreibahlen ist er ganz von der einzigen Schneide zu übernehmen. Der Vorschub kann in einem größeren Bereich eingestellt werden. Bis zu 1 mm bei Mehrschneidenreibahlen. Mit seiner Vergrößerung wächst aber auch die Schnittkraft und die Rauheit an der Bohrungswand. Es empfiehlt sich, den Vorschub so groß zu wählen, wie es die Oberflächengüte zulässt. Aus Vorschub und Anschnittwinkel ergibt sich die *Spanungsdicke h* (**Bild 3.2–43**)

$$h = f_z \cdot \sin \kappa$$

Besonders kleine Spanungsdicken entstehen danach dann, wenn der Vorschub pro Schneide sehr klein gewählt wird oder der Einstell-(Anschnitt-)Winkel klein ist. Das ist zum Beispiel bei Schälreibahlen ($\kappa = 1° – 2°$) der Fall. Hier kann es Schwierigkeiten mit der Spanabnahme geben.

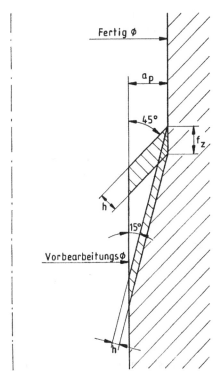

Bild 3.2–43
Veränderungen der Spanungsdicke h bei unterschiedlichen Einstellwinkeln

Nach *Sokolowski* muss eine Mindestschnitttiefe eingehalten werden, die von der Schneidkantenrundung und der Schnittgeschwindigkeit abhängt. Bei Unterschreitung dieser Mindestschnitttiefe dringt die Schneide nicht in den Werkstoff ein, sondern sie verformt ihn elastisch und plastisch so, dass er sich wegdrückt. Dabei entsteht an der Schneide selbst durch Druck und Reibung erhöhter Verschleiß. Man kann daraus ableiten, dass auch die Spanungsdicke h eine Mindestgröße haben muss. Im Bereich der kleinen Schnittgeschwindigkeiten für das Reiben ist sie bei $h_{min} = (0,5 - 1,0) \cdot \rho$, der Schneidkantenrundung zu suchen. Etwas verbessert wird das Eindringen der Schneide durch den ziehenden Schnitt der Schälreibahlen, der von einem großen negativen Neigungswinkel erzeugt wird.

3.2.5.3 Arbeitsergebnisse

Eine große *Bohrungsgenauigkeit* mit kleinen Toleranzen wird durch viele Nebenschneiden mit ihren Führungsfasen und durch eine leichte negative Wendelung erreicht. **Bild 3.2–44** zeigt die erreichbaren ISO-Toleranzen bei Anwendung von Wendelbohrern, dreischneidigen Bohrsenkern, Aufbohrern und Mehrschneidenreibahlen. Wendelbohrer mit nur zwei Schneiden führen sich nur mangelhaft selbst. Kleine Unsymmetrien an den Schneiden oder im Werkstück führen zu ungleichmäßigen Übermaßen und Formfehlern der Bohrung. Die erreichbare Bohrungsgenauigkeit liegt in den ISO-Toleranzen bei IT11 bis IT13. Werkzeuge mit drei Schneiden wie Bohrsenker und Aufbohrer haben bereits eine gleichmäßigere Führung in der fertigen Bohrung. Die erzielten Arbeitsergebnisse können eine Toleranzgruppe besser sein, nämlich IT10. Bild 3.2–37 zeigt typische Kreisformfehler der vergleichbaren Werkzeuge. Die Zahl der „Ecken" ist hier um 1 größer als die Zahl der Schneiden.

Eine wesentliche Verbesserung von Form und Genauigkeit ist bei Mehrschneidenreibahlen der *größeren Schneidenzahl* zu verdanken und der Anwendung *kleinster Schnitttiefen*. Damit wird die Führung stark verbessert und die Kräfte, die das Werkzeug aus seiner Mittellage drängen, werden klein. Die ISO-Toleranzklassen IT6 bis IT9 können erreicht werden.

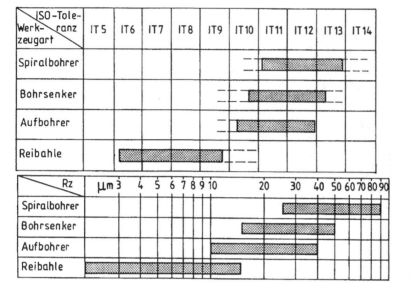

Bild 3.2–44
Erreichbare Bohrungstoleranzen mit verschiedenen Werkzeugen

Bild 3.2–45
Erreichbare Oberflächengüte mit verschiedenen Werkzeugen

Die *Oberflächengüte*, die mit Reibwerkzeugen erreicht werden kann, ist von vielen Einflüssen abhängig. Die Werkzeuge selbst mit ihrer Bauart und Qualität bestimmen sie durch *Anschnittwinkel, Neigungswinkel, Fasenbreite, Schneidenzahl, Schärfe* der Schneidkante und Abstumpfung und die Einsatzbedingungen durch *Werkstoff, Härte, Vorbearbeitung, Kühlschmiermittel, Durchmesser, Schnittgeschwindigkeit, Vorschub* und Qualität der *Werkzeugmaschine*.

So kommt es zu einem breiten Band der Rautiefe von 2 – 15 μm. **Bild 3.2–45** zeigt das Oberflächenergebnis wieder im Vergleich zu den Arbeitsverfahren Bohren, Senken und Aufbohren, die natürlich rauere Bohrungsoberflächen liefern.

Die *Vorbearbeitung* der Bohrung vor dem Reiben kann sehr unterschiedlich sein. Sie kann gebohrt, aufgebohrt, gesenkt oder vorgerieben sein. Sie kann aber auch schlechter gewesen sein durch Stanzen, Gießen oder Schmieden ohne weitere Vorbereitung. Grundsätzlich gilt: Je besser die Qualität der Vorbohrung ist, desto besser wird das Ergebnis beim Reiben. Für das Reiben sollte durch die Vorbereitung garantiert werden:

- die richtige Lage
- die genaue Richtung
- Rundheit
- keine zu tiefen Riefen und
- eine gleichmäßige, nicht zu große Schnitttiefe beim Reiben.

Richtung und *Lage* lassen sich durch Reiben nicht verbessern, da die Reibahle von der Vorbohrung zentriert wird.

Die Schnitttiefe wird durchmesser- und werkzeugabhängig gewählt als *Bohrungsuntermaß*. Zum Beispiel ist beim Vorbohren einer 20 mm-Bohrung ein Untermaß von 0,35 mm zu wählen, was einer Schnitttiefe von 0,175 mm entspricht. Bei der Vorarbeit mit einem Aufbohrer genügen 0,19 mm und beim Vorreiben 0,07 mm als Untermaß. Diese Schnitttiefe muss Rauheit und einen restlichen festen Abtrag enthalten, der die Mindestspanungsdicke gewährleistet.

3.2.6 Tiefbohrverfahren

Zur Herstellung von besonders tiefen Bohrungen in metallische oder nicht-metallische Werkstoffe gibt es mehrere Bohrverfahren, die sich durch Werkzeugform und Art der Kühlschmierstoffzuführung voneinander unterscheiden. Die vier wichtigsten Verfahren sind:

- das Bohren mit Wendelbohrern
- das Einlippen-Tiefbohrverfahren
- das Beta-Tiefbohrverfahren
- und das aus dem Beta-Verfahren entwickelte Ejektor-Tiefbohrverfahren.

3.2.6.1 Tiefbohren mit Wendelbohrern

Das heute am weitesten verbreitete Bohrverfahren ist das Bohren mit Wendelbohrern. Ein wesentlicher Vorteil dieses Verfahrens sind niedrige Investitionskosten, weil Wendelbohrer auf einfachen und preiswerten Werkzeugmaschinen eingesetzt werden können. Mit Wendelbohrern lassen sich Bohrungen im Durchmesserbereich von 0,05 – 63 mm, in Sonderfällen bis 100 mm herstellen.

Die *Späneentfernung* ist beim Bohren tieferer Bohrungen mit Wendelbohrern nur unzureichend, da die wendelförmige Nut nur eine begrenzte Förderwirkung besitzt. Erschwerend kommt hinzu, dass die Kühlschmierstoff-Zuführung entgegengesetzt zum Spänetransport erfolgt. Aufgrund der geringen Förderwirkung der beiden Nuten muss der Bohrer bei Bohrtiefen, die den 2- bis 3fachen Wert des Bohrdurchmessers übersteigen, zur Späneentfernung immer wieder aus der Bohrung herausgefahren werden. Die maximale Bohrtiefe stößt spätestens bei 20 × d an ihre Grenzen.

Besonders für das Tiefbohren entwickelte Bohrer haben in den Wendeln Kanäle für die Kühlmittelzuführung.

Ein weiterer Nachteil ist die *schlechte Bohrungsqualität*. Die Abnutzungserscheinungen an den Schneiden führen dazu, dass die Passivkräfte ungleich werden und sich nicht mehr aufheben. Der Bohrer neigt dann zum Mittenverlauf.

3.2.6.2 Tiefbohren mit Einlippen-Tiefbohrwerkzeugen

Einlippen-Tiefbohrwerkzeuge

Einlippen-Tiefbohrwerkzeuge zum *Vollbohren* werden für Bohrungen bis maximal 40 mm Durchmesser eingesetzt. Der kleinste beim derzeitigen Stand der Technik herstellbare Bohrungsdurchmesser beträgt, bedingt durch die Bruchfestigkeit des Bohrkopfes und die erschwerte Späneentfernung bei kleinen Durchmessern, etwa 1 mm. Die übliche Bohrtiefe bei den Durchmessern 1 – 40 mm beträgt bei Standard-Einlippenbohrern 200 – 2800 mm. In Einzelfällen sind Bohrtiefen von 100 × d und mehr möglich.

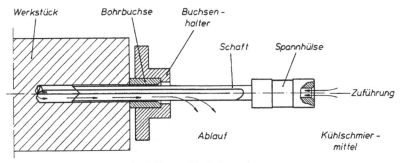

Bild 3.2–46 Tiefbohren mit Einlippen-Tiefbohrwerkzeugen

Vollhartmetallkopf   Leistenkopf

Bild 3.2–47
Zwei Ausführungsformen von Bohrköpfen im Querschnitt gesehen

Standard-Einlippenbohrer bestehen aus *Bohrkopf, Bohrerschaft* und *Spannhülse* (s. **Bild 3.2–46**). Beim Bohrkopf unterscheidet man zwischen Leistenkopf und Vollhartmetallkopf (**Bild 3.2–47**). Der *Leistenkopf* besteht aus einem Stahlkörper mit eingelöteten Schneidplatten und Führungsleisten. Einlippenbohrer mit Leistenkopf werden ab 6 mm $\varnothing$ hergestellt. Der Fertigungsaufwand ist relativ groß. Der Vorteil gegenüber dem Vollhartmetallkopf ist die hohe Zähigkeit des Stahlgrundkörpers. Bohrerbrüche sind daher verhältnismäßig selten. Weiterhin ist die Hartmetallqualität der Schneidplatte und der Führungsleisten unabhängig voneinander. Daraus folgt eine der jeweiligen Aufgabe angepasste Hartmetallauswahl und eine Optimierung der Bohrereigenschaften. Der *Vollhartmetallkopf* ist der am häufigsten verwendete Bohrkopf. Dieser wird ab einem Durchmesser von 1,85 mm eingesetzt. Die Führungsleisten lassen sich der jeweiligen Bohrsituation anpassen. Sie werden eingeschliffen.

Ein Vorteil gegenüber Wendelbohrern ist der größere *Durchflussquerschnitt* für den *Kühlschmierstoff*, der durch den hohlen Schaft zugeführt wird. Varianten sind Köpfe mit 2 Bohrungen und Köpfe mit nierenförmigen Kanälen. Der *Bohrerschaft* besteht aus einem vergüteten Profilrohr. Die Bestrebungen bei der Entwicklung des Schaftes gehen dahin, maximale Torsionssteifigkeit mit größtmöglichem Durchflussquerschnitt zu verknüpfen. Das Verhältnis der Wanddicke zum Außendurchmesser des Schaftes ist die charakteristische Kenngröße.

Die *Einspannhülse* ist mit dem Bohrerschaft verlötet. Ihre Aufgabe ist es, das von der Maschine erzeugte Drehmoment auf den Schaft und damit auf den Bohrer zu übertragen. Ihre Rundlaufgenauigkeit zum Schaft soll möglichst gut sein, um Schwingungen zu vermeiden. Einlippen-Tiefbohrwerkzeuge besitzen üblicherweise nur eine Schneide (**Bild 3.2–48**). Die Hauptschneide ist außermittig an der Stirnseite. Die Werkzeuge zentrieren sich nicht selbst. Deshalb muss während des Anbohrvorgangs entweder durch eine Bohrbuchse oder durch eine Führungsbohrung zentriert werden. Mit zunehmender Bohrtiefe führt sich der Einlippenbohrer in der von ihm erzeugten Bohrung mit Hilfe der Führungsleisten selbst.

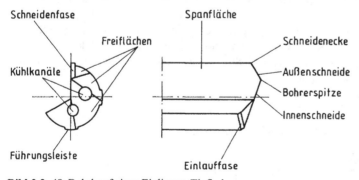

Bild 3.2–48 Bohrkopf eines Einlippen-Tiefbohrers

Die Hauptschneide ist abgewinkelt. Ihre Spitze trennt *innere* und *äußere Hauptschneide*. Sie ist fester Bestandteil des Kopfes und kann in beliebiger Form geschliffen werden. Einlippen-Tiefbohrwerkzeuge werden bei Verschleiß ausschließlich an ihren Stirnseiten nachgeschliffen. Die Hartmetallsorte kann entsprechend dem Werkstoff gewählt werden. Vollhartmetallköpfe können mit einer TiN-Schicht versehen werden. Weiterhin können in Sonderfällen für höchste Beanspruchungen Vollhartmetallköpfe mit CBN- oder PKD-Schneiden bestückt werden.

Die *Führungsleisten* haben einen glättenden Effekt auf die Bohrungsoberfläche. Durch die Schnittkräfte werden sie so stark gegen die Bohrungswand gepresst, dass einzelne Rauigkeitsspitzen eingeebnet werden. So sind Oberflächengüten zwischen $R_z = 0,002 – 0,02$ mm möglich. Voraussetzung für ein solches optimales Ergebnis ist eine intensive Kühlung und Schmierung der Schneide und der Führungsleisten.

Der *Kühlschmierstoff* wird unter hohem Druck durch die Spannhülse in den Schaft zum Bohrkopf geführt. Der Austritt erfolgt an der Stirnseite des Bohrkopfes. Seine vorrangige Aufgabe beim Tiefbohren ist der *Spänetransport*. Die sichere Späneabführung ist nur dann gewährleistet, wenn der Kühlschmierstoff in ausreichender Menge dem Werkzeug zugeführt wird. Diese wird in Abhängigkeit vom Bohrdurchmesser aus Diagrammen bestimmt. In der Praxis erfolgt eine Kontrolle über den Kühlschmierstoffdruck. Er beträgt zwischen $20 – 100$ bar vor dem Werkzeug. Aus der Span-Nut werden die Späne mit der fast druckfrei abfließenden Flüssigkeit herausgespült.

Schnittbedingungen bei Einlippen-Tiefbohrwerkzeugen

Die *Spanbildung* beim Bohren mit Einlippen-Tiefbohrwerkzeugen kann für den jeweiligen Werkstoff durch die Wahl der Schnittgeschwindigkeit und des Vorschubs und durch die Gestaltung des Schneidenanschliffs gezielt gesteuert werden. Der Spanwinkel ist konstruktiv bedingt mit $\gamma = 0°$ eine konstante Größe, die nicht zur Spanformung verändert werden kann. Angestrebt werden kurze massive Wendelspäne, die ohne Schwierigkeiten durch den Spanraumquerschnitt abgeführt werden können.

Die *Schnittgeschwindigkeit* erreicht bei Aluminiumlegierungen Werte zwischen 80 und 300 m/min. Einsatzstähle mit einer Festigkeit von mehr als 700 N/mm² sind mit $50 – 80$ m/min zu bearbeiten. Große Bohrtiefen erfordern kleine *Vorschubwerte*, um Ratterschwingungen durch hohe Zerspankräfte zu vermeiden.

Die *Oberflächenqualität* ist aufgrund der radialen Zerspanungskräfte, die über die Stützleisten auf die Bohrungswand übertragen werden, sehr gut. Dieser Effekt der Oberflächen-*Pressglättung* wird durch die konstruktive Ausbildung der Stützleisten beeinflusst. Unter günstigen Bedingungen werden Mittenrauigkeitswerte von 4 µm erreicht.

Die *Durchmessertoleranz* ist Werkstoff abhängig, so wird z. B. bei Aluminium die Toleranzklasse IT 6 und bei Einsatzstählen IT 7 erreicht.

Der *Bohrungsverlauf* wird trotz des biegeweichen Bohrwerkzeugs, bedingt durch die Zwangsführung des Bohrkopfes im Werkstück, in sehr engen Grenzen gehalten. Die besten Ergebnisse werden mit drehendem Werkzeug bei gleichzeitig gegenläufiger Werkstückdrehung erzielt. Bei der häufigsten Anwendung, Drehen des Werkzeugs bei stehendem Werkstück, tritt ein etwas größerer Bohrungsverlauf ein.

Kräfte am Bohrkopf

Beim Bohren werden Tiefbohrwerkzeuge durch *Zerspan-* und *Massenkräfte* beansprucht. Die *Zerspankraft F* setzt sich bei einschneidigen Tiefbohrwerkzeugen aus der *Schnittkraft* F_c, der *Vorschubkraft* F_f und der aus zwei Komponenten von äußerer und innerer Hauptschneide herrührenden *Passivkräfte* F_p zusammen.

Schnittkraft und Passivkraft werden durch die Führungsleisten aufgenommen, hierbei entstehen an den Führungsleisten die *Reibkräfte* F_{R1} und F_{R2} (**Bild 3.2–49**).

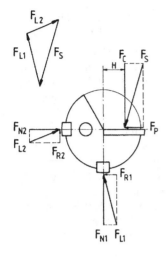

Bild 3.2–49
Kräftegleichgewicht am Bohrkopf eines Einlippen-
Tiefbohrwerkzeugs
F_c Schnittkraft
F_s Schneidenkraft
F_p Passivkraft
F_L Leistenkraft
F_N Normalkraft
F_R Reibungskraft

Das am Bohrkopf angreifende *Bohrmoment* M_B setzt sich aus dem *Schnittmoment* $M_c = F_c \cdot H$ und einem *Reibmoment* M_R, das hauptsächlich von den an den Führungsleisten angreifenden Reibkräften verursacht wird, zusammen.
Daraus folgt für das *Bohrmoment*:

$$M_B = M_c + M_R \qquad (3.2\text{–}35)$$

Das *Reibmoment* ergibt sich aus

$$M_R = F_{rges} \cdot d/2$$

mit

$$F_{Rges} = (F_{N1} + F_{N2})\mu \qquad (3.2\text{–}36)$$

somit

$$M_R = (F_{N1} + F_{N2}) \cdot \mu \cdot d/2 \qquad (3.2\text{–}37)$$

Aus Bild 3.2–49 gehen für F_{N1} und F_{N2} folgende Beziehungen hervor:

$$F_{N1} = F_c - \mu \cdot F_{N2} \qquad (3.2\text{–}38)$$

$$F_{N2} = F_p - \mu \cdot F_{N1} \qquad (3.2\text{–}39)$$

Das Verhältnis F_p / F_c ist unabhängig von der Schneidengeometrie des Tiefbohrwerkzeugs und kann nur im Versuch bestimmt werden. Die einzelnen Kraftkomponenten F_p und F_c sind nur schwer zu ermitteln. Es kann lediglich eine Gesamtkraft gemessen werden. Messungen von *Greuner* ergaben für das Verhältnis F_p / F_c einen Streubereich von 0,2 – 0,5 und für den Reibwert μ zwischen den Führungsleisten und der Bohrungswand 0,2 – 0,3. Bei einem mittlerem Reibwert $\mu = 0,25$ und einem mittleren Verhältnis $F_p / F_c = 0,2$ ergibt sich

$$F_{N1} / F_{N2} = 2,1 \text{ und}$$

$$M_R \approx 0,3 \cdot M_c$$

Der *Bohrerschaft* wird infolge von dynamischen Beanspruchungen besonders belastet. Die Bohrkräfte werden mit langschäftigen Werkzeugen, ausgehend von einer Werkzeugmaschine mit größtmöglicher statischer und dynamischer Steifigkeit über den Bohrerschaft zum Bohrgrund auf das Werkstück übertragen. Daraus ergeben sich zwei den Bohrerschaft betreffende Belastungen:

1) Die *Durchbiegung*

Sie resultiert bei drehendem Werkzeug aus *Zentrifugalkraft* und *Eigengewicht*. Der Flächen-Schwerpunkt des Bohrerschafts bei Einlippen-Bohrern liegt wegen der Spannut exzentrisch. Bei drehendem Werkzeug greifen deshalb am Bohrerschaft Zentrifugalkräfte an, die seine Durchbiegung bewirken, solange sich dieser außerhalb der Bohrung befindet. Um die Genauigkeit und Gleichförmigkeit der Bohrbewegung sicherzustellen, muss die Durchbiegung durch eine ausreichende Abstützung des Bohrerschafts auf ein zulässiges Maß begrenzt werden. Zu diesem Zweck müssen langschäftige Bohrwerkzeuge durch Lünetten abgestützt werden. Das Maß für den zulässigen Maximalabstand der Lünetten ist aus Tabellen zu entnehmen. Als Faustformel gilt ein Verhältnis $l / d = 50$. Bei diesem Verhältnis und einer entsprechenden Drehzahl legt sich der Bohrerschaft infolge der Fliehkraft an die Bohrungswand an. Daraus folgt eine Erhöhung der zulässigen Knickkraft und der Biegesteifigkeit von drehenden Einlippen-Bohrern.

2) Die *Verdrillung*

Die Biege- und Torsionssteifigkeit der meist sehr langen und schlanken Tiefbohrwerkzeuge ist sehr gering, sodass neben der Durchbiegung die Verdrillung zwischen Schneide und Einspannhülse auftritt. *Torsionsschwingungen*, die durch Selbsterregung entstehen, können große Beschleunigungen auf die Werkzeugschneide übertragen, dass eine *ungleichförmige Schneidenwinkel-Geschwindigkeit* auftritt (Ratterschwingungen). Die vom Werkzeug ausgeführten Schwingungen verkürzen die Standzeit der Werkzeugschneide und führen zu Maß- und Formfehlern der Bohrung.

Neuere Studien befassen sich mit der Entwicklung von *Dämpfungsmaßnahmen*, um das Schwingungsverhalten in ausreichendem Maße zu beherrschen.

3.2.6.3 Tiefbohren mit BTA-Werkzeugen

BTA-Tiefbohrwerkzeuge

Beim *Beta-Tiefbohrverfahren* wird der Kühlschmierstoff ebenfalls mit hohem Druck, jedoch im *Ringraum* zwischen Bohrungswand und Bohrerschaft zugeführt (**Bild 3.2–50**). Die *Späne* werden mit dem Kühlschmierstoffstrom *innerhalb* des Bohrerschafts abgeführt und kommen daher nicht mit der fertigen Bohrung in Berührung. Zur Abstützung der Zerspanungskräfte trägt der Bohrkopf ebenfalls Führungsleisten aus Hartmetall. Für den Anbohrvorgang wird auch bei diesem Verfahren eine Bohrbuchse benötigt.

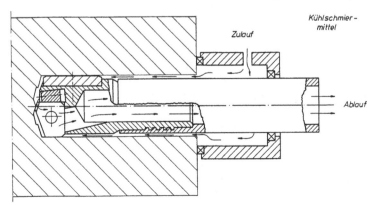

Bild 3.2–50
BTA-
Tiefbohrverfahren

Grundsätzlich werden die drei nachfolgenden Anwendungen unterschieden:

- Vollbohren
- Aufbohren
- Kernbohren.

Beim *Vollbohren* wird der gesamte Bohrquerschnitt zerspant. Beim *Kernbohren* zerspant der BTA-Kernbohrer einen im Verhältnis zum entstehenden Gesamt-Bohrungsquerschnitt wesentlich kleineren Ringquerschnitt. Aufgrund des unzerspanten Bohrkerns ergibt sich eine kleinere Zerspanungsarbeit. Der Vorteil ist die Einsparung an benötigter Maschinenleistung und Arbeitszeit. Die verbleibenden Kerne lassen sich weiterverwenden. In der Praxis werden Vollbohrer bis 165 mm Durchmesser eingesetzt. Die untere Grenze des Bohrdurchmesserbereichs liegt infolge der mit kleiner werdendem Durchmesser zunehmenden Gefahr eines Spanrückstaus bei 6 mm. Bohrungen über 70 mm werden vorteilhaft mit BTA-Aufbohr- oder BTA-Kernbohrwerkzeugen hergestellt. Die obere Grenze des Bohrbereiches liegt bei diesen Werkzeugen bei 300 – 400 mm (in Sonderfällen bis zu 1000 mm). Die mögliche Bohrtiefe beträgt im allgemeinen $100 \times d$.

Der BTA-Bohrer ist eine meist mehrteilige Einheit aus *Bohrkopf* und *Bohrrohr*. Der *Bohrkopf* 'ist ein mit Hartmetall-Schneiden und Führungsleisten bestückter Stahlkörper. Ab einem Bohrdurchmesser von 20 mm Durchmesser sind die Schneidplatten und Führungsleisten geschraubt, d. h. auswechselbar. Bei einschneidigen BTA-Werkzeugen ist der Bohrungsdurchmesser bei geschraubten Schneidplatten in gewissen Grenzen einstellbar. Unterhalb 20 mm Bohrdurchmesser sind die Bohrwerkzeuge generell einschneidig, die Schneide sowie die Führungsleisten sind in den Stahlkörper eingelötet. Da eine Auswechselung der Schneide nicht möglich ist, wird der Schneidenkörper, um die Wirtschaftlichkeit zu erhalten, bis zu achtmal nachgeschliffen. Das Hauptmerkmal von BTA-Vollbohr- und Aufbohrköpfen ist das an der Stirnseite befindliche *Spanmaul* Das Spanmaul wird nach unten durch die Spanfläche der Schneide begrenzt. Der Kernbohrer besitzt ebenfalls ein Spanmaul, das jedoch durch den bleibenden Kern bei zunehmender Bohrtiefe teilweise versperrt wird.

Der Bohrkopf wird bei allen drei Varianten auf ein *Bohrrohr* aufgeschraubt. Das Bohrrohr ist ein Präzisions-Stahlrohr mit sehr guten Rundlaufeigenschaften. Diese Rohre werden in den jeweils benötigten Längen hergestellt. Ein Zusammensetzen von zwei oder mehreren Bohrrohren ermöglicht die Beherrschung größerer Bohrtiefen.

Bei größeren Bohrköpfen wird die *Schneide in mehrere kleine Schneiden* aufgeteilt. Sie werden versetzt an der Stirnseite des Bohrkopfs angeordnet. Das können genormte Wendeschneidplatten oder besonders große Schneiden mit Spanunterbrechung sein. Als *Schneidstoff* wird grundsätzlich *Hartmetall* genommen, dessen Zusammensetzung passend zu der jeweiligen Anwendung ausgewählt wird. Einschneidige Bohrköpfe erfordern wegen des begrenzten Spanmaulquerschnitts Schneidplatten mit *Spanbrecher-* und *Spanleitstufen*, um eine sichere Abfuhr der daraus entstehenden kleinen gedrungenen Späne zu gewährleisten.

Aufwendig ist bei diesem Verfahren die Zuführung des Kühlschmierstoffs über den *Kühlschmierstoff-Zuführapparat*. Problematisch ist seine Abdichtung bei rotierendem Werkstück und stehendem Werkzeug. Bei Kühlwasserdrücken bis zu 60 bar werden Leckagen an den Dichtungsstellen in Kauf genommen. Der Zuführapparat, auch „Boza" genannt, beinhaltet eine stillstehende oder mitlaufende Bohrbuchse, die für den Anbohrvorgang benötigt wird. Als Kühlschmiermittel werden vorwiegend Bohröle verwendet, die nicht wassermischbar sind.

Schnittgeschwindigkeit und Vorschub beim BTA-Tiefbohren

BTA-Tiefbohrwerkzeuge arbeiten mit *großer Schnittgeschwindigkeit*. Durch den ringförmigen Querschnitt des Bohrrohres und der sich daraus ergebenden höheren Widerstands- bzw. Torsionsmomente gegen Durchbiegung und Verdrillung können im Allgemeinen *größere Vorschübe*, also größere Zerspanleistungen bewältigt werden. Alle anderen verfahrenstechnischen Eigenschaften wie Oberflächenqualität, Durchmessertoleranz, Bohrungsverlauf sowie die Kräfteverteilung am Bohrkopf verhalten sich wie beim Einlippen-Tiefbohrverfahren.

3.2.6.4 Tiefbohren mit Ejektor-Werkzeugen

Das *Ejektor*-Tiefbohrwerkzeug wurde aus dem BTA-Tiefbohrwerkzeug entwickelt. Das Bohrrohr wird zum *Doppelrohr*. Zu dem üblichen Bohrrohr kommt ein weiteres inneres Rohr hinzu. Der Kühlschmierstoff wird hierbei im Ringraum zwischen äußerem und innerem Rohr zugeführt und zusammen mit den Spänen im inneren Rohr zurückgeführt (**Bild 3.2–51**). Der Druck bei der Zuführung des Kühlschmierstoffs zur Wirkstelle beträgt zwischen 5 bar und 15 bar. Bei Ejektor-Bohrköpfen mit einem Bohrdurchmesser von $d = 63$ mm ergibt sich ein Volumenstrom von $Q = 120$ l/min. Im Vergleich benötigt ein BTA-Werkzeug gleichen Durchmessers Drücke von 40 bar und einen Volumenstrom $Q = 400$ l/min. Durch die viel kleinere Kühlschmierstoffleistung ist das Ejektor-Tiefbohrverfahren einfacher in der Anwendung und kann auch auf Drehmaschinen als Zusatzeinrichtung eingesetzt werden.

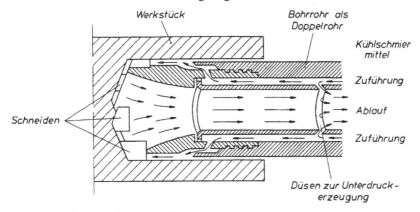

Bild 3.2–51 Ejektor-Tiefbohrverfahren

Ejektor-Werkzeuge sind dadurch gekennzeichnet, dass das Innenrohr und der Bohrkopf *besondere Düsenöffnungen* aufweisen. Ein Teil der Flüssigkeit gelangt durch die ringförmigen im Bohrkopf angebrachten Bohrungen an die Werkzeugschneiden und die Führungsleisten. Der Rest des Kühlmittels wird durch die Ringdüsen im Innenrohr direkt zurückbefördert. Dadurch entsteht im vorderen Teil des Innenrohres entsprechend dem Ejektorprinzip ein *Unterdruck*, durch den Späne und Kühlflüssigkeit *abgesaugt* werden. Vorteil dieses Systems sind die *geringen Abdichtungsprobleme*, da der Bohrölzuführapparat nicht benötigt wird. Dieses Verfahren wurde speziell für einfache Maschinen, wie z. B. Drehbänke oder Bohrwerke entwickelt. Voraussetzung ist lediglich eine innere Kühlmittelzuführung.

Ejektor-Tiefbohrwerkzeuge gibt es von $d = 25 – 63$ mm. Die maximale Bohrtiefe beträgt nach Hersteller-Angaben 1000 mm. Ejektor-Werkzeuge erreichen im Vergleich zum Beta-Verfahren keine so hohen Schnittleistungen, wobei der größere Vorschub kleinere Schnittgeschwindigkeiten erfordert.

Die Bohrungsqualität (Maß- und Formgenauigkeit) sinkt aufgrund der geringeren Schnittgeschwindigkeit und geringen Rundlaufeigenschaften des Doppelrohres auf IT 9 bis IT 11 ab.

3.2.7 Berechnungsbeispiele

3.2.7.1 Bohren ins Volle

Aufgabe: Werkstoff: 42 CrMo 4.

Bohrungsdurchmesser: $d = 20$ mm $\varnothing$

Vorschub $f = 0,22$ mm

Schnittgeschwindigkeit: $v_c = 10$ m/min

Werkzeug: Spiralbohrer aus Schnellarbeitsstahl.

Zu berechnen ist die spezifische Schnittkraft k_c, die Schnittkraft einer Schneide F_c, das Drehmoment M_c, die Schnittleistung P_c, die Antriebsleistung P der Werkzeugmaschine unter Berücksichtigung des Maschinenwirkungsgrads $\eta = 0,7$ und eines Stumpfungsfaktors von $f_{st} = 1,3$ und die Hauptzeit t_h. Das Werkzeug hat einen normalen Kegelmantelschliff mit einem Spitzenwinkel $\sigma = 118°$ und einem mittleren Spanwinkel $\gamma = 15,3°$.

Lösung: In **Tabelle 2.3-1** findet man:

$k_{c1 \cdot 1} = 1563$ N/mm², Steigungswert $z = 0,26$.

Die *Spanungsdicke h* ist nach Gleichung (3.2–2):

$$h = \frac{f}{z} \cdot \sin(\sigma/2) = \frac{0,22}{2} \cdot \sin 59° = 0,0943\,\text{mm}$$

Bei der Berechnung der spezifischen Schnittkraft k_c sind folgende *Korrekturfaktoren* zu berücksichtigen:

1) $f_h = \left(\dfrac{h_0}{h}\right)^z = \left(\dfrac{1}{0,0943}\right)^{0,26} = 1,848$

2) $f_\gamma = 1 - m_\gamma \cdot (\gamma - \gamma_0) = 1 - 0,015 \cdot (15,3 - 6) = 0,86$

3) $f_{SV} = (v_{c0} / v_c)^{0,1} - 1,1 = 1,385$

4) $f_f = 1,05 + d_0 / d = 1,05 + 1 / 20 = 1,1$

5) $f_{st} = 1,3$

6) $f_B = 1,15$ für Querschneiden-, Fasen- und Spanreibung.

Damit erhält man für die *spezifische Schnittkraft*

$k_c = k_{c1 \cdot 1} \cdot f_h \cdot f_\gamma \cdot f_{SV} \cdot f_f \cdot f_{st} \cdot f_B = 1563 \cdot 1,848 \cdot 0,86 \cdot 1,385 \cdot 1,1 \cdot 1,3 \cdot 1,15 = 5657$ N/mm²

Die *Schnittkraft* für eine Schneide nach Gleichungen (3.2–3) und (3.2–6) ist:

$$F_c = k_c \cdot \frac{d \cdot f}{2z} = 5657 \cdot \frac{20 \cdot 0,22}{2 \cdot 2} = 6223\,\text{N}$$

Das *Drehmoment* wird nach Gleichung (3.2–7) mit dem Hebelarm $H = d / 4$ bestimmt:

$$M_C = F_C \cdot H \cdot z = \frac{6223 \cdot 20 \cdot 2}{4 \cdot 1000} = 62,2 \text{ Nm}$$

Die *Schnittleistung* nach Gleichung (3.2–8) ist:

$$P_c = 2 \cdot \pi \cdot M_c \cdot n = 2 \cdot \pi \cdot 62,2\,\text{Nm} \cdot 159\frac{1}{\text{min}} \cdot \frac{1\text{min}}{60\text{s}} \cdot \frac{1\text{kW} \cdot \text{s}}{1000\,\text{Nm}} = 1,036\,\text{kW}$$

mit

$$n = \frac{v_c}{\pi \cdot d} = \frac{10\text{m} / \text{min}}{\pi \cdot 0,02\text{m}} = 159\,\text{U}/\text{min}$$

Die erforderliche *Antriebsleistung* ist dann:

$$P = P_c \frac{1}{\eta} = 1,036 \cdot \frac{1}{0,7} = 1,48\,\text{kW}$$

Der *Vorschubweg* ist $l_f = l + l_v + l_ü + \Delta l$

mit der Bohrtiefe $l = 50$ mm, dem Vor- und Überlauf $l_v = l_ü = 1$ mm und der Spitzenlänge

$$\Delta l = \frac{d}{2 \cdot \tan(\sigma/2)}$$

$$l_f = 50 + 1 + 1 + \frac{20}{2 \cdot \tan 59°} = 58 \text{mm}$$

Die Vorschubgeschwindigkeit ist $v_f = f \cdot n = 0{,}22 \cdot 159 = 35$ mm/min.
Damit wird die Hauptschnittzeit $t_h = l_f / v_f = 58 / 35 = 1{,}66$ min.

Ergebnis:

Spezifische Schnittkraft	k_c	$= 5657 \text{ N/mm}^2$
Schnittkraft je Schneide	F_c	$= 6223 \text{ N}$
Drehmoment	M_c	$= 62{,}2 \text{ Nm}$
Schnittleistung	P_c	$= 1{,}036 \text{ kW}$
Antriebsleistung	P	$= 1{,}48 \text{ kW}$
Hauptschnittzeit	t_h	$= 1{,}66 \text{ min.}$

3.2.7.2 Aufbohren

Aufgabe: Eine mit etwa d = 20 mm vorgegossene Bohrung (EN GJL-300) soll auf $D = 30$ mm aufgebohrt werden. Die Schnittgeschwindigkeit v_c des Hartmetallaufbohrers mit 3 Schneiden beträgt an der Schneidenecke 60 m/min, als Vorschub wird 0,33 mm gewählt. Der mittlere Spanwinkel γ beträgt 7,3°.

Zu berechnen sind Schnittkraft, Schnittleistung, Antriebsleistung und Zeitspanungsvolumen.

Lösung: In Tabelle 2.3-1 findet man $k_{c1\cdot1} = 899$ N/mm², Steigungswert $z = 0{,}26$.

Die *Spanungsdicke* ist nach Gleichung (3.2–2) bei einem Spitzenwinkel σ = 118°

$$h = \frac{f}{z} \cdot \sin\frac{\sigma}{2} = \frac{0{,}33}{3} \cdot \sin\frac{118°}{2} = 0{,}0943 \text{mm}$$

Bei der Berechnung der spezifischen *Schnittkraft* sind folgende *Korrekturfaktoren* zu berücksichtigen:

1) $\quad f_h = \left(\frac{h_0}{h}\right)^z = \left(\frac{1}{0{,}0943}\right)^{0{,}26} = 1{,}848$

2) $\quad f_\gamma = 1 - m_\gamma(\gamma - \gamma_0) = 1 - 0{,}015(7{,}3 - 2) = 0{,}92$

3) $\quad f_{sv} = \left(\frac{v_{c0}}{v_c}\right)^{0{,}1} \cdot 1{,}1 = \left(\frac{100}{60}\right)^{0{,}1} \cdot 1{,}1 = 1{,}16$

4) $\quad f_{f\,=}\, 1{,}05 + 1 / D = 1{,}05 + 1 / 30 = 1{,}08$

5) $\quad f_{st} = 1{,}5$

6) $\quad f_{B\,=}\, 1{,}1$

Damit erhält man für die *spezifische Schnittkraft*

$k_c = k_{c1\cdot1} \cdot f_h \cdot f_\gamma \cdot f_{SV} \cdot f_f \cdot f_{st} \cdot f_B = 899 \cdot 1{,}848 \cdot 0{,}92 \cdot 1{,}16 \cdot 1{,}08 \cdot 1{,}5 \cdot 1{,}1 = 3159$ N/mm²

Der *Spanungsquerschnitt* nach Gleichung (3.2–14) ist:

$$A = \frac{1}{2} \cdot (D - d) \cdot \frac{f}{z} = \frac{1}{2} \cdot (30 - 20) \cdot \frac{0{,}33}{3} = 0{,}55 \text{mm}^2$$

Damit kann nach Gleichung (3.2–6) die *Schnittkraft* an einer Schneide berechnet werden:

$F_c = k_c \cdot A = 3159$ N/mm² $\cdot 0{,}55$ mm² $= 1737$ N.

Mit der *Drehzahl*

$$n = \frac{v_c}{\pi \cdot D} = \frac{60 m / \min}{\pi \cdot 0{,}03 \text{m}} = 6371 / \min$$

und dem Drehmoment nach Gleichungen (3.2–17) und (3.2–18)

$$M_c = z \cdot \frac{1}{4} \cdot (D + d) \cdot F_c = 3 \cdot \frac{1}{4} \cdot (0{,}03 + 0{,}02) \cdot 1737 = 65 \text{ Nm}$$

lässt sich nach Gleichung (3.2–0.) die *Schnittleistung* berechnen:

$$P_c = 2 \cdot \pi \cdot M_c \cdot n = 2 \cdot \pi \cdot 65 \text{ Nm} \cdot 637 \frac{1}{\text{min}} \cdot \frac{1\text{min}}{60\text{s}} = 4336 \text{ W} = 4{,}33 \text{ kW}$$

Die erforderliche *Antriebsleistung* ist bei einem Wirkungsgrad von $\eta = 0{,}8$

$$P = 4{,}33 / 0{,}8 = 5{,}41 \text{ kW}$$

Das *Zeitspanungsvolumen* wird mit Gleichung (3.2–0.) berechnet:

$$Q = \frac{\pi}{4} \cdot (D^2 - d^2) \cdot f_z \cdot z \cdot n = \frac{\pi}{4} \cdot (30^2 - 20^2) \cdot 0{,}33 \cdot 637 = 82549 \frac{\text{mm}^3}{\text{min}} = 82{,}5 \frac{\text{cm}^3}{\text{min}}$$

Ergebnis: Schnittkraft $F_c = 1737$ N
          Schnittleistung $P_c = 4{,}33$ kW
          Antriebsleistung $P = 5{,}41$ kW
          Zeitspanungsvolumen $Q = 82{,}5$ cm^3 / min.

3.2.7.3 Kegelsenken

Aufgabe: Werkstoff C35N.
         Bohrungsdurchmesser $d_2 = 18$ mm
         Durchmesser der Senkung: $d_1 = 36$ mm
         Kegelwinkel $\sigma = 90°$
         Vorschub $f_z = 0{,}13$ mm
         Schneidenzahl $z = .$
         Spanwinkel $\gamma = 2°$
         Schnittgeschwindigkeit $v_{c\,max} = 40$ m/min

         Zu berechnen sind die an der Bohrmaschine einzustellenden Größen Drehzahl und Vorschub, Schnittkraft und Schnittmoment sowie die Hauptzeit t_h.

Lösung: Die Drehzahl lässt sich mit dem größten Durchmesser d_1 und der zulässigen Schnittgeschwindigkeit berechnen:

$$n = \frac{v_{c\,max}}{\pi \cdot d_1} = \frac{40\,\text{m}/\text{min}}{\pi \cdot 0{,}036\,\text{m}} = 354 \text{ 1/min}$$

Der Vorschub muss $z = 8$ Schneiden berücksichtigen:

$$f = z \cdot f_z = 8 \cdot 0{,}13 = 1{,}04 \text{ mm}$$

Die Vorschubgeschwindigkeit ist nach Gleichung (3.2–21):

$$v_f = z \cdot f_z \cdot n = 8 \cdot 0{,}13 \cdot 354 = 368 \text{ mm/min}$$

Die Schnitttiefe bestimmt man nach Gleichung (3.2–22):

$$a_{p\,max} = \frac{1}{2}(36 - 18) = 9\,\text{mm}$$

den Spanungsquerschnitt nach Gleichung (3.2–23):

$$A = a_p \cdot f_z = 9 \text{ mm} \cdot 0{,}13 \text{ mm} = 1{,}17 \text{ mm}^2$$

Die spezifische Schnittkraft ist nach Gleichung (3.2–26):

$$k_c = k_{c1 \cdot 1} \cdot f_h \cdot f_\gamma \cdot f_{SV} \cdot f_{st} \cdot f_f$$

$k_{c1 \cdot 1} = 1516$ N/mm^2, $z = 0{,}27$ nach Tabelle 2.3-1

Die Spanungsdicke wird nach Gleichung (3.2–20) mit $\kappa = \sigma / 2$ berechnet:

$$h = f_z \cdot \sin \kappa = 0,13 \cdot \sin \frac{90°}{2} = 0,0919\,\text{mm}$$

$$f_h = \left(\frac{h_0}{h}\right)^z = \left(\frac{1}{0,0919}\right)^{0,27} = 1,905$$

$$f_\gamma = 1 - m_\gamma(\gamma - \gamma_0) = 1 - 0,015\,(2° - 6°) = 1,06$$

$$f_{Sv} = \left(\frac{v_{c0}}{v_c}\right)^{0,1} = \left(\frac{100}{40}\right)^{0,1} = 1,096$$

$f_{St} = 1,05$ bei scharfem Werkzeug,

$$f_f = 1,05 + \frac{d_0}{d_{1\,max}} = 1,05 + \frac{1}{36} = 1,078$$

$k_c = 1516 \cdot 1,905 \cdot 1,06 \cdot 1,096 \cdot 1,05 \cdot 1,078 = 3798\ \text{N/mm}^2$

Die Schnittkraft für 1 Schneide wird nach Gleichung (3.2–25):

$F_{cmax} = A \cdot k_c = 1,17 \cdot 3798 = 4443\ \text{N}$

Mit dem Hebelarm H nach Gleichung (3.2–28):

$$H_{max} = \frac{1}{4} \cdot (d_1 + d_2) = \frac{1}{4} \cdot (36 + 18) = 13,5\,\text{mm}$$

kann das Schnittmoment nach Gleichung (3.2–0.) bestimmt werden:

$M_{cmax} = z \cdot H_{max} \cdot F_{cmax} = 8 \cdot 0,0135\ \text{m} \cdot 4443\ \text{N} = 480\ \text{Nm}$

Für die Berechnung der Hauptzeit wird die Tiefe (Ti) der Senkung benötigt:

$$Ti = a_{pmax} / \tan \kappa = 9 / \tan \frac{90°}{2} = 9\ \text{mm}$$

Mit 1 mm Vorlauf findet man für die Hauptzeit:

$$t_h = \frac{Ti + 1}{v_f} = \frac{9 + 1}{368} = 0,0272\,\text{min}$$

Zum Fertigschneiden kann die Zeit für eine Spindelumdrehung zugegeben werden:

$$t_{hzu} = \frac{1}{n} = \frac{1}{354} = 0,0028\,\text{min}$$

$t_{hges} = t_h + t_{hzu} = 0,0272 + 0,0028\ \text{min} = 0,030\ \text{min}$

Ergebnis: An der Bohrmaschine sind einzustellen:

Drehzahl: $n = 354$ U/min und Vorschub: $f = 1,04$ mm/U.

Die Schnittkraft pro Schneide erreicht maximal:

$F_{cmax} = 4443\ \text{N}$

Das Drehmoment wird zum Ende der Bearbeitung:

$M_{cmax} = 480\ \text{Nm}$

Der Vorgang dauert:

$t_{hges} = 0,030\ \text{min} = 1,8\ \text{s}$

3.3 Fräsen

Das *Fräsen* ist ein spanabnehmendes Bearbeitungsverfahren mit *rotierendem Werkzeug*. Die Schneiden erzeugen durch ihre Drehung um die Werkzeugmittelachse die Schnittbewegung. Die Vorschubbewegungen können in verschiedenen Richtungen erfolgen. Sie werden vom Werkzeug oder vom Werkstück oder von beiden ausgeführt. Im Gegensatz zum Drehen und Bohren sind die *Schneiden nicht ständig im Eingriff*. Nach einem Schnitt am Werkstück werden sie im Freien zum Anschnittpunkt zurückgeführt. Dabei können sie gut abkühlen und die Späne aus den Spankammern abgeben. Von Vorteil sind die kurzen Späne und die größere thermische Belastbarkeit der Schneiden.

Der *Spanungsquerschnitt* ist *ungleichmäßig*. Daraus entstehen die Nachteile, dass die Schneiden schlagartige Beanspruchungen zu ertragen haben und dass die starken Schnittkraftschwankungen Schwingungen anregen können. Die Fräsmaschinen müssen deshalb gegen statische und dynamische Belastungen besonders stabil gebaut sein.

Nach DIN 8589 T. 3 unterscheidet man hauptsächlich die drei Verfahren: *Umfangsfräsen* (**Bild 3.3–1a**), *Stirnfräsen* (**Bild 3.3–1b**) und *Stirnumfangsfräsen* (**Bild 3.3–1c**). *Umfangsfräsen* ist Fräsen, bei dem die am Umfang des Werkzeugs liegenden Hauptschneiden die Werkstückoberfläche erzeugen. *Stirnfräsen* ist Fräsen, bei dem die an der Stirnseite des Werkzeugs liegenden Nebenschneiden die Werkstückoberfläche erzeugen. Beim *Stirnumfangsfräsen* erzeugen sowohl Haupt- als auch Nebenschneiden Werkstückoberflächen.

Weitere Fräsarten werden nach der Werkstückform unterschieden. *Planfräsen* ist Fräsen mit geradliniger Vorschubbewegung zur Erzeugung ebener Flächen. Hierfür finden das Umfangsfräsen und das Stirnfräsen Anwendung. *Rundfräsen* ist Fräsen mit kreisförmiger Vorschubbewegung. Es können dabei außenrunde oder innenrunde Werkstückflächen bearbeitet werden (**Bild 3.3–2**). Das im Bild gezeigte Verfahren heißt Umfangsfräsen. Setzt man das Stirnfräsen zum Rundfräsen ein (**Bild 3.3–3**), spricht man auch vom *Drehfräsen*. Bei wendelförmiger Vorschubbewegung entsteht das *Schraubfräsen*. Es dient zur Herstellung von schraubenförmigen Flächen und Gewinden. Der Vorschub wird aus einer Drehung des Werkstücks und einer Längsbewegung erzeugt. Der Längsvorschub, welcher der Gewindesteigung entspricht, kann vom Werkzeug oder vom Werkstück ausgeführt werden (**Bild 3.3–4**).

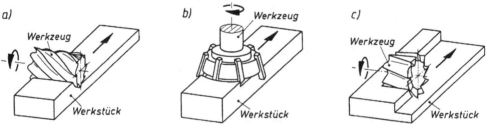

Bild 3.3–1 Die drei Grundarten des Fräsens nach DIN 8589
    a) Umfangsfräsen   b) Stirnfräsen   c) Stirnumfangsfräsen

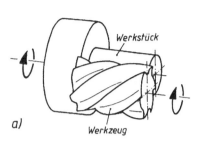

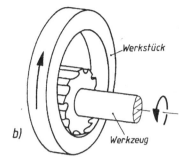

Bild 3.3–2
Rundfräsen durch
Umfangsfräsen
a) Außenrundfräsen
b) Innenrundfräsen

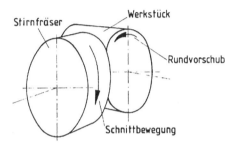

Bild 3.3–3
Prinzip des Drehfräsens. Außenrundbearbeitung
durch Stirnfräsen

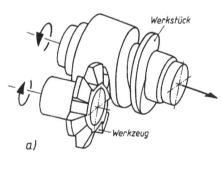

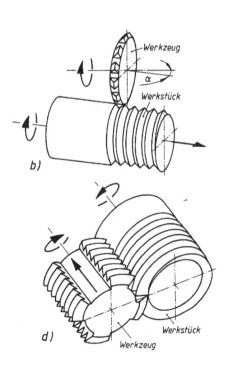

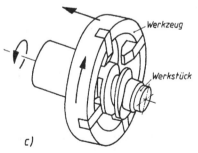

Bild 3.3–4 Schraubfräsen
    a) Schneckenfräsen   b) Langgewindefräsen
    c) Gewindewirbeln   d) Kurzgewindefräsen

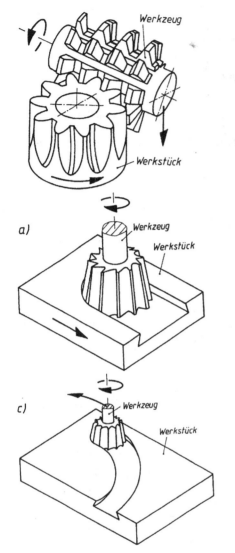

Bild 3.3–5 Wälzfräsen zum Verzahnen von Zahnrädern

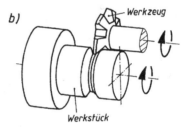

Bild 3.3–6
Profilfräsen. Das Werkzeugprofil bildet sich auf dem Werkstück ab. Nach der Vorschubbewegung unterscheidet man:
a) Längsprofilfräsen
b) Rundprofilfräsen
c) Formprofilfräsen

Das *Wälzfräsen* ist ein Bearbeitungsverfahren zur Herstellung von Verzahnungen (**Bild 3.3–5**). Das Werkzeug hat Schneiden mit dem Verzahnungsbezugsprofil (z. B. Zahnstangenprofil), die wendelförmig auf dem Umfang angeordnet sind. Durch die Überlagerung von Tauchvorschub, Längsvorschub parallel zur Werkstückachse und Drehung des Werkstücks entsteht die gewünschte Verzahnung. Mit diesem Verfahren können einfache Geradverzahnungen, Schrägverzahnungen und schwierige Kegelradverzahnungen erzeugt werden.

Profilfräsen ist Fräsen, bei dem sich das *Profil des Fräsers* auf der Werkstückoberfläche abbildet. Man unterscheidet Längsprofilfräsen, Rundprofilfräsen und Formprofilfräsen (**Bild 3.3–6**). Die Vorschubbewegung ist dabei geradlinig, rund oder geformt. Sie kann vom Werkzeug oder vom Werkstück (Rundprofilfräsen) ausgeführt werden. Auch hier sind Umfangs-, Stirn- und Stirnumfangsfräsen anwendbar. Als besonderes Merkmal ist das profilierte Werkzeug anzusehen, das sich auf dem Werkstück als Gegenform abbildet.

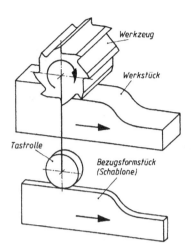

Bild 3.3–7
Nachformfräsen. Die Form wird
durch die Vorschubbewegung erzeugt

Beim *Formfräsen* dagegen (**Bild 3.3–7**) erzeugen *neutral geformte Werkzeuge* durch in ihrer Richtung veränderliche Vorschubbewegungen die gewünschte Werkstückform. Die Fräserführung kann frei mit der Hand (Freiformfräsen), nach einer Schablone (Nachformfräsen), durch ein mechanisches Getriebe (kinematisch – Formfräsen) oder mit digitalisierten Daten (NC-Formfräsen) durchgeführt werden.

Das *NC-Formfräsen* gewinnt immer mehr an Bedeutung, da die Erzeugung der Datensätze ständig vereinfacht und verbessert wird. Auch hier sind Umfangsfräsen und Stirnfräsen zu finden. Zur vorteilhaften Verwendung des reinen Stirnfräsens muss die Werkzeugachse immer senkrecht zur Werkstückoberfläche stehen, also mit der Form verändert werden. Dafür müssen an den Fräsmaschinen zwei zusätzliche Achsen gesteuert werden. Das hat zum *Fräsen mit fünf gesteuerten NC-Achsen* geführt.

3.3.1 Werkzeugformen

3.3.1.1 Walzen- und Walzenstirnfräser

Walzenfräser sind zylinderförmig. Die Schneiden am Umfang sind normalerweise linksgedrallt (s. **Bild 3.3–8**). Die plangeschliffenen Stirnseiten laufen zu ihnen besonders genau. Ein Fräsdorn mit Passfeder und Anlagefläche dient zur Aufnahme des Fräsers. Er überträgt die Lagegenauigkeit von der Maschinenspindel auf den Fräsdorn und leitet das Antriebsmoment weiter.

Die Zahl der Schneiden ist vom Durchmesser abhängig. Im genormten Bereich von 50 – 160 mm sind 4 – 10 Schneiden vorgesehen. Für größere Fräsbreiten bis zu 250 mm lassen sich Walzenfräser miteinander kuppeln. Dafür müssen sie nach DIN 1892 besonders geformte Stirnseiten haben.

Walzenstirnfräser (**Bild 3.3–9**) haben auch an den Stirnseiten Schneiden. Diese arbeiten in jedem Fall als Nebenschneiden und sind für die Oberflächengüte einer Werkstückfläche wichtig. Deshalb werden Walzenstirnfräser derart in einem Aufnahmedorn oder unmittelbar an der Maschinenspindel befestigt, dass die Stirnseite frei arbeiten kann.

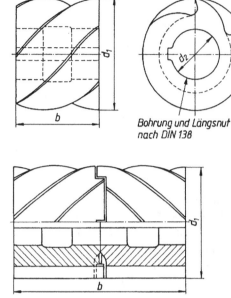

Bohrung und Längsnut
nach DIN 138

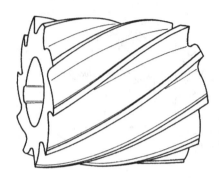

Bild 3.3–8
Walzenfräser aus Schnellarbeitsstahl nach
DIN 884 und zweiteiliger gekuppelter Walzenfrä-
ser nach DIN 1892

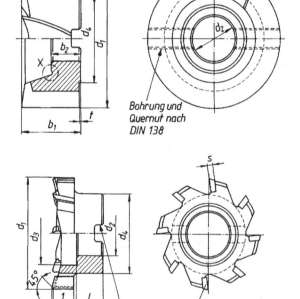

Bohrung und
Quernut nach
DIN 138

Quernut nach
DIN 138

Schneidplatten
aus Hartmetall

Einzelheit X

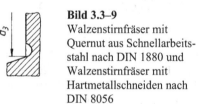

Bild 3.3–9
Walzenstirnfräser mit
Quernut aus Schnellarbeits-
stahl nach DIN 1880 und
Walzenstirnfräser mit
Hartmetallschneiden nach
DIN 8056

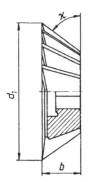

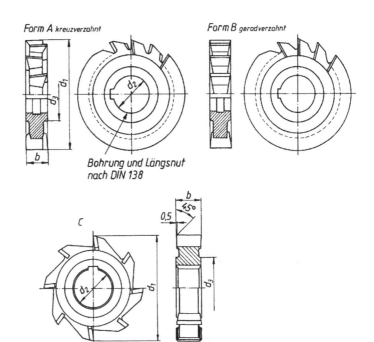

Bild 3.3–10 Winkelstirnfräser aus Schnellarbeitsstahl nach DIN 842

Bild 3.3–11 Scheibenfräser nach DIN 885 und DIN 8047
Form A kreuzverzahnt mit HSS-Schneiden
Form B geradverzahnt mit HSS-Schneiden
Form C geradverzahnter Scheibenfräser mit Hartmetallschneiden

Winkelstirnfräser sehen Walzenstirnfräsern sehr ähnlich. Der kennzeichnende Unterschied ist die Form der Mantelfläche. Sie ist nicht zylindrisch, sondern kegelstumpfförmig (**Bild 3.3–10**). Der Einstellwinkel κ ist dadurch von 90° verschieden. Ein Anwendungsfall für Winkelstirnfräser ist die Bearbeitung von Schwalbenschwanzführungen.

3.3.1.2 Scheibenfräser

Scheibenfräser haben ihren Namen von der scheibenartigen Form. Die Hauptschneiden am Umfang können *geradverzahnt* oder *kreuzverzahnt* sein (**Bild 3.3–11**). Bei kreuzverzahnten Schneiden wechselt die Neigung zwischen positiv und negativ von Schneide zu Schneide. Die Nebenschneiden an den Stirnseiten haben bei geradverzahnten Fräsern keine Bedeutung. Bei Kreuzverzahnung wechselt mit der Neigung auch die Seite, an der sie wirksam werden. Dort sind sie dann parallel zur Werkstückoberfläche und haben meistens einen *positiven* Spanwinkel. So erzeugen sie besonders gute Oberflächen an den Seiten der gefrästen Werkstücke. Die Stirnseiten der Werkzeuge sind plan geschliffen.

Eingeengte Lagetoleranzen für größere Genauigkeit findet man an Haupt- und Nebenschneiden, an den Planflächen und in der Bohrung für die Aufnahme auf einem Fräsdorn. Scheibenfräser gibt es in den Größen von 50 – 500 mm Durchmesser und in Sonderausführungen auch darüber hinaus. Je größer sie sind, desto mehr Schneiden haben sie. Mit Wendeschneidplatten ausgerüstet sind es Hochleistungswerkzeuge, die nach Standzeitende leicht durch Wenden der Schneiden wieder einsatzfähig gemacht werden können (**Bild 3.3–12**).

Mehrere Scheibenfräser auf einem Fräsdorn zu einem Satzfräser zusammengesetzt (**Bild 3.3–13**) dienen zur Bearbeitung von Profilen, z. B. für das Fräsen von Führungsbahnen.

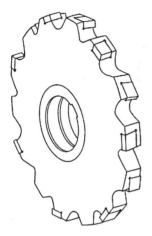

Bild 3.3–12 Kreuzverzahnter Scheibenfräser mit tangential angeordneten Wendeschneidplatten

Bild 3.3–13 Dreiteiliger Satzfräser

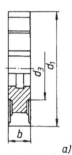

Bohrung und Längsnut nach DIN 138

a)

b)

Bild 3.3–14 Nutenfräser
a) geradverzahnt und hinterdreht mit Schneiden aus Schnellarbeitsstahl nach DIN 1890
b) Kupplungsmöglichkeit zweier Nutenfräser mit pfeil- oder kreuzverzahnten Schneiden nach DIN 1891

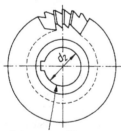

Bohrung und Längsnut nach DIN 138

Bild 3.3–15
Gewindescheibenfräser nach DIN 1893

Nutenfräser (**Bild 3.3–14a**) sind Scheibenfräsern sehr ähnlich. Sie können geradverzahnt oder kreuzverzahnt sein. Sie lassen sich auch zu Sätzen kuppeln. Dabei greifen die Schneiden sektorenweise ineinander (**Bild 3.3–14b**). Die Freiflächen sind jedoch hinterdreht. Dadurch werden sie für Profile einsetzbar.

Gewinde-Scheibenfräser nach DIN 1893 (**Bild 3.3–15**) weichen von der einfachen Scheibenform bereits ab. Die Schneiden tragen die Form des metrischen ISO-Trapezgewindes. Sie sind kreuzverzahnt. Dadurch wechseln sich die Nebenschneiden beim Formen der rechten und der linken Gewindeflanke ab.

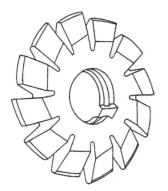

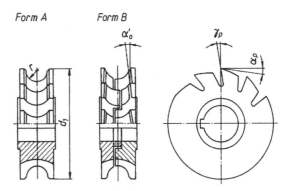

Bild 3.3–16 Profilfräser aus Schnellarbeitsstahl mit 12 Schneiden

Bild 3.3–17 Konkaver Halbrund-Profilfräser nach
DIN 855
Form A einteilige Ausführung
Form B zusammengesetzte Ausführung mit Zwischenring
nach DIN 2084 Teil 1

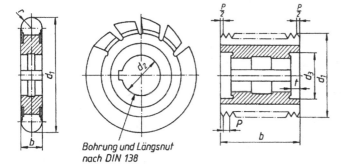

Bild 3.3–18
Konvexer Halbrund-Profilfräser
nach DIN 856 und Aufsteckge-
windefräser nach DIN 852 aus
Schnellarbeitsstahl

3.3.1.3 Profilfräser

Profilfräser haben die *Form* des *Werkstücks* bereits als Negativform in ihren Schneiden (**Bild 3.3–16**). Während der Bearbeitung bilden sie sich im Werkstoff ab und erzeugen somit die genaue Werkstückform. Sie können scheiben- oder walzenförmig sein, das hängt von der Breite des Profils und vom Werkzeugdurchmesser ab. Stirnseiten und Innendurchmesser sind genau geschliffen. Ihre Lagegenauigkeit muss wie bei allen Fräswerkzeugen besonders gut sein.

Eine Besonderheit von allen Profilfräsern ist die *hinterdrehte* und *hinterschliffene* Form der Freiflächen. Mit Hilfe von Kurvensteuerungen und numerischen Steuerungen wird dem Zahnrücken (Freifläche) die Form einer logarithmischen Spirale gegeben. Beim Nachschleifen an der Spanfläche bleiben dann Span- und Freiwinkel erhalten (**Bild 3.3–17**). Von beiden Winkeln hängt die Formgenauigkeit des Profils ab. Veränderungen der Winkel, wie sie beim Nachschleifen gefräster Zähne auftreten, würden das Profil verzerren und damit das Werkzeug ungenau machen. Für häufig wiederkehrende Profilformen gibt es genormte Werkzeuge, zum Beispiel:

- konkave Halbrund-Profilfräser nach DIN 855 (Bild 3.3–17)
- konvexe Halbrund-Profilfräser nach DIN 856 (**Bild 3.3–18**)
- Aufsteck-Gewindefräser nach DIN 852 (Bild 3.3–18 rechts)
- Prismenfräser nach DIN 847
- Gewindescheibenfräser nach DIN 1893.

Eine besonders vielgestaltige Art des Profilfräsers ist der *Zahnflankenwälzfräser*. Er dient zum Fräsen von Zahnrädern. Er kann bei kleinen Abmessungen aus einem Stück gearbeitet oder bei

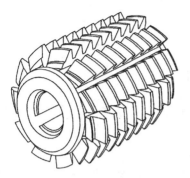

Bild 3.3–19 Zahnflankenwälzfräser in Stollenbauweise

größerem Durchmesser aus einzelnen Stollen zusammengesetzt sein (**Bild 3.3–19**). Die walzenartige Grundform ist durch mehrere Bearbeitungen fein untergliedert:

- Eine gewindeartig umlaufende Nut lässt nur das Profil der *Hüllschraube* stehen. Es ist das Erzeugungsprofil für die durch Abwälzen entstehende Zahnform. Neben einfachen Hüllschrauben gibt es auch zwei- und dreigängige Ausführungen. Die Steigung der Hüllschraube ist bestimmend für die Zahnteilung am Werkstück, die Profilform für den Zahnmodul.

- Eine größere Zahl von *Spannuten* parallel zur Fräserachse unterteilen das Werkzeug in einzelne *Stollen*. Dadurch entstehen an den Stollenvorderseiten die Spanflächen. Deren Kanten sind die Schneiden, zwei Flankenschneiden und eine Kopfschneide. Der Spanwinkel ist meistens 0°. Er kann aber auch positiv oder negativ sein. Beim Nachschleifen an der Spanfläche ist das zu berücksichtigen. Bei Blockfräsern, die aus einem Stück hergestellt sind, können die Spannuten auch wendelförmig gearbeitet sein. Das führt zu einem ruhigeren Lauf. Die Wendelform ist durch die verhältnismäßig große Steigung anzugeben.

- Der *Hinterschliff* verjüngt jeden Zahn von der Spanfläche ausgehend über den ganzen Zahnrücken. Dadurch entsteht der Freiwinkel, der sowohl am Kopf als auch am Flankenprofil erforderlich ist. Der Hinterschliff ist spiralförmig ausgeführt, damit auch nach mehreren Nachschliffen an der Spanfläche Span- und Freiwinkel noch dieselben Werte wie im Neuzustand haben. Das garantiert die Genauigkeit der Profilform.

Normale Zahnflankenwälzfräser sind aus *Schnellarbeitsstahl*. Im weichen Zustand werden sie durch Drehen und Fräsen, im gehärteten Zustand durch Schleifen bearbeitet. *Beschichtungen* aus Titannitrid verlängern ihre Standzeit. Durch Nachschleifen auf der Spanfläche geht die Schicht verloren. Auf der Freifläche jedoch, die am stärksten verschleißgefährdet ist, bleibt sie erhalten. Eine erneute Beschichtung kann von Nutzen sein. Immer öfter wird jetzt auch *Hartmetall* eingesetzt. Die höheren Schneidstoff- und Bearbeitungskosten machen sich durch längere Standzeiten oder größere Schnittgeschwindigkeit bezahlt. Bei Verzahnungsversuchen ohne Kühlschmierstoff kann Schnellarbeitsstahl nicht mehr eingesetzt werden.

3.3.1.4 Fräser mit Schaft

Schaftfräser haben als gemeinsames Merkmal einen Schaft als *Einspannteil*, der in die Fräsmaschinenspindel eingesetzt wird. Die genormten Schaftformen sind allein schon sehr vielseitig. Sie gehen auf die drei Grundformen zurück:

- Zylinderschaft
- Morsekegelschaft und
- Steilkegelschaft.

Innerhalb der Grundformen unterscheiden sich die verschiedensten Ausführungen wie Anzugsgewinde innen oder außen, seitliche Mitnahmeflächen, keilförmige Befestigungsfläche, mit

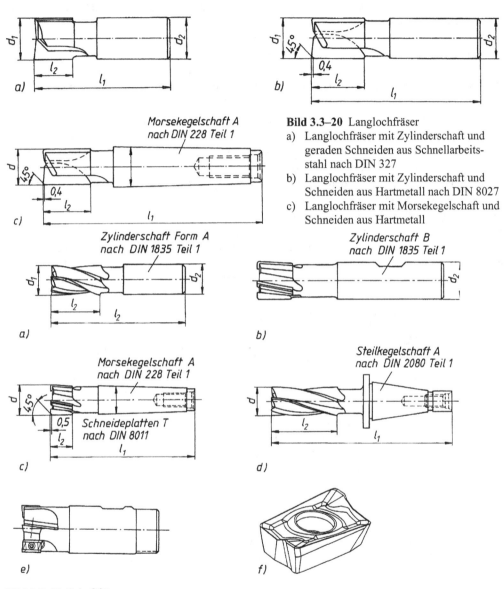

Bild 3.3–20 Langlochfräser
a) Langlochfräser mit Zylinderschaft und
   geraden Schneiden aus Schnellarbeitsstahl nach DIN 327
b) Langlochfräser mit Zylinderschaft und
   Schneiden aus Hartmetall nach DIN 8027
c) Langlochfräser mit Morsekegelschaft und
   Schneiden aus Hartmetall

Bild 3.3–21 Schaftfräser
a) Sechsschneidiger Schaftfräser mit rechtsgedrallten Schneiden aus Schnellarbeitsstahl nach DIN 844
b) Vierschneidiger Schaftfräser mit Zylinderschaft mit seitlichen Mitnahmeflächen und schrägen
   Schneiden aus Hartmetall nach DIN 8044
c) Vierschneidiger Schaftfräser mit Morsekegelschaft und schrägen Schneiden aus Hartmetall nach
   DIN 8045
d) Schaftfräser mit Steilkegelschaft aus Schnellarbeitsstahl nach DIN 2328
e) Schaftfräser mit Wendeschneidplatten
f) Wendeschneidplatte mit wendelförmigen Schneidkanten

Bund oder ohne Bund. Daneben gibt es firmengebundene Sonderausführungen von schnell wechselbaren Einspannungen, die besonders gut zu zentrieren oder besonders starr sind.

Die *Formen* der *Werkzeugkörper* sind zweckbedingt sehr unterschiedlich. Nach ihnen können die Schaftfräser weiter unterteilt werden.

Langlochfräser haben an der Stirnseite bis zur Mitte voll ausgebildete Schneiden und auch am Umfang (**Bild 3.3–20**). Sie sind meistens zweischneidig. Mit ihnen kann man bohren und fräsen. Eine Anwendung ist das Fräsen von Passfedernuten in Wellen. Vor dem Längsfräsen muss das Werkzeug auf Passfedernutentiefe eingebohrt werden. Beim *Taschenfräsen* muss man genauso vorgehen, wenn kein seitlicher Einstieg möglich ist.

Eine andere Gruppe von Fräsern wird direkt „Schaftfräser" genannt. Sie haben vier bis acht Schneiden meist schräg angeordnet mit Rechtsdrall. Ihre Stirnschneiden eignen sich nicht zum Bohren. Die Schneiden sind aus Schnellarbeitsstahl oder Hartmetall (**Bild 3.3–21**).

Gesenkfräser (**Bild 3.3–22**) dienen zur Bearbeitung von Gesenken, Druckguss- und Spritzguss-formen und von Formelektroden. Die schlanke Form ist erforderlich, um Vertiefungen und Taschen herausarbeiten zu können. Sie sind zylindrisch oder kegelig, haben Zylinderschäfte in allen Variationen oder Morsekegelschäfte.

Die Einspannung muss der Größe des Werkzeugs, also dem Drehmoment, gerecht werden. Die Länge darf nicht unnötig groß sein. Schlanke Gesenkfräser neigen bei grober Beanspruchung zu elastischen Verformungen und zu Biegeschwingungen. Dadurch ist das Zeitspanungsvolumen begrenzt. Harte Werkstoffe lassen sich mit den Fräsern aus Schnellarbeitsstahl nur sehr schlecht bearbeiten. Deshalb werden die Werkstücke meistens erst nach der Bearbeitung gehärtet. Fräser

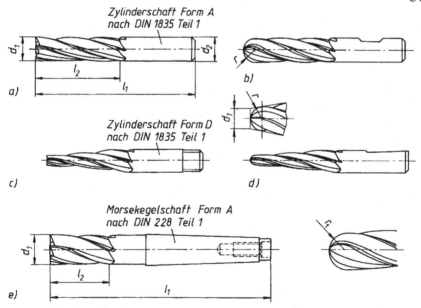

Bild 3.3–22 Gesenkfräser
a) Zylindrischer Gesenkfräser mit flacher Stirn und glattem Zylinderschaft nach DIN 1889 Teil 1
b) Zylindrischer Gesenkfräser mit runder Stirn und Zylinderschaft mit seitlicher Mitnahmefläche
c) Kegeliger Gesenkfräser mit flacher Stirn und Zylinderschaft mit Anzugsgewinde DIN 1889 Teil 3
d) Kegeliger Gesenkfräser mit runder Stirn und geneigter Spannfläche
e) Zylindrischer Gesenkfräser mit Morsekegelschaft ohne Bund für Durchmesser bis 25 mm mit flacher oder runder Stirn

aus Hartmetall sind bruchempfindlich und beim Nachschleifen teuer. Ein weiteres Problem liegt an den *Stirnseiten* der Gesenkfräser. Bei *runden* wie bei *flachen* Stirnseiten kommen die zur Mitte hin immer enger und langsamer werdenden Schneiden immer dann zum Einsatz, wenn abwärts gefräst wird, in die Tiefe einer Form hinein. Das geht nur mit Vorschubverringerung. Günstiger ist der Einsatz der Umfangsschneiden beim Querfräsen oder Aufwärtsfräsen.

T-förmige Schaftfräser sind in **Bild 3.3–23** zu sehen. Sie eignen sich zur Bearbeitung von Nuten, Führungen, Schlitzen und Hinterarbeitungen an schwer zugänglichen Werkstückstellen. Alle abgebildeten Werkzeuge sind aus Schnellarbeitsstahl. Hartmetallfräser dieser Art sind nicht genormt.

Schaftfräser für die *grobe Bearbeitung* zeigt **Bild 3.3–24**. Sie sind einerseits mit dem besonders stabilen *Steilkegelschaft* und kräftigem Werkzeugkörper ausgestattet. Andererseits sind die Schneiden so gestaltet, dass bei großem Zeitspanungsvolumen das Schnittmoment verhältnismäßig

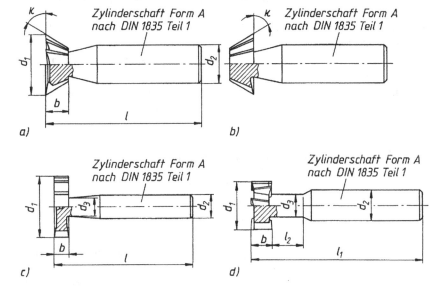

Bild 3.3–23 T-förmige Schaftfräser
a) Winkelfräser mit Zylinderschaft nach DIN 1833 Form A
b) Winkelfräser mit Zylinderschaft nach DIN 1833 Form B
c) Schlitzfräser mit geradeverzahnten Schneiden aus Schnellarbeitsstahl nach DIN 850
d) T-Nutenfräser mit Zylinderschaft und kreuzverzahnten Schneiden aus Schnellarbeitsstahl nach DIN 851

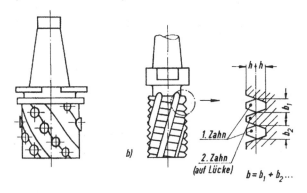

Bild 3.3–24
a) Igelfräser mit einzeln eingesetzten Schneiden aus Hartmetall
b) Schruppfräser mit versetzten Schneidenaussparungen

begrenzt bleibt. Jede Schneidleiste hat entweder Lücken wie am rechten Werkzeug, oder die Schneidzähne sind gleich lückenhaft eingesetzt wie beim *Igelfräser* links. Die nicht gefrästen Werkstoffteile müssen dann von der nächsten Schneidkante mit abgenommen werden. Dadurch verdoppelt sich die Spanungsdicke. Nach dem Zerspanungsgrundgesetz von *Kienzle* und *Victor* verkleinert sich dabei die spezifische Schnittkraft. So sind das Drehmoment und der Leistungsbedarf *kleiner* als bei Werkzeugen mit durchgehenden Schneiden.

3.3.1.5 Fräsköpfe

Fräsköpfe sind umlaufende Zerspanwerkzeuge, deren Schneiden als *Messer* eingesetzt oder als *Wendeschneidplatten* radial oder tangential angebracht sind. Sie sind für unterschiedliche Fräsaufgaben verwendbar, einerseits durch die mögliche Bestückung von Wendeplatten mit oder ohne Spanleitstufe, andererseits durch die Wahl eines geeigneten Schneidstoffs, wie verschiedene Hartmetallsorten, beschichtet oder unbeschichtet, Cermets, Schneidkeramik, BN oder DP. Die Anwendung deckt alle wichtigen Werkstoffe ab: vom Stahlguss bis zum Grauguss, von unlegiertem bis hochlegiertem Stahl über rostfreie Stähle, Bunt- und Leichtmetalle bis hin zu Titan, Molybdän und Kunststoffen.

Die Grundform und die wichtigsten Bezeichnungen eines Fräskopfes sind in **Bild 3.3–25** dargestellt. Die Hauptabmessungen wie Durchmesser, Höhe und Anschlussmaße sind durch DIN 8030 vorgegeben. Dagegen sind Größe und Form des Spanraums, Befestigung der Schneiden, Schneidengeometrie und Schneidstoff dem jeweiligen Anwendungsfall anzupassen.

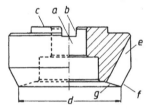

Bild 3.3–25
Die wichtigsten Bezeichnungen am Fräskopf
a) Zentrier- und Aufnahmebohrungen
b) Mitnehmernut, c) Auflagefläche,
d) Nenndurchmesser, e) Spankammer, f) Hauptschneide, g) Nebenschneide

Durch die heute üblichen Anforderungen an große Schnittgeschwindigkeiten, lange Standzeiten, niedrige Werkzeugeinrichtungs- und Wechselzeiten und durch die Entwicklung auf dem Gebiet der Schneidstoffe haben sich Fräswerkzeuge mit *Wendeschneidplatten* durchgesetzt. Sie haben immer gleiche Schneidengeometrie und Abmessungen, sind leicht umrüstbar auf verschiedene Schneidstoffsorten und erübrigen das Nachschleifen, das bei Messerköpfen nach DIN 1830 mit HSS-Schneiden erforderlich war. **Bild 3.3–26** zeigt Fräsköpfe mit verschiedenen Wendeschneidplatten.

- Planfräsköpfe mit einem *Einstellwinkel* $\kappa_r = 75°$
  Dies ist der am häufigsten verwendete Einstellwinkel für allgemeine Fräsarbeiten. Es können die genormten Fräswendeplatten mit Planfasen eingesetzt werden. Die maximale Frästiefe steht in einem günstigen Verhältnis zur Plattenlänge.

- Planfräsköpfe mit einem *Einstellwinkel* $\kappa_r = 45°$
  Hier ist die maximale Schnitttiefe geringer, dafür kann aber mit größeren Vorschüben gefräst werden. Der Einstellwinkel von 45° begünstigt die Laufruhe beim Ein- und Austritt der Schneiden am Werkstück. Er wird für Fräser mit Wendelspangeometrie bevorzugt.

- Eckfräsköpfe $\kappa_r = 90°$
  Für rechtwinklige Fräsoperationen sind Fräser mit Dreikantwendeplatten erforderlich. Sie weisen im Vergleich zu Vierkantplatten größere Schnitttiefen auf, die aber wegen der empfindlichen Schneidenecke nicht in jedem Fall genutzt werden können.

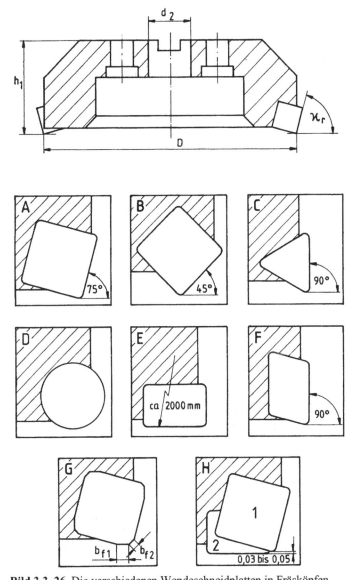

Bild 3.3–26 Die verschiedenen Wendeschneidplatten in Fräsköpfen

A   Planfräskopf mit quadratischen Wendeschneidplatten $\kappa_r = 75°$
B   Planfräskopf mit einem Einstellwinkel $\kappa_r = 45°$
C   Eckfräskopf mit dreieckigen Wendeschneidplatten
D   Planfräskopf mit runden Wendeschneidplatten
E   Breitschlichtplatten mit langen Nebenschneiden
F   Eckfräskopf mit rhombischen Wendeschneidplatten
G   Schlichtfräskopf mit geschliffenen Nebenschneiden und Eckenfasen für die Feinbearbeitung
H   Fräskopf mit Schruppschneiden 1 kombiniert mit einer Breitschlichtschneide 2

- Fräsköpfe mit *Rundwendeplatten*
  Für das Abfräsen dünner Schichten bei verschleißfesten Werkstoffen eignen sich besonders Rundwendeplatten.

- Fräsköpfe für die *Feinbearbeitung*
  Die Nebenschneiden sind besonders sorgfältig ausgebildet, um glatte Oberflächen zu erzeugen.

- kombinierte Werkzeuge mit *Schrupp-* und *Schlichtschneiden*.

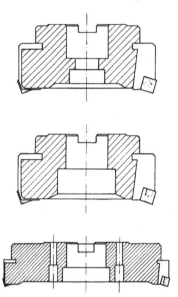

Bild 3.3–27
Verschiedene Innenformen von Fräsköpfen für die
Aufnahme und Zentrierung an der Maschinenspindel

Je nach Befestigungsart der Fräsköpfe mit der Werkzeugmaschinenspindel können die Werkzeugkörper verschiedene *Innenformen* haben. **Bild 3.3–27** zeigt drei verschiedene Formen mit unterschiedlicher Gestaltung:

- Form A für die Aufnahme auf Aufsteckfräsdornen nach DIN 6358. Ihre Befestigung erfolgt mit einer Zylinderschraube mit Innensechskant. Nenndurchmesser 50 – 100 mm.

- Form B für die Aufnahme auf Aufsteckfräsdornen nach DIN 6358. Die Befestigung erfolgt mit einer Fräseranzugsschraube nach DIN 6367. Nenndurchmesser 80 – 125 mm.

- Form C für die *unmittelbare* Aufnahme auf dem Spindelkopf nach DIN 2079. Nenndurchmesser 160 – 500 mm.

Bei der Bestimmung der *Werkzeuggeometrie* am Schneidkeil wird ein rechtwinkliges Bezugssystem zugrunde gelegt. **Bild 3.3–28** zeigt dieses System in verschiedenen Ebenen. In der *radialen* Bezugsebene hat man eine Aufsicht auf die Spanfläche der Schneide. Hier ist der Einstellwinkel κ_r erkennbar. Im *Orthogonalschnitt* 0–0 senkrecht zur Hauptschneide werden Freiwinkel α_0 und Spanwinkel γ_0 sichtbar. Wie diese beim Eingriff in das Werkstück wirksam werden, ist in der *Arbeitsebene* F-F gezeigt. Die *Schneidenebene* S gibt den Neigungswinkel λ_s wieder. Dieser taucht in der *Rückebene* P-P noch einmal verzerrt als Rückspanwinkel γ_p auf.

Im Falle der Ermittlung und Angabe der *Werkzeugwinkel* ist der Schneidenpunkt festzulegen, auf den sich die Winkel beziehen. Bei Fräswerkzeugen mit schräger Schneidenanordnung beziehen sich die Winkel im Allgemeinen auf die Schneidenecke. Die Winkel am Schneidkeil,

d. h. *Spanwinkel*, *Neigungswinkel* und *Freiwinkel*, sind von Bedeutung für Spanbildung und Standzeit. Negative *Winkel* stabilisieren den Schneidkeil und bessern die Anschnittverhältnisse.

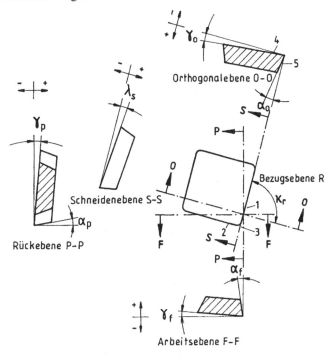

Bild 3.3–28
Werkzeugwinkel am Fräskopf
nach DIN 6581

Positive Winkel reduzieren die Schnittkräfte und den Leistungsbedarf, verbessern das Laufverhalten und ermöglichen die Bearbeitung von Werkstoffen niedriger Festigkeit.

Ein *negativer Rückspanwinkel* vermeidet das primäre Auftreffen der Schneidenecke auf das Werkstück, lenkt aber die Späne zum Werkstück, was zu Spänestau und einer Verschlechterung der Oberflächengüte führen kann. Ein *negativer Seitenspanwinkel* leitet die Späne radial nach außen weg vom Fräswerkzeug. Negative Seiten- und Rückspanwinkel sind für die Graugussbearbeitung besonders günstig, bei langspanenden Werkstoffen führen sie zur Bildung spiralförmiger Späne und erfordern die Berücksichtigung größerer Spankammern. Aus diesem Grunde ist eine Verwendung dieser Geometrie bei Fräswerkzeugen für Stahlwerkstoffe nur eingeschränkt möglich. Hingegen erfolgt das Fräsen mit *Schneidkeramik* grundsätzlich mit negativer *Schneidengeometrie*.

Positive Seiten- und *Rückspanwinkel* sind Voraussetzung bei der Bearbeitung klebender und weicher Werkstoffe sowie bei Leichtmetallen und labilen Arbeitsverhältnissen.

Die Kombination von negativem Seiten- und positivem Rückspanwinkel führt zur so genannten *Wendelspangeometrie*, weil hierdurch Späne wendelförmig geformt und vom Werkstück weggeführt werden. Eine derartige Geometrie lässt relativ kleine Spankammern zu und erlaubt größere Vorschübe. Die Wendelspangeometrie findet immer mehr Anwendung.

Der *erste Kontakt* zwischen Schneide und Werkstück kann sehr unterschiedlich sein. Als besonders ungünstig gilt es, wenn die empfindliche Schneidenecke als erster Punkt der Schneide auf das Werkzeug trifft. Günstig ist dagegen, wenn der von Neben- und Hauptschneide am weitesten entfernte Schneidenpunkt zuerst mit dem Werkstück in Kontakt kommt. Die Schneidengeometrie muss darauf abgestimmt sein.

Die Schneidplatten können am Fräserumfang sowohl *radial* als auch *tangential* angeordnet sein. Bei *tangential* angeordneten Schneiden (**Bild 3.3–29**) nimmt der größere Querschnitt die

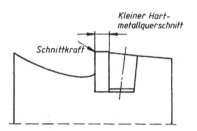

Bild 3.3–29 Fräskopf mit tangential angeordneten Schneiden

Bild 3.3–30 Klemmkeilbefestigung von Wendeschneidplatten

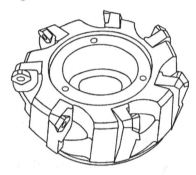

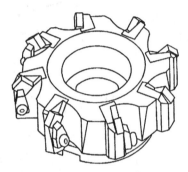

Bild 3.3–31 Fräskopf mit radial in Kassetten angeordneten Wendeschneidplatten mit Loch-klemmung ($\kappa_r = 45°$)

Bild 3.3–32 Klemmfingerbefestigung von Wendeschneidplatten an einem Planfräskopf

Schnittkräfte auf. Hierdurch werden höhere Vorschübe, größere Schnitttiefen und bessere Ausnutzung der Maschinenleistung möglich. Die Wendeschneidplattenanordnung wird vorzugsweise bei der Schwerzerspanung angewendet.

Radial angeordnete Wendeschneidplatten können auf verschiedene Arten im Werkzeugkörper befestigt werden:

- *Klemmkeile*, welche die Schneidplatten von der Auflageseite her mit der Spanfläche gegen geschliffene und gehärtete Sitze pressen, bieten die stabilste Befestigungsart. Sie wird am häufigsten benutzt (**Bild 3.3–30**).

- Besonders raumsparend ist die Befestigung mit einfachen *Klemmschrauben*. Hierfür müssen Wendeschneidplatten mit Loch genommen werden (**Bild 3.3–31**). Diese Befestigungsart eignet sich auch für die tangentiale Schneidenanordnung.

- Für die Befestigung mit *Klemmfingern* (**Bild 3.3–32**) wird besonders viel Einstellraum benötigt.

Problematisch ist oft das Gewicht *großer Fräsköpfe* und das investierte Kapital, wenn viele Fräsköpfe bereitgehalten werden müssen. Zwei Wege werden eingeschlagen, um das Wechseln der Schneiden zu erleichtern und das Werkzeuglager von vielen Großwerkzeugen zu entlasten:

- *Schneidenringe* werden ohne den zentralen Fräskopfkörper ausgetauscht. Sie tragen alle Schneiden und haben ein kleineres Gewicht als das ganze Werkzeug.

- Jede Schneide ist in einer einzelnen *Wechselkassette* befestigt, welche die justierte Wendeschneidplatte enthält und leicht ausgewechselt werden kann (**Bild 3.3–33**).

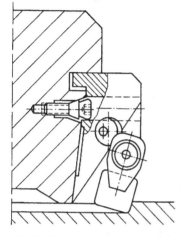

Bild 3.3–33
Feineinstellbare Wechselkassette
für Wendeschneidplatten

Mit beiden konstruktiven Lösungen wird die Lagergröße für verschiedene Werkzeuggeometrien verkleinert und der Werkzeugwechsel erleichtert.

Fräsköpfe für das Schlichtstirnfräsen

Das Stirnfräsen wird sowohl zur Vorbearbeitung als auch zunehmend zur *Endbearbeitung* eingesetzt. Die Endbearbeitung mit geometrisch bestimmter Schneide wird insbesondere für große ebene Flächen mit besonderen Anforderungen an die Oberflächengüte und Ebenheit eingesetzt. Derartige Bearbeitungsprobleme treten im Maschinenbau zur Erzeugung von *Verbindungsflächen*, *Maschinentischen* und *Führungsbahnen* an Werkzeugmaschinen auf und beim Fräsen von *Dichtflächen* im Motoren-, Getriebe- und Turbinenbau. Bei besonderen Ansprüchen an die Oberflächengüte muss der *Planlauffehler* der Stirnschneiden sehr klein sein (< 20 μm), um Markierungen der Einzelschneiden auf der Oberfläche zu vermeiden.

Zu unterscheiden sind folgende Arten von Schlichtwerkzeugen:

- Konventionelle *Schlichtstirnfräser*, die mit geringen Schnitttiefen und Vorschüben je Zahn arbeiten und mit einer großen Anzahl von Schneiden bestückt sind.

- *Breitschlichtfräser*, die mit einer geringen Anzahl an Zähnen auskommen (1 – 7) und mit sehr kleinen Schnitttiefen und großen Vorschüben arbeiten. An den Nebenschneiden sind oberflächenparallel Breitschlichtfasen, die das Werkstück glätten.

- Stirnfräser mit *Schrupp-* oder *Schlichtmessern* und ein oder zwei *Breitschlichtschneiden*. Diese sind axial zur Erzeugung hoher Oberflächengüte um 0,03 – 0,05 mm vorgeschoben. Die Länge der Breitschlichtschneide muss den ganzen Vorschub $f = z \cdot f_z$ überdecken, um die entstandenen Vorschubmarkierungen der übrigen Schneiden abzuarbeiten.

- *Einzahnfräser* mit einer einzigen Schneide (**Bild 3.3–34**). Bei diesem Werkzeug entfällt eine Axialschlageinstellung. Die Schneide ist eine Breitschlichtschneide mit bogenförmiger Schneidkante. In ihrer Richtung ist sie an einer Differenzschraube fein einstellbar, um den Spindelsturz zu korrigieren. Diese Werkzeuge werden für feinste Oberflächengüten eingesetzt.

Zum Schlichten sind Schneiden *besserer Toleranzklassen* oder Breitschlichtwendeschneidplatten mit *bogenförmigen* Schneidkanten auszuwählen, die den Spindelsturz der Fräsmaschine ausgleichen können.

Bei besonders großen Anforderungen an die Arbeitsqualität werden Fräsköpfe verwendet, deren Schneiden einzeln *fein einstellbar* sind. Für diese Feineinstellung sind besondere Messvorrichtungen erforderlich.

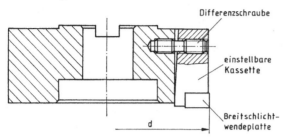

Bild 3.3–34 Einzahnfräser. Die Schneide ist in ihrer Richtung fein einstellbar.

3.3.2 Wendeschneidplatten für Fräswerkzeuge

Die Wendeschneidplatten für das Fräsen sind in Form und Größe genormt. Für die verschiedenen Klemmsysteme gibt es Schneidplatten mit und ohne Loch. Wendeschneidplatten aus keramischem Schneidstoff und BN werden vorwiegend ohne Loch hergestellt und können nur mit Fingerklemmung fixiert werden.

Bevorzugt wird die *quadratische Grundform*. Sie hat die größte Zahl von Schneiden. Durch den großen Eckenwinkel weist sie außerdem im Vergleich zu *Dreikantplatten* eine größere Schneidenstabilität auf. Dreikantplatten sind bei Eckenfräsern erforderlich, um einen Einstellwinkel von $\kappa_r = 90°$ zu erhalten.

Man unterscheidet nach dem *Freiwinkel* negative und positive Schneidplatten. Positive Schneidplatten weisen nur an der Oberseite einsetzbare Schneiden auf, die mit Freiwinkeln versehen sind. Negative Wendeschneidplatten haben einen Keilwinkel von 90°, wodurch an Ober- und Unterseite der Schneidplatte Schneiden zur Verfügung stehen.

Schneidplatten mit eingeformten oder eingeschliffenen Spanleitstufen haben die gleiche Grundform wie die ebenen Wendeschneidplatten, zerspanen aber bedingt durch die Spanleitstufe mit positivem Spanwinkel. Dadurch verringern sich Schnittkraft und Leistungsbedarf.

Die *Herstellungstoleranzen* der Wendeschneidplatten haben einen nicht unbedeutenden Einfluss auf die Genauigkeit des Werkstücks. Man unterscheidet bei Wendeschneidplatten die Normalausführung (Toleranz + 0,13 mm) und die *Genauigkeitsausführung* (Toleranz ± 0,025 mm), mit der sich ohne zusätzliche Justierung Werkstücktoleranzen von etwa + 0,1 mm einhalten lassen. Wendeplatten mit *Eckenradius* werden an Fräsköpfen hauptsächlich für Schruppfräsarbeiten eingesetzt, wobei in vielen Fällen die gesinterte Platte mit geschliffenen Planflächen ausreicht. Allseitig *präzisionsgeschliffene* Platten ergeben höhere Rund- und Planlaufgenauigkeiten der Schneidkanten. Mit diesen Platten werden feinere Oberflächen erzielt.

Fasenplatten sind mit parallel zur Fräsfläche angeschliffenen Planfasen versehen und eignen sich sowohl zum Schruppen als auch zum Schlichten. Beim Einsatz großer Fräserdurchmesser mit großen Vorschüben pro Umdrehung erzielen sie gute Fräsflächen. Mit allseitig präzisionsgeschliffenen Platten werden auch hier noch feinere Oberflächen erzeugt. Beim Stirnfräsen ist die Nebenschneide hauptverantwortlich für die Oberflächengüte.

3.3.3 Schneidstoffe

Die Schnittunterbrechungen beim Fräsen bedeuten für den Schneidstoff *thermische* und *dynamische Wechselbeanspruchungen*, die Kamm- und Querrisse verursachen und damit zum Bruch der Schneide führen können. Die eingesetzten Schneidstoffe müssen daher größere Zähigkeit, Temperaturbeständigkeit und Kantenfestigkeit aufweisen. Die Zuordnung geeigneter Schneidstoffe zu den zu zerspanenden Werkstoffen sowie die zu wählenden Schnittbedingungen sind in Tabellenwerken der Werkzeug- und Schneidstoff-Hersteller zu finden.

Schnellarbeitsstähle verfügen über eine große Biegebruchfestigkeit und damit über günstige Zähigkeitseigenschaften. Sie lassen sich auch durch Zerspanung und Kaltverformung gut bearbeiten. Besonders gute Zähigkeit haben pulvermetallurgisch hergestellte Schnellarbeitsstähle. Beschichtungen mit Titannitrid oder Titankarbonitrid nach dem PVD-Verfahren können die Verschleißeigenschaften wesentlich verbessern und damit größere Schnittgeschwindigkeiten zulassen. Um die Kosten großer Fräswerkzeuge zu verkleinern, werden oft nur die Schneiden aus dem teuren Schneidstoff hergestellt und aufgelötet oder als Wendeschneidplatten aufgeklemmt. Diese können durch Feinguss, spanend aus Halbzeugen oder durch pulvermetallurgische Verfahren geformt werden.

Schnellarbeitsstähle wendet man bei Werkstoffen geringerer Festigkeit wie Aluminium, Kupfer, Kupferlegierungen, unlegiertem und niedrig legiertem Stahl oder besonders zähen Werkstoffen wie austenitischem Stahl und Nickellegierungen an.

Auch für das Hochgeschwindigkeitsfräsen, bei dem überwiegend siliziumfreie Aluminiumlegierungen für den Flugzeugbau und die Raumfahrt mit besonders großer Schnittgeschwindigkeit zerspant werden, sind Fräswerkzeuge aus Schnellarbeitsstahl sehr gut geeignet.

Den größten Anwendungsbereich beim Fräsen decken die *Hartmetall*-Schneidstoffe ab. Die Vorteile der Hartmetalle bestehen in der guten Gefügegleichmäßigkeit aufgrund der pulvermetallurgischen Herstellung, der großen Härte, Druckfestigkeit und Warmverschleißfestigkeit. Außerdem besteht die Möglichkeit, Hartmetallsorten mit größerer Zähigkeit durch gezielte Vergrößerung des Bindemittelanteils herzustellen. Nach DIN 4990 werden hauptsächlich Hartmetalle der K-Gruppe zum Fräsen eingesetzt, aber auch P 20 – P 40 findet bei Stahl und M 10 und M 20 für das Schlichtfräsen Anwendung. Bei höchsten Anforderungen an Kanten- und Verschleißfestigkeit werden Feinstkornhartmetalle verwendet, bei denen die Karbidkorngröße unter 1 μm liegt.

Mit den *beschichteten* Hartmetallen liegen Schneidstoffe vor, die große Zähigkeit im Grundwerkstoff und große Verschleißfestigkeit der Oberfläche miteinander vereinen. Üblich sind Titankarbid-, Titankarbonitrid-, Titannitrid-, Aluminiumoxid- und Aluminiumoxynitridschichten. Die Schichtdicken betragen für das Fräsen etwa 3 – 5 μm.

Aufgrund der großen Kantenfestigkeit, des Widerstands gegen abrasiven Verschleiß und der geringen Klebneigung eignen sich *Cermets* besonders zum Schlichten von Stahlwerkstoffen. Der Einsatzschwerpunkt liegt beim Bearbeiten nicht wärmebehandelter Stahlwerkstoffe mit großen Schnittgeschwindigkeiten und kleinen Spanungsquerschnitten. Cermets sind für das grobe Fräsen nur bedingt geeignet. Dafür sind zähere Sorten in der Entwicklung, die dem Anwendungsbereich P 25 konventioneller Hartmetalle entsprechen.

Keramische Schneidstoffe sind beim Fräsen seltener anzutreffen. Aluminiumoxid-Keramik ist schlagempfindlich und nicht thermoschockbeständig. Aber wegen seiner großen Härte gibt es Anwendungen für sie in der *Feinbearbeitung* von Hartguss und gehärtetem Stahl. Negative Span- und Neigungswinkel sind aber Voraussetzung für den Erfolg. Besser eignet sich Mischkeramik, die für Feinbearbeitungsaufgaben genommen wird.

Siliziumnitridkeramik eignet sich zum Fräsen von Grau- und Sphäroguss. Die Zähigkeit des Schneidstoffs reicht aus, Schneidplatten mit positiven Span- und Neigungswinkeln zu gestalten. Vorteilhaft ist die Verschleißfestigkeit, die Schnittgeschwindigkeiten bis 800 m/min erlaubt. Schnitttiefe und Zahnvorschub sind jedoch begrenzt ($a_p < 1{,}0$ mm, $f_z < 0{,}2$ mm). Beim Feinfräsen ($a_p < 0{,}1$ mm) lassen sich genaue und sehr glatte Oberflächen ($R_z \leq 5$ µm) herstellen [Abel].

Das besonders harte, aber auch sehr teure *Bornitrid* (BN) wird zum Fräsen schwer zerspanbarer Eisenwerkstoffe wie perlitischen Graugusses, Hartgusses, gehärteten Stahls und Sintereisens verwendet. Die Schneidplatten haben dafür an den Schneidenecken kleine Einsätze, die mit einer BN-Schicht versehen sind und bestehen im Übrigen aus Hartmetall. In gehärtetem Stahl lassen sich damit Schnittgeschwindigkeiten bis 200 m/min. bei Schnitttiefen von $0{,}1 - 2{,}5$ mm und Zahnvorschüben $< 0{,}3$ mm verwirklichen [*General Electric*].

Polykristalliner Diamant (DP), häufig auch als PKD bezeichnet, findet vielseitige Anwendungen beim Fräsen von Nichteisen-Werkstoffen wie Kunststoffen, Kupfer, Kupferlegierungen, Aluminium und dessen Legierungen. Seine überragende Härte lässt alle anderen Werkstoffe weich erscheinen. Der Verschleiß ist gering. Das führt zu äußerst lange haltenden Schneiden. Besonders durch Hartstoffe verstärkte Werkstoffe wie faserverstärkte Kunstharze oder Aluminium mit Siliziumeinschlüssen oder Karbideinbettungen lassen sich damit noch gut bearbeiten. Ferner ist das Fräsen mit großen Schnittgeschwindigkeiten, das bei der Zerspanung von Leichtmetallteilen für Raumfahrt und Flugzeugindustrie angewandt wird, mit DP-Schneiden besonders wirtschaftlich.

Geschliffene Naturdiamanten als Schneiden werden zum Hochglanzfräsen von Walzen und Metallspiegeln und in der Ultrapräzisionsbearbeitung durch Fräsen verwendet. Die Fähigkeit, sehr scharfe Kanten zu bilden ($\rho < 0{,}01$ µm) wird dabei ausgenutzt. Natürlich können damit auch nur sehr feine Späne abgenommen werden, deren Dicke über den Mikrometerbereich kaum hinausgeht.

3.3.4 Umfangsfräsen

3.3.4.1 Eingriffsverhältnisse beim Gegenlauffräsen

Beim Umfangsfräsen werden allein die Schneiden auf der *zylindrischen Werkzeugmantelfläche* eingesetzt (**Bild 3.3–35**). Sie tragen dabei den Werkstoff in der Tiefe des eingestellten Arbeitseingriffs a_e ab. Die Fräsbreite a_p wird durch die Fräserlänge oder die Werkstückbreite bestimmt. Diese Größe ist uns vom Drehen und Bohren her als Schnitttiefe bekannt.

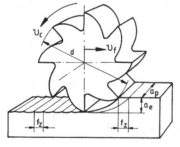

Bild 3.3–35 Eingriffsverhältnisse beim Gegenlauf-Umfangsfräsen
a_p Fräsbreite (Schnitttiefe)
a_e Arbeitseingriff
v_c Umfangsgeschwindigkeit, Schnittgeschwindigkeit
v_f Vorschubgeschwindigkeit
f_z Vorschub pro Schneide

Die Schneiden dringen mit der Schnittgeschwindigkeit v_c, die der Umfangsgeschwindigkeit des Werkzeugs mit dem Durchmesser d entspricht, in das Werkstück ein:

$$\boxed{v_c = \pi \cdot d \cdot n}$$

(3.3–1)

Bei jeder Umdrehung wird der *Vorschub f* zurückgelegt, der sich auf die z einzelnen Schneiden mit f_z verteilt:

$$f = z \cdot f_z \tag{3.3–2}$$

Jede Schneide hinterlässt auf der Werkstückoberfläche eine Schnittmarke der Breite f_z. Mit der Drehzahl n kann die *Vorschubgeschwindigkeit* bestimmt werden:

$$v_f = f \cdot n \tag{3.3–3}$$

Eingriffskurve

Beim Gegenlauffräsen heben die Werkzeugschneiden einen *kommaförmigen Span* vom Werkstück ab (**Bild 3.3–36**). Sie treffen in einem sehr spitzen Winkel ($\varphi = 0°$) auf den Werkstoff. Bevor sie eindringen, gleiten sie mit zunehmender Anpresskraft ein kurzes Stück auf der Oberfläche. Nach dem Eindringen nimmt der Spanungsquerschnitt langsam zu und fällt zum Schluss schnell ab.

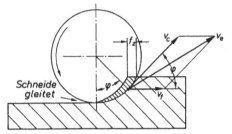

Bild 3.3–36 Spanungsquerschnitt und Bewegungen beim Umfangs-Gegenlauffräsen
v_c Schnittgeschwindigkeit
v_f Vorschubgeschwindigkeit
v_e Wirkgeschwindigkeit
φ Eingriffswinkel, Vorschubrichtungswinkel
f_z Vorschub pro Schneide

Das Geschwindigkeitsparallelogramm im Bild zeigt die Überlagerung der Schnittgeschwindigkeit v_c und der Vorschubgeschwindigkeit v_f. Sie schließen den *Vorschubrichtungswinkel* φ ein. Da sich die Richtung der Schnittgeschwindigkeit während des Eingriffs infolge der Werkzeugdrehung ändert, ist auch er nicht konstant. Er nimmt von $\varphi = 0$ (beim Schneideneintritt) bis zum Größtwert $\varphi < \pi / 2$ beim Austritt der Schneide aus dem Werkstück zu.

Die *Bahnkurve* einer Schneide weicht von der reinen Kreisform ab. Sie ist eine *Zykloide*, die durch Überlagerung mit der geradlinigen Vorschubbewegung entsteht (**Bild 3.3–37**).

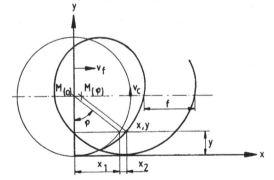

Bild 3.3–37
Entstehung der zykloidischen Bahnkurve beim Umfangs-Gegenlauffräsen

Die *x*-Koordinate eines Bahnkurvenpunkts setzt sich deshalb aus zwei Teilen zusammen:

$$x_1 = \frac{d}{2} \cdot \sin \varphi$$

dem Anteil der Kreisbewegung und

$$x_2 = f \cdot \frac{\varphi}{2\pi}$$

dem Vorschubanteil. Darin ist f der Vorschub in x-Richtung, der bei einer ganzen Werkzeug-umdrehung $2\,\pi$ entstanden wäre. Mit den Gleichungen (3.3–1) und (3.3–0.) wird

$$x_2 = \frac{d \cdot v_f}{2 \cdot v_c} \cdot \varphi \quad \text{und}$$

$$x = x_1 + x_2 = \frac{d}{2} \cdot \sin\varphi + \frac{d \cdot v_f}{2 \cdot v_c} \cdot \varphi \qquad (3.3\text{–}4)$$

Für die y-Koordinate gilt:

$$y = \frac{d}{2} \cdot (1 - \cos\varphi) \qquad (3.3\text{–}5)$$

Daraus lassen sich

$$\sin\varphi = 2 \cdot \sqrt{\frac{y}{d} - \frac{y^2}{d^2}} \quad \text{und} \quad \varphi = \arcsin 2 \cdot \sqrt{\frac{y}{d} - \frac{y^2}{d^2}} \qquad (3.3\text{–}4a)$$

ableiten. Somit entsteht aus (3.3–3) die Gleichung für die *Bahnkurve beim Umfangs-Gegenlauffräsen*

$$x = d \cdot \left(\sqrt{\frac{y}{d} - \frac{y^2}{d^2}} + \frac{v_f}{2 \cdot v_c} \cdot \arcsin 2 \cdot \sqrt{\frac{y}{d} - \frac{y^2}{d^2}} \right) \qquad (3.3\text{–}6)$$

In dieser Gleichung sind nach wie vor die beiden Bewegungsanteile x_1 für die *Kreisbewegung* vor dem + und x_2 für die *Vorschubbewegung* nach dem + getrennt voneinander zu erkennen. Praktisch vernachlässigt man oft den zweiten Teil x_2, weil er gegenüber x_1 sehr klein bleibt. Damit ersetzt man die Zykloide durch einen einfachen *Kreisbogen*.

Wirkrichtung

Wie klein die Abweichung von der Kreisbewegung ist, lässt sich auch durch *Wirkrichtung* und *Wirkrichtungswinkel* η darstellen (**Bild 3.3–38**). Zu sehen ist das Vektorenparallelogramm aus der Schnittgeschwindigkeit v_c und der Vorschubgeschwindigkeit v_f. Sie schließen miteinander den *Vorschubrichtungswinkel* φ ein, der identisch ist mit dem *Eingriffswinkel* φ. Der resultierende Vektor v_e stellt die *Wirkgeschwindigkeit* dar. Sie weicht um den kleinen Winkel η von der Schnittrichtung (Kreisbahn) ab. Zur Berechnung bestimmen wir die Parallelogrammfläche

$$h_f \cdot v_f = h_c \cdot v_c \qquad (3.3\text{–}7)$$

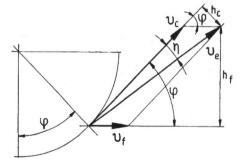

Bild 3.3–38
Wirkrichtung der Bewegung beim Umfangs-Gegenlauffräsen

φ	Eingriffswinkel, Vorschubrichtungswinkel
η	Wirkrichtungswinkel
v_c	Schnittgeschwindigkeit
v_f	Vorschubgeschwindigkeit
v_e	Wirkgeschwindigkeit
h_c, h_f	Rechenhilfsgrößen

Die Rechenhilfsgrößen h_c und h_f werden mit den angegebenen Winkeln bestimmt

$$\boxed{h_c = v_e \cdot \sin \eta}$$ (3.3–8)

$$\boxed{h_f = v_e \cdot \sin (\varphi - \eta)}$$ (3.3–9)

$h_f = v_e (\sin \varphi \cdot \cos \eta - \cos \varphi \cdot \sin \eta).$

Eingesetzt in (3.3–5) erhalten wir die Bestimmungsgleichung für den Wirkrichtungswinkel

$$\boxed{\tan \eta = \frac{\sin \varphi}{\dfrac{v_c}{v_f} + \cos \varphi}}$$ (3.3–10)

Er folgt einer durch v_f / v_c stark gestauchten Sinusfunktion von φ (**Bild 3.3–39**).

Bild 3.3–39
Darstellung des kleinen Wirkrichtungswin-
kels in Abhängigkeit vom Eingriffswinkel φ

Die Wirkgeschwindigkeit kann aus Gleichung (3.3–7) mit $h_f = v_c \sin(\varphi)$ bestimmt werden

$$\boxed{v_e = v_c \cdot \frac{\sin \varphi}{\sin (\varphi - \eta)}}$$ (3.3–11)

Hieraus ist unmittelbar abzulesen, dass ein sehr kleiner Wirkrichtungswinkel η die Vereinfachung zulässt

$v_e \approx v_c.$

Spanungsdicke

Am Werkstück hinterlassen die Schneiden eine wellenförmige Oberfläche (**Bild 3.3–40**). An
dieser Wellenform kann man erkennen, dass die Schneiden theoretisch schon vor der Nulllage
bei φ_E in den Werkstoff eindringen. Der Fräsermittelpunkt liegt dann noch bei M_E. Beim Austritt der Schneide aus dem Werkstück hat der Mittelpunkt infolge des Vorschubs den Weg bis
M_A und die Schneide den zusätzlichen Winkel φ_A zurückgelegt. Es gilt für den *ganzen Eingriffswinkel*

$\Delta\varphi = \varphi_A - \varphi_E$

φ_E ist negativ und vernachlässigbar klein. Mit dem Arbeitseingriff a_e und dem Werkzeugdurchmesser d wird:

$$\boxed{\Delta\varphi \approx \varphi_A = \arccos \left(1 - \frac{2 a_e}{d} \right)}$$ (3.3–12)

Durch Vereinfachung der Formel nach einer Reihenentwicklung findet man

$$\boxed{\Delta\varphi \approx 2 \cdot \sqrt{\frac{a_e}{d}}}$$ (3.3–13)

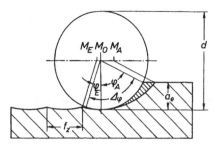

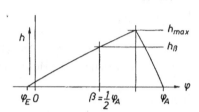

Bild 3.3–40 Eingriffswinkel beim Umfangsfräsen

Bild 3.3–41 Spanungsdicke h beim Umfangs-Gegenlauffräsen in Abhängigkeit vom Eingriffswinkel φ

Diese Vereinfachung hat jedoch nur *begrenzte Gültigkeit*. Bei $\Delta\varphi = 1$ beträgt der Rechenfehler bereits 4 %.

Auf dem Weg vom ersten Berühren der Schneiden mit dem Werkstück bei φ_E bis zu ihrem Austritt aus dem Werkstück bei φ_A sind sie unterschiedlich tief eingedrungen. In **Bild 3.3–40** kann man am feinschraffierten Querschnitt die *veränderliche Spanungsdicke* erkennen. Über dem Eingriffswinkel φ aufgetragen, ergibt sie den in **Bild 3.3–41** dargestellten Verlauf.

Der Schneideneintritt liegt bereits vor dem unteren Totpunkt. Einem flachen Anstieg folgt das Maximum in einer Spitze kurz vor dem Austritt der Schneide aus dem Werkstück. Bis φ_A fällt die Spanungsdicke h dann steil zum Nullwert ab. Ein für die Berechnungen brauchbarer Mittelwert wird im Eingriffswinkel

$$\varphi = \beta = \frac{1}{2}\Delta\varphi \approx \frac{1}{2}\varphi_A \approx \sqrt{\frac{a_e}{d}}$$

gefunden und als Halbwinkelspanungsdicke bezeichnet:

$$\boxed{h_m = h_\beta = \frac{2}{\Delta\varphi} \cdot \frac{a_e}{d} \cdot f_z \cdot \sin\kappa} \qquad (3.3\text{–}14)$$

Vereinfacht gilt (für $\Delta\varphi < 1$)

$$\boxed{h_m \approx \sqrt{\frac{a_e}{d}} \cdot f_z \cdot \sin\kappa} \qquad (3.3\text{–}15)$$

3.3.4.2 Zerspankraft

Definition der Zerspankraftkomponenten

Die *Zerspankraft F* ist die von einer Schneide auf das Werkstück wirkende Gesamtkraft (DIN 6584). Zur Darstellung in **Bild 3.3–42** denkt man sie sich in einem Schneidenpunkt vereinigt. Sie kann in einzelne Kraftkomponenten zerlegt werden. Die in Vorschubrichtung wirkende Komponente heißt *Vorschubkraft* F_f. Senkrecht dazu entsteht die *Vorschubnormalkraft* F_{fN}. Die von diesen Kräften aufgespannte Ebene ist die Arbeitsebene. Die vollständige Kraftkomponente in der Arbeitsebene ist die *Aktivkraft* F_a. Senkrecht dazu wirkt die *Passivkraft* F_p. In der Richtung der Passivkraft ist *keine* Arbeitsbewegung zu finden. Infolgedessen verursacht die Passivkraft *keine Arbeit* und bedarf *keiner Leistung*.

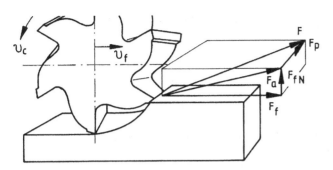

Bild 3.3–42
Krafteinwirkung einer Schneide auf
das Werkstück beim Umfangs-
Gegenlauffräsen nach DIN 6584

Die *Zerspankraft F* lässt sich aus ihren Richtungskomponenten bestimmen:

$$F = \sqrt{F_f^2 + F_{fN}^2 + F_p^2} \qquad (3.3\text{--}16)$$

Sie ist als Kraftvektor zu verstehen und ändert auf dem Weg der Schneide durch das Werkstück ihre Größe und Richtung.

Dasselbe kann man über F_a, die *Aktivkraft* in der Arbeitsebene sagen. Diese lässt sich aus den Richtungskomponenten F_f und F_{fN} berechnen:

$$F_a = \sqrt{F_f^2 + F_{fN}^2} \qquad (3.3\text{--}10a)$$

Auch dieser Kraftvektor ändert seine Größe und Richtung auf dem Weg der Schneide über den Eingriffswinkel φ.

Bild 3.3–43 zeigt weitere Kraftkomponenten in der Arbeitsebene. Die *Schnittkraft F_c* stellt sich als Projektion der Aktivkraft auf die Schnittrichtung dar.

$$F_c = F_a \cdot \cos \tau \qquad (3.3\text{--}17)$$

Ihre Größe verändert sich wie F und F_a auf dem Weg der Schneide durch das Werkstück und wird hauptsächlich durch den Spanungsquerschnitt bestimmt. Ihre Richtung ist an das rotierende Werkzeug als Tangente gebunden. Zur Aktivkraft F_a ist der Richtungswinkel τ bestimmend, der sich kaum verändert.

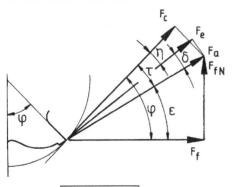

Bild 3.3–43
Aktivkraft F_a und ihre Komponenten F_c Schnitt-
kraft, F_e Wirkkraft und F_f Vorschubkraft in der
Arbeitsebene

$$\tau = \arccos \frac{F_c}{F_a} \qquad (3.3\text{--}11a)$$

Für τ findet man bei Messungen etwa $30° - 50°$. Die größten Einflüsse kommen dabei vom Spanwinkel γ und der Schneidkantenabstumpfung.

Die *Schnittkraft* F_c kann man auch unmittelbar aus den Richtungskomponenten F_f und F_{fN} mit der Transformationsgleichung

$$F_c = F_f \cdot \cos \varphi + F_{fN} \cdot \sin \varphi \qquad (3.3\text{--}18)$$

berechnen. In dieser Gleichung wird die Abhängigkeit vom Eingriffswinkel φ besonders deutlich.

$$\boxed{F_e = F_a \cdot \cos(\tau - \eta)} \qquad (3.3\text{--}19)$$

Die *Wirkkraft* ist die Kraftkomponente in Wirkrichtung. Da der Wirkrichtungwinkel η verschwindend klein sein kann, ist F_e fast mit F_c identisch.

Wie die Kräfte sich beim Weg der Schneide durch das Werkstück ändern, zeigt **Bild 3.3–44**. Sie sind über dem Eingriffswinkel φ vom Schneideneintritt φ_E bis zum Schneidenaustritt φ_A aufgetragen.

Die*se Größenänderung* ergibt sich hauptsächlich durch die Spanungsdickenänderung (Bild 3.3–41). Beim Eintritt der Schneide ins Werkstück ist sie sehr klein. Deshalb beginnen dort auch alle Kräfte mit Null. Vor dem Austritt der Schneide erreicht sie noch ein Maximum, ehe sie wieder auf Null abfällt. Diesen Verlauf zeigen auch alle Kraftkomponenten in Bild 3.3–44. Die *Richtungsänderung* ist bedingt durch die Werkzeugdrehung mit dem Eingriffswinkel φ von einem kleinen Negativwert bei Null bis zum Maximum bei φ_A, das bis $\pi / 2$ gehen kann. Dadurch ändern vor allem die Kraftkomponenten F_a, F_e und F_c (Bild 3.3–43) ebenfalls ihre Richtungen.

Schnittkraftverlauf und Überlagerungen

Mit dem Ansatz $F_c = A \cdot k_c = b \cdot h \cdot k_c$ kann die Schnittkraft bestimmt werden, die von einer Schneide ausgeht. Zu beachten ist jedoch, dass die Spanungsdicke h gemäß Bild 3.3–41 nicht konstant ist, und dass sich damit auch die spezifische Schnittkraft k_c ändert:

$$k_c = k_{c1 \cdot 1} \cdot \left(\frac{h_0}{h}\right)^z \cdot \text{Korrekturfaktoren}.$$

$k_{c1 \cdot 1}$ ist darin der Grundwert der spezifischen Schnittkraft aus Tabelle 2.3-1, $h_0 = 1$ mm und z der Neigungsexponent (nicht etwa die Schneidenzahl).

Bild 3.3–45 zeigt, wie k_c über dem Winkel φ verläuft. Im Eintritts- und Austrittspunkt ($h = 0$) muss k_c sehr groß werden. Bei der größten Spanungsdicke h_{max} erreicht k_c ein Minimum. Für den *mittleren Winkel* β errechnet sich die *mittlere spezifische Schnittkraft*

$$\boxed{k_{c\beta} = k_{cm} = k_c(h_\beta) = k_{c1 \cdot 1} \cdot \left(\frac{h_0}{h_\beta}\right)^z \cdot \text{Korrekturfaktoren}} \qquad (3.3\text{--}20)$$

Die Korrekturfaktoren werden wie beim Drehen berechnet, f_f wie beim Innendrehen mit d = Werkzeugdurchmesser.

In die Schnittkraft geht der Einfluss der Spanungsdicke also mehrfach ein. Man kann ihn mit folgender Schnittkraftformel zusammenfassen:

$$\boxed{F_c = b \cdot k_{c1 \cdot 1} \cdot h_0^z \cdot h^{1-z} \cdot \text{Korrekturfaktoren}} \qquad (3.3\text{--}21)$$

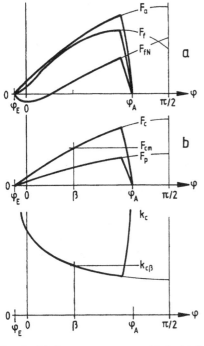

Bild 3.3–44
Verlauf der Zerspankraftkomponenten F_f, F_{fN}, F_a, F_c und F_p während des Schneideneingriffs beim Umfangs-Gegenlauffräsen

Bild 3.3–45
Verlauf der spezifischen Schnittkraft k_c in Abhängigkeit vom Eingriffswinkel φ und mittlere spezifische Schnittkraft $k_{c\beta}$ beim Umfangs-Gegenlauffräsen

Da der Neigungsexponent z klein ist (zwischen 0,1 und 0,3), ist die Abhängigkeit der Schnittkraft vom Eingriffswinkel ähnlich der Kurve der Abhängigkeit der Spanungsdicke vom Eingriffswinkel (siehe Bild 3.3–41 und Bild 3.3–44b). Die mittlere Schnittkraft einer Schneide

$$\boxed{F_{cm} = b \cdot h_m \cdot k_{cm}} \qquad (3.3–14a)$$

kann als die momentane Schnittkraft im Halbwinkel $\varphi = \beta$ aufgefasst werden

$$\boxed{F_{cm} = F_c(\beta) = b \cdot k_{c1\cdot1} \cdot h_0^z \cdot h_\beta^{1-z} \cdot \text{Korrekturfaktoren}}. \qquad (3.3–14b)$$

Es muss jedoch beachtet werden, dass oft *mehrere Schneiden* im Eingriff sind. Die Schnittkräfte *überlagern* sich teilweise. **Bild 3.3–46** zeigt den Verlauf der Überlagerung an einem Fräswerkzeug bei teilweiser Überschneidung des Eingriffs von zwei Zähnen.

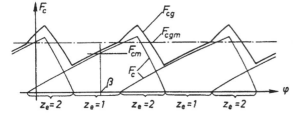

Bild 3.3–46
Überlagerung der Kräfte von mehreren Schneiden, die gleichzeitig im Eingriff sind

F_c	Einzelschnittkräfte
F_{cm}	mittlere Einzelschnittkraft
F_{cg}	Gesamtschnittkraft
F_{cgm}	mittlere Gesamtschnittkraft

Die Gesamtschnittkraft ist

$$F_{cg} = F_c \cdot z_e$$

Darin ist z_e die Zahl der Schneiden, die augenblicklich in Eingriff sind. Sie wechselt bei gerade angeordneten Zähnen unstetig zwischen zwei ganzen Zahlen (zum Beispiel zwischen 1 und 2, siehe Bild 3.3–46).

Zur Bestimmung eines *Mittelwerts* kann vereinfacht berechnet werden

$$z_{em} = z \cdot \frac{\Delta\varphi}{2\pi} \approx \frac{z}{\pi} \cdot \sqrt{\frac{a_e}{d}} \quad \text{(bei } \Delta\varphi < 1\text{)} \tag{3.3–22}$$

z ist darin die Gesamtzahl der Schneiden des Fräswerkzeugs, $\Delta\varphi$ der gesamte Eingriffswinkel einer Schneide.

Mit z_{em} kann auch die *mittlere Gesamtschnittkraft* bestimmt werden:

$$F_{cgm} = z_{em} \cdot F_{cm} \tag{3.3–23}$$

$$F_{cgm} = z_{em} \cdot b \cdot h_m \cdot k_{cm} \tag{3.3–24}$$

Die Spanungsbreite b ist beim Umfangsfräsen gleich der Fräsbreite a_p, wenn das Werkzeug zylindrisch ist ($\kappa = 90°$). Allgemein gilt $b = a_p / \sin\kappa$.

Eine weitere Einflussgröße ist der *Drallwinkel* λ. Durch ihn wird der Schneideneingriff über einen längeren Drehwinkel verteilt. Die Wahl eines günstigen Drallwinkels λ_{opt} ermöglicht es, die Schnittkraftschwankung zu verringern; dazu soll stets die gleiche Gesamtschneidenlänge mehrerer Schneiden in Eingriff sein. Die Bestimmungsgrößen zur Errechnung des günstigsten Drallwinkels λ_{opt} zeigt **Bild 3.3–47**.

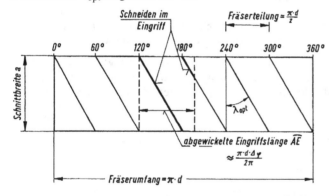

Bild 3.3–47
Zusammenhänge zur Errechnung eines günstigen Drallwinkels λ (gezeichnet für Schneidenzahl $z = 6$ und den Eingriffswinkel $\Delta\varphi = 75°$)

$$a_{opt} = \frac{d \cdot \pi}{z} \cdot \cot\lambda$$

$$\lambda_{opt} = \frac{d \cdot \pi \cdot x}{a_e \cdot z}$$

x ganze Zahl, z. B. 2 oder 3

3.3.4.3   Schnittleistung

Die *Schnittleistung* schwankt beim Fräsen in ihrer Größe wie die Gesamtschnittkraft:

$$P_c = F_{cg} \cdot v_c \tag{3.3–25}$$

In den meisten Fällen kann jedoch mit einer *mittleren Leistung* gerechnet werden:

$$P_{cm} = F_{cgm} \cdot v_c \tag{3.3–26}$$

Durch Einsetzen der Gleichung (3.3–0.) erhält man:

$$P_{cm} = z_{em} \cdot b \cdot h_m \cdot k_{cm} \cdot v_c \tag{3.3–27}$$

Aus dieser Gleichung für die Schnittleistung kann die gleichwertige Formel von *Salomon* und *Zinke*, die in vielen Lehrbüchern zu finden ist, abgeleitet werden. Die Umrechnung erfolgt mit den Gleichungen aus den Kapiteln 2, 3.1 und 3.3. Es entsteht dann die Gleichung

$$P_{cm} = a_p \cdot a_e \cdot v_f \cdot k_{cm} \tag{3.3–28}$$

3.3.4.4 Zeitspanungsvolumen

Das *Zeitspanungsvolumen* gibt an, wie viel Werkstoff pro *Arbeitsminute* abgetragen wird. Es ist ein Maß für die Leistungsfähigkeit der Zerspanung. Besonders beim Fräsen zeigt sich die große Leistungsfähigkeit in dieser Zahl. Es lässt sich folgendermaßen berechnen:

$$\boxed{Q = a_\mathrm{p} \cdot a_\mathrm{e} \cdot v_\mathrm{f}} \tag{3.3–29}$$

Darin ist die Vorschubgeschwindigkeit

$$v_\mathrm{f} = z \cdot f_\mathrm{z} \cdot n$$

mit der Drehzahl n, dem Vorschub pro Schneide f_z und der Zahl der Schneiden am Werkzeug z. Also ist

$$\boxed{Q = a_\mathrm{p} \cdot a_\mathrm{e} \cdot z \cdot f_\mathrm{z} \cdot n} \quad \text{(s. } \textbf{Bild 3.3–48)} \tag{3.3–30}$$

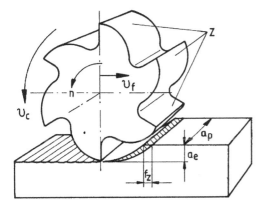

Bild 3.3–48
Darstellung der fünf Einflussgrößen auf das Zeitspanungsvolumen $Q = a_\mathrm{p} \cdot a_\mathrm{e} \cdot z \cdot f_\mathrm{z} \cdot n$ beim Umfangs-Gegenlauffräsen

Optimierungsfragen

Bei der Optimierung von Fräsarbeiten kann ein Ziel die *Vergrößerung* des *Zeitspanungsvolumens* Q bei geringstem Kostenanstieg sein. Gleichung (3.3–21) gibt dafür 5 Möglichkeiten an, nämlich die Vergrößerung der fünf Faktoren a_p, a_e, n, f_z und z. Wie sich dabei Schnittkraft, Schnittleistung und Standzeit ändern, ist in **Tabelle 3.3-1** übersichtlich dargestellt.

Einfach zu erklären, ist die Vergrößerung des Zeitspanungsvolumens über die *Fräsbreite* a_p (1. Spalte der Tabelle). In der Praxis muss natürlich die Möglichkeit dazu gegeben sein. Schnittkraft und Schnittleistung nehmen dann proportional zu. In der Tabelle ist das durch den Exponenten 1 dargestellt. Die Standzeit der Schneiden verringert sich nicht, da ja auch längere Schneiden zum Einsatz kommen müssen.

Bei Vergrößerung des *Arbeitseingriffs* a_e (2. Spalte) ist eine deutliche Vergrößerung der Spanungsdicke um $a_\mathrm{e}^{0,5}$ festzustellen. Infolgedessen nimmt die spezifische Schnittkraft ab. Dabei wird der Exponent z durch einen mittleren Wert 0,2 ersetzt. Die Schnittkraft nimmt nur wenig zu. Dafür kommen mehr Schneiden zum Eingriff. Schließlich vergrößert sich die Schnittleistung etwas weniger als proportional, nämlich um $a_\mathrm{e}^{0,9}$. Die Standzeit wird etwas kürzer, da die Schneidenbelastung zunimmt.

Als dritte Möglichkeit wird die Vergrößerung der *Schneidenzahl* betrachtet. Dabei nimmt auch die Vorschubgeschwindigkeit $v_\mathrm{f} = z \cdot f_\mathrm{z} \cdot n$ zu.

Tabelle 3.3-1: Übersicht über die Veränderung von Spannungsdicke, Schnittkraft, Schnittleistung und Standzeit bei Vergrößerung des Zeitspannungsvolumens Q über seine Einflussfaktoren und bei Änderung des Werkzeugdurchmessers

Einflussgröße	a_p	a_e	z	f_z	n	d
üblicher Bereich	1 – 400 mm	1 – 20 mm	1 – 100	0,05 – 0,3 mm/Schn.	siehe v_c	1 – 2000 mm
$h_m = f_z \cdot \sqrt{\dfrac{a_e}{d}} \cdot \sin \kappa$	–	$a_e^{0,5}$	–	f_z^1	–	$d^{-0,5}$
$k_{cm} = k \cdot h_m^{-z} \cdot v_c^{-0,1}$	–	$a_e^{-0,5 \cdot z} = a_e^{-0,1}$	–	$f_z^{-0,2}$	$n^{-0,1}$	$d^{(-0,5) \cdot (-z)} = d^{0,1}$
$F_{cm} = \dfrac{a_p}{\sin \kappa} \cdot h_m \cdot k_{cm}$	a_p^1	$a_e^{0,5-0,1} = a_e^{0,4}$	–	$f_z^{1-0,2} = f_z^{0,8}$	$n^{-0,1}$	$d^{-0,5+0,1} = d^{-0,4}$
$z_{em} = \dfrac{z}{\pi} \cdot \sqrt{\dfrac{a_e}{d}}$	–	$a_e^{0,5}$	z^1	–	–	$d^{1-0,5} = d^{0,5}$
$P_{cm} = F_{cm} \cdot z_{em} \cdot v_c$	a_p^1	$a_e^{0,4+0,5} = a_e^{0,9}$	z^1	$f_z^{0,8}$	$n^{-0,1+1} = n^{0,9}$	$d^{-0,4+0,5} = d^{0,1}$
$T = c_1 \cdot v_c^{c_2} \cdot f_z^{c_3} \cdot a_e^{c_4}$	–	etwas abnehmend	zunehmend	abnehmend	stark abnehmend	zunehmend

Wie die 3. Spalte der Tabelle zeigt, ist proportional eine größere Leistung aufzubringen. Die Standzeit nimmt zu, da sich der Verschleiß auf mehr Schneiden verteilt.

Durch Vergrößerung des *Vorschubs* f_z (4. Spalte) wird die Spanungsdicke besonders vergrößert. Damit nimmt die spezifische Schnittkraft am deutlichsten ab. Infolgedessen nehmen Schnittkraft und Schnittleistung nur mäßig zu. Das ist wirtschaftlich vielleicht die beste Möglichkeit, das Zeitspanungsvolumen zu vergrößern. Voraussetzung für diese Maßnahme ist, dass die Schneiden die Kraft ertragen. Als Nachteil ist eine rauere Oberfläche des Werkstücks und eine kürzere Standzeit der Schneiden zu erwarten.

Eine *Drehzahlvergrößerung* ist mit höherer Schnittgeschwindigkeit und größerer Vorschubgeschwindigkeit verbunden. Dabei kann die Schnittkraft sogar etwas kleiner werden. Die Schnittleistung nimmt natürlich zu. Begrenzt wird eine solche Maßnahme aber vor allem durch die starke Verkürzung der Standzeit. Schnittgeschwindigkeitsvergrößerungen sind oft nur in Verbindung mit wärmebeständigeren Schneidstoffen möglich, denn die Schneidentemperatur steigt in jedem Fall stark an.

Eine interessante Variationsgröße kann auch der *Werkzeugdurchmesser* sein, obwohl er nicht direkt auf das Zeitspanungsvolumen einwirkt. Wenn man mit dem Durchmesser gleichzeitig die Zähnezahl vergrößert und die Drehzahl verkleinert, bleiben Schnitt- und Vorschubgeschwindigkeit unverändert. Bemerkenswert ist, dass sich die Schnittleistung vergrößert. In der Praxis ist deshalb bei leistungsschwachen Maschinen die entgegengesetzte Maßnahme interessant, nämlich die Verwendung *kleinerer Werkzeuge* mit größeren Drehzahlen. Dabei muss sich der *Leistungsbedarf verkleinern*.

Bild 3.3–49 zeigt noch einmal in bildlicher Form, wie unterschiedlich der *zusätzliche Leistungsbedarf* bei verschiedenen Maßnahmen ist, die das Zeitspanungsvolumen steigern. Die Vorschubsteigerung erfordert den kleinsten und die Vergrößerung der Zähnezahl oder der Fräsbreite den größten zusätzlichen Leistungsaufwand. Interessant ist auch die Feststellung, dass kleine Fräswerkzeuge bei gleichem Zeitspanungsvolumen weniger Leistung brauchen.

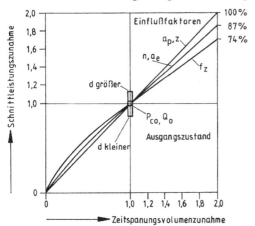

Bild 3.3–49
Unterschiedliche Leistungszunahme bei der Vergrößerung des Zeitspanungsvolumens durch verschiedene Maßnahmen

Spezifische Schnittleistung

Zwischen dem *Zeitspanungsvolumen* und der *Schnittleistung* gibt es einen einfachen Zusammenhang. Aus Gleichung (3.3–19)

$$P_{cm} = z_{em} \cdot b \cdot h_m \cdot k_{cm} \cdot v_c$$

wird durch Einsetzen der Gleichungen

(2.1–4): $b = a_\mathrm{p} / \sin \kappa$

(3.3–1): $v_\mathrm{c} = \pi \cdot d \cdot n$

(3.3–0.): $h_\mathrm{m} = f_\mathrm{z} \cdot \sqrt{a_\mathrm{e} / d} \cdot \sin \kappa$

(3.3–15): $z_\mathrm{em} = \dfrac{z}{\pi} \cdot \sqrt{\dfrac{a_\mathrm{e}}{d}}$

und mit

(3.3–21): $Q = a_\mathrm{e} \cdot a_\mathrm{p} \cdot z \cdot f_\mathrm{z} \cdot n$

$$P_\mathrm{cm} = Q \cdot k_\mathrm{cm} \tag{3.3–31}$$

Dieser Zusammenhang unterstreicht die wichtige Bedeutung der *spezifischen Schnittkraft* bei Spanungsprozessen für Kraft- und Leistungsbestimmungen. k_c verknüpft direkt das rein geometrisch und kinetisch bestimmte Zeitspanungsvolumen mit der Schnittleistung.

Andere ältere Kenngrößen wie „spezifische Schnittleistung" oder „leistungsbezogenes Zeitspanungsvolumen" werden damit überflüssig. Sie werden in diesem Lehrbuch nicht mehr verwendet.

3.3.5 Gleichlauffräsen

Bild 3.3–50 zeigt das *Umfangsfräsen* im *Gleichlauf* Die Schneide dringt jetzt an der Rohteiloberfläche zuerst in den Werkstoff ein. Das Geschwindigkeitsdiagramm zeigt, dass der *Vorschubrichtungswinkel* φ zwischen Vorschub und Schnittrichtung größer ist als beim Gegenlauffräsen.

$$\frac{\pi}{2} < \varphi < \pi$$

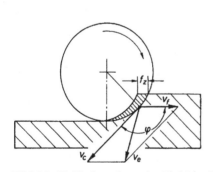

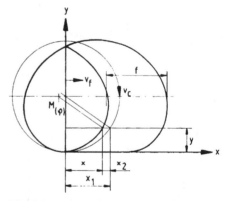

Bild 3.3–50 Umfangsfräsen im Gleichlauf   **Bild 3.3–51** Entstehung der zykloidischen Bahnkurve beim Gleichlauffräsen

3.3.5.1 Eingriffskurve beim Gleichlauffräsen

Bild 3.3–51 zeigt die Entstehung der *Bahnkurve* beim Gleichlauf fräsen. Sie ist wieder eine *Zykloide*. Im Gegensatz zum Gegenlauffräsen befindet sich jetzt jedoch der engere, etwas stärker gekrümmte Kurventeil im Eingriffsbereich. Die x-Koordinate entsteht durch Subtraktion von x_1 und x_2.

$x = x_1 - x_2.$

Darin ist wieder x_1 der horizontale Bewegungsanteil, der aus der Werkzeugrotation entsteht, und x_2 der Anteil der geradlinigen Vorschubbewegung. Mit der sonst gleichen Ableitung wie beim Gegenlauffräsen erhält man als Bahnkurve für das Gleichlauffräsen

$$x = d \cdot \left(\sqrt{\frac{y}{d} - \frac{y^2}{d^2}} - \frac{v_f}{2 \cdot v_c} \cdot \arcsin 2 \cdot \sqrt{\frac{y}{d} - \frac{y^2}{d^2}} \right) \tag{3.3-32}$$

Diese Gleichung unterscheidet sich von Gleichung (3.3–0.) nur durch das *Subtraktionszeichen* in der Klammer.

3.3.5.2 Richtung der Zerspankraft beim Gleichlauffräsen

Der größte Unterschied zwischen Gegenlauf- und Gleichlauffräsen ist in der *Richtung* der *Zerspankraft* zu suchen. **Bild 3.3–52** zeigt im Vergleich der beiden Verfahren eine Aufteilung der Zerspankraft in der Arbeitsebene. Dargestellt sind die von der Schneide auf das Werkstück einwirkenden Komponenten F_a, F_c, F_f und F_m. Die entgegengesetzten *Richtungen* der *Schnittkräfte* sind durch die unterschiedlichen Drehrichtungen des Werkzeugs bei Gegen- und Gleichlauf zu erklären.

Bemerkenswert sind die ebenfalls entgegengesetzt wirkenden *Vorschubkräfte*. Bei Gegenlauf bedeutet der nach rechts wirkende Kraftvektor, dass der Vorschubantrieb der Fräsmaschine gegen diese Kraft arbeiten muss. Bei Gleichlauf dagegen unterstützt F_f den Vorschubantrieb gleichsinnig. Das kann unangenehm sein, wenn F_f größer als die Widerstandskräfte der Tischführungen ist. Dann muss der Antrieb sogar bremsen. Bei alten Maschinen mit Spiel im Vorschubantrieb entstehen dann ruckartige Bewegungen, die zur Zerstörung der Schneiden führen.

Ebenso wichtig ist die Betrachtung der *Vorschubnormalkraft* F_{fN}. Bei Gegenlauf kann sie das Werkstück *anheben* (wenn es nicht fest aufgespannt ist). Das Werkzeug selbst wird nach unten gezogen. Bei Gleichlauf ist es umgekehrt. F_{fN} drückt das Werkstück auf den Maschinentisch und das Fräswerkzeug nach oben. Dabei droht eine neue Gefahr bei schlechten Maschinen. Elastizität oder Spiel in der Frässpindel oder im Fräsdorn führt zum *Hinaufklettern* des Fräsers

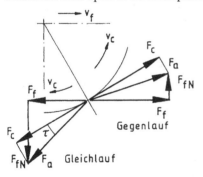

Bild 3.3–52
Richtung der wichtigsten Zerspankraftkomponenten beim Gegenlauf- und Gleichlauffräsen
F_a Aktivkraft
F_c Schnittkraft
F_f Vorschubkraft
F_{fN} Vorschubnormalkraft

auf das Werkzeug (climb milling). Das hat unregelmäßige Maßschwankungen des Werkstücks und Standzeiteinbußen des Werkzeugs zur Folge.

Gute Fräsmaschinen müssen deshalb sehr *starr* gebaut sein mit großen Querschnitten und tragfähigen Lagern. Hauptantriebsspindel und Vorschubgetriebe müssen *spielfrei* und trotzdem *leichtgängig* sein. Nur dann kann mit ihnen Gleichlauffräsen durchgeführt werden.

Der theoretische Zusammenhang der Zerspankraftkomponenten ist nach Bild 3.3–52 durch die Gleichung:

$$F_a = \sqrt{F_f^2 + F_{fN}^2}$$
(3.3–10a)

wie beim Gegenlauffräsen gegeben.

Zwischen den Vektoren F_a und F_c ist der Winkel

$$\tau = \arccos \frac{F_c}{F_a}$$
(3.3–11a)

richtungsbestimmend. Seine Größe hängt hauptsächlich vom Spanwinkel γ und der Schneid-kantenschärfe ab. Er ändert sich kaum beim Durchlaufen eines Schnittes. Größe und Richtung der Kraftvektoren ändern sich dagegen stark auf dem Weg der Schneide durch den Werkstoff.

3.3.5.3 Weitere Besonderheiten beim Gleichlauffräsen

Der Schneideneintritt in das Werkstück ist beim Gleichlauffräsen am *dicken* Ende des komma-förmigen Spanes. Vorteilhaft ist, dass ein großer Anschnittwinkel das *sofortige* Eindringen der Schneide in den Werkstoff möglich macht (Bild 3.3–50). Hier wird nicht wie beim Gegenlauf ein gewisser Schnittweg gleitend unter Druck und Reibung zurückgelegt. Deutlich *längere Standzeiten* der Schneiden sind die Folge.

Sollte die Werkstückoberfläche jedoch besonders hart sein, Verzunderung vom Schmieden oder Sandeinschlüsse vom Gießen aufweisen, können die Schneiden darunter leiden.

Spröde Schneidstoffe wie verschiedene Keramiksorten vertragen auch nicht den schlagartigen Schnittkraftanstieg auf der vordersten Schneidkante.

Für Berechnungen des Eingriffswinkels $\Delta\varphi$, der Spanungsdicke h_m, der mittleren Schnittkraft F_{cm}, der Gesamtschnittkraft F_{cgm}, der Schnittleistung P_{cm} und des Zeitspanungsvolumens wer-den *keine anderen Gleichungen* angegeben. Hierfür gelten auch die Gleichungen (3.3–8) bis (3.3–0.), (3.3–13) bis (3.3–0.), (3.3–18) bis (3.3–21). Messbare Abweichungen davon in der Praxis werden als *geringfügig* angesehen.

Die Form der durch die Fräsrillen gebildeten Werkstückoberfläche müsste theoretisch etwas rauer sein, da die stärker gekrümmte Seite der Zykloide zum Eingriff kommt. Praktisch sind bei der Oberflächengüte andere Einflüsse wie Verschleiß und Werkstoffverhalten wichtiger, sodass der kleine Unterschied der Wellenform nicht in Erscheinung tritt.

3.3.5.4 Veränderliche Größen beim Gleichlauffräsen

In Bild 3.3–50 wurde gezeigt, dass beim Gleichlauffräsen der *Anschnitt* am *dicken* Ende des Spanungsquerschnitts bei einem Winkel $\varphi > 90°$ erfolgt. Daraus lässt sich die *Spanungsdicke h* ableiten:

$$h = f_z \cdot \sin\kappa \cdot \sin\varphi$$

In **Bild 3.3–53a** ist ihr *zeitlicher Verlauf über* dem Eingriffswinkel φ aufgetragen. Beim Ein-trittswinkel φ_E ist ein Steilanstieg zu sehen, der das Eindringen der Schneide in das dicke Ende des Spanungsquerschnitts wiedergibt. Schnell erreicht die Spanungsdicke ihr Maximum h_{max} und fällt dann langsam nach einer sinusähnlichen Funktion auf 0 im Austrittswinkel φ_A, der dicht hinter dem Umkehrpunkt $\varphi = 180°$ liegt, ab.

Der *gesamte Eingriffswinkel* $\Delta_\varphi = \varphi_A - \varphi_E$ ist kleiner als $90°$ und liegt im 2. Quadranten des Winkelverlaufs. Halbiert man ihn, dann findet man bei $\beta = \Delta_\varphi / 2$ einen Mittelwert für die Spanungsdicke h_m.

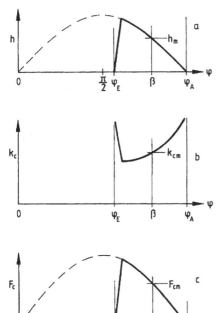

Bild 3.3–53
Spanungsdicke h, spezifische Schnittkraft k_c und Schnittkraft F_c an einer Schneide beim Durchlaufen des Eingriffsbogens im Gleichlauffräsen

Die *spezifische Schnittkraft* k_c wird von der Spanungsdicke beeinflusst. Nach *Kienzle* wird die spezifische Schnittkraft mit zunehmender Spanungsdicke kleiner. Also ist k_c dort am größten, wo h am kleinsten ist. **Bild 3.3–53b** zeigt, wie sich die spezifische Schnittkraft ändert, während die Fräserschneide den Eingriffsbereich Δ_φ durchläuft. Ein für alle Berechnungen geeigneter Mittelwert kann wieder bei $\beta = \Delta_\varphi / 2$ gefunden werden.

Die Größe der Schnittkraft, die von der Spanungsdicke und der spezifischen Schnittkraft abhängt, $F_c = b \cdot h \cdot k_c$, ändert sich mit diesen beiden Einflussgrößen beim Durchlaufen des Eingriffsbereiches Δ_φ. Dabei übt die Spanungsdicke den stärkeren Einfluss aus. **Bild 3.3–53c** zeigt, dass das *Maximum* der Schnittkraft wie bei der Spanungsdicke h gleich nach dem Eindringen der Schneide in den Werkstoff zu finden ist. Ein für Berechnungen geeigneter *Mittelwert* F_{cm} ist im Winkel $\beta = \Delta_\varphi / 2$ zu finden. Die Größe der *Aktivkraft* F_a unterscheidet sich von F_c nur durch den Faktor $1 / \cos \tau$.

3.3.6 Stirnfräsen

Das *Stirnfräsverfahren* wird heute bevorzugt. Die zur Werkstückoberfläche *senkrechte Werkzeugachse* bewirkt gegenüber dem Umfangsfräsen große Vorteile. Die Schneiden der Werkzeuge können kürzer, dafür aber zahlreicher sein. Das ermöglicht die Anwendung von *Wendeschneidplatten*, die nach dem Abstumpfen mit wenig Aufwand einfach gewendet werden. Das erspart das aufwendige Nachschleifen der Werkzeuge. Wendeschneidplatten lassen aus Kostensicht eine *höhere Belastung*, also ein *größeres Zeitspanungsvolumen* zu.

Die kurzen Schneiden sind für die Kühlflüssigkeit zugänglicher. *Bessere Kühlung* bedeutet ebenfalls größere Belastbarkeit.

Es sind fast immer *mehr Schneiden* im Eingriff als beim Umfangsfräsen, denn der Eingriffswinkel ist größer. Dadurch sind kleinere Fräskraftschwankungen, also ein *gleichmäßigerer* Schnitt, zu erwarten.

Neben einem besonders großen Zeitspanungsvolumen kann das Stirnfräsen auch *hochwertige Oberflächen* erzeugen. Die Nebenschneiden sind allein für die entstehende Oberfläche verantwortlich. Sie bewegen sich in einer Ebene und nicht auf einer gekrümmten Kreisbahn wie die Hauptschneiden, die beim Umfangsfräsen die Werkstückoberfläche erzeugen. Für das Feinfräsen sind besondere Fräsköpfe entwickelt worden, die diese Eigenschaft unterstützen. Die Form der Späne und die Richtung, in der sie wegfliegen, ist beim Stirnfräsen ebenfalls günstig. Wegen der kleinen Schnitttiefe sind sie schmal, klein gerollt oder gewendelt und nehmen wenig Raum ein. Sie fliegen durch die Fliehkraft radial vom Werkzeug ab, können leicht fortgespült werden und beschädigen so die Werkstückoberfläche kaum noch. Beim Spänetransport gibt es keine Probleme.

Größere Leistungen verlangen natürlich auch stabilere Werkzeuge, Spindeln und stärkere Antriebe. Die *Verbindung* zwischen Fräsköpfen, die man hauptsächlich zum Stirnfräsen verwendet, und der Maschinenspindel muss *kurz* und *starr* sein.

3.3.6.1 Eingriffsverhältnisse

Für die Eingriffsverhältnisse, unter denen die Schneiden in den Werkstoff eindringen, muss die *Lage* der *Hauptschneiden* am Werkzeug sorgfältig betrachtet werden (Bild 3.3–28). Die Hauptschneiden liegen am Umfang. Sie können in drei Richtungen geneigt sein. Einmal ist der Einstellwinkel zu nennen, beim Planfräsen sind 45° oder 75° am häufigsten, beim Eckenfräsen muss er 90° betragen. Dann ist in der Rückebene der Neigungswinkel λ zu nennen. Er kann positiv oder negativ sein und beeinflusst die Form der entstehenden Späne.

Schließlich erscheint in der Arbeitsebene, die von Schnitt- und Vorschubbewegung aufgespannt wird, der Spanwinkel γ. Er beeinflusst ebenfalls die Spanform, γ soll möglichst groß gewählt werden, um eine kleine spezifische Schnittkraft abzugeben. Mit Rücksicht auf Werkstoff- und Schneidstoffeigenschaften sind aber oft kleine oder sogar negative Spanwinkel erforderlich.

Eingriffsgrößen

Bild 3.3–54 zeigt die wichtigsten Eingriffsgrößen beim Stirnfräsen. a_P ist hier die *Schnitttiefe*, nicht die Fräsbreite wie beim Umgangsfräsen. Der *Eingriff* a_e geht aus dem Grundriss hervor. Er ist gleich der Fräsbreite am Werkstück und teilt sich auf in den Gleichlaufeingriff a_{egl} und den Gegenlauf eingriff a_{egeg}. Der Weg der Fräserachse trennt Gleich- und Gegenlaufteil. Ebenso setzt sich der *Eingriffswinkel*,

$$\Delta \varphi = \varphi_A - \varphi_E$$

aus dem Gleichlaufeingriffswinkel und dem Gegenlaufeingriffswinkel zusammen:

$$\boxed{\Delta \varphi = \Delta \varphi_{gl} + \Delta \varphi_{geg}} \qquad (3.3\text{–}33)$$

Die Einzelwinkel werden folgendermaßen berechnet:

$$\boxed{\Delta \varphi_{gl} = \arcsin \frac{a_{egl}}{d/2}} \qquad (3.3\text{–}34a)$$

$$\boxed{\Delta \varphi_{geg} = \arcsin \frac{a_{egeg}}{d/2}} \qquad (3.3\text{–}23b)$$

Die Größe und Lage des Eingriffswinkels $\Delta \varphi$ hängt sehr stark von der Breite und Lage des Werkstücks zum Fräser ab.

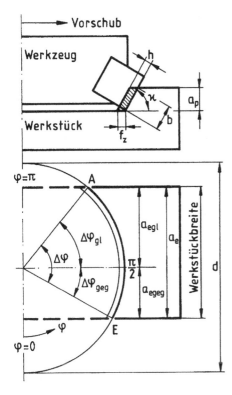

Bild 3.3–54
Stirnfräsen. Seitenansicht und Grundriss
κ Einstellwinkel
h Spanungsdicke
f_z Vorschub pro Schneide
a_p Schnitttiefe
b Spanungsbreite
$\Delta\varphi$ Gesamteingriffswinkel
a_e Eingriff
a_{egl} Gleichlaufeingriff
a_{egeg} Gegenlaufeingriff

Bild 3.3–55 zeigt die wichtigsten Möglichkeiten. Beim *symmetrischen* Stirnfräsen sind Gegenlaufeingriff und Gleichlaufeingriff sowie ihre Eingriffswinkel gleich groß. In der Berechnung vereinfacht sich Gleichung (3.3–23):

$$\Delta\varphi = 2\arcsin\frac{a_e}{d} \qquad\qquad (3.3\text{–}35)$$

Beim *unsymmetrischen* Stirnfräsen liegt die Bahn der Fräserachse nicht in der Mitte des Arbeitseingriffs $\Delta\varphi_{geg}$ und $\Delta\varphi_{gl}$ sind verschieden. Sie müssen getrennt ermittelt werden. Beim *reinen* Gegen- oder Gleichlauffräsen fällt die andere Eingriffsart jeweils weg (Fall 5 und 6 in Bild 3.3–55).

Beim Stirnfräsen hat die *Lage* der *Fräserschneide* zum Werkstück im Augenblick der ersten Berührung der Schneide mit dem Werkstück einen erheblichen Einfluss auf die Standzeit des Werkzeugs. Falls diese erste Berührung an der Schneidenecke, der schwächsten Stelle der Schneide auftritt, wird die Standzeit des Stirnfräsers oder Messerkopfes wesentlich verkürzt.

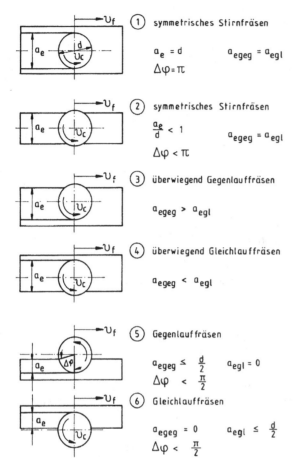

Bild 3.3–55
Eingriffsverhältnisse bei unterschiedlicher Breite und Lage des Werkstücks zum Fräskopf

Auch die Eindringzeit t_E, von der ersten Berührung bis zum vollen Eindringen der Schneide in den Werkstoff, hat Einfluss auf die Standzeit. Zur Kennzeichnung wird ein Stoßfaktor

$$S = \frac{\text{größter Spannungsquerschnitt an der Eindringstelle}}{\text{Eindringzeit}} = \frac{a_p \cdot f_z}{t_E}$$

gebildet. Dieser Stoßfaktor ist ein Maß für die Belastungsgeschwindigkeit beim Anschneiden jeder Schneide. Durch seitliches Verschieben der Fräserachse können die Eingriffsverhältnisse verändert und günstiger gestaltet werden (**Bild 3.3–56**).

Eine andere Möglichkeit, den ersten Kontaktpunkt der Schneide mit dem Werkstück günstig zu wählen, besteht in der *Auswahl des Werkzeugs*. Die Schneiden können im Fräskopf mit positiven oder negativen Neigungs- und Spanwinkeln angeordnet sein. Das wurde im Abschnitt „Fräswerkzeuge" behandelt.

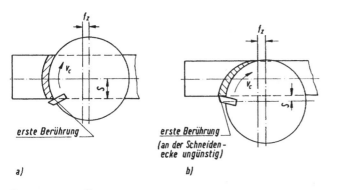

Bild 3.3–56
Berührungspunkte beim An-
schneiden
a) bei günstiger Stellung der
   Fräsachse zur Kante des
   Werkstücks
b) bei ungünstiger Stellung

Spanungsgrößen

Die *Spanungsdicke h* verändert sich wie beim Umfangsfräsen mit dem Eingriffswinkel φ. In
Bild 3.3–57a sind zwei aufeinander folgende Bahnkurven gezeigt. In Vorschubrichtung haben
sie den Abstand f_z voneinander. Senkrecht zur Bahnkurve ist der Abstand kleiner. Mit dem
Eingriffswinkel φ kann man ihn berechnen:

$$h' = f_z \cdot \cos(\varphi - 90°) = f_z \cdot \sin \varphi$$

Mit dem Einstellwinkel κ kann die Spanungsdicke *h* bestimmt werden (**Bild 3.3–57b**).

$$h = h' \cdot \sin \kappa = f_z \cdot \sin \varphi \cdot \sin \kappa \qquad (3.3–36)$$

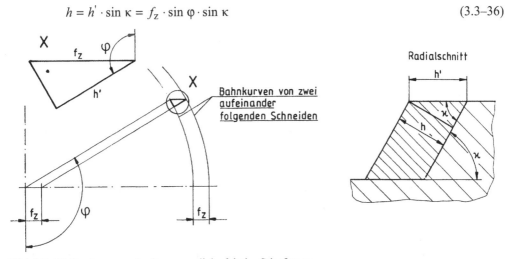

Bild 3.3–57 Bestimmung der Spanungsdicke *h* beim Stirnfräsen

Die Spanungsdicke folgt also einer *Sinusfunktion* des Eingriffswinkels. Sie ist in **Bild 3.3–58**
zeichnerisch dargestellt. Der Verlauf um π / 2 herum ist gleichmäßiger und länger als beim
Umfangsfräsen, weil die flach verlaufenden Anfangsphasen beim Anschnitt oder Austritt oft
fortfallen.

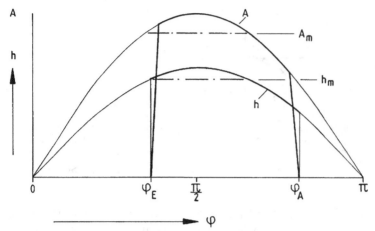

Bild 3.3–58 Einfluss des Eingriffswinkels φ auf die Spanungsdicke *h* und den Spanungsquerschnitt *A* beim Stirnfräsen

Deshalb ist die *mittlere Spanungsdicke* h_m beim Stirnfräsen *größer* und die Schwankung der Spanungsdicke insgesamt kleiner. Für das Stirnfräsen gilt wie beim Umfangsfräsen die Gleichung

$$h_m = \frac{2}{\Delta\varphi} \cdot \frac{a_e}{d} \cdot f_z \cdot \sin\kappa \qquad\qquad (3.3\text{–}37)$$

Als rechnerische Vereinfachung kann für einen Eingriffswinkel von $\Delta\varphi < 1\ \mu$m $\varphi = \pi/2$ herum

$$\Delta\varphi \approx \frac{2 \cdot a_e}{d} \qquad\qquad (3.3\text{–}38)$$

und

$$h_m \approx f_z \cdot \sin\kappa \qquad\qquad (3.3\text{–}39)$$

gesetzt werden.

Die *Spanungsbreite b* ist ebenfalls vom Einstellwinkel κ, nicht aber vom Eingriffswinkel abhängig (Bild 3.3–54)

$$b = a_p / \sin\kappa \qquad\qquad (3.3\text{–}40)$$

Der *Spanungsquerschnitt A* setzt sich aus Spanungsdicke *h* und Spanungsbreite *b* zusammen:

$$A = b \cdot h = a_p \cdot f_z \cdot \sin\varphi \qquad\qquad (3.3\text{–}41)$$

Er ist deshalb ebenso vom Eingriffswinkel φ abhängig wie die Spanungsdicke *h* und zeigt einen ähnlichen Verlauf. Deutlich ist in Bild 3.3–58 der plötzliche Anstieg beim Eindringen der Schneide in das Werkstück bei φ_E und der ebenso abrupte Abfall beim Austritt der Schneide aus dem Werkstück bei φ_A zu erkennen.

Der *mittlere Spanungsquerschnitt* A_m ergibt sich aus:

$$A_m = b \cdot h_m \qquad\qquad (3.3\text{–}42)$$

$$A_m = a_p \cdot \frac{2}{\Delta\varphi} \cdot \frac{a_e}{d} \cdot f_z \qquad\qquad (3.3\text{–}43)$$

3.3.6.2 Kräfte

Kraftmessung

Die Kräfte am Werkzeug werden von einzelnen Schneiden verursacht, die nacheinander oder gleichzeitig auf der Bahnkurve im Eingriff sind. Ihre Größe nimmt auf dem Weg durchs Werkstück entsprechend dem Spanungsquerschnitt erst zu und von $\varphi = \pi / 2$ an wieder ab. Dabei ändern sie gleichzeitig ihre Richtung (**Bild 3.3–59**).

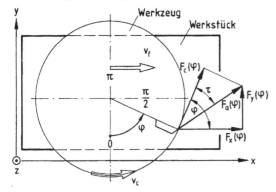

Bild 3.3–59
Die Kraftvektoren F_a, F_c, F_x und F_y in der Arbeitsebene beim Stirnfräsen

Ordnet man dem Werkstück feststehende rechtwinklige Koordinaten x, y und z zu, dann können bei jedem Schneidendurchlauf die in **Bild 3.3–60a** wiedergegebenen *werkstückbezogenen Kräfte* F_x, F_y und F_z mit ihrem vom Eingriffswinkel φ abhängigen Verlauf gemessen werden. Sie wechseln dabei ihre Größe und Richtung. Als Folge der Richtungsänderung können an einer Messplattform positive und negative Werte auftreten.

Die mit dem Werkzeug umlaufenden Kräfte F_c (φ) und F_a (φ) (**Bild 3.3–60b**) kann man rechnerisch daraus bestimmen:

$$F_c(\varphi) = F_x(\varphi) \cdot \cos\varphi + F_y(\varphi) \cdot \sin\varphi \qquad\qquad (3.3\text{–}44)$$

$$F_a(\varphi) = \sqrt{F_x^2(\varphi) + F_y^2(\varphi)} \qquad\qquad (3.3\text{–}45)$$

Sie unterscheiden sich in ihren Richtungen um den Winkel τ, der sich beim Durchlauf durch das Werkstück nur wenig verändert

$$\cos\tau = F_c(\varphi) / F_a(\varphi) \qquad\qquad (3.3\text{–}46)$$

Er wird besonders vom Spanwinkel, der Hauptschneidenschärfe und dem Freiwinkel beeinflusst.

Achtung! *In der Transformationsgleichung (3.3–30) ändert sich das Vorzeichen von $F_y(\varphi)$ bei Drehrichtungsumkehr. Bei Umkehrung der Vorschubrichtung ändern sich die Vorzeichen von $F_x(\varphi)$ und $F_y(\varphi)$. Bei Umkehrung beider Bewegungsrichtungen braucht nur das Vorzeichen von $F_x(\varphi)$ geändert werden.*

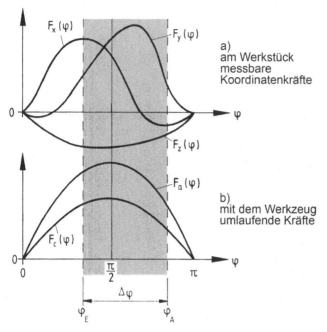

a)
am Werkstück
messbare
Koordinatenkräfte

b)
mit dem Werkzeug
umlaufende Kräfte

Bild 3.3–60 Kräfte beim Stirnfräsen, die von einer Schneide in Abhängigkeit vom Eingriffswinkel φ hervorgerufen werden

Schnittkraftberechnung

Für die *Schnittkraft einer* einzelnen *Schneide* gilt wie beim Umfangsfräsen der Zusammenhang

$$F_c = b \cdot h \cdot k_c = A \cdot k_c$$

(3.3–47)

Aus dem Abschnitt über die Spanungsgrößen ist der Verlauf des Spanungsquerschnitts A bekannt. Er ändert sich mit dem Eingriffswinkel φ, hat einen Steilanstieg und einen Steilabfall. Dieses Profil überträgt sich voll auf die Schnittkraft.

Die spezifische Schnittkraft k_c ist ebenfalls von h abhängig. Bei kleiner Spanungsdicke ist sie groß, bei großer Spanungsdicke dagegen kleiner. Im Eingriffsbereich von φ_E bis φ_A kann unter günstigen Bedingungen mit einer größeren Gleichmäßigkeit gerechnet werden als beim Umfangsfräsen. Setzt man Mittelwerte ein, erhält man die *mittlere Schnittkraft*, die für eine Schneide von ihrem Ein- bis zum Austritt aus dem Werkstück angegeben werden kann:

$$F_{cm} = b \cdot h_m \cdot k_{cm}$$

(3.3–48)

mit

$$k_{cm} = k_{c1.1} \cdot \left(\frac{h_0}{h_m} \right)^z \cdot f_\gamma \cdot f_{sv} \cdot f_{st} \cdot f_f$$

(3.3–49)

Die Korrekturfaktoren sind wie beim Umfangsfräsen bzw. wie beim Drehen zu berechnen. Für den Formfaktor f_f ist der Werkzeugdurchmesser bestimmend: $f_f = 1{,}05 + d_0 / d$ mit $d_0 = 1$ mm. Die *Schnittkräfte aller Schneiden* überlagern sich, soweit diese gleichzeitig in Eingriff kommen. Wie viele gleichzeitig im Eingriff sind, hängt von der Zähnezahl z des Werkzeugs und dem gesamten Eingriffswinkel $\Delta\varphi$ ab.

$$z_{\text{em}} = z \cdot \Delta\varphi / 2\pi \tag{3.3-50}$$

Die Berechnung von z_{em} ergibt keine ganze Zahl, sondern einen Mittelwert zwischen zwei ganzen Zahlen. In Wirklichkeit muss man annehmen, dass die Zahl der Schneiden, die gleichzeitig in Eingriff sind, ganzzahlig ist und hin und her schwankt, je nachdem, ob eine neue Schneide gerade eingedrungen ist oder ob eine andere gerade herausgetreten ist. Sie haben ja kaum Neigung, die das ausgleichen könnte. Im Vergleich zum Umfangsfräsen ergibt z_{e} beim Stirnfräsen meistens größere Zahlen.

Die *gesamte Schnittkraft*, die sich durch Zusammenfassen aller Einzelschnittkräfte ergibt, schwankt nun auch wie eine Sägezahnlinie. Als Mittelwert findet man wie beim Umfangsfräsen

$$F_{\text{cgm}} = b \cdot h_{\text{m}} \cdot k_{\text{cm}} \cdot z_{\text{em}} \tag{3.3-51}$$

3.3.6.3 Schnittleistung und Zeitspanungsvolumen

Die *Schnittleistung* ergibt sich aus der Gesamtschnittkraft und der Schnittgeschwindigkeit. Sinnvoll ist die Berechnung der mittleren Schnittleistung, welche die Schwankungen durch Spanungsdicke und Zähnezahl ausgleicht:

$$P_{\text{cm}} = F_{\text{cgm}} \cdot v_{\text{c}} \tag{3.3-52}$$

Das *Zeitspanungsvolumen*

$$Q = a_{\text{e}} \cdot a_{\text{p}} \cdot z \cdot f_{\text{z}} \cdot n \tag{3.3-53}$$

ist die Kenngröße, mit der die Leistungsfähigkeit des Stirnfräsens besonders eindrücklich wiedergegeben werden kann. Fast alle Parameter können gegenüber dem Umfangsfräsen gesteigert werden. In Bezug zum Werkstück haben a_{e} und a_{p} allerdings vertauschte Rollen (Bild 3.3-54). Der Arbeitseingriff a_{e} kann, wenn der Fräskopf groß genug ist, die ganze Breite des Werkstücks ausmachen. Die Schnitttiefe a_{p} hat erst ihre Grenze, wenn 2 / 3 der Hauptschneiden (bei Wendeschneidplatten) in Eingriff sind. Die Zahl der Schneiden z stößt nur auf konstruktive Grenzen. Zwischen den Zähnen muss noch genügend Spankammervolumen für die Spanlocken sein. Vorschub und Drehzahl sind verschleißbestimmende Größen. Da die Schneiden durch ihre offene Lage besser mit Kühlmittel gekühlt werden können als beim Umfangsfräsen, sind sie auch höher belastbar. Eine größere mittlere Spanungsdicke h_{m} sorgt auch für eine kleinere spezifische Schnittkraft k_{c}. Der direkte Zusammenhang mit der Schnittleistung

$$P_{\text{c}} = Q \cdot k_{\text{c}} \tag{3.3-54}$$

lässt erkennen, dass der Leistungsbedarf bei gleichem Zeitspanungsvolumen dann auch kleiner sein muss. Ein Rechenbeispiel im anschließenden Abschnitt kann das zahlenmäßig bestätigen.

3.3.7 Feinfräsen

Unter *Feinfräsen* wird die feine Endbearbeitung ebener Flächen verstanden. Die Toleranzen für Formfehler, die Abweichungen von der absoluten *Ebenheit* festlegen, sind eingeschränkt. Ebenso sollen *Welligkeit* und *Rauheit* kleiner sein als beim normalen Planfräsen. Die Genauigkeitsforderungen gehen hinunter in den Bereich von 0,02 – 0,001 mm. Das Feinfräsen konkurriert mit Feinbearbeitungsverfahren wie Planschleifen und Planläppen.

Werkstücke, bei denen das Feinfräsen angewandt wird, sind in der *Motorenfertigung*, dem *Getriebebau*, dem *Maschinenbau* und besonders ausgeprägt im *Laserbau* zu finden. Es sind *Motor-*

blöcke, Zylinderköpfe, Getriebegehäuse, Steuerkörper, Maschinenbetten und *Metallspiegel*, aber auch Werbeprodukte aus *Plexiglas* und viele andere Teile mit ebenen glatten Flächen. *Dichtflächen, Führungsbahnen, Sicht-* und *Reflektionsflächen* verlangen diese besondere Feinheit.

Werkstoffe sind *Grauguss, weicher* und *gehärteter Stahl, Aluminium, Aluminiumlegierungen,* die auch sehr harte Einschlüsse wie Siliziumkarbid oder Bornitrid enthalten können, *Magnesiumlegierungen, Kupfer-* und *Kupferlegierungen, Gold, Platin, Silber, Zinn, Zink, Kunststoffe,* zum Beispiel *Acrylglas, faserverstärkte* Kunststoffe und andere Nichtmetalle. Als Werkzeuge werden alle Arten von *Fräsköpfen,* Planfräsköpfe, Eckfräsköpfe, Breitschlichtköpfe und Einzahnfräsköpfe verwendet. Sie müssen aber immer in ihrem konstruktiven Aufbau der besonderen Aufgabe der Feinbearbeitung entsprechen. Die Plattensitze sind besonders genau geschliffen. Als Wendeschneidplatten werden allseits geschliffene Platten genommen. Die Schneiden sind meistens in axialer und radialer Lage zueinander und in der Richtung der Nebenschneidenlage fein einstellbar. In Kapitel 3.3.1.5 sind auch Fräsköpfe für die Feinbearbeitung beschrieben.

Die größten Einflüsse auf die Herstellung besonders ebener und glatter Flächen durch Fräsen haben

- die Schneideneckenform
- der Axialschlag der Schneiden
- die Ausrichtung der Nebenschneiden und
- statische und dynamische Verformungen des Bearbeitungssystems durch wechselnde Zerspanungskräfte.

Diese vier Einflüsse sind sorgfältig zu beachten und werden in den folgenden Abschnitten ausführlich beschrieben.

3.3.7.1 Entstehung der Oberflächenform

Beim Stirnfräsen mit Fräsköpfen hinterlassen die Schneidenecken und die Nebenschneiden auf der Werkstückoberfläche *bogenförmige Bearbeitungsspuren* (**Bild 3.3–61**). Die Bögen sind Teile der Zykloide, die durch Überlagerung der Werkzeugdrehung und des geradlinigen Vorschubes entstehen. Man kann sie annähernd als Kreisbögen ansehen. Sie haben den mittleren Abstand des Schneidenvorschubes f_z voneinander. Unregelmäßigkeiten des Abstands entstehen hauptsächlich durch den Radialschlag der einzelnen Schneiden.

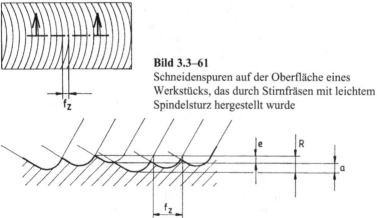

Bild 3.3–61
Schneidenspuren auf der Oberfläche eines Werkstücks, das durch Stirnfräsen mit leichtem Spindelsturz hergestellt wurde

Bild 3.3–62 Durch Stirnfräsen erzeugte Oberflächenform im Querschnitt
f_z Vorschub je Schneide, e Eckenformtiefe, a Axialschlag, $R = e + a$ theoretische Rautiefe

Bild 3.3–63 Querschnitt einer Werkstückoberfläche, die mit Schlicht-Wendeschneidplatten gefräst wurde. Die Nebenschneiden sind geschliffen und stehen parallel zur Werkstückoberfläche

Die *Tiefe* der Spuren, die den größten Teil der *Rauheit* bestimmt, hängt von der *Eckenform* und dem *Axialschlag* der Schneiden ab (**Bild 3.3–62**). Die Eckenform (Rundung, Spitze, Fase) erzeugt dabei das Profil der einzelnen Rillen. Dabei entstehen Vertiefungen *e*, die je nach Wirksamkeit ihrer axialen Lage voneinander abweichen können. Der Axialschlag eines Werkzeugs wird von der stirnseitig am weitesten hervorstehenden gegenüber der am weitesten zurückstehenden Schneide bestimmt. Er addiert sich mit der Eckenform zur theoretischen Rautiefe

$$\boxed{R = e + a}$$
(3.3–55)

Die praktische Rautiefe kann jedoch größer sein, da Riefen von Verschleißspuren, Abbildungen von Schwingungen, werkstoffbedingte Kornverformungen und Werkstoffverfestigungen weitere Rauheiten erzeugen.

Zur Verkleinerung der theoretischen Rautiefe kann auf Schneiden zurückgegriffen werden, die keine hervorstehenden Eckenformen, sondern parallel zur Werkstückoberfläche geschliffene Nebenscheiden besitzen (Bild 3.3–26G). Die Tiefe der Spuren dieser Schneiden verkleinert sich um die Rillenform *e*. Es bleibt der Einfluss des Axialschlags übrig (**Bild 3.3–63**)

$$\boxed{R = a}$$

Der Axialschlag des Fräswerkzeugs hat mehrere Ursachen:

- Fertigungstoleranzen der *Maschinenspindel* Die Lagetoleranz der stirnseitigen Plananlage oder die Achsrichtung der Werkzeugaufnahme zur Spindellagerung haben geringste Abweichungen von der geometrisch idealen Form.
- Fertigungstoleranzen des *Zentrierdorns*.
- Lagetoleranzen des *Werkzeugkörpers*. Plananlage und Zentrierung müssen zu den Plattensitzen möglichst genau stimmen.
- Abweichungen der geschliffenen *Plattensitze* untereinander.
- Fertigungstoleranzen der *Wendeschneidplatten* selbst.
- Verzug des Fräskopfes durch *Erwärmung*. Er wirkt sich bei größeren und verwinkelten Formen stärker aus als bei kleinen geometrisch einfachen Konstruktionen.
- *Setzungen* in allen Trennfugen bei Belastung. Ölfilme und kleine Schmutzteilchen zwischen den zusammengesetzten Teilen geben unter Belastung nach.
- *Verschleiß* der Schneidkanten. Die Schärfe und die Formgenauigkeit der Nebenschneiden können sich besonders im steileren Anfangsverschleiß verschlechtern.

Der Axialschlag, der bei Schrupp-Fräsköpfen 0,1 – 0,2 mm betragen kann, lässt sich durch *Einengung* der *Fertigungstoleranzen* und größere *Sorgfalt* bei der Montage auf 0,02 – 0,04 mm verkleinern. Hochgenaue Fräsköpfe mit besonders sorgfältig geschliffenen Wendeschneidplatten erreichen Planlaufgenauigkeiten von 0,01 mm. Diese Präzisionswerkzeuge sind natürlich auch besonders teuer. Sie bieten jedoch den großen Vorteil, dass bei einem Wendeschneidplatten Wechsel die hohe Genauigkeit in relativ kurzer Zeit wieder hergestellt sein kann.

Ein anderer Weg, zu kleinem Axialschlag zu kommen, ist die Verwendung *fein einstellbarer* Werkzeuge. Die einzelnen Schneiden oder bei anderen Ausführungen eingesetzte Kassetten mit Wendeschneidplatten können verstellt werden. Auf einer Messplatte oder einer besonderen Einstellvorrichtung werden alle Schneiden einzeln gemessen, eingestellt und festgeklemmt. Die sorgfältige Einstellarbeit braucht jedoch längere Zeit. Es sind Planlaufgenauigkeiten von 0,03 – 0,005 mm erzielbar.

Vollständig ausschalten kann man den Axialschlag durch eine auf dem Fräskopf angebrachte *Breitschichtschneide*. Diese steht axial um 0,03 – 0,05 mm über die anderen Schneiden heraus, besitzt eine besonders lange Nebenschneide und arbeitet damit alle anderen Schneidenspuren weg (**Bild 3.3–64**). Die Breitschlichtschneide kann auch anstelle einer normalen Wende-schneidplatte eingesetzt sein. Dann muss auch ihre Hauptschneide am groben Spanabtrag beteiligt werden. Die aktive Länge der Nebenschneide muss den ganzen Vorschub $f = z \cdot f_z$ aller Schneiden überdecken. Bei großen Fräsköpfen mit besonders vielen Schneiden können auch zwei oder mehr Breitschlichtschneiden erforderlich sein. Diese müssen zueinander besonders sorgfältig ausgerichtet werden.

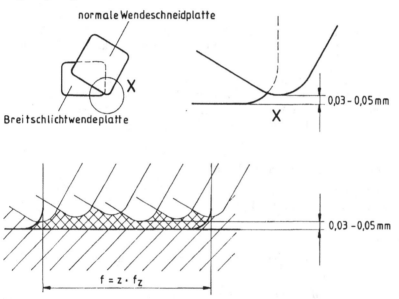

Bild 3.3–64 Wirkung einer zusätzlichen im Fräskopf angeordneten Breitschlichtwendeplatte

3.3.7.2 Fräsen mit Sturz

Bei *senkrechter* Spindelachse (**Bild 3.3–65**) entstehen auf der Werkstückoberfläche *Kreuzspu-ren*. Die Wendeplatten schneiden auf dem Rückweg nach. Das beim Hauptschnitt entstehende Profil ist nicht ganz eben. Dadurch kommen die Schneidenecken erneut in Eingriff, wenn sie auf dem Rückweg die zurückbleibenden Kämme kreuzen. Zusätzlich kann die Passivkraft F_p dazu führen, dass die Spindel entgegen der Vorschubrichtung in einen negativen Sturz gekippt wird. Allerdings wirkt die Vorschubkraft F_f gegen diese Verformung der Spindel.

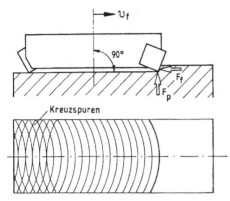

Bild 3.3–65
Entstehung von Kreuzspuren beim Fräsen mit senkrechter Spindelachse

Kreuzspuren sind beim Fräsen unerwünscht. Einerseits geben sie kein regelmäßiges Oberflächenbild, andererseits schadet der rückwärtige Eingriff mit geringer Schnitttiefe den Schneiden. Sie stumpfen dadurch besonders ab, weil die Schnitttiefe zu klein ist, um einen richtigen
Span zu ergeben. So ist diese Berührung mit mehr Reibung und Erhitzung verbunden als der
normale Schnitt. Aus diesem Grund werden Frässpindeln meistens mit einem kleinen *Sturz* zur
Tischführung ausgerichtet (**Bild 3.3–66**). Der Sturz beträgt $q = 0,01 - 0,05$ mm auf 100 mm
Durchmesser. Das ist ein Winkel von $\rho = 0,0001 - 0,0005$ rad $\triangleq 0,005° - 0,03°$. Er reicht
gerade dazu aus, die Schneiden auf ihrem Rückweg vom Werkstück freizubekommen.

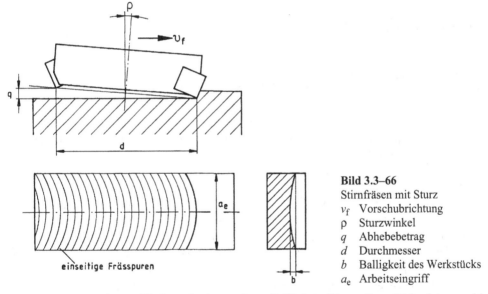

Bild 3.3–66
Stirnfräsen mit Sturz
v_f Vorschubrichtung
ρ Sturzwinkel
q Abhebebetrag
d Durchmesser
b Balligkeit des Werkstücks
a_e Arbeitseingriff

Der Sturz verursacht am Werkstück eine geringe *Balligkeit*. Dieser Formfehler ist zwar klein,
muss aber in seiner Größe berechnet werden, da in der Feinbearbeitung auch kleinste Abweichungen die engen Toleranzen aufbrauchen können. Die Balligkeit beträgt:

$$b = \frac{d}{2}\left[1 - \sqrt{1 - \left(\frac{a_e}{d}\right)^2}\right] \cdot \tan\rho \tag{3.3–56}$$

Die enthaltenen Zeichen sind in **Bild 3.3–54** erklärt.

Eine weitere Folge der Sturzeinstellung ist die *Veränderung* des *Einstellwinkels* κ an der Hauptschneide und κ_N an der Nebenschneide (**Bild 3.3–67**). Der wirksame Haupteinstellwinkel $\kappa_e = \kappa - \rho$ verkleinert sich, und der wirksame Nebenschneideneinstellwinkel $\kappa_{Ne} = \kappa_N - \rho$ vergrößert sich. Das trifft aber nur für die Stellung A zu. In Stellung B bleibt der Sturz unwirksam auf die Einstellwinkel. Mit der Veränderung der Nebenschneidenrichtung wird die Gestalt der entstehenden Werkstückoberfläche beeinflusst. Es ist also zu überlegen, ob und wie ein Ausgleich des Sturzes durch Veränderung der Schneidenlage vorgenommen werden soll. In **Bild 3.3–68** sind mehrere Möglichkeiten der Anpassung dargestellt.

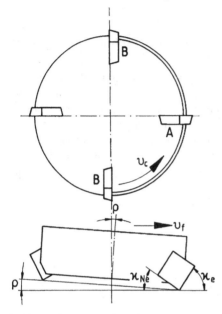

Bild 3.3–67
Der Sturz verändert die Einstellwinkel

Fall 1   *Ohne Sturz* sind die Nebenschneiden in allen Lagen parallel zur Werkstückoberfläche.

Fall 2   Der Sturz wird *nicht ausgeglichen*. In Lage A (Bild 3.3–67) dringt die Schneidenecke zu tief ins Werkstück ein.

Fall 3   Der Sturz wird *voll ausgeglichen* durch leichtes Schwenken der Schneiden. In Lage B dringen die inneren Nebenschneidenenden tiefer in das Werkstück ein. Bei schmalen Werkstücken verschwinden diese Stellen aus dem Eingriffsbereich des Fräsers. Bei voller Eingriffsbreite werden jedoch die Ränder rauer gefräst.

Fall 4   Bei *halbem Ausgleich* des Sturzwinkels kann ein Kompromiss entstehen, der in weiten Teilen eine akzeptable Rautiefe am Werkstück hinterlässt.

Fall 5   Durch den Einsatz *balliger Schneiden* mit einem Radius von 1000 – 3000 mm kann das Einstellproblem am elegantesten gelöst werden. Es ist keine Anpassung mehr erforderlich.

① kein Sturz

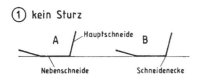

② positiver Sturz ρ, keine Anpassung der
Nebenschneiden

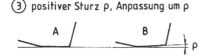

③ positiver Sturz ρ, Anpassung um ρ

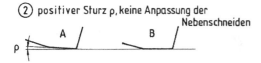

④ positiver Sturz ρ, Anpassung um $\frac{ρ}{2}$

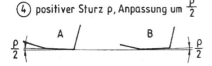

⑤ positiver Sturz ρ, ballige Schneiden

Bild 3.3–68
Sturz verändert die Richtung der Nebenschneiden. Verschiedene Möglichkeiten der Anpassung

3.3.7.3 Wirkung der Zerspankräfte beim Feinfräsen

Die Zerspankraftkomponenten F_c, F_f und F_p haben *statische Spindelverformungen* und *Schwingungsanregungen* zur Folge. Um sich die Wirkungen klar zu machen, stellt man sich Spindel und Spindellager elastisch vor (**Bild 3.3–69**). Die Spindel kann als Biegebalken angesehen werden, der über den Kragarm a durch Schnitt- und Vorschubkraft (F_c und F_f) belastet wird. Das Hauptlager A und das hintere Spindellager B geben ebenfalls elastisch nach. Spiel braucht nicht berücksichtigt zu werden, da Fräsmaschinen im Allgemeinen mit vorgespannten Lagern spielfrei eingestellt sind.

In Ebene Y-Z ist zu sehen, dass die Schnittkraft F_c eine seitliche Auslenkung und eine Schiefstellung der Spindelachse verursacht. Genau genommen besteht diese Kraft aus mehreren Y-Komponenten der Schnittkräfte aller im Eingriff sich befindenden Schneiden. Das Werkstück wird davon schief. In Ebene X-Z ist zu sehen, wie die Vorschubkraft F_f am Hebelarm a und die Passivkraft F_p am Hebelarm $d/2$ entgegengesetzte Spindelverformungen auslösen. Die Wirkung hängt davon ab, welches Biegemoment das größere ist. Die Schneiden können dadurch in das Werkstück hinein oder vom Werkstück weg federn, und der Spindelsturz kann elastisch verstärkt oder verkleinert werden.

Zu beachten ist, dass die Kräfte *nicht* als *statisch* anzusehen sind. Sie schwanken in ihrer Größe dadurch, dass alle Schneiden nacheinander in das Werkstück eindringen und wieder austre-

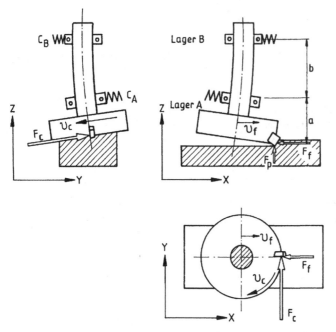

Bild 3.3–69
Spindelverformungen durch die
Zerspankraftkomponenten F_c, F_f
und F_p

ten und dass sich über dem Eingriffsbogen der Spanungsquerschnitt bis zu einem Maximum vergrößert und dann wieder kleiner wird. Die Schnittkraft F_c ändert auf diesem Weg dabei noch ihre Richtung. Die darin steckende Dynamik veranlasst die Spindel zu *Biegeschwingungen*. Torsionsschwingungen sind meistens gering und können ohne Beachtung bleiben.

Da es sich hier um *erzwungene Schwingungen* mit der *Anregungsfrequenz z · n* (Schneidenzahl mal Drehzahl) handelt, ist der *Resonanzfall* zu prüfen. Beim Fräsen mit konventionellen Schnittgeschwindigkeiten ist die Abstimmung meistens unterkritisch. Das heißt, die Eigenfrequenz der Spindel mit dem Werkzeug liegt aufgrund großer Federkonstanten über der Anregungsfrequenz. Bei „weichen" Maschinen können sich jedoch Schwingungsmarkierungen auf der Werkstückoberfläche zeigen. Diese vergrößern Welligkeit und Rauheit und sind unter reflektierendem Licht leicht mit dem Auge als regelmäßiges Muster zu erkennen. Auf feingefrästen Oberflächen sind sie unerwünscht. Um statische Verformungen und Schwingungen beim Feinfräsen zu vermeiden, sind vor allem die Kräfte *klein* zu halten. Das kann auf verschiedene Weise erfolgen:

- Ein *kleiner Vorschub* pro Schneide f_z führt zu einem kleinen Spanungsquerschnitt $A = f_z \cdot a$ und damit zu einer kleinen Schnittkraft F_c. Diese Maßnahme wird beim Fräsen mit Schlichtfräsern häufige angewendet. Von Nachteil ist dabei die Verkleinerung der Vorschubgeschwindigkeit, die längere Arbeitszeiten erforderlich macht.

- Eine *kleine Schnitttiefe a* hat ebenfalls kleine Schnittkräfte zur Folge. Das wendet man bei Breitschlichtfräsern an. Bei ihnen lassen sich trotzdem große Vorschübe pro Schneide und damit große Vorschubgeschwindigkeiten verwirklichen. Allerdings erwartet man beim Breitschlichten ein sorgfältig vorgearbeitet Werkstück mit einem gleichmäßigen geringen Aufmaß.

- *Positive Spanwinkel* an den Schneiden verkleinern ebenfalls die Schnittkraft. Hartmetallschneiden können eingeschliffene Spanleitstufen haben, die einen positiven Spanwinkel bilden. Bei Keramik und PKD sind nur negative Spanwinkel möglich.

- Schließlich kann die *Schnittgeschwindigkeit* soweit *vergrößert* werden, wie es der Schneidstoff zulässt. Die Verringerung der Schnittkraft ist dabei gering. Aber die Oberflächengüte nimmt aufgrund der günstigeren Spanabnahme zu.

In jedem Fall sind beim Feinfräsen scharfe, glatte Schneidkanten, Beachtung der Mindestspanungsdicke, schwingungsfreier Maschinenlauf und richtige Werkzeugeinstellungen Voraussetzungen für einwandfreie Werkstückoberflächen.

3.3.7.4 Einzahnfräsen

Bei Genauigkeitsforderungen, die von Fräsköpfen mit mehreren Schneiden nicht mehr erfüllt werden können, stellt das *Einzahnfräsen* einen Ausweg dar. Hierbei wird ein Fräskopf mit einer einzigen Schneide eingesetzt (Bild 3.3–34). Die Breitschlichtschneide ist auf einer *einstellbaren Kassette* befestigt und wird mit ihrer Nebenschneidenlänge an einer Differentialschraube sehr genau zur Werkstückoberfläche ausgerichtet. Der Fräskopfdurchmesser ($d = 100 - 500$ mm) ist passend zur Werkstückgröße zu wählen. Der Schneidstoff der Wendeschneidplatte richtet sich nach dem zu bearbeitenden Werkstoff.

Das Einzahnfräsen findet als Endbearbeitung von Werkstücken Anwendung, deren Flächen so glatt und genau *wie geschliffen* sein müssen. Dazu gehören Halbfabrikate hochlegierter Werkzeugstähle, Führungsbahnen an Maschinenteilen, die weich oder gehärtet sein können, Grundplatten für Formkästen aus legiertem Stahl, Dichtflächen an Hydraulik-Steuerungen aus Sphäroguss, die bis 600 bar druckdicht sein müssen und Kompressorengehäuse. Für diese Zwecke ist der Schneidstoff Mischkeramik geeignet. Er ist hart genug und so feinkörnig, dass die Kanten scharfe glatte Schneiden erhalten. Darüber hinaus wird das Einzahnfräsen in der *Ultrapräzisionsbearbeitung* von Metallspiegeln mit Diamantschneiden und bei der Bearbeitung hochgenauer Teile aus Leichtmetall angewandt. Die *Schnittaufteilung* entspricht dem Breitschlichten mit kleiner Schnitttiefe ($a_\mathrm{p} = 0,01 - 0,2$ mm) und großem Vorschub ($f = 0,5 - 5$ mm). Die Vorzüge großer Schnittgeschwindigkeit ($v_\mathrm{c} = 100 - 2000$ m/min) werden genutzt, um die beste Oberflächengüte und größtmögliche Genauigkeit zu erhalten. Dabei erwärmt sich das Werkstück weniger als bei kleiner Schnittgeschwindigkeit. Die Spanentstehung ist entsprechend der kleineren Mindestschnitttiefe leichter. Die für gute Oberflächen wichtige Fließspanbildung wird begünstigt. Der schnellere Schneidenverschleiß muss natürlich berücksichtigt werden.

Die Größe der Schnittkraft folgt den bekannten Gesetzen (**Bild 3.3–70**). Mit zunehmender Schnitttiefe, die beim Breitschlichten der Spanungsdicke h gleichzusetzen ist, nimmt die Schnittkraft F_c zu. Dabei ist aber nicht zu übersehen, dass die spezifische Schnittkraft k_c bei kleiner werdender Schnitttiefe sehr stark zunimmt. Praktisch bedeutet das, dass mehr Energie pro abgetragenem Werkstoffvolumen zur stärkeren Erwärmung der Späne beiträgt. Dabei ist zu erwarten, dass die Späne heißer glühen oder sogar schmelzen, je kleiner die Schnitttiefe wird.

Der *Vorschub vergrößert* die Schnittkraft proportional. Das ist aufgrund des zunehmenden Spanungsquerschnitts zu erwarten. Die spezifische Schnittkraft ändert sich dabei kaum. Interessant ist, dass die Passivkraft F_p nach Messungen von *Gomoll* etwa die gleiche Größe wie die Schnittkraft erreicht. Die Passivkraft ist unmittelbar für Rauheit und Welligkeit der Werkstückoberfläche verantwortlich.

Die *Schnittgeschwindigkeit* hat auf die Zerspankräfte nur wenig Einfluss. Man erkennt, dass Schnittkraft und spezifische Schnittkraft mit zunehmender Schnittgeschwindigkeit, wie zu erwarten war, etwas kleiner werden.

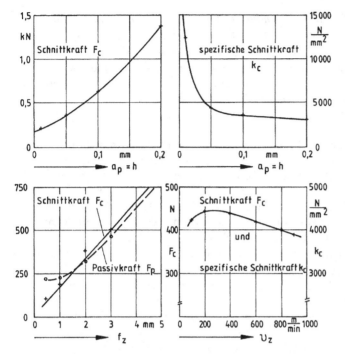

Bild 3.3–70 Schnittkraft und spezifische Schnittkraft beim Einzahnfräsen unter dem Einfluss von Schnitttiefe a_p Vorschub f_z und Schnittgeschwindigkeit v_c nach *Gomoll*
$f_z = 2$ mm, $a_p = h = 0,05$ mm, $\gamma = -6°$, $\alpha = 6°$, $\lambda = 0°$

3.3.8　Berechnungsbeispiele

3.3.8.1　Vergleich Umfangsfräsen - Stirnfräsen

An einem Werkstück aus unlegiertem Stahl E360GC soll eine Räche mit einer Breite $B' = 120$ mm durch Fräsen in einem Schnitt bearbeitet werden. Die Werkstoffzugabe (a_e bzw. a_p) beträgt 5 mm.

Aufgabe:　Schnittleistung P_c, Zeitspanungsvolumen Q und Hauptschnittzeit t_h sind bei Verwendung folgender Fräswerkzeuge zu berechnen:

　　　a)　Umfangsfräser mit negativem Spanwinkel, Durchmesser $d = 125$ mm, Breite $B = 140$ mm, Schneidenzahl $z = 12$, $\gamma = -4°$, Schnittgeschwindigkeit $v_c = 22$ m/min;

　　　b)　Messerkopf mit HSS-Messern, Durchmesser $d = 160$ mm, Schneidenzahl $z = 12$, Einstellwinkel $\kappa = 90°$, $\gamma = -4°$, Schnittgeschwindigkeit $v_c = 22$ m/min;

　　　c)　Messerkopf mit HM-Wendeschneidplatten, Durchmesser $d = 160$ mm, Schneidenzahl $z = 12$, Einstellwinkel $\kappa = 45°$, $\gamma = -4°$, $v_c = 120$ m/min.

　　　Bei b) und c) soll symmetrisches Stirnfräsen angenommen werden. Der Vorschub ist in allen Fällen gleich $f_z = 0,2$ mm/Schneide. Die Schneidenstumpfung wird vernachlässigt.

Lösung:　Zuerst werden die zur Anwendung der Leistungsgleichungen notwendigen Einzelwerte errechnet.

a)	b)	c)
Eingriffswinkel $\Delta\varphi$: nach Gleichung (3.3–8):	nach Gleichung (3.3–0.):	
$\cos\Delta\varphi = 1 - \dfrac{2\cdot a_e}{d}$	$\Delta\varphi = 2\arcsin\dfrac{a_e}{d}$	
$\cos\Delta\varphi = 1 - \dfrac{2\cdot 5\,\text{mm}}{125\,\text{mm}} = 0,92$	$\Delta\varphi = 2\arcsin\dfrac{120}{160}$	wie b)
$\Delta\varphi = 0,40 = 23°$ oder nach Gleichung (3.3–0.):	$\Delta\varphi = 1,70 = 97,2°$	
$\Delta\varphi = 2\cdot\sqrt{\dfrac{a_e}{d}}$		
$\Delta\varphi = 2\cdot\sqrt{\dfrac{5\,\text{mm}}{125\,\text{mm}}}$		
$\Delta\varphi = 0,4 = 23°$		
Mittenspanungsdicke h_m nach Gleichung (3.3–9):		
$h_m = \dfrac{2}{\Delta\varphi}\cdot\dfrac{a_e}{d}\cdot f_z\cdot\sin\kappa$	wie a)	wie a)
$\kappa = 90°$	$\kappa = 90°$	$\kappa = 45°$
$h_m = \dfrac{2}{0,4}\cdot\dfrac{5\,\text{mm}}{125\,\text{mm}}\cdot 0,2\,\text{mm}$	$h_m = \dfrac{2}{1,7}\cdot\dfrac{120\,\text{mm}}{160\,\text{mm}}\cdot 0,2\,\text{mm}$	$h_m = \dfrac{2}{1,7}\cdot\dfrac{120\,\text{mm}}{160\,\text{mm}}\cdot 0,2\,\text{mm}$
$\cdot\sin 90°$	$\cdot\sin 90°$	$\cdot\sin 45°$
$h_m = 0,04\,\text{mm}$	$h_m = 0,176\,\text{mm}$	$h_m = 0,125\,\text{mm}$

a)	b)	c)
oder nach Gleichung (3.3–0.):		
$h_m = \sqrt{\dfrac{a_e}{d}}\cdot f_z\cdot\sin\kappa$		
$h_m = \sqrt{\dfrac{5\,\text{mm}}{125\,\text{mm}}}\cdot 0,2\,\text{mm}$		
$\cdot\sin 90° = 0,04\,\text{mm}$		
Spezifische Schnittkraft k_{cm}: k_{cm} ergibt sich aus Tabelle 2.3-1 und Tabelle 2.3-2 nach Gleichungen (3.3–13) und (3.3–35) $k_{c1\cdot 1} = 1595\,\text{N/mm}^2$, Neigungswert $z = 0,32$ (für E360GC).		
$\left(\dfrac{h_0}{h_m}\right)^z = 0,04^{-0,32} = 2,80$	$\left(\dfrac{h_0}{h_m}\right)^z = 0,176^{-0,32} = 1,74$	$\left(\dfrac{h_0}{h_m}\right)^z = 0,125^{-0,32} = 1,95$
nach (2.3–0.): $f\gamma = 1 - m_\gamma(\gamma - \gamma_0) = 1 - 0,015$ $\cdot(-4-6)$		
$f\gamma = 1,15$	$f\gamma = 1,15$	$f\gamma = 1,15$
nach (A-13):		
$f_{sv} = \left(\dfrac{100}{v_c}\right)^{0,1} = \left(\dfrac{100}{22}\right)^{0,1} = 1,163$	$f_{sv} = 1,163$	$f_{sv} = \left(\dfrac{100}{120}\right)^{0,1} = 0,982$

$f_f = 1{,}05 + \dfrac{d_0}{d} = 1{,}05 + \dfrac{1}{125} = 1{,}058$	$f_f = 1{,}05 + \dfrac{1}{160} = 1{,}056$	$f_f = 1{,}056$

$$k_{cm} = k_{c1 \cdot 1} \cdot \left(\frac{h_0}{h_m}\right)^z \cdot f_\gamma \cdot f_{sv} \cdot f_f$$

$k_{cm} = 1595 \cdot 2{,}80 \cdot 1{,}15 \cdot 1{,}16 \cdot 1{,}06$ $k_{cm} = 6320$ N/mm^2 *Spanungsbreite* $b = a_p / \sin \kappa$ $a_p = B' = 120$ mm $b = \dfrac{120 \text{ mm}}{\sin 90°} = 120$ mm	$k_{cm} = 1595 \cdot 1{,}74 \cdot 1{,}15 \cdot 1{,}16 \cdot 1{,}06$ $k_{cm} = 3920$ N/mm^2 $a_p = 5$ mm (Werkstoffzugabe) $b = \dfrac{5 \text{ mm}}{\sin 90°} = 5$ mm	$k_{cm} = 1595 \cdot 1{,}95 \cdot 1{,}15 \cdot 0{,}98 \cdot 1{,}06$ $k_{cm} = 3716$ N/mm^2 $b = \dfrac{5 \text{ mm}}{\sin 45°} = 7{,}07$ mm
nach 3.3–14 $F_{cm} = b \cdot h_m \cdot k_{cm}$ $F_{cm} = 120 \cdot 0{,}04 \cdot 6320$ $F_{cm} = 30336$N	$F_{cm} = 5 \cdot 0{,}176 \cdot 3920$ $F_{cm} = 3450$N	$F_{cm} = 7{,}07 \cdot 0{,}125 \cdot 3716$ $F_{cm} = 3285$N

Im Eingriff sich befindende Schneidenzahl z_e (nach Gleichung (3.3–15):

$$z_{em} = z \frac{\Delta\varphi}{2\pi}$$

$z_{em} = 12 \cdot \dfrac{0{,}4}{2\pi} = 0{,}764$	$z_{em} = 12 \cdot \dfrac{1{,}7}{2\pi} = 3{,}25$	wie b)

Schnittleistung P_c nach Gleichung (3.3–19):

$$P_c = z_{em} \cdot b \cdot h_m \cdot k_{cm} \cdot v_c$$

$P_c = \dfrac{0{,}764 \cdot 120 \cdot 0{,}04 \cdot 6320 \cdot 22}{60\text{s/min} \cdot 1000\,\text{Nm/sk W}}$	$P_c = \dfrac{3{,}25 \cdot 5 \cdot 0{,}176 \cdot 3920 \cdot 22}{60\text{s/min} \cdot 1000\,\text{Nm/sk W}}$	$P_c = \dfrac{3{,}25 \cdot 7{,}07 \cdot 0{,}125 \cdot 3716 \cdot 120}{60\text{s/min} \cdot 1000\,\text{Nm/sk W}}$
$P_c = 8{,}50$ kW	$P_c = 4{,}11$ kW	$P_c = 21{,}3$ kW

a)	b)	c)
Vorschubgeschwindigkeit v_f:		

$$v_f = f_z \cdot z \cdot n = \frac{f_z \cdot z \cdot v_c \cdot 1000}{\pi \cdot d}$$

$v_f = \dfrac{0{,}2 \cdot 12 \cdot 22 \cdot 1000}{\pi \cdot 125} = 134{,}5 \dfrac{\text{mm}}{\text{min}}$	$v_f = \dfrac{0{,}2 \cdot 12 \cdot 22 \cdot 1000}{\pi \cdot 160} = 105 \dfrac{\text{mm}}{\text{min}}$	$v_f = \dfrac{0{,}2 \cdot 12 \cdot 120 \cdot 1000}{\pi \cdot 160} = 573 \dfrac{\text{mm}}{\text{min}}$

Zeitspanungsvolumen Q: $Q = a_e \cdot a_p \cdot v_f$

$Q = \dfrac{5 \cdot 120 \cdot 134{,}5}{1000 \text{ mm}^3/\text{cm}^3} = 80{,}7 \dfrac{\text{cm}^3}{\text{min}}$	$Q = \dfrac{120 \cdot 5 \cdot 105}{1000} = 63 \dfrac{\text{cm}^3}{\text{min}}$	$Q = \dfrac{120 \cdot 5 \cdot 573}{1000} = 344 \dfrac{\text{cm}^3}{\text{min}}$

Die *Hauptschnittzeit* ist Vorschubweg geteilt durch Vorschubgeschwindigkeit $t_h = l_f / v_f$.
Der Vorschubweg $l_f = L + l_v + l_{\ddot{u}} + \Delta l$ setzt sich aus der Werkstücklänge $L = 300$ mm, dem Vorlauf
$l_v = 1$ mm, dem Überlauf $l_{\ddot{u}} = 1$ mm und dem zusätzlichen Vorschubweg Δl, der nach dem geometrischen
Zusammenwirken von Werkzeug und Werkstück individuell berechnet werden muss, zusammen.

$\Delta l = \sqrt{\dfrac{d^2}{4} - \left(\dfrac{d}{2} - a_e\right)^2}$	$\Delta l = \dfrac{d}{2} - \sqrt{\dfrac{d^2}{4} - \dfrac{a_e^2}{4}}$	$\Delta l = \Delta l_b + \dfrac{a_p}{\tan \kappa}$
$\Delta l = \sqrt{\dfrac{125^2}{4} - \left(\dfrac{125}{2} - 5\right)^2}$	$\Delta l = \dfrac{160}{2} - \sqrt{\dfrac{160^2}{4} - \dfrac{120^2}{4}}$	$\Delta l = 27{,}08 + \dfrac{5}{\tan 45°}$
$\Delta l = 24{,}50$ mm	$\Delta l = 27{,}08$ mm	$\Delta l = 32{,}08$ mm

$l_f = 326{,}50$ mm	$l_f = 329{,}08$ mm	$l_f = 332{,}08$ mm
$t_h = \dfrac{326{,}50}{134{,}5} = 2{,}43$ min	$t_h = \dfrac{329{,}08}{105} = 3{,}13$ min	$t_h = \dfrac{332{,}08}{573} = 0{,}58$ min

Ergebnisse:

$P_c = 8{,}5$ kW	$P_c = 4{,}11$ kW	$P_c = 21{,}3$ kW
$Q = 80{,}7 \dfrac{cm^3}{min}$	$Q = 63 \dfrac{cm^3}{min}$	$Q = 344 \dfrac{cm^3}{min}$
$t_h = 2{,}43$ min	$t_h = 3{,}13$ min	$t_h = 0{,}58$ min

Das Ergebnis zeigt, dass beim Stirnfräsen [b) und c)] die Maschinenausnutzung günstiger ist. Deshalb können größere Vorschubgeschwindigkeiten v_f gewählt und damit kürzere Zerspanzeiten erzielt werden.

3.3.8.2 Feinfräsen

Mit einem Fräskopf soll durch symmetrisches Stirnfräsen wie in Bild 3.3–54 die Oberfläche eines Werkstücks fein bearbeitet werden Das Werkstück ist 80 mm breit und aus Stahl C45E. Der Fräskopf hat einen Durchmesser von $d = 100$ mm, $z = 12$ Schneiden, die Einstellwinkel sind $\kappa = 75°$, die Spanwinkel $\gamma = 6°$. Die mit TiN beschichteten Wendeschneidplatten haben eine Eckenrundung von $r = 0{,}4$ mm. Sie erlauben eine Schnittgeschwindigkeit von $v_c = 250$ m/min bei $a_p = 0{,}5$ mm und $f_z = 0{,}2$ mm/Schneide. Es muss mit einem Axialschlag von $a = 0{,}06$ mm gerechnet werden.

Aufgabe: 1) Welche *Rautiefe* ist theoretisch durch Axialschlag und Schneidenform zu erwarten?
2) Wie groß muss der *Spindelsturz* sein, wenn als Abhebebetrag q beim Rücklauf der Schneiden die zweifache Rautiefe verlangt wird? Wie groß ist die daraus entstehende *Balligkeit b* des Werkstücks?
3) Wie groß sind *Schnittkraft* und *Schnittleistung*?

Lösungen: 1) Die theoretisch zu erwartende *Rautiefe* durch die Schneidenform ergibt sich entsprechend Gleichung (2.5–0.):

$$e = \frac{f_z^2}{8r} = \frac{0{,}2^2}{8 \cdot 0{,}4} = 0{,}013 \text{ mm}$$

Nach Gleichung (3.3–0.) ist $R = e + a = 0{,}013 + 0{,}06 = 0{,}073$ mm

2) Nach Bild 3.3–66 ist

$$\rho \approx \tan\rho = \frac{q}{d} = \frac{2 \cdot 0{,}073}{100} = 0{,}0015 \text{ rad} = 0{,}084°$$

mit Gleichung (3.3–0.) lässt sich die *Balligkeit* des Werkstücks bestimmen:

$$b = \frac{d}{2} \cdot \left[1 - \sqrt{1 - \left(\frac{a_e}{d}\right)^2} \right] \cdot \tan\rho \qquad b = \frac{100}{2} \cdot \left[1 - \sqrt{1 - \left(\frac{80}{100}\right)^2} \right] \cdot 0{,}0015 = 0{,}029 \text{ mm}$$

3) Der *Eingriffswinkel* lässt sich beim symmetrischen Stirnfräsen nach Gleichung (3.3–0.) bestimmen:

$$\Delta\varphi = 2 \cdot \arcsin\frac{a_e}{d} = 2 \cdot \arcsin\frac{80}{100} = 1{,}85 \text{ rad, die } \textit{mittl. Spanungsdicke} \text{ nach Gleichung (3.3–24):}$$

$$h_m = \frac{2}{\Delta\varphi} \cdot \frac{a_e}{d} \cdot f_z \cdot \sin\kappa \qquad h_m = \frac{2}{1{,}85} \cdot \frac{80}{100} \cdot 0{,}2 \cdot \sin 75° = 0{,}167 \text{ mm}$$

Die *Spanungsbreite* ist:

$$b = \frac{a_p}{\sin\kappa} = \frac{0{,}5}{\sin 75°} = 0{,}518 \text{ mm}$$

Die *mittlere spezifische Schnittkraft* wird nach Gleichung (3.3–35) berechnet:

$$k_{cm} = k_{c1 \cdot 1} \cdot f_{hm} \cdot f_\gamma \cdot f_{Sv} \cdot f_{St} \cdot f_f$$

$k_{c1\cdot1}$ = 1573 N/mm^2 und z = 0,19 werden Tabelle 2.3-1 entnommen. Die Korrekturfaktoren werden folgendermaßen bestimmt:

$$f_{hm} = (\frac{h_0}{h_m})^z = (\frac{1}{0,167})^{0,19} = 1,409$$

$$f_\gamma = 1 - m_\gamma\,(\gamma - \gamma_0) = 1 - 0,015\,(6° - 6°) = 1,0$$

$$f_{Sv} = \left(\frac{v_{c0}}{v_c}\right)^{0,1} = \left(\frac{100}{250}\right)^{0,1} = 0,912$$

f_{St} = 1,0 bei scharfen Schneiden ohne Verschleiß,

$$f_f = 1,5 + \frac{d_0}{d} = 1,05 + \frac{1}{100} = 1,06$$

Damit wird die *mittlere spezifische Schnittkraft*:

k_{cm} = 1573 · 1,406 · 1,0 · 0,912 · 1,0 · 1,06 = 2138 N/mm^2

Die *mittlere Schnittkraft* einer Schneide wird folgendermaßen berechnet:

$F_{cm} = b \cdot h_m \cdot k_m$ = 0,518 · 0,167 · 2138 = 185 N

Im Durchschnitt sind:

$$z_{em} = z \cdot \frac{\Delta\varphi}{2\pi} = 12 \cdot \frac{1,85}{2\cdot\pi} = 3,53$$

Schneiden zugleich im Eingriff.

Damit kann die *mittlere Schnittleistung* bestimmt werden:

$P_{cm} = F_{cm} \cdot z \cdot v$

P_{cm} = 185 N · 3,53 · 250 $\frac{m}{min} \cdot \frac{1\,min}{60\,s}$

P_{cm} = 2717 W $\triangleq$ 2,72 kW

Ergebnisse: 1) Die theoretisch zu erwartende *Rautiefe* ist R_z = 0,073 mm. Der größte Anteil davon, nämlich 0,06 mm wird vom *Axialschlag* beigetragen. Praktisch wird die Rautiefe größer sein, da andere Einflüsse wie Schneidenverschleiß, Schwingungen und Werkstoffverformungen nicht berechenbar sind.

2) Der *Spindelsturz* soll einen Winkel von ρ = 0,084° in Vorschubrichtung haben. Die daraus resultierende *Balligkeit* des Werkstücks beträgt b = 0,029 mm.

3) Die Schnittkraft ist erwartungsgemäß klein, nämlich nur Fcm = 185 N. Bei durchschnittlich 3,53 Schneiden, die zugleich in Eingriff sind, wird eine Schnittleistung von Pcm = 2,72 kW benötigt.

3.4 Hobeln, Stoßen

Das Hobeln und das Stoßen bezeichnen ein Spanen mit gerader Schnittbewegung und schrittweiser Vorschubbewegung quer dazu. Beim Hobeln wird die Schnittbewegung vom Werkstück ausgeführt. Dieses ist dazu auf einem langhubigen Tisch aufgespannt, der sich unter dem Werkzeug hindurch bewegt. Beim Stoßen führt das Werkzeug die Schnittbewegung aus. Sie kann waagerecht laufen, wie auf den Kurzhobelmaschinen oder senkrecht wie beispielsweise in Nuten- oder Zahnradstoßmaschinen.

3.4.1 Werkzeuge

Die Form und Benennung von Hobelmeißeln entsprechen denen der Drehmeißel. Der Schaft hat rechteckigen Querschnitt. Er muss der stoßartigen Belastung beim Anschnitt und den großen Schnittkräften infolge größerer Spanungsquerschnitte durch einen entsprechend großen Querschnitt Rechnung tragen.

Der Hobelmeißel wird kurz eingespannt, damit er nicht nachfedert und dabei tiefer in das Werkstück eindringt. Wo eine kurze Einspannung nicht möglich ist, werden gekröpfte *Hobelmeißel* verwendet (**Bild 3.4–1**). Bei ihnen ist der Federweg der Schneide parallel zur Schnittrichtung. Es entsteht am Werkstück keine größere Formabweichung. Beim *Stoßen* werden oft Innenbearbeitungen an Werkstücken durchgeführt, z. B. die Herstellung von Passfedernuten oder Innenverzahnungen.

Dabei ist der vorhandene Raum für die Werkzeuge gering. Sie werden daher in Längsrichtung benutzt. Das heißt, die Schnittrichtung liegt parallel zur Schaftrichtung (**Bild 3.4–2**) und die Spanfläche ist an der Stirnseite des Stoßmeißels.

Für die Herstellung von Verzahnungen werden Formwerkzeuge verwendet, die selbst zahnradartig aussehen und am Umfang viele Schneiden haben. Nach DIN 1825, 1826, 1828 unterscheidet man *Schneidräder* in Scheibenform (**Bild 3.4–3**), Glockenform und mit Schaft für die Einspannung in der Stoßmaschine.

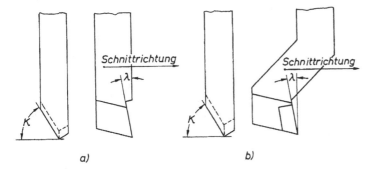

Bild 3.4–1 Hobelmeißel
a) gerader Hobelmeißel aus Schnellarbeitsstahl
b) gekröpfter Hobelmeißel mit Hartmetallschneide

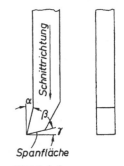

Bild 3.4–2
Nutenstoßwerkzeug
aus Schnellarbeitsstahl

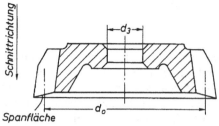

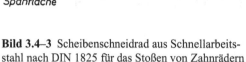

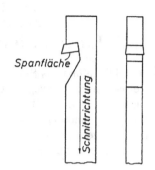

Bild 3.4–3 Scheibenschneidrad aus Schnellarbeits-   **Bild 3.4–4** Nutenziehwerkzeug mit
stahl nach DIN 1825 für das Stoßen von Zahnrädern   Hartmetallschneide

Vom *Nutenziehen* spricht man, wenn das Werkzeug so gestaltet ist, dass beim Schnitt im Schaft überwiegend eine Zugbelastung entsteht. Die Werkzeuge dafür sind mit einem längeren Schaft vor der Schneide ausgestattet, mit dem sie am Werkzeugträger der Nutenziehmaschine befestigt werden (**Bild 3.4–4**). Nach DIN 8589 gehört aber auch diese Bearbeitungsart zum Stoßen.

3.4.2 Schneidstoffe

Die Werkzeugschneide wird bei jedem Anschnitt stoßartig belastet und beim Austritt aus dem Werkstück wieder entlastet. Solche sprungartigen Belastungsänderungen vertragen nur Schnellarbeitsstahl und zähe Hartmetallsorten wie P 40, P 50, K 30, K 40. Schneidkeramik und Diamant sind zu spröde und können daher nicht verwendet werden.

Die beim Hobeln und Stoßen auftretenden kleinen Schnittgeschwindigkeiten und der unterbrochene Schnitt begünstigen auch vom Standzeitverhalten her den Einsatz von Schnellarbeitsstahl. Besonders pulvermetallurgisch gesinterter Schnellarbeitsstahl wird oft wegen seiner größeren Zähigkeit und gleichmäßigen Verschleißeigenschaften trotz größerer Kosten bevorzugt. Versuche, die Werkzeuge durch besondere Nitrierbehandlung oder andere Beschichtung noch widerstandsfähiger zu machen, haben schon zu größeren Standmengen geführt.

3.4.3 Schneidengeometrie

Die Formgebung der Schneiden muss auf die stoßartige Belastung und die verwendeten Schneidstoffe abgestimmt sein. Große Spanwinkel γ ($10° - 20°$) verringern die Schnittkraft und sichern einen gleichmäßigen Spanablauf. Negative Neigungswinkel λ, ($-10°$ bis $-15°$) entlasten die Schneidenspitze und flachen den Kraftanstieg beim Anschnitt ab. Hartmetallschneiden erhalten gestufte Spanflächenfasen, unter $-45°$ und $-3°$ bis $-5°$. Sie sollen das Ausbrechen der empfindlichen Schneidkanten verhindern. Auch Schneidräder für das Zahnradstoßen erhalten größere Spanwinkel und Neigungswinkel.

3.4.4 Werkstücke

3.4.4.1 Werkstückformen

Zum *Hobeln* eignen sich Werkstücke mit langer schmaler Form wie Maschinenbetten und Führungen.

Je länger der Arbeitshub ist, desto wirtschaftlicher wird die Bearbeitung durch Hobeln. Die Maschinen dafür haben deshalb Hublängen von 2 – 10 m. Auch große Flächen werden mitunter noch auf Langhobelmaschinen hergestellt, obwohl Stirnfräsen hier wirtschaftlicher ist.

Zum *Stoßen* eignen sich Werkstücke mit Innenbearbeitungen von nicht runder Form wie Keilnaben, Innenvielecke, Innenverzahnungen und Naben mit Passfedernuten.

Zahnräder sind ein weiteres Arbeitsgebiet für die Anwendung des Stoßens. Hierfür sind Maschinen entwickelt worden mit sehr kurzem aber schnellem Hub, die bis zu 5000 Schnitte pro Minute machen können. Schneidrad und Werkrad müssen gleichschnell umlaufen, damit die Verzahnung auf dem ganzen Umfang ausgebildet wird. Vorteilhaft ist der sehr kurze Überlauf. Er macht es möglich, dass auf einer Welle verschieden große Verzahnungen eng beieinander liegen. In Pkw-Getrieben werden solche Anordnungen bevorzugt.

3.4.4.2 Werkstoffe

Da nur Werkzeuge aus Schnellarbeitsstahl und zähen Hartmetallsorten benutzt werden können, ist die Bearbeitung der Werkstoffe nach ihrer Härte eingeschränkt. Leichtmetall, Buntmetall und Gusseisen bieten keine Schwierigkeiten. Stahlguss und Stahl lässt sich nur in ungehärtetem Zustand bearbeiten. Er kann gegebenenfalls nachträglich vergütet werden. Schwierigkeiten bereitet die Bearbeitung von zähen Stahlsorten und Nickellegierungen.

3.4.5 Bewegungen

3.4.5.1 Bewegungen in Schnittrichtung

Bild 3.4–5 zeigt, dass sich der Gesamtweg l_c in Schnittrichtung aus dem Anlaufweg l_a, der Werkstücklänge L und dem Überlaufweg l_u zusammensetzt. Die Zeit, die dafür bei der Schnittgeschwindigkeit v_c benötigt wird, errechnet sich folgendermaßen:

$$t_c = l_c / v_c$$

Für den Rücklauf wird bei der Rücklaufgeschwindigkeit v_r

$$t_r = l_c / v_c \quad \text{benötigt.}$$

Setzt man als Umsteuerzeit für die Maschinen t_u ein, erhält man die Gesamtzeit für einen Doppelhub:

$$\boxed{t = t_c + t_r + t_u} \tag{3.4–1}$$

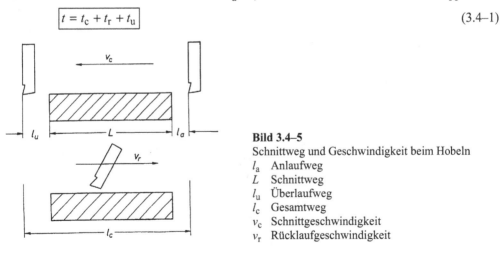

Bild 3.4–5
Schnittweg und Geschwindigkeit beim Hobeln
l_a Anlaufweg
L Schnittweg
l_u Überlaufweg
l_c Gesamtweg
v_c Schnittgeschwindigkeit
v_r Rücklaufgeschwindigkeit

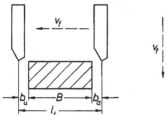
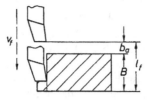

Bild 3.4–6
Bewegungen in Vorschubrichtung
beim Hobeln
B Werkstückbreite
b_a Anlaufbreite
b_u Überlaufbreite
l_f Gesamtvorschubweg
v_f Vorschubgeschwindigkeit
(unterbrochen)

Daraus findet man die Zahl der Doppelhübe pro Minute.

$$n_L = \frac{1}{t}$$

$$n_L = \frac{1}{t_c + t_r + t_u}$$ (3.4–2)

3.4.5.2 Bewegungen in Vorschubrichtung

In Vorschubrichtung sind die Werkzeugbewegungen meist unterbrochen (**Bild 3.4–6**). Man verstellt nach jedem Doppelhub um einen festen Betrag f. Damit werden für den Gesamtvorschubweg l_f / f Doppelhübe benötigt. Die Bearbeitungszeit für ein Werkstück bei i Durchläufen der Schnitttiefe a_p lässt sich folgendermaßen berechnen:

$$t_H = \frac{l_f \cdot i}{f \cdot n_L}$$ (3.4–3)

3.4.6 Kräfte und Leistung

Bild 3.4–7 zeigt, dass die am Werkstück angreifende Zerspankraft F in die drei Teilkräfte
F_c Schnittkraft,
F_f Vorschubkraft und
F_p Passivkraft zerlegt werden kann. Sie stehen senkrecht aufeinander. Für ihre Berechnung kann man die beim Drehen abgeleiteten Gesetzmäßigkeiten anwenden.

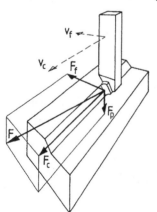

Bild 3.4–7
Bewegungen und Kräfte beim Hobeln und Stoßen
v_c　Schnittgeschwindigkeit
v_f　Vorschubgeschwindigkeit
　　　(unterbrochen)
F　Zerspankraft
F_c　Schnittkraft
F_f　Vorschubkraft
F　Passivkraft

3.4.6.1 Berechnung der Schnittkraft

Der Spanungsquerschnitt A, der bei jedem Schnitt abgehobelt wird, ist nach **Bild 3.4–8**

$$A = a_\mathrm{p} \cdot f \tag{3.4-4}$$

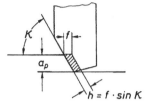

Bild 3.4–8
Spanungsquerschnitt beim Hobeln
a_p Schnitttiefe
f Vorschub pro Doppelhub
h Spanungsdicke

Mit der spezifischen Schnittkraft (A-15)

$$k_\mathrm{c} = k_{\mathrm{c}1 \cdot 1} \cdot f_\mathrm{h} \cdot f_\gamma \cdot f_\lambda \cdot f_\mathrm{SV} \cdot f_\mathrm{f} \cdot f_\mathrm{st}$$

findet man die Schnittkraft

$$F_\mathrm{c} = A \cdot k_\mathrm{c} \tag{3.4-5}$$

Gegenüber der Berechnungsformel (2.3–0.) hat sich also nichts geändert. Die Konstanten $k_{\mathrm{c}1 \cdot 1}$ und z sind in Tabelle 2.3-1 zu finden. Sie sind werkstoffabhängig. Die Korrekturfaktoren werden auch in der gleichen Weise, wie im Kapitel 2.3.3 beschrieben wurde, berechnet. Als Besonderheit ist nur der Formfaktor f_f zu beachten. Er beträgt für ebene Werkstücke

$$f_\mathrm{f} = 1{,}05.$$

Hierin zeigt sich, dass die zu erwartende Schnittkraft etwa 5 % größer ist als unter vergleichbaren Bedingungen beim Drehen.

Für die Berechnung der Vorschub- und der Passivkraft kann angenähert das Verfahren aus dem Kapitel 2.3.3 genommen werden.

3.4.6.2 Berechnung der Schnittleistung

Die Schnittleistung beim Hobeln kann aus der Schnittkraft F_c und der Schnittgeschwindigkeit v_c bestimmt werden.

$$P_\mathrm{c} = F_\mathrm{c} \cdot v_\mathrm{c} \tag{3.4-6}$$

Zur Berechnung der für das Hobeln notwendigen Antriebsleistung ist es erforderlich, noch weitere neben der Schnittkraft auftretende Kräfte zu berücksichtigen: Die Reibungskraft in den Führungen und die Beschleunigungskraft für die Masse des Werkstücks und des Maschinenschlittens. Sie sind beim Arbeitshub und beim Rückhub wirksam.

In Vorschubrichtung trägt die Vorschubkraft F_f nicht zur Leistungserhöhung bei, denn die Verstellung erfolgt, wenn das Werkzeug nicht in Eingriff ist.

3.4.6.3 Zeitspanungsvolumen

Nach Bild 3.4–5 und Bild 3.4–8 wird bei jedem Hub das Werkstoffvolumen $A \cdot L = a_\mathrm{p} \cdot f \cdot L$ zerspant. Mit n_L, der Zahl der Doppelhübe pro Minute, erhält man

$$Q = a_\mathrm{p} \cdot f \cdot L \cdot n_\mathrm{L} \tag{3.4-7}$$

das Zeitspanungsvolumen.

Es ist als Kennwert für die Leistungsfähigkeit der spanenden Bearbeitung zu nehmen. Beim Hobeln fällt es im Vergleich zum Drehen oder Fräsen niedrig aus, da der ungenutzte Rückhub und die kleine Schnittgeschwindigkeit keine großen Werte zulassen.

3.4.7 Berechnungsbeispiel

Von einem Werkstück aus 42 CrMo 4 mit der Länge $L = 250$ mm und der Breite $B = 100$ mm soll eine Schicht der Dicke $a_p = 3$ mm mit einem Vorschub $f = 0,2$ mm auf einer Hobelmaschine in einem Arbeitsschritt abgespant werden. Die Schnittgeschwindigkeit ist $v_c = 12$ m/min, die Rücklaufgeschwindigkeit $v_r = 20$ m/min.

Aufgabe: Zu berechnen sind:
      a) Hubzahl n_L,
      b) Hauptschnittzeit t_h,
      c) Schnittkraft F_c und
      d) Zeitspanungsvolumen Q.

Lösung: a) Nach Gleichung (3.4–0.) ist die Zeit für einen Doppelhub $t = t_c + t_r + t_u$ und die Hubzahl $n_L = 1 / t$. Nach Bild 3.4–5 wird mit $l_c = L + l_a + l_u = 250 + 10 + 10 = 270$ mm $= 0,27$ m,

          $t_c = 0,27 / 12 = 0,0225$ min und $t_r = 0,27 / 20 = 0,0135$ min und

          $t = 0,0225 + 0,0135 + 0 = 0,036$ min, $n_L = 1 / t = 0,036^{-1} = 27,8$ DH/ min.

      b) Nach Bild 3.4–6 ist der Vorschubweg $l_f = B + b_a + b_u = 100 + 2 + 2 = 104$ mm. Mit $i = 1$ wird nach Gleichung (3.4–0.):

$$t_h = \frac{l_f \cdot i}{f \cdot n_L} \quad \frac{104 \cdot 1}{0,2 \cdot 27,8} = 18,7 \,\text{min} \,.$$

      c) Nach Gleichung (3.4–3) ist $F_c = A \cdot k_c$.
          Nach Gleichung (3.4–2) ist $A = a_p \cdot f = 3 \cdot 0,2 = 0,6$ mm^2.
          Nach Gleichung (2.3–0.) ist $k_c = k_{c1\cdot1} \cdot (h_0 / h)^z \cdot f_g \cdot f_\lambda \cdot f_{SV} \cdot f_f \cdot f_{st}$.
          In Tabelle 2.3-1 findet man: $k_{c1\cdot1} = 1563$ N/mm^2; $z = 0,26$; $h_0 = 1$ mm; $\gamma_0 = 6°$; $\lambda_0 = 4°$; $v_{co} = 100$ m/min.

          Mit der Annahme, dass $\kappa = 70°$, $\gamma = 12°$, $\lambda = 8°$ und $f_{st} = 1,5$ ist, lässt sich berechnen

          $h = f \cdot \sin \kappa = 0,2 \cdot \sin 70° = 0,155$ mm und

$$k_c = 1563 \cdot (1/0,155)^{0,26} \cdot [1 - 0,015\,(12 - 6)]\,[1 - 0,015\,(8 - 4)]\left(\frac{100}{12}\right)^{0,1} \cdot 1,05 \cdot 1,3 =$$

          3665 N/mm^2 .
          Damit wird $F_c = 0,6 \cdot 3665 = 2199$ N $- 2,2$ kN.

      d) Nach Gleichung (3.4–5) ist $Q = a_p \cdot f \cdot L \cdot n_L$

$$Q = 3 \cdot 0,2 \cdot 250 \cdot 27,8 = 4170 \, \frac{\text{mm}^3}{\text{min}} \approx 4,2 \frac{\text{cm}^3}{\text{min}} \,\text{mm}$$

Ergebnis: a) Hubzahl $n_L = 22,8$ DH/min,
        b) Hauptschnittzeit $t_h = 18,7$ min,
        c) Schnittkraft $F_c = 2,2$ kN,
        d) Zeitspanungsvolumen $Q = 4,2$ cm^3 / min.

3.5 Sägen

Das Sägen zählt zu den Zerspanungsprozessen mit vielzahnigen Werkzeugen. Hinsichtlich der Maschinenbauformen unterscheidet man im Wesentlichen zwischen Hubsägen (Bügelsägen), Bandsägen und Kreissägen (**Bild 3.5–1**).

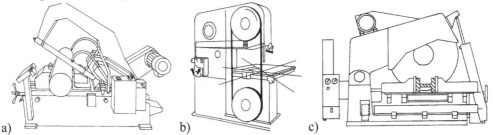

a)   b)   c)

Bild 3.5–1 Die drei Sägearten: a) Hubsäge b) Bandsäge c) Kreissäge

Dementsprechend sind die Werkzeuge als Blätter, Endlosbänder oder Kreisscheiben ausgeführt. Das Haupteinsatzgebiet des Sägens ist das Ablängen von Drähten, Profilen, Rohren, Strangmaterialien, Halbzeugen, Blechen oder Gussteilen im Rahmen der Vorbearbeitung. Die Verfahrensauswahl richtet sich nach den Bauteilabmessungen, dem zu bearbeitenden Material sowie der geforderten Bearbeitungsgenauigkeit. Die wirtschaftlich Bewertung erfolgt auf Basis der Investitionskosten sowie der Werkzeug- und Betriebskosten.

Tabelle 3.5-1: Erreichbare Genauigkeit beim Sägen

	Hubsäge	Bandsäge	Kreissäge
Längengenauigkeit	± 0,2 – 0,25 mm	± 0,2 – 0,3 mm	± 0,15 – 0,2 mm
Schnittverlauf (Schnitthöhe: 100 mm)	± 0,2 – 0,3 mm	neu: ± 15 mm verschlissen: ± 0,5 mm	± 0,15 – 0,3 mm

Die Bearbeitung mit *Hubsägen* zeichnet sich durch wiederholte Schnitte mit einem vergleichsweise kurzen und geraden Sägeband, das vor und zurückbewegt wird. Hierdurch entsteht eine alternierende Werkzeugbewegung, die sich aus Schnittbewegung und Leerhub zusammensetzt. Verfahrensvorteile sind die niedrigen Investitionskosten, die geringen Werkzeugkosten, die Vielseitigkeit sowie die einfache Prozessführung. Nachteilig sind die prinzipbedingt geringen Abtraggeschwindigkeiten, die Verlaufneigung des Schnittkanals, der gegenüber Bandsägen breitere Schnittkanal, der ungleichmäßige Bandverschleiß sowie eine höhere spezifische Schnittkraft als beim Bandsägen.

Die Bearbeitung durch *Bandsägen* erfolgt durch ein umlaufendes Endlosband, das mit Hilfe geeigneter Umlenkrollen geführt wird. Wesentlicher Vorteil ist die Vielseitigkeit des Verfahrens, die hohe Abtraggeschwindigkeit, die einfache Prozessführung, der moderate Investitionsbedarf, der engere Schnittkanal sowie eine geringere spezifische Schnittkraft. Nachteilig sind geometrische Begrenzungen durch die Maschinenbauform, Begrenzungen durch die Bandführung. Anwendungsgebiete sind die numerisch gesteuerte Gussbearbeitung, Bearbeitung von Stangenmaterial und besondere Schnittaufgaben z. B. in der Keramikindustrie. Die Sägebänder bestehen entweder aus einem Bimetall oder im Grundmaterial aus einem legierten Vergütungsstahl mit aufgeschweißten Hartmetallschneiden.

Die Bearbeitung durch *Kreissägen* erfolgt durch den Abtrag radial umlaufender Schneiden, die auf dem Umfang einer rotierenden Metallscheibe angeordnet sind. Das Verfahren hat eine hohe Schnittleistung, ist vielseitig und sehr genau. Diesen Vorteilen stehen vergleichsweise hohe Investitionskosten gegenüber. Sie werden überwiegend zum Ablängen von Stangenmaterial und für lange gerade Schnitte eingesetzt.

3.5.1 Werkzeuge

Der Schneidkeil eines Sägezahns ist durch die Form des Sägeblatts festgelegt. Unter dem Begriff *Zahnform* versteht man in diesem Zusammenhang die Kontur von Zahnschneide und Zahngrund. Die Wahl der Zahnform richtet sich nach dem zu zerspanenden Werkstoff und den jeweiligen Bauteilabmessungen. Die *Teilung T* beschreibt die Größe des Spanraums und ist als Abstand zweier benachbarter Zähne definiert. Je größer die Teilung ist, desto größer ist der zur Verfügung stehende Spanraum, und umso leichter ist die Spanabfuhr. Allerdings darf der freie Raum nicht zu groß werden, damit die Schneiden nicht überlastet werden. In der Praxis haben sich Teilungen bewährt, bei denen während der Zerspanung stets 3–4 Schneiden im Eingriff sind. Im Umkehrschluss ergeben sich bei zu kleiner Teilung Entspanungsprobleme. In der Folge kommt der zugesetzte Zahn nicht mehr in den Schnitt und schleift stattdessen über die Werkstückoberfläche, was erhöhten Verschleiß bewirkt. Die *Zahnteilung* T_z bezeichnet hingegen die Anzahl der Zähne pro Längeneinheit und in der Regel auf ein Zoll bezogen. Prinzipiell sind dabei konstante und variable Zahnteilungen möglich. Die *Eingriffslänge* bezeichnet das Werkstückmaß, auf dessen Länge die Säge im Eingriff steht. Die Betrachtungsrichtung ist hierbei die Schnittrichtung. Geringe Eingriffslängen erfordern dementsprechend eine feinere Verzahnung bzw. eine kleinere Teilung. Der Freiwinkel bestimmt dabei maßgeblich den Übergang in den freien Spanraum und legt somit die Teilung weitgehend fest. **Bild 3.5–2a** zeigt die üblichen Bezeichnungen, wie sie bei einem Sägeband vorliegen. Man erkennt, dass je größer der Freiwinkel ist, desto größer auch der Spanraum wird. Eine Ausnahme bilden Sägezähne mit Trapezzahn (**Bild 3.5–2b**). Hier wird der Freiwinkel durch eine entsprechende Fase an der Spankammer festgelegt.

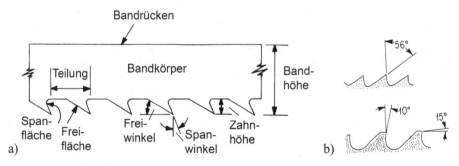

Bild 3.5–2 Sägeband: a) Bezeichnungen   b) Spanräume

Um die erforderliche Schnittenergie zu reduzieren, sind die Spanwinkel in der Regel positiv ausgeführt.

Um ein leichteres Freischneiden zu erreichen und um die Schnittleistung pro Zahn zu begrenzen, haben Sägebänder eine Schränkung. Unter *Schränkung* versteht man das seitliche Ausbiegen der Zähne, wie sie in **Bild 3.5–3** dargestellt sind. Die Rechts- / Linksschränkung eignet sich für gut zerspanbare Werkstoffe wie NE-Metalle oder Kunststoffe. Die Standardschränkung wird bei Stahl, Guss und festeren NE-Metallen eingesetzt. Die Wellenschränkung hat Vorteile bei der Bearbeitung dünnwandiger Bauteile.

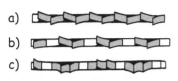

Bild 3.5–3 Schränkungen:
a) Rechts-Links-Schränkung,
b) Standardschränkung,
c) Wellenschränkung

Bei Kreissägeblättern sind die Zahnformen in DIN 1840 festgelegt und untergliedern sich in *Winkelzähne, Bogenzähne* und *Bogenzähne mit Vor- und Nachschneider.* Wie bei Sägebändern muss die Teilung dem zu zerspanenden Werkstoff angepasst sein. Kleine Kreissägeblätter bis zu einem Durchmesser von 315 mm werden als Vollstahlblätter ausgeführt. Bei größeren Blättern sind Segmentblätter üblich (**Bild 3.5–4**).

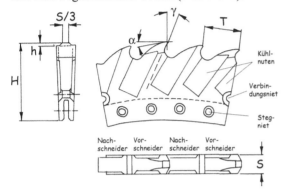

Bild 3.5–4 Bezeichnungen am Segment-Kreissägeblatt

3.5.2 Schneidstoffe

Bei allen Sägearten (Hubsäge, Bandsäge, Kreissäge) werden Werkzeugstahl und Schnellarbeitsstahl als Schneidstoff eingesetzt. Hub- und Bandsägewerkzeuge sind vielfach noch aus Werkzeugstahl. Zur Erhöhung des Leistungsvermögens ist den Werkzeugstählen 1,8 – 3 % Wolfram zulegiert. Weiterentwicklungen sind Bi-Metalle, bei denen der Trägerwerkstoff ein spezieller Federstahl ist, und die Schneiden aus Schnellarbeitsstahl bestehen. Die beiden Werkstoffe werden durch Elektronenstrahlschweißen miteinander verbunden. Beim Schweißen entsteht im Federbandstahl ein Vergütungsgefüge mit hoher Zähigkeit, sodass höhere Schnittgeschwindigkeiten realisierbar werden. Der typische Kreissägeschneidstoff ist der Schnellarbeitsstahl HS 6-5-2. Für höhere Belastungen werden aber auch 8 – 9 % Kobalt oder stattdessen Zusätze von Wolfram und Chrom zulegiert. Bei Segment-Kreissägeblättern besteht der Grundkörper aus Werkzeugstahl und die Segmente aus Schnellarbeitsstahl. In jüngerer Vergangenheit wurden vermehrt Hartmetall-Schneideinsätze für den Schneidkeil verwendet. Hierbei werden überwiegend zähere Sorten der P-Gruppe eingesetzt.

3.5.3 Kräfte und Leistung

Obwohl Sägen eines der wichtigsten Vorbearbeitungsverfahren ist, wird ihm vergleichsweise wenig Aufmerksamkeit geschenkt. Für die kräfte- und leistungsmäßige Maschinenauslegung ist eine exakte Berechnung jedoch u. U. hilfreich. Bezugsgröße der Berechnung ist die spezifische Schnittfläche $A_s = v_f \cdot l$ der jeweiligen Sägeverfahrens, da man davon ausgeht, dass beim Sägen unabhängig von der Schnittlänge bei einem bestimmten Werkstoff innerhalb der gleichen Zeit auch der gleiche Querschnitt gespant wird. Die Vorschubgeschwindigkeit ist somit wechselseitig von der Schnittlänge abhängig. Sie ist dort am geringsten, wo die größte Schnittlänge auftritt. Weitere Zusammenhänge können direkt aus den bekannten Zusammenhängen für das Drehen und Fräsen abgeleitet werden.

Sägen arbeiten im Normalfall senkrecht zur Werkstückoberfläche, sodass der Einstellwinkel $\kappa = 90°$ beträgt, und sich die Schnittfläche des Einzelzahns folgendermaßen berechnet:

$$A = b \cdot h = a_p \cdot f_z$$

Die durchschnittliche Schnittkraft des Einzelzahns ergibt sich dann nach Gleichung (2.3–0.) mit Hilfe der spezifischen Schnittkraft gemäß Gleichung (2.3–0.):

$$F_{c,z} = k_c \cdot A = k_c \cdot a_p \cdot f_z$$

Schließlich ergibt sich die Gesamtkraft durch Aufsummieren der durchschnittlichen Einzelkräfte aller eingreifenden Zähne. In Produktschreibweise vereinfacht sich dies zu:

$$\boxed{F_c = z_E \cdot F_{c,z} = z_E \cdot k_c \cdot a_p \cdot f_z} \tag{3.5–1}$$

Hiermit kann die erforderliche Schnittleistung abgeschätzt werden:

$$\boxed{P_c = \frac{F_c \cdot v_c}{\eta_m} = \frac{z_E \cdot k_c \cdot a_p \cdot f_z \cdot v_c}{\eta_m}} \tag{3.5–2}$$

Die Anzahl der eingreifenden Zähne ergibt sich hierbei aus der Definition der Teilung T:

Sägeblatt / -band: $\boxed{z_E = \dfrac{l}{T}}$ (3.5–3)

Bei Kreissägen gilt Entsprechendes. Mit dem Eingriffswinkel im Bogenmaß folgt:

Kreissäge: $\boxed{z_E = z_{Band} \cdot \dfrac{\hat{\varphi}_E}{2 \cdot \pi}}$ (3.5–4)

Die darin auftretende Schnittlänge wird senkrecht zur Vorschubrichtung gemessen. Deshalb sind Schnittlänge und Werkstückdurchmesser nur bei Rundmaterial identisch. Bei anderen Profilen ist die Schnittlänge das Maß, welches senkrecht zur Vorschubrichtung liegt.

Der darin auftretende Vorschub pro Zahn f_z muss in Abhängigkeit des Sägeverfahrens berechnet werden. Bei Sägeblättern oder -bändern ergibt sich mit der Teilung T:

Sägeblatt / -band: $\boxed{f_z = \dfrac{A_s \cdot T}{l \cdot v_c} = \dfrac{v_f \cdot l_{Band}}{v_c \cdot z_{Band}}}$ (3.5–5)

Kreissäge: $\boxed{f_z = \dfrac{A_s \cdot D \cdot \pi}{l \cdot v_c \cdot z_{Band}} = \dfrac{v_f \cdot D \cdot \pi}{v_c \cdot z_{Band}}}$ (3.5–6)

Die Schnittlänge ergibt sich beim Kreissägen aus dem Eingriffwinkel φ_E, sodass sich im Bogenmaß folgender Zusammenhang ergibt:

$$l = \pi \cdot D \cdot \frac{\hat{\varphi}_E}{2 \cdot \pi} = \frac{D \cdot \hat{\varphi}_E}{2}.$$

Der erforderliche Eingriffwinkel ergibt sich schließlich aus dem Verhältnis von der maximalen Bauteilbreite (oder Durchmesser) B zum Kreissägen-Blattdurchmesser D:

$$\boxed{\sin\left(\frac{\hat{\varphi}_s}{2}\right) = \frac{B}{D}} \tag{3.5–7}$$

3.5.4 Zeitberechnung

Definitionsgemäß entspricht die Hauptzeit $t_h = L/v_f$ beim Sägen dem Quotienten aus der umschreibenden Schnittfläche und der spezifische Schnittfläche:

$$t_h = \frac{A}{A_s} = \frac{L}{v_f}. \tag{3.5–8}$$

Beim Sägen eines rechteckigen Querschnitts ergibt sich die umschreibende Rechteckfläche A aus dem Produkt der Gesamtlänge L und der Werkstückbreite B.

Der Gesamtweg L ergibt sich beim *Sägen mit Sägeblatt* oder *Sägeband* mit dem Überlaufweg $l_{ü}$, sodass insgesamt gilt:

Sägeband /-blatt:
$$A = \underbrace{(l + l_{ü})}_{L} \cdot B = \underbrace{(d + l_{ü})}_{L} \cdot B. \tag{3.5–9}$$

Beim *Kreissägen* ergibt sich der Gesamtweg L mit der Materialdicke in Vorschubrichtung l_w, sodass insgesamt gilt:

Kreissäge:
$$A = \underbrace{\left(l_w + \frac{D - \sqrt{D^2 - B^2}}{2} \right)}_{L} \cdot B \tag{3.5–10}$$

Demgegenüber vereinfacht sich die Flächenberechnung bei Werkstücken mit Kreisquerschnitt und Querschnittsdurchmesser d folgendermaßen:

kreisförmiges Werkstück: $A = d^2$.

Die Vorschubgeschwindigkeit v_f ergibt sich gegebenenfalls aus der Definition der spezifischen Schnittfläche

$$A_s = v_f \cdot l \tag{3.5–11}$$

3.6 Räumen

Als Räumen wird ein Zerspanen bezeichnet, das unter Verwendung mehrschneidiger Werkzeuge mit gestaffelt angeordneten Schneiden durchgeführt wird. Dabei kommt, im Gegensatz zum Fräsen oder Sägen, jede Schneide bei der Bearbeitung eines Werkstücks nur einmal zum Eingriff. In den meisten Fällen führt das Werkzeug eine geradlinige Schnittbewegung aus, während das Werkstück feststeht. Es gibt aber auch Sonderräumverfahren, bei denen das Werkstück gegenüber dem feststehenden Räumwerkzeug bewegt wird oder bei denen es eine zusätzliche Drehbewegung ausführt (Drall- oder Außenrundräumen). Auch können die Schneiden rund angeordnet oder rund geführt werden (Verzahnungsräumen).

Arbeitsbeispiele, bei denen das Räumen angewendet wird, zeigt **Bild 3.6–1**. Es sind immer Werkstücke, die in großer Zahl hergestellt werden. Bei den Innenbearbeitungen handelt es sich meistens um Formen, die von der Kreisform abweichen und deshalb durch Drehen nicht gefertigt werden können. Aber auch Außenformen werden, wie das Bild zeigt, geräumt. In jedem Fall entstehen große Werkzeugkosten, die sorgfältige Überlegungen über Wirtschaftlichkeit und Gestaltung der Werkzeuge erfordern.

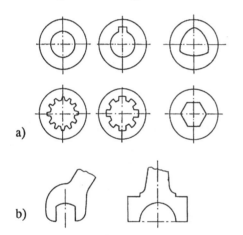

a)

b)

Bild 3.6–1
Arbeitsbeispiele für das Räumen
a) Innenräumen, b) Außenräumen

3.6.1 Werkzeuge

Beim Räumen sind fast alle Zerspangrößen durch die Werkzeugkonstruktion festgelegt und damit nicht mehr frei wählbar. Daher werden Werkzeuge und Zerspangrößen zusammen erläutert.

Räumwerkzeuge, die in den meisten Fällen in der Räummaschine gezogen (Räumnadel), bei geringer Spanabnahme aber auch gedrückt werden (Räumdorne), sind hinsichtlich ihrer Länge durch den maximalen Hub der Räummaschine begrenzt. Sie sind Formwerkzeuge, die für jede Form eigens konstruiert und angefertigt werden. **Bild 3.6–2** zeigt den Aufbau einer Räumnadel. Als *Schneidstoffe* kommen wegen der Herstellungsweise und der großen mechanischen Beanspruchungen nur hochwertige Schnellarbeitsstähle mit guten Festigkeits- und Zähigkeitseigenschaften in Betracht. In Einzelfällen werden die Schneiden auch mit Hartmetall bestückt.

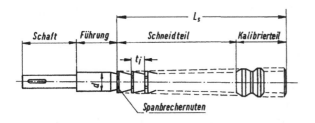

Bild 3.6–2
Aufbau einer Räumnadel
für Innenbearbeitung

3.6.1.1 Schneidenzahl und Werkzeuglänge

Die *Gesamtlange* L_s des Schneidenteils wird durch die Anzahl der notwendigen Schneiden z und deren mittlere Teilung t_m bestimmt. Nach Bild 3.6–2 ist

$$\sum_i t_i = L_s ,$$

$$\sum_i \frac{t_i}{z} = t_m .$$

Darin ist t_x der wirkliche Abstand zweier Schneiden (Teilung)

$$\boxed{L_s = z \cdot t_m}. \tag{3.6–1}$$

Wenn die erforderliche Gesamtlänge L_s wegen des begrenzten Maschinenhubs H nicht in einer Räumnadel untergebracht werden kann, so ist L_s auf zwei oder mehr Nadeln zu verteilen. Dabei muss auch die Werkstücklänge L und ein gewisser Überlauf $Ü$ berücksichtigt werden (**Bild 3.6–3**). Die *Anzahl der notwendigen Schneiden* z errechnet sich angenähert aus dem Gesamtspanungsquerschnitt A_g und dem mittleren Spanungsquerschnitt je Schneide A_m; also

$$\boxed{z = \frac{A_g}{A_m} + z_k}. \tag{3.6–2}$$

Bei einfacher Werkstückform und gleich bleibender Spanungsdicke h gilt auch

$$z = T / h + z_k .$$

T ist darin die Gesamträumtiefe.

Im Kalibrierteil mit der Schneidenzahl z_k ist eine Reserve von Schneiden mit Fertigmaß vorgesehen, die beim Nachschleifen stumpf gewordener Werkzeuge nach und nach in den Schneidteil übernommen werden.

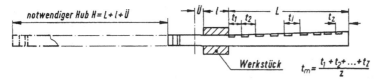

Bild 3.6–3 Bestimmung des notwendigen Maschinenhubes $H \cdot$ N t_2, t_i, t_z individuelle Teilung

3.6.1.2 Schnittaufteilung und Staffelung

Die Aufteilung des *Gesamtspanungsquerschnitts* A_g auf die einzelnen Schneiden beeinflusst die Gestaltung der Nadel und die notwendige Zugkraft. **Bild 3.6–4** und **Bild 3.6–5** zeigen grundsätzliche Möglichkeiten dafür. Dabei ist Folgendes zu beachten:

1. Die Schnittkraft F_c wächst proportional mit der Spanungsbreite b, jedoch weniger als proportional mit der Spanungsdicke h,
2. der spezifische Schneidkantenverschleiß und damit die Standzeit bleibt bei Zunahme der Spanungsbreite b nahezu unverändert. Bei Vergrößerung der Spanungsdicke h dagegen erhöht sich die spezifische Schneidkantenbelastung; dadurch verkürzt sich die Standzeit.

In **Bild 3.6–6** ist eine mögliche Formgebung von Schneiden an Räumwerkzeugen dargestellt. Die Staffelung entspricht der *Spanungsdicke h* und sollte möglichst groß gewählt werden, um den Vorteil des Zerspangesetzes: „Fallende spezifische Schnittkraft mit zunehmender Spanungsdicke" auch beim Räumen auszunutzen. Die Belastbarkeit der einzelnen Schneide und die Werkstückstabilität bilden meist die Grenze nach oben. Üblicherweise liegen die Werte der Staffelung etwa zwischen 0,03 und 0,3 mm / Schneide je nach Werkstoffart und gewünschter Oberflächengüte. Staffelung s_Z und Spanungsdicke h sind beim Räumen gleich.

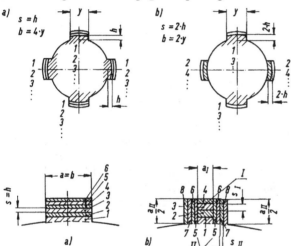

Bild 3.6–4
Verteilung des Gesamtspanungsquerschnitts A_g auf die einzelnen Schneiden 1., 2., 3., usw.
a) Alle Zähne schneiden auf der vollen Spanungsbreite b,
b) Zähne schneiden abwechselnd auf der halben Spanungsbreite(k_c geringer, da S größer)

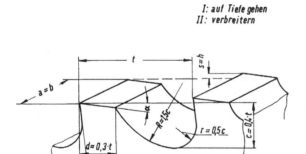

I: auf Tiefe gehen
II: verbreitern

Bild 3.6–5
Unterschiedliche Verteilungsmöglichkeit des Gesamtspanungsquerschnitts A auf die einzelnen Schneiden 1., 2., 3., usw.
a) bei voller Spanungsbreite b,
b) bei unterteilter Spanungsbreite b

Bild 3.6–6
Konstruktionsbeispiele für Schneidenzähne an Räumnadeln

Die Schneidenlänge stellt die *Spanungsbreite b* dar. Vielfach nimmt diese während des Räumens zu. Die Schnittkraft F_c wächst dabei im gleichen Maße. Diese Zunahme von b kann beträchtlich sein; z. B. beträgt sie beim Räumen einer Bohrung auf ein Vierkantloch 27 % (siehe **Bild 3.6–7**). Eine solche Vergrößerung der Spanungsbreite b sollte nicht durch eine Verkleinerung der Zahnstaffelung (entsprechend der Spanungsdicke h) ausgeglichen werden, weil so die spezifische Schnittkraft k_c zunimmt. Besser ist es, bei größtmöglicher Spanungsdicke h die Spanungsbreite b aufzuteilen, wie es in Bild 3.6–4b angedeutet ist.

Durch schräge Anordnung der Schneiden (**Bild 3.6–8**) versucht man bei breiten Schnitten, vor allem beim Außenräumen, die Schwankungen der Schnittkraft zu vermindern. Dabei entsteht jedoch eine seitliche Zerspankraftkomponente F_p, die auf Nadel und Werkstück wirkt.

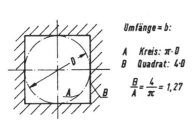

Umfänge = b:

A Kreis: $\pi \cdot D$
B Quadrat: $4 \cdot D$

$\dfrac{B}{A} = \dfrac{4}{\pi} = 1,27$

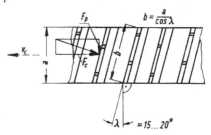

Bild 3.6–7 Beispiel für die Zunahme der Spanungsbreite b beim Räumen

Bild 3.6–8 Schräge Schneiden an Räumnadeln

3.6.1.3 Teilung

Die *Teilung* t muss unter Beachtung folgender Gesichtspunkte festgelegt werden:

1. Genügend großer Spanraum; der unterschiedliche Raumbedarf der Späne je nach Werkstoffart und Form ist zu berücksichtigen. Die Raumbedarfszahl x gibt das Verhältnis des Späneraumbedarfs zum Zerspanvolumen V_z (unzerspant) der betreffenden Schneide an. x liegt üblicherweise zwischen 3 und 10, je nachdem, ob es sich um spröde (bröckelnde) oder zähe Werkstoffe bzw. um Schrupp- oder Schlichträumen handelt. Daraus ergibt sich folgende Beziehung (siehe **Bild 3.6–6**):

$$\text{Spanraumbedarf je Schneide} = b \cdot h \cdot L \cdot x \approx b \cdot t \cdot c \cdot \frac{1}{3,6},$$

L Werkstücklänge, $c = 0,4 \cdot t$.

$\dfrac{1}{3,6} \cdot t \cdot c$ entspricht etwa dem Ausschnitt innerhalb der Fläche $t \cdot c$.

Die mittlere Teilung t errechnet sich dann zu:

$$\boxed{t_m = 3 \cdot \sqrt{h \cdot L \cdot x}}, \tag{3.6–3}$$

gültig für $c = 0,4 \cdot t$.

Eine grobe Näherungsgleichung zur Errechnung der Teilung t lautet:

$t \approx 1,5 \dots 2,5 \sqrt{L}$

2. Keine Überbeanspruchung des schwächsten Nadelquerschnitts A_0, also Gesamtschnittkraft $F_{cg} \leq F_{Na}$ = durch die Nadel übertragbare Kraft

$$F_{cg} = F_c \cdot z_e \leq A_0 \cdot \sigma_{zul}.$$

z_e im Eingriff befindliche Schneidenzahl, F_c Schnittkraft je Schneide $F_c = k_c \cdot b \cdot h$, unter Berücksichtigung der Stumpfung in k_c

$$\boxed{z_{e\,max\,zul} = \frac{A_0 \cdot \sigma_{zul}}{F_c} = \frac{A_0 \cdot \sigma_{zul}}{k_c \cdot b \cdot h}} \tag{3.6–4}$$

ist dann, als ganze Zahl, die größte zulässige sich im Eingriff befindende Schneidenzahl. Mit der Werkstücklänge L findet man für die Teilung t folgende Bedingung:

$$t \geq \frac{L}{z_{e\,\text{max zul}}} \tag{3.6–5}$$

Als Anhaltswert für σ_{zul} bei Schnellarbeitsstahl kann $350 \dots 400 \text{ N/mm}^2$ gesetzt werden.

3. Ausnutzung der verfügbaren Zug- oder Druckkraft F_R der Räummaschine ohne Überbeanspruchung, also:

    Verfügbare Räumkraft $F_R \geq$ Gesamtschnittkraft F_{cg}

    $$F_R \geq F_{cg} = F_c \cdot z_e$$

    $$z_{e\,\text{max zul}} \leq \frac{F_R}{k_c \cdot b \cdot h} \qquad \text{auf ganze Zahl runden} \tag{3.6–6}$$

    Zur Ermittlung der kleinsten zulässigen Teilung ist wieder Gleichung (3.6–3) zu verwenden. Die größte der nach 2. und 3. aus Gleichung (3.6–3) errechnete Teilung t ist als unterste Grenze anzusehen.

4. Die Teilung t darf nicht größer als die Hälfte der Werkstücklänge L sein, damit wenigstens zwei Schneiden im Eingriff sind. Anderenfalls besteht die Gefahr, dass sich das Werkstück zwischen den einzelnen Schnitten verschiebt und so Überlastung der folgenden Schneide eintritt. Auch das stoßartige Schwanken der Schnittkraft zwischen Null und einem Höchstwert ist unerwünscht.

5. Vielfach wird die Teilung t_i ungleichmäßig ausgeführt, um Rattererscheinungen beim Zerspanen zu unterdrücken.

3.6.2 Spanungsgrößen

Beim Räumen sind die meisten Zerspangrößen durch die Konstruktion der Räumnadel festgelegt und in den vorangegangenen Abschnitten beschrieben worden. Als Einzige veränderliche Größe bleibt die Schnittgeschwindigkeit v_c. Sie kann entsprechend den Ausführungen in Kapitel 2 bestimmt werden. Infolge der großen Werkzeugbeschaffungs- und Werkzeuginstandhaltungskosten wird die wirtschaftliche Standzeit T_0 lang sein und damit die Schnittgeschwindigkeit v_0 verhältnismäßig niedrig liegen. Die Richtwertangaben für die Schnittgeschwindigkeit v_0 weichen in verschiedenen Veröffentlichungen stark voneinander ab (**Tabelle 3.6-1**). Die Bestimmung betriebseigener wirtschaftlicher Werte, unter Verwendung eigener Erhebungen über die Standzeit in Abhängigkeit von der Schnittgeschwindigkeit (T-v-Gerade), erscheint zweckmäßig. Auch auf diesem Gebiet des Zerspanens wird versucht, durch Steigern der Schnittgeschwindigkeit zu größerer Wirtschaftlichkeit zu kommen. So hat sich bei neueren Untersuchungen gezeigt, dass unter bestimmten Voraussetzungen bei $v_c = 25 \dots 40 \text{ m/min}$ kleinere Verschleißwerte und eine bessere Oberflächengüte erzielbar sind.

Tabelle 3.6-1: Streuung der Richtwertangaben für die Schnittgeschwindigkeit v_c (m/min) beim Räumen. (Schneidstoff: Schnellarbeitsstahl, wenn nicht anders vermerkt)

Werkstoff	Innenräumen		Außenräumen	
	niedrigste Angaben	höchste Angaben	niedrigste Angaben	höchste Angaben
Stahl R_m = 500... 700 N/mm^2	2 ... 2,5	4 ... 8	6 ... 10	8 ... 10
Grauguss	2 ... 2,5	6 ... 8	5 ... 7 für HM-Schneiden: 35 ... 45	8 ... 10
Messing / Bronze	2,5 ... 3	7,5 ... 10	8 ... 12	10 ... 12
Leichtmetall	3 ... 6	10 ... 14	10 ... 14	12 ... 15

3.6.3 Kräfte und Leistung

Die Gesamtschnittkraft F_{cg} bei einer gegebenen Teilung t der Räumnadel errechnet sich wie folgt:

$$\boxed{F_{cg} = b \cdot h \cdot k_c \cdot z_e},$$ (3.6–7)

dabei ist $z_e > \dfrac{L}{t}$ als ganze Zahl einzusetzen.

Für die maximale Gesamtschnittkraft und damit für die höchste Belastung der Räummaschine ist der größte Spanungsquerschnitt $A_{max} = b \cdot h$ (meist am Ende des Räumvorganges) maßgebend. Die Gesamtschnittkraft hängt wesentlich von der Staffelung der Schneiden (Spanungsdicke h) ab. Damit wird die Zahl der Schneiden und die Länge der Räumnadel bzw. die Aufteilung der Zerspanarbeit auf mehrere Nadeln von der verfügbaren Räumkraft der Räummaschine bestimmt. Die *Schnittleistung* ergibt sich aus der bekannten Beziehung:

$$\boxed{P_c = F_{cg} \cdot v_c}$$ (3.6–8)

3.6.4 Berechnungsbeispiel

Aufgabe: In die Bohrung eines Werkstücks mit der Länge L = 120 mm aus legiertem Stahl 16 MnCr5 soll eine Nut (Breite B = 20 mm, Tiefe T = 6 mm) durch Räumen eingearbeitet werden. Zu ermitteln sind für die Schneidenstaffelung $s_z = h$:

a) 0,08 mm/Schneide,

b) 0,16 mm/Schneide,

mit $\lambda = 0°$, $\gamma = 6°$ und v_c = 10 m/min:

1. Teilung t_m der Räumnadel,
2. Länge L_s des Schneidenteiles,
3. erforderliche Räumkraft P_c unter Berücksichtigung der Werkzeugabstumpfung f_{st} = 1,5,
4. Schnittleistung P_c,
   Querschnitt der Nadel an der schwächsten Stelle A_0 = 20 mm · 15 mm = 300 mm^2. Als zulässige Spannung des Schneidstoffs σ_{zul} wird 350 N/mm^2 angenommen.

a)	b)

Teilung t_m

Nach Gleichung (3.6–1) mit der gewählten Raumbedarfszahl $x = 8$:

$$t_m = 3\sqrt{h \cdot L \cdot x}$$

$t_m = 3\sqrt{0{,}08 \cdot 120 \cdot 8} = 26{,}3 \text{ mm}$	$t_m = 3\sqrt{0{,}16 \cdot 120 \cdot 8} = 37{,}2 \text{ mm}$

$t_m = 30$ mm gewählt

Zahl der im Eingriff sich befindenden Schneiden $z_{e\,max}$:

$z_{e\,max} = \dfrac{L}{t_m} = \dfrac{120}{30} = 4$	$z_{e\,max} = \dfrac{120}{42} \approx 3$

Nachprüfung der *Sicherheit gegen Bruch* des Werkzeugs:

$$z_{e\,max\,zul} = \frac{A_0 \cdot \sigma_{zul}}{k_c \cdot b \cdot h}$$

Spezifische Schnittkraft nach Gleichung (2.3–0.) mit $k_{c1\cdot1} = 1411$ N/mm^2 und $z = 0{,}30$ aus Tabelle 2.3-1:

$$k_c = k_{c1\cdot1} \cdot \left(\frac{h_0}{h}\right)^z \cdot f_\gamma \cdot f_{sv} \cdot f_f \cdot f_{st}$$

$k_c = 1411 \cdot \left(\dfrac{1}{0{,}08}\right)^{0{,}03} \cdot 1{,}0 \cdot \left(\dfrac{100}{10}\right)^{0{,}1} \cdot 1{,}05 \cdot 1{,}5$	$k_c = 1411 \cdot \left(\dfrac{1}{0{,}16}\right)^{0{,}3} \cdot 1{,}0 \cdot \left(\dfrac{100}{10}\right)^{0{,}1} \cdot 1{,}05 \cdot 1{,}5$
$k_c = 5970 \text{ N/mm}^2$	$k_c = 4850 \text{ N/mm}^2$
$z_{e\,max\,zul} = \dfrac{300 \cdot 350}{5970 \cdot 20 \cdot 0{,}08}$	$z_{e\,max\,zul} = \dfrac{300 \cdot 350}{4850 \cdot 20 \cdot 0{,}16}$
$z_{e\,max\,zul} = 11{,}0$	$z_{e\,max\,zul} = 6{,}77$

In beiden Fällen liegt die Zahl der sich in Eingriff befindenden Schneiden $z_{e\,max}$ darunter. Die notwendige Sicherheit gegen Bruch ist damit gegeben.

Zahl der insgesamt erforderlichen Schneiden bei z_k = 10 Kalibrierschneiden:

$$z = \frac{T}{h} + z_k$$

$z = \dfrac{6}{0{,}08} + 10 = 85$	$z = \dfrac{6}{0{,}6} + 10 = 47{,}5 \rightarrow 48$

Länge des Schneidenteils L nach Gleichung (3.6–0.) unter Annahme gleichmäßiger Teilung t_m:

$L_s = z \cdot t_m$

$L_s = 85 \cdot 30 = 2550 \text{ mm}$	$L_s = 48 \cdot 42 = 2016 \text{ mm}$
(auf 2 Räumnadeln aufteilen!)	(evtl. nur 1 Räumnadel erforderlich)

Räumkraft F_R = Gesamtschnittkraft F_{cg} nach Gleichung (3.6–5):

$F_R = F_{cg} = b \cdot h \cdot k_c \cdot z_e$	
$F_R = 20 \cdot 0{,}08 \cdot 5970 \cdot 4$	$F_R = 20 \cdot 0{,}16 \cdot 4850 \cdot 3$
$F_R = 38200 \text{ N} \triangleq 38{,}2 \text{ kN}$	$F_R = 46600 \text{ N} = 46{,}6 \text{ kN}$

Schnittleistung P_c nach Gleichung (3.6–6) unter Annahme einer Schnittgeschwindigkeit v_c = 10 m/min:

$$P_c = \frac{F_{cg} \cdot v_c}{60000}$$

$P_c = \dfrac{38200 \cdot 10}{60000} = 6{,}4 \text{ kW}$	$P_c = \dfrac{46600 \cdot 10}{60000} = 7{,}8 \text{ kW}$

Ergebnis:

	a)		b)	
Teilung t	30	mm	42	mm
Schneidenteillänge L_s	2550	mm	2016	mm
Räumkraft F_R	38,2	kN	46,6	kN
Schnittleistung P_c	6,4	kW	7,8	kW

Der Vorteil der großen Spanungsdicke h bei b) gegenüber a) drückt sich in der Verkürzung des Schneidenteils, gleich bedeutend mit einer Verringerung der Räumzeit aus. Dieser Vorteil wird dadurch zum Teil vermindert, dass bei b) die Schnittgeschwindigkeit v_c wegen der größeren spezifischen Schneidenbelastung zweckmäßigerweise etwas herabgesetzt werden müsste, um etwa die gleiche Standzeit wie bei a) zu erreichen.

3.7 Gewinden

3.7.1 Gewindearten

Wir unterscheiden eine Vielzahl von Gewindearten. Sie sind ihrer Zweckbestimmung entsprechend in Profil, Gangzahl, Steigung, Maßsystem, Auslauf, Konizität und Toleranzen unterschiedlich gestaltet. Die DIN 202 nennt nach den Hauptanwendungsgebieten getrennt folgende Gewindearten:

- metrisches ISO-Gewinde für Feinwerktechnik und allgemeine Zwecke mit kleiner Steigung,
- metrisches Gewinde mit Festsitz für dichte oder nicht dichtende Verbindungen
- metrisches Gewinde mit großem Spiel für Schraubverbindungen mit Dehnschaft
- metrisches Gewinde mit kegeligem Schaft für Schmiernippel
- metrisches Rohrgewinde
- Whitworth-Rohrgewinde mit zylindrischer und kegeliger Form
- Trapezgewinde für Spindelmuttern
- Sägengewinde für Pressen
- Rundgewinde allgemein und aus Blech
- Elektrogewinde für Sicherungen und Lampensockel
- Panzerrohrgewinde für die Elektroindustrie
- Blechschraubengewinde, Holzschraubengewinde, Fahrradgewinde, Ventilgewinde für Fahrzeugbereifungen
- kegeliges und zylindrisches Whitworth-Gewinde für Gasflaschen.

In den folgenden Kapiteln wird überwiegend auf das metrische ISO-Gewinde nach DIN 13 T. 1 Bezug genommen. Das **Bild 3.7–1** erklärt die wichtigsten Begriffe, deren Abmessungen und Toleranzen bei der Herstellung beachtet werden müssen.

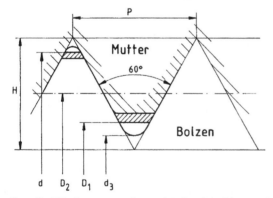

Bild 3.7–1
Die wichtigsten Maße am metrischen ISO-Gewinde nach DIN 13T1
D_1 Kerndurchmesser
D_2 Flankendurchmesser
d Außendurchmesser des Bolzens
d_3 Kerndurchmesser des Bolzens
H Ganghöhe
P Steigung

Für die Werkzeuggestaltung ist darüber hinaus der Bohrungs- bzw. Gewindeauslauf von Bedeutung. Nach ihm richtet sich vor allem die Förderrichtung der Späne (siehe **Bild 3.7–2**).

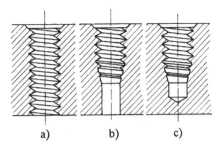

Bild 3.7–2
Formen des Gewindeauslaufs
a) Durchgangsgewinde
b) Gewinde mit Auslauf im Durchgang
c) Grundlochgewinde

Am wenigsten problematisch ist das *Durchgangsgewinde*. Die Späne können in Bohrrichtung gefördert werden. Der Kühlschmierstoff kann bei einer externen Zuführung ungehindert durch die Spannuten an die Schneiden geführt werden und die Späne nach vorn wegspülen.

Die klassischen *Grundlochgewinde* bieten gegen die Schwierigkeit, dass die Späne bei langspanenden Werkstoffen bzw. langen Spänen nicht mehr in Bohrrichtung transportiert werden können, sondern in den Spannuten zurückgeführt werden müssen. Dabei behindern sie noch zusätzlich den Kühlschmierstofffluss. Bei kurzspanenden Werkstoffen bzw. kurzen Spänen werden die Späne mit dem Kühlschmierstoff abtransportiert.

Die Grundlochgewinde mit Auslauf, in der Praxis auch als Durchgangsgewinde mit Umkehrschnitt bezeichnet, sind aus zerspanungstechnischer Sicht wie klassische Grundlochgewinde zu behandeln. Aus diesem Grunde werden dafür häufig Werkzeuge für die Grundlochbearbeitung eingesetzt (siehe Bild 3.7–8).

3.7.2 Gewindedrehen

Nach DIN 8589-1 ist das *Gewindedrehen* ein Schraubdrehen, d. h. ein Rund-Längs-Drehverfahren, bei dem mit einem ein- oder mehrschneidige Profilwerkzeug die Schraubfläche eines Innen- oder Außengewindes erzeugt wird. Dabei wird die Vorschubbewegung des Werkzeugs durch die Gewindesteigung bestimmt. Auf diese Weise erzeugt die Schneidspitze die typische Wendelnut des Schraubengewindes. Die Herstellung des Gewindes erfolgt in mehreren Schnitten. Das Werkzeug fährt während der Vorschubbewegung in Längsrichtung am Werkstück vorbei, wird dann abgesetzt und wieder in die Ausgangsposition zurückgefahren. Für den nächsten Schnitt wird das Werkzeug an- und zugestellt, um so bei der nächsten Vorschubbewegung das vorgearbeitete Gewindeprofil weiter zu bearbeiten. Dieser Vorgang wiederholt sich solange, bis das komplette Gewindeprofil gefertigt ist.

Bei dem Gewindedrehen werden fast ausschließlich Wendeschneidplattenwerkzeuge eingesetzt. Dies und der Einsatz von festen NC- / CNC-Zyklen haben aus dem relativ schwierigen und zeitaufwendigen Prozess der Gewindeherstellung, mit formgeschliffenen Werkzeugen unter dem Einsatz einer Leitspindel, ein standardmäßiges Bearbeitungsverfahren gemacht.

Das *Gewindestrehlen* unterscheidet sich vom Gewindedrehen durch den Einsatz eines mehrschneidigen Drehmeißels mit einem Anschnitt, wie bei einem Gewindebohrer, und durch die Herstellung des Gewindes in einem Schnitt. Es können ein- oder mehrgängige Außen- und Innengewinde gestrehlt werden. Beim Gewindeschneiden von Außengewinden wird ein Werkzeug verwendet, dass mehrere radial oder tangential schneidende Strehlerdrehmeißel besitzt und in der Praxis als Schneideisen bezeichnet wird. Auch das Gewindestrehlen und das Gewindeschneiden gehört zu den Schraubdrehverfahren.

3.7.2.1 Halter und Wendeschneidplatten

Die Art und die Durchführung der Gewindebearbeitung werden durch das Werkstück bestimmt. Der Werkstoff, der Durchmesser, die Steigung und die Bearbeitungsparameter sind die entscheidenden Parameter, welche die Auswahl der Wendeschneidplatte, des Halters, der Zwischenlage (zwischen Wendeschneidplatte und Halter) und der Schnittdaten bestimmen.

Bild 3.7–3 Zahnprofile: a) Vollzahnprofil, b) Teilzahprofil, c) Mehrzahnprofil

Zur Herstellung eines Gewindeprofils durch das Gewindedrehen werden unterschiedliche Gewindeplattentypen eingesetzt. Diese sind in **Bild 3.7–3** dargestellt:

Die Vollprofil-Wendeschneidplatte (Bild 3.7–3, links) erzeugt ein vollständiges und absolut genaues Gewinde einschließlich der Gewindespitzen. Aus diesem Grunde muss der Ausgangsdurchmesser des Werkstücks nicht dem späteren Gewindedurchmesser entsprechen. Eine Bearbeitungszugabe (Übermaß) von 3 / 100 bis 7 / 100 mm ist üblich. Die Herstellung des Gewindes wird über die Messung des Flankendurchmessers kontrolliert. Ist dieser erreicht, sind auch die übrigen Gewindemaße bzw. die Konzentrizität und die korrekte Gewindeform gewährleistet. Ein Entgraten des Gewindes ist in den meisten Fällen nicht erforderlich. Der Einsatz einer Vollprofil-Wendeschneidplatte ermöglicht für die meisten Bearbeitungen die beste Oberflächengüte und Formgenauigkeit. Allerdings wird bei ihrer Anwendung für jedes Profil und jede Steigung eine andere Wendeschneidplatte benötigt.

Die Teilprofil-Wendeschneidplatte (Bild 3.7–3, Mitte) kann zur Fertigung unterschiedlicher Steigungen eingesetzt werden. Der Spitzenwinkel der Platte muss aber mit dem Flankenwinkel des Gewindes übereinstimmen. Bei der Teilprofil-Wendeschneidplatte wird die Gewindespitze nicht bearbeitet. Aus diesem Grunde müssen die Werkstücke einen genau vorgearbeiteten Außen- (bei Außengewinden) bzw. Kerndurchmesser (bei Innengewinden) besitzen. Dies birgt die Gefahr, dass der Gewindeaußen- bzw. Kerndurchmesser mit dem Flankendurchmesser nicht konzentrisch läuft. Bei bestimmten Werkstoffen ist ein nachträgliches Entgraten erforderlich.

Die Mehrzahn-Wendeschneidplatte (Bild 3.7–3, rechts) erzeugt, wie die Vollprofil-Wendeschneidplatte, ein vollständiges und genaues Gewinde. Die Mehrzahn-Wendeschneidplatte besitzt mehrere, unterschiedlich tief arbeitende, Schneiden pro Platte. Durch die mehreren Schneidspitzen ist es allerdings möglich, die Anzahl der benötigen Durchgänge entsprechend der mehrfachen Anzahl der Schneiden gegenüber einer einschneidigen Vollprofil-Wendeschneidplatte zu reduzieren. Dies führt zu einem höheren Standvermögen und einer besseren Produktivität als bei der Vollprofil-Wendeschneidplatte. Allerdings ist dabei zu beachten, dass mit dieser Wendeschneidplatte ein längerer Weg pro Durchgang (An- und Überlauf) und stabile Bearbeitungsbedingungen notwendig sind. Wie die Vollprofil-Wendeschneidplatte ist die Mehrzahn-Wendeschneidplatte nur für eine Gewindesteigung einsetzbar. Die Mehrzahn-Wendeschneidplatte kann somit als Übergang vom Gewindedrehen zum Gewindestrehlen betrachtet werden.

Die geometrische Form eines Schraubengewindes ist definiert durch ihren Gewindedurchmesser und ihre Steigung. Diese entspricht dem axialen Abstand den ein Punkt auf dem Gewinde bei einer Werkstückumdrehung zurücklegt, ähnlich der Drallsteigung bei gewendelten Werkzeugen. Die bildliche Vorstellung dazu wäre ein um das Werkstück gewickeltes Dreieck. Definiert man in diesem Dreieck den Umfang des Werkstückes als Ankathete und die Steigung als Gegenkathete, so entspricht der Winkel zwischen diesen beiden Seiten dem Steigungswinkel j, wobei die Hypotenuse des Dreieckes eine Schraubenlinie eines Gewindepunktes um das Werkstück herum bildet. Aufgrund der Abhängigkeit des Steigungswinkels von dem Durchmesser ist er im Gewinde nicht konstant. In den Anwenderunterlagen wird für ihn mit dem Außen- oder dem Flankendurchmesser gearbeitet.

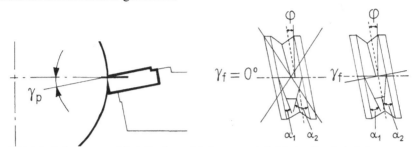

Bild 3.7–4 Steigungswinkel, Rück- und Seitenspanwinkel beim Gewindedrehen

Um die größte Profilgenauigkeit und einen gleichmäßigen Verschleiß zu erzielen, muss der Werkzeug-Seitenspanwinkel γ_f der Wendeschneidplatte, auch als Neigungswinkel oder axialer Neigungswinkel bezeichnet, möglichst genau mit dem Steigungswinkel φ des Gewindes übereinstimmen (siehe **Bild 3.7–4**).

Der Seitenspanwinkel γ_f lässt sich anhand nach der folgenden Formel berechnen oder kann anhand eines Diagramms (**Bild 3.7–5**) ermittelt werden:

$$\gamma_f = \arctan\left(\frac{P}{\pi \cdot D}\right). \tag{3.7–1}$$

Der gewünschte Seitenspanwinkel lässt sich durch den Einbau einer geeigneten Zwischenlage einstellen. Durch die verschiedenen definierten Gewinde gibt es eine Vielzahl von benötigten Steigungswinkeln. Um die Anzahl der dafür benötigten Zwischenlagen zu begrenzen, werden Stufen von 30' bis 1° gewählt. Die daraus resultierenden Abweichungen sind vertretbar. Der gebräuchlichste Seitenspanwinkel beträgt 1°. Hierbei handelt es sich um den mittleren Bereich im Diagramm. Für andere Seitenspanwinkel gibt es Zwischenlagen von –2° bis +5°, ohne dass sich an der Schneidkantenhöhe etwas ändert.

Für Rechts- und Linksgewinde sind die gleichen Zwischenlage einzusetzen. Werden für die Herstellung eines Rechtsgewindes Werkzeuge in Linksausführung – und umgekehrt – verwendet (negativer Seitenspanwinkel), ist eine Änderung des Seitenspanwinkels der Wendeschneidplatte im Halter erforderlich. Bei sehr kleinen Bohrstangen zum Gewindedrehen werden aus Platzgründen keine Zwischenlagen verwendet. Dies muss bei der Auswahl und der Schnittaufteilung (siehe weiter unten) berücksichtig werden.

Neben dem Seitenspanwinkel muss das Werkzeug über einen geeigneten Werkzeug-Rückspanwinkel γ_p der Wendeschneidplatte verfügen, auch als radialer Neigungswinkel bezeichnet (Bild 3.7–5). Dieser sollte für die Außengewinde ca. 10° und für die Innengewinde ca. 15° betragen.

Der Seitenspanwinkel und der Rückspanwinkel erzeugen zusammen den notwendigen Flankenfreiwinkel α des Wendeschneidplattengewindeprofils.

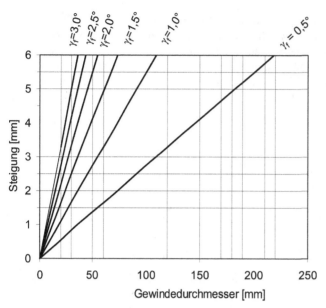

Bild 3.7–5
Seitenspanwinkel von Wendeschneidplatten beim Gewindedrehen

Bei der Konstruktion von Standard-Gewindewerkzeugen werden bestimmte Seitenspanwinkel und Flankenfreiwinkel beiderseits der Schneidkante berücksichtigt. Der Flankenfreiwinkel beträgt zwischen ca. 3°– 9°. Dies ist abhängig von dem Gewindeprofil und der Kontur (Außen- / Innengewinde). Bei einer Änderung des Steigungswinkels wird durch eine Anpassung des Seitenspanwinkels sichergestellt, dass die Freiwinkel der Wendeschneidplatte im Gewindeprofil erhalten bleiben. Dies geschieht durch das Austauschen der Zwischenlagen im Halter. Die Freiwinkel an den beiden Gewindeflanken sind nur dann gleich, wenn der Steigungswinkel des Gewindes und der Seitenspanwinkel der Wendeschneidplatte übereinstimmen. Ist dies nicht der Fall, ist der Freiwinkel an der einen Flanke kleiner als an der anderen. Dadurch entsteht der Freiflächenverschleiß an einer der beiden Flanken der Wendeschneidplatte schneller, was zu Lasten der Standzeit der gesamten Wendeschneidplatte geht. Deswegen sind symmetrische Freiwinkel an den Gewindeflanken für ein hohes Standvermögen des Werkzeuges unbedingt notwendig und die Wahl der Zwischenlage sollte entsprechend sorgfältig erfolgen.

3.7.2.2 Schnittaufteilung

Eine Wendeschneidplatte zum Gewindedrehen ist schwächer als eine Wendeschneidplatte zum normalen Rund-Längs-Drehen und damit einer höheren Arbeitsbelastung ausgesetzt. Deshalb muss die gesamte Schnitttiefe a_p auf mehrere Durchgänge aufgeteilt werden. Die Anzahl der benötigten Durchgänge ist für jeden Gewindetyp unterschiedlich. Für die Herstellung eines metrischen Gewindes mit einer Steigung von 0,5 mm werden z. B. vier Durchgänge benötigt, für eine Steigung von 6 mm jedoch 16 Durchgänge. Den entsprechenden Tabellen der Hersteller können die Werte für die Anzahl der Durchgänge beim Gewindedrehen entnommen werden. Oft ist die Anzahl der Durchgänge bereits durch einen Maschinenzyklus (Gewindedrehen) festgelegt. Die Anzahl der Durchgänge sollte bei einem Plattenbruch erhöht werden. Dagegen sollte bei einem zu schnellem Freiflächenverschleiß die Anzahl verringert werden. Der Auslöser dafür ist der direkte Zusammenhang zwischen der Anzahl der Durchläufe und den Zustellungen. Je größer die Anzahl der Durchgänge für die Herstellung eines Gewindes ist, desto kleiner sind die Zustellungen und desto geringer die Beanspruchung der Schneidspitze. Wird nun die Anzahl der Durchläufe zu hoch gewählt und ist die einzelne Zustellung dadurch zu gering, wird die Wendeschneidplatte aufgrund der unzureichenden Spanungsdicke nicht schneiden, sondern quetschen, da sich der Werkstoff dann nur im elastischen Bereich verformt. Die Folge wäre die erwähnte rasche Zunahme des Freiflächenverschleißes.

Die *Zustellung* ist ein kritischer Faktor beim Gewindedrehen. Mit jedem Durchgang kommt durch die Zustellung ein zunehmend größerer Teil der Schneidkante in den Eingriff und die Beanspruchung der Wendeschneidplatte steigt. Wenn die Zustelltiefe über mehrere Durchgänge hinweg konstant gehalten wird, wird die Menge des abgetragenen Werkstoffes größer und die Zerspanungsleistung kann sich um das bis zu Dreifache pro Zustellung erhöhen. Aus diesem Grunde wird mit zunehmender Schnitttiefe die Zustellung entsprechend reduziert, um so die auf die Schneidkante wirkende Belastung so gleichmäßig wie möglich zu halten. Dabei ist anzustreben, den Spanungsquerschnitt bei jedem Durchgang gleich groß zu halten. Die Daten dafür sind den entsprechenden Tabellen zu entnehmen (siehe Anzahl der Durchgänge). Die Zustelltiefe sollte mindestens 0,05 mm und maximal 0,2 mm pro Durchgang betragen, bei rostfreien Stählen größer als 0,08 mm sein. Im Einzelfall ist die Wahl der Zustellung abhängig von der Spanbildung, dem Verschleiß, der Gewindetoleranz und dem erreichbaren Standvermögen. Dabei sollte beachtet werden, dass beim ersten Schnitt die Schnitttiefe kleiner als 0,5 mm zu wählen ist, um Ausbrüche an der Schneide zu vermeiden. Bei Innengewinden, rostfreien Stählen und beim Einsatz von Cermets ist die Anzahl der Schnitte um 2 – 3 zu erhöhen. Oft werden nach der letzten Zustellung noch zwei Schnitte ohne Zustellung, sogenannte Leerschnitte, durchgeführt.

Es werden drei vom Prinzip her unterschiedliche Arten der Zustellung verwendet. Die Auswahl einer dieser Arten hängt in der Praxis von der vorhandenen Werkzeugmaschine, der Schneidengeometrie, dem zu bearbeitenden Werkstoff, der Gewindesteigung und dem Gewindeschneidprozess selbst ab.

Die *radiale Zustellung* ist die üblichste Methode (**Bild 3.7–6**, oben). Hierbei wird das Werkzeug senkrecht zur Werkstückachse zugestellt. Der Span entsteht an beiden Flanken der Gewindespitze der Wendeschneidplatte mit einem steifen V-förmigen Spanprofil. An der Wendeschneiplatte entsteht ein gleichmäßiger Verschleiß. Die radiale Zustellung wird vorzugsweise bei feinen Gewinden und kaltverfestigenden Werkstoffen verwendet.

Bei der *Flankenzustellung* müssen zwei Arten unterschieden werden, die *konventionelle* und die *modifizierte Flankenzustellung* (Bild 3.7–6, Mitte). Bei der konventionellen Flankenzustellung verläuft die Zustellung des Werkzeugs parallel zu der Gewindeflanke und ermöglicht so einen besseren Spanablauf, da nur eine der beiden Gewindeschneidkanten im Eingriff ist. Um ein Schaben der nichtschneidenden Gewindeschneidkante zu vermeiden, was eine schlechtere Oberfläche und / oder einen schnelleren Verschleiß zu Folge hätte, wird die modifizierte Flankenzustellung eingesetzt. Bei dieser weit verbreiteten Methode wird die Wendeschneidplatte in einem Winkel zugestellt, der 2° – 5° kleiner ist als der Flankenwinkel des Gewindes. Bei größeren Steigungen oder Kontaktlängen der Gewindeplatte erweist sich die Flankenzustellung gegenüber der radialen Zustellung als recht vibrationssicher. Bei den Werkstoffen, die zu einer Kaltverfestigung und zu einem adhäsiven Verhalten neigen, sollte die Flankenzustellung nicht angewendet werden.

Die *wechselseitige Radial- und Flankenzustellung* (Bild 3.7–6, unten) wird vorzugsweise zur Herstellung von sehr großen Gewindeprofilen eingesetzt. Die Wendeschneidplatte wird wechselseitig zugestellt, wobei bis zu einer jeweils vorgegebenen Schnitttiefe eine Gewindeflanke in kleinen Schnitten bearbeitet wird. Dieser Vorgang wird bis zum Erreichen der vollen Schnitttiefe wiederholt. Der Vorteil dieser Vorgehensweise liegt vor allem in den guten Standzeiten.

Radiale Zustellung

- Für konventionelle Werkzeugmaschinen
- Einsatz von Mehrzahnplatten
- Zustellung senkrecht zur Drehachse
- feine Gewinde (P < 1,5 mm)
- kaltverfestigende Werkstoffe
- kurzspanende Werkstoffe

- am häufigsten eingesetzte Methode
- V-förmiger Span durch Spanentstehung an beiden Flanken
- erschwerte Spankontrolle
- gleichmäßiger Plattenverschleiß
- hohe Schnittkräfte

Flankenzustellung

- für CNC- und konventionelle Werkzeugmaschinen
- Anwendung, wenn modifizierte Flankenzustellung nicht möglich
- Gewindesteigung > 1,5 mm
- Möglichkeit der Abhilfe bei Vibrationen

- gute Spankontrolle

Modifizierte Flankenzustellung

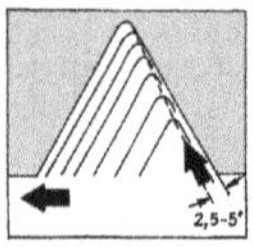

- für CNC-Werkzeugmaschinen
- bevorzugt einzusetzen
- Zustellrichtung um 2,5° – 5° vom Flankenwinkel abweichend

- gute Spankontrolle
- hohe Oberflächengüte
- lange Standzeiten

Wechselseitige Radial- und Flankenzustellung

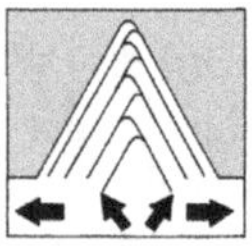

- für CNC -Werkzeugmaschinen
- Einsatz bei großen Gewindeprofilen bzw. großen Gewindesteigungen
- langspanende Werkstoffe

- einheitlicher Flankenverschleiß
- lange Standzeiten

Bild 3.7–6 Zustellungsarten beim Gewindedrehen und ihre wesentlichen Merkmale

Die *Schnittgeschwindigkeit* liegt beim Gewindedrehen ca. 25 % unter den üblichen Werten in der allgemeinen Drehbearbeitung. Die Ursache hierfür liegt zum einen in der Gewindeform der Wendeschneidplatte, zum anderen in der Koppelung der Schnittgeschwindigkeit und Vorschubgeschwindigkeit über die Gewindesteigung.

3.7.2.3 Kräfte und Leistung

Die Schnittkraft und der daraus resultierende Leistungsbedarf sind beim Gewindedrehen beträchtlich höher als bei normalen Drehoperationen, da die Spanungsdicken häufig gering sind. Mit zunehmender Spanungsdicke erreichen die Schnittkräfte allerdings die beim Längs-Rund-Drehen üblichen Werte. Die Richtung der Zerspankraft sollte dabei aus Stabilitätsgründen immer auf den Plattensitz gerichtet sein.

Bei der Herstellung von Innengewinden mit Bohrstangen kann den auftretenden Kräften durch Strategien entgegengewirkt werden, die von den normalen Ausdrehoperationen her bekannt sind. Die Schnittkraft F_c wirkt tangential und verursacht eine Auslenkung des Halters nach unten, während die radial wirkende Passivkraft F_p eine Auslenkung in horizontaler Richtung erzeugt. Die Wirkung der Schnittkraft kann durch einen geringfügigen Mittenversatz der Wendeschneidplatte kompensiert werden, die Auslenkung durch die Passivkraft durch eine entsprechende Durchmesserkorrektur in den Arbeitsdaten des Werkzeugspeichers der Werkzeugmaschine.

3.7.3 Gewindebohren

Das Gewindebohren ist eine Art von Aufbohren zur Herstellung eines Innengewindes. In der DIN 8589 T 2 wird es als *Schraubbohren* bezeichnet. Dieser Begriff erinnert daran, dass der Vorschub in seiner Größe durch die Gewindesteigung vorgegeben ist (siehe **Bild 3.7–8**).

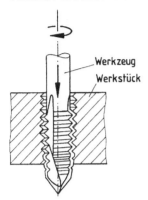

Werkzeug
Werkstück

Bild 3.7–7
Gewindebohren ist Aufbohren zur Herstellung eines Innengewindes

3.7.3.1 Formen von Gewindebohrern

Der konstruktive Aufbau von Gewindebohrern ist im Wesentlichen gekennzeichnet durch die Zahl der *Stege* bzw. der *Spannuten*, den Drall der Nuten, durch die Span- und die Freiwinkel im Führungs- und Anschnittteil und durch den *Anschnittwinkel*. Die Zahl der *Schneidkanten* ergibt sich aus der Anzahl der Stege und dem Anschnittwinkel. **Bild 3.7–9** zeigt diese Merkmale an einem gerade genuteten vierschneidigen Gewindebohrer für Durchgangsbohrungen.

Das **Bild 3.7–10** gibt einige Gewindebohrer wieder, die für verschiedene Bearbeitungsaufgaben geeignet sind. Die Form muss besonders auf die Art der Späne (kurze oder lange) und auf ihre Förderrichtung (in oder gegen in Bohrrichtung) abgestimmt sein.

Je nach Durchmesser und Werkstoff haben Gewindebohrer eine unterschiedliche Anzahl an Stegen. Zum Beispiel sind bei einem M10-Gewindebohrer 2 – 4 Stege üblich. Je größer ihre Zahl ist, desto besser führen sich die Werkzeuge im fertigen Gewinde. Jedoch muss genügend Platz bleiben für ausreichend große Spannuten. Der Durchmesser nimmt zum Schaft hin meistens wieder ab, um Reibung und die Gefahr des Klemmens zu verringern. Dies wird in der Praxis als Verjüngung bezeichnet.

Ein Durchgangsgewinde ermöglicht beim Gewindebohren die Anwendung von Werkzeugen mit langem Anschnitt und entsprechend geringer Spanungsdicke. Wenn die Gewinde voll durchgeschnitten sind, gibt es keine Bruchgefahr des Werkzeugs bei der Drehrichtungsumkehr. Beim Grundlochgewinde (mit oder ohne Auslauf) ist dagegen bei der Drehrichtungsumkehr mit einer Drehmomentspitze für das Abscheren der angeschnittenen Spanwurzeln zu rechnen (Bild 3.7–8). Die Gewindebohrer müssen für diese Aufgabe ausgelegt sein.

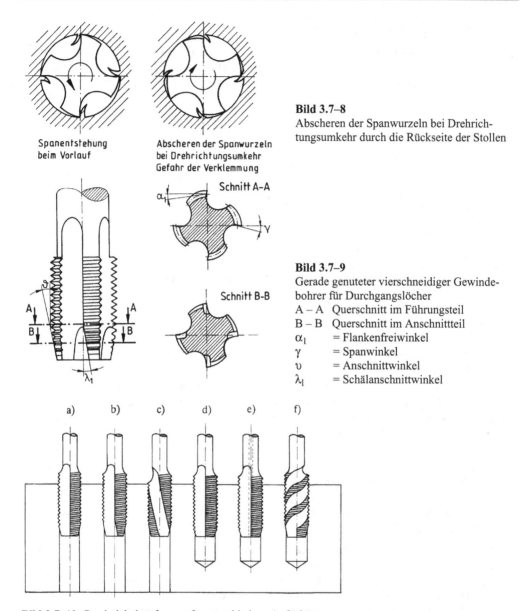

Spanentstehung
beim Vorlauf

Abscheren der Spanwurzeln
bei Drehrichtungsumkehr
Gefahr der Verklemmung

Schnitt A–A

Schnitt B–B

Bild 3.7–8
Abscheren der Spanwurzeln bei Drehrichtungsumkehr durch die Rückseite der Stollen

Bild 3.7–9
Gerade genuteter vierschneidiger Gewindebohrer für Durchgangslöcher
A – A   Querschnitt im Führungsteil
B – B   Querschnitt im Anschnittteil
α_1 = Flankenfreiwinkel
γ = Spanwinkel
υ = Anschnittwinkel
λ_1 = Schälanschnittwinkel

a)   b)   c)   d)   e)   f)

Bild 3.7–10 Gewindebohrerformen für verschiedene Aufgaben
a)   gerade genuteter Gewindebohrer für Durchgangsbohrungen in kurzbrechenden Werkstoffen
b)   wie a, nur mit Schälanschnitt für Stahl
c)   Gewindebohrer mit negativem Drall für Durchgangsbohrungen in langspanenden Werkstoffen
d)   gerade genuteter Gewindebohrer für Grundlöcher in Grauguss
e)   wie d mit Kühlkanal zum Hinausspülen der Späne
f)   Gewindebohrer mit positivem Drall für Grundlöcher in Stahl und allen Werkstoffen, die lange Späne bilden

Der Flankenfreiwinkel α_1 bestimmt den Flankenhinterschliff. Mit $1° – 2°$ im Führungsteil ist er für geringe Reibung zwischen Werkzeug und Werkstück verantwortlich. Daneben besitzen die meisten Gewindebohrer einen Freiwinkel am Außendurchmesser des Führungsteils (Kopfkreishinterschliff). Die Kombination von Flanken- und Kopfkreishinterschliff wird auch als Profilhinterschliff bezeichnet. Des Weiteren verfügen die Gewindebohrer über einen Freiwinkel am Außendurchmesser des Anschnitts (Anschnitthinterschliff).

Der Spanwinkel γ ist nur im Anschnittteil von Bedeutung. Je nach Werkstoff kann er –2° bis + 20° betragen. Er bestimmt die Spanform (Scher-, Bruch- oder Fließspan) und hat auch einen Einfluss auf das Schnittmoment. Hartkamp hat 0,6 – 1,2 % je Grad Spanwinkeländerung gemessen. Anzumerken ist dazu, dass der Spanwinkel im Anschnitt nicht konstant ist, sondern mit kleiner werdendem Durchmesser größer wird.

Der Drallwinkel (Bild 3.7–10f) der Spannuten soll die Spanförderung vom Anschnitt zum Schaft unterstützen. Bei Werkzeugen für Grundlochbohrungen ist ein Drall unumgänglich. Üblich ist bei Rechtsgewinden ein Rechtsdrall mit 15° – 45°. Die Werkzeuge für Durchgangsbohrungen sind bei kurzspanenden Werkstoffen gerade genutet (Bild 3.7–10a, Bild 3.7–10b, Bild 3.7–10d, Bild 3.7–10e). Die Späne können nach vorn weggespült werden. Ein Schälanschliff (Bild 3.7–10b) im Anschnittteil unterstützt die Spanumlenkung in Bohrungsrichtung. Dies ist besonders bei langspanenden Werkstoffen für eine Prozesssicherheit von Bedeutung. Die Gewindebohrer mit einem Linksdrall (Bild 3.7–10c) sorgen auch für einen Spantransport in Bohrungsrichtung, haben sich aber in der Praxis nie richtig durchsetzen können, trotz günstiger Herstellkosten.

Die Kühlschmierstoffzuführung sollte auch konstruktiv unterstützt werden. Für Durchgangsbohrungen genügen ausreichend bemessene Spannuten, die den Kühlschmierstoffstrom zur Anschnittstelle ermöglichen. Der Kühlschmierstoff fließt in Bohrrichtung durch und nimmt die Späne mit. Bei Grundlochbohrungen ist eine Kühlschmierstoffversorgung durch das Werkzeug mit großem Druck von Nutzen (innere Kühlmittelzufuhr). Dann ist in den Spannuten nur eine Strömungsrichtung, nämlich rückwärts, von der Anschnittstelle zum Schaft hin für Späne und Kühlschmierstoff gegeben. Bei guter Späneentsorgung aus dem Bohrloch können so unberechenbare Bohrerbrüche vermieden werden, insbesondere bei horizontaler Bearbeitung.

3.7.3.2 Schneidstoff

Als Schneidstoff für Gewindebohrer kam früher ausschließlich Schnellarbeitsstahl in Frage. Besonders die Sorten HS 6-5-2 und HS 6-5-3 wurden bevorzugt. Aufgrund der geringen Legierungsbestandteile und des Fehlens von Kobalt lässt sich dieser Stahl besonders gut schleifen. Heute wird HS 6-5-2-5 bevorzugt. Mit einem Kobaltgehalt von 4,8 % besitzt er eine größere Warmfestigkeit, die eine Anwendung bei größerer Schnittgeschwindigkeit ermöglicht. Die pulvermetallurgisch erzeugten Schnellarbeitsstähle, wie z. B. ASP 23 oder S 390, haben wegen ihres gleichmäßigen, besonders feinen Gefüges eine größere Kantenfestigkeit. Des weiteren können so noch leitungsfähigere Legierungen hergestellt werden, die bei einer schmelztechnischen Herstellung nicht möglich wären.

Die Hartmetalle werden bei stark abrasiven Werkstoffen eingesetzt, um auch beim Gewindebohren noch größere Schnittgeschwindigkeiten zu verwirklichen. Die zäheren und feinkörnigeren Sorten werden bevorzugt. Durch die Gefahr des Schneidkantenbruchs sind spröde Hartmetallsorten nicht geeignet. Auch beschränkt sich ihr Einsatz zur Zeit auf gerade genutete Gewindebohrer oder auf Gewindebohrer mit einem kleinen Drallwinkel.

Auf Oberflächenbehandlungen wird kaum noch verzichtet. Die einfachsten Arten sind das Dampfanlassen und das Nitrieren. Diese verringern die Neigung zu Werkstoffaufschweißungen bzw. Verbessern die Verschleißfestigkeit. Noch besser wirken Hartstoffbeschichtungen, wie TiN- oder Ti(C,N)-Schichten. Sie verbessern das Reibverhalten, verlängern die Standzeit und erzeugen glattere Oberflächen.

3.7.3.3 Verschleiß und Standweg

Verschleißformen

Die beim Gewindebohren auftretenden Verschleißformen sind durch das Zusammenwirken von dem Werkstoff, dem Schneidstoff und der Schnittgeschwindigkeit zu erklären. Der *Reibungsverschleiß* an den Ecken, Kanten und Freiflächen entsteht mit zunehmender Schnittgeschwindigkeit bei den Werkstoffen, die als Legierungselemente karbidbildende Stoffe wie Chrom, Vanadium oder Wolfram enthalten. Die *Aufbauschneiden* und der *Pressschweißverschleiß* sind in abgegrenzten Schnittgeschwindigkeitsbereichen zu erwarten, wenn der Werkstoff und der Schneidstoff aufgrund chemischer Ähnlichkeiten bei zunehmender Temperatur zum Verschweißen neigen. Die Aufbauschneiden bilden sich auf den Spanflächen im Anschnittteil. Sie entstehen periodisch und brechen wieder aus. Die Gewindeoberfläche und die Spanunterseite werden rau. Die vergrößerte Reibung führt zu einem höheren und unregelmäßigen Drehmoment. Der Pressschweißverschleiß kann als Werkstoffzusetzung in den Gewindegängen des Werkzeugs beobachtet werden. Er nimmt ständig zu. Die Folgen davon sind ein ungenaues Gewinde mit rauer Oberfläche und große Drehmomente durch zusätzliche Reibungskräfte und die „veränderte" Schneidenkantengeometrie. Beide Verschleißerscheinungen lassen sich durch eine Veränderung des Schneidstoffs, z. B. eine TiN-Beschichtung oder ein Hartmetalleinsatz und durch die Wahl einer anderen Schnittgeschwindigkeit bewältigen. Der Werkstoff muss aus dem Temperaturbereich herauskommen, indem er zum Verschweißen neigt.

Auf der Spanfläche ist manchmal ein *Kolkverschleiß* zu beobachten. Er entsteht durch Zusammenwirken von Diffusions- und Reibungsvorgängen bei zunehmender Temperatur an der Schneide infolge größerer Schnittgeschwindigkeit. Bei den bisher üblichen Schnittgeschwindigkeiten des Gewindebohrens bis maximal 30 m/min spielte der Kolkverschleiß keine standzeitbestimmende Rolle. Bei größeren Schnittgeschwindigkeiten wird die Kolkbildung durch TiN-Beschichtung oder durch den Einsatz von Hartmetallwerkzeugen beherrscht.

Schneidenbruch

Sehr unangenehm sind beim Gewindeschneiden die leider häufig auftretenden *Schneidkantenausbrüche*. Sie führen zum sofortigen Erliegen des Werkzeugs und machen das Nachschleifen unmöglich. Sie können im Anschnittteil oder im Führungsteil sowohl im Vorlauf als auch im Rücklauf auftreten. Der *Vorlaufbruch* entsteht meistens dadurch, dass Feinspäne zwischen Werkzeug und Werkstück eingeklemmt werden oder ein Spänestau in den Spannuten entsteht. Im Führungsteil, wo sich das Werkzeug zum Schaft hin verjüngt, ist radiales Spiel möglich. Bei Steigungsfehlern gibt es kleine Spalten in axialer Richtung, in die feine Werkstoffteilchen eindringen können. Diese Werkstoffteilchen sind durch Kaltverfestigung so hart, dass sie die Schneiden verletzen können.

Die Schneidkantenausbrüche beim *Rücklauf* vom *Grundlochgewinden* sind auf Pressschweißungen an den Freiflächen und auf das Abscheren von Spanwurzeln bei der Drehrichtungsumkehr zurückzuführen (Bild 3.7–8). Letzteres ist verfahrenstechnisch bedingt und lässt sich auch konstruktiv nicht vermeiden. Die Pressschweißungen bestehen aus kaltverfestigtem Werkstoff, der bei jedem Bohrerrücklauf dicker wird und sich weiter verfestigt. Sie bewirken eine Zunahme des Drehmoments bis zum Werkzeugbruch. Das Gewinde selbst erhält eine sehr raue Oberfläche, bei dem ganze Gewindegänge fehlen können.

Alle Arten von Schneidkantenausbrüchen stellen irreguläre Verschleißformen dar. Sie lassen sich nicht vorhersagen oder berechnen. Deshalb eignen sie sich auch nicht als Standzeitkriterien. Es muss versucht werden, sie zu vermeiden, besonders durch die Wahl des richtigen Schneidstoffs, der richtigen Werkzeuggeometrie und der richtigen Schnittgeschwindigkeit.

Standzeitkriterien

Die Standzeit und der Standweg von Gewindebohrern richten sich nach messbaren Qualitätskriterien an den erzeugten Gewinden wie

1. dem Flankendurchmesser D_2
2. dem Kerndurchmesser D_1
3. der Rauigkeit der Gewindeflanken
4. der Steigung P
5. der Lehrenhaltigkeit und
6. der Schnittmoment bzw. Leistungsaufnahme

Der Flankendurchmesser D_2 wird hauptsächlich vom Werkzeugzustand (Maßhaltigkeit und Schärfe) beeinflusst. Die einfachste Prüfung ist die mit Lehrdorn. Man kann jedoch nur feststellen, ob das Gewinde gut oder schlecht ist. Anzeigende Messgeräte werden mit ihren Form-Tastfühlern eingeführt und bis zur Anlage an den Flanken gespreizt. Die Anzeige ist in einem Diagramm in das vorgegebene Toleranzfeld einzutragen.

Im Vergleich von beschichteten (TiN) und unbeschichteten Gewindebohrern aus Schnellarbeitsstahl wurden unterschiedliche Flankendurchmesser festgestellt. Die TiN-Schicht sorgt für eine geringere Streuung des Flankendurchmessers bei engerem Gewinde. Hartkamp hat bei M 16-Gewinden in verschiedenen Stahlsorten um 30 – 50 mm kleinere Flankendurchmesser erhalten. Die Werkzeughersteller müssen diesen Unterschied ausgleichen, um Schwergängigkeit der gebohrten Gewinde zu vermeiden.

Der Kerndurchmesser D_1 wird von der vor dem Gewindeschneiden durchgeführten Kernlochbohrung bestimmt. Bei ihm macht sich besonders bemerkbar, welches Bohrverfahren angewandt wurde. Die Wendelbohrer aus Schnellarbeitsstahl erzeugen recht ungenaue Kernlöcher mit Formfehlern und Randverfestigungen durch die Führungsfase. Mit Hartmetallbohrern und besonderen Schneidengeometrien können zu große Fehler vermieden werden. Oft zu wenig beachtet werden die Randverfestigungen. Sie entstehen bei Kaltverformung der Bohrungsoberfläche durch Nebenschneiden und Fasen. Die verfestigte Zone verursacht am Gewindebohrer einen größeren Verschleiß.

Die Flankenrauheit des Gewindes ist besonders bei wechselnder Belastung einzugrenzen. Sie kann zum Abbau der beim Anzug der Schrauben aufgebrachten Vorspannung und damit zur Lockerung der Schraubverbindung führen. In der Praxis wird diesem Kriterium bisher zu wenig Beachtung geschenkt, weil keine geeigneten Messmethoden geläufig sind. Ein angepasstes Tastschnittmessverfahren würde dem Rechnung tragen. Der Aufwand hierfür ist allerdings gerade bei kleinen Gewinden erheblich. Des Weiteren spielen sowohl Rauigkeit als auch die Welligkeit der Gewindeflanken eine Rolle. Eine Beurteilung durch die Betrachtung und dem Vergleich mit Oberflächennormalen bietet hier eine Alternative. Die Rauheit ist von der Werkstoff-Schneidstoff-Paarung, von der Werkzeuggeometrie, von der Schnittgeschwindigkeit und vom Verschleißzustand abhängig.

Unbeschichtete Schnellarbeitsstahl-Werkzeuge erzeugen im Werkstoff Stahl eine relativ raue Oberfläche. Die Oxidschichten auf dem Gewindebohrer, die durch Dampfanlassen aufgebracht werden, verbessern das Reibungsverhalten und damit die Werkstückoberfläche. Am besten haben sich TiN- oder Ti(C,N)-Schichten als Reibpartner bewährt. Sie liefern die glattesten Gewinde. Gleichzeitig wird ein verringertes Drehmoment beobachtet, was ebenfalls eine Folge der kleineren Reibbeiwerte ist.

Die Schnittgeschwindigkeit muss deshalb sorgfältig ausgewählt werden, weil im Bereich der Aufbauschneidenbildung die Flankenrauheit besonders groß wird. Bei sehr kleiner Schnittgeschwindigkeit und oberhalb der Aufbauschneidenbildung kann mit glatten Gewindeoberflächen gerechnet werden. Bei großer Schnittgeschwindigkeit muss aber der schneller eintretende Werkzeugverschleiß beachtet werden, der dann wieder zu größeren Rauheiten führt.

Der Einsatz eines Kühlschmierstoffes mit einem möglichst hohen Ölanteil trägt wesentlich zu einer kleinen Flankenrauheit bei. Aufgrund der Zerspanungsbedingungen werden Kühlschmierstoffe mit druckfesten Additiven bevorzugt eingesetzt.

Das Feststellen der Lehrenhaltigkeit ist in der Praxis die gebräuchlichste Messmethode zur Überprüfung eines Gewindes. Es werden hierbei Gewinde-Gutlehrdornen und Gewinde-Ausschusslehrdornen eingesetzt (Anmerkung: Gewinde-Gut- und Ausschuss-Lehrdorn stellen zusammen einen Gewinde-Grenzlehrdorn dar.). Die Lehren müssen sich von Hand ohne große Kraftanwendung einschrauben lassen, der Gutlehrdorn vollständig, der Ausschusslehrdorn nicht mehr als zwei Umdrehungen. Geregelt wird das Lehren in die DIN ISO 1502.

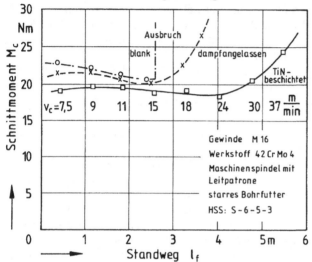

Bild 3.7–11
Schnittmomente an verschiedenen Gewindebohrern bei zunehmenden Standwegen und Schnittgeschwindigkeiten bei Kurzversuchen nach Hartkamp

Das Schnittmoment oder die aufgenommene elektrische Leistung sind relativ einfach zu erhaltende Messgrößen. Jede Veränderung des Verschleißzustandes des Werkzeugs, der Reibungsverhältnisse, der Kühlung und der Spanbildung beeinflusst sie. Deshalb sind nicht nur ihre Mittelwerte von Interesse, sondern auch der zeitliche Verlauf während der gesamten Bearbeitung. Als Kriterium für das Standzeitende eines Werkzeugs lässt sich sehr einfach eine Zunahme des Schnittmoments gegenüber dem ersten Schnitt um 50 % festlegen. Bei Erreichen dieses Wertes ist der Gewindebohrer durch einen neuen oder neu angeschliffenen zu ersetzen. In **Bild 3.7–11** ist der Schnittmomentanstieg nach einer gewissen Standzeit erkennbar.

3.7.3.4 Berechnung von Kräften, Moment und Leistung

Schnittaufteilung

Die Form des Spanungsquerschnitts ist für ein metrisches ISO-Gewinde durch die Schnittaufteilung nach **Bild 3.7–12** gegeben. Der Anschnittwinkel ϑ bestimmt die Schräglage der einzelnen Schnitte und die Zahl der Gewindegänge z_g, über die sich der Anschnitt verteilt.

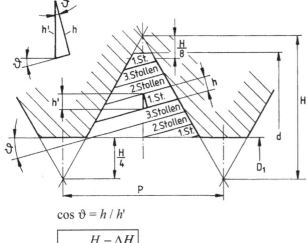

Bild 3.7–12
Aufteilung des Spanungs-
querschnitts im Gewindegang auf
die Schneiden eines 3-stolligen Gewindebohrers

$$\cos \vartheta = h / h'$$

$$z_\mathrm{g} = \frac{H - \Delta H}{P \cdot \tan \vartheta} \qquad (3.7\text{–}2)$$

Die Gewindehöhe H muss um einen Betrag $\Delta H = H \,(1/8 + 1/4)$ für Spitzenabrundung und Kernbohrung D_1 verkleinert werden.

Die Zahl der Stollen z teilt den gesamten Spanungsquerschnitt weiter auf. So ergibt sich für die Höhe des Einzelquerschnitts

$$h' = \frac{P}{z} \tan \vartheta$$

und für die *Spanungsdicke*

$$h = h' \cdot \cos \vartheta = \frac{P}{z} \sin \vartheta. \qquad (3.7\text{–}3)$$

Sie ist also von der Teilung P, der Stollenzahl z und vom Anschnittwinkel ϑ abhängig.

Der *Spanungsquerschnitt A* errechnet sich aus der Differenz von Nenndurchmesser d und Kerndurchmesser D_1 und dem Flankenwinkel α, der z. B. für metrische ISO-Gewinde 60° ist.

$$A = \frac{1}{4} \cdot (d - D_1)^2 \cdot \tan \frac{\alpha}{2} + \frac{1}{16} \cdot (d - D_1) \cdot P \qquad (3.7\text{–}4)$$

Darin ist besonders der Einfluss des Kerndurchmessers D_1 zu beachten. Nimmt er zu, werden Spanungsquerschnitt und Schnittkraft kleiner.

Die Lage des *Durchmessers der Kernlochbohrung* an der oberen Toleranzgrenze oder sogar darüber ist eine wirksame Hilfe um das Spänevolumen und das Drehmoment deutlich zu verkleinern. Dabei verringert sich die Gewindefestigkeit kaum. Ausreißversuche haben gezeigt, dass das Gewinde im Gewindegrund abschert und kaum vom Kerndurchmesser beeinflusst wird.

Schnittkraftberechnung

Die Berechnung der *Schnittkraft pro Stollen* erfolgt mit dem Ansatz

$$F_\mathrm{c} = \frac{1}{z} \cdot A \cdot k_\mathrm{c} \qquad (3.7\text{–}5)$$

mit der *spezifischen Schnittkraft*

$$k_c = k_{c1 \cdot 1} \cdot f_h \cdot f_\gamma \cdot f_{SV} \cdot f_{st} \cdot f_R$$
(3.7–6)

Der Grundwert der spezifischen Schnittkraft $k_{c1 \cdot 1}$ ist wie beim Drehen der Tabelle 2.3-1 zu entnehmen.

Die *Korrekturfaktoren* $f_h = (h_0 / h)^z$ und $f_\gamma = 1 - m_\gamma (\gamma - \gamma_0)$ folgen mit den Werten h_0, z und γ_0 aus derselben Tabelle den von Kienzle und Victor gefundenen Gesetzmäßigkeiten. Für m_γ ist 0,008 – 0,012 einzusetzen. Der Einfluss der Schnittgeschwindigkeit v_c führt zu einer Verkleinerung der spezifischen Schnittkraft oberhalb des Bereiches der Aufbauschneidenbildung $f_{SV} = (v_{c0} / v_c)^{0,1}$. Leider findet das Gewindebohren häufig innerhalb des Bereiches der Aufbauschneidenbildung statt, was nicht nur eine Vergrößerung der spezifischen Schnittkraft verursacht, sondern auch noch andere unerwünschte Nachteile wie Maßabweichungen, größere Rauheit, mehr Verschleiß oder Bohrerbruch zur Folge hat. Bild 3.7–11 zeigt Messungen des Schnittmoments M_c in Kurzversuchen, in denen mit einem Werkzeug bei zunehmender Schnittgeschwindigkeit bis zum Standzeitende gearbeitet wurde. Deutlich ist der Aufbauschneidenbereich bei kleiner Schnittgeschwindigkeit zu erkennen, in dem das Schnittmoment eine leichte Erhöhung aufweist. Die zum Standzeitende hin ansteigenden Messwerte sind durch zunehmende Verschleißerscheinungen und Schneidkantenabstumpfung zu erklären. Der Korrekturfaktor f_{st} soll diesem Vorgang Rechnung tragen.

Die wesentliche Reibung ist im Führungsteil des Gewindebohrers hinter dem Anschnitt zu erwarten. Hier wird die richtige Vorschubgeschwindigkeit durch Führung in der fertigen Gewindesteigung erzwungen. Bei guten konventionellen Maschinenkonstruktionen übernimmt diese Aufgabe auch eine Leitpatrone an der Spindel, bei CNC-gesteuerten Maschine wird entsprechend mit einer Synchronspindel gearbeitet. Bei einfachen Maschinen und bei der Verwendung von Ausgleichfuttern muss bei der Vorschubeinstellung ein Wert mit der geringsten Reibung gefunden werden, ohne das die Lehrenhaltigkeit gefährdet wird. Aber auch bei CNC gesteuerten Maschinen werden teilweise Ausgleichfutter mit minimalem Längenausgleich aufgrund von Unsynchronitäten in der Drehrichtungsumkehr der Spindeln eingesetzt.

Die verschiedenen Freiwinkel des Gewindebohrers bestimmen die Hinterschliffe und damit die Länge der im fertigen Gewinde reibenden Freifläche.

Der Mineralölanteil im Kühlschmierstoff ist eine weitere Einflussgröße für die Reibung. Bei Konzentrationen bis 10 % konnte eine Verkleinerung des Schnittmoments festgestellt werden. Ein größerer Ölanteil bedeutet keine weitere Verbesserung. Einer größeren Aufmerksamkeit bedarf auch die angepasste Kühlschmierstoffzuführung an die Schnittstelle. Für alle Reibungseinflüsse der Gewindebohrerführung ist ein Korrekturfaktor f_R vorzusehen. Leider lässt sich kein allgemein gültiger Zahlenwert angeben.

Bei der Berechnung wird der geometrische Einfluss des Drallwinkels λ auf den Spanungsquerschnitt vernachlässigt. Die sich hieraus ergebene Abweichung beträgt ca. 3 %. Wesentlicher ist, dass eine axiale Kraftkomponente durch den Drallwinkel λ (Neigungswinkel) und den Schälanschnittwinkel im Anschnitt, bei gerade genuteten Gewindebohrern durch den Anschnittwinkel υ, zu erwarten ist. Sie kann mit der Vorschubbewegung (Bohrrichtung) übereinstimmen oder gegen sie gerichtet sein. Bei einem Rechtsgewinde versucht sie bei einem Rechts-Drallwinkel über 10° das Werkzeug in die Bohrung hineinzuziehen. Bei kleinen Winkeln, einem negativem Schälanschnitt oder einem Linksdrall wirkt sie gegen die Vorschubbewegung (Bohrrichtung). Dann ist sie durch eine Vorschubkraft der Maschinenspindel auszugleichen oder die Gewindeflanken des Gewindebohrers müssen dieser axialen Kraftkomponente entgegen wirken. Wenn man sich allein auf die Führung des Gewindebohrers im fertigen Gewinde verlässt, können Steigungsfehler und größere Reibungskräfte entstehen.

Am ungünstigsten ist bei Stahl ein gerader Spannutenverlauf ohne Schälanschnitt, also $\lambda = 0$. Beim Einsatz eines solchen Werkzeugs verklemmen sich lange Späne. Das Drehmoment und die Axialkraft erreichen ein Maximum. Für die Praxis ist das unbrauchbar. Nur bei kurzspanenden Werkstoffen in der Verbindung mit Durchgangslöchern entstehen keine Nachteile. Eine Berechnung der Axialkraft im Voraus ist aufgrund des großen, schwer vorhersehbaren Reibungseinflusses nicht möglich.

Schnittmoment und Schnittleistung

Aus der Schnittkraft pro Stollen F_c bestimmt sich das *Schnittmoment* folgendermaßen

$$\boxed{M_c = F_c \cdot z \cdot D_2 / 2}.$$
(3.7–7)

Darin bedeutet z die Zahl der Stege und D_2 ist der Flankendurchmesser des Gewindes (s. Bild 3.7–1). Für die Praxis genügt es, statt des Flankendurchmessers D_2 den eher bekannten Nenndurchmesser d des Gewindes einzusetzen. Dabei handelte es sich um das Schnittmoment des Gesamtquerschnitts. Nach Bild 3.7–12 ergibt sich das Gesamtschnittmoment aus der Summe der Schnittmomente der einzelnen Spanungsquerschnitte. Diese Vereinfachung ergibt eine theoretische Abweichung von ca. 1 %.

Der *Leistungsbedarf* bestimmt sich nach dem physikalischen Zusammenhang $P = M \cdot \omega$ zu

$$\boxed{P_c = M \cdot 2 \cdot \pi \cdot n}.$$
(3.7–8)

Die Berechnung des *Schnittmoments* ist für die Maschinenauslegung selten von Interesse, weil die Spindel, die das Kernloch gebohrt hat, auch stark genug ist, das viel kleinere Schnittmoment für das Gewindeschneiden aufzubringen. Für die Haltbarkeit des Werkzeugs selbst sind Drehmomentspitzen im zeitlichen Verlauf ausschlaggebend. Diese Spitzen entziehen sich jedoch der Berechnung. Sie entstehen durch Aufbauschneiden, Spanverklemmung, Pressschweißverschleiß und durch das Abscheren der Spanwurzel beim Zurückdrehen des Gewindebohrers aus Grundlöchern. Ein kontinuierlicher Anstieg über die Bearbeitungszeit ist ein Hinweis auf eine Erhöhung der Reibung und / oder einen Spänestau in der Spankammer. Das **Bild 3.7–13** zeigt den zeitlichen Ablauf des Schnittmoments beim Bohren von Durchgangs- und Grundlochgewinden mit den Überlagerungen durch nicht berechenbare zufällige Ereignisse während eines Schnittes.

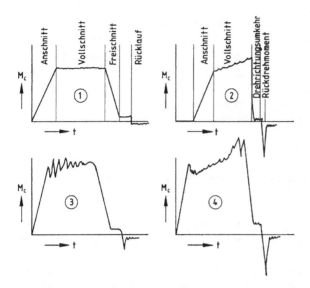

Bild 3.7–13 Verlauf verschiedener Schnittmomente beim Gewindebohren: ① typischer Verlauf bei einem Durchgangsgewinde ② typischer Verlauf bei einem Grundlochgewinde ③ und ④ gemessene wirkliche Schnittmomentkurven, zusätzlich geprägt durch Aufbauschneidenbildung, Führungsreibung und Spanverklemmung

3.7.3.5 Schnittgeschwindigkeit

Über die beim Gewindebohren anzuwendenden *Schnittgeschwindigkeiten* herrschen oft unklare Vorstellungen. Im vorsichtigen Werkstattbetrieb sind 5 – 20 m/min üblich, der Produktionsbetrieb muss auf kurze Hauptzeiten achten und nimmt 20 – 30 m/min, die Werkzeughersteller halten 60 – 100 m/min für möglich. Voraussetzungen für die Anwendung größerer Schnittgeschwindigkeiten sind:

1) Der Schneidstoff muss dem Werkstoff angepasst sein und für die höheren Schnittgeschwindigkeiten durch eine Beschichtung vorbereitet sein. Die Schnellarbeitsstähle HS 6-5-3 und HS 6-5-2-5, pulvermetallurgisch erzeugte Stähle wie der ASP 30, ASP 60, S 390 und Hartmetall haben sich in Versuchen mit Schnittgeschwindigkeiten bis 100 m/min bei Durchgangs- und Grundlochgewinden bewährt. Eine Beschichtung aus Titannitrid TiN bzw. Titankarbonitrid Ti(C,N) macht ihren Einsatz bei Bau- und Vergütungsstählen besonders günstig. Beim Einsatzstahl 16MnCr5 wurden oberhalb von 75 m/min die besten Ergebnisse mit einer Beschichtung aus Titanaluminiumnitrid (Ti,Al)N erzielt.

2) Die Werkzeugmaschine muss für das Gewindeschneiden eine Synchronisation von Spindeldrehzahl und -vorschub haben. Bei Synchronspindeln wird das über die Steuerung erreicht. Dabei ist zu beachten, dass dies nur bis zu einer, von der Werkzeugmaschine abhängigen, Drehzahl gewährleistet ist und nicht uneingeschränkt gilt. Zurzeit liegt diese Grenze bei einer Drehzahl von ca. 3000 U/min. In Sondermaschinen werden meistens Leitpatronen verwendet, welche die Gewindesteigung formschlüssig erzwingen. Bei großen Schnittgeschwindigkeiten muss eine schnelle Dreh- und Vorschubrichtungsumkehr möglich sein, ansonsten werden hier Ausgleichfutter benötigt.

   Die Maschinen ohne besondere Einrichtungen zum Gewindeschneiden arbeiten mit Zusatzgeräten, den *Gewindeschneidapparaten*. Diese werden zwischen Spindel und Gewindebohrer eingesetzt. Sie ermöglichen die Drehrichtungsumkehr beim Gewindebohrerrückzug, ohne dass die Spindel umgesteuert werden muss. Diese Gewindeschneidapparate sind zurzeit bis zu einer Gewindegröße von M 12 mit einer maximalen Drehzahl von 3000 U/min einsetzbar, bei kleineren Gewinden bis zu 6000 U/min.

3) Der Kühlschmierstoff soll die Reibung verringern und die Schneiden kühlen. Ein reines Mineralöl ist dafür sehr gut geeignet, hat aber seine Temperaturgrenze. Ist diese überschrit-

ten, verdampft das Öl. Die übliche „Öl in Wasser-Emulsion" sollte 5 – 10 % Mineralöl enthalten. Eine Trockenbearbeitung begrenzt beim Gewindebohren die Schnittgeschwindigkeit und führt zu einer schlechteren Oberfläche.

Wenn diese Voraussetzungen gegeben sind, können höhere Schnittgeschwindigkeiten bis 100 m/min vorteilhaft angewandt werden. Dabei verbessert sich die Oberflächengüte. Der Verschleiß am Werkzeug ist kaum größer als bei kleinen Schnittgeschwindigkeiten. Der Bereich der Aufbauschneidenbildung bei 20 – 30 m/min mit seinen Nachteilen für die Qualität des Gewindes und die Haltbarkeit des Werkzeugs wird vermieden. Die Fertigungskosten werden infolge kürzerer Bearbeitungszeiten kleiner.

Beim Gewindebohren in Grundlöchern sind, neben den aufgeführten Problemen, zusätzlich Probleme durch den Rückwärtsspanfluss gegen die Werkzeugvorschubrichtung und durch das Abscheren der Spanwurzel beim Werkzeugrücklauf zu bewältigen. Mit zunehmender Schnittgeschwindigkeit und größerer Bohrungstiefe nehmen diese Schwierigkeiten zu. Durch einen größeren Drallwinkel an den Werkzeugstegen (30° – 45°) kann der Spänefluss unterstützt werden und so diesen Schwierigkeiten entgegen gewirkt werden.

3.7.4 Gewindefräsen

Beim *Gewindefräsen* bewegt sich das Werkzeug auf einer schraubenförmigen Bahn und rotiert um seine eigene Achse. Die Schnittbewegung und die Vorschubbewegung sind, gegenüber dem Gewindebohren, unabhängig voneinander wählbar. Die Bewegungen müssen von der Werkzeugmaschine genau und spielfrei erzeugt werden. Moderne CNC-gesteuerte Bearbeitungszentren sind dazu in der Lage. Nach Norm werden die verschiedenen Verfahren des Gewindefräsens in das Kurzgewindefräsen, ein Schraubfräsen mit einem mehrprofiligen Werkzeug, und das Langgewindefräsen, ein Schraubfräsen mit einem einprofiligen Werkzeug, eingeteilt.

3.7.4.1 Gewindefräser

Die *Werkzeuge* für das Gewindefräsen sind in den meisten Bearbeitungsfällen Schaftfräser. Die Schaftform und -größe richten sich nach dem bevorzugten Spannsystem der Werkstatt. Der Einsatz eines Monoblockwerkzeugs (Werkzeug mit nicht lösbaren Schneiden) oder eines Wendeschneidplattenwerkzeug (Werkzeug mit auswechselbaren Schneiden) ist in erster Linie von dem zu fertigenden Gewindedurchmesser bzw. der Gewindegröße abhängig. Die Monoblockwerkzeuge werden bis zu einem Gewindedurchmesser von ca. 24 mm eingesetzt, die Wendeschneidplattenwerkzeuge ab einem Gewindedurchmesser von ca. 18 mm. Die Einsatztiefe von Gewindefräsern wird in der Praxis im Verhältnis der Gewindetiefe zu dem Werkzeugdurchmesser d angegeben. Es liegt standardmäßig in einem Bereich von bis zu t = 2,5 × D. Für größere Gewindetiefen werden Sonderwerkzeuge benötigt. Das **Bild 3.7–14** zeigt den Aufbau von Gewindefräsern mit Wendeschneidplatten.

Die *Monoblockwerkzeuge* werden in steigungsabhängige und steigungsunabhängige Werkzeuge unterteilt. Der Begriff bezieht sich hierbei auf die Möglichkeit der Herstellung eines Gewindedurchmessers mit einer bestimmten Steigung. Bei dem steigungsabhängigen Gewindefräser ist das Gewindeprofil des Werkzeugs in seiner geometrischen Form gegenüber dem Gewindeprofil des zu fertigenden Gewindes verändert. Mit diesen Werkzeugen sind nur die für das Werkzeug angegebenen Gewinde herstellbar. Bei den steigungsunabhängigen Werkzeugen ist das Gewindeprofil des Werkzeugs identisch mit dem des zu fertigenden Gewindes. Damit durch die Bewegung des Gewindefräsers im Raum keine Profilverzerrung außerhalb der zulässigen Gewindetoleranz entsteht, sind bestimmte Durchmesserverhältnisse von dem Werkzeugdurchmesser d und zu dem zu fertigenden Gewindedurchmesser D einzuhalten. Bei einem metrischen Regelgewinde ist dieses Verhältnis 2 / 3, bei einem Feingewinde 3 / 4. Für die Praxis bedeutet dies, dass ein solcher Gewindefräser keine Gewinde mit einem kleineren, als dem durch den Grenzwert vorgegebenen Durchmesser herstellen kann, aber alle Gewindedurchmesser, die größer sind. Die Steigung muss dabei immer die gleiche sein und wird bei den Werkzeugen als Kenngröße mit angegeben. Die Wendeplattenwerkzeuge sind fast ausnahmslos steigungsunabhängige Werkzeuge.

Die *Wendeschneidplatten* werden formschlüssig in die Schaftspitze geklemmt. Sie sind mehrseitig und können nach dem ersten Abstumpfen durch Wenden erneuert werden. Die größeren Werkzeuge können zwei- oder mehr Wendeschneidplatten haben.

Die Einzahnschneiden können für jede gewünschte Steigung und natürlich auch für jeden technisch möglichen Durchmesser verwendet werden. Sie müssen jedoch entsprechend der Gewindelänge die Kreisbahn mehrmals durchlaufen und dabei einen längeren Axialweg zurücklegen.

Als Schneidstoff wird beim Gewindefräsen Hartmetall eingesetzt, nur in sehr seltenen Fällen HSS-E. Dies hat den Vorteil, dass Schnittgeschwindigkeiten und Vorschübe entsprechend hoch gegenüber dem Gewindebohren gewählt werden können. Die Gewindefräser sind in den meisten Fällen mit einer Beschichtung aus Ti(C,N) bzw. (Ti,Al)N ausgeführt.

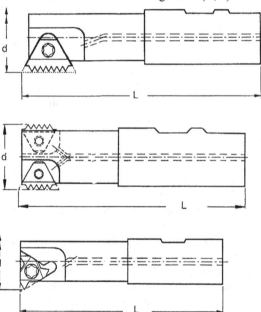

Bild 3.7–14 Gewindefräser mit Schaft und Wendeschneidplatten

3.7.4.2 Werkstücke

Als Werkstücke kommen sowohl Innen- als auch Außengewinde in Frage (**Bild 3.7–15**). Die Innengewinde müssen mindestens so groß sein, dass das Fräswerkzeug ein- und ausgeführt und zugestellt werden kann, bei steigungsungebundenen Gewindefräsern zusätzlich unter Beachtung der oben aufgeführten Randbedingung des Durchmesserverhältnisses. Die kleinsten fräsbaren Innengewinde liegen bei 1 mm. Bei Außengewinden gibt es eine solche geometrisch bedingte Untergrenze nicht. Die Obergrenzen sind von der Größe der Maschinen abhängig. Die Gewindelänge entspricht bei einem Fräserumlauf der Schneidenlänge bzw. Wendeschneidplattenbreite. Bei Wendeschneidplattenwerkzeugen kann für längere Gewinde ein erneuter Frässchnitt ange-

setzt werden. Die Einzahnschneiden fräsen in mehreren Umläufen, bis die gewünschte Gewindelänge erreicht ist. Bearbeitet werden können alle fräsbaren Werkstoffe.

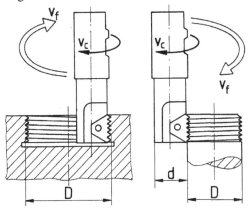

Bild 3.7–15 Innengewindefräsen und Außengewindefräsen
d = Werkzeugdurchmesser, D - Gewindedurchmesser

3.7.4.3 Kinematik des Gewindefräsens

Die Zusammenhänge zwischen *Schnittgeschwindigkeit* und Drehzahl entsprechen der bekannten Gleichung (3.3–1):

$$v_c = \pi \cdot d \cdot n$$

Darin ist d der an den Schneiden gemessene Werkzeugdurchmesser. Die geringen Unterschiede
durch die Profiltiefe müssen praktisch nicht berücksichtigt werden.

Die Vorschubgeschwindigkeit v_f ist für den Gewindedurchmesser D auszulegen (Gleichung
(3.3–2) und (3.3–0.))

$$v_f = f_z \cdot z \cdot n.$$

Mit z ist die Zahl der Schneiden, hier die Zahl der Wendeschneidplatten zu berücksichtigen. Der
Umlaufdurchmesser der Fräserbahn ist jedoch von D verschieden. Beim Innengewindefräsen ist
er kleiner, beim Außengewindefräsen größer als D (s. Bild 3.7–15). Deshalb muss auch die Vorschubgeschwindigkeit *korrigiert* werden, die für die Fräsermittelpunktbahn berechnet wird.

$$\boxed{v_{fi} = f_z \cdot z \cdot n \cdot \frac{D-d}{D}} \qquad\qquad (3.7–9)$$

$$\boxed{v_{fa} = f_z \cdot z \cdot n \cdot \frac{D+d}{D}} \qquad\qquad (3.7–10)$$

Als Fräsverfahren ist *Gleichlauffräsen* vorzuziehen, weil es gegenüber dem Gegenlauffräsen
längere Standzeiten der Schneiden bringt.

Das Gewindefräsen hat den großen Vorteil kurzer Fertigungszeiten. Es wird im Allgemeinen
nur die Zeit für einen Werkzeugumlauf mit einem bogenförmigen Ein- und Auslauf benötigt.
Bild 3.7–16 zeigt den zu programmierenden Bewegungsablauf.

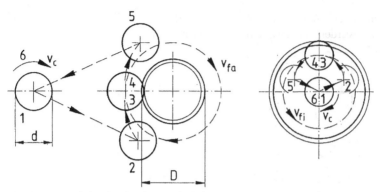

Bild 3.7–16 Arbeitsplan für das Gewindefräsen 1-6: Werkzeugpositionen

Hierbei beschreiben die Werkzeugpositionen beim Innengewinde (Bild 3.7–16, rechts) folgende Arbeitsschritte:

- Ausgangsposition (1)
- radiale Zustellung auf Gewindekerndurchmesser mit dem Werkzeugdurchmesser (2)
- bogenförmiger Einlauf auf Gewindenenndurchmesser (3)
- Herstellung der ganzen Gewindelänge durch eine Kreisumlaufbewegung mit gleichzeitigem Vorschub in axialer Richtung um die Steigungsgröße (4)
- bogenförmiger Auslauf auf Gewindekerndurchmesser (5)
- radiales Rückstellen zur Bohrungsmitte (6).

Dabei erzeugt die Einlauf- bzw. die Auslaufbewegung einen Winkel 90° bzw. 180°, bezogen auf den Anfangs- und den Endpunkt der Bogenlinie und dem Mittelpunkt des Gewindes. Bei schlanken Gewindefräsern wird in der Praxis der größere Winkel verwendet, bei stabileren Werkzeugen der Kleinere. Die Gründe hierfür liegen zum einen in dem sonst zu großen Umschlingungswinkel. Hierbei besteht die Gefahr eines sofortigen Werkzeugbruchs aufgrund einer radialen Überlastung. Zum anderen soll vermieden werden, dass sich durch die Ein- und Ausfahrbewegung sichtbare Markierungen auf den Gewindeflanken abbilden.

3.7.5 Gewindefräsbohren

Durch die Anwendung von kombinierten Bohr- und Gewindefräswerkzeugen wird es möglich, Innengewinde in nur einem Arbeitsgang herzustellen. Diese Werkzeuge haben Stirnschneiden wie Wendelbohrer zum Bohren und Gewindeschneidprofile am Umfang zum Gewindefräsen. Der Arbeitsablauf ist in **Bild 3.7–17** vereinfacht dargestellt:

- Bohren oder Aufbohren der Gewindekernbohrung
- Werkzeugrückzug um mindestens eine Gewindesteigung
- radiale Zustellung auf Gewindekerndurchmesser
- bogenförmiger Einlauf um 180° auf Gewindenenndurchmesser
- Herstellung der ganzen Gewindelänge durch eine Kreisumlaufbewegung mit gleichzeitigem Vorschub in Längsrichtung um die Steigungsgröße
- bogenförmiger Auslauf um 180° auf Gewindekerndurchmesser
- radiales Rückstellen zur Bohrungsmitte und
- Rückhub des Werkzeugs axial aus dem fertigen Gewinde.

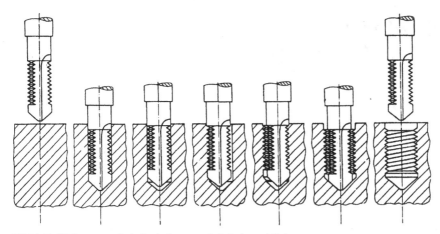

Bild 3.7–17 Innengewindefräsbohren nach Schulz und Scherer

Das Gewindefräsbohren dient der Verkürzung der Fertigungszeiten bei der Herstellung von Innengewinden. Es kann durch Anwendung des Hochgeschwindigkeitsfräsens mit geeigneten Schneidstoffen noch wirkungsvoller genutzt werden. Es vermeidet den Werkzeugwechsel, der bei der herkömmlichen Gewindefertigung nötig ist, und bedarf keines Gewindeschneidapparates zur Drehrichtungsumkehr wie beim Gewindebohren. Die Spanabfuhr ist problematisch. Sie muss durch eine innere Kühlschmierstoffzuführung unterstützt werden.

Eingeschränkt wird der Einsatz dieses Verfahren durch die bearbeitbaren Werkstoffe. Dies sind zurzeit nur leicht zerspanbare Werkstoffe, wie Grauguss (EN-GJL) und Sphäroguss (EN-GJS) bis zu einer Härte von 230 HB, Aluminium und Aluminiumguss bis zu einer Festigkeit von 400 N/mm^2 und Kunststoffe. Für höhere Härten bzw. Festigkeiten dieser Werkstoffe und für die Bearbeitung von Stählen bis zu einer Härte von 60 HRC werden Gewindefräsbohrer eingesetzt, die gleichzeitig mit der Werkzeugstirnfläche die Bohrung und mit den Umfangsschneiden das Gewinde in einer zirkularen Bewegung entsprechend der Steigung fertigen.

4 Fertigungsverfahren mit geometrisch unbestimmter Schneide

4.1 Schleifen

Das Schleifen ist ein *Spanen* mit einer Vielzahl von *unregelmäßig* geformten Schneiden. Die Schneiden sind die Spitzen und Kanten der *Schleifkörner* aus *natürlichen* oder *synthetischen Schleifmitteln*, die in einem Werkzeug, der *Schleifscheibe* oder dem *Schleifband*, fest eingebunden sind. Die Bearbeitung erfolgt mit großer Schnittgeschwindigkeit (20 – 100 m/s). Sie erzeugt viele kleine Spuren neben- und übereinander auf der Werkstückoberfläche, in denen der Werkstoff *verformt* und *abgetragen* wird.

Das Schleifen wird besonders bei schwierigen Arbeitsbedingungen angewandt, wenn wegen der *Härte des Werkstoffs* andere Bearbeitungsverfahren wie Drehen und Fräsen versagen oder wenn eine besonders *feine Oberfläche* oder eine *große Werkstückgenauigkeit* verlangt wird. Zunehmend tritt das Schleifen aber auch in Konkurrenz zum Sägen, Drehen und Fräsen bei *einfachen Arbeitsbedingungen*.

So können drei große Einsatzbereiche für das Schleifen unterschieden werden, die *Grobbearbeitung* von Rohteilen durch Putzen, Säubern und Trennen, die wertmäßig den größten Teil der Schleifscheibenproduktion verbraucht, die *Feinbearbeitung* von Genauigkeitswerkstücken in der Produktion und das *Werkzeugschleifen*.

4.1.1 Schleifwerkzeuge

4.1.1.1 Formen der Schleifwerkzeuge

Bei der Einteilung der Schleifkörperformen muss man unterscheiden:

- Grundform
- Randform und
- Art der Scheibenbefestigung.

Grundform und Hauptabmessungen (**Bild 4.1–1**) richten sich nach dem Schleifverfahren, bei dem die Schleifkörper eingesetzt werden sollen.

Das größte Anwendungsgebiet haben die geraden Schleifscheiben. Sie finden in allen Schleifarten Anwendung. Große Scheibendurchmesser braucht man beim Außenrundschleifen, Flachschleifen und Trennschleifen, kleine Durchmesser besonders beim Innenrundschleifen. Breite Scheiben werden beim Spitzenlosschleifen und Umfangsflachschleifen, schmale besonders beim Trennschleifen eingesetzt.

Die konischen und verjüngten sowie die Topf- und Tellerschleifscheiben mit ihren vielfältigen Formen werden beim Schleifen von Werkzeugen, Getriebeteilen und den verschiedensten Werkstücken des Maschinenbaus mit nicht zylindrischer Form eingesetzt. Für diese Zwecke genügen mittlere bis kleine Scheibendurchmesser bei verhältnismäßig schlankem Profil. Aber auch Trenn- und grobe Putzarbeiten können mit Topf- und Tellerscheiben durchgeführt werden. Die auf Tragscheiben befestigten Schleifkörper haben ihr Haupteinsatzgebiet beim Seitenschleifen. Mit großen Scheibendurchmessern wird meistens die ganze Werkstückbreite überdeckt. Sie sollen großes Zeitspanungsvolumen und lange Standzeit ermöglichen. Deshalb ist auch die Scheibendicke oft beträchtlich.

Schleifstifte dienen hauptsächlich für Grob- und Putzarbeiten. Mit ihren kleinen Abmessungen und einem eingeklebten Stift eignen sie sich besonders zur Aufnahme in Handschleifmaschinen. Je nach Werkstückkontur kann die geeignete Schleifstiftform ausgewählt werden.

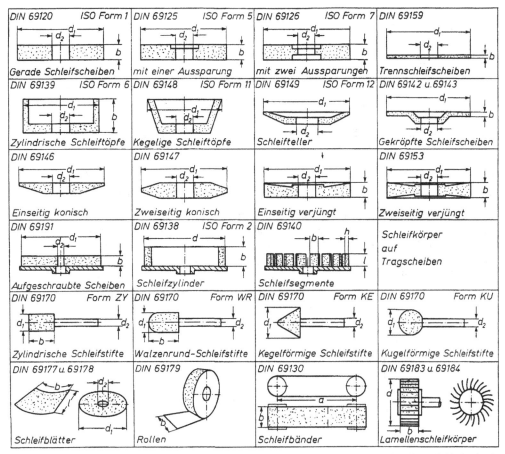

Bild 4.1–1 Die wichtigsten Schleifwerkzeugformen mit Korund und Siliziumkarbid als Schleifmittel mit DIN-Nummer, ISO-Bezeichnung und Hauptabmessungen

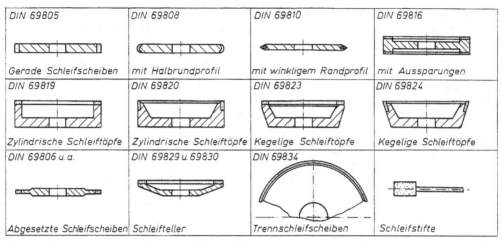

DIN 69805	DIN 69808	DIN 69810	DIN 69816
Gerade Schleifscheiben	mit Halbrundprofil	mit winkligem Randprofil	mit Aussparungen
DIN 69819	DIN 69820	DIN 69823	DIN 69824
Zylindrische Schleiftöpfe	Zylindrische Schleiftöpfe	Kegelige Schleiftöpfe	Kegelige Schleiftöpfe
DIN 69806 u. a.	DIN 69829 u. 69830	DIN 69834	
Abgesetzte Schleifscheiben	Schleifteller	Trennschleifscheiben	Schleifstifte

Bild 4.1–2 Auswahl von Schleifscheibenformen mit Diamant und kubischem Bornitrid als Schleifmittel

Das Einsatzgebiet der mit Diamant besetzten Schleifscheiben (**Bild 4.1–2**) ist auf Nichteisen-werkstoffe begrenzt. Im Maschinenbau werden hauptsächlich Hartmetallwerkzeuge mit ih-nen bearbeitet. Diesem Zweck sind die Formen der Scheiben angepasst. Aus Kostengründen werden große Abmessungen dabei vermieden. Diamantbesetzte Trennscheiben können jedoch auch größere Durchmesser haben. Zur Einsparung von wertvollem Diamantkorn werden nur am Umfang schmale Schleifsegmente aufgesetzt.

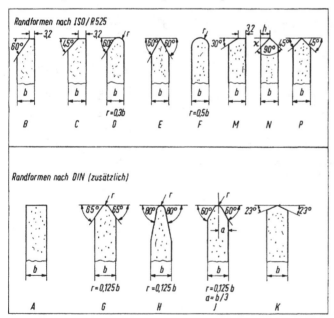

Bild 4.1–3
Randformen für Schleifschei-ben nach DIN 69 105

Die *Randformen* nach DIN 69 105 sind in **Bild 4.1–3** dargestellt. Sie werden mit großen Kenn-buchstaben von A bis P bezeichnet. Das Profil kann gerade, abgeschrägt, kantig oder rund sein und verschiedene Flankenwinkel haben. Die Vielfalt der Randformen trägt den besonderen Aufgaben des Formschleifens der Bearbeitung von Gewinden und Verzahnungen sowie dem

Nachformen mit Schablonenführung Rechnung. Die Randformen können zu den geraden, konischen und verjüngten Grundformen gewählt werden.

Unter *Befestigungsart* soll hier nur die Formgebung in der Schleifscheibenmitte verstanden werden. Sie dient dazu, Befestigungsvorrichtungen wie Dorne und Flansche aufzunehmen. Die gebräuchlichsten Arten sind in Bild 4.1–1 zu sehen:

- zylindrische Bohrung, in die häufig zur besseren Zentrierung Ringe aus Kunststoff oder Stahl eingesetzt sind
- einseitige Aussparung
- beidseitige Aussparung
- Lochkranz.

Die Formgebung in Scheibenmitte beeinflusst ihre Festigkeit. Je größer die Bohrung und je tiefer die Aussparung ist, desto stärker leidet die Festigkeit. Damit wird die obere Grenze der zulässigen Schnittgeschwindigkeit herabgesetzt. Besser werden die Festigkeitseigenschaften erhalten bei Scheiben mit eingegossenen Kernen größerer Festigkeit. Diese Kerne können aus Stahlblechkörpern bestehen, die durch ihre Form eine innige Verbindung mit dem Schleifkörper herstellen. Sie sind in der Regel so ausgebildet, dass eine Verbindung zur Schleifmaschinenspindel einfach ist.

4.1.1.2 Bezeichnung nach DIN 69100

Nach DIN 69100 soll die Bezeichnung eines Schleifkörpers aus gebundenem Schleifmittel folgende Angaben enthalten: Form und Abmessungen, DIN-Nummer, Zusammensetzung und Umfangsgeschwindigkeit. In einem Beispiel würde das folgendermaßen aussehen:

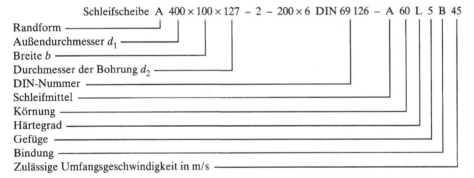

Die *Randform* wird mit einem Kennbuchstaben nach DIN 69105 (**Bild 4.1–3**) angegeben. Als Abmessungen folgen Angaben in mm über *Außendurchmesser*, *Breite*, *Innendurchmesser* der Aufnahmebohrung, Zahl der Aussparungen, deren Durchmesser und Tiefe. Diese Angaben stimmen im Wesentlichen mit der ISO-Empfehlung R 525 überein.

Zur Kennzeichnung der *Grundform* wird die besondere DIN-Norm (s. Bild 1–1) eingesetzt. Mit „Werkstoff" sind fünf aufeinander folgende Symbole gemeint, welche die *Zusammensetzung* der Schleifscheibe kennzeichnen. Sie betreffen Schleifmittel, Körnung, Härtegrad, Gefüge und Bindung.

Schleifmittel: A = Korund, C = Siliziumkarbid. Zur genaueren Bezeichnung des Schleifmittels sind den Herstellern weitere Zeichen freigestellt, die noch vereinheitlicht werden sollen.

Körnung: Die in **Tabelle 4.1-2 a**ufgeführten Körnungsnummern von 6 – 1200 sind hier einzusetzen.

Härtegrad: Unter der statischen Härte der Bindung versteht man den Widerstand, den die Schleifkörner dem Ausbrechen aus der Bindung entgegensetzen. Dieser Widerstand wird oft durch erfahrene Prüfer gefühlsmäßig als Vergleichswert mit einer Musterscheibe durch Drehen eines schraubenzieherähnlichen Werkzeugs auf dem Schleifkörper ermittelt. Auch verschiedene maschinelle Prüfverfahren wurden entwickelt. Die Härte wird durch große lateinische Buchstaben bezeichnet:

äußerst weich:	A, B, C, D	hart:	P, Q, R, S
sehr weich:	E, F, G	sehr hart:	T, U, V, W
weich:	H, I, Jot, K	äußerst hart:	X, Y, Z.
mittel:	L, M, N, O		

Gefüge: Je nach dem Volumenanteil der Poren gilt das Gefüge als offen oder geschlossen. Entsprechend liegen die Schleifkörner bei einem geschlossenen Gefüge dichter, bei einem offenen Gefüge weiter auseinander. Durch folgende Ziffern wird der Porengehalt gekennzeichnet:

0 1 2 3 4 5 6 7 8 9 10 11 12 13 14

◄─────── geschlossenes Gefüge

offenes Gefüge ───────►

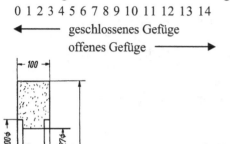

Bild 4.1–4
Form der im Beispiel
genannten Schleifscheibe
A 400 × 100 × 127-2-200 × 6
DIN 69126 – A 60 L 5 B 45

Die Gefügebezeichnung ist für faserstoffverstärkte Schleifkörper nicht gültig.

Bindung: Ein Buchstabe kennzeichnet die Art der Bindung.

V	= Keramische Bindung		B	= Kunstharzbindung
S	= Silikatbindung		BF	= Kunstharzbindung faserstoffverstärkt
R	= Gummibindung		E	= Schellackbindung
RF	= Gummibindung faserstoffverstärkt		Mg	= Magnesitbindung

Auch hier können von den Herstellern zusätzliche Kurzzeichen zur genaueren Kennzeichnung verwendet werden.

Umfangsgeschwindigkeit: Die größte zulässige Umfangsgeschwindigkeit in m/s ist anzugeben. Bei Werten, die über die Höchstumfangsgeschwindigkeit der allgemeinen Unfallverhütungsvorschriften hinausgehen, sind die Vorschriften des DSA (Deutscher Schleifscheibenausschuss) und des Hauptverbandes der gewerblichen Berufsgenossenschaften zu beachten.

Bei dem am Anfang genannten Beispiel handelt es sich um eine gerade Schleifscheibe mit geradem Rand, Aussparungen auf beiden Seiten, in den Hauptabmessungen d_1 = 400 mm, b = 100 mm, d_2 = 127 mm, Schleifmittel Korund, Körnung 60, Härtegrad mittel, Gefüge 5, Kunstharzbindung, für Umfangsgeschwindigkeiten bis 45 m/s (**Bild 4.1–4**).

4.1.1.3 Schleifmittel

Die Schleifmittel bilden mit ihrer zufälligen geometrischen Form in den Schleifscheiben die *Schneiden*. Die wichtigsten Arten sind *Korund, Siliziumkarbid, Borkarbid*, kubisches *Bornitrid* und *Diamant*.

Der *Verwendungszweck*, das Zerspanen hochfester und besonders harter Werkstoffe oder die Feinbearbeitung nach einer Wärmebehandlung oder das grobe Putzen von Gussteilen mit

Formsandbestandteilen in der Oberfläche, verlangt von den Schleifmitteln Eigenschaften, die teilweise von denen der Schneidstoffe abweichen. Die wichtigsten Eigenschaften sind:

- *Schneidfähigkeit*, d. h. die Härte des Schleifmittels bei Raumtemperatur soll deutlich größer als die des zu zerspanenden Werkstoffs sein,
- *Warmhärte*, d. h. wie bei den schon bekannten Schneidstoffen soll mit zunehmender Temperatur der Härteabfall des Schleifmittels nicht zum Verlust der Schneidfähigkeit führen,
- *chemische Beständigkeit*, d. h. das Schleifmittel soll auch bei erhöhter Temperatur mit dem Werkstoff nicht chemisch reagieren und dabei abstumpfen,
- *Zähigkeit*, d. h. das Schleifkorn soll Beanspruchungen durch die Schnittkräfte standhalten,
- *Sprödigkeit*, d. h. das Korn soll durch Absplittern neue Schneidkanten hervorbringen, wenn nach der Abstumpfung der in Eingriff sich befindenden Schneiden die Zerspanungskräfte zunehmen.

Tabelle 4.1-1: Schleifmittel, ihre wichtigsten Eigenschaften und Einsatzgebiete

Schleifmittel	Vickershärte	Dichte g/cm^3	Temperaturbeständigkeit*)	Wärmeleitfähigkeit W/mK	Eignung für
Korund (Al_2O_3)	2100	3,92	1750 °C	6	Stähle aller Art, Grauguss
Siliziumkarbid (SiC)	2400	3,21	1500 °C	55	Grauguss, Oxide, Glas, Gestein, Hartmetall, Stahl mit großem C-Gehalt
Bornitrid (CBN)	≈ 4500	3,48	1400 °C	200 / 700	nass und trocken: Schnellarbeitsstähle, Kaltarbeitsstähle, rostfreie und warmfeste Stähle, Ni, Cr- und Ti-Legierungen trocken: Grauguss
Diamant (C)	≈ 7000	3,52	800 °C	600 / 2000	nass und trocken: Hartmetalle, NE-Metalle, Oxide, Glas, Gestein nass: Gusseisen, rostfreie und warmfeste Stähle, Ni-, Cr- und Ti-Legierungen, verschleißfeste Ni-Cr- oder Karbidauflagen, Stahl mit großem C-Gehalt

*) in sauerstoffhaltiger Atmosphäre

Eine Übersicht über die Schleifmittel gibt **Tabelle 4.1-1**. Hier sind auch ihre wichtigsten Eigenschaften wie Härte und Wärmebeständigkeit sowie Angaben über den Verwendungszweck zu finden.

Korund

Der Korund ist das am häufigsten eingesetzte Schleifmittel. Seine wichtigsten *Eigenschaften*, Härte und Zähigkeit, hängen von der Reinheit, die bereits an der Farbe erkennbar ist, ab.

Die *Härte* nimmt mit der Reinheit zu. Sie bestimmt die Schneidfähigkeit des Kornes. Gleichzeitig mit der Härte nimmt auch die *Sprödigkeit* zu. Sie ist wichtig für den Vorgang des Selbstschärfens durch Absplittern des gebundenen Kornes.

Große *Zähigkeit* lässt sich durch einen schnelleren Verlauf der Abkühlung bei der Herstellung, durch geringere Reinheit und durch gezieltes Zumischen anderer Metalloxide erreichen.

In Abhängigkeit von der *Zusammensetzung* und den Eigenschaften des Korunds unterteilt man folgende Arten:

- *Edelkorund-weiß* mit über 99,9 % Al_2O_3:
  Er wird wegen seiner großen Härte und Sprödigkeit bei legiertem, hochlegiertem oder vergütetem Stahl und bei hitzeempfindlichen Werkzeugstählen, die einen kühlen Schliff erfordern, eingesetzt. Geeignete Verfahren sind alle Arten des Feinschleifens.

- *Edelkorund-rosa* mit geringen Zusätzen von Fremdstoffen:
  Er hat die gleichen Eigenschaften und Anwendungsgebiete wie Edelkorund-weiß, ist jedoch wegen seiner etwas größeren Kornzähigkeit besonders für das Form- und Profilschleifen geeignet und ergibt Schleifscheiben mit guter Kantenhaltigkeit.

- *Rubinkorund*, rubinrot, mit weiteren Beimischungen lösbarer Metalloxide (insbesondere Cr_2O_3):
  Dieser besonders hochwertige Edelkorund hat größte Zähigkeit und erlaubt den Einsatz an hochlegierten Stählen.

- *Normalkorund*, braun, mit über 94 – 95 % Al_2O_3:
  Sein Anwendungsgebiet ist unlegierter, ungehärteter Stahl, Stahlguss und Grauguss. In Gussputzereien und beim Außenrundschleifen findet er die häufigste Verwendung. Große Zustellungen und Anpresskräfte verträgt er aufgrund seiner Zähigkeit.

- *Halbedelkorund* ist eine Mischung aus Normalkorund und weißem Edelkorund:
  Sein Hauptanwendungsgebiet sind Stähle mittlerer Festigkeit und Härte, die gegen Erwärmung nicht so empfindlich sind. Mit stärkeren Anpresskräften und Zustellungen lassen sich große Zeitspanungsvolumen erzielen.

- *Zirkonkorund* mit Beimischungen von 10, 25 oder 40 % Zirkonoxid, das im Korund löslich ist. Der besonders zähe Zirkonkorund wird mit Normalkorund gemischt zu Schleifscheiben für das Hochdruckschleifen verarbeitet. Damit sind größte Abtragleistungen beim Schleifen großer Flächen möglich.

Mit *Sonderverfahren* der *Korundkristallisation* kommen immer wieder neue Schleifkornarten in den Handel. Sie haben entweder eine besonders scharfkantige oder längliche Form, bestehen aus extra spröden Einkristallen oder werden chemisch abgeschieden. Ziel dieser Entwicklungen sind veränderte Eigenschaften, z. B. größere Splitterfreudigkeit, um wärmeempfindliche Werkstücke noch schonender zu schleifen oder größere Härte, um längere Standzeiten der Kornkanten zu erhalten, oder um die Neigung des Korunds zum Abstumpfen zu verringern. Bisher haben die höheren Kosten der Herstellung verhindert, dass diese Korundarten ein größeres Anwendungsgebiet fanden.

Siliziumkarbid

Siliziumkarbid zeichnet sich durch seine harten und scharfkantigen länglichen Kristalle aus. Ein Korn besteht meist nur aus einem oder wenigen Kristallen. Es ist härter und spröder als Korund (siehe Tabelle 4.1-1). Bei starker Erwärmung neigt es zur Abgabe von Kohlenstoffatomen an dafür aufnahmefähige Stoffe wie Eisen. Deshalb ist es genauso wenig wie Borkarbid und Diamant für die Bearbeitung von Stahl mit niedrigem und mittlerem Kohlenstoffgehalt geeignet.

Das *Anwendungsgebiet* des weniger reinen *dunklen Siliziumkarbids* ist vor allem das Putzen und Trennen von Grauguss, die Bearbeitung von Nichteisenmetallen, austenitischen Chrom-Nickel-Stahl und keramischen oder mineralischen Erzeugnissen.

Das hochwertigere *grüne Siliziumkarbid* wird für die Hartmetallbearbeitung, für Glas, Porzellan, Marmor, Edelsteine, Kunststeine und für die Feinbearbeitung von Leicht- und Buntmetallerzeugnissen eingesetzt.

Bornitrid

Für Zerspanungsaufgaben ist nur die *kubisch* kristalline Form des Bornitrids geeignet. Sie kommt in der Natur nicht vor und muss aus dem weicheren hexagonal kristallisierten Bornitrid (**Bild 4.1–5b**) bei Temperaturen von 2000 – 3000 K und Drücken von 110 – 140 kbar synthetisch erzeugt werden. 1957 wurde die Synthese zum ersten Mal von *Wentorf* durchgeführt. Er nannte den Stoff *Borazon*. Die technische Gewinnung wird jedoch unter Anwendung von Katalysatoren schon bei 1800 – 2700 K und 50 – 90 kbar durchgeführt. Wegen des kostspieligen Verfahrens ist der Preis für das fertige Schleifkorn ähnlich hoch wie bei künstlichem Diamant.

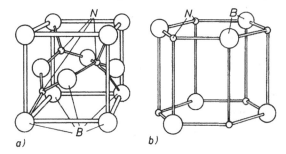

Bild 4.1–5
Modelle der Kristallgitterformen von Bornitrid

Das Korn kann *monokristallin* mit glatten Oberflächen oder *polykristallin* als Block bei der Herstellung entstehen. Bei der monokristallinen Art unterscheiden sich einige Sorten durch unterschiedliche Härte und Zähigkeit. Der polykristalline Block wird durch Zerkleinerung zu feinen Körnungen weiterverarbeitet. Das so entstehende Schleifkorn ist zäher als ein monokristallines Korn und bleibt bei Mikroausbrüchen scharf, weil neue Kanten entstehen.

Als Bindung wird für Bornitrid *Sinterbronze, Kunstharz* oder *Keramik* genommen. Metallische Bindungen sind sehr fest und dicht. Sie müssen vor ihrem Einsatz am Werkstück durch Einschleifen an einem Korundblock oder Abschleifen mit einer SiC-Schleifscheibe geöffnet und damit geschärft werden. Neben dem Abrichten ist das ein zusätzlicher zeitaufwendiger Vorgang. Kunstharzbindung verhält sich ähnlich, lässt sich jedoch leichter schärfen. Mit der zuletzt entwickelten keramischen Bindung für Bornitrid kann das Aufschärfen ganz wegfallen. Das Schleifkorn ist von der Bindung nicht voll ummantelt, sondern wird nur durch einzelne „Bindungsbrücken" festgehalten. Dazwischen sind Porenräume. Nach dem Abrichten ist die keramisch gebundene Schleifscheibe sofort einsatzbereit. Zum Abrichten werden aktiv oder passiv rotierende Diamanttöpfe oder -scheiben bevorzugt eingesetzt. Einkorndiamanten überhitzen sich an den besonders harten Bornitridkörnern und verschleißen schnell. Beim Abrichten sollen möglichst nur wenige Mikrometer abgenommen werden. Dann bleibt der größte Teil des Porenraums erhalten. Außerdem entspricht das der gebotenen Sparsamkeit mit dem teuren Schleifkorn.

Die *Grundkörper* der Bornitridschleifscheiben werden nicht aus der teuren Schleifkornmischung hergestellt. Sie sind aus Stahl, Aluminium oder Keramik. Der Schleifbelag wird gelötet oder geklebt. In einigen Anwendungsfällen wird nur eine dünne Kornschicht galvanisch mit einem Metallniederschlag befestigt.

Die wichtigsten Eigenschaften von Bornitrid sind aus Tabelle 4.1-1 zu ersehen. Mit seiner *Härte* von 43 – 47 kN/mm^2 nach Knoop ist es der zweithärteste Stoff, den wir kennen. Das macht ihn für die Bearbeitung vergüteter Stähle besonders geeignet.

Die *thermische Beständigkeit* des Bornitrids bis 1400 °C in trockener Atmosphäre beruht auf der Bildung einer Boroxidschicht, die das Korn vor weiterer Zersetzung schützt. Allerdings geht sie mit Wasserdampf in Lösung. Deshalb sollte als Kühlschmiermittel Mineralöl, eine fettere Wasser-Öl-Emulsion oder synthetische Kühlschmiermittel verwendet werden.

Eine weitere für Zerspanungsaufgaben wichtige Eigenschaft ist die *Härtebeständigkeit* bei zunehmender Temperatur. **Bild 4.1–6** zeigt diese Warmhärte für einige Schleifmittel. Man erkennt die Überlegenheit von kubischem Bornitrid gegenüber anderen Schleifmitteln. Über 1000 K ist es sogar härter als Diamant.

Bornitrid geht keine chemische Verbindung mit Eisen ein. Das eröffnet ihm gegenüber Diamant als Anwendungsgebiet das *Schleifen von gehärtetem Stahl*. Bei hochlegierten Werkzeugstählen erzeugen nur Chrom- und Kobaltanteile größeren Verschleiß am Bornitridkorn. Vanadium dagegen hat wie alle anderen Karbidbildner keinen ungünstigen Einfluss auf sein Verschleißverhalten. Vanadiumhaltige Schnellarbeitsstähle, an denen andere Schleifmittel versagen, können nach *Druminski* besonders wirtschaftlich mit Bornitridscheiben geschliffen werden.

Bei der Bearbeitung von vergüteten Werkzeugstählen kommt ein weiterer Vorteil zur Wirkung: Borkarbid schleift wegen seiner aggressiven aber beständigen Schneidkantenform besonders kühl. Dadurch wird die Oberfläche der Werkstücke weniger stark erwärmt als beim Schleifen mit Korund. Weichhautbildung (Anlassvorgang an der Oberfläche) und Wärmespannungsrisse werden vermieden. Die so fertiggeschliffenen Werkzeuge aus HSS haben eine besonders lange Standzeit.

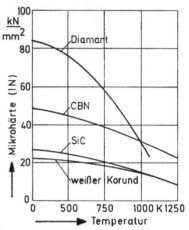

Bild 4.1–6
Temperaturabhängigkeit der Mikrohärte einiger Schleifmittel, gemessen mit einem *Akashi*-Härtemesser nach *Okada*

Nach der Entwicklung keramischer Bindungen werden Bornitridschleifscheiben immer mehr auch in der Produktion an gehärteten Stahlwerkstoffen eingesetzt. Besonders beim Innenrundschleifen ist der geringe Verschleiß von Vorteil. Das Auswechseln der Schleifscheiben wird seltener und die Schleifspindeln können stabiler gemacht werden [*Viernekes*].

Ungeeignet für die Bearbeitung mit kubischem Bornitrid sind nach *Weiland* weicher Stahl, Hartmetall, NE-Metalle, Verschleißschichten aus Cr, Ni oder Karbiden und Nichtmetalle.

Diamant

Diamant ist kubisch kristallisierter Kohlenstoff. Darin ähnelt er dem Bornitrid. Zum Schleifen stehen natürliche und künstliche Körnungen zur Verfügung.

Die *natürlichen Diamanten* haben eine größere Reinheit und sind im Allgemeinen gleichmäßiger auskristallisiert. Die äußere Form kann von den Kristallwachstumsgrenzen oder von zufälligen Bruchstellen bestimmt sein. Sie ist mehr oder weniger zufällig.

Künstliche Diamanten werden bei Temperaturen von über 3000 K und Drücken von etwa 10 kN/mm^2 = 100 kbar erzeugt. Geringe metallische Verunreinigungen, die für die Herstellung notwendig sind, verursachen eine leichte Färbung. Die Eigenschaften als Schleifmittel werden davon jedoch nicht beeinflusst. Diese werden in der Hauptsache vom kristallinen Aufbau bestimmt. Es gibt monokristalline Formen mit einer größeren Zahl von schneidfähigen Kanten, länglich kristallisierte Körnungen, die bei ausgerichteter Einbindung eine besonders gute Ausnutzung des teuren Schleifmittels erlauben, und aus feinem Einzelkorn zusammengesinterte Körnungen, die eine hohe Oberflächengüte am Werkstück erzeugen. Oft werden sie mit Metallummantelungen aus Nickel, Kupfer oder besonderen Legierungen versehen, die 30 – 60 % des Gewichts ausmachen. Dadurch wird der Zusammenhalt des Korns erhöht, die Verankerung in Kunstharzbindung verbessert und die Wärmeableitung von den Schneidkanten vergrößert. Die hervorstechendste Eigenschaft ist seine von keinem anderen Stoff übertroffene *Härte* (s. Tabelle 4.1-1). Einschränkend für seine Verwendbarkeit als Schleifmittel wirken:

- der hohe Preis: Die Gewinnungskosten für natürliche und künstliche Diamanten sind sehr hoch, und die Preisbindung durch internationale Kartelle lässt keine Schwankungen zu
- die verhältnismäßig schlechte Wärmebeständigkeit: Ab 1100 K sind Reaktionen mit Sauerstoff möglich, die zum Verschleiß und Abstumpfen führen
- die Neigung zur Abgabe von Kohlenstoff an Eisenwerkstoffe ab 900 K: Metallummantelungen können die Temperatur der Schneidkanten niedrig halten. Trotzdem bleibt die Anwendung bei Stahl sehr eingeschränkt
- die Verringerung der Härte mit zunehmender Temperatur (s. Bild 4.1–6)
- Sprödigkeit und Schlagempfindlichkeit: Sie können durch Metallummantelung des Kornes gemildert werden.

Folgende Werkstoffe können bearbeitet werden:

Kunststoffe, Elektrokohle, Keramik, Porzellan, feuerfeste Steine, Germanium, Glas, Graphit, Hartmetall (auch vorgesintert), Schneidkeramik, Silizium, Gummi, Buntmetalle, Eisenkarbid-Legierungen wie Ferrotic und Ferrotitanit, Siliziumkarbid.

Mit metallummanteltem Korn außerdem:

Stahl-Hartmetallkombinationen (auch mit Hartlot), Nickel- und Chromlegierungen, rostfreie Stähle, Kugellagerstahl, Gusseisen, Werkzeugstähle mit großem Kohlenstoff- und geringem Vanadiumgehalt.

4.1.1.4 Korngröße und Körnung

Die *Korngrößen* werden bei der Schleifmittelherstellung durch Aussieben oder durch Sedimentation getrennt. Früher galt die Feinheit des Siebes, durch das ein Korn noch hindurch passte, als Maß für die Körnung. Dabei war die Zahl der Siebmaschen pro Zoll Kantenlänge (US-mesh) die Siebbezeichnung und die Körnungsnummer.

Infolgedessen ist also das Korn feiner, je größer die Körnungsnummer ist. Heute sind in DIN 69101 die Körnungsnummern von F 4 bis F 1200 (**Tabelle 4.1-2**) nach diesem alten Verfahren übernommen worden. Den *Makrokörnungen* von F 4 bis F 220 werden Prüfsiebe bestimmter Maschenweite zugeordnet. Den feineren *Mikrokörnungen*, die durch ein Sedimentationsverfahren geprüft werden, wird dagegen eine mittlere Korngröße d_{s50} (50 % Anteil) und eine statistisch ermittelte d_{s3} (3 %)-Größe zugeordnet. Die mittlere Korngröße ist in Tabelle 4.1-2 angegeben. Nach DIN 69101 würde die Bezeichnung der Körnung für eine Schleifscheibe folgendermaßen lauten:

Siliziumkarbid DIN 69 101 – F 80.

Tabelle 4.1-2: Körnungen aus Elektrokorund und Siliziumkarbid nach DIN 69101

Bezeichnung	Maschenweite	
F 4	8,00 mm	
F 5	6,70 mm	
F 6	5,60 mm	
F 7	4,75 mm	
F 8	4,00 mm	
F 10	3,35 mm	
F 12	2,80 mm	
F 14	2,36 mm	
F 16	2,00 mm	
F 20	1,70 mm	
F 22	1,40 mm	
F 24	1,18 mm	Makrokörnungen
F 30	1,00 mm	
F 36	850 µm	
F 40	710 µm	
F 46	600 µm	
F 54	500 µm	
F 60	425 µm	
F 70	355 µm	
F 80	300 µm	
F 90	250 µm	
F 100	212 µm	
F 120	180 µm	
F 150	150 µm	
F 180	125 µm	
F 220	106 µm	
	mittlere Korngröße	
F 230	53,0 µm	
F 240	44,5 µm	
F 280	36,5 µm	
F 320	29,2 µm	
F 360	22,8 µm	
F 400	17,3 µm	Mikrokörnungen
F 500	12,8 µm	
F 600	9,3 µm	
F 800	6,5 µm	
F 1000	4,5 µm	
F 1200	3,0 µm	

Tabelle 4.1-3: Diamantkörnungsgrößen nach DIN ISO 6106

DIN ISO 6106	Vergleichskörnung US-mesh	
D 1181	16 / 18	
D 1001	18 / 20	
D 851	20 / 25	
D 711	25 / 30	
D 601	30 / 35	
D 501	35 / 40	
D 426	40 / 45	
D 356	45 / 50	
D 301	50 / 60	Makrokörnungen
D 251	60 / 70	
D 213	70 / 80	
D 181	80 / 100	
D 151	100 / 120	
D 126	120 / 140	
D 107	140 / 170	
D 91	170 / 200	
D 76	200 / 230	
D 64	230 / 270	
D 54	270 / 325	
D 46	325 / 400	
D 35		
D 30		
D 25		
D 15		
D 7		Mikrokörnungen
D 3		
D 1		
D 0,7		
D 0,25		

Vielfach werden in Schleifscheiben Mischungen verschiedener Körnungen verarbeitet. Die gröbste ist dann die Nennkörnung. Diese Scheiben sollen große Schleifleistungen mit sauberem Schliff und besonderer Standfestigkeit der Kanten- und Profilform vereinigen. Die *Diamantkörnungsgrößen* sind in DIN ISO 6106 genormt (**Tabelle 4.1-3**). Diese Norm berücksichtigt neben der Korngröße das Siebgrößenintervall in der letzten Stelle. Auch kubisches Bornitrid wird mit diesen Körnungsnummern bezeichnet, wobei statt des vorangestellten „D" ein „B" zu setzen ist. Für Schleifscheiben werden hauptsächlich die Körnungen D 15 bis D 251 verwendet.

Die Nummern entstehen aus Addition der Siebmaschenweite in um und dem Siebgrößenintervall (1 oder 2). Zum Beispiel ist D 151 die Bezeichnung einer Diamantkörnung, bei deren Prüfung ein oberes Prüfsieb mit 150 µm Maschenweite und ein unteres mit 125 µm verwendet wird. Das Siebgrößenintervall ist 1. Kennzahl: 150 + 1 = 151, Diamant = D. Es ist zu beachten, dass bei Diamant und Bornitrid die Körnungsbezeichnung mit der Korngröße zunimmt.

Die *Form des Kornes* ist sehr vielgestaltig. Sie kann länglich, sogar spitz oder mehr kubisch bis rundlich sein. Die schleifende Wirkung erhält es durch seine vielen Kanten, die scharf sein müssen, um den Werkstoff angreifen zu können. Bei grob kristallinem Aufbau des Kornes wie bei Siliziumkarbid oder Naturdiamant folgen die Kanten der Kristallgitterstruktur, brechen aber im Gebrauch auch unregelmäßig aus und legen dann neue Schleifkanten frei, die wieder anderen Gitterlinien folgen. Die vielkristallinen Formen von einigen Korundarten, Bornitrid und synthetischem Diamant lassen erst bei optischer Vergrößerung die sehr viel unregelmäßigeren Kantenformen erkennen. Der Vorgang des Selbstschärfens (Ausbrechen von stumpfen Schneiden) läuft in der gleichen Weise ab wie bei den grobkristallinen Kornarten.

4.1.1.5 Bindung

Die Aufgaben der Bindung in der Schleifscheibe sind:

- *Festhalten des Kornes* in seiner Lage
- *Freigeben des Kornes*, wenn es nach mehrmaligem Absplittern keine scharfen Kanten mehr bilden kann,
- *Bildung von Spanräumen* vor den Schneidkanten durch leichte Abtragbarkeit. Die Bindung ist für Härte und Elastizität der Schleifscheibe maßgebend. Je nach Werkstoff und Einsatzzweck sind die geforderten Eigenschaften verschieden. Entsprechend sind verschiedene Bindungsarten entwickelt worden:

Keramische Bindungen sind am gebräuchlichsten. Sie sind ähnlich wie Porzellan hart und spröde. Durch Zuschläge von Quarz, Silikaten und Feldspat lassen sich ihre Eigenschaften stark beeinflussen. Das mit Schleifkorn versetzte Bindungsgemisch wird in Formen gepresst, getrocknet und bei 900 °C – 1400 °C je nach Zusammensetzung gebrannt. Die entstehenden Schleifscheiben sind porös und unempfindlich gegen Wasser, Öl, Schleifsalze und Wärme. Über die normalen Arbeitsgeschwindigkeiten hinaus sind sie bei besonderer Genehmigung durch den Deutschen Schleifscheibenausschuss DSA bis zu einer Umfangsgeschwindigkeit von 100 m/s einsetzbar. Sie werden heute fast ausschließlich zur Feinbearbeitung im Maschinenbau und auf Schleifböcken eingesetzt. *Silikat-Bindung* ergibt verhältnismäßig weiche Schleifscheiben. Natriumsilikat Na_2SiO_3 wird mit Korn und Zuschlägen gemischt, in Formen gepresst und bei 300 °C ausgehärtet. Die entstehenden Schleifkörper sind gegen Wasser verhältnismäßig beständig. Sie liefern wegen ihres großen Porengehalts einen kühlen Schliff und werden deshalb besonders gern für die Bearbeitung dünner Werkstücke, die bei Erwärmung schnell anlaufen würden, eingesetzt. Die Besteckindustrie ist Hauptabnehmer für silikatgebundene Schleifscheiben. Diese sind aber wegen ihrer geringen Festigkeit nur bis zu einer Höchstgeschwindigkeit von 25 m/s einsetzbar. *Magnesitbindung* (chemisch: $MgCO_3$) wird auch als mineralische Bindung bezeichnet. Sie ergibt Schleifscheiben mit dichtem Gefüge, die einen glatten Schliff liefern. Diese werden in ihre Formen gegossen und härten beim Trocknen aus. Ein Brennvorgang wie bei keramischer Bindung entfällt. Infolge ihrer geringen Festigkeit dürfen sie nur mit Schnittgeschwindigkeiten bis 25 m/s betrieben werden. Sie sind empfindlich gegen Wasser und Feuchtigkeit und verändern sich chemisch, wenn sie nicht trocken lagern. Eine Ablagerung von 3 – 4 Wochen vor dem ersten Einsatz ist erforderlich. Aber Überalterung von mehr als einem Jahr ist schädlich. Haupteinsatzgebiete sind die Messer- und die Betonsteinindustrie.

Kunstharz-Bindungen sind hauptsächlich bei Erwärmung aushärtende Bakelit-Arten. Ihre Brenntemperaturen betragen 170 – 200 °C. Die Schleifscheiben sind sehr griffig und schneiden sich leicht frei. Ihre größere Festigkeit und Elastizität erlaubt Schnittgeschwindigkeiten bis 80 m/s bei Verstärkung durch Gewebe auch bis 100 – 125 m/s. Sie finden Anwendung vor allem in Trennscheiben und Schruppscheiben der Gussputzereien, wo sie mit einer hohen Schnittgeschwindigkeit große Spanleistungen erzielen und besonders wirtschaftlich sind. Darüber hinaus sind sie unentbehrlich bei Anwendung erhöhter Schnittgeschwindigkeiten beim Flach- und beim Rundschleifen. Die besondere Elastizität aller organischen Bindungsarten schützt das Korn vor Überbelastung bei groben Schrupparbeiten und lassen relativ große seitliche Kräfte zu. In Diamantscheiben wird Phenolharz und Polyamid verwendet. Durch Zusätze von Siliziumkarbid, Korund oder Graphit, die 40 – 70 % des Bindungsvolumens ausmachen, werden die Eigenschaften beeinflusst. Die Verschleißfestigkeit wird vergrößert, die Reibung im Einsatz der Scheibe am Werkstück verkleinert. Polyamid lässt sich bei 800 °C und großem Druck in Formen pressen.

Eine weitere Neuentwicklung sind acrylharzgebundene Korund-Schleifscheiben, die mit einem festen Schmierstoff (Metallseifen) getränkt sind. Sie haben nahezu keinen Porenraum und erzeugen große Normalkräfte, aber kleine Schleiftemperaturen [*Warnecke*].

Gummi-Bindung aus vulkanisiertem Kautschuk ist elastisch und zäh. Sie gibt den Schleifscheiben große Festigkeit bei dichtem Gefüge. Derartige Schleifscheiben werden einerseits für die Bearbeitung besonders schmaler oder feingliedriger Profile, z. B. Gewinde, eingesetzt, andererseits an spitzenlosen Schleifmaschinen als Regelscheiben bevorzugt. Sie werden für Schnittgeschwindigkeiten bis 60 m/s zugelassen.

Schellack-Bindung ist ebenfalls sehr elastisch. Mit besonders feinem Korn ausgestattet ergibt sie Schleifscheiben, die für Polierzwecke geeignet sind. Ein besonderes Einsatzgebiet ist die Feinbearbeitung von Walzen für die Weißblech- und Kunststoff-Folienherstellung. Damit sind feinste Oberflächen mit Rautiefenwerten von $R_t = 0{,}2 – 0{,}3$ μm bei Schnittgeschwindigkeiten bis 60 m/s erreichbar.

Metallische Bindung, besonders Sinterbronze mit 60 – 80 % Kupferanteil wird bei Diamantwerkzeugen verwandt. Schleifsegmente werden aus einer Mischung von Diamantkörnung und Metallpulver gepresst, gesintert und anschließend auf den Trägerkörper aufgelötet. Einlagige Diamantschichten werden durch galvanisches Auftragen von Nickel, Titan oder Kobalt gebunden, wobei die Träger vorher verkupfert werden. Diese Werkzeuge lassen sich nur verwenden, bis die Kornschicht verbraucht ist.

4.1.1.6 Schleifscheibenaufspannung

Schleifscheiben besitzen mit ihren hohen Umfangsgeschwindigkeiten im Betrieb eine große kinetische Energie. Zusätzlich wirken innerhalb der Scheibe starke Fliehkräfte. Bei unsachgemäßer Behandlung kann eine Schleifscheibe unter dieser Belastung zerspringen und die Umgebung gefährden. Deshalb werden durch die *Unfallverhütungsvorschriften* VBG 7n6 [*Hoppe*] enge Richtlinien für die Behandlung der Schleifkörper gegeben, von denen nur mit Genehmigung des Deutschen Schleifscheibenausschusses abgewichen werden darf. Danach gelten für das Aufspannen (§7) u. a. folgende Regeln:

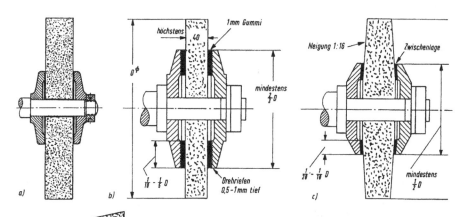

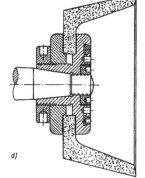

Bild 4.1–7 Aufspannungen von Schleifscheiben
a) Spannflansch für gerade Schleifscheiben, die mit Schutzhauben verwendet werden
b) und c) Spannflansche für konische und gerade Schleifscheiben mit Sicherheitszwischenlagen
d) Spannflansch für Topfscheiben

- Schleifkörper sind mit *Spannflanschen* aus Gusseisen, Stahl oder dgl. zu befestigen, wenn nicht die Art der Arbeit oder des Schleifkörpers eine andere Befestigungsart verlangt.
- Der Spannflächen*mindestdurchmesser* muss betragen:
  - 1/3 des Schleifkörperdurchmessers bei Verwendung von Schutzhauben (**Bild 4.1–7a**)
  - 2/3 des Scheibendurchmessers bei geraden Schleifscheiben, die anstelle von Schutzhauben mit Sicherheits-Zwischenlagen betrieben werden (**Bild 4.1–7b**)
  - 1/2 des Scheibendurchmessers bei konischen Scheiben (**Bild 4.1–7c**).
- Die Spannflansche sind so auszusparen, dass eine *ringförmige Fläche* mit einer Breite von etwa 1/6 des Spannflanschdurchmessers anliegt. Es dürfen nur gleichgeformte Spannflansche verwendet werden.
- Zwischen Schleifkörper und Spannflansch sind *Zwischenlagen* aus elastischem Stoff (Gummi, weiche Pappe, Filz, Leder oder dgl.) zu legen.

4.1.1.7 Auswuchten von Schleifscheiben

Unwucht

Ungleichmäßige Dichte bei der Herstellung, kleine Fehler der geometrischen Form und nicht ganz zentrische Aufspannung sind die Ursachen der Unwucht bei Schleifscheiben. Mit der Abnutzung ändert sich die Lage und Größe der Unwucht nicht vorhersehbar. Folgen der Unwucht sind Schwingungen, Rattermarken am Werkstück, Welligkeit und größere Rauheit der Oberfläche.

Als Unwucht U ist ein punktförmig gedachtes Übergewicht der Masse *m* im Abstand *r* von der Drehachse der Schleifscheibe zu verstehen (**Bild 4.1–8**)

$$\boxed{U = m \cdot r}$$

Infolge dieser Unwucht liegt die Hauptträgheitsachse der Schleifscheibe außerhalb der Drehachse. Die sehr kleine Exzentrizität ist nach Alt

$$\boxed{e = \frac{U}{M} = \frac{m \cdot r}{M}}$$

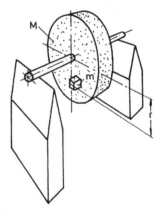

mit *M* der ganzen Schleifscheibenmasse.

Die von der Unwucht erzeugte Fliehkraft ist

$$\boxed{F = m \cdot r \cdot \omega^2}$$

mit der Winkelgeschwindigkeit $\omega = 2 \cdot \pi \cdot n$.

Bild 4.1–8
Statische Unwuchtermittlung auf einem Abrollbock *M* Gesamtmasse der Schleifscheibe $U = m \cdot r$ Unwucht

Die Drehzahl *n* und damit die Schleifgeschwindigkeit v_c wirkt sich bei einer vorhandenen Unwucht also quadratisch auf die umlaufende schwingungserzeugende Kraft *F* aus.

Unwucht messen

Die Unwucht kann als Vektor aufgefasst werden. Zu ihrer Kennzeichnung gehört die Angabe der Lage und der Größe.

Ein einfaches statisches *Messverfahren*, das Abrollen auf einem Abrollbock oder auf zwei Schneiden (Bild 4.1–8), eignet sich nur zum Feststellen der Lage einer Unwucht.

Dynamische Messverfahren nutzen die bei schnellerer Drehung durch den umlaufenden Fliehkraftvektor entstehenden Schwingungen zur Bestimmung der Lage und der Größe einer Unwucht. Schmale Schleifscheiben, deren Breite kleiner ist als ein Drittel des Durchmessers, brauchen nur in einer Ebene ausgewuchtet zu werden. Breitere Schleifscheiben, die beim Formschleifen oder Spitzenlosschleifen verwendet werden, müssen in zwei Ebenen ausgewuchtet werden. Das bedeutet, dass auch die axiale Lage einer Unwucht festzustellen ist (**Bild 4.1–9**).

Unwucht ausgleichen

Die gemessene Unwucht muss ausgeglichen werden. Das kann durch einseitiges Wegnehmen von Schleifscheibenmasse, durch Hinzufügen von Masse auf welcher der Unwucht gegenüberliegenden Seite oder durch Verlagern von vorhandenen Auswuchtmassen geschehen.

Das *Wegnehmen* von Schleifscheibenmasse durch Kratzen oder Aushöhlen ist einfach, führt aber immer zu einer Schwächung der Scheibenfestigkeit. Es sollte davon abgeraten werden. Das *Hinzufügen* von Masse kann auf verschiedene Arten durchgeführt werden. Die Schleifscheibe selbst kann Ausgleichsmasse aufnehmen. Feinkorn oder ein sich verfestigendes Imprägniermittel kann in die Poren des Gefüges eingestrahlt werden.

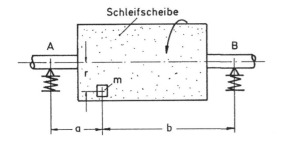

Bild 4.1–9
Dynamisches Messen der Unwucht an breiten Schleifscheiben in zwei Ebenen
A, B   Messebenen
$m \cdot r$ Unwucht
a, b Abstand von den Messebenen

Im Befestigungsflansch können Kammern vorgesehen sein für Auswuchtmassen oder für das Einspritzen von Flüssigkeit während des Betriebs.

Oft sind Ausgleichsmassen im Flansch oder in der Spindel oder im Spindelkopf vorbereitet, die durch *Verlagerung* eine Unwucht ausgleichen können. Bei einigen Auswuchtverfahren wird nach dem Messen der Unwucht die Schleifspindel angehalten und die Unwucht durch Verschieben der Ausgleichsmassen korrigiert. Meistens sind mehrere abgestufte Auswuchtgänge erforderlich. Bei anderen Verfahren können die Ausgleichsmassen während des Betriebs verlagert werden. Dazu braucht die Schleifspindel nicht angehalten zu werden.

Zum Unwuchtmessen in zwei Ebenen gehört auch das *Ausgleichen* der Unwucht *in zwei Ebenen*. Dadurch wird ein Taumelschlag beseitigt, der bei breiten Schleifscheiben auftreten kann. Meistens werden die beiden Flanschseiten für den Unwuchtausgleich benutzt. Mess- und Ausgleichsebenen müssen nicht zusammenfallen.

4.1.2 Kinematik

4.1.2.1 Einteilung der Schleifverfahren in der Norm

Die in der Praxis gebräuchlichen Schleifverfahren werden durch die Stellung von Schleifscheibe und Werkstück zueinander und durch die aufeinander abgestimmten Bewegungen, aus denen die Werkstückform entsteht, bestimmt. Als *Hauptbewegungen* werden die Schnittbewegung der Schleifscheibe, die Werkstückrotation und weitere Vorschubbewegungen unterschieden. *Nebenbewegungen* sind Anstellen, Zustellen und Nachstellen wie bei den Zerspanverfahren mit geometrisch bestimmten Schneiden.

Die Einteilung der Schleifverfahren nach DIN 8589 (**Bild 4.1–10**) nimmt auf die *Werkstückform* in der 4. Stelle der Ordnungsnummer, auf die *Stellung der Schleifscheibe zum Werkstück* in der 5. und 6. Stelle und auf die *Vorschubbewegung* besonders in der 7. Stelle der Ordnungsnummer Rücksicht.

3.3.1

Schleifen mit rotierendem Werkzeug

4. Stelle der Ordnungsnummer

| 3.3.1.1 Planschleifen | 3.3.1.2 Rundschleifen | 3.3.1.3 Schraubschleifen |

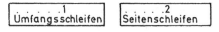

| 3.3.1.4 Wälzschleifen | 3.3.1.5 Profilschleifen | 3.3.1.6 Formschleifen |

5. Stelle der Ordnungsnummer

| . . . .1 Außenschleifen | . . . .2 Innenschleifen |

6. Stelle der Ordnungsnummer

| . . . . . .1 Umfangsschleifen | . . . . . .2 Seitenschleifen |

7. Stelle der Ordnungsnummer

. . . . . .1 Längsschleifen	. . . . . .2 Querschleifen (Einstechschleifen)	. . . . . .3 Schrägschleifen
. . . . . .4 Freiformschleifen	. . . . . .5 Nachformschleifen	. . . . . .6 kinematisch Formschleifen
. . . . . .7 NC-Formschleifen	. . . . . .8 kontinuierliches Wälzschleifen	. . . . . .9 diskontinuierliches Wälzschleifen

Bild 4.1–10
Ordnungsschema der Schleifverfahren mit rotierendem Werkzeug nach DIN 8589 Teil 11

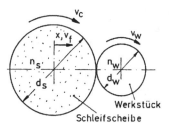

Werkstück
Schleifscheibe

Bild 4.1–11
Bewegungen von Schleifscheibe und Werkstück beim Außenrund-Querschleifen

4.1.2.2 Schnittgeschwindigkeit

Die Schnittgeschwindigkeit v_c beim Schleifen ist die Umlaufgeschwindigkeit der Schleifscheibe mit der Drehzahl n_s (**Bild 4.1–11**):

$$v_c = \pi \cdot d_s \cdot n_s \qquad\qquad (4.1\text{–}1)$$

Sie ändert sich mit dem Durchmesser d_s der Schleifscheibe. Bei Verschleiß muss also mit einer Abnahme der Schnittgeschwindigkeit gerechnet werden oder die Drehzahl n_s muss nachgestellt werden, wenn sie konstant gehalten werden soll.

Die üblichen Schnittgeschwindigkeiten richten sich nach den zulässigen *Höchstumfangsgeschwindigkeiten* der Unfallverhütungsvorschrift. Danach ist für eine gerade Schleifscheibe mit keramischer Bindung im Maschinenschliff $v_c = 35$ m/s möglich. Größere Schnittgeschwindig-keiten in der Stufung 45, 60, 80, 100, 125 m/s können vom Deutschen Schleifenscheibenaus-schuss zugelassen werden, wenn die Schleifscheiben dafür ihre größere Festigkeit in einer Typenprüfung nachgewiesen haben und wenn die Maschine dafür den höheren Sicherheitsvor-kehrungen der Berufsgenossenschaften entsprechen.

Die Vergrößerung der Schnittgeschwindigkeit (**Bild 4.1–12a**) bewirkt, dass die Schleifkörner häufiger eingreifen und dabei weniger Werkstoff jeweils abzutragen haben. Die Schleifkraft wird dadurch kleiner, und da sich die Belastung des einzelnen Schleifkorns verringert, ist auch der Verschleiß kleiner. Das Zeitspanungsvolumen ändert sich jedoch nicht. Der Leistungsbe-

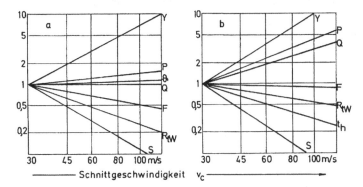

Bild 4.1–12 Einflusstendenz der Schnittgeschwindigkeit auf
die Schwingungsamplitude Y,   das Zeitspanungsvolumen Q,
die Leistungsaufnahme P,   die Schleifzeit t_h,
die Werkstücktemperatur ϑ,   die Schleifkräfte F,
den spezifischen Schleifscheibenverschleiß S
und die Werkstückrautiefe
a   bei sonst unveränderten Schleifbedingungen
b   bei entsprechend vergrößertem Vorschub und Werkstückgeschwindigkeit

darf und die am Werkstück entstehende Temperatur wird mit der Schnittgeschwindigkeit etwas größer, denn viele Schnitte mit kleinerer Spanungsdicke erfordern nach Kienzle und Victor mehr Energie als wenige grobe Schnitte.

Die Neigung zu Schwingungen nimmt mit der Drehzahl stark zu. Die Fliehkraft einer Unwucht $M \cdot e \cdot (2 \cdot \pi \cdot n_s)^2$ ist nämlich quadratisch mit ihr verknüpft. Andere Beschleunigungen auf-grund von geometrischen Fehlern der Maschinenelemente oder Elastizitätsschwankungen nehmen ebenfalls mit der Drehzahl zu.

Rautiefe und Formgenauigkeit der Werkstücke verbessern sich mit zunehmender Schnittge-schwindigkeit als Folge der kleineren Schleifkräfte, sofern sich die größere Schwingungsnei-gung nicht ungünstig auswirkt.

Besonders nützlich ist die *gleichzeitige Vergrößerung der Werkstückgeschwindigkeit und der Vorschubgeschwindigkeit.* Damit wird ein größeres Zeitspanungsvolumen bei entsprechend verkürzter Bearbeitungszeit erzielt, ohne dass die Werkstückqualität schlechter wird (s. Bild 4.1–12b). **Bild 4.1–13** zeigt an einer Messung, dass nach Vergrößerung der Schnittgeschwin-digkeit von 30 m/s auf 60 und 80 m/s eine Vergrößerung des bezogenen Zeitspanungsvolu-mens von weniger als 5 mm^3/ mm · s auf 20 und 28 mm^3/ mm · s möglich war, ohne dass dabei die Oberflächengüte des Werkstücks schlechter wurde [Th. Baur].

Bei der Suche nach Schleifscheibenkonstruktionen, die *extrem große Schnittgeschwindigkeiten* erlauben, fand man Kunstharzbindungen mit verstärkenden Einlagen und Metallkörper aus Stahl oder Aluminium, mit einem dünnen galvanisch gebundenen Schleifbelag besonders geeignet. Entscheidend für die Zulassung ist die Sprenggeschwindigkeit, die wesentlich über der anwendbaren Schnittgeschwindigkeit liegen muss. Diese konnte nach *Klocke* in einzelnen Fällen auf über 300 m/s gesteigert werden. Bei konsequenter Ausnutzung dieser Hochgeschwindigkeitstechnologie im Tiefschleifen oder Punktschleifen lässt sich eine sprunghafte Zunahme des bezogenen Zeitspanungsvolumens Q' auf 200 mm³ / mm · s und mehr erreichen.

Diesem wirtschaftlichen Gewinn in der Anwendung großer Schnittgeschwindigkeiten steht ein *größerer maschineller Aufwand* gegenüber für größere Antriebsmotoren, stabilere Maschinen, Sicherheitsabdeckungen, Vorsorge gegen Nebelbildung, teurere Schleifscheiben, automatische Steuerungen und größeren Kühlmittelbedarf (mindestens 5 *l*/min/kW) bei höherem Druck.

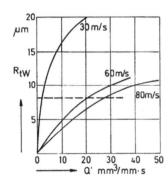

Bild 4.1–13
Einfluss des bezogenen Zeitspanungsvolumens Q' bei verschiedenen Schnittgeschwindigkeiten auf die Werkstückrautiefe R_{tw} nach Baur

4.1.2.3 Werkstückgeschwindigkeit beim Rundschleifen

Die Werkstückgeschwindigkeit v_w ist die Umlaufgeschwindigkeit des Werkstücks (Bild 4.1–11). Sie wird durch den Werkstückantrieb mit der Drehzahl n_w erzeugt.

$$\boxed{v_w = \pi \cdot d_w \cdot n_w}$$

(4.1–2)

Sie ist wesentlich kleiner als die Schnittgeschwindigkeit v_c.

Das Verhältnis der beiden Geschwindigkeiten

$$\boxed{q = v_c / v_w}$$

(4.1–3)

ist eine Kenngröße des Schleifvorgangs. Sie hat auf die entstehenden Kräfte und die erzielbare Oberflächengüte einen Einfluss. Sie wird in Abhängigkeit vom Werkstoff und der gewünschten Qualität festgelegt. Üblich sind Werte von $q = 60 – 100$ für die Bearbeitung von Stahl.

Beim groben Schleifen kann q kleiner, beim Feinschleifen größer gewählt werden. Für Bunt- und Leichtmetalle werden kleinere g-Werte genommen.

Eine *Vergrößerung der Werkstückgeschwindigkeit* v_w bei unveränderter Schnittgeschwindigkeit v_c bedeutet eine Verkleinerung von q und hat folgende Veränderungen im Schleifergebnis zur Folge (Bild 4.1–14):

- Die Schleifscheibe muss bei einer Umdrehung ein längeres Stück der Werkstückoberfläche l_K bearbeiten.
- Jedes Korn wird stärker belastet.
- Der spezifische Verschleiß S nimmt zu.
- Die Kräfte F_f und F_c werden größer.

- Formfehler und Rautiefe R_{tW} werden größer.
- Das Zeitspanungsvolumen Q wird größer.
- Die Werkstücktemperatur ϑ verringert sich etwas, da das Kühlmittel schneller an die erwärmte Stelle gelangt.
- Die spezifische Schnittkraft k_{c} wird kleiner.

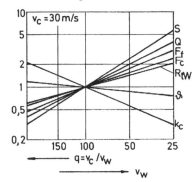

Bild 4.1–14
Einflusstendenz der Werkstückgeschwindigkeit auf den spezifischen Schleif Scheibenverschleiß S, das Zeitspanungsvolumen Q, die Schleifkräfte F_{c} und F_{f}, die Werkstückrautiefe R_{tW}, die Werkstücktemperatur ϑ, die spezifische Schnittkraft k_{c} beim Querschleifen mit gleicher Schnittgeschwindigkeit

4.1.2.4 Vorschub beim Querschleifen

Die *Vorschubgeschwindigkeit* v_{f} ist eine gleichmäßige, sehr langsame Bewegung der Schleifscheibe quer zum Werkstück (Bild 4.1–11). Dabei wird, auf das Werkstück bezogen, der Weg x in der Zeit t zurückgelegt.

$$v_{\mathrm{f}} = dx\,/\,dt = a_{\mathrm{e}} \cdot n_{\mathrm{w}} \qquad (4.1\text{–}4)$$

Mit der Werkstückdrehzahl n_{w} kann aus der Vorschubgeschwindigkeit der *Arbeitseingriff* a_{e} berechnet werden

$$a_{\mathrm{e}} = v_{\mathrm{f}}\,/\,n_{\mathrm{w}} \qquad (4.1\text{–}5)$$

Bildlich kann man sich a_{e} als den Weg x vorstellen, um den sich die Schleifscheibe bei einer Werkstückumdrehung weiter in das Werkstück hinein bewegt.

Üblich sind bei Stahl Werte von $a_{\mathrm{e}} < 0{,}05$ mm, beim Feinschleifen $a_{\mathrm{e}} < 0{,}01$ mm, bei Grauguss $a_{\mathrm{e}} < 0{,}1$ mm. Ein Sonderfall ist der Vorgang des Ausfunkens, bei dem die Zustellung 0 wird. Die größeren Arbeitseingriffe sind für grobes Schleifen mit großem Zeitspanungsvolumen kennzeichnend (**Bild 4.1–15**). Sie werden durch große Schleifkräfte F begrenzt, die Formfehler und größere Werkstückrauheit R_{tW} zur Folge haben. Beim Fein- bzw. Fertigschleifen wird der Arbeitseingriff soweit zurückgestellt, dass die gewünschte Werkstückqualität erreicht werden kann.

Bei der Bestimmung des Weges x, um den sich die Schleifscheibe dem Werkstück nähert, muss die *elastische Nachgiebigkeit* in den Maschinenteilen beachtet werden. Vorschubspindel, Lager, Einspannspitzen, Pinole, das Werkstück und die Schleifscheibe selbst geben unter der Vorschubkraft F_{f} elastisch nach (**Bild 4.1–16**). Die federnd zurückgelegten Wege sind zwar klein, sie summieren sich aber zu einem Gesamtweg, der die Größenordnung der Fertigungstoleranz hat und müssen daher beachtet werden.

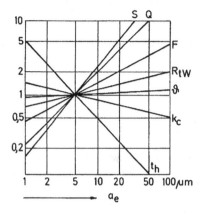

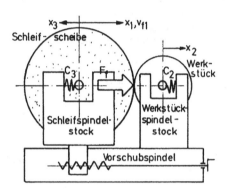

Bild 4.1–15
Einflusstendenz des Arbeitseingriffs auf den spezifischen Schleif Scheibenverschleiß S, das Zeitspanungsvolumen Q, die Schleifkräfte F, die Werkstückrautiefe R_{tW}, die Werkstücktemperatur υ, die spezifische Schnittkraft k_c und die Hauptschnittzeit t_h beim Querschleifen mit unveränderter Schnitt- und Werkstückgeschwindigkeit

Bild 4.1–16
Elastisches Nachgeben in den Schleifmaschinenbauteilen als Folge der Vorschubkraft F_f beim Querschleifen

Man kann die Nachgiebigkeiten in den Federzahlen c_2 im Werkstückspindelstock und c_3 im Schleifspindelstock zusammenfassen. Für sie gilt:

$$c_2 \cdot x_2 = F_f \text{ und} \tag{4.1–6}$$

$$c_3 \cdot x_3 = F_t \tag{4.1–7}$$

Daraus wird die gesamte *Rückfederung* berechnet

$$\boxed{x_2 + x_3 = \left(\frac{1}{c_2} + \frac{1}{c_3}\right) \cdot F_f = \frac{1}{c_g} \cdot F_f} \tag{4.1–8}$$

$\dfrac{1}{c_g} = \dfrac{1}{c_2} + \dfrac{1}{c_3}$ vereinigt die gesamte Nachgiebigkeit des Systems.

Wenn man die Rückfederung von dem an der Vorschubspindel eingestellten Vorschubweg x_1 abzieht, erhält man den *wahren zurückgelegten Vorschubweg* zwischen Schleifscheibe und Werkstück.

$$\boxed{x = x_1 - (x_2 + x_3)} \tag{4.1–9}$$

$$\boxed{x = x_1 - \frac{1}{c_g} \cdot F_f} \tag{4.1–10}$$

Bei konstanter Vorschubgeschwindigkeit $v_f = dx_1 / dt$ nimmt die Vorschubkraft F_f nach der ersten Berührung zwischen Schleifscheibe und Werkstück nur langsam zu (Bild 4.1–17a), da die Maschinenbauteile ja erst zurückweichen. Dadurch vergrößert sich x nicht gleichmäßig wie der theoretische Betrag x_1, sondern bleibt zurück (Bild 4.1–17b). Die Vorschubgeschwindigkeit $v_f = dx_1 / dt$ erreicht nur langsam ihren Sollwert v_{f1} (Bild 4.1–17c), und der Arbeitseingriff a_e beschreibt den in Bild 4.1–17d gezeichneten Verlauf.

Ein vereinfachter Ansatz für die Berechnung des in Bild 4.1–17 dargestellten zeitlichen Ablaufs wird mit der Annahme gewonnen, dass die *Vorschubkraft F_f proportional zum Arbeitseingriff* ist.

$$F_t = K \cdot a_p \cdot a_e \tag{4.1–11}$$

a_p ist darin die Schleifbreite und K eine als konstant angenommene Größe, die nicht von x oder t beeinflusst wird. Mit Gleichung (4.1–2), die erst nach einer ganzen Werkstückumdrehung von der ersten Berührung an gerechnet gültig wird, $a_e = (1 / n_w) \cdot dx / dt$ erhält man

$$F_f = \frac{K \cdot a_p}{n_w} \cdot \frac{dx}{dt}$$

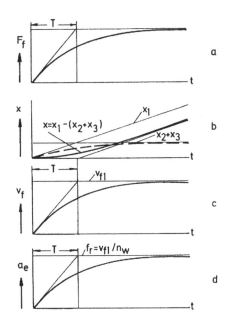

Bild 4.1–17
Auswirkung des elastischen Nachgebens der Maschinenbauteile auf den zeitlichen Verlauf der Vorschubkraft F_f, des Vorschubweges x, der Vorschubgeschwindigkeit v_f und des Arbeitseingriffs a_e

Eingesetzt in Gleichung (4.1–0.) entsteht die Differentialgleichung

$$\boxed{\frac{K \cdot a_p}{c_g n_w} \cdot \frac{dx(t)}{dt} + x(t) = x_1(t)}. \tag{4.1–12}$$

Nimmt man die eingestellte Vorschubgeschwindigkeit v_{f1} als festen Sollwert an, erhält man folgende Lösung:

$$x_1(t) = v_{f1} \cdot t \tag{4.1-13}$$

$$x(t) = x_1(t) - v_{f1} \cdot T(1 - e^{-t/T}) \tag{4.1-14}$$

$$v_f(t) = \frac{dx}{dt} = v_{f1}(1 - e^{-t/T}) \tag{4.1-15}$$

$$a_e(t) = \frac{v_{f1}}{n_w} \cdot (1 - e^{-t/T}) \tag{4.1-16}$$

Der zeitliche Verlauf der Vorschubgrößen ist in **Bild 4.1–17** dargestellt. Er weicht von den an der Maschine eingestellten Werten x_1 und v_{f1} mit einer e-Funktion ab, die durch die *Zeitkonstante T* charakterisiert wird.

$$T = \frac{K \cdot a_p}{c_g \cdot n_w} \tag{4.1-17}$$

Diese beschreibt die zeitliche Trägheit, mit der sich die wirksame Bewegung zwischen Schleifscheibe und Werkstück beim Querschleifen dem eingestellten Wert der Vorschubgeschwindigkeit angleicht (Bild 4.1–17c und d). Nach einer Zeit $t \approx 4 \cdot T$ kann der Angleichvorgang als abgeschlossen betrachtet werden. Dann ändern sich Kraft und Vorschubgeschwindigkeit nicht mehr. Aus Gl. (4–17) ist zu erkennen, dass die Angleichzeit mit der Konstanten K, der Schleifbreite a und der Nachgiebigkeit der Maschine $1 / c_g$ länger wird. Günstig ist eine kleine Zeitkonstante. Man erhält sie bei starrer Schleifmaschinenkonstruktion (c_g groß), kleiner Schleifbreite a_p, großer Werkstückdrehzahl n_w und kleinem K (das heißt großer Schleifgeschwindigkeit v_c, scharfem, gut schneidendem Korn und leicht schleifbarem Werkstoff). Der Arbeitseingriff a_e hat keinen erkennbaren Einfluss auf die Zeitkonstante T.

Bei genauerer Betrachtung muss am Anfang des Schleifvorgangs mit einer zusätzlichen Einlaufzeit für die erste Werkstückumdrehung gerechnet werden.

4.1.2.5 Vorschub beim Schrägschleifen

Beim Schrägschleifen steht die Achse der Schleifscheibe im Winkel α zur Werkstückachse (**Bild 4.1–18**). Das Vorschubelement df hat deshalb einen Bewegungsanteil in radialer Richtung

$$dx = df \cdot \cos \alpha \tag{4.1-18}$$

und einen Anteil in axialer Richtung

$$dz = df \cdot \sin \alpha. \tag{4.1-19}$$

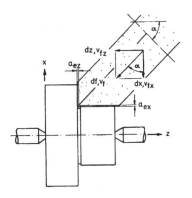

Bild 4.1–18
Vorschubbewegungen beim Schrägschleifen
dx Anteil des Vorschubelementes
df in x-Richtung,
dz in z-Richtung,
v_{fx} Vorschubgeschwindigkeitsanteil in x-Richtung,
v_{fz} in z-Richtung

Ebenso teilt sich die Vorschubgeschwindigkeit v_f in die Koordinatenanteile auf:

$$v_{fx} = v_f \cdot \cos \alpha \qquad (4.1\text{–}20)$$

$$v_{fz} = v_f \cdot \sin \alpha \qquad (4.1\text{–}21)$$

Das Gleiche gilt für den Arbeitseingriff a_e:

$$a_{ex} = a_e \cdot \cos \alpha \qquad (4.1\text{–}22)$$

$$a_{ez} = a_e \cdot \text{sm} \, \alpha \qquad (4.1\text{–}23)$$

Die Zusammenhänge können sinngemäß dem vorangegangenen Kapitel 4.1.2.4 Querschleifen entnommen werden unter getrennter Betrachtung der Bewegungsanteile in x- und z-Richtung. Mit der schrägen Anordnung des Einstechschlittens kann an Werkstücken Sitz- und Bundfläche gleichzeitig bearbeitet werden.

4.1.2.6 Vorschub und Zustellung beim Längsschleifen

Beim Längsschleifen ist die Vorschubbewegung parallel zur Werkstückoberfläche in z-Richtung (s. **Bild 4.1–19**) mit der Vorschubgeschwindigkeit v_f gerichtet. Bei jeder Werkstückumdrehung wird der *Vorschubweg*

$$\boxed{f = \frac{v_f}{n_w}} \qquad (4.1\text{–}24)$$

zurückgelegt.

Bild 4.1–19
Außen-Längsrundschleifen
v_c Schnittgeschwindigkeit
v_w Werkstückgeschwindigkeit
v_f Vorschubgeschwindigkeit
f Vorschub pro Werkstückumdrehung
a_e Zustellung (Arbeitseingriff)
b Schleifscheibenbreite

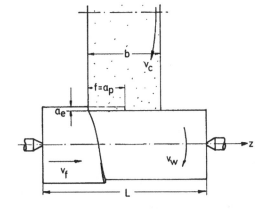

Der Vorschub f muss kleiner sein als die Breite der Schleifscheibe b, damit das Werkstück bei jedem Längslauf vollständig bearbeitet wird. Das Verhältnis von Schleifscheibenbreite und Vorschub wird *Überschliffzahl Ü* genannt.

$$\boxed{\ddot{U} = b \, / \, f} \qquad (4.1\text{–}25)$$

Die Überschliffzahl muss immer größer als 1 sein. Sie sagt aus, wie oft eine Stelle des Werkstücks bei einem Längshub in den Bereich der Schleifscheibe kommt. Sie wird beim Vorschleifen zwischen 1,3 und 1,5, beim Fertigschliff zwischen 4 und 8 gewählt. Am Beginn und Ende des Werkstücks soll die Schleifscheibe um etwa 1 / 3 ihrer Breite b überlaufen werden. Daraus errechnet sich die Länge eines *Schlittenhubes* zu

$$s \approx L + \frac{2}{3}b - b = L - b/3 \qquad (4.1\text{--}26)$$

Die *Zustellung* der Schleifscheibe kann diskontinuierlich am Anfang und/oder am Ende des Werkstücks durchgeführt werden oder gleichmäßig während der Längsbewegung. Beim Werkstoff Stahl sind $0{,}02 - 0{,}05$ mm pro Doppelhub beim Vorschleifen und $0{,}005 - 0{,}01$ mm pro Doppelhub beim Fertigschleifen üblich. Aus der Zustellung entsteht der *Arbeitseingriff* der Schleifscheibe a_e. Er unterscheidet sich von der Zustellung durch die elastische Rückfederung des Werkstücks und der Maschinenbauteile.

4.1.2.7 Bewegungen beim Spitzenlosschleifen

Das Spitzenlosschleifen wird für Werkstückdurchmesser von $0{,}1 - 400$ mm angewandt. Die Werkstücke liegen auf einer Auflage zwischen Schleifscheibe und Regelscheibe (**Bild 4.1–20**), wobei die *Höhenlage c* (die Werkstückmitte soll gegenüber den Mitten von Schleif- und Vorschubscheibe etwas überhöht liegen) Einfluss auf Genauigkeit und Rundheit der geschliffenen Fläche hat.

Die richtige Höhenlage ist aus Diagrammen zu entnehmen, welche die Maschinenhersteller mitliefern. Sie hängt ab von Schleifscheiben-, Regelscheiben- und Werkstückdurchmesser. Auch die Geometrie der Werkstückauflage, die häufig eine Schräge mit dem Auflagewinkel β hat, spielt eine Rolle. Die Werkstückgeschwindigkeit v_w wird von der Regelscheibe durch Reibung auf das Werkstück übertragen. Sie entspricht der Umfangsgeschwindigkeit der Regelscheibe. Für das *Geschwindigkeitsverhältnis q* $= v_c / v_w$ haben sich folgende Werte als günstig erwiesen: für Stahl $q = 125$, für Grauguss 80, für Buntmetalle 50. Die Regelscheibendrehzahl kann mit folgender Formel errechnet werden:

$$n_R = \frac{v_c}{q \cdot \pi \cdot d_R} \qquad (4.1\text{--}27)$$

mit d_R, dem Durchmesser der Regelscheibe.

Die *Schleifgeschwindigkeit* beim Spitzenlosschleifen liegt wie beim Schleifen mit Spitzen zwischen 30 und 60 m/s. Erhöhte Schnittgeschwindigkeiten (über 35 m/s) erfordern hier ebenso stabil gebaute Maschinen und Schleifscheiben, die besonderen Sicherheitsanforderungen des DSA genügen müssen.

Beim Spitzenlosschleifen ist das *Durchlaufschleifen* mit Längsvorschubbewegung und das *Querschleifen* anwendbar. Beim Querschleifen sind die Achsen von Schleifscheibe, Werkstück und Regelscheibe parallel. Die Regelscheibe führt die Vorschubbewegung aus, die meistens durch einen Anschlag begrenzt wird. Beim Erreichen des Anschlags hat das Werkstück sein Fertigmaß, das im zulässigen Toleranzbereich liegen muss. Sollen mit dem Spitzenlosschleifen profilierte Werkstücke hergestellt werden, dann müssen Schleifscheibe und Regelscheibe mit dem Gegenprofil versehen sein. Hier kommen Schleifscheiben mit besonders feiner Körnung zum Einsatz. Geschliffen wird mit reichlicher Kühlmittelzufuhr.

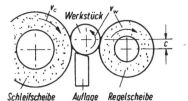

Bild 4.1–20
Werkstücklage beim Spitzenlosschleifen

Schleifscheibe   Auflage   Regelscheibe

Beim *Spitzenlos-Durchlaufschleifen* wird die Regelscheibe um einen Winkel von $2° - 4°$ schräggestellt. Dadurch erhält das Werkstück zusätzlich eine Längsvorschubbewegung v_a, die zwischen $0,5 - 3,0$ m/min liegen kann.

Das Spitzenlosschleifen eignet sich hervorragend zur Automatisierung und wird deshalb vielfach in der Massenfertigung eingesetzt.

Als *Regelscheiben* werden im Allgemeinen feinkörnige gummigebundene Scheiben genommen. Ihre Körnungen betragen etwa $100 - 120$. Die Drehzahlen liegen zwischen $10 - 500$ U/min. Der Antrieb muss stufenlos verstellbar sein und bremsenden sowie antreibenden Betrieb erlauben. Es eignen sich besonders Gleichstrommotoren mit kleinen Leistungen dafür. Mit besonders breiten Schleifscheiben (bis 600 mm) kann eine große Längsvorschubgeschwindigkeit v_a gewählt und damit das Zeitspanungsvolumen und der Werkstückausstoß der Maschine gesteigert werden.

4.1.2.8 Bewegungen beim Umfangs-Planschleifen

Beim Umfangs-Planschleifen ist das Werkstück flach auf dem Maschinentisch aufgespannt. Die Schleifscheibenachse liegt parallel zur Werkstückoberfläche (**Bild 4.1–21**). Die Vorschubbewegung mit der Vorschubgeschwindigkeit v_f ist die Relativbewegung der Schleifscheibe zum Werkstück. Sie wechselt ständig ihre Richtung und wird von der Pendelbewegung des Werkstücktisches erzeugt.

Übliche Vorschubgeschwindigkeiten sind

bei ungehärtetem Stahl	$12 - 25$ m/min,
bei gehärtetem Stahl	$10 - 20$ m/min,
bei Grauguss	$8 - 20$ m/min,
bei Hartmetall	$3 - 5$ m/min.

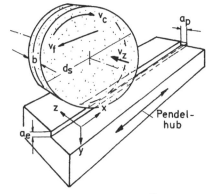

Bild 4.1–21
Bewegungen beim Umfangs-Planschleifen
v_c Schnittgeschwindigkeit
v_f Vorschubgeschwindigkeit
v_z axiale Zustellgeschwindigkeit
a_e Arbeitseingriff
a_p Schnittbreite

Die *Hublänge s* ist gleich der Werkstücklänge L, vermehrt um einen angemessenen Überlauf $l_{ü}$ an beiden Seiten des Werkstücks.

$$s = L + 2l_{ü}$$ (4.1–28)

Damit lässt sich die für einen Doppelhub benötigte Zeit bestimmen:

$$t_{DH} = \frac{2(L + 2l_{ü})}{v_f} + 2t_u,$$ (4.1–29)

wobei mit t_u ein kleiner Zuschlag für das Umsteuern des Maschinentisches eingesetzt wird.
Die *axiale Zustellung* a_p ist nötig, um die ganze Werkstückbreite zu überstreichen, die normalerweise größer als die Breite b der Schleifscheibe ist. Je nach Maschinenkonstruktion wird sie

vom Schleifspindelschlitten oder vom Werkstücktisch ausgeführt. Sie ist meistens diskontinuierlich. Nach jedem Tischhub rückt die Schleifscheibe oder das Werkstück um den Betrag a_p seitlich weiter. Die Zustellung a muss kleiner als b sein. Ähnlich wie die Überschliffzahl $\ddot{U}$ beim Längsschleifen wird für das Vorschleifen $b\,/\,a_p = 1{,}2 - 1{,}5$ und für das Fertigschleifen $b\,/\,a_p = 4 - 8$ gewählt.

Mit der *Tiefenzustellung* in y-Richtung wird der Arbeitseingriff a_e eingestellt. Üblich ist $a_e = 0{,}02 - 0{,}1$ mm beim Vorschleifen und $a_e = 0{,}002 - 0{,}01$ mm beim Fertigschleifen.

4.1.2.9 Seitenschleifen

Das *Seitenschleifen* ist dadurch gekennzeichnet, dass überwiegend die Seitenfläche der Schleifscheibe mit dem Werkstück in Kontakt kommt (**Bild 4.1–22**). Man kann sich vorstellen, dass es aus dem Umfangsschleifen dadurch hervorgeht, dass der Arbeitseingriff a_e vergrößert wird und die Schleifbreite a_p verkleinert wird (**Bild 4.1–23**).

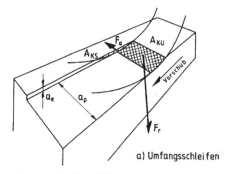

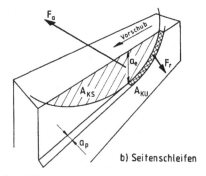

Bild 4.1–22 Längs-Seitenplanschleifen
a)   mit gerader Vorschubbewegung
b)   mit kreisförmiger Vorschubbewegung

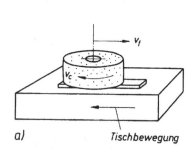

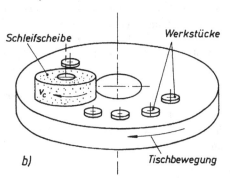

a) Umfangsschleifen

b) Seitenschleifen

Bild 4.1–23 Eingriffsverhältnisse beim Umfangs- und außermittigen Seitenschleifen

AKS	seitliche Kontaktfläche	F_r	Radialkraft
AKU	Umfangskontaktfläche	a_e	Arbeitseingriff
F_a	Axialkraft	a_p	Schleifbreite

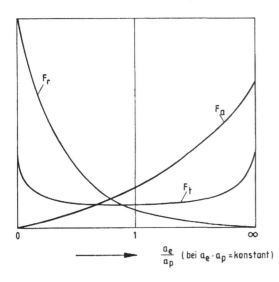

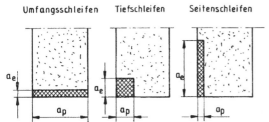

Bild 4.1–24
Änderung der Kräfte, der Form des Spanungsquerschnitts und des Eingriffsverhältnisses beim Übergang vom Umfangsschleifen zum Seitenschleifen nach Fischer
F_r Radialkraft
F_a Axialkraft
F_t Tangentialkraft (Schnittkraft)
a_e Arbeitseingriff
a Schleifbreite

Sowohl die Seiten- als auch die Umfangsfläche der Schleifscheibe ist abtragswirksam. Die Arbeitsfläche und die Zahl der schleifenden Körner nimmt bedeutend zu. Die Wirksamkeit des einzelnen Kornes an der Seitenfläche ist kleiner als am Umfang, da der Abtrag auf mehr Körner aufgeteilt wird, so ist der einzelne Korneingriff geringer.

Die *Kontaktflächen* lassen sich im dargestellten Fall folgendermaßen berechnen:

$$A_{KS} = \frac{d^2}{8}\left(\frac{\pi \cdot \varphi^{\circ}}{180^{\circ}} - \sin\varphi\right)$$

mit dem Schleif Scheibendurchmesser d und dem Eingriffswinkel $\varphi = 2 \arccos(1 - 2\,a_e / d)$ wird

$$A_{KU} = \frac{1}{360^{\circ}} \cdot \pi \cdot d \cdot a_p \cdot \Delta\varphi^{\circ}$$

mit $\Delta\varphi^{\circ} = \dfrac{\varphi^{\circ}}{2}$.

Durch die besonderen Eingriffsverhältnisse sind die *Schleifkraftkomponenten* auch anders verteilt. Die Radialkraft F_r ist sehr klein. Dafür ist die Axialkraft F_a besonders groß (**Bild 4.1–24**). Die tangential gerichtete Schnittkraft F_t ist bei vergleichbaren Bedingungen nicht anders als beim Umfangsschleifen.

Die verwendeten Schleifkörper sind große Schleifringe, breitflächige Scheiben, in Stahlträgerkörpern eingesetzte Schleifsegmente (**Bild 4.1–25**) oder Topfschleifscheiben. Ihr Durchmesser ist im Allgemeinen größer als die Breite der Werkstücke. Dadurch fällt eine zweite Vorschubrichtung weg. Die ganze Werkstückbreite kann in einem Durchgang bearbeitet werden. Je nach Aufgabe ist der Innendurchmesser des Schleifkörpers unterschiedlich groß. Wenn die Schleifscheibe auch die Führung der Werkstücke im Schleifbereich übernehmen muss (z. B. beim Planparallelschleifen mit zwei Schleifscheiben), kommen kleinere Bohrungen (ca. 30 – 50 mm) zur Anwendung.

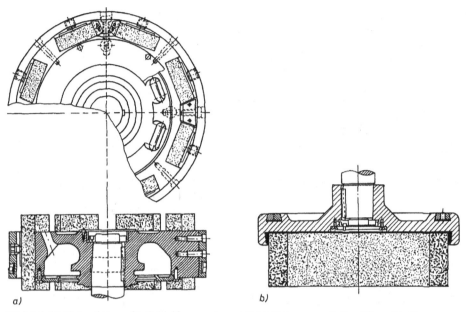

a)   b)

Bild 4.1–25 Trägerkörper für Schleifsegmente und Schleifringe zum Seiten-Planschleifen

Die *Seitenflächen* sind bei kleinen Werkstücken meistens *glatt*. Sie können nach Brüssow aber auch *Schlitze* oder andere Unterbrechungen haben. Diese dienen dazu, zusätzliche Kanten zu schaffen, die Späneabfuhr und die Kühlmittelzufuhr zu verbessern sowie den Schleifdruck zu reduzieren.

Neben keramisch gebundenen *Korund*- und *Siliziumkarbid*-Schleifscheiben werden auch *Diamant*- und *CBN-Scheiben* eingesetzt. Bei ihnen ist der Schleifmittelbelag meistens nicht über die ganze Seitenfläche verteilt, sondern auf konzentrische Ringe beschränkt. Diese Scheiben eignen sich für die Bearbeitung von Hartmetall, Keramik und anderen schwer zu bearbeitenden Werkstoffen.

In Abhängigkeit von der Schleifspindelanordnung und der Werkstückbewegung unterscheidet man:

Planschleifen	– Formschleifen
senkrechtes Schleifen	– waagerechtes Schleifen
einseitiges Schleifen	– zweiseitiges Schleifen
geradlinigen Vorschub	– Kreisbahnvorschub (Rundtisch)
Längsschleifen	– Querschleifen

und einige Sonderausführungen.

Quer-Seitenplanschleifen

Beim *Quer-Seitenplanschleifen* ist die einzige Vorschubbewegung *senkrecht* zur Werkstückoberfläche. Der Arbeitsraum wird stück- oder losweise beladen, bearbeitet und entladen. Die

Arbeitszeit hängt vom Werkstoff, dem Aufmaß, der zu bearbeitenden Fläche und den Schleif-
parametern ab. Hierbei kann ein größeres Aufmaß abgetragen werden als beim Längsschleifen.
Die Taktzeit wird zusätzlich von der Art der Beschickung beeinflusst. Bei Verwendung von
Rundtakttischen (**Bild 4.1–26**) kann das Be- und Entladen während der Arbeitsphase durchgeführt werden.

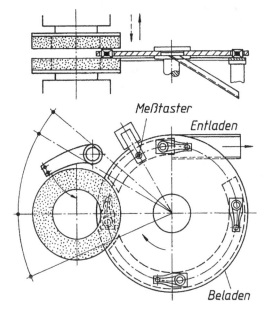

Bild 4.1–26
Quer-Seitenplanschleifen im Durchlaufverfahren

Längs-Seitenplanschleifen

Das *Längs-Seitenplanschleifen* ist eher ein kontinuierliches Verfahren, bei dem die Werkstücke
im *Durchlauf* den Arbeitsraum passieren (Bild 4.1–22). Die Schleifscheibe behält ihre Stellung
bei. Lediglich zum Abrichten und Nachstellen wird sie abgehoben, an- und nachgestellt. Die
hierbei erzielten sehr kurzen Taktzeiten machen das Längs-Seitenplanschleifen zu einem günstigen Massenproduktionsverfahren mit großen Stückzahlen.

Durch einen geringen *Sturz* der Schleifspindelachse zur Werkstückoberfläche (**Bild 4.1–27**) kann
erreicht werden, dass mehr die Umfangsschneiden der Schleifscheibe oder mehr die Seitenschneiden den Werkstoffabtrag erzeugen. Bei negativem Sturz und ohne Sturz wird sich an der
Schleifscheibenkante durch Abnutzung eine Übergangszone ausbilden, in der Umfangs- und
Seitenschneiden den Werkstoffabtrag erzeugen. Dieser Vorgang ist erwünscht und wird mitunter

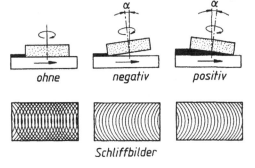

Bild 4.1–27
Spindelsturz beim Längs-Seitenplanschleifen und
die dabei entstehenden Schliffbilder

auch künstlich durch eine besondere Formgebung beim Abrichten erzeugt. Dabei gelingt es auch, den Schleifvorgang in eine Einlaufphase mit großem Spanungsvolumen und eine Fertig- oder Nachschleifphase für die feine Oberfläche zu unterteilen.

Zweischeiben-Feinschleifen

Eine besondere Form des Längs-Seitenplanschleifens ist das *Zweischeiben-Feinschleifen*. Zwischen die Seitenflächen von zwei parallelen Schleifscheiben werden wie beim Planparallelläppen Werkstücke in Käfigen angeordnet, die mit besonders großer Genauigkeit und Oberflächengüte planparallel zu bearbeiten sind.

Unter einer vorgegebenen Anpressung wird die obere Scheibe aufgesetzt und angetrieben. Die Käfige erhalten eine Eigenrotation, sodass sich die Werkstücke auf Zykloidenbahnen radial bis über die Innen- und Außenkanten der Schleifscheiben hinweg bewegen. Zusätzlich sollen sie sich möglichst auch noch um sich selbst drehen.

Die Einstellgrößen *Schnittgeschwindigkeit* (1 – 5 m/s), *Anpressung* (5 – 50 N/cm^2) und die *Schleifscheibenspezifikation* (SiC oder Korund, Körnung 120 – 1200, keramische Bindung) bewirken, dass nur eine feine Bearbeitung durchgeführt wird. Als *Kühlschmierstoff* wird vorzugsweise Öl durch die obere Scheibe hindurch zugeführt. Die Schleifspuren auf der Oberfläche kreuzen sich in wechselnden Richtungen.

Bei diesem Schleifverfahren wird das Schleifgut losweise verarbeitet. Es sind Dichtungen, Steuerelemente, Zahnräder, Zahnradpumpen, Kolbenringe, Pumpenläufer, Pleuel, Wälzlagerringe, Ventilplatten, Datenträger, Messgeräte, Werkzeuge und andere planparallele Teile.

Längs-Seitenschleifen mit Werkstückrotation

Aus dem Kurzhubhonen von Planflächen wurde ein Seitenschleifverfahren für die Feinbearbeitung von Planflächen, Kugeln und Kugelpfannen entwickelt. Bei diesem Verfahren, das auch unter Rotationshonen oder Superfinish: Planbearbeitung eingeordnet wird, ist der schwingende Honstein durch eine *Topfschleifscheibe* ersetzt, die mit ihrer ebenen oder kugelförmigen Seitenfläche am sich drehenden Werkstück anliegt (**Bild 4.1–28**).

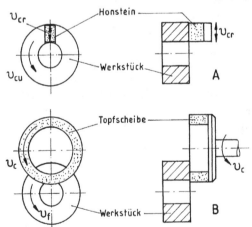

Bild 4.1–28
Die Entwicklung vom Plankurzhubhonen (A) zum Längs-Seitenplanschleifen (B) an der Stirnseite von rotierenden Werkstücken

Nach DIN 8589 T. 11 wird dieses Verfahren als *Längs-Seitenplanschleifen* und *Längs-Seitenformschleifen* mit *kreisförmiger* Vorschubbewegung bezeichnet.

Dieses Verfahren besitzt noch *wesentliche Merkmale des Honens*:

- Auf dem Werkstück entstehen sich unter einem definierten Winkel *kreuzende Arbeitsspuren*.
- Die Berührung zwischen Werkstück und Werkzeug ist *flächenhaft*.
- Das Werkzeug ist porös und *selbst aufschärfend* wie ein Honstein.
- Topfscheibe und Werkstück passen sich *gegenseitig* durch Abtrag und Verschleiß in ihrer *Form* an.
- Bei *kleiner Anpressung* und *kleiner Schnittgeschwindigkeit* bleibt die Arbeitstemperatur niedrig. Es entstehen keine Funken.
- Die Bearbeitung ist eine *Endbearbeitung* mit *großer Formgenauigkeit* und *Oberflächengüte*.

Aber auch die wichtigsten Merkmale des Schleifens sind zu finden wie

- rotierendes Werkzeug,
- unterbrochener Schnitt und
- die Schnittgeschwindigkeit v_c ist größer als die Werkstückgeschwindigkeit v_f.

Dieses Seitenschleifen wird im Bereich kleiner Werkstücke mit ebenen und kugelförmigen Flächen, die sehr glatt und formgenau sein müssen, angewendet. **Bild 4.1–29** zeigt eine Auswahl davon: ebene Axiallager, flach gewölbte Ventilteller, Einspritzpumpenteile und Ersatzteile der medizinischen Technik. Die Werkstoffe sind Grauguss, Spezialguss, weicher und gehärteter Stahl, Buntmetalle, Sinterstoffe und Keramik.

Die *Hauptbewegung* setzt sich aus der *Werkzeug-* und der *Werkstückbewegung* zusammen. Beide überlagern sich. Die Schnittgeschwindigkeit ist nicht sehr groß, $v_c = 1 - 10 \, \text{m/s}$. Sie hinterlässt kreisförmige Arbeitsspuren auf dem Werkstück. Die Überlagerung der Werkstückbewegung mit $v_f = 0{,}2 - 5 \, \text{m/s}$ verzerrt die Kreisspuren zu Zykloiden, die sich selbst vielfach schneiden. Die Schnittwinkel können zwischen 0° und 180° liegen, wobei der mittlere Bereich bevorzugt wird. Sie lassen sich für ein ebenes Werkstück annähernd berechnen mit der Gleichung

$$\cos\frac{\alpha}{2} = \frac{1}{2 \cdot d \cdot d_s}(d^2 + d_s^2 - 4a^2) \qquad (4.1\text{–}30)$$

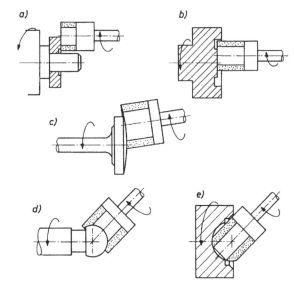

Bild 4.1–29
Werkstückformen, die durch Längs-
Seitenplan- und Formschleifen bearbeitet
werden können.
a) Stirnflächenbund eines Axiallagers
b) im Werkstück versenkter Stirnflächenbund
c) gewölbte Stirnfläche eines Ventils
d) Gleitstein eines Kugelgelenks
e) Kugelpfanne

mit d_s = mittlerer Topfscheibendurchmesser, a = Mittenabstand von Werkstück und Werkzeug und d = veränderlicher Werkstückdurchmesser. Bei breiten Topfscheiben und an Kugelflächen wird das Schliffbild unregelmäßiger.

Bei gegenläufigem Drehsinn können sich beide Geschwindigkeitskomponenten in den Außenbereichen des Werkstücks summieren zu

$$v_{emax} = v_c + v_f \qquad\qquad\qquad (4.1\text{--}31)$$

Zur Werkstückmitte hin wird $v_f = 0$. Dort ist dann

$$v_e = v_c.$$

Seiten-Formschleifen

Längs-Seitenkinematischformschleifen ist die offizielle Bezeichnung nach DIN 8589 T. 11 für die Bearbeitung von Kugelflächen, wie sie in Abschnitt 2.9.4 beschrieben wurde. **Bild 4.1–30** zeigt die Arbeitsweise am Beispiel des Schleifens einer *Glaslinse*. Schleifscheiben- und Werkstückachse stehen unter dem Einstellwinkel α. Der Schnittpunkt beider Achsen wird zum Mittelpunkt der Werkstückkrümmung. Die Werkstückgeschwindigkeit v_w ist radiusabhängig in der Mitte gleich 0, zum Rand hin erreicht sie ihr Maximum. Die Schnittgeschwindigkeit v_c ist die Umfangsgeschwindigkeit der Topf schleif Scheibe.

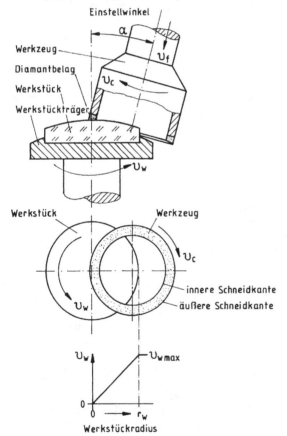

Bild 4.1–30
Längs-Seiten-Kinematisch-Formschleifen
am Beispiel des Schleifens von Glaslinsen
mit Diamant-Topfscheiben

Die *ungleichmäßige Werkstückgeschwindigkeit* kennzeichnet das Bearbeitungsverfahren. In der Werkstückmitte sind die Kühlbedingungen am ungünstigsten. Thermische Schädigungen des Werkstücks begrenzen hier die zulässige Schnittgeschwindigkeit der Schleifscheibe. Im Außenbereich des Werkstücks ist das Zeitspanungsvolumen, das mit der Werkstücksgeschwindigkeit unmittelbar gekoppelt ist, am größten und dadurch die Oberflächengüte am schlechtesten. Sie begrenzt die anwendbare Werkstückdrehzahl.

Für die Bearbeitung von Glaslinsen werden *feinkörnige* (D 30 bis D 54) *Diamant-Topfscheiben* verwendet. Die Entwicklungstendenz führt zu feinkörnigeren Scheiben oder zu Scheiben mit zweistufiger innen besonders feiner Körnung. Damit soll eine Nacharbeit durch Honen wegfallen und das Polieren als Endstufe der Bearbeitung sofort folgen können [*Steffens, Kleinvoss* und *Koch*].

4.1.3 Tiefschleifen

4.1.3.1 Verfahrensbeschreibung

Tiefschleifen ist Schleifen mit besonders *großem Arbeitseingriff*. Die Zustellung kann bis zu 25 mm betragen. Beim Schleifen von Profilen wird oft die *ganze Tiefe* in einem einzigen Durchgang herausgearbeitet.

Für das Tiefschleifen eignen sich die Verfahren *Planschleifen, Rundschleifen, Schraubschleifen* und *Profilschleifen* nach DIN 8589 T. 11. Am häufigsten finden wir Tiefschleifen bei der Erzeugung von Profilen in ebenen und runden Werkstücken.

4.1.3.2 Besondere Schleifbedingungen

Der große Arbeitseingriff beim Tiefschleifen erfordert Zugeständnisse bei der *Vorschubgeschwindigkeit*. Diese muss erheblich *verkleinert* werden, um Kräfte und Leistung im Arbeitsspalt zu beherrschen.

Bild 4.1–31 zeigt die Besonderheiten des Tiefschleifens unter der Voraussetzung, dass das Produkt von Arbeitseingriff und Vorschubgeschwindigkeit, das dem bezogenen Zeitspanungsvolumen $Q' = a_e \cdot v_f$ entspricht, konstant bleibt. Es wird also bei Zunahme des Arbeitseingriffs a_e die Vorschubgeschwindigkeit v_f entsprechend zurückgenommen. Für die Berechnung wurden geeignete Werte angesetzt.

So zeigt Bild 4.1–31A, wie sich die *Kontaktlänge* l_k des Schleifkorns mit dem Werkstück *vergrößert*. Sie ist über einem Rasterfeld $a_e \cdot v_f$ aufgetragen und nimmt beim Tiefschleifen progressiv zu. Gleichzeitig nimmt die mittlere Eingriffstiefe des einzelnen Schleifkorns ab, wie Bild 4.1–31B zeigt. Das bedeutet, dass die Schleifkörner mehr durch Reibung beansprucht werden als durch Werkstoffabtrennung.

Die *Zahl* der am Schleifprozess beteiligten *Schleifkörner N* wird größer, weil die Kontaktfläche zunimmt (Bild 4.1–31C). Auch wenn die Eingriffstiefe sich verkleinert, vergrößern sich dadurch die Kräfte; die Normalkraft F_{cN} besonders, aber auch die Schnittkraft F_c.

Verbunden mit dem Kraftanstieg ist ein *Leistungszuwachs*, den Bild 4.1–31D zeigt. Aus dem theoretischen Zusammenhang von Schnittleistung und Zeitspanungsvolumen $P_c = Q' \cdot a_p \cdot k_c$ kann man folgern, dass die spezifische *Schnittkraft* k_c größer wird, der ganze Schleifprozess also ungünstiger abläuft und mehr Wärme im Arbeitsraum entstehen lässt.

So ist auch das Schleifkorn *thermisch* mehr *beansprucht*. Seine bezogene Eingriffszeit ist länger (Bild 4.1–31E). Es erwärmt sich stärker als beim konventionellen Schleifen. Diese Betrachtungen zeigen, dass das Tiefschleifen allein durch Vergrößerung der Zustellung bei Reduzierung der Vorschubgeschwindigkeit kaum Vorteile hat. Es werden im Gegenteil neue *Probleme* erzeugt:

- größere *Kräfte*
- größerer *Leistungsbedarf*
- stärkere *thermische Belastung* des Schleifkorns
- kein größeres *Zeitspanungsvolumen*.

Erst durch andere Maßnahmen, die es erlauben, die *Vorschubgeschwindigkeit* v_f und damit das bezogene Zeitspanungsvolumen Q' zu vergrößern, entwickelt sich das Tiefschleifen zu einem interessanten wirtschaftlich vorteilhaften Bearbeitungsverfahren.

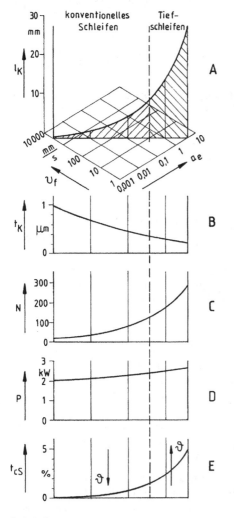

Bild 4.1–31
Änderungen der Schleifbedingungen beim Tiefschleifen. $Q' = a_e \cdot v_f = 5 \dfrac{\text{mm}^3}{\text{mm} \cdot \text{s}}$, $d_s = 200$ mm

A   Kontaktlänge in Abhängigkeit von Arbeitseingriff und Vorschubgeschwindigkeit

B   mittlere Eingriffstiefe des einzelnen Schleifkorns

C   Zahl der beteiligten Schleifkörner bei einer Schleifbreite von $a_p = 5$ mm

D   Leistungsbedarf

E   bezogene Eingriffzeit des Schleifkorns und Tendenz des Temperaturanstiegs

4.1.3.3 Wärmeentstehung und Kühlung

Die wichtigste Aufgabe bei der Weiterentwicklung des Tiefschleifens bestand darin, die thermischen Probleme zu bewältigen und dann das bezogene Zeitspanungsvolumen zu vergrößern.

Folgende Maßnahmen führen zum Erfolg:

* Wahl des besten *Kühlschmierstoffs*
* intensive *Kühlung*
* Verdrängung der Luft im Schleifspalt
* Einsatz *offener* (poröser) Schleifscheiben
* häufigeres *Abrichten*
* Verkleinern der *Schleifbreite*
* Vergrößern der *Schnittgeschwindigkeit* und
* Vergrößern der *Vorschubgeschwindigkeit.*

Mit *Schleiföl* als Kühlschmierstoff wird nach *Kerschl* eine bessere Wirkung erzielt als mit Emulsion. Das beruht darauf, dass die vielfachen Reibungsvorgänge, die im Spanbildungsprozess stattfinden, mit Öl erleichtert werden. Damit verkleinert sich die überhaupt entstehende Wärmemenge. Wärmeleitung und Wärmekapazität, die bei Emulsion besser sind, spielen dann erst in zweiter Linie eine Rolle.

Die Kühlschmierstoffzuführung kann als *Freistrahl* mit erhöhtem Druck von 6 – 8 bar erfolgen. Dabei muss der Strahl auf die Schleifscheibe kurz vor dem Schleifspalt gerichtet werden. Er muss das mit der Schleifscheibe umlaufende Luftpolster durchstoßen und in die Poren der Schleifscheibe eindringen. Damit gelangt er in den Wirkraum des Schleifprozesses. Besser ist es, *Schuhdüsen* (**Bild 4.1–32**) zu verwenden. Sie umschließen die Schleifscheibe so dicht, dass der Luftzutritt stark verringert werden kann. Am wirkungsvollsten aber ist es, Werkstück und Schleifscheibe soweit mit einer *Druckkammer* zu umschließen, dass ein Kühlschmierstoffdruck von 20 bar aufrechterhalten werden kann. Die Druckkammer hat vier Öffnungen:

* die *Schleifscheibentasche*
* die *Werkstücköffnung*
* den *Kühlschmierstoffzutritt* und
* die *Austrittsöffnung* für die Flüssigkeit mit dem Abschliff.

Nachteilig ist dabei die Leistungszunahme durch Verwirbelung und Erwärmung des Kühlschmierstoffs in der Druckkammer.

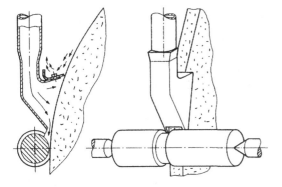

Bild 4.1–32
Wirksames Kühlsystem für das Tiefschleifen nach *Vits*

4.1.3.4 Schleifscheiben

Eine gute Kühlung hat im Schleifprozess nur begrenzte Wirkung. Viel wichtiger ist es, die Wärmeentstehung selbst zu verkleinern. Einen Ansatz dafür findet man am Werkzeug, der

Schleifscheibe und da besonders am Schleifkorn. Wenig Reibung erhält man mit *scharfkanti-gen* Schleifmitteln und einer *kleineren Korndichte.*

Am wenigsten geeignet ist deshalb *Korund.* Die Kornkanten sind der großen thermischen Belastung nicht gewachsen und stumpfen schnell ab. Eine natürliche Aufschärfung durch Mikroausbrüche am Korn findet nicht statt, weil die mittlere Eindringtiefe klein ist und die Kräfte dazu nicht ausreichen. Hier muss künstlich durch häufiges *Abrichten* nachgeholfen werden. Sehr wirkungsvoll ist das CD-Abrichten (Continuous Dressing), das die Schleifscheibe während der Bearbeitung ständig scharf hält. Der Verschleiß ist dadurch natürlich besonders groß. Werkzeugkosten und Werkzeugwechselkosten nehmen stark zu und stellen die Wirtschaftlichkeit des Verfahrens wieder in Frage.

Siliziumkarbid ist etwas besser in seinem Selbstschärfverhalten. Es hat jedoch ebenfalls einen sehr großen Verschleiß und eignet sich auch nicht für die Bearbeitung von Stahl. Die starke Beanspruchung des Schleifkorns durch erhöhte Schneidentemperaturen bei der Bearbeitung von Stahl verlangt nach hochfesten Schleifmitteln. Deshalb wird *Bornitrid* bevorzugt. Es kommt in verschiedenen Bindungsarten vor: Keramik, Kunstharz, Metall (gesintert und galvanisch). Der Grundkörper ist oft aus demselben Material wie die Bindung, um unterschiedliche Dehnungen zu vermeiden. Es sind Einzweckwerkzeuge, die für ein bestimmtes Werkstück angefertigt werden. In der Massenproduktion können sie Standzahlen von 100 000 und mehr erreichen.

Das *Abrichten* der Bornitridschleifscheiben wird mit rotierenden Diamantscheiben durchgeführt. Die Abrichtzustellung beträgt nur wenige Mikrometer. Dabei schärfen sich die Schleifkörner auf, und die Spanräume bleiben erhalten.

Die *Porosität* der *Bindung* spielt ebenfalls eine wichtige Rolle. Zum einen soll sie zum Kühlmitteltransport dienen. Zum anderen soll sie die Zahl der aktiven Schneidkanten reduzieren, um günstigere Eingriffsbedingungen zu schaffen. Dazu ist eine besonders gleichmäßige Verteilung feiner Poren viel besser als grobe Poren.

4.1.4 Hochleistungsschleifen

Durch Anwendung besonders *großer Schnittgeschwindigkeiten* von über 100 m/s, ja bis zu 250 m/s wurde das Tiefschleifen zum Hochleistungsschleifen weiterentwickelt. Gleichzeitig mit der Schnittgeschwindigkeit wird die *Vorschubgeschwindigkeit* v_f vergrößert. Begleiterscheinungen sind die Vergrößerung der Korneingriffe, Zunahme der Schleifkräfte und schnellere Abkühlung der bearbeiteten Werkstückstellen durch die nachfolgende Kühlung. Der Leistungsbedarf nimmt zu. Die Hauptschnittzeit der Bearbeitung wird kürzer. Die Schleifscheiben unterliegen dabei besonders großen Beanspruchungen [*Yegenoglu*]:

*   Die *Fliehkraft*, die auf jedes Volumenteilchen des Schleifscheibenumfangs wirkt, nimmt quadratisch mit der Geschwindigkeit zu. Gefährdungen der Umgebung müssen vollständigausgeschlossen werden. Bindung, Festigkeit und Abmessungen müssen dem Sicherheitsbedürfnis Rechnung tragen.
*   Die Beanspruchung der Schleifscheiben durch *Normal-* und *Schnittkraft* ist größer als bei herkömmlichen Schleifvorgängen. Normalkräfte bis 100 N/mm und Tangentialkräfte bis 20 N/mm Schleifbreite sind zu erwarten.

Alle genannten Maßnahmen gemeinsam ermöglichen eine Steigerung des *bezogenen Zeitspanungsvolumens* auf Werte von 100 – 500 mm^3 / mms oder noch mehr je nach Werkstoff (**Bild 4.1–33**).

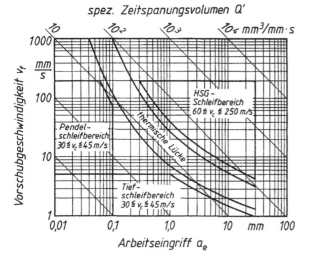

Bild 4.1–33
Zunahme des bezogenen Zeitspanungs-
volumens in neuen Hochleistungs-
Schleifverfahren

Damit wird eine Gefahrenschwelle übersprungen, die bis dahin als unüberwindlich galt; die
thermische Schädigung der Werkstücke durch Schleifbrand und Schleifrisse. Diese Gefahr
entstand durch ungünstige Spanbildungsabläufe bei kleiner Eindringtiefe der Schleifkörner und
durch unzureichende Werkstückkühlung.

Die *Spanbildung* verläuft beim modernen Tiefschleifen dank großer Vorschübe und geeigneter
Schleifscheiben ähnlich wie beim Spanen mit geometrisch bestimmten Schneiden. Der Werkstoff wird vor dem Korn gestaucht und abgeschert und nicht so oft verformt und verfestigt wie
beim üblichen Schleifen mit kleiner Eindringtiefe.

Oberflächengüte und *Genauigkeit* erreichen nicht die Qualität des feinen Schleifens mit kleiner
Zustellung. Entwicklungen zum genaueren Hochleistungsschleifen verlangen geringste Rundlauffehler der Schleifwerkzeuge. Neue feineinstellbare Flanschverbindungen können Abhilfe
schaffen.

Die *Maschinenkonstruktion* muss den besonderen Anforderungen beim Tiefschleifen Rechnung tragen.

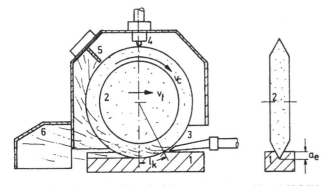

Bild 4.1–34
Tiefschleifen eines Profils 1 Werk-
stück, 2 Schleifscheibe, 3 Kühlmit-
teldüse, 4 Hochdruckdüsen zum
Reinigen der Schleifscheiben-
oberfläche, 5 Staublech, 6 Leitble-
che
v_c Schnittgeschwindigkeit
v_f Vorschubgeschwindigkeit
a_e Arbeitseingriff

1. Für den Hauptantrieb sind *Leistungen* von 40 – 160 kW erforderlich.
2. Ein *starrer Aufbau* muss elastisches Nachgeben unter den größeren Kräften verhindern.
3. Besonders genaue numerisch gesteuerte *Abrichteinheiten* müssen ein häufiges feines oder
   auch kontinuierliches Abrichten ermöglichen. Die Abrichtbeträge müssen gleichzeitig als
   Nachstellung der Schleifscheibe berücksichtigt werden.

4. Die Zusetzungen der Schleifscheibe müssen laufend beseitigt werden. Bewährt hat sich dabei die *Reinigung* mit Kühlschmierstoff durch *Hochdruckdüsen* (**Bild 4.1–34**). *Lauer-Schmaltz* hält dabei einen Kühlschmierstoffzufluss von 60 – 100 l/min bei 60 – 90 bar für ausreichend.

5. Tiefe Profile (s. **Bild 4.1–35**) müssen in einer *Zustellung* bearbeitet werden können.

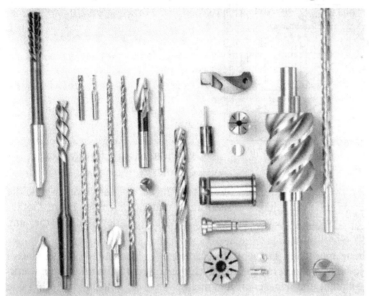

Bild 4.1–35 Werkstücke, die durch Tiefschleifen mit einer einzigen Zustellung hergestellt wurden (HSG-Technologie, F_a. Gühring Automation)

4.1.5 Innenschleifen

Das Werkstück, das innen bearbeitet werden soll, wird einseitig in einem Futter aufgenommen. Die Gegenseite muss für den Zugang des Werkzeugs offen bleiben (**Bild 4.1–36**). Die Werkstückspindel dreht das Werkstück mit der Drehzahl n_w. Daraus ergibt sich die *Werkstückgeschwindigkeit* v_w, die gleich der Umlaufgeschwindigkeit des Innendurchmessers d_w ist nach Gleichung (4.1–1)

$$\boxed{v_w = \pi \cdot d_w \cdot n_w}.$$

Üblich sind folgende Geschwindigkeiten:

bei ungehärtetem Stahl	14 – 25 m/min
bei gehärtetem Stahl	18 – 20 m/min
bei Gusseisen	20 – 25 m/min
bei Messing und Leichtmetall	30 – 35 m/min

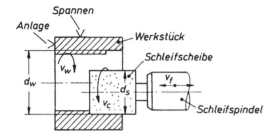

Bild 4.1–36
Schleifspindel- und Werkstückbewegungen
beim Innen-Rundschleifen
v_c Schnittgeschwindigkeit
v_w Werkstückgeschwindigkeit
v_f axiale Vorschubgeschwindigkeit

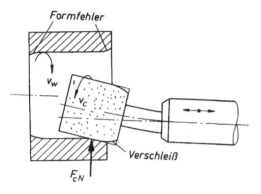

Bild 4.1–37
Elastische Verformung einer Innenschleifspindel bei großer Zustellung durch die Schnittnormalkraft F_{cN}, Verschleiß und Formfehler

Der Schleifkörper, der in der Schleifspindel aufgenommen wird, hat immer einen kleineren Außendurchmesser d_s als der Werkstück-Innendurchmesser. Als günstiger Wert für das Verhältnis d_s / d_w hat sich $0{,}6 - 0{,}7$ erwiesen. Das heißt, dass bei einer Bohrung von 100 mm Innendurchmesser der Schleifkörper $60 - 70$ mm groß sein soll. Die *Schleifgeschwindigkeit* wird auch über 35 m/s gewählt. Die Drehzahl n_s kann bei kleinen Schleifkörpern sehr groß werden. Sie errechnet sich aus der Formel (4.1–0.)

$$ n_s = \frac{v_c}{\pi \cdot d_s} $$

Größere *Zustellungen* sind beim Innenrundschleifen nicht möglich. Die besonders schlanke Schleifspindel verformt sich unter der Belastung dann zu stark und verursacht Formfehler und ungleichmäßigen Verschleiß (**Bild 4.1–37**). Bei kleinerer Zustellung wird die Anzahl der Längshübe vergrößert. Übliche Zustellungen für einen Doppelhub sind

beim Vorschleifen $0{,}02 - 0{,}05$ mm

beim Fertigschleifen $0{,}003 - 0{,}01$ mm.

Neben Korund und Siliziumkarbid wird beim Innenschleifen vorteilhaft kubisches Bornitrid als *Schleifmittel* verwendet. Die geringe Belagstärke der Schleifscheibe, die sich nur wenig abnutzt, erlaubt es, stärkere Schleifspindeln einzusetzen. Mit ihnen können etwas größere Zustellungen gewählt werden. Zeitspanungsvolumen und Wirtschaftlichkeit werden dadurch besser. Das günstigste Durchmesserverhältnis ist dabei $d_s / d_w = 0\,8$.

Andere Entwicklungen führen dahin, kleinere Schleifscheiben mit metallisch gebundenem CBN einzusetzen. Die Schleifkräfte sind kleiner als bei größeren Scheiben. Der Gewinn kann entweder für ein größeres Zeitspanungsvolumen, zum Beispiel durch größere Vorschubge-schwindigkeit oder für höhere Genauigkeit genutzt werden.

Neben dem *Längs-Innen-Rundschleifen*, bei dem der Längshub der Schleifspindel die Vor-schubgeschwindigkeit v_f erzeugt, gibt es nach DIN 8589 das *Quer-Innen-Rundschleifen* mit radialem Vorschub, das *Längs-Innen-Schraubschleifen*, das *Quer-Innen-Schraubschleifen* und das *diskontinuierliche Innen-Wälzschleifen*.

Das Innenschleifen mit CBN-Scheiben erhält darüber hinaus besondere Bedeutung für die Herstellung von innenliegenden Kurvenformen bei Zahnradpumpen, Verdichtergehäusen, Wankelmotoren und ähnlichen Werkstücken. Die rechnergeführte numerische Steuerung macht es dabei möglich, den Schleifscheibenverschleiß (wenn auch gering) sofort auszugleichen. Die Schnittgeschwindigkeit sollte dabei immer so groß wie möglich gewählt werden, mindestens jedoch 45 m/s. Als Kühlschmiermittel ist Mineralöl am besten.

4.1.6 Trennschleifen

4.1.6.1 Außentrennschleifen

Das Trennschleifen wird zum Aufteilen von Stangenmaterial in Rohlinge bestimmter Länge aus Stahl und Nichteisenmetallen, zum Teilen von schwer bearbeitbaren Werkstoffen wie Hartmetall, gehärtetem oder vergütetem Stahl, Mineralien, Stein, Glas, Keramik, Silizium, für das Trennen von nichtmetallischen Baustoffen und zum Abtrennen von Angüssen und Steigern in der Gussputzerei angewendet. Trennschleifen ist als Bearbeitungsverfahren in Produktions-anlagen, in Labors, in Rohbetrieben, im Baugewerbe, im Straßenbau, in Reparaturwerkstätten und bei Heimwerkern in Gebrauch. Entsprechend vielseitig sind die dafür verwendeten Ma-schinen, Geräte und Schleifscheiben. Das Schleifmittel Korund, Siliziumkarbid, Bornitrid oder Diamant ist dem zu bearbeitenden Werkstoff angemessen auszuwählen. Die verwendeten Schleifscheiben sind nur 1 – 5 mm breit und besitzen oft eine Gewebeverstärkung, die sie für den Einsatz mit großer Umfangsgeschwindigkeit bis 100 m/s geeignet machen. Unter Errei-chen großer Zeitspanungsvolumen können Werkstücke bis zu Durchmessern von 120 mm in kurzer Zeit getrennt werden. Dabei wird häufig die Zustellung der Schleifscheibe nach dem Ausschlag des Messgerätes, das die Stromaufnahme des Antriebsmotors anzeigt, gesteuert, um die volle Motorleistung ohne Drehzahlabfall auszunutzen.

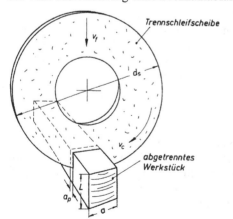

Bild 4.1–38
Trennschleifen
v_c Schnittgeschwindigkeit
v_f Vorschubgeschwindigkeit
a_p Schleifbreite
a Werkstückbreite

Besondere Füllstoffe, die der Scheibenmischung zugesetzt werden, bewirken, dass sich wäh-rend des Schleifvorgangs genügend Porenräume in der Trennscheibe öffnen. Sie dienen der

Späneabfuhr und Kühlung. Auch bei trockener Bearbeitung kann die Werkstückoberfläche so kühl bleiben, dass keine Anlauffarben zu sehen sind.

Das Trennschleifen wird nach DIN 8589 zum Umfangs-Querschleifen gezählt. Der mit der Vorschubgeschwindigkeit v_f zurückzulegende Weg ist $L + \Delta l = l_v + l_\ddot{u}$ (**Bild 4.1–38**). Darin ist bei symmetrischer Anordnung

$$\Delta l = \frac{d_s}{2}\left[1 - \sqrt{1 - \left(\frac{a}{d_s}\right)^2}\,\right], \qquad (4.1\text{–}32)$$

l_v der Vorlauf, $l_\ddot{u}$ der Überlauf, a die Werkstückbreite und d_s der Schleifscheibendurchmesser. Für den Trennschnitt wird die Zeit

$$t_h = \frac{L + \Delta l + l_v + l_\ddot{u}}{v_f} \qquad (4.1\text{–}33)$$

benötigt.

4.1.6.2 Innenlochtrennen

Das Innenlochtrennen (ID-Trennen) ist ein Feintrennverfahren für teure sprödharte Werkstoffe. Der Werkstoffverlust ist bei einer Schnittbreite von nur 0,3 mm sehr gering. Es wird für die Bearbeitung von optischen Gläsern, Keramiken, Kristallen für Festkörperlaser, Halbleiterwerkstoffe wie Germanium und Galliumarsenid und besonders für das Abtrennen von Silizium-Wafern vom Einkristallrohling als Träger für elektronische Mikroschaltungen verwendet.

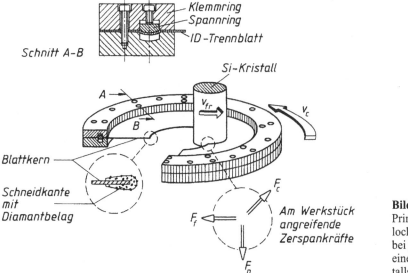

Bild 4.1–39
Prinzip des Innenloch-Trennschleifens bei der Bearbeitung eines Siliziumkristalls

Bild 4.1–39 zeigt das Prinzip des Verfahrens. Das Werkzeug besteht aus einer ringförmigen *Edelstahlmembran*, die in einem Rahmen vorgespannt wird. Ihre *Innenkante* ist galvanisch mit *Naturdiamant* beschichtet [*Tönshoff, Brinksmeier, v. Schmieden*].

Sie dreht sich mit der Schnittgeschwindigkeit v_c (10 – 26 m/s). Das Werkstück wird mit der Vorschubgeschwindigkeit v_f (20 – 80 mm/min) radial dazu bewegt. Es werden Wafer der Dicke 0,3 – 1,5 mm abgetrennt. Der Durchmesser der Rohkristalle beträgt 100 – 150 mm. Die

Trennscheiben haben dafür einen Innendurchmesser von 235 mm und einen Außendurchmesser von 690 mm. Versuche werden auch schon mit 200 mm starken Kristallen gemacht, für welche die Trennscheiben noch größer sein müssen (865 mm Außendurchmesser).

Die *Schnittqualität* hängt von der Genauigkeit und Spannung der Schleifmembran, der Beschaffenheit der Schleifkante, der Art und Zuführung des Kühlmittels und den Einstellgrößen ab. Angestrebt wird große Ebenheit und geringe Rautiefe. Weitere Bearbeitungen durch Ätzen, Läppen und Polieren folgen dem Trennen.

4.1.7 Punktschleifen

Beim Punktschleifen (Firmenbezeichnung Quickpoint) wird mit einer *schmalen*, etwa 4 mm breiten, schnell laufenden (140 m/s) CBN- oder Diamantschleifscheibe gearbeitet. Die Berührungsfläche mit dem Werkstück ist sehr klein, fast nur ein *Punkt*. Mit einer *Bahnsteuerung* werden vielfältige Formen von runden Teilen mit nur einer Schleifscheibenform hergestellt. Die Schleifscheibe braucht nicht abgerichtet oder nachgesetzt zu werden. Ihr natürlicher Verschleiß wird durch Nachstellen ausgeglichen (**Bild 4.1–40**).

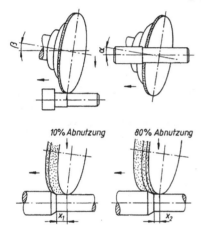

Bild 4.1–40
Prinzip des Punktschleifens

Das Werkstück dreht sich dabei sehr schnell *gegenläufig*. Dadurch kann die bearbeitete Werkstückstelle wirksam von der Flüssigkeit gekühlt werden. Der Längsvorschub hängt von der Zustellung ab und beträgt 4 – 21 mm/s. Dieses Hochleistungsschleifverfahren ist noch in seiner Einführungsphase und gibt der Weiterentwicklung des NC-Außen-Umfangs-Formschleifens (nach DIN 8589 T. 11) eine besondere Richtung [*Martin*].

4.1.8 Eingriffsverhältnisse

4.1.8.1 Vorgänge beim Eingriff des Schleifkorns

Der Eingriff eines Schleifkorns in den Werkstoff ist vollkommen verschieden vom Eingriff einer geometrisch bestimmten Schneide. Parallelen zum Drehen oder Fräsen können kaum gezogen werden. Ein Überblick über das vielseitige Werkstoffverhalten beim Korneingriff kann aus dem modellhaften **Bild 4.1–41** gewonnen werden.

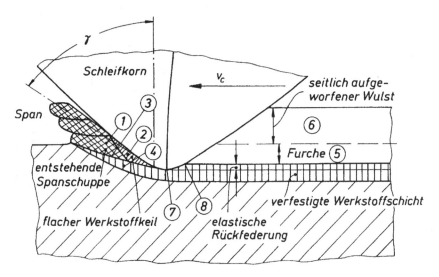

Bild 4.1–41 Vorgänge beim Schleifkorneingriff

1. Stauchen des Werkstoffes vor dem Schleifkorn
2. nach oben wandernder Werkstoffkeil
3. Scheren in der Scherebene mit Reibung
4. Werkstofffluss und Verfestigung

5. Furchenbildung
6. Aufwerfen eines seitlichen Wulstes
7. Reibung an der Freifläche
8. elastische Werkstoffrückfederung

Drei Arten des Werkstoffabtrags können unterschieden werden

1) Das *Mikrospanen*. Vor dem Schleifkorn staucht sich der Werkstoff (1) und wird zwischen einem langsam nach oben fließenden Werkstoffkeil (2) und der Scherebene (3) zu Spanschuppen geformt, die zusammenhängend einen Scherspan oder Fließspan bilden können. *Kita* hat festgestellt, dass diese Spanbildung bei einem Spanwinkel $\gamma > -80°$ möglich ist.

2) Das *Mikropflügen*. Bei einem kleineren Spanwinkel, was häufiger zu finden ist, wird der Werkstoff nur nach unten und zur Seite verdrängt (4) und verfestigt. Dabei werden seitlich der vom Korn gezogenen Furche (5) Wülste aufgeworfen (6). In **Bild 4.1–42** ist die Entstehung der Wülste dargestellt. *Martin* hält es sogar für möglich, dass der Werkstoff seitlich

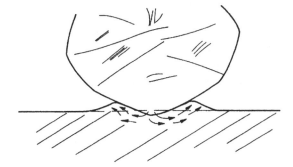

Bild 4.1–42
Seitliche Werkstoffverdrängung beim Eindringen eines stumpfen Kornes, die zur Entstehung der Randwülste führt.

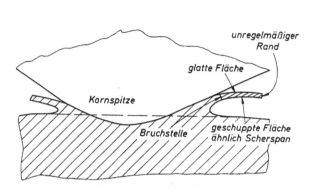

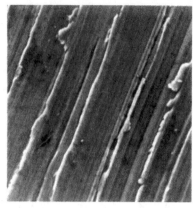

Bild 4.1–43 Aufwerfen des Werkstoffs zur Seite in Bandform durch die Kornspitzen und Abbrechen der Bänder nach *Martin* und *Yegenoglu*

Bild 4.1–44 Elektronenmikroskopische Aufnahme einer geschliffenen Werkstückoberfläche. Schleifrichtung von unten nach oben, C45E geglüht, $v_c = 30$ m/s.

vom Schleifkorn hinausspritzt wie der Wasserschleier am Bug eines Motorbootes (**Bild 4.1–43**). Dabei arten die Randwülste zu flachen spanförmigen Bändern mit glatter Oberfläche und geschuppter Unterseite aus, die Scherspänen zum Verwechseln ähnlich sind. Der Abtrag entsteht erst nach *vielfacher plastischer Verformung* durch die Vielzahl der Schleifkörner. Der Werkstoff ermüdet allmählich und die seitlich aufgeworfenen und niedergedrückten Randwülste brechen ab oder werden abgerissen.

3) Das *Mikrofurchen*. Bei besonders kleinen Eindringtiefen eines Schleifkorns wird der Werkstoff auch nur sehr wenig gepflügt und schon gar nicht abgespant. Aber dicht unter der gefurchten Oberfläche in einer Tiefe von wenigen Mikrometern wird infolge des Querfließens des Werkstoffs die Spannung so groß, dass sie die Scherfestigkeit überschreitet. Dabei lösen sich sehr dünne Blättchen und Bänder, die wie dünne Bandspäne aussehen.

Von den drei Abtragsarten ist das *Mikrospanen* das wirkungsvollste; leider findet man es selten. Das *Mikropflügen* ist die häufigste Art des Werkstoffabtrags, und das *Mikrofurchen* ist das unwirtschaftlichste, weil die abgetragenen Teilchen nur hauchdünn sind. In der Praxis ist stets nach Wegen zu suchen, die Wirksamkeit des Bearbeitungsvorgangs zu verbessern, also den Anteil des *Mikrospanens* am Abtragsprozess zu vergrößern.

Auf elektronenmikroskopischen Aufnahmen von geschliffenen Werkstückoberflächen (**Bild 4.1–44**) ist zu erkennen, dass sich die Verformungen mehrfach überlagern. Dabei können von einem Korn gezogene Furchen durch Randwülste von Nachbarfurchen wieder zugedeckt werden. Vor dem Schleifkorn und in der Furche entsteht zwischen Kornspitze, Kornseitenflächen und Furchengrund Reibung. Sie ruft eine Erwärmung des Werkstücks hervor, die zu Gefügeänderungen, besonders bei gehärtetem Stahl führen kann. Hinter dem Korndurchgang federt der Werkstoff geringfügig wieder elastisch zurück.

4.1.8.2 Eingriffswinkel

Der Eingriffswinkel $\Delta\varphi$ ist der Umdrehungswinkel der Schleifscheibe, über den die Schleifkörner in Eingriff sind. Unter der Voraussetzung, dass die Werkstückoberfläche bei Schleifbeginn eben und glatt ist und dass der Arbeitseingriff a_e genau eingestellt werden kann, lässt er sich nach **Bild 4.1–45** für alle Schleifarten berechnen:

a) *Außen-Rundschleifen*

$$\Delta\varphi \approx 2 \cdot \sqrt{\frac{a_e}{d_s \cdot (1 + d_s / d_w)}} \qquad (4.1\text{–}34)$$

b) *Umfangs-Planschleifen*

$$\Delta\varphi \approx 2 \cdot \sqrt{a_e / d_s} \qquad (4.1\text{–}35)$$

a)
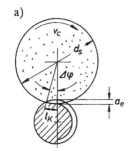

b)
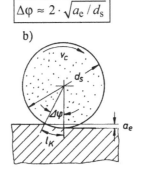

c)
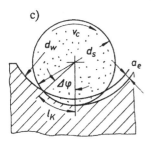

d)
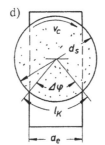

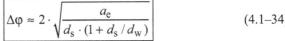

Bild 4.1–45
Eingriffswinkel und Kontaktlänge
a   beim Außen-
    Rundschleifen
b   beim Umfangs-Plan-
    schleifen
c   beim Innenschleifen
d   beim Seitenschleifen

c) *Innenschleifen*

$$\Delta\varphi \approx 2 \cdot \sqrt{\frac{a_e}{d_s \cdot (1 - d_s / d_w)}} \qquad (4.1\text{–}36)$$

d) *symmetrisches Seitenschleifen*

$$\Delta\varphi \approx 2 \cdot \arcsin \frac{a_e}{d_s} \qquad (4.1\text{–}37)$$

Darin ist d_s der Schleif Scheibendurchmesser, d_w der Werkstückdurchmesser und a_e der Arbeitseingriff. Beim Seitenschleifen ist a_e die Werkstückbreite.

Der Arbeitseingriff a_e ist jedoch nicht für alle Schneiden gleich groß. Einige Schneiden liegen weiter zurück und greifen nicht so tief in den Werkstoff ein wie die äußeren Schneiden, die für die Messung maßgebend sind. Sie haben einen kleineren Arbeitseingriff a_{e2} und auch einen kleineren Eingriffswinkel $\Delta\varphi_2$ (**Bild 4.1–46**). In besonderen Fällen kann der Eingriffswinkel null werden, wenn ein Schleifkorn in eine schon in der Oberfläche vorhandene Rille gerät.

In Wirklichkeit ist die Oberfläche aber nicht glatt, wie es vorausgesetzt wurde, sondern sie hat bereits Furchen von voranlaufenden Schleifkörnern oder vorangegangenen Überschliffen. Eine beträchtliche *Vergrößerung des Eingriffswinkels* wird von den aufgeworfenen Randwülsten verursacht. Hier schneiden die Körner tiefer ein als in eine glatte Oberfläche (**Bild 4.1–47**).

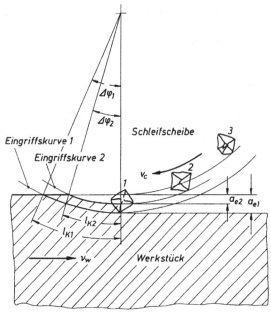

Bild 4.1–46
Unterschiedlicher Arbeitseingriff a_e und Kontaktlänge l_k bei verschieden tief liegenden Schleifkörnern

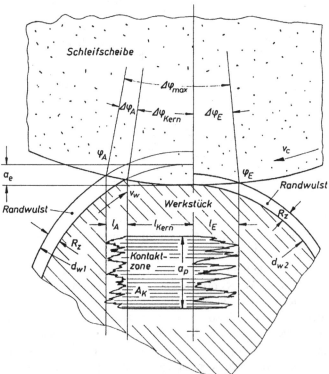

Bild 4.1–47 Vergrößerung des Eingriffswinkels $\Delta\varphi$ auf $\Delta\varphi_{max}$ beim Eingriff eines Schleifkorns in den Randwulst von Schleifspuren der Tiefe R_z

Dieser *maximale Eingriffswinkel* $\Delta\varphi_{max}$ kann folgendermaßen berechnet werden:

$$\Delta\varphi_{max} = \varphi_A - \varphi_E = \Delta\varphi_E + \Delta\varphi_{Kern} + \Delta\varphi_A$$

Darin ist

$$\Delta\varphi \approx 2 \cdot \sqrt{\frac{R_z}{d_s \cdot (1 + d_s / d_w)}}$$

und

$$\Delta\varphi_{Kern} + \Delta\varphi_A \approx 2 \cdot \sqrt{\frac{a_e + R_z}{d_s \cdot (1 + d_s / d_w)}}$$

Also wird beim *Außen-Rundschleifen*

$$\Delta\varphi_{max} \approx \frac{2}{\sqrt{d_s \cdot (1 + d_s / d_w)}} (\sqrt{a_e + R_z} + \sqrt{R_z}) \qquad (4.1\text{--}38)$$

Für das *Umfangs-Planschleifen* gilt:

$$\Delta\varphi_{max} \approx \frac{2 \cdot (\sqrt{a_e + R_z} + \sqrt{R_z})}{\sqrt{d_s}} \qquad (4.1\text{--}39)$$

Für das *Innenschleifen*:

$$\Delta\varphi_{max} \approx \frac{2 \cdot (\sqrt{a_e + R_z} + \sqrt{R_z})}{\sqrt{d_s \cdot (1 - d_s / d_w)}} \qquad (4.1\text{--}40)$$

Beim *Seitenschleifen* wird der Eingriffswinkel nicht durch den Randwulst vergrößert.

4.1.8.3 Kontaktlänge und Kontaktzone

Die *Kontaktlänge* ist die Länge am Werkstück, auf der Schleifkörner in Eingriff sind. Sie errechnet sich aus dem Eingriffswinkel $\Delta\varphi$ und dem Schleifscheibendurchmesser (Bild 4.1–46)

$$l_k = \frac{1}{2} \cdot d_s \cdot \Delta\varphi \qquad (4.1\text{--}41)$$

Mit den Gleichungen (4–32) bis (4–35) entstehen folgende Formeln:

Außen- Rundschleifen $\qquad l_K = \sqrt{\dfrac{a_e \cdot d_s}{1 + d_s / d_w}} \qquad (4.1\text{--}42)$

Umfangs-Planschleifen $\qquad l_K = \sqrt{a_e \cdot d_s} \qquad (4.1\text{--}43)$

Innenschleifen $\qquad l_K = \sqrt{\dfrac{a_e \cdot d_s}{1 - d_s / d_w}} \qquad (4.1\text{--}44)$

Durch die Definition des äquivalenten Schleifscheibendurchmessers

$$d_{eq} = \frac{d_s}{1 \pm d_s / d_w} \qquad \begin{array}{l} + \text{beim Außenschleifen} \\ - \text{beim Innenschleifen} \end{array} \qquad (4.1\text{--}45)$$

vereinfachen sich die drei Gleichungen (4–42) bis (4–44) zur einheitlichen Form

$$l_K = \sqrt{a_e \cdot d_{eq}}$$ (4.1–46)

beziehungsweise unter Berücksichtigung von **Bild 4.1–47** mit R_z

$$l_{Kmax} = \sqrt{(a_e + R_z) \cdot d_{eq}} + \sqrt{R_z \cdot d_{eq}}$$ (4.1–47)

symmetrisches Seitenschleifen $$l_K = d_s \cdot \arcsin \frac{a_e}{d_s}$$ (4.1–48)

Die *Kontaktzone* ist die Fläche am Werkstück, auf der in einem Zeitpunkt Schleifkorneingriffe möglich sind (Bild 4.1–47 und **Bild 4.1–48**). Sie wird aus der Kontaktlänge l_K und der Schleifbreite a_p berechnet

$$A_K = l_K \cdot a_p$$ (4.1–49)

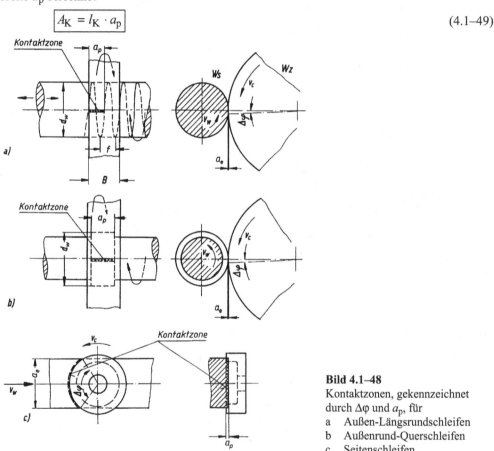

Bild 4.1–48
Kontaktzonen, gekennzeichnet durch $\Delta\varphi$ und a_p, für
a   Außen-Längsrundschleifen
b   Außenrund-Querschleifen
c   Seitenschleifen

Im Einlauf- und Auslaufteil kann überschlägig die halbe Länge von L_A und L_E oder auch nur die halbe Rautiefe R_z berücksichtigt werden. Dann erhält man für die Größe der Kontaktzone etwas realistischer

$$A_K \approx a_p \left[\sqrt{\frac{(a_e + R_Z/2) \cdot d_s}{1 + d_s/d_w}} + \sqrt{\frac{(R_Z/2) \cdot d_s}{1 + d_s/d_w}} \right]$$ (4.1–50)

für das Außenrundschleifen.

4.1.8.4 Form des Eingriffsquerschnitts

Die Form des Eingriffsquerschnitts eines einzelnen Korns wird von der *Kontaktlänge* l_K, der *Eingriffsbreite* b_K und der *Eingriffstiefe* t_K beschrieben (**Bild 4.1–49**). Alle drei Größen sind bei jedem Korn anders. Breite b_K und Tiefe t_K ändern sich auch noch im Laufe des Korneingriffs. Die *Kontaktlänge* l_K prägt infolge ihrer vielfachen Größe gegenüber b_K und t_K die Schlankheit der Eingriffsform. Es entstehen lang gezogene Schleifspuren, deren Anfang und Ende kaum festzulegen sind.

In Bild 4.1–49 ist die *Eingriffstiefe* t_K etwa auf ihren tausendfachen Wert vergrößert worden, um ihren Verlauf sichtbar zu machen. Beim Anschnitt ist sie sehr klein, dann wird sie langsam größer bis zu einem Maximum und nimmt schließlich wieder ab bis zum Austritt des Kornes aus dem Werkstück unter dem Winkel φ_A. Auch beim Eingriff eines Kornes in einen Randwulst ist der gleiche Verlauf der Eingriffstiefe zu erwarten. Dabei treten Größtwerte bis zur Randwulsthöhe und etwas darüber auf. Für genauere Aussagen über die mittlere Eingriffstiefe müssen Annahmen über die Struktur der Schleifscheibe und den Vorgang der Werkstoffverformung an der Werkstückoberfläche getroffen werden. Insbesondere muss die Zahl und Dich-

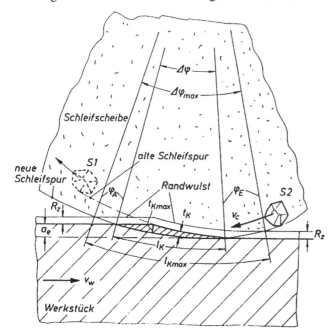

Bild 4.1–49
Form des Eingriffsquerschnitts eines Schleifkorns, gekennzeichnet durch die Kontaktlänge l_K und die Eingriffstiefe t_K

te der am Schleifprozess beteiligten Schneiden bekannt sein. *Kassen* hat unter Berücksichtigung aller Einflüsse für die mittlere größte Eingriffstiefe t_{Kmax} den Zusammenhang gefunden

$$t_{k\,max} = 0{,}71 \cdot x_e$$ (4.1–51)

Darin ist x_e eine *Ersatzschnitttiefe*, die im Kapitel 4.1.8.5 „Zahl der wirksamen Schleifkörner" erklärt wird (Gleichung (4.1–44)).

Eine allgemeine Aussage über die *Eingriffsbreite* b_K eines Schleifkorneingriffs kann durch die vereinfachte Darstellung eines Schleifkornquerschnitts (**Bild 4.1–50**) hergestellt werden. Die Schleifkornflanke steht unter dem Winkel κ. Der Zusammenhang zwischen Eingriffstiefe t_K und Eingriffsbreite b_K ist durch folgende Gleichung gegeben

$$\boxed{b_K = 2t_K \cdot \tan \kappa}. \tag{4.1–52}$$

Zur Bestimmung des Winkels k sind von Brückner Schleifriefen in ihrer Tiefe und Breite ausgemessen worden. **Bild 4.1–51** zeigt die Ergebnisse. Der mittlere Winkel k lässt sich damit berechnen

$$\boxed{\kappa = \text{arc} \tan \frac{b_K}{2t_K} = \text{arc} \tan\left(\frac{1}{2} \cdot r_K\right)}$$

mit $r_K = b_K / t_K$.

Werden die von Brückner gefundenen Verhältniszahlen eingesetzt, erhält man sehr große Werte, nämlich $\kappa = 76° - 84°$.

Damit kann gesagt werden, dass der Querschnitt der Schleifriefen flach und breit ist. Die falsche Vorstellung, dass die Spuren spitz und tief sind, rührt von der verzerrten Darstellung auf Rauheitsmessschrieben her, auf denen die Höhe um ein Vielfaches stärker vergrößert ist als die Tastlänge. Elektronenmikroskopische Aufnahmen von geschliffenen Werkstückoberflächen bestätigen die gefundenen Ergebnisse (s. Bild 4.1–44).

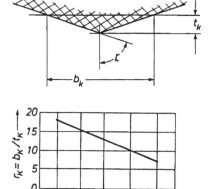

Bild 4.1–50
Schneidenquerschnitt senkrecht zur
Schnittrichtung nach Kassen

Bild 4.1–51
Schleifriefenform $r_K = b_K/t_K$ in Abhängigkeit
von der Körnung nach Brückner

b_K Eingriffsbreite eines Kornes

t_K Eingriffstiefe eines Kornes

4.1.8.5   Zahl der wirksamen Schleifkörner

Die *Zahl der Schneiden*, die beim Schleifen zum Einsatz kommen, wird von der Schleifscheibenzusammensetzung durch Körnung, Dichte und Abrichtung und von den Eingriffsbedingungen durch Schleifscheiben- und Werkstückdurchmesser, Geschwindigkeitsverhältnis q und Arbeitseingriff a_e bestimmt. Die geometrische Anordnung der Schneiden in der wirksamen Randschicht der Schleifscheibe kann durch Abtasten mit einem spitzen Fühler im Tastschnittverfahren bestimmt werden. Aus einem Abtastdiagramm dieser Art (**Bild 4.1–52**) kann die Zahl der Schneidkanten in Abhängigkeit von der Tiefe x ausgezählt werden. Das Ergebnis der Auszählung ist die statische Schneidenzahl. **Bild 4.1–53** zeigt, dass die statische Schneidenzahl in geringer Tiefe $x < 5$ µm einem *quadratischen Verteilungsgesetz*

$$\boxed{S_{\text{stat}} = \beta_1 \cdot x^2}$$ (4.1–53)

folgt und dann einer Sättigung zustrebt. Die Konstante β_x lässt sich aus den Messungen ermitteln. Sie wird besonders von der Körnung und dem Abrichtzustand der äußeren Schleifscheibenschicht bestimmt. Kleines Korn und feine Abrichtbedingungen vergrößern die Konstante β_1 und damit die Schneidenzahl, grobes Korn und großer Abrichtvorschub verkleinern sie. Das Abrichtwerkzeug hat ebenfalls einen Einfluss auf die statische Schneidenzahl. Ein Vielkornabrichter erzeugt mehr wirksame Schneiden als ein Diamant mit nur einer Abrichtspitze. Zur Bestimmung der *Flächenverteilung der Schneiden* N_{stat} aus Gleichung (4.1–39) muss der

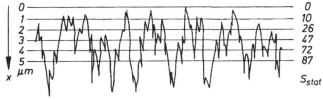

Bild 4.1–52
Tastschnitt einer Schleifscheibenumfangslinie zur Auszählung der Flankenanstiege

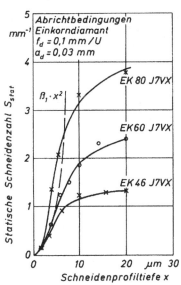

Bild 4.1–53
Statische Schneidenzahl in Abhängigkeit von der Schneidenprofiltiefe x und der Körnung, ermittelt durch Abtasten auf einer Umfangslinie nach Kassen

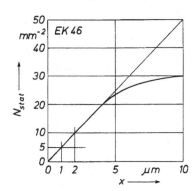

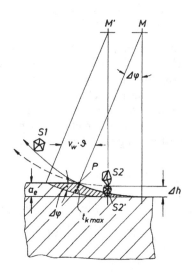

Bild 4.1–54 Flächenverteilung der Schneidenzahl in der Schleifscheibenoberfläche in Abhängigkeit von der Profiltiefe x am Beispiel einer Körnung 46

Bild 4.1–55 Eingriffsverhältnisse am Beispiel zweier aufeinander folgender Schneiden nach Kassen

Schneidenquerschnitt senkrecht zur Schnittrichtung (Bild 4.1–50) berücksichtigt werden, denn in der Tiefe ist die räumliche Ausdehnung eines Kornes größer und wird dadurch bei der Zählung stärker berücksichtigt.

Als *statische Flächenverteilung* wird von Kassen

$$N_{\text{stat}} = C_1 \cdot x$$

(4.1–54)

mit der Konstanten $C_1 = \beta_1 / \tan(\kappa)$ angegeben. **Bild 4.1–54** zeigt den Verlauf des *linearen Verteilungsgesetzes*. Abweichungen davon machen sich erst in einer Tiefe $x > 5$ µm bemerkbar. Nicht alle statisch vorhandenen Schneiden kommen beim Einsatz der Schleifscheibe am Werkstück zur Wirkung, da einige von voranlaufenden Schneiden verdeckt werden und sich ohne zu arbeiten im Freiraum einer Furche bewegen. **Bild 4.1–55** zeigt, unter welchen Bedingungen dieser Fall eintritt. Das Korn S1 hat in der Werkstücktiefe a_e die Spur bis zum Punkt P hinterlassen. Das Korn S2 folgt in der gleichen Spur im zeitlichen Abstand ϑ. Dabei ist der Schleifscheibenmittelpunkt M relativ zum Werkstück um $v_w \cdot \vartheta$ nach M' gewandert. Da die Schneide S2 um $x = \Delta h$ tiefer in der Schleifscheibe liegt, schneidet sie in dieser Furche gerade nicht mehr. Aus der geometrischen Anordnung in Bild 4.1–55 lässt sich für die *Grenztiefe* Δh ableiten:

$$\Delta h = t_{\text{kmax}} = v_w \cdot \vartheta \cdot \sin \Delta\varphi$$

mit $L = 1 / S_{\text{stat}} = v_c \cdot \vartheta$, dem mittleren Abstand zweier Schneiden Sl und S2 auf der Schleifscheibenoberfläche wird

$$\Delta h = L \frac{v_w}{v_c} \cdot \sin \Delta\varphi = \frac{1}{S_{\text{stat}}} \cdot \frac{v_w}{v_c} \cdot \sin \Delta\varphi$$

(4.1–55)

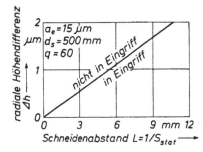

Bild 4.1–56

Grenzbedingung für das Eingreifen der nachfolgenden
Schneide nach Kassen

Bild 4.1–56 zeigt den Verlauf dieser Grenzbedingung, der die Schneiden, die in Eingriff kommen (unten), von den leer laufenden (oben) trennt.

Damit ist dargelegt, dass die *kinematisch wirksame Schneidenzahl* $N_{kin} = F(a_e)$ kleiner ist als die *statische Schneidenzahl* N_{stat} in der entsprechenden Profiltiefe x der Schleifscheibe. Eine Korrektur ist bei der Berechnung dadurch vorzunehmen, dass eine *Ersatzschnitttiefe* x_e eingesetzt wird, die kleiner als a_e ist:

$$N_{kin}(a_c) = C_0 \cdot N_{stat}(x_c) \qquad (4.1–56)$$

Die Konstante C_0 wurde von Kassen bestimmt zu $C_0 = 1{,}20$. Sie ist unabhängig von den Schleifbedingungen und der Schleifscheibe. Die Ersatzschnitttiefe x_e ist gleich der Grenzhöhendifferenz Δh, die sich theoretisch bei gleichmäßigem Schneidenabstand L ergeben würde. Damit errechnet sich

$$x_e = \Delta h = L(x_e) \cdot \frac{v_w}{v_c} \cdot \sin \Delta \varphi$$

mit $L(x_e) = 1/S_{stat}(x_e) = \dfrac{1}{\beta_1 x_e^2}$ wird

$$\boxed{x_e = \sqrt[3]{\frac{v_w}{v_c} \cdot \frac{\sin \Delta \varphi}{\beta_1}}} \qquad (4.1–57)$$

und

$$\boxed{N_{kin} = 1{,}20 \cdot C_1 \sqrt[3]{\frac{\sin \Delta \varphi}{q \cdot \beta_1}}} \qquad (4.1–58)$$

mit $C_1 = \beta_1 / \tan \kappa$ siehe Gleichung (4.1–0.) und (4.1–37).

Die *Gesamtzahl* der zugleich eingreifenden Schleifkörner ist dann

$$\boxed{N = N_{kin} \cdot A_K} \qquad (4.1–59)$$

oder bei Anwendung der Gleichungen (4.1–30) und (4.1–37)

$$\boxed{N = \frac{1}{2} N_{kin} \cdot d_s \cdot a_p \cdot \Delta \varphi} \qquad (4.1–60)$$

4.1.9 Auswirkungen am Werkstück

4.1.9.1 Oberflächengüte

Wirkrautiefe

Die *Wirkrautiefe* R_ts ist die Kennzeichnung der wirksamen Feingestalt der Schleifscheiben-Schneidfläche. Sie wird durch ein Abbildverfahren mit einem Testwerkstück ermittelt [*Pahlitzsch* und *Appun*]. Dabei wird zwischen Schleifscheibendrehzahl n_s und Werkstückdrehzahl n_w ein ganzzahliges Verhältnis – z. B. 3 : 1 – eingehalten, sodass jede Stelle des Testwerkstücks bei jedem Umlauf wieder von derselben Stelle der Schleifscheibe bearbeitet wird. Für die Bestimmung der Wirkrautiefe ist deshalb eine besondere Schleifmaschine erforderlich, bei welcher der Werkstückspindelantrieb mit dem Schleifspindelantrieb in einem festen ganzzahligen Drehzahlverhältnis geometrisch gekoppelt ist (z. B. über Zahnriemen). Am Testwerkstück kann dann nach dem Tastschnittverfahren mit einem Oberflächenprüfgerät die Wirkrautiefe R_tS quer zur Schleifrichtung gemessen werden.

Werkstückrautiefe

Die Wirkrautiefe kann als Sonderfall der *Werkstückrautiefe* aufgefasst werden, der eintritt, wenn zwischen Schleifscheibe und Werkstück ganzzahlige Drehzahlverhältnisse eingestellt sind. Dann greifen nämlich die einzelnen Schleifkörner der Schleifscheibe bei mehreren Werkstückumläufen immer wieder in dieselben Schleifspuren am Werkstück ein und erneuern das einmal geformte Oberflächenprofil (**Bild 4.1–57a**).

Beim üblichen Schleifen ist das Drehzahlverhältnis zwischen Schleifscheibe und Werkstück nicht ganzzahlig. Die einmal erzeugten Schleifspuren auf der Werkstückoberfläche werden bei mehreren Überschliffen von anderen Stellen der Schleifscheibe mit anderer Kornverteilung erneut bearbeitet. Dabei entsteht ein verändertes Oberflächenbild (Bild 4.1–57b). Es enthält Spuren von mehr Schleifkörnern.

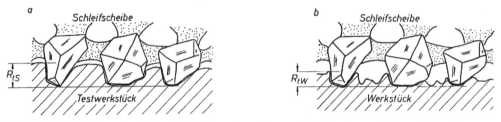

Bild 4.1–57 Entstehung der Wirkrautiefe R_tS an einem Testwerkstück bei ganzzahligem Drehzahlverhältnis n_s / n_w und der normalen Werkstückrautiefe R_tW bei nicht ganzzahligem Drehzahlverhältnis (b)

An **Bild 4.1–58** ist zu erkennen, wie die normale Werkstückrautiefe von der Wirkrautiefe abweicht und wie sie *vom Arbeitseingriff a_e beeinflusst* wird. Beim Schruppen mit großer Zustellung ist eine Werkstückrautiefe, die 20 % größer als die Wirkrautiefe ist, zu erwarten. Je kleiner die Zustellung (Schlichten) gewählt wird, desto feiner wird auch die Werkstückoberfläche. Am deutlichsten ist die Verbesserung beim Entspannen (= Ausfeuern ohne Zustellung). Das Bild zeigt, dass nach 10 s Ausfeuern die Werkstückrautiefe nur noch 2 / 3 der Wirkrautiefe sein kann.

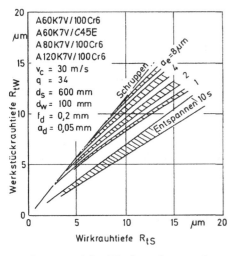

Bild 4.1–58
Abhängigkeit zwischen Werkstückrautiefe und Wirkrautiefe [*Frühling*]

Einflüsse auf die Werkstückrautiefe

Beim Schleifen verändert sich die Wirkrautiefe der Schleifscheibe mit der Eingriffsdauer durch Abnutzung, Ausbrechen von Schleifkorn und Auswaschen der Bindung. Diese *Veränderung* geht am Anfang nach dem Abrichten schnell und dann immer langsamer vor sich, bis der Zustand der Schleifscheibenoberfläche zu einem Gleichgewicht kommt (**Bild 4.1–59**). Die Werkstückrautiefe ändert sich gleichsinnig mit der Wirkrautiefe. Die Oberflächengüte im Gleichgewichtsbereich wird nicht mehr vom Abrichtvorgang, sondern *von der Beanspruchung der Schleifscheibe* (Zeitspanungsvolumen), der *Art der Schleifscheibe*, dem *Werkstoff* und den weiteren *Schleifbedingungen* bestimmt.

Das bezogene *Zeitspanungsvolumen* Q', das durch Zustellung und Werkstückgeschwindigkeit gegeben ist, hat den größten Einfluss auf die Oberflächengüte. Großes bezogenes Zeitspanungsvolumen verursacht eine große Rautiefe, kleines bezogenes Zeitspanungsvolumen eine kleine Rautiefe. Es ist deshalb zur Erzielung einer feinen Werkstückoberfläche nötig, das bezogene Zeitspanungsvolumen zu begrenzen. Praktisch kann man ein Werkstück erst mit

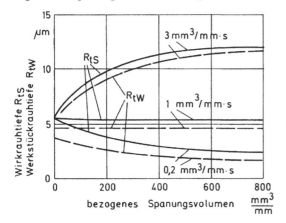

Bild 4.1–59
Veränderung der Rautiefe mit der Eingriffszeit der Schleifscheibe beim Querschleifen [*Frühling*]

großer Zustellung grob schleifen und am Ende der Bearbeitung mit kleiner Zustellung feinschleifen. Günstig ist es, die Schleifscheibe vor dem Feinschleifen fein abzurichten.

Durch längeres Ausfunken (Schleifen ohne Zustellung) kann eine besonders feine Werkstückoberfläche erzielt werden. Die lange Schleifzeit verteuert jedoch die Werkstücke.

Die *Schleifgeschwindigkeit* hat ebenfalls einen großen Einfluss auf die Oberflächengüte der Werkstücke. **Bild 4.1–60** zeigt, dass dieser Einfluss bei großem bezogenen Zeitspanungsvolumen größer ist als bei kleinem. Eine große Schleifgeschwindigkeit v_c verursacht eine kleine Werkstückrautiefe R_{tW}, wenn nicht die Vorteile durch größere Schwingungsamplituden infolge einer Unwucht zunichte werden. Bei kleinem bezogenen Zeitspanungsvolumen hat die Schleifgeschwindigkeit kaum einen Einfluss auf die Oberflächengüte.

Der Einfluss der *Körnung* auf die Oberflächengüte der Werkstücke ist nicht so groß, wie man vielleicht erwartet. **Bild 4.1–61** zeigt die Verbesserung der Oberflächengüte durch Verwendung feiner Körnung bei großem bezogenen Zeitspanungsvolumen. Bei kleinem bezogenen Zeitspanungsvolumen ist der Unterschied geringer. Wichtig ist aber, dass die Körnung dem bezogenen Zeitspanungsvolumen anzupassen ist (Grobschleifen mit grobem Korn, Feinschleifen mit feinem Korn). Aus diesem Zusammenwirken von Körnung und bezogenem Zeitspanungsvolumen ergeben sich dann größere Unterschiede im Schleifergebnis.

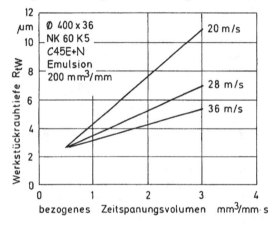

Bild 4.1–60
Einfluss des Zeitspanungsvolumens und der Schnittgeschwindigkeit auf die Werkstückrautiefe beim Querschleifen [*Opitz* u. *Frank*]

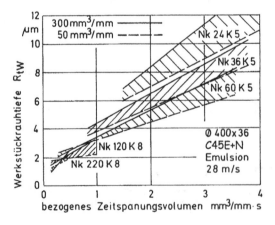

Bild 4.1–61
Einfluss der Körnung auf die Werkstückrautiefe beim Querschleifen [*Opitz* u. *Frank*]

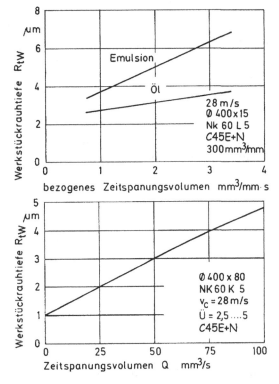

Bild 4.1–62
Einfluss des Kühlschmiermittels auf die Werkstückrautiefe beim Querschleifen
[Opitz u. Frank]

Bild 4.1–63
Einfluss des Zeitspanungsvolumens auf die Werkstückrautiefe beim Längsschleifen
[Opitz u. Frank]

Überraschend groß ist der Einfluss des *Kühlschmiermittels* auf die Werkstückrautiefe. Mit Mineralöl kann eine wesentlich bessere Oberflächengüte erzielt werden als mit Emulsion. **Bild 4.1–62** zeigt die Unterschiede im Schleifergebnis beim Querschleifen von C45EN. Eine individuelle Anpassung des Kühlschmiermittels an den Werkstoff und die Schleifscheibenzusammensetzung ist nötig.

Beim *Längsschleifen* gelten die gleichen Gesetzmäßigkeiten wie beim Querschleifen. Den größten Einfluss auf die Rautiefe der Werkstücke hat das Zeitspanungsvolumen *Q*. **Bild 4.1–63** zeigt, dass die Werkstückrautiefe mit dem Zeitspanungsvolumen fast linear größer wird.

Soll beim *Längsschleifen* eine feine Oberfläche entstehen, können folgende *Maßnahmen* getroffen werden:

- Zustellung klein wählen
- Werkstückgeschwindigkeit klein wählen
- Vorschubgeschwindigkeit klein wählen
- Längshübe ohne Zustellung (Ausfeuern) durchführen
- Mineralöl als Kühlschmierstoff wählen
- Schleifgeschwindigkeit vergrößern
- Scheibe fein abrichten
- feinkörnige Schleifscheibe wählen

4.1.9.2 Verfestigung und Verformungseigenspannungen

Verfestigung

Eine *Verfestigung* in Schichten nahe der Werkstückoberfläche entsteht beim Schleifen haupt-sächlich durch die Werkstoffverformung. Sie äußert sich in einem Anstieg der Härte in kleinen Bereichen und kann durch Vickers-Härtemessungen mit kleiner Last nachgewiesen werden. Verfestigungen durch Schleifen reichen bis 50 µm tief unter die bearbeitete Oberfläche. An gehärteten Werkstücken ist die Verfestigung durch Schleifen gering.

Die *Wirkung* der Oberflächenverfestigung ist für das Werkstück günstig. Der Verschleiß wird herabgesetzt, Reibungskräfte werden verringert und die Haltbarkeit bei schwingender Bean-spruchung im Zeit- und Dauerfestigkeitsbereich wird vergrößert (**Bild 4.1–64**).

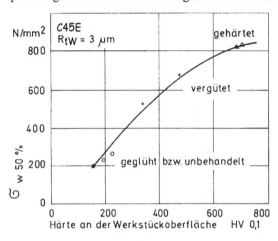

Bild 4.1–64
Einfluss der Verfestigung (Härte) geschliffe-ner Werkstücke auf die Wechselfestigkeit (50 % Überlebenswahrscheinlichkeit) von Biegewechselproben ohne Eigenspannung nach *Syren*

Eigenspannungen durch Werkstoffverformung

Aus der Druckbelastung der Werkstückoberfläche durch die Schleifkörner und deren Längs-bewegung entstehen unter der Oberfläche im Werkstück Zugspannungen (**Bild 4.1–65**). Bei Erreichen der Fließgrenze werden die zunehmenden Zugspannungen durch Dehnungen abge-baut. Die gedehnten Schichten erfahren nach dem Rückgang der äußeren Belastung eine elasti-sche Rückfederung. Die vollständige Rückfederung ist aufgrund der Dehnungen behindert.

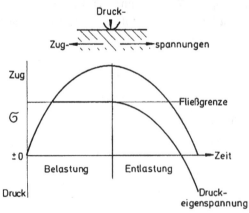

Bild 4.1–65
Entstehung von Druckeigenspannungen durch mechanische Belastung nach *Schreiber*

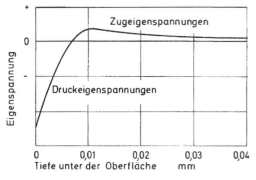

Bild 4.1–66
Eigenspannungsverlauf unter der geschliffenen Oberfläche eines Werkstücks bei alleiniger Beanspruchung durch mechanische Verformung

Daraus entstehen *Druckeigenspannungen* längs und quer zur Bearbeitungsrichtung in der Werkstückoberfläche.

Die *Druckeigenspannungen* reichen in die Tiefe des Werkstücks nur bis etwa 10 µm. Darunter findet man geringe Zugeigenspannungen, die das Gleichgewicht halten (**Bild 4.1–66**).

Druckeigenspannungen haben eine günstige Wirkung auf die Bauteilfestigkeit bei Wechselbeanspruchung. Die äußere Beanspruchung überlagert sich mit den inneren Spannungen. Bei einer Vorspannung im Druckbereich kommt es an der Oberfläche erst bei größerer Belastung zum Überschreiten der ertragbaren Zugspannung und zur Rissbildung. Die Biegewechselfestigkeit ist deshalb größer. Druckeigenspannungen können keine Schleifrisse verursachen. Die Gefahr des Verziehens ist bei jeder Art von Eigenspannungen gegeben. Sie tritt immer dann auf, wenn Eigenspannung einseitig durch nachträgliche Bearbeitungen oder Wärmebehandlungen abgebaut werden.

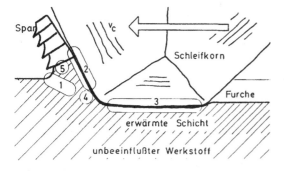

Bild 4.1–67
Modell zur Erklärung der Wärmeentstehung beim Schleifen nach *Grof.* Erwärmungszonen sind
1 die Scherzone (plastische Verformungsarbeit)
2 die Spanfläche (Reibungsarbeit)
3 die Verschleißfläche (Reibungsarbeit)
4 die Trennzone (Trennarbeit)
5 der Span (innere Reibungsarbeit)

4.1.9.3 Erhitzung, Zugeigenspannungen und Schleifrisse

Erhitzung

Die geschilderten Vorgänge der Werkstoffverformung unter Druck haben in Verbindung mit Reibung zwischen Korn und Werkstück einen zweiten Effekt zur Folge, der sich überlagert. In der Werkstückoberfläche findet eine *starke örtliche Erwärmung* statt (**Bild 4.1–67**). Sie kann Temperaturen bis 1200 K zur Folge haben. Ein Teil der entstehenden Wärme wird abgestrahlt oder durch das Kühlmittel aufgenommen, der andere Teil wird in das Innere des Werkstücks geleitet. **Bild 4.1–68** zeigt Spitzentemperaturen in der Tiefe unter der geschliffenen Oberfläche.

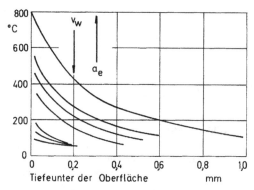

Bild 4.1–68
Verlauf der Spitzentemperatur unter der Oberfläche eines Werkstücks bei verschiedener Zustellung und Schnittgeschwindigkeit nach Littmann und Wulff

Eindringtiefe und Temperaturanstieg sind bei *stumpfem* Schleifkorn größer. Sie nehmen mit der *Zustellung* zu und verkleinern sich mit der *Werkstückgeschwindigkeit*. Das kann man dadurch erklären, dass die Energie, die auf das Werkstück übertragen und in Wärme umgesetzt wird, mit zunehmender Reibung und Zustellung größer wird und tiefer in das Werkstück eindringt. Die Werkstückgeschwindigkeit ist dagegen dafür verantwortlich, wie schnell die bearbeitete Stelle vom Kühlschmierstoff erreicht und abgekühlt werden kann.

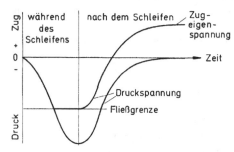

Bild 4.1–69
Entstehung der Zugeigenspannungen an der Werkstückoberfläche beim Schleifen durch Erwärmung

Zugeigenspannungen und Schleifrisse

Die plötzliche Erwärmung der Randzone führt zu *Zugeigenspannungen*. Die Oberfläche erwärmt sich. Sie will sich ausdehnen. Die Dehnung wird durch den kalten Werkstückkern behindert. Es entstehen Druckspannungen in der Oberfläche. Bei Erreichen der Fließgrenze werden weitere Vergrößerungen der Druckspannung durch Stauchung abgebaut (**Bild 4.1–69**). Nach Beendigung des Erwärmungsvorgangs durch das Schleifen kühlt die Oberflächenschicht wieder ab und will schrumpfen. Sie ist aber zu klein geworden und wird vom Kern unter Zugspannung elastisch gedehnt. Es bleiben Zugeigenspannungen in der Oberflächenschicht, die mit Druckeigenspannungen im Kern im Gleichgewicht sind.

Zugeigenspannungen haben für gehärtete oder vergütete Werkstücke zweierlei *Gefahren*:

- Sie können zu *Schleifrissen* führen, die sich über die bearbeitete Oberfläche in allen Richtungen gleichmäßig verteilen. Durch Ätzen in Salzsäure kann man sie sichtbar machen.

- Sie setzen die *Lebensdauer* von wechselbeanspruchten Bauteilen herab, auch wenn keine Schleifrisse entstanden sind. **Bild 4.1–70** zeigt, wie die Wechselfestigkeit bei zunehmenden Zugeigenspannungen in gehärteten oder vergüteten Werkstücken abnimmt. Bei nicht gehärteten Werkstücken haben Zugeigenspannungen keine schädliche Wirkung. Bei stärkerer Belastung werden sie durch Gleitvorgänge in den Gitterebenen des Werkstoffs abgebaut.

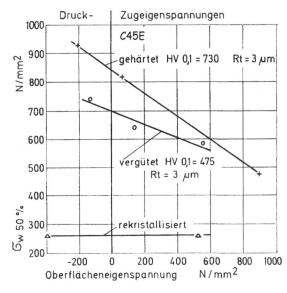

Bild 4.1–70

Verringerung der Wechselfestigkeit (50 % Überlebenswahrscheinlichkeit) an nach verschiedenen Wärmebehandlungen geschliffenen Werkstücken aus C45E infolge zunehmender Zugeigenspannungen an der Oberfläche nach *Syren*. Die Einflüsse von Verfestigung und Kerbwirkung wurden rechnerisch kompensiert.

4.1.9.4 Gefügeveränderungen durch Erwärmung

Gehärtete und *vergütete* Werkstücke können unter Einwirkung der beim Schleifen entstehenden Wärme ihr Gefüge verändern. Dabei zerfällt das Härtegefüge Martensit stufenweise. Schon bei Temperaturen ab 300 °C ist eine Verringerung der Härte zu spüren. Die geschädigte Schicht wird „*Weichhaut*" genannt. Sie kann den Gebrauchswert des Werkstücks verschlechtern. In **Bild 4.1–71** ist durch Messungen an einem gehärteten Werkstück dargestellt, wie der ursprüngliche Härteverlauf beim Schleifen mit zunehmender Zustellung mehr und mehr durch *Anlassvorgänge* verringert wird. Die Gefügeschädigung geht hier bis zu 0,5 mm tief unter die geschliffene Oberfläche.

Der Martensitzerfall beim Anlassen ist mit einer Volumenverkleinerung verbunden. Diese führt in der weicheren Schicht nach dem Abkühlen zu Zugeigenspannungen.

Bei der größten Zustellung (0,25 mm) wird über einer hochangelassenen Schicht sogar eine *Neuhärtung* der Oberfläche erzielt. Das bedeutet, dass die Spitzentemperatur über der Umwandlungstemperatur zum Austenit gelegen hat.

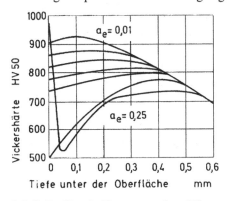

Bild 4.1–71

Einfluss der Zustellung auf den Härteverlauf unter der geschliffenen Oberfläche eines zuvor gehärteten Werkstücks.

4.1.9.5 Beeinflussung der Eigenspannungsentstehung

Durch *Überlagerung* der Vorgänge in der Werkstückoberfläche können sehr unterschiedliche Eigenspannungsverläufe entstehen. Die Eigenspannung unmittelbar an der Oberfläche hängt dann davon ab, ob der Einfluss der Verformung oder der Erwärmung überwiegt. **Bild 4.1–72** zeigt einige unterschiedliche Eigenspannungsverteilungen. Zu erkennen ist, dass der günstige Einfluss der *Verformung* sich nur bis in *geringe Tiefen* erstreckt, der schädliche Aufbau von *Zugeigenspannungen* aber *einige zehntel Millimeter tief* gehen kann.

Die entstehende Eigenspannungsverteilung kann durch die Wahl der *Schleifbedingungen*, der *Abrichtbedingungen* und der *Kühlung* beeinflusst werden. Kleine Zustellung und große Werkstückgeschwindigkeit verringern den Erwärmungseinfluss und führen eher zu Druckeigenspannungen. Das Ausfeuern am Ende eines Schleifvorgangs ist also günstig für die Gebrauchseigenschaften des Werkstücks. Feines Abrichten der Schleifscheibe bewirkt dagegen immer eine größere Erwärmung am Werkstück. Um die gefürchteten Zugeigenspannungen oder gar Schleifrisse zu vermeiden, ist grobes Abrichten vorzuziehen.

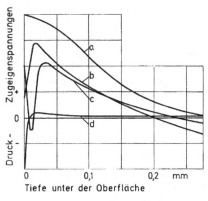

Bild 4.1–72
Verlauf von Eigenspannungen unter der geschliffenen Oberfläche
a   bei überwiegendem Erwärmungseinfluss
b   bei gemischtem Einfluss von Erwärmung und Verformung
c   bei Überlagerung der Einflüsse durch Verformung, Wärmeausdehnung, Martensitzerfall und Neuhärtung in der Randschicht
d   bei überwiegendem Verformungseinfluss

Bei der Wahl des Kühlschmiermittels hat sich gezeigt, dass mit Mineralöl geringere Zugeigenspannungen zu erwarten sind als mit Emulsion. Die Verkleinerung der Reibung hilft offenbar mehr als eine starke Kühlwirkung, eine zu große Erwärmung des Werkstücks zu vermeiden.

Zunehmende Schnittgeschwindigkeit führt infolge stärkerer örtlicher Erwärmung zu größeren Zugeigenspannungen. Für schonendes Schleifen sind also eher kleine Schnittgeschwindigkeiten geeignet. Die Schleifmittel verhalten sich aufgrund ihrer Kantenschärfe sehr unterschiedlich. Für die Bearbeitung von Stahl ist CBN besser als Korund und unter den Korunden schleifen die besonders reinen weißen Edelkorundsorten mit der geringsten Werkstofferwärmung. Im Vergleich von Siliziumkarbid und Diamant schneidet das grüne SiC besser ab. Dieses besonders spröde Schleifmittel bringt bei Verschleiß durch Mikroausbrüche immer wieder neue scharfe Schleifkanten hervor, die den Werkstoff mehr schonen als durch Verschleiß abgerundete Körner anderer Schleifmittel.

Im Vergleich der Schleifverfahren ist die Kontaktlänge *l* die wichtigste Kenngröße. Kurze Kontaktlängen wie beim Außenrundschleifen führen zu geringerer Erwärmung. Große Kontaktlängen beim Tiefschleifen, Seitenschleifen und Innenschleifen erzeugen eher eine Werkstoffschädigung wegen schlechter Zutrittsmöglichkeiten für den Kühlschmierstoff. Alle Bedingungen, die Werkstückerwärmung verringern, sind geeignet, die schädlichen Wirkungen von Gefügeveränderungen und Bildung von Zugeigenspannungen zu vermeiden.

4.1.10 Spanungsvolumen

4.1.10.1 Spanungsvolumen pro Werkstück

Spanungsvolumen beim Längsschleifen

Das Spanungsvolumen pro Werkstück ist das Werkstoffvolumen, das am Werkstück durch die Schleifbearbeitung abgetragen wird. Nach **Bild 4.1–73** kann es folgendermaßen berechnet werden:

$$\boxed{V_{\mathrm{w}} = \pi \cdot d_{\mathrm{w}} \cdot a \cdot L} \tag{4.1–61}$$

d_{w} = Werkstückfertigmaß, a = Aufmaß, L = Werkstücklänge. Es wird in $[\mathrm{mm}^3]$ oder $[\mathrm{cm}^3]$ angegeben.

Das Aufmaß a setzt sich aus den Einzelzustellungen a_{e} zusammen, die bei jedem Längshub verschieden sein können.

$$a = \sum_{1}^{i} a_{\mathrm{e}} = a_{\mathrm{em}} \cdot i$$

Es kann eine *mittlere Zustellung* a_{em} angegeben werden, die aus dem Aufmaß a und der Zahl der Überschliffe i berechnet wird.

$$\boxed{a_{\mathrm{em}} = \frac{a}{i}} \tag{4.1–62}$$

Die *individuelle Zustellung* a_{e} lässt sich nur durch Messung am Werkstück während der Bearbeitung ermitteln.

$$a_{\mathrm{e}} = \frac{1}{2}(d_{\mathrm{x}-1} - d_{\mathrm{x}})$$

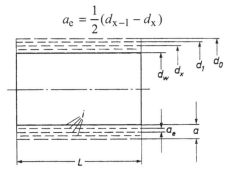

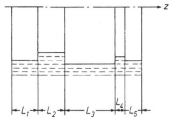

Bild 4.1–73 Skizze zur Berechnung des Spanungsvolumens pro Werkstück beim Längsschleifen

i Zahl der Überschliffe
a Aufmaß
d_0 Rohteildurchmesser
d_{w} Fertigmaß
L Werkstücklänge

Bild 4.1–74 Beim Querschleifen muss das Spanungsvolumen abschnittweise berechnet werden.

Spanungsvolumen beim Querschleifen

Für das Querschleifen gilt die gleiche Formel wie beim Längsschleifen. Es muss jedoch beachtet werden, dass die Werkstücke fast immer abgestufte Profile haben (**Bild 4.1–74**). Deshalb ist das Spanungsvolumen pro Werkstück auch *abschnittsweise* zu berechnen:

$$\boxed{V_{\text{w}} = \pi \cdot \sum (d_{\text{z}} \cdot a_{\text{z}} \cdot L_{\text{z}})} \qquad (4.1\text{--}63)$$

Bei der Bestimmung des mittleren Arbeitseingriffs eines Abschnitts $a_{\text{em}} = a / i$ muss beachtet werden, dass es keine Längshübe gibt. i ist hier die Zahl der Umdrehungen, die das Werkstück vom ersten Kontakt mit der Scheibe bis zur Fertigstellung braucht.

$$\boxed{i = t_{\text{h}} \cdot n_{\text{w}}} \qquad (4.1\text{--}64)$$

t_{h} = Schleifzeit, n_{w} = Werkstückdrehzahl

Bei Untersuchungen über die zeitliche Veränderung der Schleifscheibenoberfläche oder der Werkstückoberfläche werden gern *bezogene Spanungsvolumen* als Einflussgrößen angegeben. Das einfache bezogene Spanungsvolumen V_{w} ist die Werkstoffmenge, die ab einem bestimmten Zeitpunkt von einer Schleifscheibe je mm Schleifbreite abgetragen wurde:

$$\boxed{V_{\text{w}}' = \frac{V_{\text{w}}}{a_{\text{p}}}} \qquad (4.1\text{--}65)$$

Sollen Schleifscheiben unterschiedlichen Durchmessers verglichen werden, muss die schleifende Fläche der Scheibe berücksichtigt werden. Das ist im doppelt bezogenen Spanungsvolumen V_{w}'' der Fall:

$$\boxed{V_{\text{w}}'' = \frac{V_{\text{w}}}{a_{\text{p}} \cdot \pi \cdot d_{\text{s}}}}. \qquad (4.1\text{--}66)$$

4.1.10.2 Zeitspanungsvolumen

Das Zeitspanungsvolumen Q ist eine wichtige Kenngröße beim *Längsrundschleifen*. Nach Bild 4.1–19 lässt es sich folgendermaßen berechnen:

$$\boxed{Q = a_{\text{e}} \cdot a_{\text{p}} \cdot v_{\text{w}}}. \qquad (4.1\text{--}67)$$

Da der Arbeitseingriff a_{e} sich von einem Längshub zum anderen ändern kann, ist nach dieser Formel auch Q nicht konstant. Als *mittleres Zeitspanungsvolumen* kann mit dem Zerspanungsvolumen pro Werkstück V_{w} und der Schleifzeit t_{h} definiert werden:

$$\boxed{Q_{\text{m}} = \frac{V_{\text{w}}}{t_{\text{h}}}}. \qquad (4.1\text{--}68)$$

4.1.10.3 Bezogenes Zeitspanungsvolumen

Beim *Querschleifen* wird das Zeitspanungsvolumen häufig zur Eingriffsbreite a_{p} ins Verhältnis gesetzt (**Bild 4.1–75**). Es wird folgendermaßen berechnet:

$$\boxed{Q' = \frac{Q}{a_{\text{p}}} = a_{\text{e}} \cdot v_{\text{w}}}. \qquad (4.1\text{--}69)$$

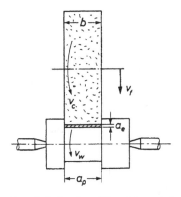

Bild 4.1–75
Skizze zur Berechnung des bezogenen Zeitspanungsvolumens beim Querschleifen

v_c Schnittgeschwindigkeit
v_w Werkstückgeschwindigkeit
v_f radiale Vorschubgeschwindigkeit
a_e Arbeitseingriff
a_p Eingriffsbreite
b Schleifscheibenbreite

Der Arbeitseingriff a_e lässt sich aus der Werkstückdrehzahl n_w und der Vorschubgeschwindigkeit berechnen: $a_e = v_f / n_w$. Die Bezugsgröße a_p ist die Werkstücklänge L oder eine Teillänge L_x (Bild 4.1–74), wenn sie vollständig von der Schleifscheibe erfasst wird, oder die Schleifscheibenbreite b (Bild 4.1–75).

4.1.10.4 Standvolumen und andere Standgrößen

Der Verschleiß an der Schleifscheibe bewirkt, dass diese nach einer gewissen Zeit des Eingriffs abgerichtet werden muss. Diese Zeit des Eingriffs ist die *Standzeit T*. In der Standzeit kann die Werkstückmenge N, die *Standmenge*, bearbeitet werden. Berücksichtigt man das Werkstoffvolumen V_w, das von jedem Werkstück abgeschliffen wird, kann das gesamte Werkstoffvolumen pro Standzeit, das *Standvolumen* V_T berechnet werden.

$$\boxed{V_T = V_w \cdot N} \qquad (4.1–70)$$

Es wird in (mm³ / Standzeit) angegeben und lässt sich ebenso aus dem Zeitspanungsvolumen und der Standzeit bestimmen:

$$\boxed{V_T = Q \cdot T}. \qquad (4.1–71)$$

Mit dem bezogenen Zeitspanungsvolumen Q' lässt sich das *bezogene Standvolumen* pro mm Schleifbreite angeben:

$$\boxed{V_T' = \frac{V_T}{a_p} = Q' \cdot T}. \qquad (4.1–72)$$

Für diese Kennzahl gibt es in der Praxis *Richtwerte*.

Das Standvolumen und das bezogene Standvolumen werden im Wesentlichen von folgenden Einflüssen verändert:

- der Schleifscheibengröße, gegeben durch ihre Umfangsfläche, die in Eingriff kommt
- der Schleifscheibenzusammensetzung, gegeben durch Schleifmittel, Körnung, Härte und Gefüge
- der Beanspruchung der Schleifscheibe, gegeben durch Schnittgeschwindigkeit, Werkstückgeschwindigkeit, Vorschub und Zustellung
- den Werkstoffeigenschaften, gegeben durch Härte, Zähigkeit und Art der Legierungselemente.

4.1.10.5 Optimierung

Allgemeines Ziel von Optimierungen ist es, die Herstellung mit den *geringsten Kosten* oder dem *größten Nutzen* durchzuführen. Beim Schleifen hat es sich als günstig herausgestellt, die Bearbeitungsaufgabe zu unterteilen in *Grobschleifen* und *Fertigschleifen* oder in mehrere Stufen. Dabei können die gröbsten Gestaltabweichungen des Werkstücks anfangs schnell mit dem größten Teil des Aufmasses abgetragen werden. Die Feinbearbeitung dagegen muss hauptsächlich das gewünschte Endergebnis an Genauigkeit und Oberflächengüte sicherstellen. Die Optimierungsmaßnahmen sind deshalb beim Grobschleifen und Feinschleifen verschieden.

Günstige Schleifbedingungen beim Grobschleifen

Ziel der *Kostenoptimierung* beim Grobschleifen ist es, die Fertigungskosten, die sich im Wesentlichen aus den maschinengebundenen Kosten K_M, den werkzeuggebundenen Kosten K_W und den lohngebundenen Kosten K_L zusammensetzen (s. **Bild 4.1–76**), dadurch zu verringern, dass das *Zeitspanungsvolumen Q* möglichst bis zum Kostenminimum *vergrößert* wird. Aus Gleichung (4.1–50) $Q = a_e \cdot a_p \cdot v_w$ geht hervor, dass das durch Vergrößern des Arbeitseingriffs a_e, des Vorschubs a_p und der Werkstückgeschwindigkeit v_w erfolgen kann. Bei diesen Maßnahmen zur Vergrößerung des Zeitspanungsvolumens stellen sich folgende technische und wirtschaftliche Grenzen:

1) Die Schleifnormalkraft F_{cN} nimmt zu. Sie kann Formfehler am Werkstück verursachen, die in der Feinbearbeitungsstufe nicht mehr beseitigt werden. Gegenmaßnahmen sind grobes Abrichten, Verwendung grobkörniger Schleifscheiben, stabile Werkstückeinspannung.

2) Die *Schleifleistung* nimmt zu. Diese ist durch den Antriebsmotor begrenzt. Gegenmaßnahmen sind grobes Abrichten, Verwendung grobkörniger Schleifscheiben, Verwendung einer größeren Schleifmaschine.

3) Die *Werkstücktemperatur* wird größer. Dabei können Werkstückschädigungen entstehen wie Schleifbrand und Schleifrisse, die beim Fertigschleifen nicht mehr beseitigt werden können. Gegenmaßnahmen sind grobes Abrichten, Verwendung grobkörniger Schleifscheiben, Werkstückgeschwindigkeit mehr vergrößern als die Zustellung, Verbessern der Kühlung, Anwenden der Hochdruckspülung zum Freispülen der Schleifscheibe und zur Vermeidung von Zusetzungen.

4) Der *Verschleiß* der Schleifscheibe wird zu groß. Die Werkzeugkosten und Werkzeugwechselkosten nehmen dann übermäßig zu, sodass die Fertigungskosten wieder ansteigen (im Bild 4.1–76 rechts vom Kostenminimum). Eine Gegenmaßnahme ist der Einsatz härterer Schleifscheiben.

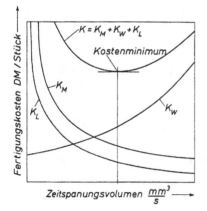

Bild 4.1–76
Kostenoptimierung beim Grobschleifen durch Vergrößern des Zeitspanungsvolumens

5) *Schwingungen* entstehen. Sie verursachen größeren Verschleiß an der Schleifscheibe und große Rautiefe sowie Formfehler am Werkstück. Gegenmaßnahmen sind stabilere Werkstückeinspannung, grobes Abrichten, Wahl kleineren Vorschubs.

Eine weitere Möglichkeit, das Zeitspanungsvolumen zu vergrößern, ist die *Vergrößerung der Schnittgeschwindigkeit* v_c. Dabei kann nämlich gleichermaßen die Werkstückgeschwindigkeit mit vergrößert werden, die das Zeitspanungsvolumen erhöht, ohne dass Nachteile für Schleifscheibe und Werkstück entstehen (vgl. Kapitel 4.1.2.2). Die Sicherheitsbestimmungen setzen dieser Maßnahme jedoch die Grenze.

Praktisch angewandte Größen für Arbeitseingriff, Vorschub und Werkstückgeschwindigkeit beim groben Schleifen sind: Arbeitseingriff a_e = 15 – 35 µm. Grobkörnige und offene Schleifscheiben vertragen mehr als feinkörnige und geschlossene. Schleifaufmaß a = 0,2 – 0,5 mm. Die größeren Werte gelten für große oder schlanke Werkstücke und solche, die durch Wärmebehandlung Verzug erleiden. Vorschub f = 1 / 2 bis 2 / 3 der Schleifscheibenbreite b. Werkstückgeschwindigkeit v_w = 1 / 80 bis 1 / 40 der Schleifgeschwindigkeit v_c (bei Stahl etwa 1 / 80, bei Grauguss etwa 1 / 70, bei Aluminium und Bronze eher 1 / 40).

Günstige Schleifbedingungen beim Feinschleifen

Ziel der Feinbearbeitung ist es, die vom Konstrukteur festgelegte Endform, Maßhaltigkeit und Oberflächengüte des Werkstücks herzustellen. Maßnahmen, um *feinere Ergebnisse* als beim groben Schleifen zu erzielen, sind:

1. Verkleinern des Arbeitseingriffs a_e bzw. Ausfunken ohne Zustellung
2. Verkleinern des Vorschubs f,
3. Verkleinern der Werkstückgeschwindigkeit v_w
4. feineres Abrichten der Schleifscheibe
5. Verwendung einer Schleifscheibe mit feinem Korn
6. Ölkühlung statt Emulsionskühlung
7. Vergrößern der Schnittgeschwindigkeit v_c.

Sie werden kombiniert angewandt, um die Bearbeitungszeit des Feinschleifens trotzdem kurz zu halten. Eine *Verkleinerung des Zeitspanungsvolumens* ist bei den Maßnahmen 1. – 6. unumgänglich. Zustellung, Längsvorschub und Werkstückgeschwindigkeit verringern das Zeitspanungsvolumen unmittelbar. Eine feinere Schleifscheibenoberfläche und Ölkühlung lassen wegen der Gefahr des Zusetzens und der Werkstückerwärmung auch nur kleine Zeitspanungsvolumen zu. Die Maßnahmen 5. und 6. verlangen einen Wechsel der Schleifscheibe oder Maschine, also ein Umspannen des Werkstücks, was zusätzliche Kosten verursacht; oder das grobe Vorschleifen kann nicht mit optimalem Zeitspanungsvolumen durchgeführt werden. Sie sind also selten anwendbar.

Die Verbesserung der Oberflächengüte bei Verringerung des Zeitspanungsvolumens lässt sich aus Bild 4.1–63 erkennen. Im dargestellten Bereich besteht ein fast linearer Zusammenhang, gleichgültig, ob a_e, a_p oder v_w geändert wird.

Die Maßnahme 7. „Vergrößern der Schnittgeschwindigkeit" trägt zur Ergebnisverbesserung und zur Vergrößerung des Zeitspanungsvolumens bei. Die Wirkung auf die Oberflächengüte wurde in Kapitel 4.1.2.2 und Bild 4.1–13 beschrieben. Es darf jedoch nicht übersehen werden, dass die Anwendung übergroßer Schnittgeschwindigkeiten auch einen sehr großen maschinellen Aufwand für den Antrieb, die Steifigkeit und die Sicherheitsvorkehrungen verlangt. Damit vergrößern sich wieder die maschinengebundenen Kosten K_M.

Folgende Aufzählung von Maßnahmen, die zur Verbesserung der Oberflächengüte des Werkstücks führen können, stammt von *Kammermeyer*:

- *Schleifscheibe*:
  - dichteres Gefüge
  - feineres Korn
  - andere Kornart
  - kleinere Abrichtgeschwindigkeit
  - Austauschen des Abrichtwerkzeugs.
- *Maschine:*
  - gutes Auswuchten der Schleifscheibe
  - gutes Auswuchten der Motoren und Riemenscheiben
  - Vermeiden des Resonanzbereichs (z. B. weichere Aufstellung)
  - Vergrößern der Schleifscheibenumfangsgeschwindigkeit
  - kleinere Vorschubgeschwindigkeit beim Vorschleifen
  - kleinere Vorschubgeschwindigkeit beim Feinschleifen
  - längere Feinschleifphase.
- *Kühlschmierstoff:*
  - bessere Kühlschmierstoffreinigung (Filterung)
  - mineralölhaltige Emulsion anstelle von synthetischem Kühlschmierstoff
  - größere Konzentration des Schmier Stoffanteils

4.1.11   Verschleiß

4.1.11.1   Absplittern und Abnutzung der Schleifkornkanten

Die Abnutzung der scharfen Kanten und Ecken des Schleifkorns beim Eingriff in den Werkstoff erfolgt durch Absplittern und Ausbrechen kleiner Kristallteile aus dem Korn (**Bild 4.1–77**). Es werden immer die Teile am meisten abgenutzt, die am stärksten belastet sind, also die Ecken, die am weitesten in den Werkstoff eingreifen. Damit verursacht diese Art des Schleifscheibenverschleißes eine Verkleinerung der Wirkrautiefe und eine Vergrößerung der Anzahl der Schleifkörner, die an der Zerspanung teilnehmen.

In Bezug auf eine verbesserte Oberflächenqualität des Werkstücks ist dieser Verschleiß günstig. Von Nachteil ist die Abstumpfung des Kornes, welche die Reibung vermehrt und die Schleifkräfte vergrößert. Die dabei zunehmende Erwärmung des Werkstücks kann zu thermischen Schädigungen des Gefüges, zu Zugeigenspannungen und zu Schleifrissen in der bearbeiteten Oberfläche führen. Um das zu vermeiden, müsste bei zunehmender Kornabstumpfung das Zeitspanungsvolumen verkleinert werden.

Durch die richtige Wahl der Schleifmittelqualität kann die Kornabstumpfung beherrscht werden. Grünes Siliziumkarbid und weißer Edelkorund sind splitterfreudig und bilden neue Schneidkanten. Normalkorund dagegen verhält sich eher zäh und stumpft bei Verschleiß mehr ab.

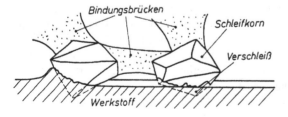

Bild 4.1–77
Absplittern und Abnutzung von Schleifkornkanten

4.1.11.2   Ausbrechen von Schleifkorn

An den Kanten der Schleifscheiben sitzt das Schleifkorn weniger fest in seiner Bindung als in den Flächen. Man kann sich vorstellen, dass dort die Zahl der Bindungsbrücken kleiner ist als in der Mitte der Fläche oder im geschlossenen Inneren der Schleifscheibe (**Bild 4.1–78**). Die angreifenden Schleifkräfte wirken jedoch überall gleich. Dadurch bricht an den Kanten das Korn einzeln und in mehrkörnigen Bruchstücken aus. Bereits bei der ersten Berührung zwischen Schleifscheibe und Werkstück nach dem Abrichten entsteht Kantenverschleiß, der zu Abrundungen führt (**Bild 4.1–79**). Besonders beim Quer-Profilschleifen ist diese Verschleißform gefürchtet, da sie Formveränderungen an den Werkstücken erzeugt, die laufend überwacht werden müssen.

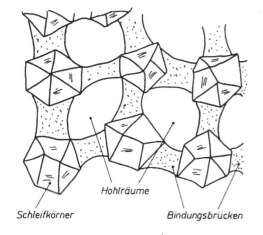

Hohlräume

Schleifkörner   *Bindungsbrücken*

Bild 4.1–78
Schematische Darstellung der Bindungsbrücken zwischen den Schleifkörnern. An den Kanten der Schleifscheibe sind weniger Bindungen zu finden als an einer Fläche.

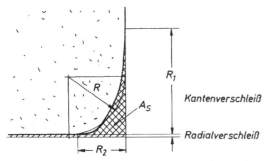

Kantenverschleiß

Radialverschleiß

Bild 4.1–79
Radialverschleiß und Kantenverschleiß durch Kornausbruch
R Toleranzradius
R_1 Kantenverschleiß an der Seite
R_2 Kantenverschleiß am Umfang
A_S Kantenverschleißfläche

Der Kantenverschleiß kann an einem Probewerkstück ausgemessen werden. Die Kantenverschleißfläche A_S wird mit der Fläche unter dem zulässigen Kreisbogen mit dem Radius R verglichen. Dabei muss beachtet werden, dass der Verschleißbogen eher elliptische als kreisrunde Form hat.

Verkleinern lässt sich der Kantenverschleiß durch Wahl einer härteren, dichteren oder feineren Schleifscheibe, durch Vergrößern der Schnittgeschwindigkeit v_c, Verkleinern des Arbeitseingriffs a_e oder der Werkstückgeschwindigkeit v_w. Beseitigen lässt er sich nur durch wiederholtes Abrichten und Erneuern der Form.

4.1.11.3 Auswaschen der Bindung

Werkstoff und Späne kommen nicht nur mit dem Schleifkorn, sondern auch mit der Bindung in Berührung, die davon abgetragen wird. Dabei entsteht an der Schleifscheibe das Arbeitsprofil.

Es besteht aus herausragenden Schleifkörnern und ausgehöhlten Spanräumen dazwischen. Kleinere Körner verlieren ihren Halt und fallen heraus.

Das Arbeitsprofil wird durch die Wirkrautiefe der Schleifscheibe R_{tS} beschrieben (s. Bild 4.1–59 in Kapitel 4.1.3). Dieses ist anfangs von den Abrichtbedingungen abhängig und wird mit zunehmendem Einsatz der Schleifscheibe von den Schleifbedingungen bestimmt. Nach einer gewissen Einsatzzeit ist ein gleich bleibendes *Arbeitsprofil* vorhanden, das vom Zeitspanungsvolumen, insbesondere vom Arbeitseingriff a_e und der Werkstückgeschwindigkeit v_w geprägt wird.

4.1.11.4 Zusetzen der Spanräume

Abgetragene Werkstoff Späne, verklebt mit Öl und Wasser, vermischt mit Schleifscheibenabrieb, können die Spanräume so zusetzen (**Bild 4.1–80**), dass das Eindringen der Schleifkörner in den Werkstoff erschwert wird. Erste Zusetzungen sind an punktförmigen metallisch glänzenden Stellen zu erkennen. Sie können sich verstärken, bis der größte Teil der Schleifscheibenarbeitsfläche bedeckt ist.

Es entsteht Reibung bei größerem Anpressdruck. Die Kräfte, insbesondere die Schnitt-Normalkräfte, nehmen zu. Am Werkstück entstehen blanke glatte Stellen, die stärker erhitzt werden als beim Schleifen mit scharfer Schleifscheibe. Unangenehme Folgen sind Schäden an den Werkstücken durch Gefügeänderungen, Zugeigenspannungen und Schleifrisse.

Beseitigen lassen sich die Zusetzungen durch *Abtragen* der Schicht mit Abrichtdiamanten oder *Aufrauen* an einem Rollenabrichtgerät oder Abrichtblock.

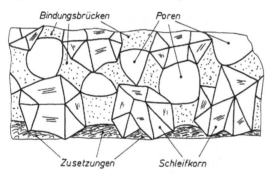

Bild 4.1–80
Zusetzungen in den Spanräumen einer
Schleifscheibe

Zur Vermeidung des Zusetzens lassen sich folgende Maßnahmen anwenden:

- Hochdruckspülung, die mit 80 – 120 bar einen Spülstrahl auf die laufende Schleifscheibe während der Arbeit spritzt
- Ultraschall zum Lockern und Ausschleudern der Schleifspänchen
- Größere Zustellung und größerer Vorschub. Dadurch soll der Werkstoff selbst die Zusetzungen wegdrücken.
- Schleifscheibe mit weicherer Bindung, die bei größerem Verschleiß Zusetzungen nicht entstehen lässt

4.1.11.5 Verschleißvolumen und Verschleißkenngrößen

Die durch Verschleiß an der Schleifscheibe entstandenen Fehler (stumpfe Körner, raue Oberfläche, zugesetzte Schicht und Kantenabrundung) werden durch das Abrichten beseitigt. Dabei wird weiteres Schleifscheibenvolumen abgetragen. Abgenutztes und abgerichtetes Volumen zusammen bilden das *Verschleißvolumen* (**Bild 4.1–81**).

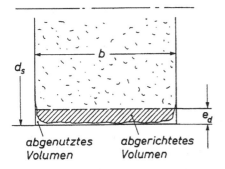

abgenutztes   abgerichtetes
Volumen   Volumen

Bild 4.1–81
Das Verschleißvolumen setzt sich aus dem abgenutzten und dem abgerichteten Volumen zusammen.

Das Verschleißvolumen kann aus der Abrichttiefe e_d, die sich aus den Einzelabrichtzustellungen a_d und der Zahl der Abrichthübe z_d zusammensetzt,

$$e_d = z_d \cdot a_d$$

und den Abmessungen der Schleifscheibe (Durchmesser d_s, Breite b) berechnet werden:

$$\boxed{V_{ST} = \pi \cdot d_s \cdot e_d \cdot b}. \tag{4.1–73}$$

Es ist das *Verschleißvolumen pro Standzeit.* Ähnlich wie beim Spanungsvolumen können davon abgeleitete Größen folgendermaßen definiert werden:

Das *Verschleißvolumen pro Werkstück*

$$\boxed{V_{SW} = V_{ST} / N} \tag{4.1–74}$$

das *Zeitverschleißvolumen*:

$$\boxed{Q_s = \frac{V_{ST}}{N \cdot t_h}} \tag{4.1–75}$$

das *bezogene Zeitverschleißvolumen*:

$$\boxed{Q_s' = Q_s / a_p} \tag{4.1–76}$$

Eine besondere Verschleißkenngröße ist der *spezifische Schleifscheibenverschleiß S.* Er ist das Verhältnis von Verschleißgröße und entsprechender Spanungsvolumengröße

$$\boxed{S = \frac{V_{ST}}{V_T} = \frac{V_{SW}}{V_W} = \frac{Q_S}{Q} = \frac{Q_s'}{Q}} \tag{4.1–77}$$

Der spezifische Schleifscheibenverschleiß wird als dimensionslose Zahl oder in [%] ausgedrückt. Er gibt an, wie viel Schleifscheibenstoff pro Volumenmenge abgetragenen Werkstoffs verbraucht wird. Übliche Werte liegen in der Größenordnung

$$S = 0{,}005 \text{ bis } 0{,}1 \triangleq 0{,}5 \% \text{ bis } 10 \%.$$

Zu großer spezifischer Schleifscheibenverschleiß zeigt, dass die benutzte Schleifscheibe zu weich ist, kleinere Werte können anzeigen, dass sie zu hart ist.

Der Kehrwert des spezifischen Schleifscheibenverschleißes ist das *Volumenschleifverhältnis G*

$$\boxed{G = \frac{1}{S} = \frac{V_T}{V_{ST}}}. \tag{4.1–78}$$

Es sagt aus, wie viel mm^3 Werkstoff mit 1 mm^3 Schleifscheibenstoff abgetragen werden kann. Bei unlegierten und niedriglegierten Stählen sollte es 10 – 200 erreichen.

Werkzeugstähle, Schnellarbeitsstähle und andere hochlegierte Stähle sind jedoch mitunter schwer schleifbar. Sie verursachen bei größerem Kohlenstoffgehalt in Verbindung mit karbid-bildenden Legierungsbestandteilen wie Vanadium, Wolfram, Molybdän und Chrom besonders großen Verschleiß an der Schleifscheibe. Bei diesen Werkstoffen wird das Volumenschleifver-hältnis G, das mit einer keramisch gebundenen Korundschleifscheibe der Körnung 46 ermittelt wurde, auch als *Schleifarbeitsindex* benutzt [*Norton, Rička*]. **Tabelle 4.1-4** zeigt eine Anzahl von Werkzeug- und Schnellarbeitsstählen und den unter bestimmten Bedingungen ermittelten G-Wert. Daraus wurde die *Klasse der Schleifbarkeit nach Norton* festgelegt. Es ist zu erken-nen, dass einige Werkstoffe, besonders die vanadiumhaltigen Schnellarbeitsstähle, sehr kleine G-Werte haben. Das bedeutet, dass unter den Testbedingungen das Verschleißvolumen an der Korundschleifscheibe größer sein kann als der Abtrag am Werkstück. Hier ist mit Sicherheit ein anderes Schleifmittel (z. B. BN) besser.

Geeignete Schleifscheiben für eine bestimmte Zerspanungsaufgabe werden nicht nur nach dem Verschleiß, sondern der *Gesamtwirtschaftlichkeit* ausgesucht. Hierfür werden im Versuch Zeitspanungsvolumen, Verschleißvolumen und Bearbeitungszeit ermittelt und mit allen anfal-lenden Kosten in Beziehung gebracht. Als Ergebnis dieser Untersuchung findet man neben den Gesamtkosten für das Zerspanen von 1 kg Werkstoff auch Hinweise auf das Aussehen der verglichenen Schleifscheiben während der Versuchszeit und auf das Schliffbild und die Rau-heit am Werkstück.

Tabelle 4.1-4: Volumenschleifverhältnis G für verschiedene Werkzeugzeugstähle und Schnellarbeitsstäh-le bei der Bearbeitung mit Korundschleifscheiben als Kennzeichnung der Zerspanbarkeit nach Norton und Rička

Stahlsorte	Chemische Zusammensetzung %						Index der Schleifbarkeit G	Klasse der Schleifbarkeit
	C	Cr	V	W	Mo	Co		
50 Mo 2	0,5				0,5		> 40	1
35 Cr Mo V 20	0,35	5	1		1,5		> 40	1
35 W Cr 36	0,35	3,5		9			20	1
70 C r 3	0,7	0,75			0,25		> 40	1
125 W 14	1,25			3,5			5	2 – 4
S18-1	0,7	4	1	18			6 – 12	2 – 4
S18-2	0,85	4	2	18			4	2 – 4
HS 20-2-0-12	0,80	4,5	1,5	20		12	3	3 – 4
HS14-2	0,80	4	2	14			6	2 – 4
HS 12-5-0-5	1,55	4	5	12		5	0,8	5
HS 2-8-1	0,8	4	1	1,5	8		7	2 – 4
HS 6-5-4	1,3	4	4	5,5	4,5		0,7	5
HS 7-4-5-5	1,5	4	5	6,5	3,5	5	0,8	5

4.1.11.6 Wirkhärte

Ein besonderes Kennzeichen dafür, ob die Zerspanbedingungen und die Schleifscheibe richtig gewählt sind, ist die *Wirkhärte* (auch Arbeitshärte und dynamische Härte genannt). Unter der *statischen* Härte einer Schleifscheibe wird der Widerstand, den sie dem Herausbrechen von Schleifkorn unter Prüfbedingungen entgegensetzt, verstanden. Die *Wirkhärte* dagegen ist das Härteverhalten beim Zerspanvorgang selbst. Sie ist richtig gewählt, wenn bei der Bearbeitung des Werkstücks eine ausreichende Selbstschärfung des Schleifkorns durch Absplittern und

Herausbrechen eintritt, ohne dass der spezifische Schleifscheibenverschleiß S ungünstig groß wird.

Die Einflüsse auf die Wirkhärte sind in zwei Gruppen zu unterteilen:

1. Einflüsse, die von der *Schleifscheibenbeschaffenheit* bestimmt werden, das sind: Korngröße, Bindung, Gefüge, Scheibendurchmesser
2. Einflüsse, welche die *Kräfte* beeinflussen, die auf das Korn einwirken: Werkstoff (spezifische Schnittkraft), Werkstückform (innenrund, eben oder außenrund) und die Mittenspanungsdicke h_m. In der Mittenspanungsdicke wirken als Einflüsse besonders der Arbeitseingriff a_e und das Geschwindigkeitsverhältnis $q = v_c / v_w$.

Aus dieser Aufzählung der Einflüsse lassen sich Maßnahmen ableiten, die zur Veränderung der Wirkhärte führen können. Diese Maßnahmen werden ebenso unterteilt in:

- Wahl anderer Schleifscheibenzusammensetzungen, insbesondere andere Wahl der statischen Härte der Bindung
- Veränderung der Schnittbedingungen

Die zweite Gruppe dieser Maßnahmen ist im Betrieb bei gegebener Schleifscheibe besonders interessant. Damit lässt sich die *Wirkhärte vergrößern* durch

a) Verkleinerung des Arbeitseingriffs a_e
b) Vergrößerung der Schnittgeschwindigkeit v_c
c) Verringerung der Werkstückgeschwindigkeit v_w.

Sie lässt sich *weicher* einstellen (wenn die Scheibe stumpf wird und sich zusetzt) durch

a) Vergrößerung des Arbeitseingriffs a_e
b) Verkleinerung der Schnittgeschwindigkeit v_c
c) Vergrößerung der Werkstückgeschwindigkeit v_w.

Eine Drehzahlerhöhung um 40 % oder eine Verringerung um 30 % entspricht in ihrem Einfluss auf die Wirkhärte etwa einer Änderung der statischen Schleifscheibenhärte um eine Stufe (siehe Kapitel 4.1.1.2).

Bei starker *Abnutzung* einer Schleifscheibe verringert sich ihre Wirkhärte, obwohl die Zusammensetzung unverändert bleibt. Das hat zwei Gründe:

- Der Scheibendurchmesser wird kleiner. Damit vergrößert sich die Mittenspanungsdicke durch den Formeleinfluss der Schleifbahn.
- Die Umfangsgeschwindigkeit v_c nimmt ebenfalls mit fortschreitendem Verschleiß ab. Wie wir soeben gesehen haben, verringert sich damit die Wirkhärte.

Durch Vergrößerung der Drehzahl oder Verringerung der Vorschubgeschwindigkeit oder des Arbeitseingriffs lässt sich die Verringerung der Wirkhärte bei abgenutzter Schleifscheibe ausgleichen.

4.1.12 Abrichten

4.1.12.1 Ziele

Das Abrichten hat zwei wichtige Ziele:

- die Herstellung der *geometrischen Form* und
- die Erzeugung einer geeigneten *Schneidenraum*beschaffenheit

1. Die *geometrische Form* lässt sich durch die Rundheit und Formgenauigkeit des Profils, die an den erzeugten Werkstücken gemessen werden, erkennen. Sie verschlechtert sich im Ein-

satz der Schleifscheibe durch Verschleiß. Regelmäßiges Abrichten muss die Formfehler wieder beseitigen.

2. Die *Schneidenraumbeschaffenheit* bestimmt die Zerspanungsfähigkeit der Schleifscheibe. Sie wird durch Schneidenraumtiefe (Kornüberstand), Schneidenzahl und Kantenschärfe des Kornes beschrieben.

Freiräume zwischen den Schneiden dienen dazu, Kühlflüssigkeit oder Luft an die Schnittstelle zur Kühlung und Schmierung zu fördern und den entstehenden Werkstoffabtrag aufzunehmen. Um diese Spanräume herzustellen und Poren in der Schleifscheibe zu öffnen, muss nach dem Abrichten noch Bindungsstoff zwischen den Schleifkörnern durch „Aufrauen" oder „Abziehen" entfernt werden. Dieser Vorgang kann selbsttätig beim ersten Einsatz der frisch abgerichteten Schleifscheibe am Werkstück erfolgen. Dann sind jedoch bei diesem „Einschleifen" die Kräfte größer als bei einer aufgerauten Schleifscheibe, und die Gefahr der Überhitzung besteht. Besser ist es, die Schleifscheibe beim Abrichten oder durch ein nachträgliches „Abziehen" aufzurauen. Auch zugesetzte Schleifscheiben können durch ein „Aufrauen" wieder griffig gemacht werden. Meistens wird jedoch die zugesetzte Schicht durch vollkommenes „Abrichten" abgetragen.

Besonders kunstharz- und metallgebundene Schleifscheiben benötigen oft zwei Abrichtschritte, um nach der Formgebung auch noch die richtige Schneidenraumbeschaffenheit durch eine Aufrauung herzustellen. Das kann nach dem Abrichten beim Einschleifen am Werkstück geschehen, wobei die ersten Werkstücke unbrauchbar sein können durch thermische Schädigungen oder durch einen besonderen Vorgang, der die Bindung abträgt.

Die Abrichtverfahren lassen sich folgendermaßen einteilen:

- Mechanische Abrichtverfahren
  - Abrichtverfahren mit *ruhendem* Werkzeug
    Abrichten mit *Einkorndiamant* [*Selly, Gauger*]
    Abrichten mit *Vielkorndiamant* [*Selly, Gauger*]
    Abrichten mit *Diamantfliese* [*Selly, Gauger*]
    Abrichten mit *Diamantblock* [*Spur, Dietrich, Klocke*]
    Abrichten mit *Metallblock* [*Shafto, Notter*]
    Abrichten mit *Korund-* oder *SiC-Block* [*Saljé, Jacobs*]
    Abrichten mit *Korund-* oder *SiC-Stab*
  - Abrichtverfahren mit bewegtem Werkzeug
    Abrichten mit Diamantrolle [*Palitzsch, König* u. a.]
    Abrichten mit Stahlrolle (Ein- und Zweirollenverfahren) [*Sawluk*]
    Abrichten mit Stahlglocke oder -rad
    Abrichten mit Crushierrolle aus Stahl oder Hartmetall [*Tönshoff, Kaiser*]
    Abrichten mit Korund- oder SiC-Schleifscheibe [*Spur, Klocke*]
    Abrichten durch kaltes Einwalzen
    Abrichten durch Einwalzen bei erhöhter Temperatur

- Sonstige Abrichtverfahren
  - Elektrochemisches Abrichten
  - Funkenerosives Abtragen
  - Funkenerosives Schleifen [*Reznikov*]

4.1.12.2 Abrichten mit Einkorndiamant

Das Abrichtwerkzeug ist ein einzelner *Naturdiamant*. Er ist in einem metallischen Halter eng anliegend so eingefasst, dass nur eine Spitze oder Kante herausragt (**Bild 4.1–82a**). Die Stabilität der Einfassung bestimmt die Lebensdauer des Abrichtwerkzeugs. Durch Sintern ist es möglich, auch kleinere Diamanten so gut zu befestigen, dass heute für diesen Zweck Stücke unter 2 Karat genommen werden können. Früher wogen Abrichtdiamanten 20 Karat und mehr. Berühmt war ein 125-Karäter bei Ford in Amerika.

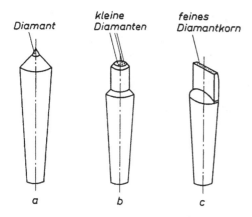

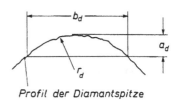

Profil der Diamantspitze

Bild 4.1–82 Stehende Abrichtwerkzeuge mit Diamanten

a   Einkorndiamantabrichter
b   Vielkorndiamantabrichter
c   Diamantfliese

Bild 4.1–83 Wirksames Profil eines Abrichtwerkzeugs

a_d Abrichtzustellung
b_d Wirkbreite
r_d Rundungsradius

Die *Zustellung* beim Abrichten a_d beträgt etwa $10 - 20$ μm. Der Vorschub f_d wird so gewählt, dass ein Schleifkorn mehrmals vom Diamanten getroffen wird. Als *Überdeckungsgrad* ist definiert

$$\ddot{U}_d = b_d / f_d .$$ (4.1–79)

Darin ist b_d die wirksame Breite des Abrichtdiamanten in Abhängigkeit von der Abrichtzustellung a_d (**Bild 4.1–83**). Mit zunehmendem Überdeckungsgrad, also kleinerem Abrichtvorschub, wird die Schleifscheibenoberfläche nach *König* und *Föllinger* feiner. Es ist günstig, einen Abrichtüberdeckungsgrad $\ddot{U}_d = 2 - 6$ zu wählen. Dann wird nicht die ganze Breite b_d wirksam, sondern nur ein Teil davon mit der Breite des Abrichtvorschubs f_d (**Bild 4.1–84**). Dabei bildet sich die Profilform des Abrichtdiamanten in wendelförmigen Rillen auf der Oberfläche der Schleifscheibe ab.

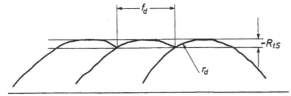

Bild 4.1–84
Entstehung des Schleifscheibenprofils mit der Wirkrautiefe R_{tS} durch Abrichten mit dem Abrichtprofil r_d und dem Abrichtvorschub f_d

Die Tiefe der Rillen entspricht nach Weinert in erster Näherung der *Wirkrautiefe* R_{tS} der Schleifscheibe. Sie wird hauptsächlich vom wirksamen Profil des Diamanten (r_d) und vom Abrichtvorschub bestimmt.

$$R_{tS} = \frac{1}{8} \cdot \frac{f_d^2}{r_d}$$ (4.1–80)

Es ist nicht sinnvoll, den Abrichtvorgang in beiden Vorschubrichtungen durchzuführen. Dabei wird die Wirkrautiefe nicht kleiner. Die Schleifscheibe wird nur stellenweise feiner und schleift in kleinen Bereichen ungleichmäßig.

4.1.12.3 Abrichten mit Diamantvielkornabrichter

Vielkornabrichter, auch Diamant-Igel genannt, enthalten statt eines einzelnen Diamanten viele kleinere (Bild 4.1–82b), von denen mehrere zugleich in Eingriff kommen. Ihr Einzelgewicht beträgt nur 1 / 600 bis 1 / 3 Karat (1 Karat = 0,2 g) im Mittel 1 / 150 bis 1 / 50 Karat. Diamantvielkornabrichter haben gegenüber Einzelkornabrichtern folgende Vorteile:

1. Die Abrichtarbeit wird auf *mehrere Diamantspitzen* verteilt. Die Abrichtzeiten sind kürzer.

2. Die einzelnen Spitzen sind *geringeren Beanspruchungen* ausgesetzt. Dadurch ist die Standzeit länger.

3. Die Anwendung ist *weniger schwierig*. Auch angelerntes Personal kann leicht eingewiesen werden.

4. Die Abrichtwerkzeuge können durch Form, Größe und Anordnung der Spitzen dem Verwendungszweck *angepasst* werden.

5. Der *Preis* kleiner Diamanten pro Karat ist *niedriger*.

6. Der Diamantgehalt des Werkzeugs wird *vollständig* ausgenutzt.

7. Das Umfassen nach Abnutzung einer Spitze entfällt. Dadurch ist das Abrichtwerkzeug während der ganzen Lebensdauer *immer einsatzbereit*.

Als Nachteil muss in Kauf genommen werden, dass die *Abrichtgenauigkeit geringer* ist als bei Verwendung des Einzelkornabrichtdiamanten. Das entstehende Schleifscheibenprofil ist ungleichmäßiger.

4.1.12.4 Abrichten mit Diamantfliese

Eine besondere Art von Vielkornabrichtern sind Diamantfliesen. Sie bestehen aus einem flachen Grundkörper mit einer Abrichtkante, die feines Diamantkorn enthält (Bild 4.1–82c). Die Kante wird am Umfang der Schleifscheibe hochkant angesetzt, sodass die einzelnen Körner, in Umfangsrichtung gesehen, hintereinander liegen. Mit der Zustellung a_d und dem Abrichtvorschub f_d wird die Abrichtfliese an der Schleifscheibe wirksam (**Bild 4.1–85**). Dabei bildet sich ihr Abrichtprofil, das sich aus vielen kleinen Diamantspitzen zusammensetzt, ähnlich wie in Bild 4.1–83 und Bild 4.1–84 wendelförmig auf dem Schleifscheibenumfang ab [*Pahlitzsch, Scheidemann*]. Die entstehenden Abrichtkräfte sind kleiner als bei anderen Vielkornabrichtern.

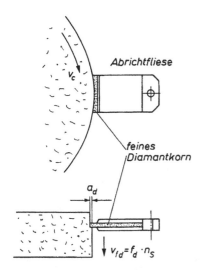

Bild 4.1–85 Abrichten mit Diamantfliese

v_c Umfangsgeschwindigkeit der
    Schleifscheibe ns Drehzahl

v_{fd} Abrichtvorschubgeschwindigkeit

a_d Abrichtzustellung

f_d Abrichtvorschub

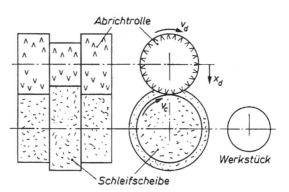

Bild 4.1–86 Abrichten mit Diamantrolle

v_d Umfangsgeschwindigkeit der Diamantrolle

v_c Umfangsgeschwindigkeit der Schleifscheibe

x_d Anstellrichtung

4.1.12.5   Abrichten mit Diamantrolle

Die Abrichtrolle ist eng mit Diamantkorn besetzt und hat die genaue Gegenform der Schleifscheibe (**Bild 4.1–86**). Sie hat einen eigenen Antrieb und wird in Richtung x_d gegen die Schleifscheibe angestellt. Dabei wird die Schleifscheibenoberfläche durch Drück- und Schneidvorgänge
abgetragen. Da sich ähnlich wie beim Schleifen eine Abrichtkraft aufbaut, werden Rolle und
Scheibe zunächst voneinander abgedrängt. Nach vielen Umdrehungen ist die Schleifscheibe um
den zugestellten Betrag e_d abgerichtet. Die Durchmesserverkleinerung der Scheibe muss bei der
nächsten Werkstückbearbeitung berücksichtigt werden. Mit diesem Abrichtverfahren können
Korund-, Siliziumkarbid- und auch Bornitrid-Schleifscheiben abgerichtet werden.

Die *Wirkrautiefe* der Schleifscheibe R_{tS} wird dabei von der Abrichtzustellung e_d, der Anzahl
der Ausrollumdrehungen der Abrichtrolle nach dem Zustellen, der Drehrichtung und dem Abrichtgeschwindigkeitsverhältnis

$$q_d = v_d / v_c$$

bestimmt. **Bild 4.1–87** zeigt, dass eine kleine Wirkrautiefe bei kleiner Abrichtzustellung und
bei großem Abrichtgeschwindigkeitsverhältnis im Gegenlauf erzeugt wird. Eine besonders
große Wirkrautiefe entsteht dagegen im Sonderfall des Abwälzens bei gleichen Umfangsgeschwindigkeiten von Abrichtrolle und Schleifscheibe.

Mit der Zahl der *Ausrollumdrehungen* wird die Wirkrautiefe kleiner und der Einfluss der Abrichtzustellung verschwindet. Diamant-Abrichtrollen haben eine lange Lebensdauer (20 000 –
200 000 Abrichtvorgänge). Mit längerem Gebrauch werden die Diamanten jedoch stumpf und
verursachen *große Abrichtkräfte*, die von der Rollen- und der Schleifscheibenlagerung aufgenommen werden müssen. Die Kürze der Abrichtzeit bei Formschleifscheiben in der Massenproduktion führt zu Taktzeitverkürzungen und damit zur Verbilligung der Produkte gegenüber
anderen Abrichtverfahren.

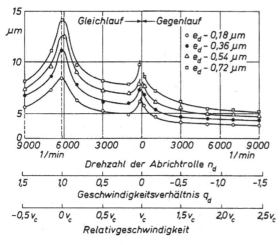

Bild 4.1–87
Einfluss des Drehsinns und des Abrichtgeschwindigkeitsverhältnisses auf die Wirkrautiefe ohne Ausrollumdrehungen. Schleifscheibe EK 60 L 7 V, Abrichtrolle D 700, Konzentration 7,5 ct/cm^3, v_c = 29 m/s [*Pahlitzsch, Schmidt*]

Die Verwendung von Diamantabrichtrollen hat das CD-Schleifen erst möglich gemacht. CD heißt "continuous dressing". Es bedeutet, dass während des Schleifvorgangs die Schleifscheibe gleichmäßig weiter abgerichtet wird. Mit diesem Verfahren kann die Schleifscheibe ständig scharf und formgenau gehalten werden. Auch bei schwer schleifbaren Werkstoffen, welche die Schleifscheibe zusetzen oder schnell abstumpfen lassen, werden damit große Zeitspanungsvolumen erzielt. Die Abrichtzustellung beträgt 0,5 – 2 µm pro Schleifscheibenumdrehung. Um diesen Betrag muss die Schleifscheibe auch ständig nachgestellt werden, damit keine Maßabweichungen am Werkstück entstehen. Das CD-Verfahren lässt sich besonders wirkungsvoll beim Tiefschleifen von Profilen anwenden. Hier kommt es einerseits auf die Formgenauigkeit der Schleifscheiben, andererseits aber auch auf ein wirtschaftliches Arbeiten mit großem Zeitspanungsvolumen an [*Uhlig* u. a.].

4.1.12.6 Pressrollabrichten

Beim Pressrollabrichten wird eine Stahl- oder Hartmetallrolle ohne eigenen Antrieb gegen die Schleifscheibe gedrückt. Dabei nimmt die Schleifscheibe, die nur sehr langsam umläuft (ca. 1 m/s) die Abrichtrolle mit. Beide rollen also nur aufeinander ab. Durch radiales Zustellen der Pressrolle zur Schleifscheibe wird auf die Schleifkörner Druck ausgeübt. Unter diesem Druck brechen die am weitesten herausstehenden Körner aus ihren Bindungsbrücken aus. Die Schleifscheibe nimmt dadurch die Form der Pressrolle an.

Das Verfahren eignet sich zum Abrichten von Profilschleifscheiben, zum Beispiel von Schleifscheiben mit Gewindeprofil. Die Bindung muss genügend Sprödheit besitzen, damit sie die Körner einzeln unter dem Abrichtdruck freigeben kann. Keramische Bindung eignet sich am besten. Neuerdings werden jedoch auch Metallbindungen für BN- und Diamantscheiben entwickelt, die in der beschriebenen Weise „crushierbar" sind.

4.1.12.7 Abrichten von BN-Schleifscheiben

BN-Schleifscheiben haben wegen der großen Härte des Schleifkorns aus kubischem Bornitrid nur wenig Verschleiß. Das Korn verbraucht sich nicht durch Absplittern oder Ausbrechen. Es sitzt sehr fest in seiner Bindung aus Metall, Kunstharz oder Keramik. Trotzdem stumpft es ab und muss durch Abrichten geschärft werden.

Das *Pressrollabrichten* ist nur bei Keramikbindung und besonders entwickelter („crushierbarer") Metallbindung anwendbar. Es verursacht großen Verschleiß, da ganze Kornschichten abgetragen werden, und ist somit teuer.

Das Abtragen von Kornteilen und Absplittern stumpfer Kornkanten lässt sich mit *Abrichtdiamanten*, am besten aber mit angetriebenen *Diamant-Topfscheiben* oder *-rollen* (**Bild 4.1–88**) durchführen. Dabei entsteht meistens eine glatte, zu dichte Schleifscheibenoberfläche, die noch aufgeraut werden muss. Durch *Einschleifen* wird die Bindung vor den Kornkanten abgetragen. Erst wenn die Schleifscheibe wieder *scharf* ist, kann der Produktionsbetrieb fortgesetzt werden.

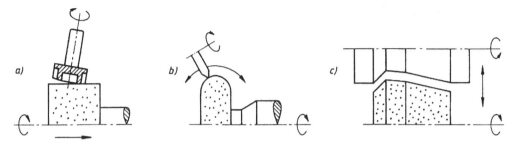

Bild 4.1–88 Abrichten von BN-Schleifscheiben mit Diamant-Abrichtwerkzeugen
a) mit Diamant-Topfscheibe
b) mit Diamant-Formrolle
c) mit Diamant-Profilrolle

Günstig ist es, von den BN-Kornspitzen nur *wenige Mikrometer* abzurichten, sodass sie splittern und neue scharfe Schneiden bilden, der Kornüberstand jedoch größtenteils erhalten bleibt. Mit einer so aufbereiteten Schleifscheibe kann anschließend sofort mit großem Zeitspanungsvolumen weitergeschliffen werden. Die Maschinen müssen dafür mit besonders großer Starrheit und Abrichtfeinzustellung ausgestattet sein (TDC-Verfahren nach *Stuckenholz*).

4.1.13 Kräfte und Leistung

4.1.13.1 Richtung und Größe der Kräfte

Kraftkomponenten

Nach DIN 6584 werden die Kräfte *auf das Werkstück wirkend* definiert. Beim Schleifen erzeugt sie ein Kollektiv von kleinsten Schneiden, das in der Kontaktzone A_K am Werkstück in Eingriff ist (**Bild 4.1–89**). Die Gesamtkraft ist die Zerspankraft F. Sie kann in einzelne Komponenten zerlegt werden. Am wichtigsten sind die Komponenten der Arbeitsebene, die Radialkraft F_r und die Tangentialkraft F_t. Senkrecht zur Arbeitsebene kann eine Axialkraft F_a auftreten.

Die Radialkraft ist die größte der Komponenten. Das hat seine Ursache in der ungünstigen Form der Schneiden mit ihren stark negativen Spanwinkeln (Bild 4.1–41) und dem geringen Arbeitseingriff der einzelnen Schleifkörner, die dabei den Werkstoff mehr verformen als abspanen.

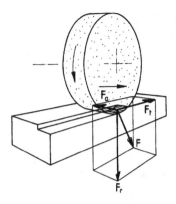

Bild 4.1–89
Schleifkraft F und ihre radiale, tangentiale und axiale Komponente
F_r, F_t und F_a

Die Tangentialkraft wird vom Widerstand des Werkstoffs gegen die Spanabnahme und durch Reibung verursacht. Bei einem unsymmetrischen Schleifscheibenprofil, zum Beispiel beim Schrägschleifen (**Bild 4.1–90**), kann eine *Axialkraft* entstehen. Sie ist die Komponente, die seitlich auf die Schleifscheibe wirkt.

Die Drehung der Schleifscheibe beeinflusst die *Kraftrichtung* der Zerspankraft F. **Bild 4.1–91** zeigt den Unterschied zwischen Gleichlaufschleifen (**a**) und Gegenlaufschleifen (**b**) am Beispiel des Umfangs-Planschleifens. Bei Gleichlauf wird die Tischbewegung von der Schnittkraft unterstützt, bei Gegenlauf gebremst. Bei schlechten Maschinen führt deshalb Gleichlaufschleifen zu einem unregelmäßigen Vorschub und zu schlechter Schleifqualität am Werkstück.

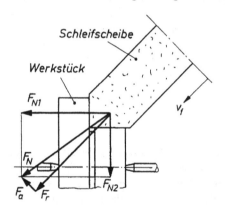

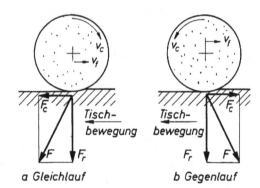

Bild 4.1–90 Entstehung der Axialkraft F_a
beim Schrägschleifen F_{N1}, F_{N2} Normalkräfte
an den Wirkflächen
F_r Radialkraft F_a Axialkraft

Bild 4.1–91 Schleifkraftrichtung beim Gleichlauf- und Gegenlaufschleifen am Beispiel des Umfangs-Planschleifens

Einflüsse auf die Größe der Kraftkomponenten

Der einfachste Weg, die theoretischen Zusammenhänge, welche die Schnittkraft (Tangentialkraft) beim Schleifen bestimmen, zu finden, ist es, einen *vereinfachenden Vergleich mit dem Fräsen* aufzustellen. Nach Gleichung (3.3–0.) ist die mittlere Gesamtschnittkraft

$$F_{cgm} = z_{em} \cdot b \cdot h_m \cdot k_{cm}$$

Wir nennen sie hier einfach Schnittkraft F_c.

Mit   Gleichung (3.3–15) $z_{em} = z \cdot \Delta\varphi/2 \cdot \pi$

Gleichung (3.3–0.) $h_{\mathrm{m}} \approx f_{\mathrm{z}} \cdot \sin \kappa \sqrt{a_{\mathrm{e}} / d_{\mathrm{s}}}$,

Gleichung (4.1–25) $\Delta \varphi \approx 2\sqrt{a_{\mathrm{e}} / d_{\mathrm{s}}}$ und mit $b \approx a_{\mathrm{p}}$

erhält man

$$F_{\mathrm{c}} = \frac{z \cdot a_{\mathrm{e}} \cdot a_{\mathrm{p}} \cdot f_{\mathrm{z}} \cdot \sin \kappa}{\pi \cdot d_{\mathrm{s}}} \cdot k_{\mathrm{c}} .$$

Nimmt man an, dass auf jeder Umfangslinie der Schleifscheibe z Schneiden wie bei einem Fräser zu finden sind, gilt

$$f_{\mathrm{z}} = \frac{v_{\mathrm{w}}}{z \cdot n_{\mathrm{s}}} .$$

Durch Einsetzen erhält man

$$F_{\mathrm{c}} = \frac{a_{\mathrm{e}} \cdot a_{\mathrm{p}} \cdot v_{\mathrm{w}} \cdot \sin \kappa}{\pi \cdot d_{\mathrm{s}} \cdot n_{\mathrm{s}}} \cdot k_{\mathrm{c}} .$$

Setzt man noch $\sin(\kappa) \approx 1$ und $v_{\mathrm{c}} = \pi \cdot d_{\mathrm{s}} \cdot n_{\mathrm{s}}$; dann wird

$$\boxed{F_{\mathrm{c}} = \frac{v_{\mathrm{w}}}{v_{\mathrm{c}}} \cdot a_{\mathrm{e}} \cdot a_{\mathrm{p}} \cdot k_{\mathrm{c}}} . \qquad (4.1\text{–}81)$$

Diese Gleichung sagt aus, dass die Schnittkraft beim Schleifen mit der Werkstückgeschwindigkeit v_{w}, dem Arbeitseingriff a_{e}, der Schleifbreite «p und der spezifischen Schnittkraft k_{c} größer wird und dass eine Vergrößerung der Schnittgeschwindigkeit v_{c} die Schnittkraft verkleinert. Diese Aussage kann man auch auf die Radialkraft F_{r} übertragen, denn sie steht zur Schnittkraft F_{c} in einem festen Verhältnis, das nur wenig von den Schleifbedingungen beeinflusst wird.

$$\boxed{F_{\mathrm{r}} = k \cdot F_{\mathrm{c}}} \qquad (4.1\text{–}82)$$

Die Verhältniszahl k erreicht die Größe $1{,}5 - 2$. Sie kann zunehmen, wenn sich das Schleifkorn durch Abstumpfung rundet. Sie wird kleiner, wenn das Schleifkorn scharfkantig und aggressiv ist oder wenn es beim einzelnen Eingriff tiefer in den Werkstoff eindringen kann, z. B. bei einem größeren Arbeitseingriff a_{e} oder größerer Werkstückgeschwindigkeiten v_{w}. Das bedeutet zwar, dass beide Kräfte sowohl F_{c} als auch F_{r} größer werden, F_{r} aber relativ gesehen weniger zunimmt. Nach Untersuchungen über die Kinematik und Mechanik des Schleifprozesses hat Werner für die Radialkraft folgenden *genaueren Zusammenhang* gefunden:

$$\boxed{F_{\mathrm{r}} = k_{\mathrm{r}} \cdot b \cdot A_{\mathrm{l}} \cdot \left[\frac{C_{\mathrm{l}}^2}{\tan \kappa}\right]^{\frac{1-n}{3}} \cdot \left[\frac{v_{\mathrm{w}}}{v_{\mathrm{c}}}\right]^{\frac{2n+1}{3}} \cdot \left[a_{\mathrm{e}}\right]^{\frac{n+3}{3}} \cdot \left[d_{\mathrm{s}}\right]^{\frac{1-n}{3}}} \qquad (4.1\text{–}83)$$

Darin entspricht k_{r} den Faktoren $k \cdot k_{\mathrm{c}}$ aus den Gleichungen (4.1–59) und (4.1–60), $A_1 \approx 1$ und n ein Exponent zwischen $0{,}45 < n < 0{,}6$. C_1 und κ geben den Formeinfluss der Schneiden des Schleifkorns an. Mit dieser Gleichung können dieselben Aussagen gemacht werden, die schon an Gleichung (4.1–59) geknüpft wurden. Darüber hinaus lässt sich noch ein geringer Einfluss des Schleifscheibendurchmessers d_{s} und der Schleifkornform herauslesen.

Zur Berechnung der Schleifkräfte sind die Gleichungen (4.1–59) bis (4.1–61) nur schlecht geeignet, da die spezifische Schnittkraft k_{c} nicht berechenbar ist. Diese müsste neben den Werkstoffeigenschaften die sehr kleine unbekannte Spanungsdicke, den negativen Spanwinkel an den Schleifkörnern, die Reibung und die Werkstoffverformung berücksichtigen. Theoretische Zusammenhänge dafür zu finden, war bis heute nicht möglich.

Messen der Kraftkomponenten

Einen genaueren Aufschluss über die Größe der Schleifkraftkomponenten und ihre Verhältniszahl k erhält man durch Messungen. Ein *Schleifkraftsensor*, der mit Dehnungsmessstreifen auf den Schleifspitzen aufgebaut wurde, ist in **Bild 4.1–92** schematisch dargestellt. Die Dehnungsmessstreifen, die auf beiden Spitzen waagerecht und senkrecht aufgeklebt sind, werden zusammen mit den Schleifspitzen von den Kräften ein wenig elastisch verformt. Dabei ändert sich ihr elektrischer Widerstandswert. In zwei Brückenschaltungen lassen sich daraus die Schnittkraft F_c und die Radialkraft F_r mit Messverstärkern getrennt ermitteln. Diese Messanordnung kann eine Messgenauigkeit von $\pm 1\,\%$ bei weitgehender Linearität erreichen. Der Messbereich ist bei der Dimensionierung der Spitzen festzulegen. Bei Messungen im Labor reicht ein Messbereich von 500 N oder 1000 N, für Überwachungsaufgaben in der Produktion empfiehlt sich bis 5000 N. Ähnliche Sensoren für das Seitenschleifen, die unter dem Werkstück auf dem Maschinentisch angebracht werden, können auch mit kraftempfindlichen Quarzkristallelementen aufgebaut sein. Im Labor kann mit einem Schleifkraftsensor der Einfluss der Schleifbedingungen, der Schleifscheibe, des Werkstoffs und der Abrichtbedingungen auf die Kräfte und den Leistungsbedarf beim Außenlängs- und Querschleifen gemessen werden. In der Produktion ist es möglich, die Umschaltpunkte von Grobzustellung auf Feinzustellung oder den günstigsten Zeitpunkt für das Abrichten der Schleifscheibe kraftabhängig zu steuern.

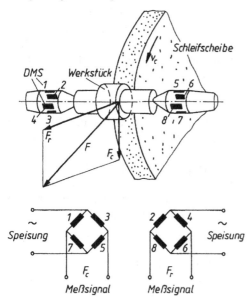

Bild 4.1–92
Sensor zur Messung der Schleifkraftkomponenten

Berechnen der Schleifkräfte

Alle theoretischen Ansätze, Gleichungen für die Berechnung der Schleifkräfte anzugeben, führten bisher zu großen Unsicherheiten. Abweichungen vom Rechenergebnis von 50 % nach unten und 100 % nach oben müssen für möglich gehalten werden. Die wichtigsten Ursachen für diese Unsicherheit sind

1) unbekannte Schleifkorngeometrie,
2) nicht erfassbarer Einfluss der Schleifkornabrundung durch Verschleiß,

3) unerforschter Verformungseinfluss im Werkstoff,

4) zu wenig bekannter Einfluss der Schmierung und Reibung.

Mit Gleichung (3.3–0.) (mittlere Gesamtschnittkraft beim Fräsen) kann kein Ergebnis erzielt werden, weil die mittlere Spanungsdicke h_m beim Schleifen wegen unerforschter Verformungseinflüsse im Werkstoff bisher nicht richtig bestimmt werden kann. Gleichung (4.1–59)

$$F_c = \frac{v_w}{v_c} \cdot a_e \cdot a_p \cdot k_c$$

würde einen vereinfachten Ansatz zur Berechnung der Schnittkraft F_c bieten, wenn für die spezifische Schnittkraft k_c ein Erfahrungswert vorliegt, Messungen beim Schleifen von Stahl C45E haben Werte von

$$k_c = 15000 - 60000 \text{ N/mm}^2$$

ergeben. Die Größe der Werte lässt sich dadurch erklären, dass es sich hier nicht allein um den Widerstand des Werkstoffs gegen eine Spanabhebung handelt, sondern dass in diesem Wert auch Widerstand gegen Verformung und gegen Gleitvorgänge (Reibung) zwischen Korn und Bindung einerseits und verformtem Werkstoff andererseits enthalten sein müssen. Die kleine Spanungsdicke von wenigen µm erklärt die Größe der spezifischen Schnittkraft nicht allein. Gleichung (4.1–61) für die Radialkraft enthält als unbekannte Größe den Wert k_v der einer spezifischen Normalkraft gleichkommt. Auch k_r ist theoretisch nicht bestimmbar. Diese Gleichung eignet sich aber dazu, den Einfluss einiger Schleifparameter zu finden, wenn ein anderer Radialkraftwert schon bekannt ist.

4.1.13.2 Leistungsberechnung

Voraussetzung für die Berechnung des Leistungsbedarfs beim Schleifen ist, dass die Schnittkraft F_c oder die spezifische Schnittkraft k_c bekannt sind. Dann lässt sich die Gleichung für die Schnittleistung P_c aufstellen:

$$\boxed{P_c = F_c \cdot v_c} \tag{4.1–84}$$

Durch Einsetzen der Schnittkraft F_c und der Schnittgeschwindigkeit v_c unter Beachtung der Maßeinheiten kann die an der Schnittstelle benötigte Leistung berechnet werden. Durch Umrechnen mit den Gleichungen (4.1–51) und (4.1–59) erhält man eine zweite Form der Gleichung:

$$\boxed{P_c = k_c \cdot Q} \tag{4.1–85}$$

Hier muss ein Wert für die spezifische Schnittkraft k_c und das Zeitspanungsvolumen Q eingesetzt werden.

Für die Berechnung der benötigten Antriebsleistung müssen die Reibungsverluste in der Schleifmaschine durch den mechanischen Wirkungsgrad η_m berücksichtigt werden:

$$\boxed{P = \frac{1}{\eta_m} \cdot P_c} \tag{4.1–86}$$

Eine *alte* interessante *Methode* der Berechnung des Leistungsbedarfs ohne Kenntnis der Schnittkraft oder der spezifischen Schnittkraft beschreibt Völler. Er geht von dem Erfahrungswert aus, dass für die Erzielung des Zeitspanungsvolumens $Q = 500$ mm³/s die Leistung $P = 20$ kW nötig ist. Auf Werkstoff, Schleifscheibenart, Kühlschmierung oder Schärfe des Schleifkorns wird keine Rücksicht genommen. Für eine unbekannte Schleifaufgabe errechnet sich dann die Leistung P_x bei dem bekannten Zeitspanungsvolumen Q_x:

$$P_\text{x} = \frac{20\,\text{kW}}{500\,\text{mm}^3/\text{s}} \cdot Q_\text{x}$$

(4.1–87)

Analysiert man diesen Erfahrungswert mit den Gleichungen (4.1–63) und (4–86), findet man

$$P_\text{c} = \eta_\text{m} \cdot P = 0{,}75 \cdot 20\ \text{kW} = 15\ \text{kW}$$

$$k_\text{c} = \frac{P_\text{c}}{Q} = \frac{15\,000\,\text{Nm/s}}{500\,\text{mm}^3/\text{s}} = 30\,000\,\text{N/mm}^2$$

Es lässt sich also feststellen, dass nach diesem alten Erfahrungswert unbewusst mit einer mittleren *spezifischen Schnittkraft von 30 000 N/mm²* gerechnet wurde.

4.1.14 Schwingungen

Schwingungen beim Schleifen verursachen Unrundheit, Welligkeit und Rauheit am Werkstück. Die Unrundheit kann man bei der Rundheitsmessung als regelmäßige Schwankung des Werkstückradius in Form eines Vielecks oder als facettenartige Schattierung der Lichtreflexion feststellen. Welligkeit und Rauheit sind bei der Oberflächenmessung in Werkstücklängsrichtung zu erkennen.

Als Ursachen sind zwei verschiedene Quellen zu nennen:

1. Erzwungene Schwingungen
2. Ratterschwingungen

Die *erzwungenen Schwingungen* werden entweder von der Umgebung auf die Werkzeugmaschine übertragen oder sie entstehen in der Maschine hauptsächlich durch Unwucht der Schleifscheibe oder durch Lagerfehler, Antriebsmotoren, Hydraulik oder Antriebsriemen. Man kann sie durch Frequenzmessungen auffinden und mit geeigneten Eingriffen mindern oder beseitigen. Das Auswuchten der Schleifscheibe ist dabei die wichtigste Maßnahme.

Ratterschwingungen entstehen durch den Eingriff der Schleifscheibe am Werkstück unter gewissen Voraussetzungen. Dabei verursacht eine Unregelmäßigkeit des Werkstücks die regelmäßige Anregung des Systems zu Schwingungen, die sich dann auf dem Werkstück als neue Formfehler wiederfinden und erneut Schwingungen veranlassen. Der Bereich der Instabilität wird bei stumpfer Schleifscheibe, großer Zustellung, nachgiebigem Werkstück, weicher Maschinenkonstruktion und bei ungünstigen Drehzahlen besonders schnell erreicht. Maßnahmen zur Vermeidung von Ratterschwingungen sind nach *Inasaki* Abrichten der Schleifscheibe, Verringern von Zustellung und Vorschub und Vergrößern des Geschwindigkeitsverhältnisses *q*.

4.1.15 Berechnungsbeispiele

4.1.15.1 Querschleifen

Der Lagersitz einer Welle aus gehärtetem Stahl mit einer Breite von $a_\text{p} = 20$ mm und einem Rohdurchmesser von 30 mm soll mit der Schleifscheibe A 500 × 30 – DIN ISO 526 – A46H6V mit der Schnittgeschwindigkeit $v_\text{c} = 35$ m/s, einem Radialvorschub $f_\text{r} = 0{,}006$ mm pro Werkstückumdrehung bei dem Geschwindigkeitsverhältnis $q = 80$ geschliffen werden (**Bild 4.1–93**). Die Zeitkonstante für das Nachgiebigkeitsverhalten der Schleifmaschine ist T = 2,5 s. Als spezifische Schnittkraft wird $k_\text{c} = 40\,000$ N/mm² und als Kraftverhältnis $k = 2$ angenommen.

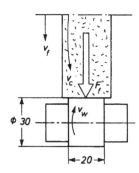

v_f

Φ 30

v_c F_f v_w

←20→

Aufgabe: Zu berechnen sind die Drehzahlen von Schleifscheibe und Werkstück, die Vorschubgeschwindigkeit, elastische Rückfederung in der Schleifmaschine, Werkstückdurchmesser, Zahl der Werkstückumdrehungen und Arbeitseingriff nach 8 s Schleifzeit, Schnittkraft, Antriebsleistung, Vorschubkraft, Federzahl und das bezogene Zeitspanungsvolumen.

Bild 4.1–93
Skizze zum Rechenbeispiel Querschleifen

Lösung: Durch Umstellen von Gleichung (4.1–0.) erhält man

$$n_s = \frac{v_c}{\pi \cdot d_s} = \frac{35\,\text{m/s}}{\pi \cdot 0,5\,\text{m}} \cdot \frac{60\,\text{s}}{\text{min}} = 1337 \frac{1}{\text{min}}$$

Aus Gleichung (4.1–0.) geht hervor:

$$v_w = \frac{v_c}{q} = \frac{35\,\text{m/s}}{80} \cdot \frac{60\,s}{\text{min}} = 26,3 \frac{\text{m}}{\text{min}}$$

Die Drehzahl des Werkstücks erhält man aus der umgestellten Gleichung (4.1–1):

$$n_w = \frac{v_w}{\pi \cdot d_w} = \frac{26,3\,\text{m/s}}{\pi \cdot 0,03\,\text{m}} = 280 \frac{1}{\text{min}}$$

Mit Gleichung (4.1–2) erhält man die Vorschubgeschwindigkeit, wenn für den Arbeitseingriff a_e zunächst der Radialvorschub f_r eingesetzt wird (s. auch Bild 4.1–17d):

$$v_{fl} = f_r \cdot n_w = 0,006\,\text{mm} \cdot 280 \frac{1}{\text{min}} = 1,68 \frac{\text{mm}}{\text{mm}}$$

Nach den Gleichungen (4.1–6) und (4.1–10) errechnet sich die elastische Rückfederung (s. Bild 4.1–16):

$$x_2 + x_3 = x_1(t) - x(t) = v_{fl} \cdot T \cdot (1 - e^{-8/2,5}) = 0,0671\,\text{mm}$$
$$= 1,68 \frac{\text{mm}}{\text{mm}} \cdot 2,5\,\text{s} \cdot \frac{1\,\text{min}}{60\,\text{s}} (1 - e^{-8/2,5}) = 0,0671\,\text{mm}$$

Nach Gleichung (4–13) ist:

$$x_1(t) = v_{fl} \cdot t = 1,68 \frac{\text{mm}}{\text{min}} \cdot 8\,\text{s} \cdot \frac{1\,\text{min}}{60\,\text{s}} = 0,224\,\text{mm}$$

Die Durchmesserabnahme ist $2 \cdot x(t)$. Mit Gleichung (4.1–6) wird:

$$d_w(t) = d_w - 2[x_1(t) - (x_2 + x_3)] = 30 - 2(0,224 - 0,0671) = 29,686\,\text{mm}$$

Die Zahl der Werkstückumdrehungen ist:

$$i(8\,\text{s}) = n_w \cdot t = 280 \frac{1}{\text{min}} \cdot 8\,\text{s} \cdot \frac{1\,\text{min}}{60\,\text{s}} = 37,3\,\text{Umdrehungen}$$

Nach Gleichung (4.1–12) erhält man für den Arbeitseingriff:

$$a_e(t) = \frac{v_{fl}}{n_w} \cdot (1 - e^{-t/T}) = \frac{1,68\,\text{mm}/\text{min}}{280\,1/\text{min}} \cdot (1 - e^{-8/2,5}) = 0,00576\,\text{mm}$$

Mit Gleichung (4.1–59) kann überschlägig die Schnittkraft ermittelt werden:

$$F_c \frac{v_w}{v_c} \cdot a_e \cdot a_p \cdot k_c = \frac{1}{80} \cdot 0,00576\,\text{mm} \cdot 20\,\text{mm} \cdot 40000 \frac{\text{N}}{\text{mm}^2} = 57,6\,\text{N}$$

Die Schnittleistung geht aus Gleichung (4.1–62) hervor:

$$P_c = F_c \cdot v_c = 57,6\,\text{N} \cdot 35 \frac{\text{m}}{\text{s}} = 2014 \frac{\text{Nm}}{\text{s}} = 2,01\,\text{kW}$$

Unter Berücksichtigung eines mechanischen Wirkungsgrades von 75 % erhält man mit Gleichung (4.1–64) die benötigte Antriebsleistung:

$$P = \frac{1}{\eta m} \cdot P_c = \frac{1}{0{,}75} \cdot 2{,}01 \,\text{kW} = 2{,}69 \text{ kW}$$

Aus Gleichung (4.1–60) errechnet sich die Radialkraft, die beim Querschleifen gleich der Vorschubkraft ist:

$F_f = F_r = k \cdot F_c = 2 \cdot 57{,}6 \text{ N} = 115{,}1 \text{ N}$

Die Federzahl c_g wird mit der umgestellten Gleichung (4.1–0.) berechnet:

$$c_g = \frac{F_f}{x_1 - x} = \frac{F_f}{x_2 + x_3} = \frac{115{,}1 \,\text{N}}{0{,}0671 \,\text{mm}} = 1715 \frac{\text{N}}{\text{mm}}$$

Das bezogene Zeitspanungsvolumen lässt sich mit Gleichung (4.1–51) bestimmen:

$$Q' = a_e \cdot v_w = 0{,}00576 \,\text{mm} \cdot 26{,}3 \frac{\text{m}}{\text{min}} \cdot 1000 \frac{\text{mm}}{\text{m}} \cdot \frac{1 \,\text{min}}{60 \,\text{s}} = 2{,}52 \frac{\text{mm}^3}{\text{mm} \cdot \text{s}}$$

Ergebnis:

Schleifscheibendrehzahl	$n_s = 1337 \text{ min}^{-1}$
Werkstückdrehzahl	$n_w = 280 \text{ min}^{-1}$
Vorschubgeschwindigkeit	$v_{fl} = 1{,}68 \text{ mm/min}$
elastische Rückfederung	$x_2 + x_3 = 0{,}0671 \text{ mm}$
Werkstückdurchmesser	$d_w(8 \text{ s}) = 29{,}686 \text{ mm}$
Zahl der Werkstückumdrehungen	$i(8 \text{ s}) = 37{,}3 \text{ Umdr.}$
Arbeitseingriff	$a_e(8 \text{ s}) = 0{,}00576 \text{ mm}$
Schnittkraft	$F_c = 57{,}6 \text{ N}$
Antriebsleistung	$P = 2{,}69 \text{ kW}$
Vorschubkraft	$F_f = 115{,}1 \text{ N}$
Federzahl	$c_g = 1715 \text{ N/mm}$
bezogenes Zeitspanungsvolumen	$Q' = 2{,}52 \text{ mm}^3 / \text{mm} \cdot s$

4.1.15.2 Außen-Längsrundschleifen

Eine Welle aus ungehärtetem Stahl mit der Länge $L = 90$ mm und einem Rohdurchmesser $d_w = 30$ mm wird mit 16 Längshüben mit einem Arbeitseingriff von $a_e = 0{,}01$ mm geschliffen. Die Schleifscheibe A400 × 20 – DIN 69 120 -A46J7V hat eine Umfangsgeschwindigkeit von $v_c = 30$ m/s. Das Geschwindigkeitsverhältnis ist $q = 100$, die Überschliffzahl $\ddot{U} = 1{,}4$.

Aufgabe: Zu berechnen sind die Drehzahlen von Schleifscheibe und Werkstück, die Werkstückgeschwindigkeit, Vorschub und Vorschubgeschwindigkeit, die Länge des Tischhubes und die Hauptschnittzeit, Eingriffswinkel, Kontaktlänge und Kontaktfläche, die Konstanten β_1; und C_1 für die Bestimmung der Schneidenzahl, die statische, die kinematische und die gesamte im Eingriff befindliche Schneidenzahl.

Lösung: Nach Gleichung (4.1–0.) ist die Drehzahl der Schleifscheibe:

$$n_s = \frac{v_c}{\pi \cdot d_s} = \frac{30 \,\text{m/s}}{\pi \cdot 0{,}4 \,\text{m}} \cdot \frac{60 \,\text{s}}{\text{min}} = 1432 \frac{1}{\text{min}}$$

Die Werkstückgeschwindigkeit errechnet man mit Gleichung (4.1–0.):

$$v_w = \frac{v_c}{q} = \frac{30 \,\text{m/s}}{100} \cdot \frac{60 \,\text{s}}{\text{min}} = 18 \frac{\text{m}}{\text{min}}$$

Zur Bestimmung der Werkstückdrehzahl dient Gleichung (4.1–1):

$$n_w = \frac{v_w}{\pi \cdot d_w} = \frac{18 \,\text{m/min}}{\pi \cdot 0{,}03 \,\text{m}} = 190 \frac{1}{\text{min}}$$

Der Längsvorschub wird aus Gleichung (4.1–20) berechnet:

$$f = \frac{b}{\ddot{U}} = \frac{20 \,\text{mm}}{1{,}4} = 14{,}3$$

Daraus lässt sich die Geschwindigkeit des Längsvorschubs, Gleichung (4.1–19) berechnen:

$$v_f = f \cdot n_w = 14,3\,\text{mm} \cdot 190 \frac{1}{\text{min}} = 2717 \frac{\text{mm}}{\text{min}}$$

Mit Gleichung (4.1–0.) erhält man die Länge des Tischhubes:

$$s = L - \frac{b}{3} = 90\,\text{mm} - \frac{20\,\text{mm}}{3} = 83,3\,\text{mm}$$

Bei 16 Längshüben errechnet sich die Schleifzeit zu:

$$t_h = \frac{i \cdot s}{v_f} = \frac{16 \cdot 83,3\,\text{mm}}{2717\,\text{mm/min}} = 0,49\,\text{min}$$

Gleichung (4.1–24) bestimmt den Kern des Eingriffswinkels (s. auch Bild 4.1–47):

$$\Delta\varphi = 2\sqrt{\frac{a_e}{d_s(1 + d_s/d_w)}} = 2\sqrt{\frac{0,01\,\text{mm}}{400\,\text{mm}(1+400/30)}} = 0,00264\,\text{rad} = 0,15°.$$

Unter Berücksichtigung der Werkstückrautiefe $R_z = 20\,\mu\text{m}$ erhält man mit Gleichung (4.1–27) maximal:

$$\Delta\varphi_{max} = \frac{2}{\sqrt{d_s(1 + d_s/d_w)}}(\sqrt{a_e + R_z} + \sqrt{R_z})$$

$$= \frac{2}{\sqrt{400(1 + 400/30)}}(\sqrt{0,01 + 0,02} + \sqrt{0,02}) = 0,00831\,\text{rad} = 0,476°$$

Der Mittelwert aus $\Delta\varphi$ und $\Delta\varphi_{max}$ ist:

$$\Delta\varphi_m = \frac{\Delta\varphi + \Delta\varphi_{max}}{2} = \frac{0,00264 + 0,00831}{2} = 0,00548\,\text{rad}$$

Die mittlere Kontaktlänge ist nach Gleichung (4.1–30):

$$l_K = \frac{d_s}{2} \cdot \Delta\varphi_m = \frac{400\,\text{mm}}{2} \cdot 0,00548 = 1,1\,\text{mm} .$$

Mit der Schleifbreite $a_p = f$ errechnet sich nach Gleichung (4.1–37) die mittlere Kontaktfläche:

$$A_K = l_K \cdot a_p = 1,1\,\text{mm} \cdot 14,3\,\text{mm} = 157\,\text{mm}^2.$$

Zur Bestimmung der Konstanten β_1 nehmen wir die Messergebnisse aus Bild 4.1–53 für die Schleifscheibe EK46J7VX und setzen in Gleichung (4.1–39) ein:

$$\beta_1 = \frac{S_{stat}}{x^2} = \frac{1\,\text{mm}^{-1}}{0,006^2\,\text{mm}^2} = 28000 \frac{1}{\text{mm}^3}$$

Mit Bild 4.1–51 und Gleichung (4.1–0.) erhält man für die Körnung 46:

$$\tan\kappa = \frac{1}{2} \cdot \frac{b_k}{t_k} = \frac{15}{2} = 7,5.$$

Die Konstante C_1 ist dann:

$$C_1 = \beta_1 / \tan\kappa = \frac{28000\,\text{mm}^{-3}}{7,5} = 3700 \frac{1}{\text{mm}^3}.$$

Aus Gleichung (4.1–42) erhält man die Kassensche Ersatzschnitttiefe:

$$x_e = 3\sqrt{\frac{v_w}{v_c} \cdot \frac{\sin\Delta\varphi}{\beta_1}} = 3\sqrt{\frac{1}{100} \cdot \frac{\sin 0,00548}{28000\,\text{mm}^{-3}}} = 0,00125\,\text{mm} .$$

Mit Gleichung (4.1–40) kann die statische Schneidenzahl:

$$N_{stat} = C_1 \cdot x_e = 3700 \frac{1}{\text{mm}^3} \cdot 0,00125\,\text{mm} = 4,6 \frac{1}{\text{mm}^2},$$

mit Gleichung (4.1–43) die kinematische Schneidenzahl:

$$N_{Kin} = 1,20 \cdot C_1 \cdot x_e = 1,20 \cdot 3700 \frac{1}{\text{mm}^3} \cdot 0,00125\,\text{mm} = 5,6 \frac{1}{\text{mm}^2}$$

und mit Gleichung (4.1–44) die gesamte im Eingriff befindliche Schneidenzahl ausgerechnet werden:

$$N = N_{kin} \cdot A_K = 5,6 \frac{1}{mm^2} \cdot 15,7 mm^2 = 87 \text{ Schneiden}$$

Ergebnis:

Schleifscheibendrehzahl	n_s	= 1432 1/min
Werkstückdrehzahl	n_W	= 190 1/min
Werkstückgeschwindigkeit	v_W	= 18 m/min
Vorschub	f	= 14,3 mm
Vorschubgeschwindigkeit	v_f	= 2717 mm/min
Länge des Tischhubes	s	= 83,3 mm
Hauptschnittzeit	t_h	= 0,49 min
mittlerer Eingriffswinkel	$\Delta\varphi_m$	0,00548 rad
mittlere Kontaktlänge	l_K	= 1,1 mm
Kontaktfläche	A_K	= 15,7 mm²
Konstante β1	β_1	= 28000 1/mm³
Konstante C_1	C_1	= 3700 1/mm³
statische Schneidenzahl	N_{stat}	= 4,6 1/mm²
kinematische Schneidenzahl	N_{kin}	= 5,6 1/mm²
Gesamtschneidenzahl	N	= 87 Schneiden

4.1.15.3 Innen-Längsrundschleifen

Der Innendurchmesser eines Zahnrades (s. **Bild 4.1–94**) ist von 40 mm auf das Fertigmaß $d_w = 40,16$ mm zu schleifen. Der Längsvorschub soll mit einer Überschliffzahl von $Ü = 5$ und einer wirksamen Zustellung $a_e = 0,004$ mm erfolgen. Die Schnittgeschwindigkeit ist $v_c = 60$ m/s, das Geschwindigkeitsverhältnis $q = 250$. Es sollen zusätzlich 10 Längshübe zum Ausfunken ohne Zustellung durchgeführt werden. Als spezifische Schnittkraft ist $k_c = 30\,000$ N/mm² und als Kraftverhältnis $k = 1,6$ anzunehmen.

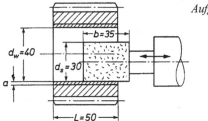

Aufgabe: Zu berechnen sind die Drehzahlen von Schleifscheibe und Werkstück, die Gesamtzahl der Längshübe, die Hauptschnittzeit, Eingriffswinkel und Kontaktfläche, Schnitt- und Radialkraft.

Bild 4.1–94
Skizze zum Rechenbeispiel Innen-Längsrundschleifen

Lösung: Die Drehzahl der Schleifscheibe lässt sich aus der umgestellten Gleichung (4.1–0.) bestimmen:

$$n_s = \frac{v_c}{\pi \cdot d_s} = \frac{60\,m/s}{\pi \cdot 0,03\,m} \cdot \frac{60\,s}{min} = 38200 \frac{1}{min}$$

Zur Berechnung der Werkstückdrehzahl werden das Geschwindigkeitsverhältnis q, Gleichung (4.1–0.), und Gleichung (4.1–1) herangezogen.

$$v_W = \frac{v_c}{q} = \frac{60\,m/s}{250} \cdot \frac{60\,s}{min} = 14,4 \frac{m}{min}$$

$$n_W = \frac{v_W}{\pi \cdot d_W} = \frac{14,4\,m/min}{\pi \cdot 0,040\,m} = 115 \frac{1}{min}$$

Die Längsbewegung wird durch den Längsvorschub $f = a_p$ und die Überschliffzahl charakterisiert. Gleichung (4.1–20):

$$f = a_p = \frac{b}{Ü} = \frac{35\,mm}{5} = 7\,mm \,.$$

Aus Gleichung (4.1–19) erhält man die Vorschubgeschwindigkeit:

$$v_f f \cdot n_w = 7\,\text{mm} \cdot 115\,\frac{1}{\text{min}} = 805\,\frac{\text{mm}}{\text{min}}.$$

Der Längshub ist nach Gleichung (4.1–0.):

$$s = L - b/3 = 50\,\text{mm} - 35\,\text{mm}/3 = 38{,}3\,\text{mm}$$

Zahl der Hübe mit Zustellung:

$$i_z = \frac{(d_{wf} - d_w)}{2 \cdot a_e} = \frac{(40{,}16 - 40)}{2 \cdot 0{,}004} = 20\,\text{Hübe}.$$

Hinzu kommt die Zahl der Ausfunkhübe i_a:

$i = i_z + i_a = 20 + 10 = 30$ Längshübe

Die Schleifzeit errechnet sich aus dem Längsweg und der Vorschubgeschwindigkeit:

$$t_h = \frac{i \cdot s}{v_f} = \frac{30 \cdot 38{,}5\,\text{mm}}{805\,\text{mm/ min}} = 1{,}43\,\text{min}$$

Der Eingriffswinkel kann mit den Gleichungen (4.1–26) und (4.1–29) bestimmt werden:

$$\Delta\varphi = 2\sqrt{\frac{a_e}{d_s(1 - d_s/d_w)}} = 2 \cdot \sqrt{\frac{0{,}004\,\text{mm}}{30\,\text{mm}(1 - 30/40)}} = 0{,}0462\,\text{rad} = 2{,}64°$$

Bei Berücksichtigung der Rautiefe $R_{t1} = R_{t2} = 10\,\mu\text{m}$ wird:

$$\Delta\varphi_{max} = \frac{2 \cdot \sqrt{a_e + R_{t1}} + \sqrt{R_{t2}}}{\sqrt{d_s(1 - d_s/d_w)}} = \frac{2 \cdot \sqrt{0{,}004 + 0{,}010} + \sqrt{0{,}010}}{\sqrt{30(1 - 30/40)}} = 0{,}159\,\text{rad} = 9{,}14°.$$

Der Mittelwert daraus ist:

$\Delta\varphi_m = (\Delta\varphi + \Delta\varphi_{max})/2 = 0{,}103$ rad

Mit Gleichung (4–41) wird die Kontaktlänge bestimmt:

$$l_k = \frac{1}{2} \cdot d_s \cdot \Delta\varphi_m = \frac{1}{2} \cdot 30 \cdot 0{,}103 = 1{,}54\,\text{mm}$$

Die Kontaktfläche wird nach Gleichung (4.1–37) bestimmt:

$$A_K = l_K \cdot a_p = 1{,}54\,\text{mm} \cdot 7\,\text{mm} = 10{,}8\,\text{mm}^2$$

Zur Berechnung der Schnittkraft wird Gleichung (4.1–59) herangezogen:

$$F_c = \frac{v_w}{v_c} \cdot a_e \cdot a_p \cdot k_c = \frac{1}{250} \cdot 0{,}004 \cdot 7 \cdot 30000 = 3{,}36\,\text{N},$$

für die Radialkraft Gleichung (4.1–60):

$$F_r = k \cdot F_c = 1{,}6 \cdot 3{,}36 = 5{,}4\,\text{N}$$

Ergebnis:			
Schleifscheibendrehzahl	n_s	=	38200 1/min
Werkstückdrehzahl	n_W	=	115 1/min
Zahl der Längshübe	i	=	30
Hauptschnittzeit	t_h	=	1,43 min
Eingriffswinkel	$\Delta\varphi$	=	2,64°
	$\Delta\varphi_{max}$	=	9,14°
Kontaktfläche	A_K	=	10,8 mm²
Schnittkraft	F_c	=	3,36 N
Radialkraft	F_r	=	5,4 N

4.2 Honen

Das Honen ist ein *Spanen* mit *geometrisch unbestimmten Schneiden*. Die Werkzeuge mit *gebundenem Korn* führen dabei eine Schnittbewegung in *zwei Richtungen* durch, sodass sich die Arbeitsspuren *überkreuzen*. Zwischen Werkzeug und Werkstück besteht meistens eine *Flächenberührung*. Das Honen wird nach DIN 8589 T. 14 nach den Formen der zu bearbeitenden Werkstücke unterteilt (**Bild 4.2–1**) in

1. Planhonen,   3. Schraubhonen,   5. Profilhonen und
2. Rundhonen,   4. Wälzhonen,   6. Formhonen

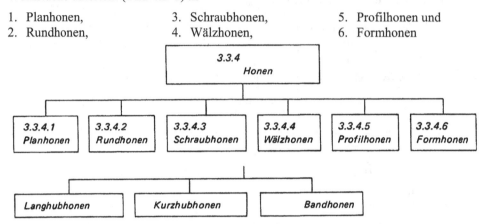

Bild 4.2–1 Übersicht über die Honverfahren

Wichtiger ist jedoch die Unterteilung in *Langhubhonen*, *Kurzhubhonen* und Bandhonen. Die Unterschiede der Verfahren ergeben sich daraus, dass die geradlinige Komponente der Schnittbewegung entweder langhubig über die ganze Werkstücklänge läuft oder kurzhubig durch Schwingungen mit wenigen Millimetern Schwingweite erzeugt wird. Das Langhubhonen wird überwiegend für die Innenbearbeitung von Bohrungen eingesetzt. Mit Kurzhubhonen dagegen kann eine Vielzahl von Werkstückformen wie Wellen, Wälzlagerringen und Wälzkörpern bearbeitet werden. Das *Bandhonen* wird mit seinen besonderen Merkmalen in Kapitel 4.2.3 beschrieben.

Fast immer handelt es sich beim Honen um die Erzeugung einer Endform am Werkstück mit geringer Rauheit und großer Maß- und Formgenauigkeit. Es wurden jedoch auch Arbeitsweisen entwickelt, mit denen sich gröbere Bearbeitungen bei nennenswerten Zeitspanungsvolumen durchführen lassen. Eine Honbearbeitung wird oft unterteilt in *Vorhonen* mit größerem Werkstoffabtrag, *Zwischenhonstufen* und *Fertighonen* zur Erzielung der Endform mit der verlangten Formgenauigkeit und Oberflächengüte.

4.2.1 Langhubhonen

4.2.1.1 Werkzeuge

Werkzeugform und Wirkungsweise

Die Gestalt der Werkzeuge richtet sich nach Form und Größe der Bohrung, der Art des zu bearbeitenden Werkstoffs, dem verwendeten Schleifmittel und nach den Genauigkeitsforderungen. Im Wesentlichen lassen sich vier Teile mit unterschiedlichen Aufgaben unterscheiden, *Einspannteil*, *Werkzeugkörper*, *Zustellkonus* und *Schneidenteil* (**Bild 4.2–2**).

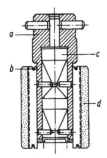

Bild 4.2–2
Schnittdarstellung eines Honwerkzeugs
für das Langhubhonen
a   Einspannteil
b   Werkzeugkörper
c   Zustellkonus
d   Schneidenteil

Als *Einspannteil* dient ein Schaft aus gehärtetem Stahl mit Mitnehmern, welche die Verbindung zur Honmaschinenspindel herstellen. Er überträgt die Spindeldrehung auf das Werkzeug.

Der *Werkzeugkörper* ist oft ein Teil mit dem Schaft. Er nimmt die Schneidenteile und den Zustellkonus auf. Von ihm wird die geometrische Lage der Einzelteile des Werkzeugs zueinander bestimmt. Die Größe der zu bearbeitenden Bohrung beeinflusst seine Gestalt am stärksten. Einige Werkzeuge haben auch noch Führungsflächen, die in der Spannvorrichtung oder im Werkstück anliegen und eine genaue Lagebestimmung des Werkzeugs zum Werkstück ermöglichen. Meistens führt sich das Werkzeug im Werkstück selbst und muss deshalb in seiner Einspannung frei beweglich sein.

Der *Zustellkonus* dient zum Zustellen und Nachstellen. Mit zunehmendem Werkstückdurchmesser und fortschreitendem Honleistenverschleiß werden die Schneidenteile über den Zustellkonus nachgestellt. Der Antrieb dafür kommt über eine elektromechanische oder hydraulische Zustelleinrichtung der Honmaschine. Sie erzeugt die Axialbewegung des Zustellkonus und das Rückstellen am Ende der Bearbeitung. Bei Werkzeugen mit mehreren Honleistengruppen müssen auch mehrere Zustellkonen und Verstellsysteme vorhanden sein.

Der *Schneidenteil* ist der Träger des Schleifmittels. Er besteht aus Schleifkorn in keramischer, metallischer oder Kunstharzbindung und wird als Honstein oder Honleiste bezeichnet. Bei herkömmlichen Schleifmitteln Korund und Siliziumkarbid passt er sich in kurzer Zeit durch Abnutzung dem Werkstück an. Das Prinzip der gegenseitigen Anpassung von Werkzeug und Werkstück führt zu einer besonders großen Formgenauigkeit. Dabei ist die Herstellungsgüte der Werkzeugmaschine nicht ausschlaggebend. Dieses Prinzip wird bei den Schneidmitteln Diamant und Bornitrid jedoch verlassen. Diese nutzen sich aufgrund ihrer besonders großen Härte und der metallischen Bindung nur wenig ab. Sie müssen vor ihrem Einsatz formgenau geschliffen werden. Bei Honwerkzeugen gibt es viele konstruktive Besonderheiten. Am einfachsten lassen sie sich nach der Zahl der Honleisten einteilen (**Bild 4.2–3**).

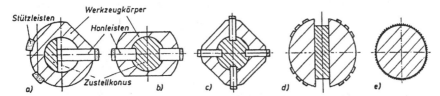

Bild 4.2–3 Vereinfachte Darstellung von Honwerkzeugen im Querschnitt, a) Einleistenhonwerkzeug, b) Zweileistenphonwerkzeug, c) Mehrleistenphonwerkzeug, d) Schalenhonwerkzeug, e) Dornhonwerkzeug

Einleistenhonwerkzeuge dienen zur Bearbeitung langer Bohrungen mit Durchmessern von 3 – 60 mm, z. B. Pneumatik- und Hydraulik-Steuergehäusen und Einspritzpumpen. Auch bei Querbohrungen im Werkstück wird eine gute Formgenauigkeit erzielt. Gegenüber der Honleiste befinden sich zwei asymmetrisch angeordnete Stützleisten. Durch galvanisch aufgebrachte feinkörnige Diamantbeläge sind diese sehr verschleißfest. Einleisten-Werkzeuge dürfe nur in einer Drehrichtung eingesetzt werden.

*Zweileisten*honwerkzeuge sind symmetrisch. Die Zustellung der Leisten ist konzentrisch und kann mit größerer Kraft erfolgen. Dadurch ist ein größeres Zeitspannungsvolumen erzielbar. Sie werden für die gröbere Bearbeitung in Vorhonstationen zum schnellen Abtragen des Werkstückaufmasses eingesetzt.

Vierleistenhonwerkzeuge dienen für die Bearbeitung größerer und kürzerer Bohrungen ohne Unterbrechungen, z. B. Zylinderbohrungen von Verbrennungsmotoren. Da sich die Zustellkraft auf mehrere Leisten verteilt, können die einzelnen Leisten schmaler sein.

Schalenhonwerkzeuge mit 8 – 200 mm Durchmesser bestehen aus zwei halbrunden Schalen, die den Schneidbelag auf ihrer ganzen Oberfläche oder in schmalen Streifen tragen. Der Aufweitkonus spreizt die Schalen und presst sie gegen die Bohrungswand des Werkstücks. Die flächenhafte Berührung wirkt schwingungsdämpfend. Sie werden deshalb bei labilen Werkstücken, z. B. Zweitaktmotorgehäusen oder einfach bei kleinen Werkstücken eingesetzt.

Dornhonwerkzeuge nehmen eine besondere Stellung ein. Sie haben keinen Aufweitkonus und bestehen oft aus einem Stück. Der Schneidbelag, eine galvanisch aufgebrachte Diamantenschicht, bedeckt die ganze Oberfläche oder ist in Längsstreifen unterteilt. An ein Einführungsteil schließt sich die konische Zerspanungszone und daran die zylindrische Kalibrierzone an, die nachstellbar sein kann.

Das Dorn-Werkzeug bearbeitet eine Bohrung in einem einzigen langsam ausgeführten Hub fertig. Dabei entstehen nicht die beim Honen üblichen Kreuzspuren, sondern nur von der Rotation herrührende Umfangsriefen. Die Anwendung erfolgt bei kurzspanenden Werkstoffen wie Grauguss. Das Aufmaß ist auf wenige Mikrometer beschränkt. Die Arbeitszeiten sind sehr kurz. Die mit Diamantkorn besetzten Werkzeuge haben große Standzahlen (Größenordnung 100 000).

Schleifmittel für das Honen

Diamantkorn ist das beim Honen am häufigsten eingesetzte Schleifmittel. Seine Qualität muss passend zum Werkstoff ausgesucht werden. Mit Naturdiamant wird vorzugsweise Hartmetall und weicher Stahl bearbeitet, mit synthetischen Diamantsorten vor allem Gusseisen jeder Art, daneben auch Nichteisenmetalle, Glas, Keramik und nitrierter Stahl. Der vom Schleifen bekannte Diffusionsverschleiß des Diamantkorns bei der Bearbeitung von Stahl tritt beim Honen nicht ein, denn die kleine Schnittgeschwindigkeit (ca. 60 m/min) lässt an den Kornspitzen nicht die hohen Temperaturen entstehen, die Kohlenstoffdiffusion hervorrufen. Diamanthonleisten behalten sehr lange ihre Form und nutzen sich kaum ab. Das einzelne Korn dagegen kann stumpf werden. Das führt dann zu einem schlechteren Zerspanungsverhalten mit größeren Kräften und kleinerem Zeitspanungsvolumen. Durch Wechseln der Drehrichtung oder Überschleifen der Honleisten wird das Schneidverhalten wieder verbessert. Für Diamanthonleisten ist metallische Bindung die geeignetste. Sie hält die wertvollen Schleifkörner am längsten fest und vergrößert dadurch die Standzeiten. Einschichtige Kornbelegung wird galvanisch aufgebracht, dickere Schichten werden gesintert und auf die Leisten aufgelötet.

Konzentration und Korngröße der Diamanten haben starken Einfluss auf Zeitspanungsvolumen und Oberflächengüte. So erzeugt grobes Korn mit geringer Konzentration eine raue Oberfläche bei großer Abtragsleistung (Vorbearbeitungsstufe). Feines Korn mit großer Konzentration dagegen macht eine feine Oberfläche möglich bei kleinem Zeitspanungsvolumen. Die Konzentration eines Diamantbelages wird in Karat pro mm^3 angegeben (1 Karat = 0,2 g). *Bornitrid* (BN) hat ähnlich wie Diamant eine große Härte und kann deshalb auch als sehr gutes Schleifmittel in Honwerkzeugen verwendet werden. Ein Unterschied besteht jedoch im Bruchverhalten des Kornes, das bei größerer Bereitschaft zu feinen Absplitterungen schneidfreudiger bleibt als Diamant. Die günstigste Schnittgeschwindigkeit liegt bei 40 – 60 m/min. Das Einsatzgebiet von BN ist vorzugsweise gehärteter Stahl (60 – 64 HRC), Einsatzstahl und Chromstahl. Auch bei der Bearbeitung von Grauguss ist BN vorteilhaft, wenn die Graphitlamellen geschnitten und offen gehalten werden sollen. Das wird oft bei Zylindern von Verbrennungsmotoren verlangt. Die metallische Bindung wird wie bei Diamanthonleisten durch Sintern oder Galvanisieren erzeugt.

Die weniger harten Schleifmittel *Korund* und *Siliziumkarbid* werden auch noch angewendet; aber sie werden mehr und mehr durch Diamant und BN, die größere Zeitspanungsvolumen bringen, verdrängt (**Bild 4.2–4**). So wird Normalkorund bei zähen Werkstoffen wie unlegiertem Stahl. Edelkorund bei Stahl größerer Festigkeit, gehärtetem und vergütetem Stahl und grünes Siliziumkarbid bei Grauguss und anderen kurzspanenden Werkstoffen genommen. Als Bindung wird Keramik bevorzugt. Ihre Härte lässt sich für die Anwendung bei spröden Werkstoffen durch Schwefeleinlagerung vergrößern und bei zähen Werkstoffen durch Zugaben von Magnesiumsilikat verringern. Daneben wird Kunstharzbindung verwendet. Sie ist von Natur aus zäher als Keramik und kann einen größeren Anpressdruck vertragen. Mit mineralischen Zugaben kann die Zähigkeit verringert und ihr Anwendungsgebiet erweitert werden. Zur Kennzeichnung der Korngröße werden die Körnungsnummern nach **Tabelle 4.1-2** verwendet. Auf die groben Körnungen kann jedoch verzichtet werden, da nur Feinbearbeitungen durchgeführt werden sollen. Zur Anwendung kommen

für das Vorhonen die Körnungen	46 bis 80,
für normales Honen	90 bis 150,
für Fertighonen	180 bis 1000.

Die Schnittgeschwindigkeit beträgt bei den herkömmlichen Schleifmitteln nur etwa 30 m/min. Auffallend ist die starke Abnutzung der Honsteine, die notwendig ist, damit sie sich nicht zusetzen. Außerdem ermöglicht sie, dass diese sich der Werkstückform vollständig anpassen und eine sehr gute Formgenauigkeit erzielen.

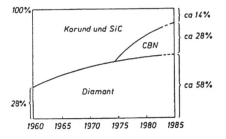

Bild 4.2–4
Prozentuale Verteilung der auf Honmaschinen in Deutschland eingesetzten Schleifmittel

4.2.1.2 Bewegungsablauf

Schnittbewegung

Die Schnittbewegung beim Langhubhonen setzt sich aus zwei Teilbewegungen zusammen, einer gleichmäßigen Drehung und einer hin- und hergehenden Axialbewegung des Werkzeugs. **Bild 4.2–5** zeigt an einem Honwerkzeug die Geschwindigkeitskomponenten. Sie addieren sich geometrisch zur resultierenden *Schnittgeschwindigkeit*

$$v_c = \sqrt{v_{ca}^2 + v_{ct}^2}$$ (4.2-1)

Durch die Richtungsumkehr der Axialbewegung kreuzen sich die Arbeitsspuren der Auf- und der Abwärtsbewegung. Sie erzeugen auf der Werkstückoberfläche ein Kreuzschliffbild (**Bild 4.2-6**).

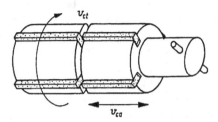

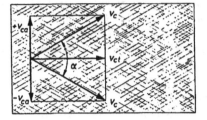

Bild 4.2-5 Bewegung eines Honwerkzeugs
v_{ct} Umfangsgeschwindigkeit
v_{ca} Geschwindigkeit des Axialhubes

Bild 4.2-6 Sich kreuzende Honspuren auf der abgewickelten Fläche eines Werkstücks

Der *Schnittwinkel a* wird von der Größe der Geschwindigkeitskomponenten v_{ca} und v_{ct} bestimmt.

$$\tan\frac{\alpha}{2} = \frac{v_{ca}}{v_{ct}}$$ (4.2-2)

Je größer der Schnittwinkel wird, desto größer ist das Zeitspanungsvolumen. Ein zweiter Vorteil der sich kreuzenden Honspuren ist eine feine Oberfläche mit geringerer Rautiefe als bei parallelen Bearbeitungsspuren. Praktisch werden Werte von 40° – 75° für den Schnittwinkel α angestrebt.

Es ist günstig, eine möglichst große Schnittgeschwindigkeit zu wählen, weil dadurch der Werkstoffabtrag groß wird (**Bild 4.2–7**).

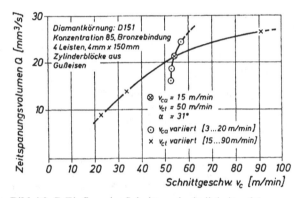

Bild 4.2-7 Einfluss der Schnittgeschwindigkeit auf das Zeitspanungsvolumen beim Honen nach *Juchem*

Praktisch lassen sich aber nicht beliebig große Werte verwirklichen:

- 20 – 30 m/min mit keramisch gebundenen Honsteinen
- 25 – 35 m/min mit kunstharzgebundenen Honsteinen
- 35 – 60 m/min mit CBN-Honleisten und
- 40 – 90 m/min mit Diamanthonleisten.

Das hat folgenden Grund:

Die Axialbewegung v_{ca} lässt sich nicht beliebig vergrößern, da die Bewegungsumkehr im oberen und unteren Totpunkt Massenbeschleunigungskräfte mit Erschütterungen hervorruft. v_{ca} erreicht deshalb nur 3 – 30 m/min. Damit ist auch die Umfangsgeschwindigkeit auf 10 – 80 m/min begrenzt, denn es muss für einen günstigen Schnittwinkel α ein Verhältnis von $v_{ct} / v_{ca} = 1,3 – 2,7$ eingehalten werden.

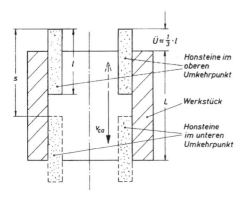

Bild 4.2–8
Axialbewegung und Überlauf
der Honsteine beim Honen
einer Durchgangsbohrung
L   *Werkstücklänge*
l   Honsteinlänge
s   Hub
Ü   Überlauf

Axialhub und Hublage

In **Bild 4.2–8** wird die *Axialbewegung* im Werkstück gezeigt. Die Honsteine, deren Länge l etwa 2 / 3 der Werkstücklänge L sein soll, laufen oben und unten um etwa 1 / 3 ihrer Länge über die Werkstückkante hinaus. Bei diesem Überlauf bekommt man die besten Arbeitsergebnisse: Die Werkzeuge nutzen sich gleichmäßig ab, und die Werkstücke erhalten eine gut zylindrische Form. Der Überlauf der Honleisten verkleinert vorübergehend ihre Anlagefläche um etwa ein Drittel. Da die Anpresskraft nicht verändert wird, vergrößert sich der Anpressdruck auf die Enden der Werkstückbohrung. Das dadurch zunehmende Zeitspanungsvolumen ist der Ausgleich für die etwas kürzere Berührzeit. Aus diesen Zusammenhängen geht hervor, dass Anpressdruck, Zeitspanungsvolumen, Verschleiß der Honleisten und Rauheit des Werkstücks nicht an allen Stellen und zu allen Zeiten konstant sind, sondern periodisch und ortsabhängig schwanken. Der *Hub s*, der an der Honmaschine eingestellt wird, kann folgendermaßen berechnet werden

$$s = L - \frac{l}{3}.$$

(4.2–3)

Bei einem längeren Hub werden die Bohrungsenden stärker bearbeitet. Dabei entstehen Überweiten an Ein- und Austritt der Bohrung aus dem Werkstück. Bei einem kürzeren Hub werden die Bohrungsöffnungen enger (**Bild 4.2–9**). Die Hublage soll symmetrisch zum Werkstück sein (**Bild 4.2–10**). Bei einseitiger Hublageneinstellung können konische Bohrungen entstehen.

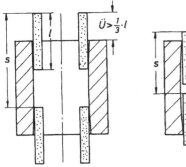
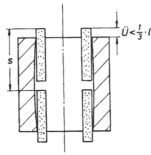

Bild 4.2–9
Überweite und Verengung an den
Bohrungsöffnungen des Werkstücks
durch Hubveränderung

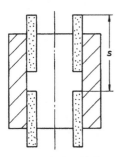
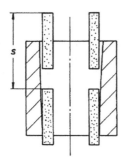

symmetrischer Hub
zylindrisches Werkstück

einseitiger Hub
konisches Werkstück

Bild 4.2–10
Symmetrische und einseitige Hublageneinstellung beim Honen und die daraus entstehenden Formfehler am Werkstück

Bei Sacklöchern mit kleinerem oder keinem Freistich sind besondere Arbeitsgänge für die Bearbeitung des Bohrungsendes erforderlich. Man kann dazu ein zweites Werkzeug mit kurzen Honsteinen nehmen, welches das Bohrungsende mit kurzen Hüben vor der eigentlichen Bearbeitung auf das Sollmaß bringt, oder man wählt inhomogene Steine, deren Enden größere Härte oder dichteren Schleifkorngehalt haben. Damit sind ebenfalls Kurzhübe (sog. Sekundärhübe) auszuführen, die der Bearbeitung des Bohrungsendes dienen (**Bild 4.2–11**). An modernen Honmaschinen können Hub und Hublage geregelt oder mindestens so fein eingestellt werden, dass die Formfehler sehr klein bleiben.

Überlauf ca. 1/3 Steinlänge

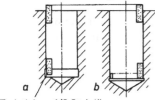
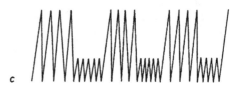

Freistich ca. 1/3 Steinlänge

Bild 4.2–11 Honen von Sacklochbohrungen, a mit Freistich, b mit kleinem oder keinem Freistich, c Ablauf der Axialbewegung beim Honen von Sacklochbohrungen mit Sekundärhub

Der Zusammenhang zwischen Hub s und Axialgeschwindigkeit v_{ca} ist durch die *Hubfrequenz f* gegeben:

$$f = \frac{v_{ca}}{2 \cdot s} \qquad (4.2\text{–}4)$$

Dabei wird v_{ca} als gleichmäßige Geschwindigkeit oder als Mittelwert der Axialgeschwindigkeit angenommen.

Zustellung

Mit fortschreitender Bearbeitung wird der Werkstückdurchmesser größer. Infolgedessen müssen die Honleisten *zugestellt* werden. Ein flacher Konus in der Werkzeugmitte kann über eine zentrale Schubstange verstellt werden. Über Druckstücke oder durch unmittelbare Berührung mit dem Konus werden die Honleisten radial verstellt. Die Zustellung kann kraftschlüssig durch einen hydraulischen Antrieb, formschlüssig durch Elektro- oder Handbetrieb oder kombiniert hydraulisch-mechanisch vorgenommen werden.

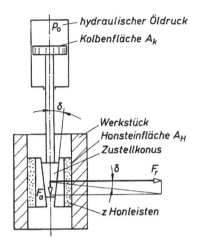

Bild 4.2–12
Wirkungsweise eines hydraulischen Zustellsystems

Die Wirkungsweise eines *kraftschlüssigen* Zustellsystems ist in **Bild 4.2–12** dargestellt. Ein Kolben mit der Kolbenfläche A_k wird unter der hydraulischen Druckeinwirkung p_0 bewegt, verstellt den Zustellkonus, bis die z Honleisten mit der Honsteinfläche $A = z \cdot A_H$ gegen das Werkstück drücken und das Kräftegleichgewicht halten. Die axial wirkende Zustellkraft ist

$$F_a = A_k \cdot p_0,$$

die daraus resultierenden *Radialkräfte* bei z Honleisten unter Vernachlässigung von Reibungskräften

$$\boxed{F_r = \frac{F_a}{z \cdot \tan \delta}}. \tag{4.2-5}$$

In der Praxis dürfen die Reibungskräfte nicht außer Acht gelassen werden. Je nach Verstellrichtung tritt eine Verkleinerung oder Vergrößerung mit reibungsbedingter Umkehrspanne von erheblicher Größenordnung auf. Bei Zustellung muss erst die Reibung im Konus überwunden werden, ehe die Radialkraft größer wird:

$$F_{r\,zu} = \frac{F_a}{z} \cdot \frac{\cos \delta - 2 \cdot \mu \cdot \sin \delta}{\sin \delta + \mu \cdot \cos \delta} \tag{4.2-1a}$$

Bei Rücknahme der Axialkraft vermindert sich die Radialkraft erst, wenn die Konusreibung das zulässt.

$$F_{r\,rück} = \frac{F_a}{z} \cdot \frac{\cos \delta + 2 \cdot \mu \cdot \sin \delta}{\sin \delta - \mu \cdot \cos \delta} \tag{4.2-1b}$$

Der Reibungswert $\mu = 0{,}12$ für Stahl auf Stahl kann als Näherung angenommen werden. Damit lässt sich die *Flächenpressung* der Honsteine am Werkstück berechnen:

$$\boxed{p = \frac{F_r}{A_H}} \tag{4.2-6}$$

A_H ist die Arbeitsfläche eines Honsteins. Die eingestellte Flächenpressung p muss sich nach dem Schleifmittel, der Bindung und der gewünschten Abtragswirkung richten. Bei keramisch gebundenen Honsteinen wird $p = 0{,}3$ bis 1 N/mm², bei kunstharzgebundenen $p = 0{,}5$ bis 3 N/mm², bei metallisch gebundenem BN p = 1,5 bis 6 N/mm² und bei Diamanthonleisten p = 2 bis 8 N/mm² empfohlen.

Für das Fertighonen kann die Flächenpressung kleiner gewählt werden. Dann wird am Werkstück die Rautiefe geringer und es wird weniger Werkstoff abgetragen. Die Flächenpressung muss aber mindestens so groß sein, dass die Arbeitsflächen der Honsteine sich nicht zusetzen. Bei zu kleiner Flächenpressung bleibt abgetragener Werkstoff zwischen den langsam stumpf werdenden Körnern sitzen und verklebt die Spanräume.

Umgekehrt führt zu große Flächenpressung zum schnellen Ausbrechen ganzer Körner, ehe sie richtig ausgenutzt sind, also zu einem zu großen Steinverschleiß. Flächenpressung, Werkstoff und Steinhärte müssen so abgestimmt sein, dass ein möglichst großes Zeitspanungsvolumen erreicht wird, ohne übergroßen Verschleiß.

Neben kraftschlüssigen Zustellsystemen gibt es *formschlüssige mechanische* Zustellung mit starrer weggebundener Konusaufweitung. Vorteilhaft bei diesem Prinzip ist der exakte Zustellweg der Honleisten. Nahezu unabhängig von der Flächenpressung zwischen Werkstück und Honleiste wird das vorgegebene Maß nach einer berechenbaren Zeit erreicht.

In der Praxis geben Zustellsystem, Werkzeug und Werkstück durch Aufzehren vorhandenen Spieles elastisch nach. Damit ist die Berechenbarkeit des zeitlichen Ablaufs in Frage gestellt. Formfehler lassen sich nur verkleinern, wenn die Werkstücksteifigkeit groß und gleichmäßig ist. Am Anfang der Bearbeitung muss dann stärker, am Ende weniger oder gar nicht mehr zugestellt werden. Bei elastischeren Werkstücken kann nur mit geringen Zustellungen, die keine unzulässig großen Verformungen erzeugen, gehont werden. Oft werden dann beide Zustellarten, kraftgebundene und formschlüssige zusammen angewendet. Dann entsteht *Kraftschluss mit Wegbegrenzung* oder *Wegsteuerung mit Kraftbegrenzung*. Bei aller Raffinesse bleibt die Unsicherheit, wie viel Kraft bzw. Weg von den Übertragungselementen weitergegeben wird. Damit können dennoch größere Formfehler am Werkstück beseitigt werden, ehe die feine Endbearbeitung durchgeführt wird. Die Zustellgeschwindigkeit kann sinnvoll so eingestellt werden, dass am Anfang der Bearbeitung schnell und am Ende langsam zugestellt wird.

4.2.1.3 Abspanvorgang

Der Abspanvorgang beim Honen ist noch mehr als beim Schleifen durch die *Werkstoffverformung* und -*verfestigung* zu erklären. Nur sehr selten hat ein Korn des Honwerkzeugs eine so günstige Schneidengeometrie, dass es mit einem Schneidkeil Stoff vom Werkstück abschälen kann. Eine solche Spitze würde auch sofort abbrechen und sich zur Normalform mit flachen Kanten und Flächen umbilden. So findet man im Abtrag auch selten Spiralspäne oder ähnliche Spanformen.

Nach Erkenntnissen von Tönshoff ist dagegen die plastische Furchenbildung mit Werkstoffverdrängung das kennzeichnende Merkmal gehonter Oberflächen. *Martin* zeigt an elektronenmikroskopischen Vergrößerungen, wie die Kornspuren den Werkstoff formen (**Bild 4.2–13**). Er unterscheidet drei verschiedene Vorgänge der Stoffverdrängung und Spanbildung:

1) Den *Werkstoffstau* vor den Kornspitzen. Wie das Wasser vor dem Bug eines Schiffes wird der Werkstoff hochgedrückt, teilt sich und weicht nach beiden Seiten des Kornes aus. Dabei wölben sich seitliche Wellen auf, die von der Bindung des Honsteins wieder niedergedrückt werden. In **Bild 4.2–14** kann man die Verschleißspuren dieser Werkstoffverdrängung vor und seitlich vom Korn an einer stark vergrößerten Honleiste erkennen.

Bild 4.2–13
Gehonte Oberfläche, stark vergrößert
aufgenommen mit einem Rasterelekt-
ronenmikroskop nach *Martin*

Bild 4.2–14
Honleisten-Arbeitsfläche mit Auswa-
schungen der Bindung vor und seitlich
der Diamantkörner durch den verdräng-
ten Werkstoff

2) *Das Mikropflügen.* Bei geringerer Eindringtiefe und stumpferem Korn fällt die „Bugwelle" weg. Der Werkstoff wird aus der Kornfurche seitlich verdrängt. Dabei wölben sich Seiten-wülste auf, die sich wie Bänder über den benachbarten Werkstoff legen können und von der Honsteinbindung wieder angedrückt werden.

3) *Das Mikrofurchen.* Bei geringster Eingriffstiefe entsteht der Abtrag überwiegend dadurch, dass in der dicht unter der verfestigten Oberfläche liegenden weicheren Schicht Querfließen des Werkstoffs einsetzt. Dabei entstehen sehr starke Schubspannungen parallel zur Oberflä-che, die zum Abplatzen der obersten Schicht in Form dünner Plättchen führen.

In allen drei Vorgängen ist die Werkstoffverfestigung bis zur Ermüdung die Ursache für den Werkstoffabtrag. Die sich lösenden Teilchen sind klein genug, dass die Flüssigkeit sie aus dem Arbeitsspalt herausspülen kann.

4.2.1.4 Zerspankraft

Durch Anpressung und Schnittbewegung entstehen Kräfte auf die Werkstückwand. **Bild 4.2–15** zeigt die Zerspankraft F einer Honleiste und ihre Aufteilung in drei orthogonale Richtun-gen.

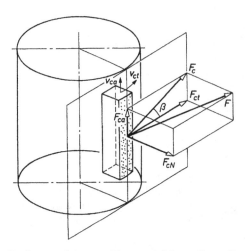

Bild 4.2–15 Zerspankraft und Kraftkomponenten beim Langhubhonen
F Zerspankraft
F_c Schnittkraft
F_{cN} Schnittnormalkraft
F_{ct} tangentialer Anteil der Schnittkraft
F_{ca} axialer Anteil der Schnittkraft

In der gezeichneten Tangentialebene liegt die Schnittkraft F_c. Ihr Betrag wird hauptsächlich von der Anpresskraft, dem Werkstoff, dem Schmiermittel und der Schärfe der Schleifkornkanten bestimmt. **Bild 4.2–16** zeigt Messungen der Schnittkraft unter dem Einfluss der Honzeit und der

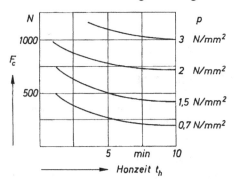

Bild 4.2–16 Einfluss der Honzeit und der Anpressung auf die Schnittkraft F_c beim Honen von 102 Cr 6 mit Diamanthonleisten (D 100) bei $v_c = 31$ m/min und $\alpha = 52°$ mit Honöl nach *Bornemann*

Anpressung. Deutlich sieht man die Verringerung der Schnittkräfte mit der Zeit durch die zunehmende Glättung der Werkstückoberfläche und Abstumpfung der Schleifkörner. Die Flächenpressung p vergrößert die Schnittkraft proportional.

Die Schnittkraft F_c kann in einen tangentialen Kraftanteil F_{ct} und einen axialen Kraftanteil F_{ca} aufgeteilt werden. Das Verhältnis F_{ca} / F_{ct} entspricht nicht dem Geschwindigkeitsverhältnis v_{ca} / v_{ct}. Der Winkel β ist somit vom Schnittwinkel $\alpha / 2$ verschieden. Ursache dafür ist der größere Reibungswiderstand in axialer Richtung, der durch die Honriefen selbst, die vom Korn wieder gekreuzt werden müssen, hervorgerufen wird. Die Schnittkraftkomponenten verändern sich auch unterschiedlich mit den axialen und tangentialen Schnittgeschwindigkeitskomponenten. **Bild 4.2–17** zeigt dieses unterschiedliche Verhalten deutlich. F_{ct} ändert sich kaum. F_{ca} nimmt dagegen mit wachsender Axialgeschwindigkeit zu und wird mit wachsender Tangentialgeschwindigkeit kleiner. Dieses Verhalten erschwert die theoretische Berechnung des Richtungswinkels β.

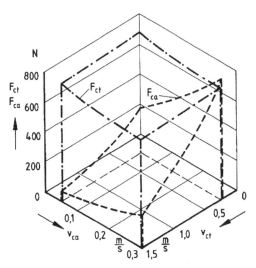

Bild 4.2–17 Einfluss der Schnittgeschwindigkeit auf die Schnittkraft beim Langhubhonen von Kolbenmotorzylindern aus Grauguss; $p = 1{,}8$ N/mm²; 6 Honleisten D 213K70 Bz; $b = 4$ mm; $l = 150$ mm, nach *Mushardt*

Senkrecht zur gezeichneten Ebene in Bild 4.2–15 liegt die *Schnittnormalkraft* F_{cN}. Sie ist gleich der Anpresskraft des Honsteins F_r und errechnet sich aus Gleichung 4.2–1. Die Schnittnormalkraft kann das Werkstück elastisch verformen. Sie ist deshalb in der letzten Bearbeitungsstufe besonders bei dünnwandigen Werkstücken zu begrenzen.

Das für die Bewegung erforderliche *Drehmoment* M_c ist dem tangentialen Anteil von F_c proportional.

$$M_c = z \cdot \frac{d}{2} \cdot F_{ct}$$ (4.2–7)

Die *Schnittleistung* errechnet sich aus Schnittkraft und Schnittgeschwindigkeit.

$$P_c = z \cdot F_c \cdot v_c$$ (4.2–8)

Sie teilt sich wieder auf in einen Leistungsanteil für die Drehbewegung und einen für die Hubbewegung.

4.2.1.5 Auswirkungen am Werkstück

Oberflächengüte

Ein Ziel der Honbearbeitung ist die Verbesserung der *Oberflächengüte* des Werkstücks. Die Bearbeitung vor dem Honen erfolgt durch feines Bohren oder Schleifen mit Rautiefen $Rz0$ zwischen 10 und 50 µm. Mit dem Beginn des Honens werden diese Bearbeitungsrillen und -riefen sehr schnell flacher und damit die Rautiefe Rz kleiner. Sind die Spuren der Vorbearbeitung vollständig beseitigt, dann ändert sich die Rautiefe am Werkstück nicht mehr durch längeres Honen (**Bild 4.2–18**).

Erst weitere Honstufen mit verringerter Flächenpressung, feinerem Honstein oder größerer Schnittgeschwindigkeit (**Bild 4.2–19**) können die Oberflächengüte weiter verbessern. So lassen sich Rautiefen von $Rz < 1$ µm (bis 0,3 µm) erreichen.

Bei manchen Werkstücken ist es nicht wichtig, eine vollständig geglättete Oberfläche zu bekommen. Bei Laufbüchsen von Dieselmotoren ist es sogar sinnvoll, restliche Riefen einer gröberen Vorhonstufe zu erhalten, um dem Schmierfilm eine gute Haftfähigkeit zu geben. Diese zusammengesetzte Oberfläche erreicht man dadurch, dass die beim Zwischenhonen gewonnene Oberflächengestalt beim Fertighonen nur etwa zur Hälfte abgetragen wird. Die Bearbeitung ist unter der Bezeichnung „*Plateauhonen*" bekannt geworden (**Bild 4.2–20**). Ähnliche Forderungen werden immer dann aufgestellt, wenn Dichtungen auf Metall eine Axialbewegung ausführen und nicht trocken laufen dürfen, also auch bei pneumatischen oder hydraulischen Zylinder- oder Dämpferrohren.

Bei Steuerschiebern und Ventilen oder Pleuelbohrungen dagegen ist ein Höchstmaß der Oberflächengüte erwünscht, um die beste Abdichtwirkung oder Tragfähigkeit zu erreichen.

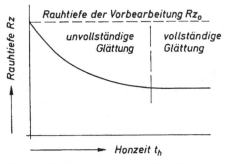

Bild 4.2–18 Verbesserung der Oberflächengüte beim Honen

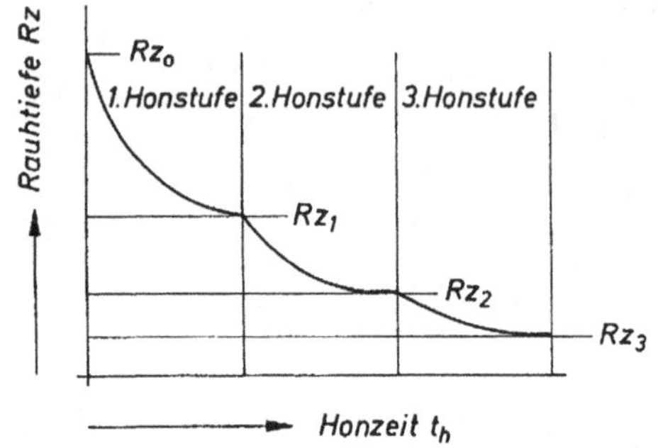

Bild 4.2–19 Verbesserung der Oberflächengüte in mehreren Honstufen

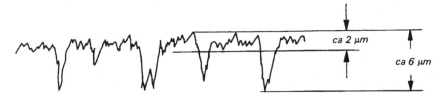

Bild 4.2–20 Gestalt einer durch Plateauhonen erzeugten Oberfläche. $Rt_1 = 2$ µm, $Rt_2 = 6$ µm

Formgenauigkeit

Das wichtigere Ziel beim Honen ist die Herstellung einer *genauen Form*. Diese wird durch *Rundheit, Zylindrizität* und *Geradheit* nach DIN 7184 vom Konstrukteur vorgeschrieben. Bei größeren Werkstücken wie Pleueln oder Zylinderblöcken für Verbrennungsmotoren aus Grauguss liegen die erreichbaren Formtoleranzen zwischen 0,005 – 0,02 mm. Es gibt jedoch hochgenaue Teile, wie Steuergehäuse für Bremsanlagen, Einspritzpumpen und Hydrauliksteuerungen, bei denen Formtoleranzen von 0,001 mm und weniger vorgeschrieben sind (**Bild 4.2–21**).

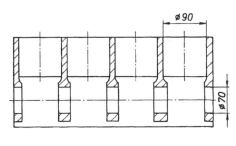

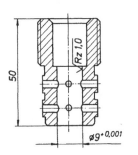

Formtoleranzen

	Zylinder	Lager	Pleuel	St.-ventil
Rundheit	0,006	0,005	0,002	0,0005
Zyl.-form	0,01	0,008	0,001	0,003–0,005
Geradheit	0,008	0,007	0,0007	–
Parallelität auf 100 mm Länge				0,075

Bild 4.2–21 Formtoleranzen an verschiedenen Werkstücken, die beim Honen eingehalten werden können

Die Einhaltung dieser engen Toleranzen, die an der Grenze des Messbaren liegen, erfordert eine möglichst genaue Vorbearbeitung, zwangfreie Aufspannung der Werkstücke, freie Beweglichkeit der Werkzeuge, die sich im Werkstück selbst führen, und Messsteuerung während der Bearbeitung.

Blechmantel

In Zylinderbüchsen für Verbrennungsmotoren aus Grauguss führt die starke Werkstoffverformung beim Honen, besonders mit Diamanthonleisten, zu unerwünschten Erscheinungen. Die im Werkstoff eingeschlossenen weichen Graphitlamellen werden mit Ferrit- und Perlitmasse zugeschmiert. Dabei entsteht eine dichte Oberfläche ohne Notlauffähigkeit. Beim Einlaufvorgang können sich dann Riefen bilden, die nach Klink mit der Zeit zu einem zu großen Ölverbrauch führen.

Durch eine Bearbeitung, bei der mindestens 30 % der Graphitlamellen offen bleiben, kann der Nachteil behoben werden. Honen mit einem splitterfreudigen scharfen Korn bei geringer Anpressung verringert die Werkstoffverformung und verfeinert den Abtragsvorgang. Die Graphiteinschlüsse sind dann teilweise an der Schnittstelle noch offen. Als Schleifkorn nimmt man für diese letzte Feinbearbeitung BN oder SiC.

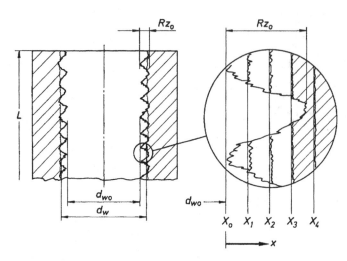

Bild 4.2–22
Abspanungsfortschritt x
beim Honen eines durch
Bohren vorbearbeiteten
Werkstücks

4.2.1.6 Abspanungsgrößen

Abspanungsgeschwindigkeit

Der *Werkstoffabtrag x* an einem durch Bohren oder Schleifen vorbearbeiteten Werkstück (**Bild 4.2–22**) nimmt am Anfang schnell zu, weil nur schmale hervorstehende Bereiche mit dem Honstein in Eingriff kommen. Auf diese schmalen Stege wirkt jedoch schon die ganze Zustellkraft. Die Flächenpressung ist also besonders groß. So wird der erste Abschnitt Δx bis x_1 in wesentlich kürzerer Zeit abgespant als der zweite, dritte und vierte. **Bild 4.2–23** zeigt den zeitlichen Verlauf des Abspanens, der mit zunehmender Honzeit immer weniger zunimmt, bis alle Rillen, Riefen und Formfehler der Vorbearbeitung beseitigt sind. Danach, im Bereich der vollständigen Glättung, nimmt er mit konstanter Steigung nur noch wenig zu. Aus dem Abtrag x errechnet sich der Werkstückdurchmesser:

$$d_{\mathrm{w}} = d_{\mathrm{w}0} + 2 \cdot x \qquad\qquad (4.2\text{–}9)$$

Die *Abspanungsgeschwindigkeit*

$$v_{\mathrm{x}} = \frac{dx}{dt} \qquad\qquad (4.2\text{–}10)$$

ist ebenfalls in Bild 4.2–23 eingezeichnet. Sie hat am Beginn der Honbearbeitung ihren Größtwert, verringert sich dann schnell, bis sie beim Erreichen der vollständigen Glättung auf ihrem kleinsten Wert bleibt. Die Abspanungsgeschwindigkeit lässt sich durch die Anpressung des Honsteins, die Korngröße und die Schnittgeschwindigkeit beeinflussen. Mit der Anpressung und der Korngröße nimmt sie zu. Gleichzeitig wird aber auch die Rautiefe größer. Durch Vergrößerung der Schnittgeschwindigkeit kann die Abspanungsgeschwindigkeit auch begrenzt gesteigert werden, da jedes Schleifkorn in der gleichen Zeit einen längeren Weg auf der Werkstückoberfläche zurücklegt. Andererseits wird aber der Kreuzungswinkel der Honriefen kleiner, denn nur die Umfangsgeschwindigkeit v_{t} kann ohne Nachteil vergrößert werden. Nach Bornemann wird dabei die Abdrückkraft zwischen Werkstück und Honstein größer.

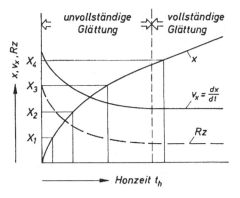

Bild 4.2–23
Einfluss der Honzeit auf den Abtrag x, die Abspanungsgeschwindigkeit v_x und die Rautiefe R_z bei un-
vollständiger und vollständiger Glättung

Zeitspanungsvolumen

Das Zeitspanungsvolumen ist beim Honen gefragt, wenn ein wirtschaftlicher Vergleich mit
dem Schleifen angestellt werden soll. Von Bild 4.2–22 ausgehend kann das durch Honen abgetragene *Werkstoffvolumen* mit

$$V_w = \pi \cdot d_w \cdot x \cdot L$$ (4.2–11)

berechnet werden. Dabei wird nicht berücksichtigt, dass ein Teil dieses Volumens Luft enthält,
nämlich die Hohlräume der Rillen von der Vorbearbeitung und die der anfänglichen Formabweichungen. Nach Erreichen der vollständigen Glättung enthält es keine Lufträume mehr und
nimmt gleichmäßig zu (**Bild 4.2–24**).

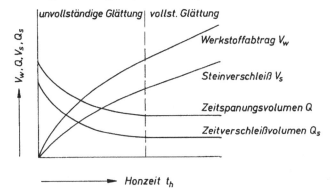

Bild 4.2–24
Einfluss der Honzeit im unvoll-
ständigen und vollständigen Glät-
tungsbereich auf Werkstoffabtrag,
Honsteinverschleiß, Zeitspanungsvolumen und Zeitverschleißvolumen beim Honen

Das *Zeitspanungsvolumen* Q ergibt sich durch die zeitliche Ableitung daraus

$$Q = \pi \cdot d_w \cdot L \cdot \frac{dx}{dt} = \pi \cdot d_w \cdot L \cdot v_x$$ (4.2–12)

Genau wie v_x ist auch Q nicht gleich bleibend. Wie im Bild dargestellt, ist es am Anfang der
Bearbeitung groß, wird schnell kleiner und bleibt dann bei dem kleinsten Wert konstant, wenn
Formfehler und Vorbearbeitungsrillen vollständig geglättet sind. Für Vergleiche ist ein Mittel-
wert Q_m besser geeignet:

$$Q_m = \frac{\pi \cdot d_w \cdot L \cdot \Delta d}{2 \cdot t_h}$$ (4.2–13)

Er errechnet sich aus den geometrischen Abmessungen des Werkstücks, der Durchmesservergrößerung $\Delta d = d_w - d_{w0}$ und der Honzeit t_h.

Die in der Praxis erzielten mittleren Zeitspanungsvolumen liegen in einem sehr weiten Bereich. Bei Genauigkeitsteilen findet man $Q_m = 0,1$ bis 1 mm³/s, beim Zylinderbüchsenhonen in der Serienfertigung $10 - 50$ mm³/s, und die größten Werte bringt nach *Klink* u. *Flores* das Schrupphonen von Zylinderrohren aus Stahl für Hydraulik und Pneumatik mit $Q_m > 500$ mm³/s. Teilt man das Zeitspanungsvolumen durch die Honsteinfläche, dann erhält man das *bezogene Zeitspanungsvolumen*:

$$Q' = \frac{Q}{l \cdot b \cdot z}.$$

(4.2–14)

Mit seiner Hilfe lässt sich die Wirksamkeit von Einflussgrößen wie Anpressung, Abstumpfung, Schleifmittelwahl auf den Honprozess beschreiben. In **Bild 4.2–25** wird dargestellt, wie stumpfe und scharfe Diamanthonleisten sowie SiC-Honleisten bei verschiedenen Anpressungen das bezogene Zeitspanungsvolumen beeinflussen. Zu erkennen ist, dass die stumpfen Honleisten nur ein Drittel des Zeitspanungsvolumens von scharfen Honleisten bei gleichem Druck erzeugen. Die Siliziumkarbidleisten haben ihren bevorzugten Anwendungsbereich bei verhältnismäßig kleiner Anpressung. Da sind sie aber wirksamer als Diamanthonleisten. Höhere Anpressungen vertragen sie jedoch nicht.

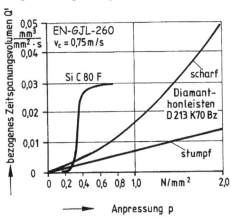

Bild 4.2–25 Einfluss von Anpressung, Schleifmittel und Schärfezustand auf das bezogene Zeitspanungsvolumen nach *Mushardt*

Honsteinverschleiß

Verschleißformen am Honstein sind

- das *Abstumpfen* der Schleifkörner durch Reibung mit dem Werkstoff
- das *Splittern* des Schleifkorns; es bilden sich neue Schneidkanten am Korn
- das *Ausbrechen* von Schleifkorn durch zu große Belastung und
- das *Zusetzen* und *Zuschmieren* der Schleifkörner mit abgetragenem Werkstoff.

Als *Verschleiß* kann mit der abgetragenen Schichtdicke s das verlorene Steinvolumen angegeben werden:

$$V_s = z \cdot s \cdot l \cdot b.$$

(4.2–15)

z ist die Zahl der Honsteine, $l \cdot b$ die Honsteinfläche A. Dieser Honsteinverschleiß erfolgt ungleichmäßig. Er nimmt bei der ersten Berührung mit dem Werkstück am stärksten zu (Bild 4.2–24), wird flacher und hat im Bereich vollständiger Glättung seine geringste Zunahme. Ursache für den Verlauf ist die sich mit der Eingriffszeit t_h verringernde Flächenpressung.

Das Verschleißvolumen kann auf die Zahl der gehonten Werkstücke N bezogen werden. Dann ist das *werkstückbezogene Verschleißvolumen*:

$$V_{sw} = \frac{z \cdot s \cdot l \cdot b}{N}. \tag{4.2–16}$$

Bezieht man es dagegen auf die Honzeit t_h erhält man das *Zeitverschleißvolumen*:

$$Q_s = \frac{V_{sw}}{t_h}. \tag{4.2–17}$$

Da Q_s von der Flächenpressung zwischen Stein- und Werkstoff stark abhängt, haben die groben Rillen der Vorbearbeitung auch einen Einfluss auf das Zeitverschleißvolumen, denn sie verringern die wirksam anliegende Fläche, an der die Pressung groß ist. Deshalb kann zu Beginn eines Honvorgangs größerer Verschleiß beobachtet werden als bei fortgeschrittener Glättung. Durch den Verschleiß verändert sich die Beschaffenheit der Honstein-Arbeitsfläche und damit ändern sich Eingriffsbedingungen, Kräfte und Werkstoffabtrag. Abstumpfung und Zusetzung verursachen verringerten Werkstoffabtrag, kleinere Kräfte und glatte Werkstückoberflächen. Kornsplitterung und Kornausbruch dagegen sind notwendige Selbstschärfvorgänge, die scharfe Schleifkornkanten hervorbringen. Schnittkräfte, Werkstoffabtrag, Verschleiß und Rautiefe werden dabei vergrößert. Mit der richtigen Anpresskraft kann der günstigste Zustand zwischen zu großem Verschleiß und zu geringem Abtrag eingestellt werden.

Durch *Vergleich* des Verschleißes *mit der Werkstoffabspanung* kann ein ähnlicher Kennwert wie beim Schleifen (Gleichung (4.1–0.)) aufgestellt werden:

$$G = \frac{V_w}{V_{sw}} = \frac{Q}{Q_s}. \tag{4.2–18}$$

G sagt aus, wie viel Werkstoff mit einem bestimmten Honsteinvolumen abgespant werden kann. Praktische Werte reichen von $G < 1$ bei keramisch gebundenen Honsteinen bis $G > 30\,000$ bei Diamanthonleisten.

4.2.2 Kurzhubhonen

4.2.2.1 Werkzeuge

Konstruktiver Aufbau

Das Werkzeug für das Kurzhubhonen ist der *Honstein* nach DIN 69 186 aus gebundenem Schleifkörnern. Er wird an einem Hongerät festgeklemmt und hydraulisch oder pneumatisch gegen das Werkstück gepresst (**Bild 4.2–26**). Die Klemmung ist einfach. Sie muss für häufigen Steinwechsel leicht lösbar sein. Der Honstein wird anfangs mit seiner Arbeitsfläche an die Werkstückform angepasst. Später erhält sich die Form durch Verschleiß von selbst. Die Steinabmessungen richten sich nach der Werkstückgröße. Die Breite b soll möglichst gleich dem halben Werkstückdurchmesser d sein. Dann ist der Umschlingungswinkel $\gamma = 60°$. Das ist wünschenswert, um die Rundheit des Werkstücks bei der Bearbeitung zu verbessern. Andererseits soll b nicht größer als 20 mm werden, damit das Honöl die Arbeitsfläche gut spülen kann. Bei größeren Werkstücken nimmt man lieber zwei schmale Steine mit einem Zwischenraum (**Bild 4.2–27**).

Die Honsteinlänge l richtet sich nach der Bearbeitungslänge. Sie ist maximal 60 mm lang.

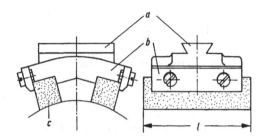

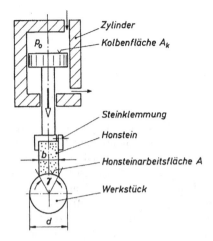

Bild 4.2–26 Kurzhubhonwerkzeug für größere Werkstücke:
a Einspannteil
b Werkzeugkörper
c Honstein
l Steinlänge

Bild 4.2–27 Einfaches Werkzeug mit Anpresszylinder zum Kurzhubhonen

Schleifmittel, Korngröße und Bindung

Die am häufigsten verwendeten Schleifmittel sind *weißer Edelkorund* (EKW) und *grünes Siliziumkarbid* (SiC). Sie eignen sich für fast alle Metalle: weiche Stähle, gehärtete Stähle, Grauguss, Buntmetalle. Bei nicht rostenden Stählen wird auch Normalkorund und bei sehr harten Werkstoffen wie Hartmetall Diamantkorn genommen. Auf die Kohlenstoffdiffusion bei der Bearbeitung von Stahl mit SiC braucht keine Rücksicht genommen werden, da keine hohen Temperaturen entstehen. Für die gröbere Vorbearbeitung ist EKW der Körnung 400 – 800 am besten geeignet, bei weichem Stahl nimmt man auch gröbere Körnungen, für die abgestufte feinere Bearbeitung ist SiC mit einer Körnung von 600 – 1200 zu bevorzugen. In jedem Fall wird die Körnung stufenweise mit der Verbesserung der Oberflächengüte feiner gewählt.

Die *Bindung* muss ebenfalls auf die Bearbeitungsstufe und auf die Art des Werkstoffs abgestimmt werden. Grobe Vorbearbeitung verlangt härtere Bindung, feinere Bearbeitung weiche Bindung. Einen harten Werkstoff kann man mit weicherer Bindung bearbeiten als einen weichen und zähen. Keramische Bindung wird am häufigsten verwendet. Sie lässt sich durch Zusätze in ihrer Härte beeinflussen. Minerale und Silikate lassen sie weicher werden. Schwefeleinlagerungen vergrößern die Härte. Für besondere Anwendungsfälle werden auch Kunstharz, Metall oder besonders zusammengesetzte Bindungen gewählt. Zum Beispiel werden bakelitgebundene Edelkorundsteine mit großem Graphitanteil für die Bearbeitung von weichen und zähen Metallen genommen.

Die *Bezeichnung von Honsteinen* wird nach DIN 69186 vorgenommen. Zuerst werden die Abmessungen Breite x Höhe x Länge angegeben und zum Schluss die Zusammensetzung Schleifmittel, Körnung, Härte, Bindung und Gefüge mit den gleichen Kennzeichnungen, die für Schleifscheiben üblich sind. Beispielsweise bedeutet

Honstein $13 \times 30 \times 50$ – EKW 400 L Ke 8

Breite 13 mm, Höhe 30 mm, Länge 50 mm, Schleifmittel weißer Edelkorund, Körnung 400 (Tabelle 4.1-2), Bindung mittelhart, keramisch, Gefüge 8 (s. Kapitel 4.1.1.2).

4.2.2.2 Bewegungsablauf

Schnittbewegung

Beim Kurzhubhonen setzt sich die Schnittbewegung aus zwei Teilen zusammen, dem *tangentialen* Anteil, der durch die Werkstückdrehung erzeugt wird, und dem *axialen* Anteil, der durch die Längsschwingung des Honsteins entsteht (**Bild 4.2–28**). Auf der Werkstückoberfläche entstehen dabei umlaufende wellenförmige Spuren, die sich immer wieder kreuzen. Sie sind unregelmäßiger als beim Langhubhonen und schneiden sich meistens unter einem spitzeren, nicht immer gleichen Winkel. Die *tangentiale Geschwindigkeitskomponente* kann mit der Drehzahl n und dem Werkstückdurchmesser d berechnet werden:

$$\boxed{v_{ct} = \pi \cdot d \cdot n}$$ (4.2–19)

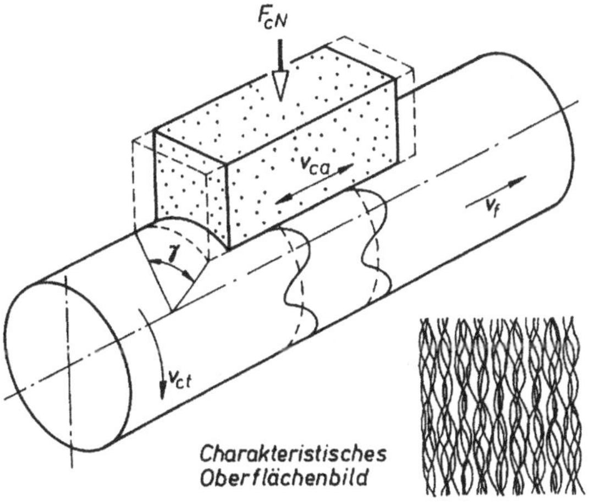

Bild 4.2–28
Bewegungsablauf beim Kurzhubhonen mit den Geschwindigkeitskomponenten
v_t Werkstückumfangsgeschwindigkeit
v_a axiale Schwinggeschwindigkeit
v_f Vorschubgeschwindigkeit
und einem kennzeichnenden Oberflächenbild

Unter Voraussetzung einer harmonischen Schwingungsform in *Axialrichtung* kann auch die Schwinggeschwindigkeit bestimmt werden. Die Auslenkung a aus der Mittellage des Honsteins ist:

$$a = A_0 \cdot \sin \omega t.$$

Darin ist A_0 die Amplitude (= halbe Schwingweite) und $\omega = 2 \cdot \pi \cdot f$ die Winkelgeschwindigkeit der Schwingung. Durch Differenzieren erhält man daraus die Geschwindigkeit

$$\boxed{v_{ca} = \frac{da}{dt} = V_0 \cdot \cos \omega t}$$ (4.2–20)

(siehe **Bild 4.2–29**) und

$$\frac{da}{dt} = A_0 \cdot \omega \cdot \cos \omega t.$$

Das *Geschwindigkeitsmaximum* V_0 ist demnach

$$\boxed{V_0 = A_0 \cdot \omega = 2 \cdot \pi \cdot A_0 \cdot f}$$ (4.2–21)

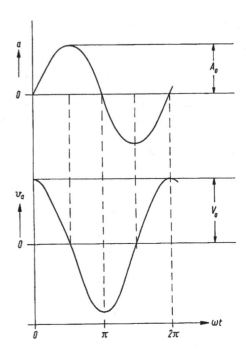

Bild 4.2–29 Form einer Sinusschwingung
a Auslenkung
A_0 Amplitude
v_a Geschwindigkeit
V_0 Geschwindigkeitsmaximum
t Zeitablauf

Da cos ω *t* ständig zwischen den Werten – 1 und + 1 wechselt, schwankt auch die Schwinggeschwindigkeit ständig zwischen 0 und V_0 und wechselt ihre Richtung. Damit bleibt auch die Schnittgeschwindigkeit v_c, die sich aus v_{ct} und v_{ca} zusammensetzt, nicht konstant. Sie wechselt vielmehr zwischen ihrem kleinsten Wert

$$v_{cmin} = v_{ct}$$

und ihrem größten Wert

$$\boxed{V_{c\,max} = \sqrt{v_{ct}^2 + V_0^2}}.\tag{4.2–22}$$

Mit Gleichung (4.2–0.) kann der größte *Schnittwinkel* der Honriefen berechnet werden:

$$\boxed{\alpha_{max} = 2 \cdot \arctan \frac{2 \cdot A_0 \cdot f}{d \cdot n}}.\tag{4.2–23}$$

Der axiale Bewegungsanteil ist nur wenig beeinflussbar. v_{ca} liegt in der Praxis bei 5 – 50 m/min. Die Schwingfrequenz soll so groß wie möglich eingestellt werden. Sie ist dadurch begrenzt, dass bei der schnellen Umsteuerung von Massen Reaktionskräfte auftreten, die Schwingungen und Geräusche in der Maschine hervorrufen. Üblich sind Frequenzen von 500 – 3000 Schwingungen in der Minute. Der untere Bereich wird von mechanischen Schwingungserzeugern ausgenutzt, die genaue Umkehrpunkte garantieren. Der Bereich über 1800 Doppelhübe pro Minute kann nur von pneumatischen Antrieben erreicht werden. Als Schwingweite wird die doppelte Amplitude 2 · A_0 bezeichnet. Von dem möglichen Bereich von 1 – 6 mm ist am häufigsten ein Wert bis mm zu finden. Eine Vergrößerung der Schwingweite wird nicht angestrebt.

Die Schwingbewegung kann auch bogenförmig werden. Das ist bei der Bearbeitung von Rillenkugellagerringen, Kugelumlaufspindeln und den zugehörigen Muttern erforderlich. Ein profilierter Stein wird dabei in der Kugellaufbahn abgestützt und geführt. Bei der geradlinigen Bewegung des Schwingers dreht der Stein sich um den Drehpunkt des Steinhalters (**Bild 4.2–**

30h). Mit einer Vergrößerung der Umfangsgeschwindigkeit lassen sich wichtige Bearbeitungsmerkmale beeinflussen (**Bild 4.2–31**):

1) In der gleichen Zeit werden von allen Körnern längere Schnittwege zurückgelegt. Dadurch vermehrt sich der Werkstoffabtrag verhältnisgleich, solange der Korneingriff gesichert bleibt. Das Zeitspanungsvolumen Q wird größer. Die Bearbeitungszeit t_h wird kleiner.

2) Mit zunehmender Geschwindigkeit entsteht zwischen Werkstück und Honstein ein hydrodynamisches Polster des Kühlschmiermittels. Sein Druck nimmt zu und versucht den Stein gegen die Anpresskraft abzuheben. Dabei wird der Arbeitsspalt größer und die Eindringtiefe der Körner geringer. Die erzielbare Oberflächengüte wird dadurch besser; aber es wird auch weniger Werkstoff abgetragen. Mit einer größeren Anpresskraft kann diesem so genannten *„Ausklinken"* entgegengewirkt werden.

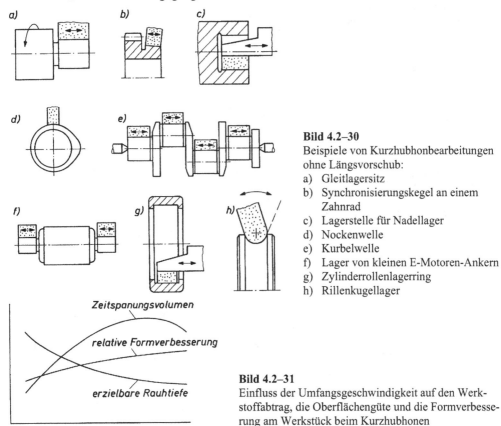

Bild 4.2–30
Beispiele von Kurzhubhonbearbeitungen ohne Längsvorschub:
a) Gleitlagersitz
b) Synchronisierungskegel an einem Zahnrad
c) Lagerstelle für Nadellager
d) Nockenwelle
e) Kurbelwelle
f) Lager von kleinen E-Motoren-Ankern
g) Zylinderrollenlagerring
h) Rillenkugellager

Bild 4.2–31
Einfluss der Umfangsgeschwindigkeit auf den Werkstoffabtrag, die Oberflächengüte und die Formverbesserung am Werkstück beim Kurzhubhonen

3) Der Honstein folgt durch seine Massenträgheit den Rundheitsfehlern des Werkstücks weniger. Dadurch entsteht eine ungleichmäßige Bearbeitung am Werkstück, welche die Formfehler abträgt.

4) Der kleinere Schnittwinkel α nach Gleichung (4.2–0.) bedeutet, dass der Richtungswechsel der am Schleifkorn angreifenden Schnittkraft geringer wird. Dadurch geht der Verschleiß etwas zurück.

Praktisch muss man sich bei der Wahl der Umfangsgeschwindigkeit nach der Art des Schleifmittels und nach der Werkstücklagerung während der Bearbeitung richten. Die angestrebte Werkstückqualität spielt natürlich auch eine Rolle. Korund verträgt nur geringe Geschwindig-

keiten. Seine Schneidkanten sind stumpfer als die von SiC. Er kommt daher schneller außer
Eingriff bei zunehmender Umfangsgeschwindigkeit. 8 – 20 m/min in der Vorbearbeitungsstufe
und bis 50 m/min in der Fertigbearbeitungsstufe sind angebracht. Siliziumkarbid dagegen zeigt
noch bei größerer Geschwindigkeit scharfen Korneingriff. Bis 80 m/min bei einfacher Werk-
stückaufnahme in Drehbankspitzen, bis 300 m/min bei spitzenloser Durchlaufbearbeitung auf
Stützwalzen und 600 – 1000 m/min sind in der Fertigbearbeitung von Wälzlagerringen mit
Stützschuhen als Gegenlager üblich.

Vorschubbewegung

Viele Bearbeitungen werden als *„Einstechbearbeitung"* durchgeführt. Dafür ist kein Längsvor-
schub nötig. Die Arbeitsstelle ist so lang wie der Honstein l + Schwingweite $2 \cdot A_0$. Zu solchen
Bearbeitungen gehören Gleitlagerzapfen, Synchronisierungskegel, Nadellager, Nockenwellen,
Kurbelwellen, Wälzkörper und Wälzlagerringe (Bild 4.2–30).

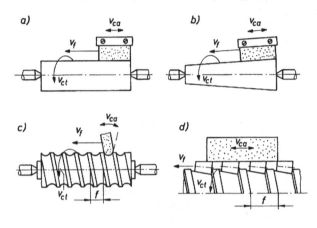

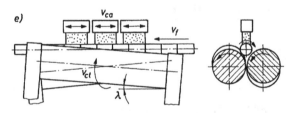

Bild 4.2–32
Beispiele von Kurzhubhonbearbeitungen mit Längsvorschub:
a) zylindrische Welle zwischen
    Spitzen
b) Kegel zwischen Spitzen
c) Kugelrollspindel zwischen Spit-
    zen
d) Kegelrollen auf Förderspindel
e) Zylinderrollen spitzenlos auf
    Stützwalzen

Bei längeren Werkstücken oder für die Durchlaufbearbeitung vieler kleiner Werkstücke ist ein
Längsvorschub mit der Vorschubgeschwindigkeit v_f nötig. Dazu kann das Hongerät bewegt
werden (Bild 4.2–32a, Bild 4.2–32b und Bild 4.2–32c), wie das im Support einer Drehbank
möglich ist; oder die Werkstücke werden in Längsrichtung transportiert. Bei der Vorschubspindel (Bild 4.2–32d) ist die Vorschubgeschwindigkeit

$$\boxed{v_f = f \cdot n}$$

(4.2–24)

mit der Spindelsteigung l und ihrer Drehzahl n. Bei Stützwalzen (Bild 4.2–32e) entsteht der
Vorschub durch die Neigung der Walzen um den Winkel $\lambda = 0,5° – 2°$.

$$\boxed{v_f = v_{ct} \cdot \sin \lambda}$$

(4.2–25)

Anpressung

Die Steinanpressung an das Werkstück nach Bild 4.2–26

$$p = \frac{p_0 \cdot A_k}{l \cdot b} \qquad (4.2\text{–}26)$$

beträgt praktisch 0,1 – 1,2 N/mm². Sie ist nicht als gleichmäßiger Druck zwischen Honstein und Werkstück anzusehen, sondern als Mittelwert aus sehr unterschiedlichen Flächenpressungen. Die größten Werte sind an den Korneingriffsstellen zu finden, wo die Fließgrenze des kaltverfestigten Werkstoffs erreicht wird. Zwischen den Körnern sind Bereiche ohne Berührung oder mit geringem Druck zwischen Bindung und Werkstoff. Die Steinanpressung kann mit dem Druck p_0 des Arbeitsmediums gewählt werden. Mit zunehmendem Druck werden Werkstoffabtrag aber auch Verschleiß und Rautiefe größer und die Formverbesserung unrunder Werkstücke geht schneller. Bei zu großer Anpressung kann der Honstein ausbrechen oder wie Sand zerbröseln. Eine Mindestanpressung ist zur Durchdringung des hydrodynamischen Flüssigkeitspolsters erforderlich. Um die Bearbeitung vom Groben zum Feinen abzustufen, kann der Druck in der Endstufe verringert werden. Man bekommt dann zum Schluss eine bessere Oberflächengüte.

Wenn es mit besonders schnellen Drucksteuersystemen gelingt, die Anpressung während eines Kolbenhubes oder sogar während einer Umdrehung gezielt zu verändern, kann die Bearbeitung eines Zylinders ungleichmäßig gestaltet werden. Das ist bei Werkstücken erwünscht, die ein wenig unrund oder nicht ganz zylindrisch werden sollen. Zum Beispiel können so die bei der Montage von Motor-Zylinderbuchsen entstehenden Verspannungen im Voraus berücksichtigt werden. Ebenso können Werkstücke mit ungleichmäßigen dünnen Wänden gesteuert bearbeitet werden.

4.2.2.3 Kräfte

Zerspankraft

Die Kräfte, die auf das Werkstück durch die Bearbeitung einwirken, werden von der Anpressung des Honsteins, der Drehung des Werkstücks und der axialen Schwingbewegung verursacht.

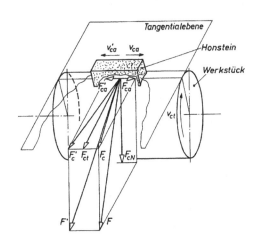

Bild 4.2–33
Zerspankraft und Kraftkomponenten beim Kurzhubhonen
F, F' Zerspankraft
F_c, F_c' Schnittkraft
F_{ct} tangentialer Anteil der Schnittkraft
F_{ca}, F_{ca}' axialer Anteil der Schnittkraft
F_{cN} Schnittnormalkraft

In **Bild 4.2–33** wird die Richtung dieser Kräfte gezeigt. In der Tangentialebene liegt die *Schnittkraft*, die infolge der wechselnden Axialbewegung zwischen ihren Endlagen F_c und F_c

hin- und herpendelt. Ihre Umfangskomponente F_{ct} ist gleich bleibend, ihre Axialkomponente F_{ca} wechselt die Richtung. Senkrecht zur Tangentialebene steht die *Schnittnormalkraft* F_{cN}. Sie ist gleich der Anpresskraft des Honsteins und errechnet sich aus dem Druck des Arbeitsmediums p_Q und der Kolbenfläche A_k

$$\boxed{F_{cN} = A_k \cdot p_0}. \tag{4.2–27}$$

Durch Zusammensetzung aller Komponenten (vektorielle Addition) entsteht die *Zerspankraft*, die ebenfalls zwischen ihren Endlagen F und F' wechseln muss.

Es ist nicht möglich, die Schnittkraft theoretisch ohne Versuchsmessungen zu berechnen. Annähernd ist $F_c = F_{cN}/2$. Die wichtigsten Einflüsse auf die Schnittkraft üben die Anpressung, der Werkstoff, das Schleifmittel, seine Körnung, die Bindung, die Schnittgeschwindigkeit und das Kühlschmiermittel aus. Mit der Anpressung nimmt die Schnittkraft proportional zu. Weicher und zäher Werkstoff erzeugt eine größere Schnittkraft als harter. Scharfkantiges Korn und grobe Körnung sind „griffiger" als stumpfes und feines Korn, F_c wird größer. Durch zunehmende Schnittgeschwindigkeit wird die Schnittkraft kleiner. Der Einfluss der Schmierwirkung des Kühlschmierstoffs verkleinert die Schnittkraft ebenfalls.

Stützkräfte und Werkstückantrieb bei spitzenloser Bearbeitung

Die auf das Werkstück einwirkende Zerspankraft muss von der Werkstückeinspannung oder seinen Lagerstützen aufgenommen werden. Die in tangentialer Richtung wirkende Schnittkraftkomponente F_{ct} muss vom Antrieb überwunden werden. Besondere Überlegungen erfordert das beim spitzenlosen Antrieb mit Stützwalzen (**Bild 4.2–34**). Hier müssen die Walzen auch das Werkstück antreiben. Die Tangentialkräfte T_1 und T_2 müssen groß genug sein, um die bremsende Schnittkraftkomponente F_{ct} zu überwinden; sonst beginnt das Werkstück zu rutschen und dreht sich nicht mehr. Im Gleichgewichtszustand gilt

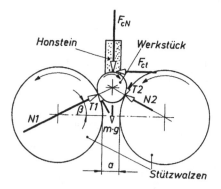

Bild 4.2–34
Anordnung der Stützwalzen beim spitzenlosen Kurzhubhonen. Kräftegleichgewicht am Werkstück
F_{cN} — Schnittnormalkraft
F_{ci} — tangentiale Komponente der Schnittkraft
N_1, N_2 — Normalkräfte von den Stützwalzen
T_1, T_2 — Tangentialkräfte von den Stützwalzen
α — Walzenabstand

$$F_{ct} = T_1 + T_2.$$

Mit dem Reibungskoeffizienten μ zwischen Walze und Werkstück kann gefordert werden

$$T < \mu \cdot N.$$

Daraus folgt

$$F_{ct} < \mu \, (N_1 + N_2). \tag{4.2–28}$$

Aus dem vertikalen Kräftegleichgewicht lässt sich der Zusammenhang mit dem Winkel β ableiten:

$$F_{cN} + m \cdot g = (T_1 - T_2) \cdot \cos \beta + (N_1 + N_2) \cdot \sin \beta$$

Durch Vernachlässigung der kleineren Kräfte dabei wird

$$N_1 + N_2 = \frac{F_{cN}}{\sin\beta}. \qquad (4.2\text{--}29)$$

Es ist hier schon zu erkennen, dass durch Verkleinerung des Winkels ß die Anpresskräfte N und damit das übertragbare Drehmoment vergrößert werden können.

Im Grenzfall darf als Schnittkraft auftreten (aus Gleichungen (4.2–15) und (4.2–16)):

$$F_{ct\,max} = \mu \cdot \frac{F_{cN}}{\sin\beta}. \qquad (4.2\text{--}30)$$

Das bedeutet, dass für große Schnittkräfte F_{ct} der Reibungskoeffizient μ groß genug und der Winkel β klein genug sein muss. Die Anpressung F_{cN} kann nicht frei gewählt werden, da sich mit ihr auch F_{ct} proportional vergrößert.

Zur Bestimmung des Winkels β braucht Gleichung (4.2–17) nur umgestellt zu werden

$$\sin\beta < \mu \cdot \frac{F_{cN}}{F_{ct}}. \qquad (4.2\text{--}31)$$

Das sagt aus, dass der Winkel β besonders klein sein muss, wenn der Reibungskoeffizient μ (Richtwert 0,15) zwischen Stützwalzen und Werkstück klein ist und wenn das Kräfteverhältnis F_{ct}/F_{cN} (Richtwert 0,4) groß ist; das ist bei scharfer grober Bearbeitung der Fall. In der Praxis liegt β zwischen 12° und 20°. Über 20° ist die Werkstückmitnahme unsicher. Unter 12° werden die Normalkräfte $N1$ und $N2$ zu groß. Sie führen nach Baur zu Walzendurchbiegung und unruhigem Lauf der Werkstücke. Der gewünschte Winkel β lässt sich mit dem Walzenabstand a, gemessen in Walzenmitte, einstellen. Es gilt

$$a = (d_w + d) \cdot \cos\beta - d_w. \qquad (4.2\text{--}32)$$

Darin ist d_w der Walzendurchmesser und d der Werkstückdurchmesser.

4.2.2.4 Abspanungsvorgang

Der Abspanungsvorgang beim Kurzhubhonen ähnelt dem beim Langhubhonen sehr. Die Bearbeitungsriefen laufen wellenförmig um und kreuzen sich gegenseitig (Bild 4.2–28). Der Richtungswechsel ist jedoch häufiger, sodass der Schnittwinkel α ungleichmäßiger ist. Außerdem ist er flacher, weil das Verhältnis v_t / v_a im Allgemeinen größer ist. Anders zu beurteilen ist auch der Einfluss der Eindringtiefe, die beim Kurzhubhonen meistens klein ist, weil die Feinstbearbeitung überwiegt. So ist ein Abschälvorgang des Werkstoffs wie beim Drehen nahezu ausgeschlossen. Vielmehr muss die Werkstoffabspanung allein durch Verformungen oder durch Vorgänge, die dem Verschleiß bei mechanischer Reibung ähneln, erklärt werden.

1) Das *Mikropflügen* nach *Martin* ist das Verdrängen des Werkstoffs aus der sich plastisch bildenden Kornspur nach den Seiten (**Bild 4.2–35**). Dabei entstehen Überlappungen des Werkstoffs, die von der Honleistenbindung wieder angedrückt werden. Nach vielfacher Verformung ist der Werkstoff nicht mehr formbar. Die Überlappungen brechen nach und nach aus. Diese Späne sind so fein, dass sie vom Kühlschmiermittel aus dem Spalt zwischen Honstein und Werkstück fortgespült werden können.

2) Das *Mikrofurchen* ist das Verdrängen des Werkstoffs in Richtung Werkstückmitte bei sehr kleiner Eingriffstiefe im Bereich der Spitzenrundung des Korns. Dabei weicht unterhalb einer dünnen bereits verfestigten Schicht noch formbarer Werkstoff durch Querfließen aus. Bei Überschreiten der Scherfestigkeit löst sich eine dünne Schicht in kleinsten Teilchen vom Rillengrund (**Bild 4.2–36**). Dieser Vorgang ist mit dem Reibungsverschleiß vergleich-

bar. Er führt zu einem überaus langsamen Abnehmen des Werkstoffs. Nur die Häufigkeit der Kornüberläufe an der gleichen Werkstückstelle erzeugt eine spürbare Abspanungsrate.

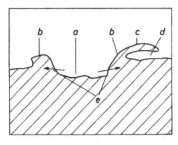

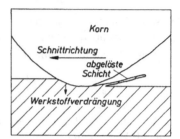

Bild 4.2–35 Erklärung des Mikropflügens an einem Querschnitt durch eine Bearbeitungsspur: a vom Korn erzeugte Furche, b seitlich verdrängter Werkstoff, c von der Bindung niedergedrückter Werkstoffwulst, d Hohlraum, der zur Trennschicht wird, e Verdrängungsrichtung

Bild 4.2–36 Erklärung des Mikrofurchens mit Werkstoffablösung im Furchengrund an einem Längsschnitt durch eine Bearbeitungsspur

Die Form der abgetragenen Teilchen ist sehr unregelmäßig und wenig vergleichbar mit Spanformen, die vom Drehen bekannt sind. Trotzdem müssen sie als die Späne angesehen werden, die beim Kurzhubhonen entstehen, denn die Festlegung ist in der Norm DIN 8580 erfolgt, wo auch dieses Verfahren als spanabhebendes Verfahren eingeordnet wird.

4.2.2.5 Auswirkungen am Werkstück

Oberflächengüte

Das wichtigste Ziel der Bearbeitung durch Kurzhubhonen ist eine *glatte Oberfläche*. Bei Wälzlagern soll sie mit den Wälzkörpern eine möglichst vollständige Flächenberührung bieten, um die statische und dynamische Tragfähigkeit zu steigern. Die Flächenpressung verringert sich dadurch ebenso wie die Gefahr von Überlastungen und plastischen Verformungen im Bereich kleinster Unebenheiten.

Bei Gleitlagern soll die Glättung zur Verringerung von Angriffsflächen für die Reibung führen. Nockenwellen, Kurbelwellen und Getriebeteile laufen vielfach im Mischreibungsgebiet, in dem eine mechanische Berührung der Gleitpartner noch möglich ist. Glatte Oberflächen bieten hier weniger Angriffspunkte für den Verschleiß.

Bei Dichtflächen, auf denen Gummi- oder Kunststoffdichtungen laufen, ist nicht die Glätte allein wichtig für geringen Verschleiß, sondern es soll auch eine Restrauheit der gekreuzten Bearbeitungsspuren bleiben, die einen Schmiermittelfilm halten kann. In der Praxis reicht daher der Bereich der gewünschten Oberflächengüte beim Kurzhubhonen von matt schimmernden Oberflächen mit einer mittleren Rautiefe von $R_z = 10\ \mu m$ bis herab zu hochglänzenden Flächen mit $R_z = 0,1\ \mu m$, bei denen die Wellenlänge des Lichtes nicht klein genug ist, die bleibenden Restrauheiten aufzulösen.

Der zeitliche Ablauf der Rautiefenverkleinerung ist vergleichbar mit dem Vorgang beim Langhubhonen (Bild 4.2–18 und Bild 4.2–19). Anfangs verringert sich die Rautiefe schnell. Die Glättung wird dann immer langsamer, je weiter die Rillen der Vorbearbeitung abgetragen sind. Schließlich kann durch längere Bearbeitung keine Verbesserung mehr erreicht werden. Erst weitere Arbeitsstufen mit geringerer Anpressung oder feinerem Korn bringen einen Fortschritt. Bei sehr großen Anforderungen sind 4 – 6 Arbeitsstufen üblich.

Formgenauigkeit

Die am Werkstück verlangte Formgenauigkeit muss im Wesentlichen vor der Endbearbeitung schon beim Schleifen oder Feindrehen hergestellt werden. Beim Kurzhubhonen selbst ist der Abtrag so gering, dass nur sehr kleine Korrekturen der *Werkstückrundheit* möglich sind. **Bild 4.2–37** zeigt, wie ein Honstein die Formfehler überdecken kann. Je größer diese Überdeckung ist, desto eher kann mit einer Verkleinerung des Fehlers gerechnet werden.

Bezeichnet man als Rundheitsfehler die Breite R_d der Zone zwischen dem größten Innenkreis und dem kleinsten Außenkreis, dann kann man als Kreisformkorrektur das Verhältnis der Rundheitsdifferenz vor und nach der Bearbeitung zum Rundheitsfehler vor der Bearbeitung bezeichnen $\Delta R_d / R_{d0}$. **Bild 4.2–38** zeigt die Ergebnisse von Versuchen, sehr kleine Rundheitsfehler von $R_{d0} = 5\ \mu m$ zu beseitigen. Es ist zu erkennen, dass Unrundheiten höherer Ordnung leichter zu korrigieren sind, als Unrundheiten kleiner Ordnung. Ovale (Unrundheiten zweiter Ordnung) können gar nicht verbessert werden. Außerdem zeigt sich, dass ein großer Umschlingungswinkel sehr hilfreich ist bei der Verbesserung der Formgenauigkeit.

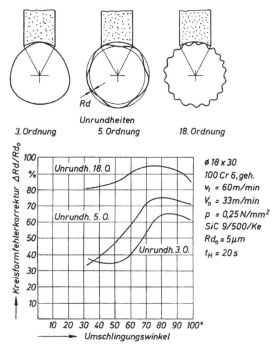

Bild 4.2–37
Überdeckung der Unrundheiten am Werkstück bei gleichem Umschlingungswinkel und verschiedenen Unrundheitsformen

Bild 4.2–38
Einfluss des Umschlingungswinkels und der Unrundheitsform auf die Verbesserung der Kreisform beim Kurzhubhonen nach *Baur*

Werkstoffverfestigung

Beim Kurzhubhonen entsteht auf den Werkstücken eine verfestigte Randschicht. Ursache dafür ist die vielfache *Kaltverformung* bei der Bearbeitung durch die Körner des Honsteins. Der natürliche unberührte Werkstoff ist erst in einer geringen Tiefe unter dieser Schicht zu finden. Die Schichtdicke ist mit 2 – 3 μm sehr gering. Alle anderen spangebenden Bearbeitungsverfahren erzeugen dickere Verfestigungsschichten.

Die einfachste Möglichkeit, die Kaltverfestigung festzustellen, ist die Kleinlasthärtemessung. Wenn man nach und nach dünne Schichten der bearbeiteten Oberfläche abätzt, kann man eine Härteabnahme bis zur Grundhärte des Werkstoffs feststellen [*Martin* u. *Mertz*]. Die Messungen sind nicht sehr genau, denn sie schwanken mit den wechselnden Gefügeanteilen und den Unebenheiten von der Bearbeitung, die von der Prüfpyramide getroffen werden. Deshalb ist eine größere Anzahl von Messungen mit statistischer Absicherung durchzuführen. Außerdem durchdringt die Härteprüfung auch bei kleinster Last die verfestigte Schicht, sodass immer zu kleine Messergebnisse gefunden werden.

In **Bild 4.2–39** sind die Ergebnisse von Messungen von *Martin* u. *Mertz* an C45E mit verschiedenen Grundfestigkeiten dargestellt. Zu erkennen ist, dass die Härte eines weichen Grundgefüges durch die Kurzhubhonbearbeitung mehr zunimmt als die eines harten Grundgefüges. Weiter lässt sich erkennen, dass unabhängig vom Grundgefüge nach dem Abtragen einer 3 µm dicken Schicht keine Verfestigung mehr zu erkennen ist.

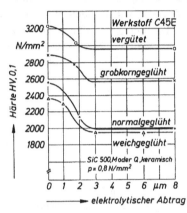

Bild 4.2–39
Verfestigung der Werkstückrandzone durch Kurzhubhonen nach *Martin* und *Mertz*

4.2.2.6 Abspanungsgrößen

Für das Kurzhubhonen gelten die Gleichungen (4.2–4) bis (4.2–0.) aus Kapitel 4.2.1.6, die für das Langhubhonen angegeben wurden, ohne Einschränkung

(4.2–4)   für die Abspanungsgeschwindigkeit v_x,

(4.2–0.)   für das abgespante Werkstoffvolumen V_w,

(4.2–5)   für das Zeitspanungsvolumen Q,

(4.2–6)   für das mittlere Zeitspanungsvolumen Q_m,

(4.2–0.)   für das bezogene Zeitspanungsvolumen Q,

(4.2–7)   mit $z = 1$ für den Honsteinverschleiß V_s,

(4.2–8)   mit $z = 1$ für das werkstückbezogene Verschleißvolumen V_{sw},

(4.2–9)   für das Zeitverschleißvolumen Q_s und

(4.2–0.)   für das verschleißbezogene Abspanungsverhältnis G.

Zeitlicher Verlauf und einige Einflüsse auf die Abspanungsgrößen sind in Bild 4.2–22 bis Bild 4.2–24 bereits beim Langhubhonen geschildert.

Die praktisch erreichten Zahlenwerte des Zeitspanungsvolumens sind mit dem Langhubhonen nur im Bereich der feinsten Genauigkeitsbearbeitung vergleichbar. Eine grobe Bearbeitung, die man als Schruppen bezeichnen könnte, wird in der Praxis nicht durchgeführt. So kann bei beginnender Bearbeitung das Zeitspanungsvolumen Q 100 mm³/min betragen. Es verkleinert sich sehr schnell und sinkt in der Endstufe bis unter 10 mm³/min. Im Durchlaufverfahren mit Stützwalzen und mehreren Bearbeitungsstufen vergrößert sich das Zeitspanungsvolumen mit der Zahl der Bearbeitungsstellen.

4.2.3 Bandhonen

4.2.3.1 Verfahrensbeschreibung

Ein Schleifband wird mit Anpressrollen oder -schalen gegen die Werkstückoberfläche gedrückt. Das Werkstück dreht sich dabei. Seine Umfangsgeschwindigkeit ist die Tangentialkomponente der Schnittgeschwindigkeit v_{ct}. Eine kurzhubige Axialschwingung v_{ca} kann vom Werkstück oder vom Bandführungsgerät ausgeführt werden. Das Schleifband steht still. Es wird nur in Intervallen beim Werkstückwechsel weiter bewegt oder sehr langsam mit einer gleichmäßigen Transportgeschwindigkeit. Sie trägt nicht zur Schnittgeschwindigkeit bei. Ein Längsvorschub mit der Geschwindigkeit v_f kann bei der Bearbeitung von Wellen und Walzen vorgesehen werden. Bei kurzen Werkstücken und Lagersitzen wird kein Längsvorschub angewandt. Der Abrieb wird mit Emulsion oder Honöl weggespült.

Das Bandhonen ist dem Bandschleifen sehr ähnlich. Es unterscheidet sich davon durch die kurzhubige Längsbewegung mit Schwingweiten von 1 –5 mm, die zu den für das Honen typischen gekreuzten Arbeitsspuren führt, und durch das stillstehende Band.

4.2.3.2 Bewegungsablauf

Die tangentiale Komponente der Schnittbewegung wird durch die *Drehung* des *Werkstücks* erzeugt. Ihre Geschwindigkeit

$$v_{ct} = \pi \cdot d \cdot n \qquad (4.2–33)$$

kann zwischen 10 und 200 m/min liegen.

Die axiale *Schwingung* wird mit Frequenzen zwischen 50 und 1600 Schwingungen pro Minute und Schwingweiten von 1 – 5 mm erzeugt. Dabei entstehen Geschwindigkeiten

$$v_{ca} < V_0 = 2 \cdot \pi \cdot A_0 \cdot f \qquad (4.2–34)$$

von 1 – 20 m/min.

Die resultierende *Schnittgeschwindigkeit* ergibt sich bei vektorieller Addition

$$v_c = \sqrt{v_{ct}^2 + v_{ca}^2}, \qquad (4.2–35)$$

Die Bearbeitungsspuren schneiden sich unter dem *Schnittwinkel*

$$\tan\frac{\alpha}{2} = \frac{v_{ca}}{v_{ct}}, \qquad (4.2–36)$$

α erreicht $10° – 30°$.

4.2.3.3 Werkzeuge

Als Werkzeug dient Schleifband, dessen Breite sich nach der Arbeitsstelle richtet. Das Schleifmittel wird passend zum Werkstoff gewählt. Üblich ist Korund, Siliziumkarbid oder Diamant. Träger ist Gewebe oder eine Folie, auf der das Schleifmittel mit Hautleim oder Kunstharz gebunden ist. Bei hochwertigen Schleifbändern wird das Schleifkorn beim Aufstreuen elektrostatisch aufgerichtet und in einer doppelten Bindungsschicht befestigt. Eine gleich bleibend gute Qualität ist Voraussetzung für ein gutes Arbeitsergebnis. Die Körnung reicht vom groben 280-er Korn bis zur feinsten Polierkörnung.

Die Anpressrollen und Anpressschalen sind meistens elastisch. Sie sorgen für eine flächenhafte Auflage des Schleifbands am Werkstück. Ihre Härte wird unterschiedlich gewählt. Für grobe Bearbeitungsaufgaben sind sie aus Metall, erzeugen eine größere Flächenpressung und tragen

mehr Werkstoff ab. Je feiner die Bearbeitung werden soll, desto weicher werden die Anpressele-
mente gewählt. Zum Polieren werden besonders weiche Gummirollen oder -leisten verwendet.

Im Werkzeugaufbau sind verschiedene Konstruktionen bekannt geworden. Eine ist vom Band-
schleifapparat abgeleitet (**Bild 4.2–40**). Statt des umlaufenden Endlosbandes wird ein längeres
Band langsam mittels Schrittmotor von einem Abroller auf einen Aufroller gewickelt. Es läuft
dabei über einen Schwingkopf, der die kurzhubige Axialbewegung erzeugt. Dieses Gerät ist
vielseitig einsetzbar und kann auf Dreh- und Schleifmaschinen aufgebaut werden. Die Kon-
taktstelle zum Werkstück ist klein und wird durch die Elastizität der Anpressrolle gebildet.

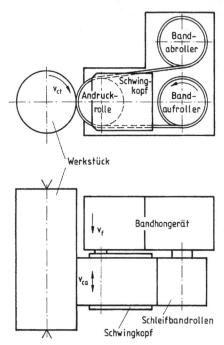

Bild 4.2–40
Bandhonwerkzeug mit
Andruckrolle und Schwingkopf

Zum Honen von Wellenlagern sind Geräte entwickelt worden, die das Werkstück weiter um-
schlingen (**Bild 4.2–41**). Anpressschalen mit Stützleisten drücken das Schleifband auf einem
größeren Umschlingungswinkel gegen das Werkstück. Hier ist es besser, wenn die axiale
Schwingbewegung vom Werkstück ausgeführt wird. Dann können auch mehrere Lagerstellen
zugleich bearbeitet werden.

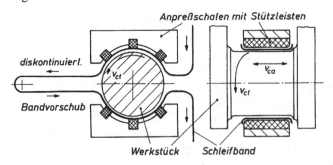

Bild 4.2–41
Bandhonwerkzeug für Wellenla-
ger mit Anpressschalen und
Stützleisten

Das Band wird von *Anpressschalen* mit elastischen Stützleisten gegen das Werkstück gedrückt. Die an den Stützleisten gemessene Anpressung ist 30 – 50 N/cm², der Umschlingungswinkel je nach konstruktiver Ausführung der Schalen 60° – 180° insgesamt.

Durch geeignete Formgebung der *Stützleisten* kann erreicht werden, dass die Flächenpressung an den Kanten größer ist als in der Mitte. Dann bekommt der Lagersitz eine leicht tonnenförmige Abrundung. Mit einer Abrundung der Stützleistenenden kann die Bearbeitung in Hohlkehlen hinein geführt werden. Durch besondere Schalenkonstruktionen können auch seitlich an Lagerstellen angrenzende Planflächen mitgeglättet werden.

4.2.3.4 Werkstücke

Das Bandhonen von Wellenlagern findet seine Anwendung in der Massenproduktion, wo es auf eine Glättung von Werkstücken ankommt, die in der kurzen Taktzeit einer Bearbeitungslinie beendet sein muss. In der Automobilindustrie sind es vor allem Motoren- und Getriebeteile, die so ihre letzte Bearbeitung erhalten. An Kurbelwellen werden Haupt- und Hubzapfen, Hohlkehlen und Stirnlagerflächen bandgehont. An Nockenwellen sind es die Lagerzapfen und die Nocken. Weiter können die balligen Gleitflächen von Kipphebeln sowie alle Lager- und Dichtflächen an Getriebewellen und Steckachsen durch Bandhonen bearbeitet werden.

Wellen und Walzen, die eine sehr glatte Oberfläche bekommen sollen, werden durch Bandhonen fertigbearbeitet. Der Werkstoff unterliegt kaum Einschränkungen. Erfahrungen liegen vor bei Kupfer, Keramik, Stahl (bis 65 HRC), Hartchrom, aber auch bei weichen Walzen aus Kunststoffen und Gummi von 70° Shore. Bedarf dafür liegt im Textil-, Druck- und Fotogewerbe sowie bei der Folienherstellung vor.

4.2.4 Arbeitsergebnisse

Die an Lagerstellen erzielte Rautiefe liegt zwischen $R_z = 0,5$ bis $R_z = 5$ μm. Sie hängt von der Feinheit des gewählten Polierbands, von der Honzeit und von der Vorbearbeitung ab. Nach einem Vorschleifen mit $R_z = 2$ bis $R_z = 4$ μm lässt sich die Rautiefe auf $R_z = 1$ μm, nach einem Drehen oder Fräsen mit $R_z = 10$ bis $R_z = 15$ μm auf $R_z = 5$ μm verbessern. Die Honzeit beträgt dabei 15 – 45 s.

Der Werkstoffabtrag von 3 – 10 μm soll wenigstens die Rauheit der Vorbearbeitung beseitigen. Besser ist es, (2 – 3) × R_z der Vorbearbeitung vorzusehen. Es kann mit einem mittleren bezogenen Zeitspanungsvolumen von $Q' = 1$ bis 4 mm³/min je mm Werkstückbreite gerechnet werden.

Walzen, die mit Längsvorschub bearbeitet werden, können in mehreren Polierstufen auf Hochglanz mit Rautiefen bis $R_z = 0,05$ μm gebracht werden. Voraussetzungen dabei sind ein porenfreier gut bearbeitbarer Werkstoff, Abstimmung der Polierstufen mit Körnung und Schleifmittel sorgfältige Filterung des Spülmittels und staubarmer Raum.

4.2.5 Berechnungsbeispiele

4.2.5.1 Langhubhonen

Ein Zylinder aus Grauguss von 75 mm Länge wird mit einem Vierleistenhonwerkzeug bearbeitet, Drehzahl $n = 200$ U/min, Hubgeschwindigkeit $v_{ca} = 20$ m/min, Werkstückdurchmesser vorher $d_0 = 79,94$ mm, nachher $d = 80,00$ mm, Honzeit $t_h = 45$ s.

Aufgabe: Zu berechnen sind Schnittgeschwindigkeit, Schnittwinkel, Hub, Hubfrequenz und das mittlere Zeitspanungsvolumen.

Lösung: Die Tangentialgeschwindigkeit ist die Umfangsgeschwindigkeit des Werkzeugs. Sie lässt sich aus den bekannten Daten berechnen:

$$v_{ct} = \pi \cdot d \cdot n = \pi \cdot 0,08 \text{ m} \cdot 200 \text{ U/min} = 50,2 \text{ m/min}.$$

Mit Gleichung (4.2–0.) wird die Schnittgeschwindigkeit berechnet:

$$v_c = \sqrt{v_{ca}^2 + v_{ct}^2} = \sqrt{20^2 + 50,2^2} = 54 \text{ m/min} .$$

Aus Gleichung (4.2–0.) geht der Schnittwinkel der Honspuren hervor:

$$\alpha = 2 \cdot \arctan \frac{v_{ca}}{v_{ct}} = 2 \cdot \arctan \frac{20}{50,2} = 21,7° .$$

Für die Länge der Honleisten wird $L = 2/3 \cdot l$ angenommen und mit Gleichung (4.2–0.) der ausgerechnet:

$$s = l - \frac{1}{3} L = l - \frac{1}{3} \cdot \frac{2}{3} \cdot l = \left(1 - \frac{2}{9}\right) \cdot 75 \text{ mm} = 58,3 \text{ mm} .$$

Für die Berechnung der Hubfrequenz eignet sich Gleichung (4.2–0.):

$$f = \frac{v_{ca}}{2 \cdot s} = \frac{20\,000 \text{ mm/ min}}{2 \cdot 58,3 \text{ mm}} = 171,4 \text{ DH/ min} .$$

Gleichung (4.2–6) gibt schließlich die Lösung für das mittlere Zeitspanungsvolumen:

$$Q_m = \frac{\pi \cdot d \cdot L \cdot \Delta d}{2 \cdot t_h} = \frac{\pi \cdot 80 \text{ mm} \cdot 75 \text{ mm} \cdot 0,06 \text{ mm}}{2 \cdot 45 \text{ s}} = 12,6 \text{ mm}^3 /\text{s}.$$

Ergebnis:

Schnittgeschwindigkeit	v_c	= 54 m/min
Schnittwinkel	a	= 21,7°
Hub	s	= 58,3 mm
Hubfrequenz	f	= 171,4 DH/min
mittleres Zeitspanungsvolumen	Q_m	= 12,6 mm^3/s.

4.2.5.2 Kräfte beim Honen

Das Werkzeug für die Zylinderbearbeitung in Aufgabe 5.1 hat 4 Diamanthonleisten mit je 50 · 3 mm^2 Arbeitsfläche. Die flächenpressung soll 5 N/mm^2 erreichen. Der Kegel des Zustellkonus hat einen Winkel von $\delta = 4°$.

Aufgabe: Der axiale Verstellweg des zentralen Zustellsystems für das An- und Rückstellen der Honleisten um 0,5 mm und das Zustellen um das Aufmaß von 0,03 mm ist zu berechnen. Ferner sollen berechnet werden die Radialkraft jeder Honleiste, die erforderliche Axialkraft des Zustellsystems, die Schnittkraft und ihr tangentialer Anteil pro Honleiste bei einem gedachten mittleren Reibungsbeiwert von $\mu_r = 0,5$, das Drehmoment und die Schnittleistung.

Lösung: Der axiale Verstellweg wird durch die Übersetzung mit dem Konuswinkel 8 stark vergrößert:

$$z_a = \frac{0,5 \text{ mm}}{\tan \delta} = \frac{0,5}{\tan 4°} = 7,15 \text{ mm} \qquad z_z = \frac{0,03 \text{ mm}}{\tan \delta} = \frac{0,03}{\tan 4°} = 0,43 \text{ mm}$$

Die Radialkraft einer Honleiste ergibt sich aus der gewünschten Anpressung und der Arbeitsfläche (Gleichung (4.2–0.)):

$$F_r = A_H \cdot p = 50 \cdot 3 \text{ mm}^2 \cdot 5 \text{ N/mm}^2 = 750 \text{N}.$$

Um an allen 4 Honleisten diese Radialkraft zu erzeugen, muss das Zustellsystem folgende Axialkraft aufbringen (Gleichung 4.2–1):

$$F_a = z \cdot F_r \cdot \tan \delta = 4 \cdot 750 \text{ N} \cdot \tan 4° = 210 \text{ N}.$$

Am Werkstück wirkt die Radialkraft F_r als Schnittnormalkraft F_{cN} (Bild 4.2–15):

$$F_{cN} = F_r.$$

Bei einem mittleren „Reibungskoeffizienten" von $\mu_r = 0,5$ entsteht durch die Schnittbewegung die Schnittkraft:

$$F_c = \mu_r \cdot F_{cN} = 0,5 \cdot 750 \text{ N} = 375 \text{ N}.$$

Der tangentiale Anteil davon geht aus Bild 4.2–15 hervor, wenn $\beta = \alpha/2$ gesetzt wird:

$$F_{ct} = F_c \cdot \cos\frac{\alpha}{2} = 375\,\text{N} \cdot \cos\frac{21,7°}{2} = 368\,\text{N}.$$

Bei 4 Honleisten kann das Schnittmoment mit Gleichung (4.2–2) berechnet werden:

$$M_c = z \cdot \frac{d}{2} \cdot F_{ct} = 4 \cdot \frac{0,08\,\text{m}}{2} \cdot 368\,\text{N} = 59\,\text{Nm}.$$

Gleichung (4.2–0.) liefert die Schnittleistung:

$$P_c = z \cdot F_c \cdot v_c = 4 \cdot 375\,\text{N} \cdot 54\,\text{m/min} \cdot \frac{1\,\text{min}}{60\,\text{s}} = 1350\,\text{W}.$$

Ergebnis: Axiales Anstellen z_a = 7,15 mm
axiales Zustellen z_z = 0,43 mm
Radialkraft F_r = 70 N
Axialkraft bei 4 Honleisten F_a = 210 N
Schnittkraft je Honleiste F_c = 375 N
Tangentialanteil F_{ct} = 368N
Schnittmoment M_c = 59 Nm
Schnittleistung P_c = 1350 W.

4.2.5.3 Kurzhubhonen

Ein Wellenlager von 28 mm Durchmesser wird bei einer Drehzahl von 500 U/min durch Kurz-hubhonen mit einer Frequenz von 35 Hz und einer Schwingweite von 2 mm bearbeitet.

Aufgabe: Zu berechnen sind die kleinste und die größte Schnittgeschwindigkeit sowie der größte Schnittwinkel der sich kreuzenden Honspuren.

Lösung: Die Umfangsgeschwindigkeit des Werkstücks ist der tangentiale Anteil der Schnittgeschwin-digkeit (Gleichung (4.2–10)):

$$v_{ct} = \pi \cdot d \cdot n = \pi \cdot 0,028\,\text{m} \cdot 500\,\text{U/min} = 44\,\text{m/min}.$$

Sie ist gleichzeitig die kleinste Schnittgeschwindigkeit, denn in den Augenblicken der Bewe-gungsumkehr ($\omega t = 90°$) wird nach Gleichung (4.2–0.) $v_{ca} = 0$.

Den Größtwert der Axialgeschwindigkeit liefert Gleichung (4.2–11):

$$V_0 = 2 \cdot \pi \cdot A_0 \cdot f = 2 \cdot \pi \cdot \frac{0,002\,\text{m}}{2} \cdot 35\frac{1}{\text{s}} \cdot \frac{60\,\text{s}}{\text{min}} = 13,2\,\text{m/min}.$$

Zusammen mit dem Tangentialanteil errechnet man nach Gleichung (4.2–12):

$$v_{c\,max} = \sqrt{v_{ct}^2 + V_0^2} = \sqrt{44^2 + 13,2^2} = 45,9\,\text{m/min}.$$

Mit Gleichung (4.2–0.) kann der größte Schnittwinkel der Bearbeitungsspuren bestimmt wer-den:

$$\alpha_{max} = 2 \cdot \arctan\frac{2 \cdot A_0 \cdot f}{d \cdot n} = 2\arctan\frac{2\,\text{mm} \cdot 35\text{s}^{-1} \cdot 60\text{s/min}}{28\,\text{mm} \cdot 500\,\text{min}^{-1}},$$

Ergebnis: kleinste Schnittgeschwindigkeit $v_{c\,min}$ = 44 m/min
größte Schnittgeschwindigkeit $v_{c\,max}$ = 45,9 m/min
größter Schnittwinkel α_{max} = 33,4°.

4.2.5.4 Abspanung und Verschleiß beim Kurzhubhonen

Eine Welle von 50 mm Durchmesser und 60 mm Länge wird ohne Längsvorschub (Einstech-verfahren) durch Kurzhubhonen mit einem Honstein 60 × 25 mm² 45 Sekunden lang bearbei-tet. Das pneumatische Kurzhubhongerät (s. Bild 4.2–26) hat einen Anpresskolben mit 10 cm² Kolbenfläche und wird mit einem Druck von 4,0 bar beaufschlagt. Der Werkstückdurchmesser verkleinert sich bei der Bearbeitung um 42 µm, der Honstein hat nach 10 Werkstücken 0,5 mm von seiner Höhe verloren.

Aufgabe: Es sollen die Flächenpressung zwischen Honstein und Werkstück, die Abspanungsgeschwindigkeit, das abgespante Werkstoffvolumen, das mittlere Zeitspanungsvolumen, das Verschleißvolumen, das Verschleißvolumen pro Werkstück, das Zeitverschleißvolumen und der Verhältniswert G berechnet werden.

Lösung: Mit Gleichung (4.2–0.) kann die Flächenpressung bestimmt werden:

$$p = \frac{p_0 \cdot A_k}{l \cdot b} = \frac{4,0 \cdot 10^5\,\text{N/m}^2 \cdot 10\,\text{cm}^2}{60 \cdot 25\,\text{mm}^2} \cdot \frac{1\,\text{m}^2}{10^4\,\text{cm}^2} = 0,27\,\text{N/mm}^2 \,.$$

Für die Berechnung der Abspanungsgeschwindigkeit wird Gleichung (4.2–4) sinngemäß eingesetzt:

$$v_x = \frac{\mathrm{d}x}{\mathrm{d}t} = \frac{\Delta d / 2}{t_h} = \frac{42\,\text{mm}}{2 \cdot 45\,\text{s}} \cdot \frac{60\,\text{s}}{\text{min}} = 28\,\text{µm/min}.$$

Das abgespante Werkstoffvolumen bestimmt man mit den Werkstückabmessungen und Gleichung (4.2–0.):

$$V_W = \pi \cdot d \cdot x \cdot L = \pi \cdot 50\,\text{mm} \cdot \frac{0,042\,\text{mm}}{2} \cdot 60\,\text{mm} = 198\,\text{mm}^3$$

Für das mittlere Zeitspanungsvolumen gilt Gleichung (4.2–6) oder einfach:

$$Q_m = \frac{V_W}{t_h} = \frac{198\,\text{mm}^3}{45\,s} \cdot \frac{60\,s}{\text{min}} = 264\,\text{mm}^3/\text{min}.$$

Der Verschleiß am Honstein nach 10 Werkstücken beträgt nach Gleichung (4.2–7):

$V_s = z \cdot s \cdot l \cdot b = 1 \cdot 0,5\,\text{mm} \cdot 60 \cdot 25\,\text{mm}^2 \cdot 750\,\text{mm}^3$;

werkstückbezogen mit Gleichung (4.2–8)

$$V_{sW} = \frac{V_s}{N} = \frac{750\,\text{mm}^3}{10} = 75\,\text{mm}^3\,.$$

Für das Zeitverschleißvolumen kann mit Gleichung (4.2–9) bestimmt werden:

$$Q_s = \frac{V_{sw}}{t_h} = \frac{75\,\text{mm}^3}{45\,\text{s}} \cdot \frac{60\,\text{s}}{\text{min}} = 100\,\text{mm}^3/\text{min}.$$

Gleichung (4.2–0.) liefert den Verhältniswert von Abspanung zu Verschleiß:

$$G = \frac{V_W}{V_s} = \frac{198\,\text{mm}^3}{75\,\text{mm}^3} = 2,64.$$

Ergebnis: Flächenpressung p = 0,27 N/mm^2
mittlere Abspanungsgeschwindigkeit v_x = 28 µm/min
Werkstoffvolumen V_W = 198 mm^3
mittleres Zeitspanungsvolumen Q_m = 264 mm^3/min
Verschleiß nach 10 Werkstücken V_s = 750 mm^3
Verschleißvolumen pro Werkstück V_{sW} = 75 mm^3
Zeitverschleißvolumen Q_s = 100 mm^3/min
Abspanungsverhältnis G = 2,64.

4.3 Läppen

Läppen ist eins der ältesten Bearbeitungsverfahren. Bereits in der Steinzeit haben die Menschen Werkstücke und Geräte durch *Läppen* bearbeitet, indem sie einen rotierenden Holzstab darauf setzten und Sand mit Wasser als *Läppmittel* dazu gaben (**Bild 4.3–1**). Der *Läppdorn* (Bohrer) war aus Holz. Er nutzte sich natürlich mit ab, sogar mehr als das Werkstück, wenn dieses aus Stein war. Auch die verstärkende Wirkung durch Belastung des „Bohrers" war bekannt. Alles, was man dazu brauchte, lieferte die Natur: Äste von Bäumen, Steine, Sand, Wasser und die Sehnen aus erlegten Tieren.

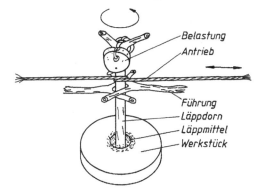

Bild 4.3–1
Läppwerkzeug. Altertümliches Gerät zum „Bohren" von Löchern in Stein

Heute ist Läppen ein hoch entwickeltes *Feinbearbeitungsverfahren*. Die benutzten Werkzeuge und Läppmittel sind keine Naturprodukte mehr, sondern technische Produkte, deren Herstellung sorgfältig überwacht und geprüft wird. Die Werkstücke sind Schmuckstücke und technische Teile höchster Präzision und Oberflächengüte. Es ist nach DIN 8589 als spangebendes Bearbeitungsverfahren eingeordnet, das mit Hilfe *losen Kornes* die Oberfläche von Werkstücken abträgt. Das Korn wird von Werkzeugen, welche die *Gegenform* des Werkstücks besitzen, angedrückt und in wechselnder Richtung bewegt. Es wird von einer Flüssigkeit oder Paste umgeben und transportiert.

Das Läppen wird nach DIN 8589 T. 15 nach den Formen der zu bearbeitenden Werkstücke unterteilt in: *Planläppen*, *Rundläppen*, *Schraubläppen*, *Wälzläppen* und *Profilläppen* (**Bild 4.3–2**).

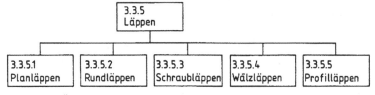

Bild 4.3–2 Übersicht über die Läppverfahren nach DIN 8589 Teil 15

Es gibt weitere Läppverfahren, die dieser Einteilung nur sehr schwer zuzuordnen sind. Sie unterscheiden sich vor allem durch die Erzeugung der Läppmittelbewegung und weniger durch strenge Werkstückgeometrie.

Druckfließläppen ist Spanen mit losem in einer Paste verteiltem Korn von ausgewählten Werkstückkonturen mit wechselnder oder einseitiger Bearbeitungsrichtung unter Druck. Es wird in der DIN-Norm bisher nicht erwähnt.

Schwingläppen ist Spanen mit losem, in einer Paste oder Flüssigkeit gleichmäßig verteiltem Korn, das durch ein im Ultraschallbereich schwingendes, meist formübertragendes Gegenstück Impulse erhält, die ihm ein Arbeitsvermögen geben.

Einläppen ist das paarweise Läppen von Werkstücken zum Ausgleichen von Form- und Maßabweichungen zugeordneter Werkstückflächen, wobei die Werkstücke als formübertragende Werkzeuge dienen. Beispiele: Einläppen von Zahnradpaaren, Einläppen von Lagerzapfen und Lagerschale, Einläppen von Ventilsitzen.

Strahlläppen ist in DIN 8200 beschrieben.

Tauchläppen bzw. *Gleitläppen* ist in DIN 8589 T. 17 festgelegt.

4.3.1 Läppwerkzeuge

4.3.1.1 Läppkorn

Das Läppkorn wälzt sich zwischen Werkzeug und Werkstück ab. Die Flüssigkeit hält es beweglich. Unter der Anpressung dringt es in die Oberfläche beider Bearbeitungspartner ein, verformt diese und trägt den Werkstoff ab. Vom Läppkorn werden folgende Eigenschaften verlangt:

1. *Härte.* Es soll hart genug sein, um in den Werkstoff eindringen zu können. Die Härte des Werkstoffs nimmt bei der Bearbeitung durch Kaltverformung noch zu.
2. *Druckfestigkeit.* Es darf unter der Anpresskraft nicht zu schnell zerspringen oder sich verformen.
3. *Schneidhaltigkeit.* Seine Kanten und Ecken sollen unter der Beanspruchung möglichst lange erhalten bleiben.
4. *Gleichmäßigkeit* der Körnung. Alle Körner sollen gleichmäßig eingreifen. Einzelne, zu große Körner hinterlassen auf der bearbeiteten Oberfläche unerwünscht tiefe Spuren. Zu kleine Körner laufen nutzlos mit, ohne zu arbeiten.
5. *Kornform* soll blockig mit scharfen Kanten, nicht flach sein.

Folgende Schneidstoffe, die teilweise schon als Schleifmittel bekannt sind (vgl. Tabelle 4.1-1), werden hauptsächlich als Läppkorn eingesetzt:

1. *Siliziumkarbid* kann für fast alle Werkstoffe benutzt werden und wird auch am häufigsten eingesetzt. Selbst bei der Bearbeitung von Hartmetall zeigt es dadurch eine Wirkung, dass es in das weiche Trägermetall Kobalt eindringt und die eingebetteten härteren Metallkarbide herausbricht.
2. *Elektrokorund* wird fast nur bei weicheren Werkstoffen angewendet oder wenn ein gewisser Poliereffekt gewünscht wird, der bei abgerundeten Schleifkornkanten unter starker Verringerung der Werkstoffabnahme einsetzt.
3. *Borkarbid* ist härter und druckfester als Siliziumkarbid. Es eignet sich daher noch mehr für gehärtete Stähle und Hartmetalle. Für den Einsatz bei weicheren Werkstoffen ist es zu teuer.
4. *Polierrot* und *Chromgrün* (Eisen- bzw. Chromoxid) sind Fertigpoliermittel, die in Pastenform verwendet werden. Sie verursachen eine Glättung und Politur ohne große Spanabnahme.
5. *Diamant* wird besonders bei Hartmetall, gehärtetem Stahl, Glas und Keramik eingesetzt. Die besonders feine (unter D 30) und eng klassierte Körnung wird dabei in dünnflüssigen Medien als Suspension vorbereitet. Sie wird meistens mit besonderen Sprühgeräten sparsam und gleichmäßig verteilt. Das Diamantkorn ist aufgrund seiner Härte und Kantenschärfe wirksamer als die weicheren Läppmittel. Es trägt auch inhomogene Werkstoffe wie Hartmetall gleichmäßig ab. Dadurch bleibt die Oberfläche zusammenhängend eben. Sie wird weniger aufgelockert und an den Kanten nicht so stark abgerundet. Kür-

zere Bearbeitungszeiten gegenüber weicheren Läppmitteln machen Diamant in vielen Fällen trotz seines hohen Preises wirtschaftlich vertretbar.

Nur *sehr feine Körnungen* werden beim Läppen eingesetzt

Körnung F 220 – F 400 für das grobe Läppen

F 400 – F 600 für das mittlere und

F 800 – F 1200 für das feine Läppen.

Bei Diamantkorn sind es die *Mikrokörnungen* unter D 30 (Tabelle 4.1-3).

4.3.1.2 Läppflüssigkeit

Beim Läppen wird das Korn nicht trocken verwendet, sondern in einer Flüssigkeit aufgeschwemmt. Diese Flüssigkeit hat die Aufgabe, das Korn beweglich zu halten. Durch die Strömung im Spalt richtet sie auch flache, schuppenartige Läppkörner immer wieder auf, sodass sie wie kleine Räder abrollen (s. **Bild 4.3–3**). Erst durch das *Abrollen* entstehen die dem Verfahren eigenen *Läppspuren*, die aus dicht beieinander liegenden, sich überschneidenden Kornabdrücken bestehen und wie eine mikroskopische Kraterlandschaft aussehen. Trockenes Korn würde nicht gut abrollen. Besonders flache Körner würden dazu neigen, zwischen den Flächen von Werkstück und Werkzeugkörper zu gleiten und dabei Bearbeitungsriefen wie beim Schleifen und Honen bilden. Diese sind jedoch beim Läppen unerwünscht.

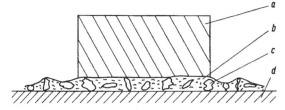

Bild 4.3–3
Wirkung der Läppflüssigkeit
a) Werkstück
b) Läppflüssigkeit
c) Läppkorn
d) Werkzeugkörper

Die Läppflüssigkeit dient nicht als Kühlmittel, wie bei den bisher behandelten Bearbeitungsverfahren. Zum Kühlen ist der Durchfluss zu klein, und eine Schmierwirkung ist nicht erforderlich. Gewünschte Eigenschaften sind Tragfähigkeit für das Schleifkorn, Korrosionsschutz bei der Bearbeitung von Eisenwerkstoffen und chemische Beständigkeit (kein Faulprozess). Die Zähigkeit sehr dünnflüssiger Stoffe wie Wasser, Petroleum oder sogar Benzin reicht bereits aus, um die gewünschte Förderwirkung zu erzielen. Je größer das Korn, desto zäher kann die Flüssigkeit sein.

Dünnflüssiges *Mineralöl* ist am häufigsten in Gebrauch. Größere *Zähigkeit* ergibt einen *weicheren* Schnitt. Das Eindringen des Kornes in den Werkstoff wird gedämpft. Die Oberfläche wird feiner. Aber das Zeitspanungsvolumen wird kleiner. Geringere Zähigkeit dagegen verbessert die Angriffsfreudigkeit des Kornes. Dabei entstehen tiefere Krater, also eine größere Rauheit. Früher regelte man die Zähigkeit der Läppflüssigkeit durch Zugabe von Petroleum. Das ist wegen der Geruchsbelästigung heute nicht mehr üblich. Das Läppmittel wird fertig aus Läpppulver und Mineralöl gemischt, zur Vermeidung des Absetzens ständig gerührt und nur sparsam auf die Läppwerkzeuge aufgetragen. Es reichert sich während der Bearbeitung mit abgetragenem Werkstoff an und ist deshalb nach einiger Zeit verbraucht. Beim Wälzläppen von Zahnrädern wird das Einmalgebrauchs-Prinzip jedoch verlassen. Eine größere Menge Flüssigkeit mit geringerer Kornkonzentration wird umlaufend immer wieder zugegeben.

4.3.1.3 Läppscheiben

Die Läppscheibe besteht meistens aus einem feinkörnigen *lunkerfreien Grauguss*, der nach einem besonderen Verfahren die gewünschte Härte erhält. Die *Härte* der Scheibe bestimmt, *wie* das Läppkorn sich bewegt. *Weiche* Scheiben (aus Kupfer, Zinn, Holz, Papier, Kunststoff,

Filz oder Pech) halten das Korn in seiner Lage fest und lassen es auf dem Werkstück *gleiten*. Dabei entstehen glänzende Oberflächen geringster Rauigkeit, deren Bearbeitungsspuren sich aus *feinen Riefen* wie beim Honen zusammensetzen. *Mittelharte* Scheiben (140-220 HB) aus Grauguss, weichem Stahl oder Weich-Keramik lassen das Läppkorn in idealer Weise auf den Werkstücken *abrollen*. Es entstehen matte Oberflächen, die sich aus Abdrücken des rollenden Korns zusammensetzen und keinerlei Richtungsstruktur zeigen. Diese Scheiben nutzen sich mit ab und können durch Abrichten immer in der gewünschten Ebenheit gehalten werden. *Harte* Läppscheiben (bis 500 HB) aus gehärtetem Grauguss, gehärtetem Stahl oder Hart-Keramik bieten dem Läppkorn am wenigsten Halt. Sie pressen das Korn *besonders tief* in den Werkstoff und erzielen damit die *größten Abtragsraten*. Auf der Läppscheibe entstehen Gleitspuren. Auf den Werkstücken dagegen bleibt es beim Abrollen des Kornes. Harte Scheiben nutzen sich weniger ab; aber sie lassen sich dafür auch umso schlechter abrichten.

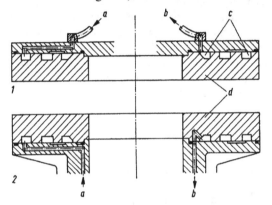

Bild 4.3–4
Läppscheiben für planparallele Werkstücke
1 obere Scheibe, 2 untere Scheibe
a) Kühlwasserzulauf
b) Kühlwasserrücklauf
c) Kühlkanäle
d) Bearbeitungskörper

Bei größeren Abtragsleistungen entsteht *Wärme*, die Werkstücke und Läppscheiben in unerwünschter Weise verformen könnte. Deshalb kann bei größeren Läppmaschinen die Wärme von einer *Wasserkühlung* in den Scheiben abgeführt werden (**Bild 4.3–4**). Läppscheiben sind meistens mit Quernuten versehen, um den abgetragenen Werkstoff aufzunehmen. Für kleine oder stark profilierte Werkstücke sowie für keramische oder Hartmetallteile, bei denen eine stark konzentrierte Suspension auf Wasserbasis zum Einsatz kommt, verwendet man besser ungenutete Läppscheiben. Für das Läppen und Polieren mit Diamantkorn haben die Läppscheiben ein flaches spiralförmiges Gewindeprofil.

4.3.1.4 Andere Läppwerkzeuge

Ein sehr einfaches Handwerkzeug für das Außenrundläppen ist die *Läppkluppe* (**Bild 4.3–5**). In einer verstellbaren Fassung *b* sitzt verdrehfest die geschlitzte *Läpphülse d*. Sie wird mit Spannschrauben dem augenblicklichen Werkstückdurchmesser *angepasst*. Zur Bearbeitung eines rotierenden Werkstücks wird die Läppkluppe auf diesem in Längsrichtung *hin-* und *herbewegt* und mit dem Handgriff *a* am Mit drehen gehindert.

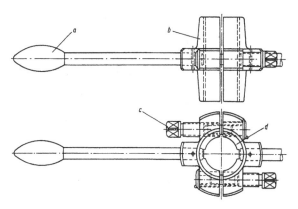

Bild 4.3–5 Läppkluppe für die Außenrundbearbeitung mit der Hand
    a) Handgriff   c) Spannschraube
    b) Fassung   d) Läpphülse

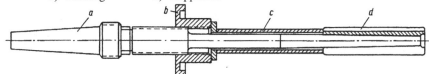

Bild 4.3–6 Handläppdorn
a) Einspannteil; b) Abdrückmutter; c) Distanzhülse; d) Läpphülse; e) Querschnitt der Läpphülse

Ebenfalls als Handwerkzeug zu gebrauchen ist der *Handläppdorn* (**Bild 4.3–6**). Er wird mit dem Einspannteil *a* in die meistens waagerechte Spindel der Läppmaschine eingespannt. Auf dem konischen Dorn sitzt die geschlitzte Läpphülse *d*, die durch Hineinstoßen des Domes *aufgeweitet* wird. Mit der Distanzhülse *c* und der Abdrückmutter *b* wird das Läppwerkzeug wieder entspannt. Das Werkstück wird auf dem rotierenden Dorn mit der Hand *hin- und herbewegt*, bis sein Innendurchmesser fertig bearbeitet ist.

Für die *maschinelle Innenrundbearbeitung* ist eine Vorrichtung nach **Bild 4.3–7** geeignet. Das Werkstück *b* ist in einer Spannvorrichtung beweglich aufgehängt und wird vom Läppdorn *a* innen bearbeitet. Dabei schiebt sich der konische Dorn immer tiefer in die Läpphülse *c* und weitet diese auf. *Werkstück und Werkzeug passen sich* bei der Bearbeitung zwangfrei *aneinander an*. Durch Rotation und Hubbewegung *e*, die sich überlagern, ist die Arbeitsbewegung des Läppwerkzeugs gegeben.

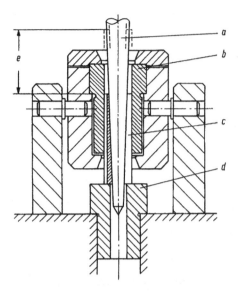

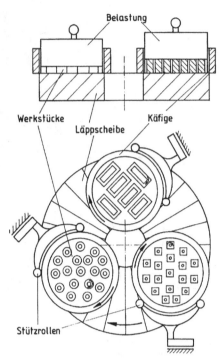

Bild 4.3–7 Maschinelles Bohrungsläppen
a) Läppdorn
b) Werkstück
c) Läpphülse
d) Amboss
e) Bewegungsspanne der Läpphülse

Bild 4.3–8 Anordnung beim Planläppen mit Läppscheibe, Käfigen, Stützrollen, Werkstücken und Belastung.

4.3.2 Bewegungsablauf bei den Läppverfahren

4.3.2.1 Planläppen

Auf einer ebenen *Läppscheibe* liegen Werkstücke nebeneinander mit ihrer zu bearbeitenden Stelle nach unten in Käfigen. Sie werden durch *Gewichte* angedrückt. Dazwischen befindet sich das Läppmittel. Bei Drehung der Läppscheibe werden auch die *Käfige* und damit die Werkstücke in Drehung versetzt. Stützrollen verhindern, dass sie mit der Läppscheibe umlaufen (**Bild 4.3–8**). So wandern die Werkstücke innerhalb ihrer Käfige auf unregelmäßigen Bahnen von innen nach außen und zurück und drehen sich um ihre eigene Achse. Die Bearbeitung ist total *unregelmäßig*, statistisch gesehen aber am Ende von großer Gleichmäßigkeit.

Die Käfige (Abrichtringe) arbeiten ebenfalls abtragend auf der Läppscheibe. Dadurch nutzt sich diese gleichmäßig ab. Die Drehung entsteht durch Reibung. Am Außendurchmesser sind Auflagefläche und Geschwindigkeit größer, die Käfige werden deshalb von der größeren Kraft mitgenommen. Am Innendurchmesser der Läppscheibe entsteht Gegenlauf. Die Drehzahl der Käfige ist in der Praxis nahezu gleich der Drehzahl der Läppscheibe.

Die Abtragswirkung hängt von der *Relativgeschwindigkeit* zwischen Werkstücken und Läppscheibe bzw. zwischen Käfig und Läppscheibe ab. Bei gleicher Drehzahl von Käfig und Scheibe ($\lambda = 1$) ist die Relativgeschwindigkeit und damit auch das flächenbezogene Zeitspanungsvolumen an allen Stellen gleich groß. Die Läppscheibe bleibt eben. Korrekturen der Ebenheit lassen sich dadurch erzielen, dass die Käfige mit ihrem Überhang mehr zur Mitte oder nach außen verschoben werden. In besonderen Fällen können die Abrichtringe auch separat angetrieben werden. Dann lässt sich die Form der Abnutzung der Läppscheibe steuern. Die

Umfangsgeschwindigkeit der Scheiben beträgt etwa 50 – 500 m/min. Begrenzt wird sie durch die Fliehkraft, die auf das Läppmittel und die Werkstücke wirkt. Bei gleicher Drehzahl ist die Umfangsgeschwindigkeit der Käfige $v_k \approx 0,6 \cdot v$. Eine Hochrechnung von *Stähli* für eine Läppscheibe von 750 mm Durchmesser mit einer Läppfläche von 4000 cm^2 bei einer Drehzahl von 70 U/min ergibt eine mittlere Relativgeschwindigkeit von 100 m/min. Ein abrollendes Läppkorn von 15 µm Durchmesser erhält dabei eine Drehzahl von 2,1 Mio. Umdrehungen pro Minute. Bei jeder Umdrehung hinterlässt es durchschnittlich drei bis vier Eindrücke auf dem Werkstück. Berücksichtigt man die Anzahl der Läppkörner, die gleichzeitig im Eingriff sind, kommt man auf über 2 Milliarden Knetstöße pro Minute.

4.3.2.2 Planparallel-Läppen

Beim zweiseitigen Planläppen werden beide Seiten der Werkstücke gleichzeitig parallel bearbeitet (**Bild 4.3–9**). Sie werden zwischen *zwei Läppscheiben* in Käfigen aufgenommen. Die Käfige werden über eine äußere Verzahnung in Drehung versetzt. Dadurch bewegen sich die Werkstücke auf Zykloidenbahnen über die ganze Breite der Läppscheiben. Die Belastung der Werkstücke wird hauptsächlich vom Gewicht der oberen Läppscheibe aufgebracht. Anfangs tragen dickere Werkstücke oder hohe Kanten die ganze Last. Sie werden dadurch schneller abgetragen und gleichen sich an, bis alle Werkstücke gleich dick und parallel sind. Am Ende der Bearbeitung ist auch die Belastung aller Flächen gleich groß. Da beide Scheiben angetrieben werden, können sie sich gegenläufig drehen. Die Bewegung der Käfige kann über einen inneren Zahnkranz besonders gesteuert werden.

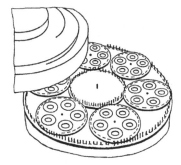

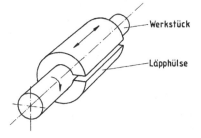

Bild 4.3–9 Anordnung der Werkstücke in Käfigen beim Zweischeibenläppen [111]

Bild 4.3–10 Kinematik beim Umfangsaußenrundläppen

4.3.2.3 Außenrundläppen

Zylindrische Körper werden vielfach in herkömmlicher Weise mit *Handläppkluppen* bearbeitet (Bild 4.3–5). Dabei wird das sich drehende Werkstück von einer Läpphülse umschlossen, die mittels Spannschrauben nachgestellt werden kann. Die Kluppe muss nun längs des Werkstücks hin und her bewegt werden, um eine gleichmäßige Bearbeitung des Werkstücks auf seiner ganzen Länge zu erzielen (**Bild 4.3–10**). Diese Art der Außenrundbearbeitung erfordert viel Gefühl für gleichmäßige Bewegungen und ist zeitraubend wegen der erforderlichen Nachstellungen.

Das *spitzenlose* Außenrundläppen ist einfacher durchzuführen und geht schneller. Zwischen zwei *Walzen*, von denen eine angetrieben ist, wird das Werkstück mit einem Andrücker von Hand über einen Hebel angepresst (**Bild 4.3–11**) und längs der Walzen hin- und hergeführt. Der Andrücker sollte dabei möglichst die Form des Werkstücks haben. Das verbessert das Arbeitsergebnis. Bei dieser Anordnung entfällt das Nachstellen des Werkzeugs. Durch Wechseln der Anpresskraft kann die Oberflächengüte beeinflusst werden. Die Arbeitsdauer pro Werkstück beträgt 1 – 5 Minuten.

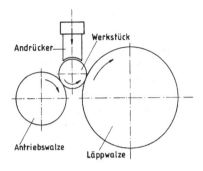

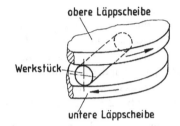

Bild 4.3–11 Außenrundläppen auf Läppwalzen

Bild 4.3–12 Außenrundläppen zwischen zwei Scheiben

In der mechanisierten *Massenproduktion* wird das Außenrundläppen zwischen zwei *parallelen Scheiben* durchgeführt (**Bild 4.3–12**). Die Werkstücke liegen dabei schräg, von einem Käfig gehalten, zwischen den Scheiben. Sie drehen sich um sich selbst, von der Bewegung der Scheiben angetrieben. Wie beim spitzenlosen Läppen ist zwischen Werkstücken und Läppwerkzeug nur Linienberührung. Die *Schräglage* der Werkstücke ist erforderlich, um dem reinen Abrollen eine relative Längsbewegung zu überlagern. Erst dadurch kommt das Läppkorn in eine Wälzbewegung, die den Abtragsvorgang beschleunigt.

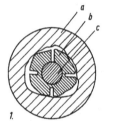

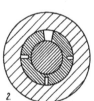

Bild 4.3–13
Läpphülse im Werkstück
1. Läppbeginn
2. fertige Bearbeitung
a) Werkstück
b) Läpphülse
c) Dorn

4.3.2.4 Innenrundläppen

Bohrungen werden mit *Läpphülsen* bearbeitet. Die Hülsen sind geschlitzt und durch Längsnuten elastisch aufweitbar. Während der Bearbeitung wird ein kegeliger Dorn (Konus 1:50) stufenweise tiefer hineingedrückt, um den Durchmesser zu vergrößern. Damit lässt sich der Stoffabtrag am Werkstück und die Durchmesserverringerung der Läpphülse ausgleichen (s. **Bild 4.3–13**). Am Ende der Bearbeitung muss die Abdrückmutter oder beim maschinellen Läppen ein Abdrückring die Hülse wieder vom Konus herunterstreifen. Dabei verkleinert diese sich wieder soweit, dass das nächste unbearbeitete Werkstück aufgenommen werden kann, die Berührung mit der Läpphülse erfolgt auf der ganzen Innenfläche des Werkstücks. Der Läppdorn dreht sich mit der Läpphülse und wird im Werkstück in Längsrichtung hin- und herbewegt. Das Innenläppen kann bei Einzelstücken mit der Hand (Bild 4.3–6) oder bei Serien auf Maschinen mit besonderen Werkstückaufnahmen (Bild 4.3–7) durchgeführt werden.

4.3.2.5 Schraubläppen

Das Schraubläppen dient zur Feinbearbeitung von *Innen-* und *Außengewinden*. Die Werkzeuge sind dafür als elastische Läpphülsen oder Läppdorne mit der Gegenform, also als Mutter oder Schraube ausgebildet (**Bild 4.3–14**). Zur Bearbeitung rotiert das innere Teil mit wechselnder Richtung, während das äußere Teil formschlüssig nur der Längsbewegung folgt. Nach und nach muss das Werkzeug zugestellt werden, um Abtrag und Verschleiß auszugleichen.

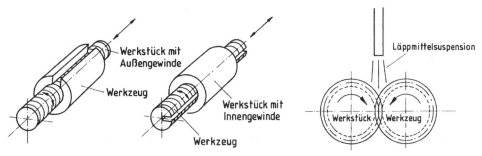

Bild 4.3–14 Schraubläppen von Gewinden **Bild 4.3–15** Wälzläppen von Zahnrädern

4.3.2.6 Wälzläppen

Für die Feinbearbeitung von *Zahnrädern* wird das Wälzläppverfahren angewandt (**Bild 4.3–15**). Dazu wird Läppmittelsuspension zwischen die Werkstücke gegeben, während sie miteinander laufen. Ein Rad wird angetrieben, das andere gebremst. Sollen beide Flanken geläppt werden, muss die Drehrichtung nach einer Weile umgekehrt werden. Bei Zahnradpaaren bearbeiten sich die Zahnräder gegenseitig (Einläppen). Bei Einzelrädern muss ein Zahnrad als Werkzeug ausgebildet sein. Da die Wälzbewegung nur kleine Relativgeschwindigkeiten zwischen den Zahnflanken erzeugt, und die Berührung nur linienförmig ist, muss ein *pendelförmiger Längshub* überlagert werden.

4.3.2.7 Profilläppen

Rotationssymmetrische Werkstückformen können geläppt werden, wenn *profilierte Läppwerkzeuge* verwendet werden (**Bild 4.3–16**). Zur Bearbeitung von Kugelformen wird der Rotation des

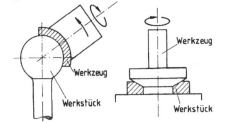

Bild 4.3–16
Profilläppen von Kugel- und Kegelform

Werkzeugs eine zweite Bewegung überlagert. Das ist entweder eine Schwenkbewegung wie im Bild oder eine Rotation des Werkstücks. Dabei erzeugt sich die Kugelform als Kombination beider Bewegungen. So wird nicht nur die Oberflächengüte, sondern auch die Formgenauigkeit verbessert. Bei kegeligen Werkstücken muss eine einzige Drehbewegung genügen. Das Werkzeug kann auch das Gegenstück sein, z. B. Ventilsitz und Ventil (Einläppen). Es wird angedrückt und in Drehung versetzt. Das Läppmittel dazwischen trägt den Werkstoff an beiden Teilen ab. Beim Profilläppen sorgt die Flächenberührung für einen schnellen Arbeitsfortschritt.

4.3.3 Werkstücke

Die *Vielfalt* der Werkstücke, die in der letzten Bearbeitungsstufe geläppt werden, ist so groß, dass eine Aufzählung nicht vollständig erfolgen kann. Im Gewicht reichen sie von wenigen Gramm bis zu 1000 kg. Werkstoffe sind Kohle, Kunststoff, Naturstoffe, Stein, Grauguss, Stahl, Nichteisenmetalle, Keramik, Diamant, Hartmetalle. Sowohl weiche als auch harte Stoffe können bearbeitet werden. Ausgenommen sind sehr elastische und plastische Stoffe. In der Menge sind es Einzelteile ebenso wie Kleinserien, Mittelserien und Massenprodukte, deren Läppbearbeitung in Transferstraßen eingebaut wird. Von der Anwendung her sind Maschinenbauteile, Motorenteile, Dichtelemente, Halbleiter, Quarze, Zünder, Schmuckstücke und Edelsteine dabei. Für bestimmte Werkstückgruppen wird oft das Läppverfahren verfeinert und weiterentwickelt, bis es das beste Ergebnis bringt.

Historisch gesehen ist die Herstellung der Kanten und Facetten an *Edelsteinen* und *Brillanten* durch Handarbeit eines der ältesten Anwendungsgebiete. Die Schmuckstücke werden in Halteklauen gespannt und mit der Hand gegen kleine sich drehende Graugussscheiben gedrückt, auf die eine diamantpulverhaltige Paste gegeben wurde. Der Arbeitsfortschritt wird unter der Lupe verfolgt. Geschicklichkeit und scharfes Auge sind ausschlaggebend für die Güte des Anschliffs. Durch Verbesserung der Werkzeuge und Hilfsmittel ist es gelungen, im Laufe der Zeit die Feinheit und Regelmäßigkeit der Edelsteinformen zu verbessern.

Die Feinbearbeitung von *Endmaßen* aus gehärtetem Stahl und Hartmetall für die Messtechnik galt lange Zeit als Paradebeispiel für die Anwendung des maschinellen Läppens. Oberflächengüte und Genauigkeit werden in mehreren Arbeitsstufen mit feiner werdendem Korn gesteigert. Die zwischengeschalteten Reinigungsvorgänge sind sehr wichtig, da nicht ein grobes Körnchen in den nächstfeineren Arbeitsgang geschleppt werden darf. Die fertigen Flächen sind so glatt und eben, dass sie trocken aneinander haften, wenn sie aufeinandergedrückt werden.

Metallisch *dichtende* Flächen an *Maschinenbauteilen* wie Gehäusen aus Gusseisen, Dichtringen, Gleitringdichtungen, Kolbenringen, die sehr eben und glatt sein müssen, werden auf Einscheibenläppmaschinen einseitig oder auf Zweischeibenläppmaschinen planparallel geläppt. Dabei wird die Körnung möglichst nicht gewechselt, um ein Verschleppen groben Kornes in einen feineren Arbeitsgang zu vermeiden. Die Abstufung der Bearbeitungsfeinheit wird durch eine allmähliche Verringerung der Anpressung des Werkstücks gegen die Läppscheiben erreicht.

Für die *Elektronikindustrie* werden sehr dünne *Siliziumscheiben* beidseitig geläppt. Die Scheiben haben einen Durchmesser bis zu 200 mm. Sie werden von einem künstlich gezüchteten Einkristall etwa 0,5 mm dick mit Innenlochschleifscheiben abgetrennt und durch planparalleles Läppen auf besonders großen stabilen Zweischeibenläppmaschinen (Bild 4.3–9) auf 0,2 – 0,4 mm ± 0,009 mm Dicke mit einem Planparallelitätsfehler von maximal 2 μm und einer Rautiefe von $R_t = 3$ μm bearbeitet. Dabei müssen die Läppscheiben durch Kühlung temperiert werden (Bild 4.3–4). Bei der Bearbeitung wird die Anpressung langsam bis zur *Hauptlast* gesteigert und in der Endphase wieder auf eine niedrige *Nachlast* verkleinert. Damit erhalten die „Wafer" eine besonders gute Form und Oberfläche für die nachfolgenden Arbeitsgänge Ätzen und Polieren. Poliert wird nur die Vorderseite, auf der später die äußerst feingliedrige Leiterstruktur der Elektronik aufgebracht wird.

Kolben für *Einspritzpumpen* mit einem Durchmesser von 6 mm und einer Länge von 50 – 60 mm sollen so genau hergestellt werden, dass ihre Formfehler (Rundheit und Zylindrizität) kleiner als 1 μm und ihre Rautiefe R_z ca. 0,2 μm sind. Auf Zweischeibenläppmaschinen werden sie in schräger Anordnung zwischen den Scheiben nach Bild 4.3–12 bearbeitet. In jedem Los werden etwa 120 Werkstücke zugleich geläppt. Die Arbeitszeit beträgt 10 – 12 Minuten. Um diese Zeit so kurz wie möglich zu halten, sollten die Werkstücke nach ihrer Vorbearbeitung durch Schleifen in Toleranzklassen sortiert zum Läppen kommen. In der gleichen Weise wie Einspritzpumpenkolben können auch *Düsennadeln* oder andere *zylindrische Teile* geläppt werden. Entsprechend den kleineren Abmessungen können dann Maschinen mit kleineren Läppscheiben verwendet werden. Die zugehörigen *Pumpenbuchsen* mit den gleichen Genauigkeitsforderungen wie die Kolben werden innen durch Bohrungsläppen fertig gestellt. Sie werden dabei beweglich in einer Spannvorrichtung nach Bild 4.3–7 gehalten. Die Läppzeit dauert ungefähr 1 Minute. Beim Läppen bleiben Steuerkanten scharfkantig, und es entsteht kein Grat.

4.3.4 Abspanungsvorgang

Beim Läppen mit *rollendem Korn* ist der Abspanungsvorgang völlig anders als bei allen anderen spanabhebenden Bearbeitungsverfahren. Die Körner drücken bei der Abrollbewegung mit ihren Kanten und Spitzen kraterförmige *Vertiefungen* in den Werkstoff und natürlich auch in das Werkzeug (**Bild 4.3–17**). Dabei entstehen *unregelmäßige* Spuren, keine in irgendeiner Richtung längs verlaufenden Riefen. Die *Tiefe* der Eindrücke ist von der Anpressung und der Korngröße abhängig. Die *Zahl* der Eindrücke wird von der Läppgeschwindigkeit und der Anzahl der Körner pro Flächenelement bestimmt. Der Werkstoff wird dabei immer wieder geknetet und verformt.

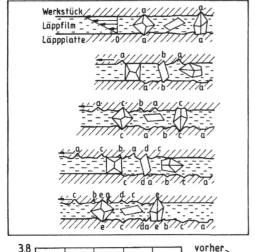

Bild 4.3–17
Bei der Abrollbewegung erzeugen die Körner kraterförmige Vertiefungen im Werkstück und Werkzeug [*Martin*]

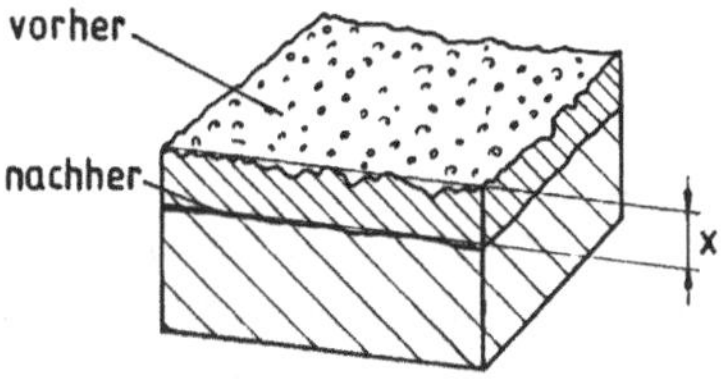

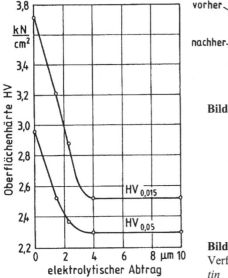

Bild 4.3–18 Berechnung des Abtrags beim Läppen

Bild 4.3–19
Verfestigung der geläppten Werkstückoberfläche nach *Martin*

Er *verfestigt* sich bis in eine Tiefe von etwa 4 – 24 μm. Durch Mikrohärtemessungen lässt sich die Verfestigung nachweisen (**Bild 4.3–18**). Mit der Verfestigung erfolgt eine Versprödung des Werkstoffs. Der Verformungswiderstand wächst. Schließlich erreicht dieser die Trennfestigkeit, und kleine Partikel brechen aus. Diese bilden den *Werkstoffabtrag*. Sie sehen nicht aus wie Späne vom Drehen oder Schleifen, sondern eher wie kleine Flöckchen mit zerklüfteter

Oberfläche und rein zufälliger Form. Die so entstehende Werkstückoberfläche ist matt und strukturlos. Die *Rautiefe* beträgt je nach Belastung 5 – 10 % der Läppkorngröße.

Nicht immer bleibt das Prinzip des rollenden Kornes erhalten. Bei weichen Läppscheiben und Poliervorgängen ist eher mit *festgehaltenem Korn* im Läppwerkzeug zu rechnen. Dann zieht es auf der Werkstückoberfläche Riefen wie beim Honen. Die Tiefe der Riefen ist gering, da Anpressung und Korngröße besonders klein gehalten werden. Das Ziel dieser Bearbeitung ist es nicht, Werkstoff abzutragen, sondern nur die Oberflächenstruktur zu glätten. So wird nur noch wenig Werkstoff abgenommen, der Rest aber *verformt* und *glattgedrückt*. Dabei entsteht eine *glänzende Oberfläche* mit feinen Riefen, deren Richtung von der Arbeitsbewegung bestimmt wird, unregelmäßig oder gleichlaufend. An Kanten und Ecken kann es zu Abrundungen kommen, wenn das weiche Werkzeug die Werkstückform umschließt.

Der Fortschritt einer Bearbeitung durch Läppen kann sowohl durch die Abspanungsgeschwindigkeit v_x in µm/min. als auch durch das Zeitspanungsvolumen Q in mm³/min. angegeben werden. Früher war es auch üblich, die abgetragene Menge M in mg/cm² · min zu bestimmen. Folgende Umrechnungen sind gültig:

Bei einer Schicht x (**Bild 4.3–19**), die in t-Minuten abgetragen wird, ist die *Abspanungsgeschwindigkeit*

$$\boxed{v_x = x/t}$$ (4.3–1)

Zur Bestimmung des *Zeitspanungsvolumens* Q muss die Werkstückoberfläche A berücksichtigt werden:

$$\boxed{Q = x \cdot A/t = v_x \cdot A}$$ (4.3–2)

Die abgetragene Werkstoffmenge M errechnet sich daraus zu:

$$\boxed{M' = \frac{Q \cdot \rho}{A} = v_x \cdot \rho = \frac{x \cdot \rho}{t}}$$ (4.3–3)

Auch beim Läppen ist es aus wirtschaftlichen Gründen wichtig, den Werkstoffabtrag so groß wie möglich zu machen, also die Bearbeitungszeit kurz zu halten. Um die geforderte Oberflächengüte zu erzielen, wird die Bearbeitung dann in feiner werdende Stufen unterteilt.

Die in der Praxis erzielbare *Abspanungsgeschwindigkeit* ist klein, solange das Läppen als Feinbearbeitungsverfahren verstanden wird und zur Erzeugung feiner Oberflächen dient. Sie beträgt je nach Werkstoff und Arbeitsbedingungen 0,2 – 100 µm/min, bei EN-GJL260 ca. 15 – 100 µm/min (**Bild 4.3–20**). Durch Veränderung der Arbeitsbedingungen, grobes Korn, harte Läppscheibe kann die Abspanungsgeschwindigkeit bis auf 1 mm/min vergrößert werden. Dann muss man allerdings das Läppen als gröberes Vorbearbeitungsverfahren verstehen, das mit dem Schleifen in Konkurrenz tritt. Das ist besonders dann anzuwenden, wenn ein Zwischenarbeitsgang Schleifen eingespart werden kann.

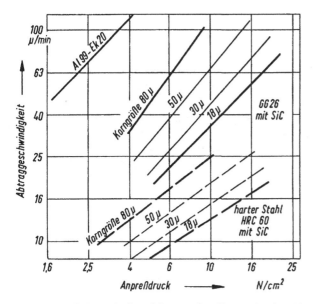

Bild 4.3–20
Abtragsgeschwindigkeit beim Läppen
in Abhängigkeit vom Anpressdruck und
von der Korngröße

Die wesentlichen Einflussfaktoren für die Größe des Abtrags sind nach *Martin*

1) Läppgeschwindigkeit
2) Anpressung
3) Korngröße
4) Korndichte
5) Kornform
6) Kornart und
7) die Flüssigkeit

Die Steigerung der *Läppgeschwindigkeit* vergrößert proportional den Werkstoffabtrag, denn in der gleichen Zeit wird mehr Werkstoff verformt. Die Leistung wird entsprechend größer. Die Rautiefe am Werkstück ändert sich nicht. Grenzen nach oben sind durch die Fliehkraft gesetzt. Das Korn darf nicht abgeschleudert werden, und es soll sich noch gleichmäßig auf der ganzen Läppscheibe verteilen.

Durch Vergrößerung der *Anpressung* dringt jedes Korn tiefer in den Werkstoff ein. Das verformte Volumen wird überproportional größer und damit auch der Werkstoffabtrag. Rautiefe und Antriebsleistung nehmen natürlich zu. Diese besonders günstige Art der Abtragsvergrößerung hat ihre Grenzen in der Belastbarkeit des verwendeten Läppkorns. Für die Werkstoffpaarung SiC / Hartmetall wird $2-5$ N/cm^2, bei weicherem Werkstoff $15-20$ N/cm^2 und bei Verwendung von Diamantkorn $30-40$ N/cm^2 angegeben.

Ein größeres *Läppkorn* kann ebenfalls zu einer Verstärkung des Abtrags führen. Ein erheblicher Teil der Wirksamkeit dieser Maßnahme geht aber dadurch verloren, dass die Korndichte zwangsläufig kleiner wird. Die Erfahrung zeigt, dass zur Verdoppelung des Abtrags eine fünffache Korngröße notwendig ist.

Da *Kornform, Kornart* und *Flüssigkeit* auch nur wenig geeignet sind, den Läppvorgang gewollt zu variieren, bleibt die Anpressung als wichtigste Einflussgröße für die Abstufung der Bearbeitung beim Läppen.

4.3.5 Arbeitsergebnisse

4.3.5.1 Oberflächengüte

Es bedeutet keine Schwierigkeit, durch Läppen die *feinsten* technischen Oberflächen zu erzeugen. Grenzwerte der *Rautiefe* liegen unter $Rz = 0.05$ µm. Ähnlich wie beim Kurzhubhonen werden diese spiegelnd glatten Oberflächen jedoch nur selten verlangt, meistens genügen Rz-Werte über $0{,}1 - 5$ µm. Die wichtigsten Einflüsse auf die Rautiefe haben Anpressung und Korngröße. Mit kleiner Anpressung, feinem Korn, weicher Scheibe und relativ zäher Flüssigkeit kann die Oberflächengüte gesteigert werden. Die Abtragsgeschwindigkeit wird dabei jedoch klein. Mit der Oberflächengüte verbessern sich auch folgende Eigenschaften der Werkstücke:

1) die Tragfähigkeit bei Gleitflächen,
2) die Lebensdauer durch verringerten Verschleiß,
3) die Wechselfestigkeit durch verringerte Kerbwirkung,
4) die Korrosionsbeständigkeit und
5) das Aussehen.

Diese Vorteile sind oft so bedeutend und ausschlaggebend, dass sich die zusätzlichen Kosten für die Feinbearbeitung lohnen.

4.3.5.2 Genauigkeit

Der *Genauigkeit* der Werkstücke ist eine größere Beachtung zu schenken als der erzielbaren Oberflächengüte, denn durch Läppen lassen sich noch bessere Ergebnisse erzielen als durch Honen. Wir müssen verschiedene Arten der Genauigkeit unterscheiden:

1) Einhalten enger Nennmaßtoleranzen
2) Ebenheit
3) Planparallelität
4) Rundheit
5) Zylindrizität

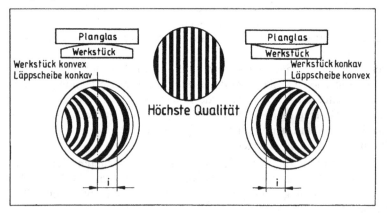

Bild 4.3–21
Methode zur Bestimmung der Ebenheit mittels monochromatischen Lichtes. 1 Lichtband entspricht der halben Wellenlänge: $\lambda \approx 0{,}6$ µm

Wenn man allgemein sagen kann, dass sich beim produktionsmäßigen Läppen der *Gesamtformfehler* auf unter 0,5 µm bringen lässt, muss im Einzelnen nach der Art des Formfehlers unterschieden werden. So können beispielsweise Abweichungen von der *Zylindrizität* auf weniger als 0,2 µm und der *Rundheit* in besonderen Fällen auf 0,2 µm eingeschränkt werden. Bei der Bearbeitung von ebenen Werkstücken ist *Ebenheit* von 0,1 µm und *Parallelität* von 0,5 µm erreichbar. Das *Sollmaß* kann bei kleinen Teilen auf ± 1 µm eingehalten werden.

Die *Ebenheit* geläppter Werkstücke lässt sich besonders einfach mit einem *Interferenzprüfverfahren* feststellen. Man benötigt dafür monochromatisches Licht und ein *Planglas*, dessen Ebenheit (ca. 0,03 µm) noch wesentlich besser ist als die des Prüflings. Das Werkstück sollte für die Prüfung möglichst eine polierte Oberfläche haben. Legt man das Planglas auf das Werkstück und drückt es einseitig mit dem Finger an, entsteht ein keilförmiger Luftspalt, in dem das Licht mit seiner Reflexion Interferenzstreifen bildet (**Bild 4.3–21**). Bei parallelen Streifen ist das Werkstück eben. Abweichungen davon, konvex oder konkav, machen sich durch eine Krümmung der Linien bemerkbar. Zählt man nun die Streifen, die von einer geraden Linie geschnitten werden, erhält man unter Berücksichtigung der Lichtwellenlänge (ca. 0,6 µm bei gelbem Na-Licht) die Abweichung von der Ebenheit.

4.3.5.3 Randschicht

Die Randschicht zeigt infolge der Korneindrücke eine *Verfestigung*, die durch Mikrohärtemessungen nachgewiesen werden kann. Sie reicht in eine Tiefe von 6 – 24 µm. Dabei spielt nach Enger besonders die Korngröße, aber auch der Druck eine Rolle. Da Korngröße und Rauheit ebenfalls zusammenhängen, lässt sich eine Faustformel als Beziehung zwischen verfestigter Schicht und Rautiefe herleiten:

$$h_E \approx 6 \cdot Rz$$

oder mit dem arithmetischen Mittenrauwert

$$h_E \approx 40 \cdot Ra.$$

Die *Werkstoffzerrüttung* durch Scherspannungen unter den Korneindrücken ist durch Untersuchungen mit Röntgenrefraktometern nachgewiesen worden. Dabei wurde die größte Versetzungsdichte in einer schmalen *Schicht* etwa 5 – 6 µm *unter der Oberfläche* gefunden. Hier entstehen bevorzugt Mikro- und Makrorisse, die das Ablösen der Werkstoffpartikel vom Grundwerkstoff einleiten. Darüber können die Defekte größtenteils durch Einwirken von Verformung, Druckspannung und erhöhter Temperatur wieder ausheilen. Trotzdem sind ihre Eigenschaften so verändert, dass sich Einschränkungen im Gebrauchsverhalten ergeben: Verschleißanfälligkeit, verringerte elektrische und thermische Leitfähigkeit, Verzug bei dünnen Bauteilen. Bei empfindlichen Teilen kann diese Schicht durch Ätzen entfernt werden.

Zugeigenspannungen infolge von Erwärmungsvorgängen in der Randschicht sind selten und von untergeordneter Größe.

4.3.6 Weitere Läppverfahren

4.3.6.1 Druckfließläppen

Verfahrensbeschreibung

Bild 4.3–22 zeigt den Aufbau beim Druckfließläppen. Zwischen zwei Pastenzylindern wird das pastenförmige Läppmittel unter *Druck* durch die zu glättenden Bohrungen des Werkstücks *gepresst*. Die Vorrichtung hat die Aufgabe, das Werkstück zu spannen und so zu halten, dass die zu bearbeitenden Stellen in den Fluss des Schleifmittels kommen und nicht zu bearbeitende Stellen abgedeckt werden. Die Arbeitsrichtung wechselt mehrmals hin und her. Der eingestellte Druck muss jeweils vom Gegenzylinder gehalten werden. Die durchflossenen Werkstückbohrungen werden von dem in der Paste enthaltenen Schleifkorn geglättet. Die Kanten werden abgerundet.

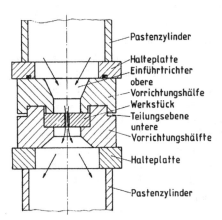

— Pastenzylinder

— Halteplatte
— Einführtrichter
  obere
— Vorrichtungshälfe
— Werkstück
— Teilungsebene
  untere
— Vorrichtungshälfte

— Halteplatte

— Pastenzylinder

Bild 4.3–22
Verfahrensprinzip des Druckfließläppens und die zugehörigen Teile

Pasten und Läppmittel

Die *Läpppaste* ist eine Mischung aus einem silikonhaltigen organischen Polymer mit unterschiedlicher Viskosität zwischen 10^3 und 10^5 cP und dem arbeitenden Läppmittel der Körnung 16 – 200 sowie einem feineren Läppmittel der Körnung 600 – 800 zum Verdicken. Das Mischungsverhältnis wird auf die Menge der Grundpaste (100 %) bezogen. Es beträgt 30 – 80 % Läppmittel und 10 – 30 % Verdickungsmittel. Das Läppmittel wird werkstoffabhängig gewählt: Al_2O_3, SiC, BC oder Diamant. Seine Arbeitstemperatur und damit die Zähigkeit kann durch einen Wärmetauscher, der im Arbeitsfluss angeordnet sein muss, beeinflusst werden.

Kenngrößen

Die wichtigste Kenngröße ist das auf die Werkstückfläche bezogene *Zeitspanungsvolumen*

$$Q' = \frac{V_W}{A \cdot t}.$$ (4.3–4)

Darin ist V_W das abgetragene Werkstoffvolumen, das man durch Wägung des Werkstücks bestimmen kann, $V_W = \Delta m/\sigma$. $A = \pi \cdot d \cdot l_W$ ist die Fläche der Bohrungswand und t die Arbeitszeit. Statt des Zeitspanungsvolumens wird auch der *spezifische Massenabtrag* ermittelt:

$$\Delta m_S = \frac{\Delta m}{A \cdot q \cdot n_z}.$$ (4.3–5)

Darin ist Δm der Masseverlust, A die Bohrungsoberfläche, q der Volumenstrom der Schleifpaste und n_z die Anzahl der Arbeitshübe als Ersatz für die Zeit. Diese etwas unübersichtliche Kenngröße hat die Maßeinheit $g \cdot s/mm^5$ und liegt in der Größenordnung von 10^{-11} bis 10^{-8}. Sie ist abhängig von der Größe der benutzten Maschine, also nicht allgemein vergleichbar [*Przyklenk*].

Die dritte Kenngröße ist die *Rautiefe* des bearbeiteten Werkstücks. Vielfach wird die Bearbeitung nur zum Glätten der Werkstücke angewandt.

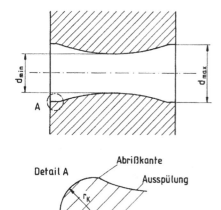

Bild 4.3–23
Veränderung der Bohrungsform und Kantenabrundung durch Druckfließläppen

Ferner ist die *Kantenabrundung* durch die Druckfließläppbearbeitung auch als Kenngröße zu bezeichnen. Sie ist oft ein nicht unerwünschter Nebeneffekt. Die Abrundung ist abhängig von der Fließrichtung und der Strömungsgeschwindigkeit. Im Einlauf ist sie stärker als im Auslauf. Schließlich muss die Veränderung der *Bohrungsform* beachtet werden (**Bild 4.3–23**). Ausspülungen zu den Öffnungen hin vergrößern die Zylindrizitätsabweichung. Im mittleren Bohrungsbereich ist der Abtrag am geringsten. Dort hat die Bohrung ihren kleinsten Durchmesser.

Einflussgrößen und ihre Wirkung

Die *Konzentration* des Schleifmittels in der Paste beeinflusst die Zahl der arbeitenden Kanten. Mit zunehmender Konzentration im Bereich von $10-100\,\%$ nimmt das bezogene Zeitspanungsvolumen Q' und die Kantenabrundung zu. Die Oberflächengüte wird nur von der *Korngröße* beeinflusst.

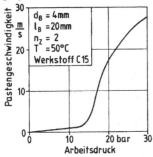

Die *Viskosität* hat einen großen Einfluss auf die Arbeitsgeschwindigkeit. Mit zunehmender Zähigkeit kann das Zeitspanungsvolumen sehr stark vergrößert werden, wobei die Kantenabrundung geringer wird. Natürlich nimmt der Leistungsbedarf ebenfalls stark zu.

Bild 4.3–24
Einfluss des Arbeitsdrucks auf die mittlere
Pastengeschwindigkeit in einer vorgegebenen
Bohrung beim Druckfließläppen

Alle anderen Einflussgrößen haben geringeren Einfluss auf die Kenngrößen. Selbst der *Arbeitsdruck* vergrößert das Zeitspanungsvolumen nur begrenzt. Der Druck hat dagegen für den internen Ablauf, insbesondere für die Pastengeschwindigkeit, eine große Bedeutung (**Bild 4.3–24**). Bis 15 bar ist der Einfluss gering. Darüber jedoch wird die Arbeitsgeschwindigkeit schnell größer. Offensichtlich wird der Widerstand, den die zähe Paste der Bewegung entgegensetzt, dann geringer.

Werkstücke

Das Druckfließläppen findet hauptsächlich in folgenden Fertigungsbereichen Anwendung:

1) *Düsen* und Bauteile für *Kraftstofftransport* und -*verwirbelung,*
2) *Turbinenschaufeln,*
3) Polieren *dünner, langer Bohrungen,*
4) *Textil*verarbeitungsmaschinen, *Fadenführungen,*
5) Gleitflächen an *Umformwerkzeugen* und *Zahnflanken,*
6) Beseitigung der unerwünschten *weißen Schicht* nach *funkenerosiver* Bearbeitung.

Es dient zum *Glätten, Polieren* und *Kantenverrunden.* Besonders an Bauteilen mit innenliegenden Bohrungen, die sich kreuzen, und versteckten Strömungskanten oder einfach zum Entgraten wird es eingesetzt. Die bisherige Anwendung beschränkt sich auf Einzelwerkstücke und kleine Serien.

Dabei werden die Maschinen mit der Hand beschickt. Für die Massenfertigung ist die Entwicklung noch nicht reif. Hier fehlen vor allem Verfahren für die *automatische Säuberung* der Vorrichtung und der Werkstücke von anhaftender Schleifpaste.

Bearbeitbare Werkstoffe sind alle *Stahlsorten* und *Metalle.* Bei Kunststoffen ist die Wirkung unterschiedlich. Besonders Polyamid widersteht der abrasiven Wirkung. Inhomogene Werkstoffe werden ungleichmäßig abgetragen, sodass härtere Strukturen nach dem Druckfließläppen hervortreten.

4.3.6.2   Ultraschall-Schwingläppen

Verfahrensbeschreibung

Das *Ultraschall-Schwingläppen* ist ein abtragendes Bearbeitungsverfahren mit losem Korn. Es eignet sich zur Bearbeitung von *spröden* Werkstoffen wie *Glas, Gestein, Keramik* und *Hart-*

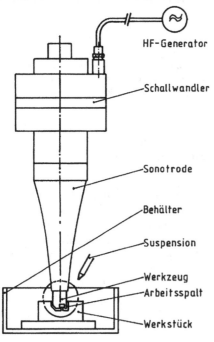

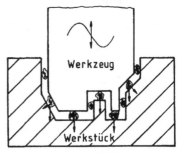

Bild 4.3–25 Wirkungsweise des Ultraschallschwingläppwerkzeugs im Werkstück mit dem Läppmittel

Bild 4.3–26
Aufbau einer Ultraschallschwingläppanlage

metall. Mit ihm lassen sich einfache Profile und dreidimensionale Formen herstellen. Die Bearbeitungsdauer ist lang. Oberflächengüte und Genauigkeit entsprechen einer Feinbearbeitung. Das Arbeitsprinzip ist aus **Bild 4.3–25** erkennbar. Eine von einem elektrischen Hochfrequenzgenerator erzeugte Wechselspannung von ca. 20 kHz wird in einem Schallwandler in mechanische Schwingungen mit kleiner Amplitude von 5 – 7 µm verwandelt. Dabei sollen möglichst nur Longitudinalschwingungen und keine Biege- oder Torsionsschwingungen, die Formfehler verursachen, entstehen. Ein nachgeschalteter sich verjüngender *Amplitudenverstärker* (Sonotrode) trägt das Arbeitswerkzeug, das die Negativform des Werkstücks besitzt. Die Läppmittelsuspension, bestehend aus Läppkorn und Wasser im Verhältnis 1 : 4 bis 1 : 1 wird zwischen Werkzeug und Werkstück gegeben. Das Läppkorn wird mit der Arbeitsfrequenz in das Werkstück *eingehämmert*. Das Läppkorn muss deshalb nicht nur hart, sondern auch *druckfest* sein. Man nimmt dafür *Siliziumkarbid* oder das festere, aber auch teurere *Borkarbid*. Die Schwingungsamplitude muss größer sein als der Durchmesser des größten Läppkorns, damit es in den Arbeitsspalt gelangen und einen Abtrag bewirken kann. Der eigentliche Abtragsvorgang ist in **Bild 4.3–26** dargestellt. Im Werkstück werden vom Korn mikroskopisch kleine Risse erzeugt. Mit zunehmender Einwirkzeit führen diese Mikrorisse zum Ausbröckeln kleinster Werkstoffpartikel und zeitlich und räumlich aufsummiert zur Abbildung des Formwerkzeugs im Werkstoff [*Haas*].

Werkzeuge

Die Werkzeuge können aus *Metall*, z. B. aus *Kupfer*, hergestellt werden. Nicht die Härte des Werkzeugstoffs, sondern seine *Zähigkeit* verhindert größeren Verschleiß. Bei der Herstellung muss die Breite des seitlichen Spaltes berücksichtigt werden. Als *Untermaß* ist das Zweifache des größten in der Suspension enthaltenen Läppkorns anzunehmen. Die Werkzeugmasse ist bei der Berechnung der Form der Sonotrode mit zu berücksichtigen. Rechenprogramme für Computer ermöglichen die Bestimmung der Schwingungsform und der Amplitudenverstärkung des Schwingungssystems. Bei sehr feinen Konturen ist die Steifigkeit des auf Knickung beanspruchten Werkzeugs zu berücksichtigen. Diese begrenzt die maximale Bohrtiefe. Für Bohrungsdurchmesser kleiner als 1 mm ist ein Verhältnis von Durchmesser zu Tiefe von etwa 1 : 20 erreichbar.

Werkstücke

Das Ultraschallschwing-Lippen mit seinen sehr *kleinen Abtragsraten* wird dort angewandt, wo andere wirkungsvollere Arbeitsverfahren versagen, besonders bei den elektrisch nicht leitenden sprödharten Keramikwerkstoffen wie Silikatkeramiken, Oxidkeramiken und Nichtoxidkeramiken. Zur Beurteilung der Bearbeitbarkeit kann als Kenngröße die Bruchzähigkeit (KIc-Faktor) herangezogen werden. **Bild 4.3–27**, das in vergleichenden Versuchen nach Haas gefunden wurde, zeigt, dass mit zunehmender Bruchzähigkeit das Zeitspanungsvolumen abnimmt und der relative Werkzeugverschleiß größer wird. Bei folgenden Werkstückgruppen wird das Ultraschall-Schwingläppen erfolgreich angewendet:

- Motorenkeramik: *Ventilsitzringe, Keramikkolben, Laufbüchsen, Lagerteile, Einspritzdüse, Vorkammer*
- Gasturbinentechnik: *keramische Turbinenräder, Brennkammerteile, Leitgitter, Dichtungen, Düsen* für Brennkammern;
- Glasbearbeitung: *Glaskeramik, Substratträger, Isolatoren, optische* Teile, *Laserb*auteile, *Quarzresonatoren, Sensorenteile*;
- keramische *Plasmaspritzschichten* an Kolben, Kipphebeln und *Verschleißschutzschichten*;
- Werkzeugbau: *Stanz*- und *Prägewerkzeuge, Ziehsteine, Extrusionsdüsen, Fließpressmatrizen, Elektroden* für die Funkenerosion;

- Elektronik: *Halbleiter, Siliziumwafer, Ferrite, Quarzkristalle, Piezokeramik, Resonatoren, dielektrische* Komponenten;
- Verfahrenstechnik: *Schneidwerkzeuge, Verschlussteile* in Pumpen und Armaturen.

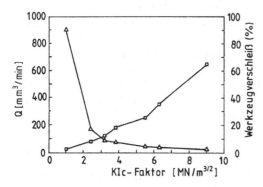

Bild 4.3–27
Einfluss der Bruchzähigkeit des Werkstoffs auf das Zeitspanungsvolumen Q und den relativen Verschleiß des Werkzeugs

4.3.6.3 Polierläppen

Polieren ist eine Bearbeitung zur Erzielung glänzender Oberflächen. Das Läppen ist als Bearbeitungsverfahren dafür besonders geeignet, weil es bereits mit den beschriebenen Arbeitstechniken sehr feine Oberflächen erzeugt. Zum Polieren werden jedoch die Werkzeuge so weit abgewandelt, dass nur noch die Arbeitsspuren der vorangegangenen Bearbeitung (Feinschleifen, Honen oder Läppen) ganz beseitigt werden. Dabei kann Werkstoff noch abgetragen oder einfach verformt werden.

Polierwerkzeuge

Für das Polieren von ebenen Flächen kommen *weiche Läppscheiben* aus Kupfer, Zinn, Pech, Holz, Filz, Papier oder *Stoffüberzüge* zum Einsatz. Walzen und Dorne mit Stoff, Filz oder Tüchern sind für die Außen- und Innenrundbearbeitung geeignet. Für abgerundete Werkstückformen eignen sich *Schwabbelscheiben* oder weiche Bürsten.

Poliermittel

Als Läppkorn dienen Diamant, Siliziumkarbid, Korund, Polierrot oder Chromgrün in Körnungen von 1 – 5 µm. Das Korn kann in einer Flüssigkeit wie Wasser oder Öl pastenförmig oder flüssig gehalten werden. Es kann aber auch im Gewebe der Werkzeuge eingearbeitet sein. Man wählt es nach seiner Härte und Wirksamkeit passend zum Werkstoff aus.

Poliervorgang

Die weichen Werkzeugstoffe nehmen das Korn soweit in sich auf, dass nur noch Spitzen und Kanten herausragen, die das Werkstück mit geringem Druck bearbeiten. Dabei kommt es mehr zu einer schleifenden Bearbeitung als zu einem Abrollen des Kornes. Ob noch Werkstoff abgespant oder nur noch glättend verformt wird, hängt von der Kantenschärfe des Polierkorns und seiner Härte ab. Beim Schönheitspolieren, das nur ein glänzendes Aussehen erzeugen soll, genügt das *verformende Glätten* mit weichem stumpfem Polierkorn. Bei technischen Teilen, die möglichst eine ungeschädigte Oberfläche erhalten sollen, muss der vorher verformte Werkstoff abgetragen werden. Dafür wird das kantenscharfe und verschleißharte Diamantkorn bevorzugt. Bei aller Vorsicht der Bearbeitung besteht die Gefahr der *Kantenabrundung* durch die weichen Werkzeuge, die sich um die Werkstücke biegen, schmiegen oder wickeln. Wenn das unerwünscht ist und eine Fläche bis zur Kante eben bleiben muss, wird das Werkstück in Bakelit, Acrylglas oder in ein anderes Kunstharz eingebettet. Erst im eingebetteten Zustand werden Vor-, Fein- und Polierbearbeitung durchgeführt.

Werkstücke

Einfache Polierbearbeitungen werden an *Schmuck* aus Edelsteinen, Gold, Silber und anderen Werkstoffen nach der Formgebung durchgeführt. Der Glanz macht sie begehrenswert. Metallteile, die mit *Lebensmitteln* in Verbindung kommen, sollen eine leicht zu reinigende, glatte Oberflächenstruktur besitzen, an der sich auch keine Bakterien halten können. Gefäße, Kessel, Töpfe, Bestecke werden deshalb oft poliert.

Technische *Dicht-* und *Gleitelemente* müssen besonders glatt sein. Gleitringe, Dichtringe, Pumpenschieber, Keramikscheiben, Wendeschneidplatten und Hartmetallschneiden sind oft aus harten Werkstoffen, die sich nur mit Diamantkorn bearbeiten lassen.

Optische Gläser dürfen an der Oberfläche das Licht nicht streuen. Die verlangte Rautiefe sollte kleiner sein als ein Zehntel der Lichtwellenlänge: $R_z < 0{,}03$ µm. Quarz- und Siliziumbauteile für die Elektronik sind manchmal durch Polieren nicht fein genug bearbeitbar. Reste der zerstörten Oberfläche müssen nachträglich noch durch Ätzen beseitigt werden.

5 Weiterführende Aspekte

5.1 Hochgeschwindigkeitszerspanung

Aufgrund der verbesserten Schneidstoffe und Beschichtungen sowie der erhöhten Leistungsfähigkeit moderner Werkzeugmaschinen ist man in der industriellen Fertigungstechnik bestrebt, das Leistungsvermögen eines Prozesses durch die Erhöhung der Schnittgeschwindigkeit zu verbessern und das Zeitspanungsvolumen zu erhöhen. Die eingesetzten Schneidstoffe müssen über eine hohe Härte und vor allem Warmhärte verfügen. Es werden beschichtete Ultrafeinstkorn-Hartmetalle, Cermets, Keramik oder CBN eingesetzt. Als Beschichtung kommen TiN, Ti(C,N) und (Ti,Al)N sowie gegebenenfalls reibungsmindernde Deckschichten auf Grafit- oder Molybdändisulfidbasis in Frage.

5.1.1 Allgemeine Abgrenzung

Die Abgrenzung der Hochgeschwindigkeitsbearbeitung (HSC) von der konventionellen Zerspanung ist derzeit noch nicht genormt und erfolgt in Abhängigkeit des jeweiligen Autors unterschiedlich. Mögliche Abgrenzungskriterien werden im Folgenden vorgestellt.

Einfache Abgrenzungen gehen von den derzeit üblichen prozessspezifischen Zerspanbedingungen aus und definieren individuelle absolute Geschwindigkeitsgrenzen oberhalb der üblichen Bedingungen [*Icks, Schneider*]. Andere Autoren [*Salomon*] nutzen für die Unterscheidung den Wechsel der Spanbildungsmechanismen bei der Hochgeschwindigkeitszerspanung und verweisen auf eine signifikante Beanspruchungs- und Verschleißreduzierung (**Bild 5.1–1**). Neuere Ansätze [*Ben Amor*] entwickeln einen analytischen Unterscheidungsansatz auf Basis einer Grenzgeschwindigkeit.

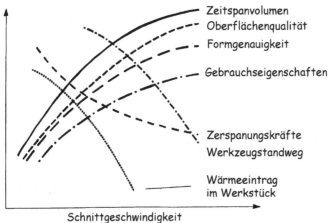

Zeitspanvolumen
Oberflächenqualität
Formgenauigkeit
Gebrauchseigenschaften
Zerspanungskräfte
Werkzeugstandweg
Wärmeeintrag im Werkstück
Schnittgeschwindigkeit

Bild 5.1–1 Änderung der Zerspanbedingungen im Bereich des Hochgeschwindigkeitsspanens

Demzufolge sinken die Zerspankraft und die Schnittkraft bei der Hochgeschwindigkeitszerspanung von Metallen immer gegen einen asymptotischen Grenzwert, wenn die Schnittkraft erhöht wird. Das Abklingverhalten folgt dabei folgender Gesetzmäßigkeit:

$$F_c(v_c) = F_{c,\infty} + F_{c,var} \cdot \exp\left(\frac{-2 \cdot v_c}{v_{HG}}\right).$$

(5.1–1)

Bezugsgröße ist dabei eine Grenzegeschwindigkeit v_{HG}, bei welcher der Aufschlag zum asymptotischen Schnittkraftgrenzwert um 86,5 % (= exp(–2)) abgefallen ist. Diese Grenzgeschwindigkeit ist nach *Ben Amor* mit der Zugfestigkeit vieler Metalle korreliert, und er gibt folgende empirische Bestimmungsgleichung für Metalle an:

$$v_{HG} = 3360 \cdot \exp\left(\frac{-R_m}{400}\right) \text{ in } [m/min].$$

(5.1–2)

Ausnahmen sind Metalle mit Reißspanbildung wie GG-25 oder Magnesium AZ91D. Als alternative Näherungsgleichung in Abhängigkeit der Schmelztemperatur, Wärmeeindringzahl und Zugfestigkeit nennt er:

$$v_{HG} = 0{,}0246 \cdot \frac{T_{Schmelz} \cdot \sqrt{c_p \cdot \rho \cdot \lambda}}{R_m} \text{ in } [m/min].$$

(5.1–3)

Neben dem Leistungsabfall beobachtet man bei der Hochgeschwindigkeitszerspanung auch einen Temperaturanstieg sowie eine Vergrößerung des Scherwinkel. Letzteres bewirkt ein geringere Spanstauchung und begründet gleichzeitig den Abfall des Leistungsbedarfs, wie es in **Bild 5.1–3** exemplarisch dargestellt ist. Als äußeres Kennzeichen tritt vielfach eine deutliche Segmentierung des Fließspans mit teilweise starker Lokalisierung von Scherbändern auf.

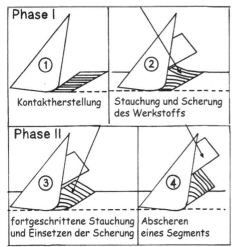

Phase I

① Kontaktherstellung

② Stauchung und Scherung des Werkstoffs

Phase II

③ fortgeschrittene Stauchung und Einsetzen der Scherung

④ Abscheren eines Segments

Bild 5.1–2 Spanbildungsphasen der Hochgeschwindigkeitszerspanung

Ursache ist eine Änderung des Spanbildungsvorgangs. Im Hochgeschwindigkeitsbereich laufen Spanscherung und Stauchung nicht mehr parallel, sondern in einem periodischen Wechsel ab. Die Alternation kann durch vier Phasen beschrieben werden, die in **Bild 5.1–2** dargestellt sind. In der ersten Kontaktherstellungsphase wird der Werkstoff im Bereich der Schneidkante stark gestaucht und im Bereich der freien Oberfläche geschert (Phase 2). Dringt das Werkzeug weiter vor, nehmen die Formänderungen bis zu einer werkstoffspezifischen Grenze zu. In der dritten Phase setzt dann die Scherlokalisierung ein, und ein Segment wird in der vierten Phase abgeschert.

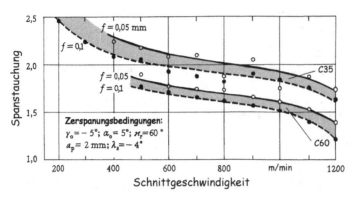

Bild 5.1–3
Spanstauchung bei der
Hochgeschwindigkeits-
bearbeitung

Probleme der Hochgeschwindigkeitsbearbeitung sind zum einen die Randzonenveränderungen infolge des erhöhten Temperatureintrags (s. **Bild 5.1–4**). So zeigen die bearbeiteten Oberflächen u. U. Neuhärtezonen mit hohem Zugspannungsanteil. Generell gilt hier je kleiner die Spanflächenfase desto kleiner ist der Bereich der Zugeigenspannungen. Andererseits treten bei rotierendem Werkstück (Drehen) durch die Fliehkraft hohe Spannlasten und Beschleunigungsmomente auf, sodass der Hauptzeitgewinn z. T. durch Nebenzeitverluste aufgebracht wird. Bei rotierenden Werkzeugen (Bohren, Fräsen) sind diese Effekte aber kleiner. Schließlich bewirkt der erhöhte Energieeintrag in die Wirkfuge eine Verstärkung des thermisch aktivierten Verschleißes. Diese Effekte treten vor allem im kontinuierlichen Schnitt (Drehen, Bohren) auf und sind im unterbrochenen Schnitt kleiner. Zudem ist die Schnittgeschwindigkeit beim Bohren aufgrund der Innenbearbeitung nicht beliebig steigerbar.

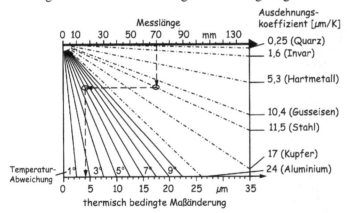

Bild 5.1–4
Thermisch bedingte Maßab-
weichung

Neben dem Begriff der Hochgeschwindigkeitsbearbeitung wird auch der Begriff der *Hochleistungszerspanung* verwendet. Es handelt sich dabei um Zerspanung mit erhöhter Schnittgeschwindigkeit und erhöhtem Vorschub, um das Zeitspanvolumen zu maximieren. Die Verfahrensvariante beruht auf den vier Verfahrensgrenzen:

- maximale Maschinenleistung
- maximales Drehmoment / maximale Vorschubkraft
- maximale Werkzeugbelastung
- maximale Vorschubgeschwindigkeit.

5.1.2 Hochgeschwindigkeitsfräsen

Die Schnittgeschwindigkeit beim Fräsen wird je nach Werkstoff-Schneidstoffpaarung und Schnittbedingungen in einem Bereich gewählt, der bei geeigneter Standzeit der Schneiden die beste Wirtschaftlichkeit erwarten lässt. Untersuchungen von Schulz und Scherer haben gezeigt, dass größere Schnittgeschwindigkeiten unter besonderen Vorkehrungen Vorteile bringen können. Die Untersuchungen führten zu dem fest umrissenen Bereich des Hochgeschwindigkeitsfräsens (**Bild 5.1–5**). Die hier anzuwendenden Schnittgeschwindigkeitsbereiche sind ebenfalls vom Werkstoff abhängig. Das Fräsen von Aluminiumlegierungen mit ca. 4000 m/min hat sich nach Scherer als besonders interessant herausgestellt.

Die ersten industriellen Anwendungen wurden in der Luft- und Raumfahrtindustrie gefunden. An Trägern, Spanten und anderen Bauteilen aus Leichtmetall wird zur Gewichtsersparnis der größte Teil des Werkstoffs herausgefräst. Oft bleiben nur dünne Stützwände stehen [Kaufeld]. Weitere Anwendungsgebiete sind in der Automobilindustrie zu finden. Motorblöcke und Zylinderköpfe aus Grauguss, Aluminium- und Magnesiumlegierungen können mit Hochgeschwindigkeit wirtschaftlich bearbeitet werden. Die entstehende glatte Oberfläche wird als Dichtfläche besonders geschätzt

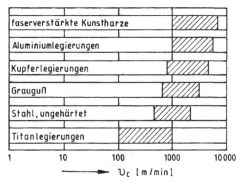
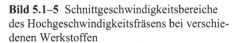
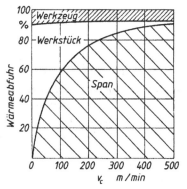

Bild 5.1–5 Schnittgeschwindigkeitsbereiche des Hochgeschwindigkeitsfräsens bei verschiedenen Werkstoffen

Bild 5.1–6 Wärmeabfuhr durch Werkzeug, Werkstück und Späne bei zunehmender Schnittgeschwindigkeit

Die Läufer von Rotationskompressoren verlangen wegen ihrer feinen Struktur kleine Schnittkräfte bei der Bearbeitung. Mit Hochgeschwindigkeit wird trotzdem ein großes Zeitspanungsvolumen erreicht. An Bauteilen aus faserverstärkten Kunstharzen ist das Besäumen, das Herstellen von Durchbrüchen und das Fräsen von Pass- und Verbindungsflächen in Luftfahrt-, Automobil- und Elektroindustrie erprobt. Weitere Anwendungen werden in allen industriellen Bereichen erwartet.

Die größere Schnittgeschwindigkeit lässt sich in zwei verschiedenen Richtungen ausnutzen, dem *Hochleistungsfräsen* oder der *Feinbearbeitung*. Beim *Hochleistungsfräsen* wird gleichzeitig die *Vorschubgeschwindigkeit vergrößert*. Dann bleibt der Vorschub pro Schneide f_z unverändert groß. Die Kräfte verringern sich kaum, weil k_c nur geringfügig abnimmt. Jedoch nimmt das Zeitspanungsvolumen entsprechend zu.

Die Anwendung in der *Feinbearbeitung* geht von kleineren Vorschüben pro Schneide aus. Dadurch verkleinern sich die Schnittkräfte und die Verformungen an Werkzeug und Werkstück. Eine größere Fertigungsgenauigkeit ist die Folge. Die *Oberflächengüte* kann in jedem Fall durch Hochgeschwindigkeitsfräsen *verbessert* werden.

Bei jeder Hochgeschwindigkeitsbearbeitung ist die *Temperatur* an der Schneide ein wichtiges Kriterium. Sie kann die Standzeit des Werkzeugs empfindlich verkürzen. Aus **Bild 5.1–6** kann man erkennen, dass sich die Verteilung der Wärme, die beim Zerspanen entsteht, mit zunehmender Schnittgeschwindigkeit stark ändert. Infolge der trägen Wärmeleitung fließt weniger Wärme in das Werkstück. Immer mehr Wärme bleibt in den Spänen, mit denen sie einfach aus dem Arbeitsbereich herausgeführt wird.

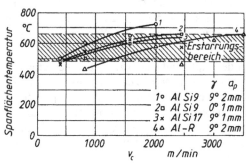

Bild 5.1–7
Werkzeugtemperatur beim Drehen von Aluminium mit PKD nach Siebert

Der Wärmeanteil, der vom *Werkzeug* aufzunehmen ist, scheint *fast unverändert*, wird absolut gesehen jedoch größer und führt zur *stärkeren Erwärmung* der *Schneide*. Die Temperatur, die sich schließlich an der Schneide einstellt, hängt nach Untersuchungen an Aluminiumlegierungen von Siebert von der *Schmelztemperatur* des *Werkstoffs* ab (**Bild 5.1–7**). Sie geht offensichtlich nicht wesentlich über den Schmelzpunkt hinaus und lässt sich somit eingrenzen.

Als *Werkzeuge* für die Hochgeschwindigkeitsbearbeitung kommen sowohl *Messerköpfe* mit Wendeschneidplatten als auch *Schaftfräser* zum Einsatz. Wendeplattenwerkzeuge werden bis 16000 U/min mit einfacher Lochkeilklemmung versehen. Darüber benötigen sie zusätzlich einen Formschluss, z. B. Nut und Feder, um die Platten gegen die Fliehkraft zu sichern. Für die Feinbearbeitung haben alle Wendeplatten Schlichtfasen an den Ecken und sind radial und axial fein einstellbar. Die Genauigkeit der Einstellung beträgt wenige Mikrometer. Dadurch sind alle Schneiden gleich belastet und geben eine hervorragende Oberfläche. Die Unwucht der Werkzeuge wird durch *Auswuchten* auf der Maschine klein gehalten. Als Restexzentrizität ist 0,1 μm zulässig.

Der *Schneidstoff* für das Hochgeschwindigkeitsfräsen muss im Zusammenhang mit dem Werkstoff, der bearbeitet werden soll, und unter Berücksichtigung der mit der Schnittgeschwindigkeit zunehmenden Schneidentemperatur ausgesucht werden.

Hartmetall (HW-K 10 und P 40) ist universell für viele Werkstoffe geeignet. Seine Standzeit ist jedoch begrenzt. Häufiger Werkzeugaustausch führt zu großen Werkzeugwechselkosten. Beschichtete Hartmetalle (HC) sind schon besser und werden bei Grauguss und Automatenstahl erfolgreich eingesetzt.

Cermets (HT) eignen sich für die Feinbearbeitung mit Hochgeschwindigkeit. Sie sind für Eisen- und Nichteisenmetalle wie auch für Nichtmetalle verwendbar.

Oxidkeramik (CA) und *Siliziumnitridkeramik* (CN) sind noch wenig in der Hochgeschwindigkeitsbearbeitung erprobt. Ihr Einsatz ist jedoch aufgrund der guten thermischen Eigenschaften bei Trockenbearbeitung mit noch größerer Geschwindigkeit denkbar.

Praktisch bewährt ist nach *Kübler-Tesch* polykristalliner Diamant (DP) für die Bearbeitung von Aluminiumlegierungen, Faserverbundwerkstoffen und Graphit. Für diese sehr stark verschleißend wirkenden Werkstoffe ist die große Härte von Diamant sehr willkommen. DP bringt bei größter Schnittgeschwindigkeit sehr lange Standzeiten und trägt damit trotz hoher Werkzeugkosten zur Wirtschaftlichkeit des Hochgeschwindigkeitsfräsens maßgeblich bei.

Für die Stahlbearbeitung ist *Bornitrid* der beste Schneidstoff. Diamant würde bei diesem Werkstoff durch Kohlenstoffdiffusion zu schnell erliegen.

Die Wahl des richtigen *Werkzeugdurchmessers* ist werkstückabhängig. Ein Messerkopf soll das Werkstück in seiner ganzen Breite bearbeiten können, damit kein noch so kleiner Absatz entsteht. So sind Werkzeuge bis zu 1700 mm Durchmesser bekannt. Bei kleineren Werkzeugen mit weniger Schneiden sind Anschaffungskosten und Einstellaufwand natürlich viel geringer. Jedoch werden dafür Spindeln mit großer Drehzahl, z. B. Hochfrequenzspindeln, gebraucht.

5.2 Hartbearbeitung

Vor dem Hintergrund wirtschaftliche Verbesserung werden die Zeitspanvolumina in der industriellen Anwendung kontinuierlich erhöht, die Durchlaufzeiten verkürzt und Verfahren der Grob- und Hartfeinbearbeitung nach Möglichkeit in einem Verfahrensschritt zusammengefasst. Bei der Bearbeitung von verschleißbeanspruchten Funktionsflächen setzt dies in der Regel die hochgenaue Bearbeitung von thermisch gehärteten Stahlwerkstoffen voraus.

Der Begriff *Hartbearbeitung mit geometrisch bestimmter Schneide* bezeichnet formal die Zerspanung von gehärteten Eisenwerkstoffen und Hartstoffbeschichtungen mit Härten oberhalb 47 HRC. Traditionell werden derartige Bauteile nach der Wärmebehandlung mit geometrisch unbestimmten Schneiden bearbeitet. Durch die Schneidstoff- und Beschichtungsentwicklung, aber auch durch die Werkzeugmaschinenentwicklung ist es in vielen Fällen heute möglich, diese Bauteile mit geometrisch bestimmten Schneiden im gehärteten Zustand fertig zu bearbeiten, sodass gegebenenfalls die zusätzliche Feinbearbeitungsverfahren entfallen können. Die Zerspanung derartiger Werkstoffe erfordert häufig höhere spezifische Schnittkräfte und dissipiert mehr thermische Energie als die Zerspanung weicher Werkstoffe. Die eingesetzten Schneidstoffe müssen daher über große Härte und Warmhärte verfügen und auf leistungsstarken, starren Werkzeugmaschinen eingesetzt werden. Derartige Schneidstoffe reagieren in der Regel empfindlich auf Schlag- und Biegebelastung, sodass die Kanten geometrisch bestimmter Schneidkeile durch Eckenradien und Kantenpräparationen stabilisiert werden müssen. Die Kantenpräparation unterstützt überdies die Fließspanbildung bei gehärteten Stählen. Im Einzelnen treten verfahrensabhängige Rahmenbedingungen auf.

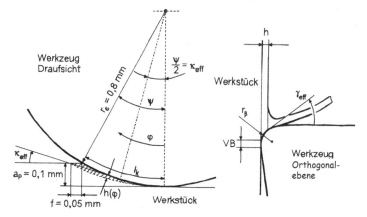

Bild 5.2–1 Schneidkanten für die Hartbearbeitung

Beim *Hartdrehen* liegt überwiegend kontinuierlicher Schnitt mit hoher Wärmedissipation vor. Dies führt zu einer hohen thermischen Werkzeugbelastung, sodass die nutzbare Schnittgeschwindigkeit auf den Bereich von 100 – 220 m/min begrenzt werden muss. Das kleine Geschwindigkeitsfenster resultiert u. a. aus dem atypischen Schnittgeschwindigkeitseinfluss bei harten Bauteilen. Die Vorschübe pro Umdrehung liegen im Bereich von 0,05 – 0,2 mm, und die Schnitttiefe ist im Bereich von 0,05 – 0,3 mm. Die erzeugten Oberflächen können Rautiefen von 1 – 3 μm erreichen, und die ISO Qualitäten liegen im günstigen Fall bei IT6 bis IT7. Die Schneidstoffe müssen über eine extrem hohe Warmfestigkeit verfügen. Dementsprechend werden Schneidkeramik, polykristallines kubisches Bornitrid oder beschichtete Ultrafeinstkorn-Hartmetalle eingesetzt. Insgesamt besteht eine sehr große Abhängigkeit zwischen Verschleißzuwachs und Bauteilhärte, da der für die Zerspanung wichtige Härteunterschied zwischen Werkzeug und Werkstück bei der Hartzerspanung bereits weitgehend aufgebraucht ist. Bereits geringfügige Härteabfälle in der Bauteiloberfläche bewirken eine signifikante Standzeitsteigerung. Die Werkzeuge haben wie in **Bild 5.2–1** meistens große Eckenradien und entlastende Schneidkantenpräparationen wie Fasen. Da überwiegend kleine Zustellungen vorliegen, resultiert das ungünstige R / h Verhältnis in stark negativen wirksamen Spanwinkeln. Generell gelten folgende Zusammenhänge:

$$\kappa_{\text{eff}} = \frac{1}{2} \cdot \arccos\left(\frac{r_\varepsilon - a_\text{p}}{r_\varepsilon}\right) \tag{5.2–1}$$

$$h < f \cdot \sin\left(2 \cdot \kappa_{\text{eff}}\right) \tag{5.2–2}$$

$$\gamma_{\text{eff}} = \arcsin\left(\frac{r_{\text{Kante}} - h(\varphi)}{r_{\text{Kante}}}\right) \tag{5.2–3}$$

Bei der Verwendung von Schutzfasen addieren sich negativer Spanwinkel und Schutzfase, sodass bei einem Nennspanwinkel von –6° und einer Fase von –20° ein Spanwinkel von –26° wirksam wird, sofern die Fasenbreite größer als die Spanungsdicke ist. Infolge derartiger Spanwinkel treten bei der Zerspanung vor dem Schneidkeil Druckspannungsfelder mit hohem hydrostatischen Druckanteil auf, sodass die Fließspanbildung trotz sprödem Werkstoff möglich wird. Denn durch den hydrostatischen Druck kann die zum Spanen erforderliche Fließgrenze erreicht werden, ohne dass die materialtrennenden Normalspannungen die Kohäsionsgrenze überschreiten. Allerdings sind die Spannungszustände beim Hartdrehen ebenfalls mit hohen Passivkräften verbunden, welche die Maßhaltigkeit des Bauteils bei mangelnder Maschinensteifigkeit beeinträchtigen. Dies ist insbesondere von Bedeutung, wenn ISO-Qualitäten der Klasse IT6 produziert werden sollen.

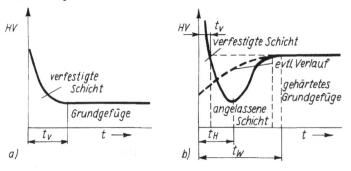

Bild 5.2–2
Randzonenveränderungen

Über das Funktionsverhalten der erzeugten Oberfläche entscheidet letztlich die erzeugte Oberflächenqualität, die durch den Drehprozess z. T. vorgegeben ist. Da darüber hinaus eine gewisse Mindestspandicke eingehalten werden muss, kann die Oberflächenqualität nicht beliebig gesteigert werden. Infolge der hohen thermomechanischen Belastung muss der Einhaltung der Maßgenauigkeit besonderes Augenmerk geschenkt werden. Wellen werden bei der Hartbearbeitung tendenziell konvex und Bohrungen tendenziell konkav. Problematisch sind darüber hinaus zugeigenspannungsreiche Neuhärtezonen an der Werkzeugoberfläche. Diese können die Betriebsfestigkeit des Bauteils nachhaltig beeinträchtigen und müssen über den Wärmeeintrag reguliert werden. Gegebenenfalls ist eine besondere Prozessführung mit kurzen gleichmäßigen Operationen mit geringem Aufmaß durchzuführen. Schließlich dienen die durch Hartdrehen erzeugten Funktionsflächen vielfach als Dichtfläche. Hier ist zu berücksichtigen, dass die erzeugte Drehtextur prinzipiell eine Drallstruktur erzeugt, die eine gerichtete Förderwirkung hervorrufen kann. Die Überwachung dieser Drallstruktur ist daher von wesentlicher Bedeutung. Unter Umständen kann die Drallstruktur durch nachgestelltes Hartwalzen eliminiert werden.

Aus wirtschaftlicher Sicht ist zu berücksichtigen, dass Flachschleifprozesse aufgrund der breiten Werkzeuggeometrie bei großen Dichtflächen dem Hartdrehen wirtschaftlich überlegen sind. Letzteres hat dafür eine größere Formflexibilität.

Beim *Hartbohren* werden überwiegend Bohrungen in einsatzgehärtete Drehteile eingebracht, die üblicherweise eine Härteschichtdicke von $0,5 - 1,5$ mm und im Inneren ein weiches Grundgefüge besitzen. Die Prozessbedingungen sind ebenfalls limitiert ($v_c = 40 - 60$ m/min, $f = 0,02 - 0,04$ mm). Die erzeugbaren Oberflächengüten liegen im Bereich von $R_z = 2 - 4$ µm bei ISO-Qualitäten von IT7 – IT9. Zum Einsatz kommen meistens beschichtete Feinstkornhartmetalle. Das zentrale Problem ist die Wärmeabfuhr aus der begrenzten Bohrung.

Das *Hartfräsen* kommt überwiegend im Werkzeug- und Maschinenbau zum Einsatz. Es dient der Herstellung von Führungsbahnen und anderen gehärteten Funktionsflächen. Im Gegensatz zum Drehen oder Bohren sind hier höhere Schnittgeschwindigkeiten und Vorschübe realisierbar ($v_c = 200 - 350$ m/min, $f = 0,1 - 0,2$ mm), weil durch den unterbrochenen Schnitt das Werkzeug stärker abkühlt. Die erreichbaren Oberflächengüten liegen im Bereich von $R_z = 2 - 5$ µm bei ISO-Qualitäten von IT7 – IT10. Problematisch sind wiederum Randzonenveränderungen (**Bild 5.2–2**).

5.3 Numerische Zerspanungsanalyse

Für eine Reihe von Untersuchungen stellen die vereinfachten Annahmen der Gleitlinientheorie nach *Merchant*, *Oxley*, *Shui* oder *Fang* eine unbefriedigende Verallgemeinerung des Problems dar. Für die Ableitung realitätsnaher Zerspanungsberechnungsmodelle bilden daher die kontinuumsmechanischen und thermischen Grundbeziehungen den Ausgangspunkt. Es bieten sich für derartige Analysen insbesondere die numerischen Ansätze der Finiten-Elemente-Methode zur Problemanalyse an.

Die *Finite-Elemente-Methode* (FEM) ist ein numerisches Verfahren zur näherungsweisen Lösung meist elliptischer partieller Differentialgleichungen mit Randbedingungen. Dabei wird das Berechnungsgebiet in eine beliebig große Anzahl endlicher (finiter) Elemente unterteilt. Es handelt sich dabei um einfache geometrische Objekte wie Dreiecke, Vierecke, Tetraeder oder Hexaeder, die sich in ihren Eckpunkten (Knoten) berühren. Innerhalb dieser Elemente werden Ansatzfunktionen definiert (z. B. lokale Ritz-Ansätze). Setzt man diese Ansatzfunktionen in die zu lösende Differentialgleichung ein, erhält man zusammen mit den Anfangs-, Rand- und Übergangsbedingungen ein Gleichungssystem, welches numerisch gelöst werden kann. Dabei gehen Materialeigenschaften und Stoffgesetze ein. Die Differentialgleichungen und die Randbedingungen werden mit einer Testfunktionen multipliziert und über das Lösungsgebiet integriert. Das Integral wird durch eine Summe über einzelne Integrale der Finiten Elemente ersetzt, wobei die Integration in der Regel durch eine näherungsweise numerische Integration ausgeführt wird. Da die Ansatzfunktionen nur bei wenigen Elementen ungleich Null sind, ergibt sich ein dünnbesetztes, häufig sehr großes, lineares Gleichungssystem, bei dem die Faktoren der Linearkombination unbekannt sind. Ist die partielle Differentialgleichung nichtlinear, ist auch das resultierende Gleichungssystem nichtlinear. Ein solches lässt sich in der Regel nur über numerische Näherungsverfahren lösen. Ein Beispiel für ein solches Verfahren ist das Newton-Verfahren, in dem schrittweise ein lineares System gelöst wird. Letztendlich liegen die interessierenden Berechnungsgrößen somit als Lösungen für die einzelnen Knotenpunkte des Elementnetzes vor. Abgeleitete Größen wie Spannungen und Dehnungen werden z. T. auch an bestimmten Integrationspunkten (z. B. Zentralpunkten) aus den Lösungen der Knotenpunkte ermittelt. Wesentliche Vorteile der FEM-Ansätze sind die Berücksichtigung:

- komplexer Materialeigenschaften als Funktion der Dehnung, Dehnungsgeschwindigkeit und Temperatur
- des Reibungskontakts durch unterschiedliche Berechnungsmodelle
- geometrisch nicht linearer Ränder wie der freien Spanoberfläche
- sowohl globaler (Spannkraft, Spangeometrie) als auch lokaler Systemeigenschaften (Spannungs- und Temperaturverteilung).

Im Hinblick auf die Zerspanung sind in letzten Jahrzehnten viele valide FEM-Formulierungen für Dreh-, Fräs-, Bohr, Sägesimulationen und weitere Verfahren erarbeitet worden. Die Simulationen decken somit die Innen- und Außenbearbeitung genauso ab wie den kontinuierlichen und unterbrochenen Schnitt. Ebenso sind geometrisch gestaffelte Lastfälle wie der Sägeprozess abbildbar. Die dabei zu berücksichtigenden Phänomene decken ein weites Feld der Ingenieurwissenschaften ab und umfassen Bereiche wie Metallurgie, Elastizität, Plastizität, Wärmetransport, Kontakt- und Bruchprobleme sowie den Einfluss von Kühlschmierstoffen. Für das FEM-Modell werden somit eine Reihe von Charakteristika abgeleitet. So sind Zerspanungsprobleme sowohl in materialtechnischer als auch in geometrischer Hinsicht nicht-linear. In der Regel ist eine zusätzliche Wärmekopplung sowie die Berücksichtigung von Kontaktbedingungen erforderlich. Die Abbildung der freien Spanentstehung setzt eine automatisierte Neuversetzung und die Definition von Ablösungskriterien voraus. Zur Bewertung von Verschleißproblemen ist die Integration von Schädigungsalgorithmen erforderlich. Um den Verschleißfortschritt abzubilden, müssen darüber hinaus Optimierungsschleifen durchlaufen werden. Schließlich ist eine Eigenspannungsvorhersage und die Berücksichtigung von Schwingungen erwünscht.

In der Summe ist die Zerspanungssimulation somit mehrfach nicht-linear, was iterative Näherungslösungen erforderlich macht und die Definition von numerischen Abbruchkriterien voraussetzt. Dementsprechend unterliegen Zerspanungssimulationen einer gewissen numerischen Unsicherheit, die eine umfangreiche Validierung der Simulationsergebnisse erforderlich macht. In vielen 2D- und 3D-Anwendungen ist dies bereits erfolgreich durchgeführt worden. Die Untersuchungsschwerpunkte liegen dabei vielfach auf der Spanbildung und -entstehung, der Oberflächenintegrität, der Leistungsauslegung, dem Materialfluss, der Scherlokalisierung sowie der Kontaktspannungs- und Reibungsanalyse in der Wirkfuge. 2D-Modelle bilden in diesem Zusammenhang vor allem die Bedingungen des Orthogonalschnitts ab und stellen somit eine weitreichende Modellabstraktion dar. 3D-Modelle erfordern ein Vielfaches an CPU- und Speicherleistung, rücken aber auf Grund der rasanten Rechnerentwicklung verstärkt in den Fokus der Zerspanungsforschung. Je nach Problemstellung ist abzuwägen, ob explizite oder implizite Gleichungslöser die beste Lösung darstellen. Zudem kann es von Vorteil sein, von der materialgebundenen Langrange-Formulierung zur ortsfesten EULER-Formulierung überzugehen oder eine gemischte Formulierung einzusetzen, wobei bei Formulierungen ihre Vor- und Nachteile haben.

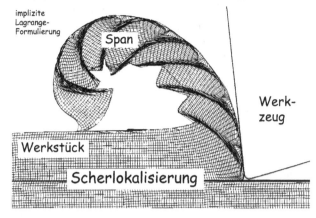

Bild 5.3–1 Implizite Lagrange-Formulierung nach *Behrens* zur Analyse der Scherlokalisierung bei HSC

Bei der *impliziten Lagrange-Formulierung* wird für die Spanentstehung eine Trennlinie im Werkstückmodell definiert. Die Teilung der Netzelemente ist nur auf dieser Trennlinie zugelassen, wo sie bis zu ihrer Trennung durch Verbindungselemente verbunden sind. Der Spanbildungsvorgang wird dabei rein geometrisch betrachtet und erst später mit materialspezifischen Daten analysiert. Bei der *expliziten Lagrange-Formulierung* werden die Bewegungs-Differentialgleichungen dagegen direkt und explizit integriert. Hierbei wird keine globale Steifigkeitsmatrix verwendet, sondern die Spannungen direkt aus den Elementspannungen nach jedem Zeitinkrement in der Integration berechnet. Dadurch ist keine Trennlinie mehr erforderlich, da die Materialtrennung durch einen Vergleich mit der kritischen Schädigungsspannung für jeden Knoten durchgeführt wird. Im Schädigungsfall wird eine Knotenverdopplung durchgeführt. Voraussetzung ist eine effektive automatische Neuvernetzung im Belastungsgebiet. Typische Charakteristika der Lagrange-Formulierung sind:

- elastisch-plastischer Anlaufvorgang
- Trennkriterien
- aufwendige Neuvernetzung
- freie Spanbildung
- instationäre Fließvorgänge
- Abbildung von Scherlokalisierungen
- erhöhte CPU-Anforderungen.

Bei der *Euler-Formulierung* sind die Knotenpunkte stationär und nicht fest mit der physikalischen Materialstruktur verbunden. Hierdurch kann das Netz in den hochbelasteten Bereichen hinreichend fein vernetzt werden, um den Genauigkeitsanforderungen zu genügen. Es gibt kein Trennkriterium, weil die Spannungen und Geschwindigkeiten im Werkstück als Funktion der räumlichen Position berechnet werden. Insgesamt müssen derartige Gleichungen stets iterativ gelöst werden. Weitere Charakteristika sind:

- viskoplastischer Fließvorgang
- kein Trennkriterium
- realitätsnahe Kraft- und Temperaturabbildung
- ortsfestes Elementnetz, dessen Berandung vorher bekannt sein muss
- stationäre Prozesse, d. h. keine Scherlokalisierung

- keine Neuvernetzung.

Ein weitreichendes Problem des FEM-Analyse von Zerspanprozessen ist die Werkstoffdefinition, da das Werkstoffverhalten verformungs-, geschwindigkeits- und temperaturabhängig formuliert sein muss. Dementsprechend wird vielfach der Beschreibungsansatz nach Johnson-Cook eingesetzt. Dieser nutzt einen einfachen, multiplikativen Ansatz, der $\sigma = f(\varepsilon, \dot{\varepsilon}, T)$ mit einander verknüpft. Die Gleichung lautet:

$$\sigma = \left(A + B \cdot \varepsilon^n \right) \cdot \left(1 + C \cdot \ln(\dot{\varepsilon}) \right) \cdot \left[1 - \left(\frac{T - T_{\text{Umgebung}}}{T_{\text{Schmelz}} - T_{\text{Umgebung}}} \right)^m \right]. \tag{5.3-1}$$

Hierin ist σ_v die Vergleichsspannung, ε die plastische Dehnung und $\dot{\varepsilon}$ die plastische Dehnungsgeschwindigkeit. Die Materialkonstanten A, B, C, m und n werden durch Regression über eine Vielzahl von einzelnen Materialfließkurven ermittelt. Die Gleichung hat eine sehr breite Anwendung gefunden und ist in nahezu jedes FEM-Programm implementiert. Bei vielen Werkstoffen liefert die *Johnson-Cook*-Gleichung eine zufriedenstellende Übereinstimmung mit Experimentaldaten, wenngleich der Proportionalitätszusammenhang $\sigma \sim \ln(\dot{\varepsilon})$ für das gesamte (halblogarithmische) Spannungs-Dehungsgeschwindigkeit-Gebiet teilweise starke Verfälschungen des Realverhaltens hervorruft. Dementsprechend beträgt das Bestimmtheitsmaß der *Johnson-Cook* Gleichung über dem gesamten Einsatzgebiet der Zerspanung nur etwa 88 %.

Ein weiterer, wenngleich weniger verbreiteter Ansatz ist das Stoffmodell nach *Zerilli* und *Armstrong*. Dieser existiert für kubisch raumzentrierte und kubisch flächenzentrierte Werkstoffgitter und erreicht über dem Einsatzgebiet der Zerspanung ein Bestimmtheitsmaß von 95 %. Er ist von Vorteil, wenn halbempirische Gleichungen in Beziehungen zum mikromechanischen Verhalten stehen. Unter der Annahme, dass eine Schockbelastung im Beanspruchungsgebiet nicht vorkommt, vereinfacht sich der Ansatz zu:

$$\sigma = \Delta\sigma_G + B_0 \cdot \exp[-\beta_0 + \beta_1 \cdot \ln(\dot{\varepsilon})] \cdot T + K_0 \cdot \varepsilon^n. \tag{5.3-2}$$

Zur Berücksichtigung der Materialschädigung beim Zerspanen werden zusätzliche Vergleichsalgorithmen implementiert, welche die momentanen Knotenspannungen mit einer Schädigungsgrenze vergleichen. Ein möglicher Ansatz ist der Folgende:

$$\text{Schädigung liegt vor, wenn } \sigma > \sigma_f = \frac{K_{\text{Ic}}}{\sqrt{2 \cdot \pi \cdot l}}, \tag{5.3-3}$$

wobei l hier den mittleren Korndurchmesser des Metallgefüges darstellt. Soll darüber hinaus die Spanbildung im Hochgeschwindigkeitsbereich abgebildet werden, ist zu berücksichtigen, dass die charakteristische Spansegmentierung durch eine starke Lokalisierung der Deformation in der primären Scherzone verursacht wird. Simulationen mit einem viskoplastischen Modell (*Johnson-Cook*) reichen dann nicht aus, um den Versagenszeitpunkt durch Scherbandbildung zu prognostizieren. In diesem Fall ist die Berücksichtigung eines duktilen Schädigungsmodells nach Sievert erforderlich, das den bis zur Materialtrennung führenden Verlust der Materialtragfähigkeit infolge plastischer Deformation beschreibt. Mit der Bezeichnung D für den Schädigungsgrad lautet der Ansatz für den Lebensdauerverbrauch s:

$$\Delta s = \left(\frac{\sigma_v}{1 - D} \right) \cdot \frac{\Delta p}{W_c \cdot \exp\left(-\zeta(\sigma_m) \frac{\sigma_m}{\sigma_v} \right) \cdot \left(1 + \frac{\dot{p}}{\dot{\varepsilon}_1} \right)^{-a}}. \tag{5.3-4}$$

Schließlich muss die Kontaktreibung berücksichtigt werden. Hierfür stehen unterschiedliche Ansatze zur Verfügung:

- Coulomb : $\tau_R = \mu_c \cdot \sigma_N \cdot \dfrac{v}{|v|}$ (5.3–5)

- Reibfaktormodell : $\tau_R = -m \cdot \dfrac{\sigma_v}{\sqrt{3}} \cdot \dfrac{v}{|v|}$ (5.3–6)

Es gibt mehrere FEM-Programme die prinzipiell für Spanbildungssimulation geeignet sind. Beispiele sind umformtechnisch orientierte Programme wie SFTC/Deform, FEMUTEC/simufact, ABACUS oder die zerspanungtechnisch orientierte Software Thirdwave AdvantEdge.

5.4 Schneidkantenpräparation

In der Zerspanung werden Kantenpräparationen eingesetzt, um die Schneidkante zu stabilisieren, Kerbverschleiß zu vermeiden, die Oberflächenqualität zu erhöhen oder die Schneidkante bei der Grobbearbeitung durch eine Schutzfase zu entlasten. Die Schneidkantenarchitektur beeinflusst dabei die Ausprägung der Deformationszonen, die Temperaturverteilung, die Eigenspannungen und die Schnittkräfte, sodass Verschleißbeständigkeit und Oberflächenintegrität des Bauteil maßgeblich von der Schneidkantengestaltung abhängen. Günstige Schneidkantenarchitekturen beeinflussen die Leistung eines Zerspanwerkzeugs auf zwei Weisen. Zum einen wird die Zuverlässigkeit moderner Schneidstoffe erhöht. Zum andern wird das Versagen der Schneidkante hinausgezögert. Darüber hinaus ist auch ein Bedarf an Kantensäuberung und Kantengestaltung vorhanden. Problematisch ist der Umstand, dass bei den meisten Verfahren Schneidenecken zu stark bearbeitet werden, und das Arbeitsergebnis schwer zu steuern ist, da die Ausgangsqualität der Bauteil sehr stark variiert.

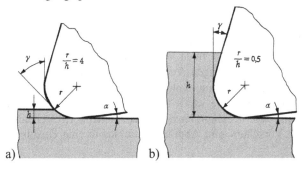

Bild 5.4–1 Zerspanbedingungen:
a) Mesozerspanung
b) konventionelle Zerspanung

An eine ideale Schneidkantenverrundung werden eine Reihe von Anforderungen gestellt. So müssen die präparierten Kanten gewissen anwendungstechnischen Anforderungen (Geometrie, Variabilität) genügen, wobei die Streuung innerhalb enger Grenzen liegen muss. Darüber hinaus müssen unterschiedliche Eingangsbedingungen (Schartigkeit, Grat, Abmaße) gezielt einstellbar sein. Insbesondere die Reduzierung von Graten sowie der Schartigkeit ist eine Grundvoraussetzung, um reproduzierbare Kantengeometrien zu erzeugen.

Die Gestalt der Schneidkantenarchitektur hat vor allem in der so genannten *Mesozerspanung* deutlichen Einfluss auf das Arbeitsergebnis, weil hier infolge der ungünstigen Radius zu Spanungsdickenverhältnisse sehr negative Spanwinkel wirksam werden (**Bild 5.4–1**). Die damit verbundenen Zerspanvorgänge rücken derzeit in das Forschungsblickfeld, um den Verschleiß zu minimieren, die Standzeit zu maximieren.

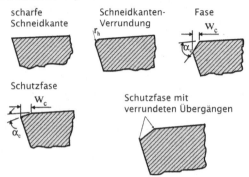

Bild 5.4–2 Schneidkantenarchitekturen

Mögliche Kantenprofile zeigt **Bild 5.4–2**. Die Schneidkantenpräparation besteht dabei entweder aus einem Anfasen oder dem Anbringen einer Verrundung an die Schneidkante. Beim Anfasen entstehen neue scharfe Schneiden, die bei längerem Einsatz wiederum zu Ausbrüchen führen können. Zudem entstehen höhere Kräfte bei der Bearbeitung mit gefasten Werkzeugen als bei verrundeten. Ein weiterer Vorteil verrundeter Schneidkanten ist, dass bei einer Vergrößerung der Spanungstiefe die Bearbeitungskräfte weniger steigen als bei gefasten. Dies ist direkt auf den wirksamen Spanwinkel an der Schneidkante zurückzuführen. Entlang der Fase bleibt der Spanwinkel konstant negativ, und die Schnittkräfte steigen stärker an.

Die Beschreibung einer Schneidkantengeometrie ist derzeit im Wesentlichen auf die Angabe eines Ausgleichsradius oder einer Fase für das Kantenprofil beschränkt. Aktuelle Erkenntnisse zeigen jedoch, dass auch die Mikroarchitektur einen wesentlichen Einfluss auf die Zerspankräfte und den Werkzeugverschleiß hat. Symmetrische Kantenverrundungen stellen in der Praxis dabei eher die Idealisierung dar. Darüber hinaus zeigen asymmetrische Geometrien mitunter besseres Einsatzverhalten. Zur Charakterisierung der Asymmetrie wurde ein *K-Faktor-Modell* eingeführt. Hierbei werden gerade Schneidkanten bis zum Scheitelpunkt der Span- und Freiflächenprofillinien unterstellt und die Abweichung von dieser Idealkontur numerisch bestimmt. Der K-Faktor stellt dann das Längenverhältnis der Spanflächenabweichung zur Freiflächenabweichung dar. Zusätzlich ist der Abstand zwischen höchstem Kantenpunkt und idealem Schnittpunkt (Δr) sowie die Winkellage der zugehörigen Verbindungslinie anzugeben. Ein kleines Δr bezeichnet somit ein scharfkantiges Werkzeug, wohingegen $K > 1$ ein zur Spanfläche geneigtes Profil repräsentiert. Da das vorgestellte Modell die Spanungstiefe sowie den Anstellwinkel unberücksichtigt lässt, sind alle Kenngrößen statistisch korreliert. Versuche belegen dennoch eine Abhängigkeit der Vorschub- und Abdrängkräfte sowie eine Unabhängigkeit der Schnittkraft vom K-Faktor.

5.4.1 Präparationsverfahren

Bei der konventionellen Kantenpräparation wird die Mikrogeometrie durch eine Prozesskette von Schleif-, Bürst-, Strahl- und Beschichtungsverfahren erzeugt. Grundlagenversuche haben verfahrensabhängige Wirkungspotenziale ergeben. Beim Bohren sind demnach Standwegssteigerungen von bis zu 30 % durch große zur Spanfläche geneigte Kantenverrundungen möglich, während beim Drehen kleine symmetrische Radien vorteilhaft sind.

Die eingesetzten Präparationsverfahren beeinflussen sich meistens wechselseitig. So ist die Schartigkeit meistens bereits durch die Schleifbearbeitung festgelegt. In Abhängigkeit vom gewünschten Kantenradius werden anschließend drei Präparationsverfahren großindustriell eingesetzt: Scharfe Kanten ($r < 5$ µm) entstehen direkt durch das Schleifen der Spanflächen. Mittlere Schneidkanten (5–20 µm) können durch Mikrostrahlen oder Gleitschleppschleifen der Span- und Freiflächen erzeugt werden. Bürsten der Schneidkanten erzeugt große Schneidradien ($r > 20$ µm). Unter Laborbedingungen können Kanten auch durch Magnetfinishing oder Laserstrahlen präpariert werden. Die Radien liegen in diesem Fall im Bereich von 30–50 µm. Rotierende Werkzeuge stellen eine besondere Herausforderung dar, weil diese Werkzeuge für gewöhnlich komplexe Topografien besitzen. Gleitschleppschleifen zielt auf diese Anwendungsgruppe. **Bild 5.4–3** zeigt mögliche Präparationsverfahren.

Mikrostrahlen   Bürsten   Gleitschleifen Schleppfinish   Magnetfinish

Hochdruck-wasserstrahl   Mikroschleifen   Ultraschall   Strömungs-schleifen

Bild 5.4–3
Präparationsverfahren

Die *Strahlverfahren* sind für komplexe Schneidengeometrien geeignet. Beim Strahlen mit feinen Aluminiumoxid-Partikeln bzw. mit Hochdruckwasserstrahl tritt keine signifikanten Geometrieänderungen auf, wohingegen größere Strahlmittel deutliche Radiuserhöhungen bewirken. Dabei ist der Abtrag an der Kante größer als an der Werkzeugfläche. Die punktuelle Belastung beim Aufprall einzelner Partikel bewirkt im Kantenbereich eine stärkere Deformationen und Rissinitiierungen als auf der Werkzeugfläche. Der Abtrag ist abhängig von den Werkstoffeigenschaften, dem Keilwinkel und den beim Aufschlag der Partikel wirkenden Belastungen.

Die Kantenpräparation mit rotierenden Korund-, Diamant- oder Siliziumkarbid belegten *Bürsten* ist ähnlich leistungsfähig, aber aus geometrischer Sicht weniger flexibel einsetzbar. Ein wesentlicher Nachteil ist in diesem Zusammenhang die unzureichende Bestimmung des Bürstenverschleißes. Eine enge Tolerierung der zu erzeugenden Schneidkantenverrundungen ist daher erschwert. Stellgrößen sind der Werkzeugaufbau (Drahtbelegung, freie Drahtlänge, Drähtezahl oder Drahtdurchmesser, -form) sowie die Technologieparameter (Drehzahl, Eingriffstiefe, Eingriffswinkel, Bürstdauer).

Durch *Gleitschleppschleifen* können rotierende Werkzeuge gezielt verrundet werden. Das Verfahren ist geeignet, reproduzierbare kleine Radien (< 10 µm) zu erzeugen. Die zu bearbeitenden Werkzeuge werden in der Schleppschleifmaschine in die Satellitenträger eingespannt, die ihrerseits mittels eines Trägerarms auf einer Kreisbahn durch den Behälter mit dem Schleifmedium gezogen werden. Das Aufprallen und Abgleiten des Mediums an den Werkzeugen erzeugt die Schleifwirkung an den betroffenen Stellen. Die Werkzeuge rotieren zusätzlich um die eigene Achse, was eine gleichmäßige Behandlung aller Werkzeugbereiche gewährleistet. Ein wichtiger Einflussfaktor ist die Eintauchtiefe. Größere Eintauchtiefen bewirken größere Radien bei konstanten Peripheriebedingungen.

5.4.2 Präparationswirkung

In Abhängigkeit des Präparationsverfahrens wird unterschiedliches Verschleißverhalten nachgewiesen. So erhöhen scharfe, beschichtete Werkzeugkanten beispielsweise das Risiko eines vorzeitigen Werkzeugausfalls infolge der Spannungskonzentration in der Beschichtung.

Beim *Drehen* steigt der Verschleiß durch das Anbringen großer Verrundungen schneller an. Vorschub- und Schnittkraft steigen mit zunehmendem Radius an, wobei die Vorschubkraft stärker als die Schnittkraft steigt. Bei sehr kleinen Freiflächenverrundungen wird die Kante hingegen instabil. Beste Ergebnisse liefert die sogenannte *Wasserfallverrundung*, bei der die Verrundung auf der Spanfläche nahezu doppelt so groß wie auf der Freifläche ist. Diese Werkzeuge zeigen auch die niedrigsten Temperaturen und niedrigsten Vergleichsspannungen. Die Verschleißform ändert sich in diesem Fall zunehmend von Freiflächen- in Kolkverschleiß.

Beim *Bohren* sind die Standmengen unabhängig von der Symmetrielage bei vergleichsweise großen Verrundungen häufig am besten. Bei kleinen Verrundungen sind stärkere Spanflächenverrundungen sinnvoll. Allerdings ist die Kantenverrundung bei Bohrern prinzipbedingt ungleichmäßig. Insbesondere hat die unkontrollierte Verrundung der Schneidenecke signifikanten Einfluss auf die Werkzeugleistungsfähigkeit.

Beim *Fräsen* mit starker Freiflächenverrundung wird die Schneide stärker thermomechanisch beansprucht. Dies verursacht einen zunehmenden Werkzeugverschleiß. Zudem sind die Werkzeuge instabil. Ist die Kante auf der Spanflächenseite stärker verrundet, ist das Verschleißverhalten besser. Beschichtete Hartmetallzerspanwerkzeuge verschleißen in Abhängigkeit der Kantenpräparation unterschiedlich. Der effektive Kantenradius setzt sich dabei aus Kantengeometrie und Schichtdicke zusammen. Verrundete Schneidkanten (35 µm) zeigen bessere Schnittleistungen mit deutlich erhöhter Standzeit. Dabei besteht eine Wechselwirkung zur Schnittgeschwindigkeit. Sandstrahlen trägt hier im Vergleich zum Gleitschleifen vor allem Bindermaterial aus der Oberfläche ab, was nachhaltig das Verschleißverhalten verschlechtert. Das Verschleißverhalten von HSS-Wendeschneidplatten kann ebenfalls durch verrundete Kanten stabilisiert werden. Insgesamt zeigen geringe Verrundungen das beste Verschleißverhalten. Bei Radien im Bereich von 10 – 20 µm liegt ein lokales Optimum vor.

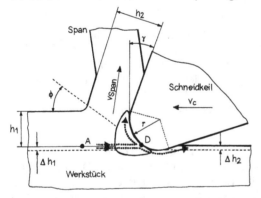

Bild 5.4–4 Pflügarbeit bei der Mesozerspanung

Die *Leistungsgrößen* variieren deutlich bei veränderter Kantenpräparation. Simulationen belegen, dass die Schnitt- und Vorschubkräfte mit der Kantenverrundung ansteigen, da die Scherung infolge der Stumpfung mehr Energie benötigt. Darüber hinaus bewirken reduzierte Scherwinkel dickere Späne und eine Ausweitung der Deformationszone. Zusätzlich steigt der Anteil der sogenannten Pflügarbeit (s. **Bild 5.4–4**). Erwartungsgemäß reagiert Vorschubkraft empfindlich auf die Kantenpräparation, während die Schnittkraft eher Schnittgeschwindigkeit folgt. Bei verrundeten Schutzfasen steigt die Vorschubkraft graduell mit dem Fasenwinkel, der

Fasenbreite oder Fasenverrundung an. Dementsprechend ist die Spanbildung bei scharfen Werkzeugen am effektivsten. Gleichwohl kommt es zu einer Spannungskonzentration bei scharfen Werkzeugen, sodass der Kerbverschleiß hier höher ist.

5.4.3 Messtechnik

Die charakteristischen Kenngrößen einer Schneidkante werden dadurch bestimmt, dass man eine geeignete Ausgleichsrechnung über den Koordinaten einer messtechnisch erfassten Punktewolke durchführt. Insofern ist die Messgenauigkeit nicht nur durch die vertikale Sensorempfindlichkeit, sondern auch durch die Anzahl der unlabhängigen Messpunkte im Auswertebereich festgelegt. Die Präzision hängt somit direkt von lateralen Auflösung des Messsystems ab. Taktile und optische Messsysteme sind diesbezüglich unterschiedlichen Grenzen unterworfen. *Taktile Messsysteme* weisen einen räumlich ausgedehnten Kontaktkörper auf, dessen Tastfehler durch eine Systemkalibrierung kompensiert werden muss. Aufgrund der hohen Werkzeughärte erfahren die Tastkörper aber einen vergleichsweise hohen Verschleiß, und die Kalibrierung verliert schnell ihre Gültigkeit. Darüber hinaus ist die Erfassbarkeit komplexer Oberflächen z. T. durch die räumliche Ausdehnung des Tastarms begrenzt. Bei *optischen Messsystemen* werden physikalische Strahlungseffekte wie Lichtbeugung oder Interferenz genutzt, um Messobjekte berührungslos durch elektrische Signale abzubilden. Hierdurch entfällt generell die Tastnadelproblematik, und die Systeme eignen sich für prozessbegleitende oder qualitätssichernde Prüfaufgaben im Bereich der Werkzeugherstellung. Andererseits unterliegt die Messgenauigkeit den physikalischen Reflexions- und Beugungseigenschaften der Werkzeugoberfläche. Beispielsweise weisen gestrahlte Oberflächen vielfach eine matte, optisch kooperative Oberfläche auf, während gebürstete oder beschichtete Flächen stark reflektieren. Ebenso ändert sich der Anteil des reflektierten Lichts sehr stark mit der Winkellage des Messobjekts. Prinzipiell eignen sich die folgenden optischen Verfahren zur Abstandsmessung und Formbestimmung eines Werkzeugs:

- Weißlichtinterferometrie
- Rasterkraftmikroskop
- Streifenprojektion
- chromatische Weißlichtmessung

Die Wahl des Messverfahrens richtet sich allem voran nach der räumlichen Ausdehnung der zu überwachenden Werkzeugschneide, da die Messbereiche der einzelnen Verfahren stark differieren. Weitere Unterschiede werden im Folgenden beschrieben.

Die Stärken der *Weißlichtinterferometrie* liegen in den kurzen Messzeiten und dem hohen Auflösungsvermögen, wohingegen die Messung an schwer zugänglichen Stellen selten zerstörungsfrei durchgeführt werden kann.

Das *Rasterkraftmikroskop* kann in zwei Modi betrieben werden. Im ungeregelten Messmodus zeichnet es sich durch relativ hohe Messgeschwindigkeiten und geringe Belastung für die Oberfläche aus. Im geregelten Messmodus ist die Messgeschwindigkeit deutlich reduziert. Darüber tritt bei hohen Auflösungen in beiden Messmodi eine Bildverzerrung durch thermisches Driften auf. Weiterhin können die Höhenbilder stark reflektierender Proben durch Interferenzstreifen verfälscht sein. Schließlich ist dieses Messverfahren schwingungsanfällig.

Die *Streifenprojektion* dient der sehr schnellen Oberflächenerfassung. Schwierigkeiten bestehen bei reflektierenden oder sehr dunklen Oberflächen, zerklüfteten Körpern, scharfen Kanten und nicht zuletzt bei Messungen mit hoher Umgebungslichtintensität.

Bei der *chromatischen Weißlichtmessung* können alle Oberflächen gemessen werden. Sie erlaubt die Bestimmung großer Winkeln und besitzt ein hohes Auflösungsvermögen. Nachteil ist der teilweise sehr geringe Abstand zwischen Probe und Sensor. Ebenso können an Profilkanten elektromagnetische Artefakte wie „Bat Wings" entstehen.

Literatur

Abel, R.: Kostenoptimales Schruppdrehen von duktilem Gusseisen mit Siliziumnitridkeramik und Cermets. In: konstruieren und gießen 18 (1993) Nr. 1, S. 1–7

Alt, R.: Schwingungsbewältigung im Schleifprozess durch Auswuchten. Vortrag auf dem Lehrgang Oberflächenfeinbearbeitung der Technischen Akademie Esslingen (14.9.1982)

Altmeyer, G. und *Krapf, K*: Über Schnittkraftmessungen beim Drehen mit Aluminiumoxid-Schneidplatten. In: Werkstattstechnik 51 (1961), H 9, S. 459–467

Altmeyer, G.: Formrillen für den Spanablauf an Hartmetall-Wendeschneidplatten der Bearbeitungsaufgabe anpassen. In: Maschinenmarkt 94 (1988) H 6, S. 31–34

Armstroff, O.: Kurzlochbohrer mit Wendeschneidplatten erzielen hohe Spanungsraten. In: Maschinenmarkt Würzburg 96 (1990), H 41, S. 4–2

Baur, E.: Superfinishbearbeitung (Kurzhubhonen). Lehrgangsvortrag an der Techn. Akad. Esslingen (Sept. 1986)

Baur, Th.: Hochgeschwindigkeitsschleifen: Voraussetzungen und Beispiele. In: Maschinenmarkt 83 (1977), S. 24–57

Berkenkamp, E.: Die neueren Schnellarbeitsstähle und ihre Anwendung. Trennkompedium, Jahrbuch der trennenden Bearbeitungsverfahren Bd. 1 (1978), Bergisch Gladbach, S. 8–4

Beuchler, R.: Bearbeitungssicherheit beim Drehen mit beschichteten Hartmetall-Wendeschneidplatten, dima 6 (1985), S, 2–6

Bex, P. A. und *Wilson, W. J.*: Der neue isotrope Diamant. Diamant-Information M 31 (1977), De Beers Industrial Diamond Division

Bohlheim, W.: Leistungsverhalten von ABN 260 und ABN 360 beim Planschleifen von HSS. In: IDR 28 (1994), H. 2, S. 6–3

Bornemann, G.: Honen von gehärtetem Stahl und Kokillengrauguss mit Korund- und Diamanthonleisten. Diss. TU Braunschweig (1969)

Bouzakis, K.-D. et al. „Optimization of the cutting edge radius of PVD coated inserts in milling considering film fatigue failure mechanisms". In: Surface & Coating Technology 133 / 134 (2000) S. 501–507

Bouzakis, K.-D., et al. „Optimization of the cutting edge roundness and its manufacturing procedures on cemented inserts, to improve their milling performance after a PVD coating deposition". In: Surface & Coating Technology 163 / 164 (2003) S. 625–630

Brinksmeier, E.: Werkstückbeeinflussung durch spanende Bearbeitung. Vortrag beim Fortbildungsseminar „Werkstoffgefüge und Zerspanung" am 24.02.1992 der Deutschen Gesellschaft für Materialkunde

Brückner, K,: Der Schleifvorgang und seine Bewertung durch die auftretenden Schnittkräfte. Diss. TH Aachen (1962)

Brüssow, H. W.: Planseiten- und Doppelplanseitenschleifen. Lehrgangsvortrag an der Technischen Akademie Esslingen (Sept. 1987)

Bundy, F. P. und *Wentorf, R. H.*: Direct Transformation of Hexagonal Boron Nitride to Denser Forms. In: The Journal of Chem. Phys. 38 (1963) 3, S. 114–149

Dawihl, W., *Altmeyer, G.* und *Sutter, H.*: Über Schnittemperatur und Schnittkraftmessungen beim Drehen mit Hartmetall und Aluminiumoxidwerkzeugen. W. u. B. 98 (1965), H 9, S. 69–97

De Chiffre, L.: What Can We Do About Chip Formation Mechanics? In: Annals of the CIRP 34 (1985) 1, S. 129–132

Denkena, B. (Hg.) Lasertechnologie für die Generierung und Messung der Mikrogeometrie an Zerspanwerkzeugen – Ergebnisbericht des BMBF Verbundprojekts GEOSPAN. Garbsen: PZH Produktionstechnisches Zentrum GmbH, 2005

Dreyer, K., *Kolaska, J.* und *Grewe, H.*: Schneidkeramik, leistungsstärker durch Whisker. In: VDI-Z 129 (1987), Nr. 10, S. 10–05

Druminski, R.: Wirtschaftlicher Einsatz von Bornitrid-Schleifscheiben. In: ZWF 73 (1978) 2, S. 6–1

Dunkel, M. und *Linß, M.*: Untersuchung verschiedener Einflussgrößen auf das Drehmomentenverhalten beim Hochgeschwindigkeits-Gewindebohren. Unveröffentlichte Diplomarbeit, Kassel 1993

Ebberink, J.: Hochleistungswerkzeuge zum Bohren. Vortrag am 30.10.1990 im Rahmen der Seminarreihe „Wirtschaftliche Fertigung" an der Gesamthochschule Kassel

Enger, U.: Tribologische Analyse des Läppens als Modellfall für Abrasivverschleiß. Dissertation TH Ilmenau (07.05.1986)

Fang, F.G., Wu, H., Liu, Y.-C. „Modelling and experimental investigation on nanometric cutting of monocrystalline silicon". In: International Journal of Machine Tools & Manufacture 45 (2005) S. 1681–1686

Fang, N. „Slip-line modeling of machining with a rounded-edge tool – Part I: new model and theory", In: Journal of the Mechanics and Physics of Solids 51 (2003) S. 715–742

Fang, N., Jawahir, I.-S., Oxley, P.-L.-B. „A universal slip-line model with non-unique solutions for machining with curled chip formation and a restricted contact tool.". In: International Journal of Mechanical Science 43 (2001) S. 557–580

Fang, N., Wu Q. „The effects of chamfered and honed tool edge geometry in machining of three aluminum alloys". In: International Journal of Machine Tools & Manufacture 45 (2005) S. 1178–1187

Faninger, G., Hauk, V., Macherauch, R., Wolfstieg, U.: Empfehlungen zur praktischen Anwendung der Methode der röntgenographischen Spannungsermittlung (bei Eisenwerkstoffen). In: HTM 31 (1976) S. 10–11

Fischer, C: Schleifen von Planflächen mit Umfangs- und Seitenschleifverfahren. In: dima 7 / 8 (1990), S. 2–3

Foshag, S.: Kinematik und Technologie des Gewindefräsbohrens. Diss TU Darmstadt, 1994

Friedrich, G.: Verschleißursachen bei Spiralbohrern. Firmenschrift Titex Plus Nr. 41, 12 76 25

Frühling, R.: Topographische Gestalt des Schleifscheiben-Schneidenraums und Werkstückrauhtiefe beim Außenrund-Einstechschleifen. Diss. TU Braunschweig 1977

Gauger, R.: Das Abrichten von Schleifscheiben mit Diamant-Abrichtwerkzeugen. In: TZ für praktische Metallbearbeitung 59 (1965), H 5. S. 32–32

Geiger, W., Kotte, W.: Handbuch Qualität. Vieweg Verlag, Wiesbaden 2008

Gomoll, V.: Fräsen statt Schleifen. Firmenschrift Feldmühle 9 (1978) und verschiedene Vorträge.

Grof, H E.: Theorie zur Spanbildung beim Schleifen von 100Cr6 mit 60 m/s Schnittgeschwindigkeit. In: ZWF 70 (1975), S. 42–25

Gühring: Firmeninformation Gühring Automation, Stetten

Haas, R.: Ultraschallerosion – ein Verfahren zur dreidimensionalen Bearbeitung keramischer Werkstoffe, In: dima 10(1990), S. 9–00

Haidt, H: Das Reiben mit Hartmetall Werkzeugen. In: Das Industrieblatt 58 (1958), Nr. 12, S. 55–63

Hartkamp, H G.: Gewindebohren. Versuche und Messungen im Labor für Werkzeugmaschinen und Fertigungsverfahren der UNI-GH-Paderborn, Abt. Maschinentechnik Soest (198–988)

Hefendehl, F.: Titex Plus-Reibahlen. Firmenschrift Titex Plus-Mitteilungen Nr. 50

Hermann, J.: Kreisformfehler geriebener Bohrungen. In: Zeitschrift für Wirtschaftliche Fertigung 65 (1970), Nr. 3, S. 11–12

Hoffmann, J.: Polykristalline Schneidstoffe für die Zerspanung harter Eisen Werkstoffe. In: dima 6 (1985), S. 4–5

Hoppe, H.-H: Sicherheit beim Schleifen. Deutscher Schleifscheibenausschuss, Hannover

Horvath, E. und *Rothe, S.*: Gasphasen-Abscheidung (CVD) auf Hartmetall-Wendeschneidplatten. In: dima 6 (1985), S. 3–2

Hua, J. et al. „Effect of feed rate, workpiece hardness and cutting edge on subsurface residual stress in the hard turning of bearing steel using chamfer and hone edge cutting edge geometry". In: Material Science & Engineering A 394 (2005) S. 238–248

Hua, J., Umbrello, D., Shivpuri, R. "Investigation of cutting conditions and cutting edge preparations for enhanced compressive subsurface residual stress in the hard turning of bearing steel". In: Journal of Materials Processing Technology 171 (2006) S. 180–187

Inasaki, I.: Ratterschwingungen beim Außenrund-Einstechschleifen. In: Werkstatt und Betrieb 108 (1975) 6, S. 34–46

Johannsen, P. und Zimmermann, R.: Drehen mit Cermets. In: VDI-Z 131 (1989), Nr. 3, S. 4–9

Juchem, H. O.: Entwicklungsstand beim Honen von Bohrungen in metallischen Werkstücken mit Diamant und CBN, IDR 18 (1984), Nr. 3, S. 17–85

Kalinin, E. P. et. al: Optimale Schleifbedingungen für das Schleifen von Zahnrädern nach der Reishauer-Methode. Masch.-Bau Fertig. Techn. UdSSR 8 (1967), Nr. 77, S. 7–4

Kammermeier, D.: Dünne Schichten – starke Leistungen. In: Industrie-Anzeiger 73 (1990), S. 7–8

Kammermeyer, S.: Technologie des Außenrundschleifens. In: wt-Z. ind. Fertig. 72 (1982), S. 6–0

Kassen, G.: Beschreibung der elementaren Kinematik des Schleifvorganges. Diss. RWTH Aachen (1969)

Kaufeld, M.: Hochgeschwindigkeitsfräsen und Fertigungsgenauigkeit dünnwandiger Werkstücke aus Leichtmetallguss. Darmstädter Forschungsberichte für Konstruktion und Fertigung, Hrsg. Prof. Dr.-Ing. H. Schulz, Carl Hanser Verlag München, Wien (1987)

Kerschl, H.-W.: Einfluss des Kühlschmierstoffs beim Hochgeschwindigkeitsschleifen mit CBN. In: Werkst, u. Betr. 121 (1988), H. 12, S. 97–82

Khare, M. K: Untersuchung des Reibungsverhaltens zwischen Span und Spanfläche sowie Prüfung der Scherwinkelbeziehungen durch Zerspankraftmessungen beim Schnittunterbrechungsvorgang. Diss. TU Berlin 1969

Kiefer, R. und Benesovsky, F.: Hartmetalle (1965), Springer Wien/New York

Kieferstein, C., Dutschke, W.: Fertigungsmesstechnik. B.G. Teubner Verlag, Wiesbaden 2008

Kienzle, O. und Victor, H: Spezifische Schnittkräfte bei der Metallbearbeitung. In: Werkstattstechnik und Maschinenbau 47 (1957), S. 22–25

Kienzle, O.: Bestimmung von Kräften an Werkzeugmaschinen. In: VDI-Z 94 (1952), S. 29–05

Kim, K.-W., Lee, W.-Y., Sin H.-C. „A finite-element analysis of machining with the tool edge considered". In: Journal of Materials Processing Technology 86 (1999) S. 45–55

Klink, U. und Flores, G.: Honen – Fachgebiete in Jahresübersichten. In: VDI-Z. 121 (1979), Nr. 10, S. 54–54

Klink, U.: Honen – Übersicht 1983. In: VDI-Z 125 (1983) Nr. 14, S. 59–03

Klocke, F.: CBN-Schleifscheiben zum Produktionsschleifen mit hohen Geschwindigkeiten. Lehrgangsvortrag an der Technischen Akademie Esslingen (Sept. 1987)

Kolaska, H. und Dreyer, K: Hartmetalle und ihr Einsatzfeld. Vortrag beim Fortbildungsseminar „Werkstoffgefüge und Zerspanung" am 24.02.1992 der Deutschen Gesellschaft für Materialkunde

Kölbl, R.: Trockenbohren. Diplomarbeit Universität Gesamthochschule Kassel (1995)

König, W. und Essel, K: Spezifische Schnittkraftwerte für die Zerspanung metallischer Werkstoffe. VDEh. Verlag Stahleisen mbG, Düsseldorf (1973)

König, W. und Föllinger, H.: Voraussetzungen für optimales Schleifen. Abrichtprozess beeinflusst Scheibentopographie und -form. In: Industrie-Anzeiger 104 (1982), Nr. 18, S. 1–9

König, W. und Neises, A.: Hartbearbeitung mit PKB. Auf den Schneidstoff kommt es an. In: IDR 2 (1995), S. 108–117 *König,*

König, W., Klocke,F..:.
Fertigungsverfahren 1. Drehen, Fräsen, Bohren, 8. Auflage, 2008,
Fertigungsverfahren 2. Schleifen, Honen, Läppen, 4. Auflage, 2005,
Springer-Verlag

Kress, D.: Feinbohren – Reiben. Vortrag am 13.11.1990 im Rahmen der Seminarreihe „Wirtschaftliche Fertigung" an der Gesamthochschule Kassel

Kress, D.: Reiben mit hohen Schnittgeschwindigkeiten. Diss. Stuttgart 1974

Kronenberg, M.: Über eine neue Beziehung in der theoretischen Zerspanungslehre. In: Werkstatt und Betrieb 90 (1957), S. 72–33

Kübler-Tesch, J.: Hochgeschwindigkeitsfräsen mit PKD. In: dima 10 / 87, S. 2–5

Kullik, M. und *Schmidberger, R.*: Keramische Hochleistungswerkstoffe für zukünftige Entwicklungen. Dornier-Post, 4 / 90 S. 3–8

Lambrecht, J.: Keramische Schneidwerkzeuge senken die Bearbeitungszeiten. In: dima 6 (1985), S. 1–7

Lauer-Schmaltz, H.: Zusetzung von Schleifscheiben. Diss. TH-Aachen 1979

Lee, E. H., Shaffer, B. W.: The Theory of Plasticity Applied to a Problem of Machining. In: Journ. Appl. Mech. 18 (1958)5 / 6, S. 40–13

Linß, G.: Qualitätsmanagement für Ingenieure. 2. Auflage, Carl Hanser Verlag, München 2005

Linß, M.: Betrag zur Innengewindeherstellung mit definierter Schneide bei erhöhten Schnittgeschwindigkeiten. Diss Universität Gesamthochschule Kassel, 1998

Littmann, W. E. und *Wulff, J.*: The influence of the Griding Process on the Structure of Hardened Steel. In: Trans. Amer. Soc. Metals 47 (1955), S. 69–14

Lössl, G.: Beurteilung der Zerspanung mit der Wärmeeindringfähigkeit. In: wt-Z. ind. Fertig. 69 (1979), S. 692–698

M'Saoubi, R., Chandrasekaran, H. „Investigation of the effects of tool micro-geometry and coating on tool temperature of quenched and tempered steel". In: International Journal of Machine Tools & Manufacture 44 (2004) S. 213–224.

Martin, K und *Yegenoglu, K*: HSG-Technologie, Handbuch zur praktischen Anwendung. Guehring Automation GmbH, Stetten a.k.M.-Frohnstetten (1992)

Martin, K. und *Mertz, R.*: Beeinflussung der Werkstoffoberfläche durch Kurzhubhonen. In: Maschinenmarkt 81 (1975) Nr. 43, S. 76–64

Martin, K: Der Abtragsvorgang beim Honen. Lehrgangsvortrag an der Techn. Akademie Esslingen (Sept.1985)

Martin, K: Der Abtragsvorgang beim Schleifen und Honen. Lehrgangsvortrag an der Technischen Akademie Esslingen (Sept. 1987)

Martin, K: Der Werkstoffabtragsvorgang beim Feinbearbeitungsverfahren Honen In:. Maschinenmarkt 82 (1976), S. 107–078

Martin, K: Läppen. In: VDI-Z. 117 (1975), Nr. 17

Masing, W.: Handbuch Qualitätsmanagement. 5. Auflage, Carl Hanser Verlag, München 2007

Merchant, M. E.: Mechanics of Metal Cutting Process. In: Journ. Appl. Physics 16 (1945) 5, S. 26–75 u. S. 318–324

Meyer, H.-R.: Das Schleifen von polykristallinen Diamantwerkzeugen mit geometrisch definierter Schneide. Trennkompendium, Jahrbuch der trennenden Bearbeitungsverfahren, Bd. 1 (1978), Bergisch-Gladbach, S.14–60

Münz, W. D. und *Ertl, M.*: Neue Hartstoffschichten für Zerspanungswerkzeuge. In: Industrie-Anzeiger 13 (1987) S. 1–6

Mushardt, K: Modellbetrachtungen und Grundlagen zum Innenrundhonen. Diss. TH Braunschweig 1986, VDI-Forschungsberichte, Reihe 2, Nr. 117, Düsseldorf (1986)

Niemeier, J. und *Suchfort, G.*: Untersuchung der Anwendbarkeit der Berechnungsformeln für Bohren und Drehen auf mit HM-WP bestückte Bohrwerkzeuge. Studienarbeit am Labor für Werkzeugmaschinen und spangebende Bearbeitungsverfahren (Prof. Dr.-Ing. E. Paucksch) der Gesamthochschule Kassel (1990)

Norton: Neues Verfahren zur Auswahl von Scheiben. In: Schliff und Scheibe, Heft 10 / 71, Norton GmbH, Wesseling

Okada, S.: Rectification par la meule borazon à liant céramique. Annais of the CIRP 25 (1976) 1, S. 21–24

Opitz, H. und *Frank, K*: Richtwerte für das Außenrundschleifen. Forschungsbericht des Landes Nordrhein-Westfalen Nr. 965, Westdeutscher Verlag Köln 1961

444   Literatur

Özel, T., Hsu, T.K., Zeren, E. „Effects of cutting edge geometry, workpiece hardness, feed rate and cutting speed on surface roughness and forces in finish turning of hardened AISI H13 Steel". In: International Journal of Advanced Manufacturing Technology 25 (2005) S. 262–269

Pahlitzsch, G. und *Appun, J.*: Einfluss der Abrichtbedingungen auf Schleifvorgang und Schleifergebnis beim Rundschleifen. In: Werkstatttechnik und Maschinenbau 43 (1953), 9, S. 39–03

Pahlitzsch, G. und *Scheidemann, H.*: Neue Erkenntnisse beim Abrichten von Schleifscheiben. Vergleich von Diamantabrichtrolle und Diamantabrichtfliese. In: wt-Z. ind. Fertig. 61 (1971), S. 62–28

Pahlitzsch, G. und *Schmidt, R.*: Einfluss des Abrichtens mit diamantbestückten Rollen auf die Feingestalt der Schleifscheiben-Schneidfläche. In: Werkstatttechnik 58 (1968) 1, S. 1–8

Paucksch, E.: Oberflächenfeinbearbeitung mit geometrisch bestimmten Schneiden. Maschinenbau, H. 11 (1979), Zürich, S. 5–3

Pfeifer, T.: Fertigungsmeßtechnik, 2. Auflage, Oldenbourg Wissenschaftsverlag, München 2001

Pfeifer, T.: Qualitätsmanagement - Strategien, Methoden, Techniken, 3. Aufl., Carl Hanser Verlag, München, Wien 2001

Pipkin, N. J., Robert, D. C. und *Wilson, W. L*: Amborite – ein außergewöhnlicher neuer Schneidstoff. Diamant-Information M 39 (1980). De Beers Industrial Diamond Division

Przyklenk, K.: Druckfließläppen-Feinbearbeitung mit Schleifpasten. Vortrag auf dem 5. Internationalen Braunschweiger Feinbearbeitungskolloquium (4 / 1987)

Reznikov, A. N.: Diamond Grinding cemented-carbide Thread Gunges. In: Machines and Tooling (1971), Nr. 2, S. 31

Ricka, J.: Zerspanbarkeit von Werkstoffen durch Schleifen. In: Fertigung 4 / 1978, S. 9–02

Risse, K. Einflüsse von Werkzeugdurchmesser und Schneidkantenverrundung beim Bohren mit Wendelbohrern in Stahl Aachen: Shaker Verlag, 2006.

Röhlke, G.: Zur Mechanik des Zerspanvorgangs. Werkst, und Betr. 91 (1958) 8, S. 47–83

Salje, E. und *Jacobs, U.*: Schärfen kunstharzgebundener Bornitridschleifscheiben mittels Korundblock. In: ZWF 73 (1978), H 8, S. 39–99

Sawluk, W.: Dressing Peripheral High Efficiency Grinding Wheels using the Roll-2-Dress Device. In: Industrial Diamond Review (1978), No. 2, 48 ff

Scherer, J.: Hochgeschwindigkeitsfräsen von Aluminiumlegierungen. Darmstädter Forschungsberichte für Konstruktion und Fertigung. Hrsg. Prof. Dr.-Ing. H. Schulz, Carl Hanser Verlag, München, Wien 1984

Schreiber, E.: Härterisse und Schleiffrisse-Ursachen und Auswirkungen von Eigenspannungen (2. Teil). In: ZWF 71 (1976), H 12, S. 56–70

Schulz, H. und *Scherer, J.*: Aktueller Stand des Verbundforschungsprojekts „Hochgeschwindigkeitsfräsen". In: dima 10 / 87, S. 1–8

Schulz, H. und *Scherer, J.*: Gewindefräsbohren – ein Verfahren mit kürzeren Hauptzeiten. In: dima 10 / 87, S. 1–5

Schulz, H.: Hochgeschwindigkeitsfräsen von metallischen und nichtmetallischen Werkstoffen. Hannover-Messe 4 (1987), Sonderdruck der Hessischen Hochschulen

Selly, J. S.: Diamant-Abrichtwerkzeuge für Schleifscheiben. Diamant-Information M 12, De Beers In: Industrial Diamond Division, Düsseldorf

Shafto, G. R. und *Notter, A. T.*: Abrichten und Abziehen von kunstharzgebundenen Umfangsscheiben. In: IDR 13 (1979), Nr. 2, S. 12–37

Shatla, M., Kerk, C., Atlan, T. „Process modeling in machining. Part II: validation and applications of the determined flow stress data". In: International Journal of Machine Tools & Manufacture 41 (2001) S. 1659–1680

Siebert, J. C.: Werkzeugtemperatur beim Drehen von Aluminium mit polykristallinem Diamant. (1988)

Sokolowski, A. P.: Präzision in der Metallbearbeitung, VEB-Verlag Technik, Berlin (1955)

Spur, G. und *Beyer, H.*: Erfassung der Temperaturverteilung am Drehmeißel mit Hilfe der Fernsehthermographie. In: CIRP-Annalen 1973, Heft 22 / 1

Spur, G. und *Klocke, F.*: Abrichten von Schleifscheiben mit kubisch kristallinem Bornitrid durch SiC-Schleifscheiben. In: ZWF 76 (1981), H 12, S. 55–63

Spur, G., Dietrich, H.-J. und *Klocke, F.*: Abrichtverfahren für Schleifscheiben mit hochharten Schleifmitteln. ZWF 75 (1980) H. 7, S. 30–12

Stähli, A. W.: Die Läpp-Technik. A. W. Stähli AG, CH-2542 Pieterlen/Biel

Stähli, A. W.: Praxis des Läppens. Lehrgangsvortrag an der Technischen Akademie Esslingen (Sept. 1986)

Steffens, K, Kleinevoss, R. und *Koch, N.*: Schleifen polierfähiger Glaslinsen mit Diamant-Topfwerkzeugen. Vortrag auf dem 5. Internationalen Braunschweiger Feinbearbeitungskolloquium (4 / 1987)

Stuckenholz, B.: Das Abrichten von CBN-Schleifscheiben mit kleinen Abrichtzustellungen. Diss. TH Aachen (1988)

Syren, B.: Der Einfluss spanender Bearbeitung auf das Biegewechselverformungsverhalten von C45E in verschiedenen Wärmebehandlungszuständen. Diss. TH Karlsruhe (1975)

Thiele, J.-D., Melkote, S.-N. „Effect of cutting edge geometry and workpiece hardness on surface generation in the finish hard turning of AISI 52100 steel". In: Journal of Materials Processing Technology 94 (1999) S. 216–226

Tikal, F. und *Linß, M.*: Gewindebohren in Grundlöcher mit hohen Schnittgeschwindigkeiten. wt-Produktion und Management 84 (1994), S. 26–67

Tikal, F., Schneider, J. und *Wellein, G.*: Starker Schneidstoff. In: moderne fertigung, Oktober 1987

Töllner, K: Spanen und Spannen, nicht nur sprachliche Verwandte. In: wt-Werkstatttechnik 77 (1987), Nr. 1, S. 2–9

Tönshoff H. K, Brinksmeier, E., v. Schmieden, W.: Grundlagen und Technologie des Innenlochtrennens. Vortrag auf dem 5. Internationalen Braunschweiger Feinbearbeitungskolloquium (4 / 1987)

Tönshoff T.: Formgenauigkeit, Oberflächenrauheit und Werkstoffabtrag beim Langhubhonen. Diss. TH Karlsruhe (1970)

Tönshoff, H. K und *Kaiser, M.*: Profilieren und Abrichten von Diamant- und Bornitrid-Schleifscheiben. In: wt-Z. ind. Fertigung 65 (1975) 4, S. 17–83

Tönshoff, H.K.; Denkena, B.: Spanen - Grundlagen, 2. Auflage, Springer Verlag, Berlin 2004.

Uhlig, U., Mushardt, H. Lütjens, P.: Bahngesteuertes Abrichten und Schleifen. In: Industrie-Anzeiger 109, Nr. 61 / 62(4.8.87), S. 3–3

Victor, K: Schnittkraftberechnungen für das Abspanen von Metallen. wt-Z. ind. Fertig. 59 (1969), Nr. 7, S. 31–27

Vits, R.: Technologische Aspekte der Kühlschmierung beim Schleifen. Diss. TH-Aachen 1985

Völler, R.: Die Berechnung optimaler Schleifbedingungen und die Bestimmung von Schleifmaschinengrößen beim Längs- und Einstechschleifen. Jahrbuch der Schleif-, Hon-, Läpp- und Poliertechnik 47 (1975), S. 7–9

W., Schleich, H. und *Yegenoglu, K*: Hohe Abrichtbeträge in kurzer Zeit. Abrichten von CBN-Profilschleifscheiben mit Diamantrollen. In: Industrieanzeiger 104 (1982), Nr. 18, S. 2–4

Warnecke, G., Grün, F. J., Elbel, K: Richtig schmieren. In: Maschinenmarkt 93 (1987) Nr. 21, S. 2–2

Weiland, W.: Diamant- und CBN-Werkzeuge in der Bearbeitung metallischer Werkstoffe. In: wt-Z. ind. Fertigung 68(1978), S. 6–5

Weinert, K: Zusammenhänge beim Abrichten mit Diamantwerkzeugen. In: ZWF 74 (1979), H 5, S. 21–21

Werner, G und *Keuter, M.*: Schleifbarkeit von polykristallinem Diamant. In: IDR 22 (1988), Heft 3, S. 16–68

Werner, G.: Neuartige polykristalline Schneidwerkzeuge aus Diamant und kubischem Bornitrid. Trennkompendium. Jahrbuch der trennenden Bearbeitungsverfahren, Bd. 1 (1978), Bergisch-Gladbach, S. 144–160

Yegenoglu, K: Berechnung von Topographiekenngrößen zur Auslegung von CBN-Schleifprozessen. Diss. TH-Aachen 1979

Yegenoglu, K: Maschinentechnische Voraussetzungen zum Hochleistungsschleifen. Vortrag auf dem 7. Braunschweiger Feinbearbeitungskolloquium, (März 1993)

Yen, Y.C., Jain, A., Altan, T. „A finite element analysis of orthogonal machining using different tool edge geometries". In: Journal of Materials Processing Technology 146 (2004) S. 72–81.

Yoschihiro, K und *Mamoru, L*: The Mechanism of Metal Removal by an Abrasive Tool. In: Wear 47 (1978), S. 18–93

Zaman, M.-T., et al. "A three dimensional analytical cutting force model for micro and milling operation". In: Machine Tools & Manufacture 46 (2006) S. 353–366

Technische Regeln

Regel	Datum	Bezeichnung
DIN 9	10 / 1996	Hand-Kegelreibahlen für Kegelstiftbohrungen
DIN 204	12 / 1996	Hand-Kegelreibahlen für Morsekegel
DIN 205	12 / 1996	Hand-Kegelreibahlen für Metrische Kegel
DIN 206	12 / 2007	Hand-Reibahlen
DIN 208	10 / 1981	Maschinen-Reibahlen mit Morsekegelschaft
DIN 209	08 / 1979	Maschinen-Reibahlen mit aufgeschraubten Messern
DIN 212 - T1	09 / 1979	Maschinen-Reibahlen mit Zylinderschaft, durchgehender Schaft
DIN 212 - T2	10 / 1981	Maschinen-Reibahlen mit Zylinderschaft; abgesetzter Schaft
DIN 219	10 / 1981	Aufsteck-Reibahlen
DIN 220	09 / 1979	Aufsteck-Reibahlen mit aufgeschraubten Messern
DIN 222	10 / 1981	Aufsteck-Aufbohrer
DIN 311	03 / 1975	Nietlochreibahlen mit Morsekegelschaft
DIN 326 - T1	06 / 1981	Teil 1: Langlochfräser mit Morsekegelschaft
DIN 327 - T1–2	04 / 1989	Teile 1 und 2: Langlochfräser mit Zylinderschaft
DIN 332 - T1	04 / 1986	Teil 1: Zentrierbohrungen 60°, Form R, A, B und C
DIN 333	04 / 1986	Zentrierbohrer 60°, Form R, A und B
DIN 334	12 / 2007	Kegelsenker 60°
DIN 335	12 / 2007	Kegelsenker 90°
DIN 338	11 / 2006	Kurze Spiralbohrer mit Zylinderschaft
DIN 339	11 / 2006	Spiralbohrer mit Zylinderschaft zum Bohren durch Bohrbuchsen
DIN 340	11 / 2006	Lange Spiralbohrer mit Zylinderschaft
DIN 341	11 / 2006	Lange Spiralbohrer mit Morsekegelschaft zum Bohren durch Bohrbuchsen
DIN 343	10 / 1981	Aufbohrer mit Morsekegelschaft
DIN 344	10 / 1981	Aufbohrer mit Zylinderschaft
DIN 345	11 / 2006	Spiralbohrer mit Morsekegelschaft
DIN 346	11 / 2006	Spiralbohrer mit größerem Morsekegelschaft
DIN 347	03 / 1962	Kegelsenker 120°
DIN 352	09 / 2007	Satzgewindebohrer - Dreiteiliger Satz für Metrisches ISO-Regelgewinde M1 – M68
DIN 357	09 / 2007	Mutter-Gewindebohrer für Metrisches ISO-Regelgewinde M3 bis M68
DIN 371	09 / 2007	Maschinen-Gewindebohrer mit verstärktem Schaft für Metrisches ISO-Regelgewinde M1 bis M10 und Metrisches ISO-Feingewinde M1 × 0,2 bis M10 × 1,25
DIN 373	12 / 2007	Flachsenker mit Zylinderschaft und festem Führungszapfen
DIN 374	09 / 2007	Maschinen-Gewindebohrer mit abgesetztem Schaft (Überlaufbohrer) für Metrisches ISO-Feingewinde M3 × 0,2 bis M52 × 4
DIN 375	12 / 2007	Flachsenker mit Morsekegelschaft und auswechselbarem Führungszapfen
DIN 376	09 / 2007	Maschinen-Gewindebohrer mit abgesetztem Schaft (Überlaufbohrer) für Metrisches ISO-Regelgewinde M3 bis M68
DIN 842	01 / 1990	Aufsteck-Winkelstirnfräser; Technische Lieferbedingungen
DIN 844 - T1	04 / 1989	Teil 1: Schaftfräser mit Zylinderschaft
DIN 845 - T1	06 / 1981	Teil 1: Schaftfräser mit Morsekegelschaft
DIN 847 - T1	09 / 1978	Teil 1: Prismenfräser

DIN 850 - T1	04 / 1989	Teil 1: Schlitzfräser
DIN 851 - T1–2	09 / 1991	Teile 1 und 2: T-Nutenfräser mit Zylinderschaft
DIN 852 - T1	09 / 1991	Teil 1: Aufsteck-Gewindefräser für metrisches ISO-Gewinde
DIN 855 - T1	09 / 1978	Teil 1: Halbrund-Profilfräser, konkav
DIN 856 - T1	09 / 1978	Teil 1: Halbrund-Profilfräser, konvex
DIN 859	12 / 2007	Hand-Reibahlen mit Zylinderschaft – nachstellbar, geschlitzt
DIN 884 - T1	06 / 1981	Teil 1: Walzenfräser
DIN 885 - T1	06 / 1981	Teil 1: Scheibenfräser
DIN 1304 - T1	03 / 1994	Formelzeichen; Allgemeine Formelzeichen
DIN 1412	03 / 2001	Spiralbohrer aus Schnellarbeitsstahl – Anschliffformen
DIN 1414 - T1	11 / 2006	Technische Lieferbedingungen für Spiralbohrer aus Schnellarbeitsstahl – Teil 1: Anforderungen
DIN 1414 - T2	06 / 1998	Technische Lieferbedingungen für Spiralbohrer aus Schnellarbeitsstahl – Teil 2: Prüfung
DIN 1415 - T1–6	09 / 1973	Teile 1 bis 6: Räumwerkzeuge; Einteilung, Benennungen, Bauarten
DIN 1416	11 / 1971	Räumwerkzeuge; Gestaltung von Schneidzahn und Spankammer
DIN 1417 - T1–6	08 / 1970	Teile 1 bis 6: Räumwerkzeuge; Schäfte und Endstücke
DIN 1419	08 / 1970	Innen-Räumwerkzeuge mit auswechselbaren Rundräumbuchsen
DIN 1825	11 / 1977	Schneidräder für Stirnräder; Geradverzahnte Scheibenschneidräder
DIN 1826	11 / 1977	Schneidräder für Stirnräder; Geradverzahnte Glockenschneidräder
DIN 1828	11 / 1977	Schneidräder für Stirnräder; Geradverzahnte Schaftschneidräder
DIN 1830 - T1–4	06 / 1974	Teil 1 bis 4: Fräsmesserköpfe mit eingesetzten Messern
DIN 1831 - T1	06 / 1982	Teil 1: Scheibenfräser mit eingesetzten Messern
DIN 1833 - T1	04 / 1989	Teil 1: Winkelfräser mit Zylinderschaft
DIN 1834 - T1	01 / 1986	Teil 1: Schmale Scheibenfräser
DIN 1836	01 / 1984	Werkzeug-Anwendungsgruppen zum Zerspanen
DIN 1861	01 / 1962	Spiralbohrer für Waagerecht-Koordinaten-Bohrmaschinen
DIN 1862	01 / 1962	Stirnsenker für Waagerecht-Koordinaten-Bohrmaschinen
DIN 1863	01 / 1962	Senker für Senkniete
DIN 1864	10 / 1981	Lange Aufbohrer mit Morsekegelschaft, zum Aufbohren durch Bohrbuch sen
DIN 1866	12 / 2007	Kegelsenker 90°, mit Zylinderschaft und festem Führungszapfen
DIN 1867	12 / 2007	Kegelsenker 90°, mit Morsekegelschaft und auswechselbarem Führungszapfen
DIN 1869	11 / 2006	Überlange Spiralbohrer mit Zylinderschaft
DIN 1870	11 / 2006	Überlange Spiralbohrer mit Morsekegelschaft
DIN 1880 - T1	11 / 1993	Walzenstirnfräser mit Quernut und Längsnut; Maße
DIN 1889 - T1–3	04 / 1989	Teile 1 bis 3: Gesenkfräser mit Schaft
DIN 1890 - T1	06 / 1981	Teil 1: Nutenfräser, geradverzahnt, hinterdreht
DIN 1891 - T1	06 / 1981	Teil 1: Nutenfräser, gekuppelt und verstellbar
DIN 1892 - T1	06 / 1981	Teil 1: Walzenfräser, gekuppelt, zweiteilig
DIN 1893 - T1	09 / 1978	Teil 1: Gewinde-Scheibenfräser für metrisches ISO-Trapezgewinde
DIN 1895	05 / 2007	Maschinen-Kegelreibahlen für Morsekegel
DIN 1896	05 / 1975	Maschinen-Kegelreibahlen für metrische Kegel
DIN 1897	11 / 2006	Extra kurze Spiralbohrer mit Zylinderschaft
DIN 1898 - T1	05 / 2007	Stiftlochbohrer für Kegelstiftbohrungen – Teil 1: Stiftlochbohrer mit Zylinderschaft
DIN 1898 - T2	05 / 2007	Stiftlochbohrer für Kegelstiftbohrungen – Teil 2: Stiftlochbohrer mit Morsekegelschaft
DIN 1899	11 / 2006	Kleinstbohrer

DIN 2155 - T1	12 / 2007	Aufbohrer – Teil 1: Technische Lieferbedingungen für Aufbohrer mit Schaft
DIN 2155 - T2	12 / 2007	Aufbohrer – Teil 2: Technische Lieferbedingungen für Aufsteckaufbohrer
DIN 2179	05 / 1975	Maschinen-Kegelreibahlen für Kegelstiftbohrungen, mit Zylinderschaft
DIN 2180	05 / 1975	Maschinen-Kegelreibahlen für Kegelstiftbohrungen, mit Morsekegelschaft
DIN 2181	04 / 2003	Satzgewindebohrer - Zweiteiliger Satz für Metrisches ISO-Feingewinde M1 × 0,2 bis M52 × 4
DIN 2328	12 / 1996	Schaftfräser mit Steilkegelschaft – Teil 1: Maße
DIN 4760	06 / 1982	Gestaltabweichungen; Begriffe, Ordnungssystem
DIN 4760	06 / 1982	Gestaltabweichung; Begriffe, Ordnungssystem
DIN 4951	09 / 1962	Gerade Drehmeißel mit Schneiden aus Schnellarbeitsstahl
DIN 4952	09 / 1962	Gebogene Drehmeißel mit Schneiden aus Schnellarbeitsstahl
DIN 4953	09 / 1962	Innen-Drehmeißel mit Schneiden aus Schnellarbeitsstahl
DIN 4954	09 / 1962	Innen-Eckdrehmeißel mit Schneiden aus Schnellarbeitsstahl
DIN 4955	09 / 1962	Spitze Drehmeißel mit Schneiden aus Schnellarbeitsstahl
DIN 4956	09 / 1962	Breite Drehmeißel mit Schneiden aus Schnellarbeitsstahl
DIN 4960	09 / 1962	Abgesetzte Seitendrehmeißel mit Schneiden aus Schnellarbeitsstahl
DIN 4961	09 / 1962	Stechdrehmeißel mit Schneiden aus Schnellarbeitsstahl
DIN 4963	09 / 1962	Innen-Stechdrehmeißel mit Schneiden aus Schnellarbeitsstahl
DIN 4965	09 / 1962	Gebogene Eckdrehmeißel mit Schneiden aus Schnellarbeitsstahl
DIN 4968	03 / 1987	Wendeschneidplatten aus Hartmetall mit Eckenrundungen, ohne Bohrung
DIN 4969	11 / 1993	Wendeschneidplatten aus Schneidkeramik mit Eckenrundungen, ohne Bohrung
DIN 4971	10 / 1980	Gerade Drehmeißel mit Schneidplatte aus Hartmetall
DIN 4972	10 / 1980	Gebogene Drehmeißel mit Schneidplatte aus Hartmetall
DIN 4973	10 / 1980	Innen-Drehmeißel mit Schneidplatte aus Hartmetall
DIN 4974	10 / 1980	Innen-Eckdrehmeißel mit Schneidplatte aus Hartmetall
DIN 4975	10 / 1980	Spitze Drehmeißel mit Schneidplatte aus Hartmetall
DIN 4976	10 / 1980	Breite Drehmeißel mit Schneidplatte aus Hartmetall
DIN 4977	10 / 1980	Abgesetzte Stirndrehmeißel mit Schneidplatte aus Hartmetall
DIN 4978	10 / 1980	Abgesetzte Eckdrehmeißel mit Schneidplatte aus Hartmetall
DIN 4980	10 / 1980	Abgesetzte Seitendrehmeißel mit Schneidplatte aus Hartmetall
DIN 4981	10 / 1980	Stechdrehmeißel mit Schneidplatte aus Hartmetall
DIN 4982	10 / 1980	Drehmeißel mit Schneidplatte aus Hartmetall; Übersicht, Kennzeichnung
DIN 4983	07 / 2004	Klemmhalter mit Vierkantschaft und Kurzklemmhalter für Wendeschneidplatten - Aufbau der Bezeichnung
DIN 4984 - T1–14	06 / 1987	Teile 1 bis 14: Klemmhalter mit Vierkantschaft für Wendeschneidplatten
DIN 4985 - T1	07 / 2004	Klemmhalter Typ A für Wendeschneidplatten – Teil 1: Übersicht, Zuordnung und Bestimmung der Maße
DIN 4988	07 / 2004	Wendeschneidplatten aus Hartmetall mit Eckenrundungen, mit zylindrischer Bohrung
DIN 6356	05 / 1972	Zentrierdorne für Messerköpfe mit Innenzentrierung
DIN 6357	07 / 1988	Aufnahmedorne mit Steilkegelschaft für Fräsmesserköpfe und Fräsköpfe mit Innenzentrierung
DIN 6358	07 / 1988	Aufsteckfräserdorne mit Steilkegelschaft für Fräser mit Längs- und Quernut

DIN 6513 - T1	09 / 1978	Teil 1: Viertelrund-Profilfräser
DIN 6580	10 / 1985	Begriffe der Zerspantechnik; Bewegungen und Geometrie des Zerspanvorgangs
DIN 6581	10 / 1985	Begriffe der Zerspantechnik; Bezugssysteme und Winkel am Schneidteil des Werkzeuges
DIN 6582	02 / 1988	Begriffe der Zerspantechnik; Ergänzende Begriffe am Werkzeug, am Schneidkeil und an der Schneide
DIN 6583	09 / 1981	Begriffe der Zerspantechnik; Standbegriffe
DIN 6584	10 / 1982	Begriffe der Zerspantechnik; Kräfte, Energie, Arbeit, Leistungen
DIN 6590	02 / 1986	Wendeschneidplatten aus Hartmetall mit Planschneiden, ohne Bohrung
DIN 8002	01 / 1955	Maschinenwerkzeuge für Metall; Wälzfräser für Stirnräder mit Quer- oder Längsnut, Modul 1 – 20
DIN 8022	10 / 1981	Aufsteck-Aufbohrer mit Schneidplatten aus Hartmetall
DIN 8026	09 / 1979	Langlochfräser mit Morsekegelschaft, mit Schneidplatten aus Hartmetall
DIN 8027	09 / 1979	Langlochfräser mit Zylinderschaft, mit Schneidplatten aus Hartmetall
DIN 8030 - T1	01 / 1984	Teil 1: Fräsköpfe für Wendeschneidplatten
DIN 8031	09 / 1986	Scheibenfräser für Wendeschneidplatten
DIN 8032	11 / 1983	Frässtifte aus Hartmetall
DIN 8037	08 / 1971	Spiralbohrer mit Zylinderschaft, mit Schneidplatte aus Hartmetall, für Metall
DIN 8038	08 / 1971	Spiralbohrer mit Zylinderschaft, mit Schneidplatte aus Hartmetall, für Kunststoff
DIN 8041	08 / 1971	Spiralbohrer mit Morsekegel, mit Schneidplatte aus Hartmetall, für Metall
DIN 8043	12 / 2007	Aufbohrer mit Schneidplatten aus Hartmetall
DIN 8044	11 / 1982	Schaftfräser mit Zylinderschaft, mit Schneidplatten aus Hartmetall
DIN 8045	11 / 1982	Schaftfräser mit Morsekegelschaft, mit Schneidplatten aus Hartmetall
DIN 8047	11 / 1956	Scheibenfräser; Schneiden aus Hartmetall
DIN 8048	11 / 1956	Scheibenfräser mit auswechselbaren Messern; Schneiden aus Hartmetall
DIN 8050	06 / 1997	Maschinen-Reibahlen mit Zylinderschaft mit Schneidplatten aus Hartmetall, mit kurzem Schneidteil
DIN 8051	09 / 1979	Maschinen-Reibahlen mit Morsekegelschaft, mit Schneidplatten aus Hartmetall, mit kurzem Schneidteil
DIN 8054	09 / 1979	Aufsteck-Reibahlen mit Schneidplatten aus Hartmetall
DIN 8056	02 / 1980	Walzenstirnfräser mit Quernut, mit Schneidplatten aus Hartmetall
DIN 8089	09 / 1979	Automaten-Reibahlen
DIN 8090	10 / 1981	Automaten-Reibahlen mit Schneidplatten aus Hartmetall
DIN 8093	06 / 1997	Maschinen-Reibahlen mit Zylinderschaft mit Schneidplatten aus Hartmetall, mit langem Schneidteil
DIN 8094	09 / 1979	Maschinen-Reibahlen mit Morsekegelschaft, mit Schneidplatten aus Hartmetall, mit langem Schneidteil
DIN 8096 - T1–2	06 / 1986	Teile 1 und 2: Stirn-Schaftfräser Typ A für Wendeschneidplatten
DIN 8374	11 / 2006	Mehrfasen-Stufenbohrer mit Zylinderschaft für Durchgangslöcher und Senkungen für Senkschrauben
DIN 8375	11 / 2006	Mehrfasen-Stufenbohrer mit Morsekegelschaft für Durchgangslöcher und Senkungen für Senkschrauben

DIN 8376	11 / 2006	Mehrfasen-Stufenbohrer mit Zylinderschaft für Durchgangslöcher und Senkungen für Zylinderschrauben
DIN 8377	11 / 2006	Mehrfasen-Stufenbohrer mit Morsekegelschaft für Durchgangslöcher und Senkungen für Zylinderschrauben
DIN 8378	11 / 2006	Mehrfasen-Stufenbohrer mit Zylinderschaft für Kernlochbohrungen und Freisenkungen
DIN 8379	11 / 2006	Mehrfasen-Stufenbohrer mit Morsekegelschaft für Kernlochbohrungen und Freisenkungen
DIN 8580	09 / 2003	Fertigungsverfahren - Begriffe, Einteilung
DIN 8589 – T0	09 / 2003	Fertigungsverfahren Spanen – Teil 0: Allgemeines; Einordnung, Unterteilung, Begriffe
DIN 8589 - T1	09 / 2003	Fertigungsverfahren Spanen – Teil 1: Drehen; Einordnung, Unterteilung, Begriffe
DIN 8589 – T2	09 / 2003	Fertigungsverfahren Spanen – Teil 2: Bohren, Senken, Reiben; Einordnung, Unterteilung, Begriffe
DIN 8589 – T3	09 / 2003	Fertigungsverfahren Spanen – Teil 3: Fräsen; Einordnung, Unterteilung, Begriffe
DIN 8589 – T4	09 / 2003	Fertigungsverfahren Zugdruckumformen – Teil 4: Drücken; Einordnung, Unterteilung, Begriffe
DIN 8589 – T5	09 / 2003	Fertigungsverfahren Spanen – Teil 5: Räumen; Einordnung, Unterteilung, Begriffe
DIN 8589 – T6	09 / 2003	Fertigungsverfahren Spanen – Teil 6: Sägen; Einordnung, Unterteilung, Begriffe
DIN 8589 – T7	09 / 2003	Fertigungsverfahren Spanen – Teil 7: Feilen, Raspeln; Einordnung, Unterteilung, Begriffe
DIN 8589 – T8	09 / 2003	Fertigungsverfahren Spanen – Teil 8: Bürstspanen; Einordnung, Unterteilung, Begriffe
DIN 8589 – T9	09 / 2003	Fertigungsverfahren Spanen – Teil 9: Schaben, Meißeln; Einordnung, Unterteilung, Begriffe
DIN 8589 - T11	09 / 2003	Fertigungsverfahren Spanen – Teil 11: Schleifen mit rot. Werkzeug; Einordnung, Unterteilung, Begriffe
DIN 8589 - T12	09 / 2003	Fertigungsverfahren Spanen – Teil 12: Bandschleifen; Einordnung, Unterteilung, Begriffe
DIN 8589 - T13	09 / 2003	Fertigungsverfahren Spanen – Teil 13: Hubschleifen; Einordnung, Unterteilung, Begriffe
DIN 8589 - T14	09 / 2003	Fertigungsverfahren Spanen – Teil 14: Honen; Einordnung, Unterteilung, Begriffe
DIN 8589 - T15	09 / 2003	Fertigungsverfahren Spanen – Teil 15: Läppen; Einordnung, Unterteilung, Begriffe
DIN 8589 - T17	09 / 2003	Fertigungsverfahren Spanen – Teil 17: Gleitspanen; Einordnung, Unterteilung, Begriffe
DIN 69100	07 / 1988	Schleifkörper aus gebundenem Schleifmittel
DIN 69111	06 / 1972	Schleifkörper aus gebundenem Schleifmittel; Einteilung, Übersicht
DIN 69125	07 / 1977	Gerade Schleifscheiben mit einer Aussparung
DIN 69126	07 / 1977	Gerade Schleifscheiben mit zwei Aussparungen
DIN 69139	08 / 1975	Zylindrische Schleiftöpfe
DIN 69159	04 / 1981	Gerade Trennschleifscheiben für stationäre Trennschleifmaschinen
DIN 69170	04 / 2007	Schleifstifte
DIN 69176	03 / 1985	Teil 1: Körnungen aus Elektrokorund und Siliziumkarbid für Schleifmittel auf Unterlagen
DIN 69805	03 / 1980	Gerade Schleifscheiben mit Schleifbelag aus Diamant oder Bornitrid, Form 1A1

DIN 69806	03 / 1980	Gerade Schleifscheiben mit Schleifbelag aus Diamant oder Bornitrid, Form 14A1
DIN 69808	03 / 1980	Gerade Schleifscheiben mit Schleifbelag aus Diamant oder Bornitrid, Form 1FF1
DIN 69810	03 / 1980	Gerade Schleifscheiben mit Schleifbelag aus Diamant oder Bornitrid, Form 1E6Q
DIN 69811	03 / 1980	Gerade Schleifscheiben mit Schleifbelag aus Diamant oder Bornitrid, Form 14E6Q
DIN 69812	03 / 1980	Gerade Schleifscheiben mit Schleifbelag aus Diamant oder Bornitrid, Form 14EE1
DIN 69816	03 / 1980	Gerade Schleifscheiben mit Schleifbelag aus Diamant oder Bornitrid, Form 9A3
DIN 69819	03 / 1980	Zylindrische Schleiftöpfe mit Schleifbelag aus Diamant oder Bornitrid, Form 6A2
DIN 69820	03 / 1980	Zylindrische Schleiftöpfe mit Schleifbelag aus Diamant oder Bornitrid, Form 6A9
DIN 69823	03 / 1980	Kegelige Schleiftöpfe mit Schleifbelag aus Diamant oder Bornitrid, Form 11A2
DIN 69824	03 / 1980	Kegelige Schleiftöpfe mit Schleifbelag aus Diamant oder Bornitrid, Form 11V9
DIN 69826	03 / 1980	Kegelige Schleiftöpfe mit Schleifbelag aus Diamant oder Bornitrid, Form 12V9
DIN 69829	03 / 1980	Schleifteller 45°, mit Schleifbelag aus Diamant oder Bornitrid, Form 12A2
DIN 69830	03 / 1980	Schleifteller 20°, mit Schleifbelag aus Diamant oder Bornitrid, Form 12A2
DIN 69871	10 / 1995	Steilkegelschäfte für automatischen Werkzeugwechsel – Teil 1: Form A, Form AD, Form B und Ausführung mit Datenträger
DIN EN ISO 4287	10 / 1998	Geometrische Produktspezifikationen (GPS) – Oberflächenbeschaffenheit: Tastschnittverfahren - Benennungen, Definitionen und Kenngrößen der Oberflächenbeschaffenheit; Deutsche Fassung EN ISO 4287:1998
DIN EN ISO 9000	12 / 2005	Qualitätsmanagementsysteme – Grundlagen und Begriffe
DIN EN ISO 9001	12 / 2000	Qualitätsmanagementsysteme – Anforderungen
DIN EN ISO 9004	12 / 2000	Qualitätsmanagementsysteme – Leitfaden zur Leistungsverbesserung
DIN EN ISO 10045	04 / 1991	Metallische Werkstoffe; Kerbschlagbiegeversuch nach Charpy; Teil 1: Prüfverfahren
DIN EN ISO 19011	12 / 2002	Leitfaden für Audits von Qualitätsmanagement- und / oder Umweltmanagementsystemen
DIN ISO 513	11 / 2005	Klassifizierung und Anwendung von harten Schneidstoffen für die Metallzerspanung mit geometrischen bestimmten Schneiden - Bezeichnungen der Hauptgruppen und Anwendungsgruppen
DIN ISO 525	08 / 2000	Schleifkörper aus gebundenem Schleifmittel – Allgemeine Anforderungen
DIN ISO 525	08 / 2000	Schleifkörper aus gebundenem Schleifmittel – Allgemeine Anforderungen

DIN ISO 526	08 / 2000	Schleifkörper aus gebundenem Schleifmittel - Allgemeine Anforderungen
DIN ISO 603 - T 5	05 / 2000	Schleifkörper aus gebundenem Schleifmittel – Maße – Teil 5: Schleifscheiben für Flachschleifen/Seitenschleifen
DIN ISO 603 - T 6	05 / 2000	Schleifkörper aus gebundenem Schleifmittel – Maße - Teil 6: Schleifscheiben für Werkzeuge und Werkzeugschleifmaschinen
DIN ISO 603 - T10	05 / 2000	Schleifkörper aus gebundenem Schleifmittel – Maße – Teil 10: Honsteine und Feinstschleifen
DIN ISO 603 - T12	05 / 2000	Schleifkörper aus gebundenem Schleifmittel – Maße – Teil 12: Schleifscheiben für Entgraten und Schruppen auf Geradschleifern
DIN ISO 603 - T15	05 / 2000	Schleifkörper aus gebundenem Schleifmittel – Maße – Teil 15: Trennschleifscheiben für Trennschleifmaschinen oder Pendeltrennschleifmaschinen
DIN ISO 1502	12 / 1996	Metrisches ISO-Gewinde allgemeiner Anwendung – Lehren und Lehrung
DIN ISO 1832	11 / 2005	Wendeschneidplatten für Zerspanwerkzeuge – Bezeichnung
DIN ISO 2976	10 / 2005	Schleifmittel auf Unterlagen – Schleifbänder – Auswahl von Breiten/Längen-Kombinationen
DIN ISO 3366	08 / 2000	Schleifmittel auf Unterlagen – Rollen
DIN ISO 3919	10 / 2005	Schleifmittel auf Unterlagen – Lamellenschleifstifte
DIN ISO 5429	10 / 2005	Schleifmittel auf Unterlagen – Lamellenschleifscheiben mit festen oder losen Flanschen
DIN ISO 6104	08 / 2005	Schleifwerkzeuge mit Diamant oder Bornitrid – Rot. Schleifwerkzeuge mit Diamant oder kubischem Bornitrid – Allgemeine Übersicht, Bezeichnung und Benennungen
DIN ISO 6106	03 / 2006	Schleifmittel – Überprüfung der Korngrößen von Diamant oder kubischem Bornitrid
DIN ISO 6987	07 / 2003	Wendeschneidplatten aus Hartmetall mit Eckenrundungen und teilweiser zylindrischer Befestigungsbohrung – Maße
DIN ISO 8486-1	09 / 1997	Schleifkörper aus gebundenem Schleifmittel – Bestimmung und Bezeichnung von Korngrößenverteilung - Teil 1: Makrokörnungen F4 bis F220
DIN ISO 11054	03 / 2006	Schneidwerkzeuge - Bezeichnung der Schnellarbeitsstahlgruppen
DIN ISO 11529-2	05 / 2007	Fräswerkzeuge – Bezeichnung – Teil 2: Schaftfräser und Fräswerkzeuge mit Bohrung und Wendeschneidplatten
DIN ISO 21948	11 / 2001	Schleifmittel auf Unterlagen – Rechteckige Schleifblätter
DIN ISO 21950	11 / 2001	Schleifmittel auf Unterlagen – Runde Schleifblätter
VDI-Richtlinie 3321	03 / 1994	Schnittwertoptimierung; Grundlagen und Anwendung
VDI-Richtlinie 3324	02 / 1999	Leistendrehtest - Prüfverfahren zur Beurteilung des Bruchverhaltens und der Einsatzsicherheit von Schneiden aus Hartmetall beim Drehen

Sachwortverzeichnis

A

Abrichtdiamant 352, 354
Abrichten 351
Abrichtwerkzeug 352, 354ff.
Abspanungsgrößen 9, 125, 143, 219, 252, 382
Abspanungsvorgang 10
Absplittern 283, 346
Aktivkraft 13
Alterungsschutzstoffe 80
Anschliffgüte von Wendelbohrern 140
Anschnittteil 163
Antinebelzusätze 80
Arbeitseingriff 4, 200 ,209, 297
Aufbauschneide 46
Aufbohren 153
Aufbohrwerkzeuge 153
Ausbrechen 49, 347
Außenrunddrehen 125
Außenrundläppen 409
Ausspitzen 138
Auswuchten 292
Axialkraft 138, 271, 304, 358

B

Balligkeit 227
Bandhonwerkzeug 398
Bandspan 89
Beschaffungskosten 93
Beschichtung 71
Beschichtungsverfahren 72
bezogene Schnittkraft 27
bezogene Spanungsvolumen 342
bezogene Standvolumen 343
Bindung 289
Biozide 80
Bohren 134
Bohrer mit Wendeschneidplatten 142
Bohrfehler 151
Bohrungsgenauigkeit 167
Bohrverfahren 134
Bornitrid 65
Breitschichtschneide 226
Breitschlichtfräser 197
BTA-Tiefbohrwerkzeuge 173

C

CBN 65
Cermet 60
CVD 72

D

Deming-Kreis 101

Diamant 66f., 286
Diamantbeschichtung 76
Diamantfliese 354
Diamantrolle 355
Diffusionsverschleiß 47
Dornhonwerkzeuge 370
Drehen 107
Drehverfahren 107
Drehwerkzeuge 107
Druckeigenspannungen 336
Druckfließläppen 417

E

Eckenrundung 6
Eckenwinkel 7
Edelkorund 284
EFQM 105
Eigenspannungen 336
Eingriffsgrößen 216
Eingriffskurve 201, 212
Eingriffsquerschnitt 327
Eingriffsverhältnisse 200, 216, 320
Eingriffswinkel 322
Einleistenhonwerkzeug 369
Einlippen-Tiefbohrwerkzeug 169
Einmeißelmethode 32
Einschneidenreibahlen 165
Einstechen 116
Einstellwinkel 7
Einzahnfräsen 231
Ejektor-Tiefbohrverfahren 175
Emulgator 80
Emulsion 79
Entschäumer 80
EP-Zusätze 80

F

Feinfräsen 223
Feingestalt 36
Feinkornhartmetallsorten 58
Feinschleifen 308
Fertigungskosten 93, 96
Fertigungskostenminimum 97
Festschmierstoff 76
Fettschmierstoff 80
Flächenpressung 375
Flachschleifen 278
Flachsenker 157
Fließen 10
Fließspan 11
Formdrehmeißel 119
Formenordnungen 36

Formfräsen 183
Formgenauigkeit 134, 175, 187, 258, 295, 368
Formschleifen 280, 308, 310
Formtoleranzen 41, 380
Fräsbreite 200
Fräsen 180
Fräsertypen 183
Fräsköpfe 192
Fräswerkzeuge 183
Freifläche 6
Freiflächenverschleiß 48
Freiwinkel 7
Führungsteil 164, 264

G
Gefügeveränderung 37, 88, 339
Gegenlauffräsen 200
Geradheit 41, 380
Gesenkfräser 190
Gewindearten 256
Gewindebearbeitung 256
Gewindebohren 263
Gewindedrehen 257
Gewindefräsbohren 276
Gewindefräsen 273
Gewindeschneiden 257
Gewindestrehlen 257
Gewindewirbeln 181
Gleichlauffräsen 212
Grobgestalt 36
Grobschleifen 344
Gummi-Bindung 290

H
Halbedelkorund 284
Handläppdorn 407
Handreibahlen 161
Hartmetall 57
Hartstoffschicht 71
Hauptschneide 6
Hauptzeit 95
Hobelmeißel 237
Hobeln 237
Hochgeschwindigkeitsfräsen 427
Hochleistungsschleifen 314
Honen 368
Honspuren 372
Honstein 369
Honsteinverschleiß 384
Honverfahren 368
Honwerkzeug 369

I
Igelfräser 191
Innendrehwerkzeug 118
Innen-Längsrundschleifen 366

Innenlochtrennen 319
Innenräumen 248
Innenrunddrehen 125
Innenrundläppen 410
Innenschleifen 316
Ionenplattieren 73

K
Kammrisse 49, 81
Kantenabrundung 49, 419
Kantenverschleiß 250, 347
Kegelmantelanschliff 137
Kegelreibahlen 163
Kegelsenken 178
Keilwinkel 7
Keramik 62, 285
Keramische Bindungen 289
Kernbohren 134
Klemmhalter 113
Kobalt-Diffusion 47
Kohlenstoffdiffusion 47, 370, 386, 429
Kolktiefe 49
Kolkverhältnis 48
Kolkverschleiß 48
Kontaktlänge 311, 323, 325
Kontaktzone 325
Korngröße 287
Körnung 287
Korund 281, 283
kostenoptimale Standzeit 98
Kräfte 12, 145, 155, 171, 204, 221, 222, 240, 245, 262, 357, 391
Kreuzanschliff 139
Kühlschmierstoff 79, 308
Kühlsystem 313
Kühlung 81, 312
Kühlwirkung 81, 340
Kunstharzbindung 289
Kurzhubhonen 385
Kurzzeitversuch 92

L
Lagebestimmung 122, 123, 369
Lagetoleranz 41
Lamellenspan 11
Langhubhonen 368
Langlochfräser 190
Längsdrehen 125
Längsdrehwerkzeug 116
Längsrundschleifen 364
Längsschleifen 301
Langzeitversuch 92
Läppen 403
Läppflüssigkeit 405
Läppgeschwindigkeit 415

Läpphülse 406
Läppkluppe 406
Läppkorn 404
Läppscheibe 405
Läppspuren 405
Läppverfahren 403
Läppwerkzeug 404
Lauftoleranzen 42
Leistendrehtest 92
Leistungsberechnung 12, 125, 145, 211, 245, 253, 262, 271
Leistungsbezogenes Zeitspanungsvolumen 127
Lohnkosten 93, 95
Lohnstundensatz 95

M
Magnesitbindung 282
Maschinenkosten 93
Maschinenreibahlen 161
Mehrschneidenreibahlen 161, 163
Messwerkzeughalter 13
Metallische Bindung 285, 290, 370
Mikrofurchen 322
Mikrogestalt 6
Mikropflügen 321
Mikrospanen 321
Mischkeramik 54, 63

N
Nachformfräsen 183
Naturdiamant 67
Nebenschneide 5
Nebenzeit 95
Neigungswinkel 8
Nitridkeramik 54, 63
Normalkorund 284
Nutenfräser 186
Nutenstoßwerkzeug 237
Nutenziehwerkzeug 238

O
Oberflächenbeschaffenheit 86
Oberflächengüte 332
Optimierung 97
Optimierungsregeln 99
Orthogonalprozess 14
Oxidkeramik 54, 421

P
Passivkraft 30
Passung 41
PDCA-Kreislauf 101
Planansenken 134, 156
Plandrehen 125
Planfräsen 180
Planläppen 408

Planparallelität 416
Planparallel-Läppen 409
Plateauhonen 380
Polierläppen 422
Poliermittel 422
Polierwerkzeug 422
Polykristalliner Diamant 67
Pressrollabrichten 356
Produktrealisierung 101
Profilbohren 134
Profilfräsen 182
Profilläppen 411
Profilreiben 134
Profilschleifen 311
Profilsenken 134
Punktschleifen 320
PVD 72

Q
Qualitätsauswertung 102
Qualitätsmanagement 100
Qualitätsmanagementsystem 101
Qualitätsplanung 100
Qualitätspreise 105
Qualitätsverbesserung 57
Querdrehen 107
Querschleifen 294
Querschneide 136
Quer-Seitenplanschleifen 306

R
Radialkraft 152
Radialverschleiß 347
Randschicht 328
Ratterschwingungen 118, 171, 362
Räumdorne 248
Räumen 248
Räumnadel 248
Räumwerkzeug 248
Rautiefe 36
Reibahle 161
Reiben 160
Reibungsverschleiß 46
Reibwerkzeug 161
Reißspan 11
Reparaturkosten 93
Restgemeinkosten 95
Rillen 36
Risse 337
Rubinkorund 284
Rundfräsen 180
Rundheit 41
Rundreiben 134
Rundschleifen 296

S

Satzfräser 185
Schalen-Honwerkzeuge 370
Scheibenfräser 185
Scheibenschneidrad 238
Schellack-Bindung 290
Scherspan 11, 321
Scherwinkel 128
Schleifband 278
Schleifen 278
Schleifkraftsensor 360
Schleifmittel 282
Schleifrisse 337
Schleifscheibenaufspannung 290
Schleifverfahren 293
Schleifwerkzeuge 278
Schlichten 1, 36, 198, 332
Schlichtstirnfräser 197
Schneidenecke 6
Schneidenform 157
Schneidengeometrie 23
Schneidenspuren 224
Schneidenteil 107
Schneidenversatz 48
Schneidenverschleiß 36, 231
Schneidkante 27, 47, 435
Schneidkantenbelastung 27
Schneidkeramik 62
Schneidräder 237
Schneidstoff 54
Schnellarbeitsstahl 56
Schnittbewegung 3
Schnittbreite 5
Schnittflächen 6
Schnittgeschwindigkeit 3
Schnittkraft 12, 145, 155, 221
Schnittleistung 208, 209, 311
Schnittmoment 145, 271, 401
Schnittnormalkraft 317, 378
Schnittrichtung 239, 244, 328
Schnitttemperatur 67
Schnitttiefe 4
Schnittwinkel 309
Schrägschleifen 300
Schraubbohren 134
Schraubfräsen 180
Schraubläppen 403
Seitenschleifen 304
Seitenspanwinkel 195, 259
Senken 156
Senkwerkzeuge 157
SiC-Whiskern 64
Silikat-Bindung 289
Siliziumdiffusion 64

Siliziumkarbid 63, 224, 279
Siliziumnitridkeramik 63
Sonderanschliff 139
Spanbreitenstauchung 16
Spanfläche 6
Spanflächenreibwert 16
Spanflächenverschleiß 49
Spanform 11
Spanlängenstauchung 16
Spanleitstufe 174, 192
Spanquerschnittsstauchung 16
Spanungsbreite 9
Spanungsdicke 9, 23
Spanungsgrößen 9
Spanungsquerschnitt 19
Spanungsvolumen 126
Spanwinkel 8, 321
Spanwurzel 264
spezifische Passivkraft 30
spezifische Schnittkraft 19
spezifische Schnittleistung 211
spezifische Vorschubkraft 28
spezifischer Schleifscheibenverschleiß 349
Spindelverformung 229
Spiralbohrer 59, 134
Spitzenlosschleifen 302
Stabilitätskategorien 123
Standbedingungen 90
Standgrößen 91, 343
Standkriterium 91
Standmenge 51, 91, 343
Standvermögen 90
Standvolumen 343
Standweg 148
Standzeit 45
Standzeitberechnung 129
Standzeitende 27, 49, 268
Stechdrehmeißel 113
Stirnumfangsfräsen 180
Stirnfräsen 180
Stoßen 237
Stoßfaktor 218
Stufenbohren 159
Sturz 226
Superfinish 308

T

Taylorsche Gerade 51
Teilung 244, 251
Temperatur an der Schneide 31
Temperaturfeld 35
Temperaturmessung 31
Temperaturverlauf 34
Temperaturverteilung 33

Tiefbohrverfahren 169
Tiefschleifen 311
Titanaluminiumnitrid 272
Titankarbonitrid 199
Titannitrid 76
Toleranz 39
Total Quality Management 105
Trennschleifen 318
Trockenbearbeitung 83
T-v-Kurve 51

U
Ultraschall-Schwingläppen 420
Umfangsfräsen 200
Umfangs-Planschleifen 303
Unwucht 292

V
Verfestigung 336
Verformung der Schneidkante 47
Verschleiß 45
Verschleißformen 48
Verschleißmarkenbreite 48
Verschleißursachen 45
Verschleißverlauf 50
Verschleißvolumen 348
Vielkornabrichter 354
Vierflächenschliff 140
Vierleistenhonwerkzeuge 370
Volumenschleifverhältnis 349
Vorschubbewegung 3
Vorschubgeschwindigkeit 3
Vorschubkraft 28
Vorschubleistung 125
Vorschubrichtungswinkel 4
Vorschubweg 50

W
Walzenfräser 183
Walzenstirnfräser 183
Wälzfräsen 183

Wälzläppen 403
WBN 65
Weichhaut 339
Wendelbohrer 135
Wendeplattenbohrer 142
Wendeschneidplatten 109
Werkstoffverfestigung 395
Werkstückeinspannung 122
Werkstückgeschwindigkeit 296
Werkstückrautiefe 332
Werkzeugformen 183, 279
Werkzeugkosten 96
Werkzeugstahl 56
Winkelstirnfräser 185
Wirkgeschwindigkeit 3
Wirkhärte 350
Wirkkraft 13
Wirkleistung 125
Wirkrautiefe 332
Wirkrichtung 5
Wirkrichtungswinkel 4
wirksame Schleifkörner 327
Wurtzit-Struktur 65

Z
Zahnflankenwälzfräser 187
Zeitspanungsvolumen 209, 278
Zeitverschleißvolumen 349
Zerspanbarkeit 85
Zerspankraftzerlegung 12
Zerspanungsgrößen 125
Zerspanungshauptgruppen 58
Zerspanungstest 92
Zirkonkorund 284
Zugeigenspannungen 337
Zusetzen 348
Zweileistenhonwerkzeuge 370
Zweimeißelmethode 32
Zweischeiben-Feinschleifen 308

Aus dem Programm Werkstofftechnik

Rösler, Joachim / Harders, Harald / Bäker, Martin
Mechanisches Verhalten der Werkstoffe
2. durchges. u. erw. Aufl. 2006. XIV, 521 S. mit 318 Abb. u. 31 Tab. Br. EUR 32,90
ISBN 978-3-8351-0008-4

Ruge, Jürgen / Wohlfahrt, Helmut
Technologie der Werkstoffe
Herstellung, Verarbeitung, Einsatz
8., überarb. u. erw. Aufl. 2007. X, 342 S. mit 289 Abb. u. 68 Tab.
(Studium Technik) Br. EUR 29,90
ISBN 978-3-8348-0286-6

Weißbach, Wolfgang
Werkstoffkunde
Strukturen, Eigenschaften, Prüfung
16., überarb. Aufl. 2007. XVI, 426 S. mit 287 Abb. u. 245 Tab. (Viewegs Fachbücher
der Technik) Br. EUR 28,90
ISBN 978-3-8348-0295-8

Weißbach, Wolfgang / Dahms, Michael
Aufgabensammlung Werkstoffkunde und Werkstoffprüfung
Fragen - Antworten
7., akt. u. erg. Aufl. 2006. XII, 146 S. (Viewegs Fachbücher der Technik)
Br. EUR 19,90
ISBN 978-3-8348-0121-0

**VIEWEG+
TEUBNER**

Abraham-Lincoln-Straße 46
65189 Wiesbaden
Fax 0611.7878-400
www.viewegteubner.de

Stand Januar 2008.
Änderungen vorbehalten.
Erhältlich im Buchhandel oder im Verlag.

Aus dem Programm Konstruktion

Kerle, Hanfried / Pittschellis, Reinhard /
Corves, Burkhard
Einführung in die Getriebelehre
Analyse und Synthese ungleichmäßig
übersetzender Getriebe
3., bearb. und erg. Aufl. 2007. XVIII,
305 S. mit 190 Abb. u. 23 Tab. Br.
EUR 29,90
ISBN 978-3-8351-0070-1

Klein, Bernd
FEM
Grundlagen und Anwendungen der
Finite-Element-Methode im Maschinen-
und Fahrzeugbau
7., verb. Aufl. 2007. XIV, 404 S.
mit 200 Abb. 12 Fallstudien und
19 Übungsaufg. (Studium Technik)
Br. EUR 34,90
ISBN 978-3-8348-0296-5

Klein, Bernd
Leichtbau-Konstruktion
Berechnungsgrundlagen und
Gestaltung
7., verb. u. erw. Aufl. 2007. XIV, 498 S.
mit 276 Abb. u. 56 Tab. und umfangr.
Übungsaufg. zu allen Kap. des Lehrb.
(Viewegs Fachbücher der Technik)
Br. EUR 34,90
ISBN 978-3-8348-0271-2

Labisch, Susanna / Weber, Christian
Technisches Zeichnen
Selbstständig lernen und effektiv üben
3., überarb. Aufl. 2008. XIV, 306 S. mit
329 Abb. u. 59 Tab.
(Viewegs Fachbücher der Technik)
Br. mit CD EUR 23,90
ISBN 978-3-8348-0312-2

Silber, Gerhard / Steinwender, Florian
**Bauteilberechnung und
Optimierung mit der FEM**
Materialtheorie, Anwendungen,
Beispiele
2005. 460 S. mit 148 Abb. u. 5 Tab.
Br. EUR 36,90
ISBN 978-3-519-00425-7

Theumert, Hans / Fleischer, Bernhard
**Entwickeln Konstruieren
Berechnen**
Komplexe praxisnahe Beispiele mit
Lösungsvarianten
2007. XIV, 212 S. mit 136 Abb.,
davon 19 in Farbe (Viewegs
Fachbücher der Technik) Br. EUR 19,90
ISBN 978-3-8348-0123-4

**VIEWEG+
TEUBNER**
Abraham-Lincoln-Straße 46
65189 Wiesbaden
Fax 0611.7878-400
www.viewegteubner.de

Stand Januar 2008.
Änderungen vorbehalten.
Erhältlich im Buchhandel oder im Verlag.